(2022)⁽¹⁾

付す．
数の代表例を示す．ただ
があり，3または4桁の原
す．

子量専門委員会).

			13	14	15	16	17	18
								₂He 1s² ヘリウム 4.003
10	11	12	₅B 2s²2p¹ ホウ素 10.81	₆C 2s²2p² 炭素 12.01	₇N 2s²2p³ 窒素 14.01	₈O 2s²2p⁴ 酸素 16.00	₉F 2s²2p⁵ フッ素 19.00	₁₀Ne 2s²2p⁶ ネオン 20.18
			₁₃Al 3s²3p¹ アルミニウム 26.98	₁₄Si 3s²3p² ケイ素 28.09	₁₅P 3s²3p³ リン 30.97	₁₆S 3s²3p⁴ 硫黄 32.07	₁₇Cl 3s²3p⁵ 塩素 35.45	₁₈Ar 3s²3p⁶ アルゴン 39.95 (39.79〜39.96)
Ni 3d⁸4s² ニッケル 58.69	₂₉Cu 3d¹⁰4s¹ 銅 63.55	₃₀Zn 3d¹⁰4s² 亜鉛 65.38	₃₁Ga 4s²4p¹ ガリウム 69.72	₃₂Ge 4s²4p² ゲルマニウム 72.63	₃₃As 4s²4p³ ヒ素 74.92	₃₄Se 4s²4p⁴ セレン 78.97	₃₅Br 4s²4p⁵ 臭素 79.90	₃₆Kr 4s²4p⁶ クリプトン 83.80
Pd 4d¹⁰ ジウム 106.4	₄₇Ag 4d¹⁰5s¹ 銀 107.9	₄₈Cd 4d¹⁰5s² カドミウム 112.4	₄₉In 5s²5p¹ インジウム 114.8	₅₀Sn 5s²5p² スズ 118.7	₅₁Sb 5s²5p³ アンチモン 121.8	₅₂Te 5s²5p⁴ テルル 127.6	₅₃I 5s²5p⁵ ヨウ素 126.9	₅₄Xe 5s²5p⁶ キセノン 131.3
Pt 6s¹ 金 195.1	₇₉Au 5d¹⁰6s¹ 金 197.0	₈₀Hg 5d¹⁰6s² 水銀 200.6	₈₁Tl 6s²6p¹ タリウム 204.4	₈₂Pb 6s²6p² 鉛 207.2 (206.14〜207.94)	₈₃Bi 6s²6p³ ビスマス 209.0	₈₄Po* 6s²6p⁴ ポロニウム [210]	₈₅At* 6s²6p⁵ アスタチン [210]	₈₆Rn* 6s²6p⁶ ラドン [222]
Ds* 7s¹ タチウム [281]	₁₁₁Rg* 6d⁹7s² レントゲニウム [280]	₁₁₂Cn* 6d¹⁰7s² コペルニシウム [285]	₁₁₃Nh* 7s²7p¹ ニホニウム [286]	₁₁₄Fl* 7s²7p²** フレロビウム [289]	₁₁₅Mc* 7s²7p³** モスコビウム [289]	₁₁₆Lv* 7s²7p⁴** リバモリウム [293]	₁₁₇Ts* 7s²7p⁵** テネシン [293]	₁₁₈Og* 7s²7p⁶** オガネソン [294]

| Eu
6s²
ピウム
152.0 | ₆₄Gd
4f⁷5d¹6s²
ガドリニウム
157.3 | ₆₅Tb
4f⁹6s²
テルビウム
158.9 | ₆₆Dy
4f¹⁰6s²
ジスプロシウム
162.5 | ₆₇Ho
4f¹¹6s²
ホルミウム
164.9 | ₆₈Er
4f¹²6s²
エルビウム
167.3 | ₆₉Tm
4f¹³6s²
ツリウム
168.9 | ₇₀Yb
4f¹⁴6s²
イッテルビウム
173.0 | ₇₁Lu
4f¹⁴5d¹6s²
ルテチウム
175.0 |
| Am*
7s²
シウム
[243] | ₉₆Cm*
5f⁷6d¹7s²
キュリウム
[247] | ₉₇Bk*
5f⁹7s²
バークリウム
[247] | ₉₈Cf*
5f¹⁰7s²
カリホルニウム
[252] | ₉₉Es*
5f¹¹7s²
アインスタイニウム
[252] | ₁₀₀Fm*
5f¹²7s²
フェルミウム
[257] | ₁₀₁Md*
5f¹³7s²
メンデレビウム
[258] | ₁₀₂No*
5f¹⁴7s²
ノーベリウム
[259] | ₁₀₃Lr*
5f¹⁴7s²7p¹
ローレンシウム
[262] |

化学

物質の構造と性質を理解する

新しい化学教育研究会 編

学術図書出版社

はじめに

　人類の文明は自然科学の進展に支えられている．近年の学問の飛躍的進歩は，根源的な原理や現象の発見，学問の枠の組み換え，革新的な技術開発が相まって達成されている．科学の進展は人類の生活向上に貢献著しいが，科学技術開発と研究は，"持続可能な社会への懸念"，"非倫理的側面"にも絡む問題を提起している．自然科学を志す者は研究のみでなく，このような側面への配慮も求められる．

　化学は進展著しい自然科学分野で重要な位置を占める．右図は，進展著しい自然科学分野を示すサイエンスマップである．この図では，物理，化学，生物，医学，情報など細分化された学問分野について，重要で相関が強い分野を赤く示している．化学は進展著しい分野の多方面と緊密に関連し，自然科学の中核をなすことがわかる．

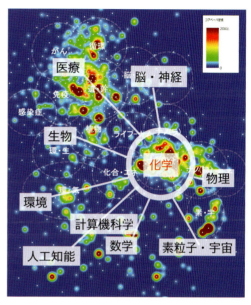

出典：科学技術・学術政策研究所「サイエンスマップ」NISTEP REPORT No. 169

　この化学の重要性の理由は物質を扱う分野であることにある．物質は原子，分子，イオンの集合体であるにとどまらず，光やエネルギーと相互作用する動的存在としても重要である．物質の解明と制御なくして，近年活発な医療，再生可能エネルギー，環境，人工知能の研究などの発展もあり得なく，化学はこのような期待される分野でも基幹的である．

　化学の目的は，物質の構造・物性・反応・機能の解明と新たな機能・物質の創出である．物理化学，有機化学，生物化学，無機化学，分析化学など極めて多岐にわたる化学の分野の理解には，専門性も求められ，すべてを理解するのは容易ではない．しかし，共通の基本的考え方を身につけることが重要である．先人が積み上げた化学の英知を理解し，基礎ならびに応用分野に生かし，さらにその分野で発展させること，新たな知見を生み出すことは，化学への貢献にとどまらず，人類の未来へ貢献することになる．

　本書はそのような志を持つ者のためのガイドブックである．対象としては大学初年度を想定している．化学的な問題解決の方法や考え方の歴史的背景が説明されている．また，本書では詳しい説明や資料が章末 Study や付録に用意されている．例題では，高校レベルの数学で高度な内容の式の導出も体験可能である．これらにより本書を繰り返して読むことで疑問を解消し，多くの参考書を渡り歩くことなしに理解できるように配慮されている．

　科学技術の進歩が人々を魅了するのは，予想もしない未来が開かれて感動するなど，未来への希望や期待が溢れ出るためである．自然科学を志す学生は未知なるものへの強い好奇心を持っている．本書がそのような学生諸君への一助になれば幸いである．

　本書の原稿へは多くの方々からご助言をいただいた．神谷祐一先生，七分勇勝先生，丸田悟郎先生，竹内浩先生，伏見公志先生，伊藤創裕先生，小林正人先生，大場祐汰先生，提拓朗先生に心からの謝意を表したい．

　最後に学術図書出版社の発田孝夫氏へも謝意を表したい．発田氏の温かく，時には厳しく，そして辛抱強い熱意がなければ本書は生まれることはなかった．心からお礼を申し上げたい．

2020 年 1 月

著者一同

推薦のことば

『化学：物質の構造と性質を理解する』を推薦いたします．

この本を見て，自身が大学の化学に最初に触れた頃の興奮を思い出しました．物質が織りなす多彩な現象，またそれらが統一的な理論で説明しうることを知ったとき，もともと数学が好きだった私は大いに感銘を受けました．後に私は有機化学という，新しいものを創り出すことができる分野に興味を移しましたが，大学で化学の深遠に触れて，高校で習ったときとはまた違った世界を感じて深い興味を持ったのを昨日のことのように思い出します．

本書は，化学のなかでも正に「物質の構造と性質を理解する」ために必要な項目が余すことなく網羅されています．最近の本にしては珍しく，幅広いトピックスにかなり詳細な説明が加えられているいわば骨のある本となっていますが，必要事項の階層がわかりやすく重要な点が強調されています．また，化学の初学者向けとしては一見高度ながら，実は基本的理解を助けるポイントとなることがStudyとして各章に彩りを添えていることも特徴的だと感じました．化学に留まらない，物質科学の本質を学びたい方々に是非読んで頂きたいと思います．

私は常々，資源の乏しい日本はサイエンスやテクノロジーのバックグラウンドがないと先に進めない，ということを申し上げてきました．科学技術が非常に重要な分野であることは明らかです．そのときに物質科学に対する知識は，その背景として必要不可欠と考えます．この本を入り口として広い科学分野への興味を持って頂けることを期待します．

若い人たちは，知識を高めると同時に自分がやりたいことを自分で決めなければならないときが来ます．そして，それがいつしか仕事になり，仕事を成功させるために真剣に対処し，一生懸命続けた人が，あるとき幸運に恵まれるかもしれません．しかし，その幸運を生かすには，真摯な気持ちで，新しいものを見つけようとする努力が欠かせません．人には個性と能力があり，チャンスは皆に平等にあると信じています．この本を通じた勉強がその端緒となることを祈っています．

2010年ノーベル化学賞受賞
北海道大学ユニバーシティプロフェッサー・名誉教授

もくじ

第0章 化学を学ぶにあたって
0.1 化学とは　3
0.2 化学の方法　3
0.3 単位について　5
0.4 実験と理論に基づいた化学の歴史のあけぼの　8

第1章 原子の構造
1.1 電子，原子核，中性子の発見　12
1.2 同位体とその応用　18
1.3 核融合と核分裂　25
　　まとめ　30
　　章末問題1　31

第2章 原子の電子構造
2.1 原子の電子構造の考え方の破綻と新しい考え方の導入　36
2.2 ボーア模型―前期量子論　39
2.3 波動力学（シュレーディンガー方程式）　42
2.4 水素原子の電子状態　48
2.5 多電子原子の電子配置と周期表　56
2.6 元素の性質の周期性　61
　　まとめ　68
　　章末問題2　69

第3章 化学結合と分子構造
3.1 水素分子イオンの分子軌道とLCAO-MO近似　78
3.2 水素分子の分子軌道と共有結合　81
3.3 等核二原子分子と磁性および結合次数　82
3.4 異核二原子分子の分子軌道とイオン結合　89
3.5 多原子分子の分子軌道と対称性　90
3.6 混成軌道と分子の形　92
3.7 分子の吸収・発光スペクトルと分子軌道　95
　　まとめ　98
　　章末問題3　98

第4章 分子から物質へ
4.1 分子の形　106
4.2 分子構造の動的側面―分子振動　112
4.3 分子間相互作用に関わる化学結合と因子　114
4.4 分子やイオンを凝集させる相互作用　117
4.5 表面張力　122
　　まとめ　123
　　章末問題4　123

第5章 固体の物性
5.1 固体の構造　128
5.2 純金属および合金の構造と硬さ　131
5.3 固体の電子構造　136
5.4 重要な材料　139
5.5 イオン結晶　143
5.6 固体と液体の比較　148
　　まとめ　148
　　章末問題5　149

第6章 気体の性質と状態方程式
6.1 気体の物理的性質　154
6.2 ボイルの法則とシャルルの法則　155
6.3 理想気体の状態方程式　158
6.4 気体の分子運動　158
6.5 実在気体に働く気体分子間の力と圧縮因子　161
6.6 理想気体から実在気体の状態方程式へ　163
　　まとめ　166
　　章末問題6　166

第7章 エネルギー
7.1 エネルギーとは　170
7.2 内部エネルギーと熱力学第一法則　175
7.3 熱力学における変化の過程　177
7.4 エンタルピー　183
7.5 反応の自発性　192
　　まとめ　192
　　章末問題7　193

第8章 エントロピー

- 8.1 エントロピーの導入 ... 198
- 8.2 熱力学第二法則 ... 203
- 8.3 ギブズエネルギー ... 211
- まとめ ... 215
- 章末問題8 ... 216

第9章 相平衡と化学平衡

- 9.1 化学ポテンシャルと平衡 ... 222
- 9.2 ギブズの相律 ... 223
- 9.3 状態図（相図） ... 223
- 9.4 相平衡 ... 227
- 9.5 化学反応と平衡 ... 236
- まとめ ... 242
- 章末問題9 ... 243

第10章 酸化還元反応と電気化学

- 10.1 電解質溶液 ... 254
- 10.2 酸と塩基 ... 260
- 10.3 電池 ... 265
- まとめ ... 274
- 章末問題10 ... 274

第11章 化学反応

- 11.1 反応速度論 ... 282
- 11.2 触媒 ... 286
- まとめ ... 291
- 章末問題11 ... 291

付録

- 付録A 化学の学習に必要な基礎知識 ... 295
- 付録B 原子の特性 ... 317
- 付録C 分子と集合体のデータ集 ... 320

章末問題解答 ... 331
各章のはじめの写真の出典 ... 340
索引 ... 341

ギリシャ語アルファベット

A	α	Alpha	アルファ	N	ν	Nu	ニュー
B	β	Beta	ベータ	Ξ	ξ	Xi	グザイ
Γ	γ	Gamma	ガンマ	O	o	Omicron	オミクロン
Δ	δ	Delta	デルタ	Π	π	Pi	パイ
E	ε	Epsilon	イプシロン	P	ρ	Rho	ロー
Z	ζ	Zeta	ツェータ	Σ	σ	Sigma	シグマ
H	η	Eta	イータ	T	τ	Tau	タウ
Θ	θ	Theta	シータ	Υ	υ	Upsilon	ウプシロン
I	ι	Iota	イオータ	Φ	ϕ	Phi	ファイ
K	κ	Kappa	カッパ	X	χ	Chi	カイ
Λ	λ	Lambda	ラムダ	Ψ	ψ	Psi	プサイ
M	μ	Mu	ミュー	Ω	ω	Omega	オメガ

化学

物質の構造と性質を理解する

化学を学ぶにあたって

キログラムの再定義：2019年，130年ぶりにキログラムが再定義された．同位体濃縮によって得られた ^{28}Si 単結晶を用いてアボガドロ定数を精密計測し，プランク定数の決定とキログラムの定義の新基準を提供した．

0.1 化学とは

化学は物質を対象とする．その目的は

1. 原子・分子を理解する
2. 自然，物質の成り立ち（起源，結合，構造）を理解する
3. 物質の性質，機能，反応を明らかにする
4. 人類の課題を解決する新機能の物質をつくり出す

特に人類は資源有限を強く意識する時代に突入していて，環境，エネルギーなど解決すべき問題も多い．化学はこれらの問題に解決を与える有力な学問である．

化学の対象は，以下のように小は原子，分子の 0.1×10^{-9} m（0.1 nm）のオーダーから大は結晶の 10^{-3} m 以上のオーダーまで非常に広い範囲のスケールをもつ．この間にはナノ粒子，高分子，細胞，遺伝子，タンパク質などの生体物質が含まれる．表 0.1，図 0.1 に物質のスケールの概略を示す．

表 0.1 物質のスケール

物質	結晶	錯体，ナノ粒子	生体物質・高分子	原子・イオン	原子核
スケール	m〜10^{-3} m オーダー		数百×10^{-10} m	10^{-10} m	10^{-14} m

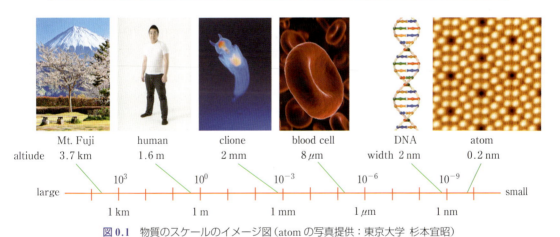

図 0.1 物質のスケールのイメージ図（atom の写真提供：東京大学 杉本宜昭）

0.2 化学の方法

0.2.1 観測

化学では観測（実験）して結果を解析し，見出された問題点を改良して実験し，解析する．この過程を繰り返すことで真理に到達する．これらの過程で観測することと理論的に解析することが重要である．化学の対象はスケールにより分けられ，原子，分子など小さな対象はミクロな（微視的）対象と呼ばれ，結晶など大きな対象はマクロな（巨視的）対象と呼ばれる．その中間のサイズはメゾスコピックと呼ばれ，ナノ粒子が

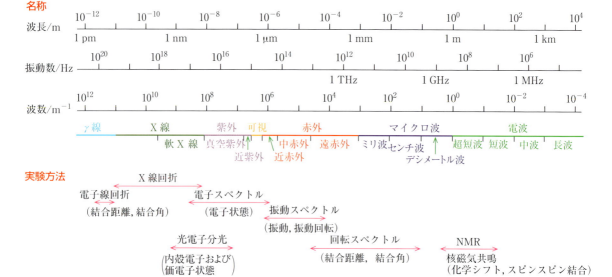

図 0.2 電磁波の種類と対応する波長，振動数，波数範囲と実験方法

* 波数は波長の逆数 (p. 41).

表 0.2 補色の関係

波長範囲/nm	光の色	補色
400〜435	紫	黄緑
435〜480	青	黄
480〜490	緑青	橙
490〜500	青緑	赤
500〜560	緑	赤紫
560〜580	黄緑	紫
580〜595	黄	青
595〜610	橙	緑青
610〜750	赤	青緑
750〜800	赤紫	緑

図 0.3 色相環（提供：武蔵野美術大学通信教育課程）

代表的なものである．ミクロな対象は，人間の肉眼では観察不能であり，観測には波長 0.1 nm 程度の電磁波などによる回折現象が利用される．結晶などマクロな対象についても顕微鏡などで観察可能であるが，結晶の中の原子や分子の配置を議論しようとするとやはり電磁波などによる回折現象を利用した構造解析を実施しなければならない．また，電磁波の吸収や放射から，観測対象の状態変化の知見が得られる．

電磁波とはお互いに直交して振動する電場と磁場を伴って空間を進行する横波である．電磁波を特徴づける量として，光速度 (c_0)，振動数 [ν（ニュー）]，波長 [λ（ラムダ）] がある．この 3 者の間には，$c_0 = \nu\lambda$ の関係がある．光速度は，$c_0 = 299\,792\,458 \text{ m s}^{-1}$ である．$1/\lambda$ で定義される波数も使用される．原子，分子の大きさや間隔，エネルギーや運動状態に対応する光は X 線，紫外線，可視光線，赤外線，マイクロ波である．図 0.2 に電磁波の種類とそれに対応する波長，振動数，波数*範囲を示す．

物質に可視光の一部が吸収されるとき，その**補色**（表 0.2）が透過光として観測される．可視光とその補色の波長は表 0.2 のようになっている．また，図 0.3 に補色の関係を示す色相環を示す．

0.2.2 解析

原子，分子のミクロな世界を支配する理論として，粒子（電子）の波動性を考える量子力学が根底にある．一方，温度，体積，圧力などの少数の変数でマクロな対象を扱う方法として熱力学が利用される．化学現象の理解は，対象がミクロであれ，マクロであれ，究極的には電子の挙動に基づいた解析で実施される．したがって，量子力学の素養を身につけることが不可欠である．また，液体，気体，結晶などマクロな対象の理解は熱力学の知識を駆使して解析される．量子力学や熱力学の理解に

は物理学や数学の知識が必要となる場合もある．細部の理解が叶わないときは，"考え方"，"論理の流れ"の理解に努めることが重要である．

0.3 単位について

化学においてはいろいろな物理量が出現する．これらの量的議論では単位を必ずつけることが必要である．現在，標準として使用される SI (国際単位系)[0.1]の基本単位として，表 0.3 に示す単位が用いられている．

表 0.3 SI (国際単位系) の基本単位と併用が許されている単位

物理量	単位	読み	物理量	単位	読み	物理量	単位	読み
長さ	m	メートル	質量	kg	キログラム	時間	s	秒
温度	K	ケルビン	電流	A	アンペア	物質量	mol	モル
光度	cd	カンデラ	角度*	°，'，"	度分秒	体積*	L (または l)	リットル

SI の基本単位を組み合わせてつくられる単位は**組み立て単位**と呼ばれる．たとえば，力には N (ニュートン) および圧力には Pa (パスカル) という単位が用意されている．SI の基本単位で表すと，N は $\mathrm{kg\,m\,s^{-2}}$，Pa は $\mathrm{kg\,m^{-1}\,s^{-2}} = \mathrm{N\,m^{-2}}$ である．エネルギーについても J (ジュール) が用意されている．J を SI の基本単位で表すと，$\mathrm{kg\,m^2\,s^{-2}} = \mathrm{N\,m}$ となる．圧力は，長い歴史からいろいろな単位が用意されている[*1]．

表 0.3 には，SI の単位と併用が許されている単位として，角度と体積の例が含まれている．角度は度 (°) 分 (') 秒 (") であるが，SI の単位では組み立て単位として，rad (ラジアン) の記号で与えられ，$\mathrm{m\,m^{-1}}$ の単位をもつ (教科書裏表紙 表 5)．半径 r の円周上で r の長さを切り取る 2 本の半径に挟まれた平面角を 1 rad とする (簡単には，半径 1 の円の中心角 θ に対応した弧の長さに rad を付けると，SI の単位の角度 rad となる．体積も組み立て単位であるが，L (または l) も用いられていて，$1\,\mathrm{L} = 10^{-3}\,\mathrm{m}^3$ である．

SI の単位と併用できる単位で数値が実験的に得られるものとして，エネルギー (SI の単位：J) を表す eV (電子ボルト)，原子の質量 (SI の単位：kg) を表す統一原子質量単位 u がある．それぞれの SI の単位との関係は以下の通りである．

$$1\,\mathrm{eV} = 1.602\,176\,634 \times 10^{-19}\,\mathrm{J}$$
$$1\,\mathrm{u} = 1.660\,539\,066\,60(50) \times 10^{-27}\,\mathrm{kg}$$

1 eV は電子の電荷の絶対値 e を 1 V (ボルト) の電位差に置いたときの電気エネルギーである．また，1 u は質量数 12 の炭素原子 (1.2.1 項参照) の重さの 12 分の 1 の大きさの質量である[*2]．SI 単位の組み立て単位と圧力の単位については巻末にまとめて示す (裏表紙表 3 と表 5)．

*1 裏表紙 3. 圧力単位換算表参照．

*2 質量数 12 の炭素の原子量は 12 と約束されている [国際純正・応用化学連合 (IUPAC) 1961 年]．

例題 0.1 水素原子の電子の受ける**クーロン力**と**万有引力**を比較し，両者の比を求めよ．ただし，電子の質量 (m_e) は 9.109×10^{-31} kg，電荷は -1.602×10^{-19} C (クーロン)，陽子の質量 (M_p) は

1.672×10^{-27} kg，電荷は 1.602×10^{-19} C とする．また，電子と陽子の距離は 0.05292 nm（ボーア半径）とする．なお，距離 r 離れた質量 M_1 と M_2 の間の万有引力 F_{UG}，および，距離 r 離れた電荷 Q_1 と Q_2 の間のクーロン (Coulomb) 力 F_C はそれぞれ以下のように書かれる．

$$\text{万有引力：} F_{UG} = -G\frac{M_1 M_2}{r^2}, \quad G = 6.67\times10^{-11} \text{ m}^3\text{ kg}^{-1}\text{ s}^{-2}$$

$$\text{クーロン力：} F_C = \frac{1}{4\pi\varepsilon_0}\frac{Q_1 Q_2}{r^2}, \quad \varepsilon_0 = 8.854\,187\,817\times10^{-12} \text{ F m}^{-1}$$

ここで，G, ε_0 はそれぞれ万有引力定数，真空の誘電率である．F（ファラッド）は電気容量の単位であり，SI の基本単位で表すと $A^2\,s^4\,kg^{-1}\,m^{-2}$ である．また，C は電荷の単位であり，SI の基本単位で表すと A s である．

解 力は，質量×加速度［ニュートン (Newton) の運動の法則］である．質量は SI の基本単位では kg で，加速度は速度の時間変化であり，速度は位置の時間変化であるから，SI の組み立て単位では $m\,s^{-2}$ である．力の単位は $kg\,m\,s^{-2}$ であり，N とも書かれる．

$$F_{UG} = -(6.67\times10^{-11} \text{ m}^3\text{ kg}^{-1}\text{ s}^{-2})$$
$$\times \frac{(1.672\times10^{-27}\text{ kg})\times(9.109\times10^{-31}\text{ kg})}{(0.05292\times10^{-9}\text{ m})^2}$$
$$= -3.63\times10^{-47} \text{ kg m s}^{-2}$$
$$= -3.63\times10^{-47} \text{ N}$$

$$F_C = -\frac{1}{4\times3.14\times(8.854\,187\,817\times10^{-12}\text{ F m}^{-1})}$$
$$\times \frac{(1.602\times10^{-19}\text{ C})^2}{(0.052\,92\times10^{-9}\text{ m})^2}$$
$$= -8.24\times10^{-4}\times10^{-4} \text{ m } (A^2\,s^4\,kg^{-1}\,m^{-3})^{-1}\,(A\,s)^2\,m^{-2}$$
$$= -8.24\times10^{-8} \text{ kg m s}^{-2} = -8.24\times10^{-8} \text{ N}$$

したがって，$F_C/F_{UG} = 2.26\times10^{39}$ となり，$F_C \gg F_{UG}$．すなわち，この場合，万有引力もクーロン力も負の符号をもち，引力の大きさはクーロン力の方が万有引力よりはるかに大きい．

$$\text{電子と陽子の間のクーロン力}\left|-\frac{1}{4\pi\varepsilon_0}\frac{e^2}{r^2}\right|$$
$$\gg \text{電子と陽子の間の万有引力}\left|-G\frac{m_e M_P}{r^2}\right|$$

この例題 1 に示すように，クーロン力と万有引力を比較するとクーロン力の方が圧倒的に影響は大きい．したがって化学においては，万有引力が重要となる場面はほとんどなく，電気的な力が重要となる．しかし，力で議論するよりも，力に密接に関連するポテンシャル（位置）エネルギーを用いて，状態の安定性として議論されることの方が多い．ポテン

シャル（位置）エネルギーが小さなほど状態は安定である．物体のポテンシャル（位置）エネルギーは，力の働かない状態（基準点 O）からいまある状態（A）まで働く力 F に抗した力，$-F$ で物体を運んでくるのに必要な仕事 W と定義される．すなわち，働く力を F とすると $W = \int_{\mathrm{O}}^{\mathrm{A}} (-F) \mathrm{d}r$ でポテンシャル（位置）エネルギーは計算される．

例題 0.2（A） 水素原子の電子が陽子から r 離れたところにある．この状態の電子のクーロン力に由来するポテンシャルエネルギー U_C と万有引力に由来するポテンシャルエネルギー U_UG を表す式を求めよ．なお，引力にはマイナス符号を，斥力には＋符号を付けて表すとの約束のもとで実施する．

例題 0.2（B） クーロン力に由来するポテンシャルエネルギー U_C と万有引力に由来するポテンシャルエネルギー U_UG の比を求め，両者を比較せよ．

解（A） 基準点は無限に離れた点となる．また，万有引力は引力のため力の大きさに－符号を付けることに注意する．

$$U_\mathrm{UG} = \int_\infty^r \{-(F_\mathrm{UG})\} \mathrm{d}r = \int_\infty^r \left(G \frac{m_\mathrm{e} M_\mathrm{P}}{r^2}\right) \mathrm{d}r = \left[-G \frac{m_\mathrm{e} M_\mathrm{P}}{r}\right]_\infty^r$$

$$= -G \frac{m_\mathrm{e} M_\mathrm{P}}{r}$$

$$U_\mathrm{C} = \int_\infty^r (-F_\mathrm{C}) \mathrm{d}r = \int_\infty^r \left(\frac{1}{4\pi\varepsilon_0} \frac{e^2}{r^2}\right) \mathrm{d}r = \left[-\frac{1}{4\pi\varepsilon_0} \frac{e^2}{r}\right]_\infty^r$$

$$= -\frac{1}{4\pi\varepsilon_0} \frac{e^2}{r}$$

（B） したがって，$U_\mathrm{C}/U_\mathrm{UG}$ は $F_\mathrm{C}/F_\mathrm{UG}$ と同じになる．すなわち，$U_\mathrm{C}/U_\mathrm{UG} = 2.26 \times 10^{39}$，$2.26 \times 10^{39}$ 倍というように U_C の絶対値は非常に大きく，また $U_\mathrm{C} \ll U_\mathrm{UG} < 0$ である．$U_\mathrm{C} < 0$ および $U_\mathrm{UG} < 0$ に注意すると，クーロン力に由来するポテンシャルエネルギーの方が万有引力に由来するポテンシャルエネルギーよりはるかに小さい．すなわち，クーロン力の状態の安定性への寄与は万有引力の寄与に比べてはるかに大きい．

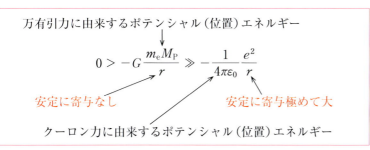

　物理量を SI 単位で表す場合，値が非常に大きくなったり小さくなったりする場合がある．この場合，単位に**接頭語**をつけて桁数を表すこと

が多い．たとえば，hPa（ヘクトパスカル）が天気予報で使われているが，ヘクトは 10^2 のことであり，10^2 Pa と等しい（以前天気予報には mbar が使用されていた．1 mbar = 10^2 Pa = hPa を現在使用）．また，原子スケールでは 10^{-9} m のオーダーの長さがたびたび出現する．したがって，10^{-9} の接頭語を付けた nm（ナノメートル）が単位としてしばしば出現する（これら，接頭語は裏表紙付表 6 参照のこと）．

また，実験値を議論するときは，必ず単位をつけることと，**有効数字**を意識することが重要である．計測器の測定精度が 3 桁に限られるときは，4 桁目以降は誤差を含んでいるか意味のない数字である．したがって，測定値を使用する計算では，その有効数字を意識し，いたずらに，桁数の多い計算を実施しても意味がない．

0.4 実験と理論に基づいた化学の歴史のあけぼの

現在，化学は実験と理論に基づいた科学である．しかし，このような化学に到達するためには，人類の長期間にわたる黎明期の知的活動がある．以下，表 0.4 に化学にとって最も重要な原子の概念の成立過程を表で要約する[(0.2),(0.3)]．

表 0.4 で，ドルトン（Dalton）が気体反応の法則の説明に失敗したことは重要な意味をもっている．ドルトンの失敗は H_2, N_2, O_2 などの等核二原子分子の存在を認めなかったためである．当時，化学結合はベルセリウス（Berzelius）の電気化学的二元論（＋の電荷と－の電荷の引力）で考えられていた．したがって，等核二原子分子の化学結合を考えることが困難であった．等核二原子分子の化学結合の理解は，量子力学に基づいた 1927 年のハイトラー―ロンドン（Heitler and London）の共有結合理論を待たなければならなかった．また，気体反応の法則の説明に成功したアボガドロ（Avogadro）の法則は気体を理想気体と考えると当然である．理想気体については第 6 章で学ぶ．カニッツァロ（Cannizzaro）は 1860 年の国際会議（世界ではじめての化学の国際会議）において，このアボガドロの法則の重要性を主張した．この会議には，メンデレーエフ（Mendeleev）も出席していて，化学の発展に多大な影響を与えた．

ボイル（Boyle）やドルトンの頃からイギリスでは実験に基づいて自然を理解する方法が発達し，ベーコン（Bacon）などの帰納法という哲学に集約された．多くの実験事実から根本の原理を抽出するというものである．一方，フランスのデカルト（Descartes）は，根本原理から，いろいろな状況を予想する方法，演繹法を考案した．研究は，この帰納法と演繹法を繰り返しながら真理に近づく営みである．

表 0.4 原子の概念の確立（化学の黎明期）

時　期	人　物	内　容
B.C. 400 頃	デモクリトス（Dēmocritos）	万物の根源はそれ以上分割できない "原子" である
B.C. 350 頃	アリストテレス（Aristotelēs）	元素の根源として水，火，土，空気の4元素変換説
		地球中心に天体が円運動で回る天動説と宇宙の唯一性・不滅性
中世		スコラ哲学（アリストテレスの哲学の選択継承）
		宇宙の創造主は神　科学の暗黒時代
		アラブ世界で，錬金術などの発達
		十字軍での戦争と交流――錬金術のヨーロッパへの導入
		黒死病大流行――消毒にアルコール（錬金術）が有効
ルネッサンス・近世		地動説，印刷機，宗教改革，大航海時代
		実験に基づく科学の機運「自然をあるがままに見る」
1666	ボイル（Boyle）	化学を実験に基づいた科学にすることに貢献
		アリストテレスの4元素説などを否定し，実験に基づく反応生成物の説明に原子説を適用し，近代的な元素観に到達
		ボイルの法則（1662）
1772	ラボアジェ（Lavoisier）	燃焼の理論（物質の酸素との化合），化学反応における質量保存則
		元素表の提案
1784	キャヴェンディシュ（Cavendish）	水を水素と酸素から合成し，水が元素であるとするスコラ哲学（アリストテレスの学説）を否定
1787	シャルル（Charles）	シャルルの法則
1799	プルースト（Proust）	定比例の法則
1802	ドルトン（Dalton）	倍数比例の法則
	ゲイ・リュサック（Gay-Lussac）	シャルルの法則と同内容を論文として発表：ゲイ・リュサックの法則とも呼ばれる
1803	ドルトン（Dalton）	分圧の法則――混合気体の全圧は分圧の和に等しい
1808	ゲイ・リュサック	気体反応の法則――気体同士が反応して気体が生成するとき，それらの気体の体積には簡単な整数比が成り立つ
1808	ドルトン（Dalton）	異なる原子が決まった数の比で集合したもの，複合原子からなる化合物（今日の分子）を提案．複合原子説で多くの気体の法則の説明に成功．しかし，気体反応の法則の説明に不成功
1811	アボガドロ（Avogadro）	アボガドロの法則――同温，同圧，同体積の気体はすべて同数の分子を含む―により気体反応の法則の説明に成功
1833	ファラデー（Faraday）	ファラデーの電気分解の法則
1858	カニッツァロ（Cannizzaro）	アボガドロの法則に基づき，「同体積の重さを比較する」方法で原子量の決定を提案
1860	カニッツァロ	初めての国際会議招集――上記原子量の決定方法が広く認められた

参考書・出典

(0.1)　佐藤文隆『物理定数と SI 単位』岩波書店.
(0.2)　小山慶太『科学史人物事典』中央公論新社.
(0.3)　竹内敬人『人物で語る化学入門』岩波新書.

原子の構造

　紀元前のギリシャ時代に万物の根源としてそれ以上分割不可能な**原子**(atom)という概念が考えられた．17世紀以降，錬金術で培われた金属精錬，漂白，発酵などの技術発展と宗教から独立に自然を見る態度の涵養に伴い，物質観は大きく変化した．それでも18世紀後半のラボアジエ(Lavoisier)の化学革命ともいえる燃焼理論，ドルトンの原子論の斬新な提案を経ても依然として物質の構成単位である原子の概念は曖昧な状態に止まっていた．そのような状況で18世紀終わり頃に発明された電池と真空技術の進歩が大きな影響を与えた．1800年のボルタ(Volta)の電池により物質の電気分解が可能となり，1833年，ファラデー(Faraday)は水の電気分解で生じた水素と流れた電気量に厳密な比例関係があることを明らかにした．物質の成り立ちに電気が関係していることを見出した瞬間である．さらに，真空技術の進歩は放電管の実験を可能とし，電子の発見へ導いた．

人類最古の壁画：スペインの洞窟の壁で見つかった6万4千年以上前の壁画．酸化鉄が主成分の赤色顔料を集め，加熱などで発色を制御したといわれている．人類最初の「化学」かもしれない．

本章の目標
- 物質を構成する原子の内部構造の構成要素を知る．
- 原子の構成要素のサイズ・質量・電荷を把握する．
- 粒子に及ぼす電場と磁場による力，電荷とこれら外力との相互作用を学ぶ．
- 原子構造の理解と古典モデルの矛盾に基づき量子力学の必要性を知る．
- 同位体について学び，その性質と利用手段を学ぶ．

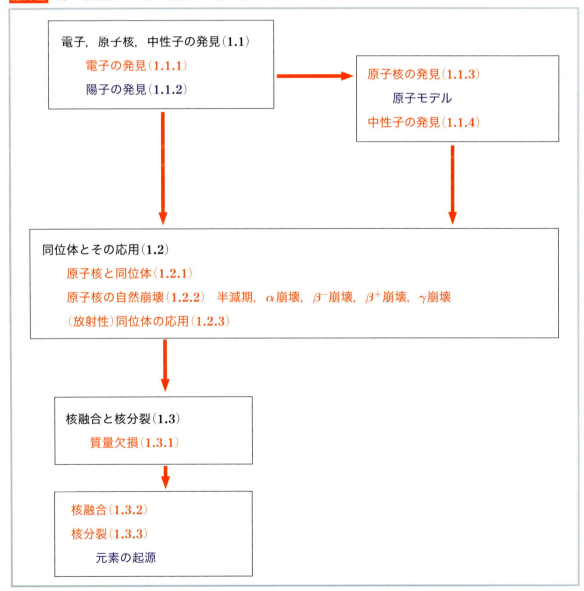

1.1 電子,原子核,中性子の発見(1.1)

1.1.1 電子の発見　電荷と質量の決定

　図1.1に示すように,高真空の気体に高電圧を加えた**放電管**の陰極(-極につながれた金属板)から陽極(+極につながれた金属板)へ向けて**陰極線**と呼ばれるようになる粒子線が発生していることが見出された[プリューカー(Plücker), 1858].この放電管では,陽極の後方のガラス壁に蛍光材料が塗布されていて,陰極線が到達すると光るように設計されている.トムソン(J. J. Thomson)は,1897年,図1.2の装置を用いて,この放電管の陰極線に電場と磁場を加えることで,電子の電荷と質量の比,**比電荷**を決定した(**トムソンの実験**).電子の電荷を$-e$,質量m_eとすると,比電荷の値は

$$-\frac{e}{m_e} = -1.76 \times 10^{11}\,\mathrm{C\,kg^{-1}} \tag{1.1}$$

と現在では知られている[C:クーロン(電荷の単位)].トムソンはこの現在値より1桁小さな値を得たが,この値が陰極材料に依存しないことと,当時すでに電気分解から知られていた水素原子(イオン)に対する比電荷の値[*1]より10^4倍ほど大きな値であることを示した.また,ストーニー(Stoney, 1891)は原子がイオンになる場合の電荷の授受には最小の単位が存在し,これを電子と名づけていた.トムソンの実験をもって"**電子の発見**"とされている.

　トムソンの実験により電子の電荷と質量の比が決定された.しかし,両者それぞれを単独で知る必要がある.この目的のため,ミリカン(Milikan)は**油滴の実験**(1909〜1913)を図1.3に示す装置を用いて実施し,電子の電荷を決定した.電場を印加しない場合は,油滴に働く力は重力と媒体空気の及ぼす粘性抵抗の力となり,両者の大きさは同じで向きが反対となる.このときの下向きの終速度を測定する.一方,ドラム内の上方の電極を+極,下方を-極になるように電場を印加すると,この電場は油滴に上向きの力を与え,上向きの等速運動が測定される(X線照射によりイオン化された媒質の気体分子を付着した油滴は負電荷をもつ[*2]).1個の油滴の終速度の測定は,電場ありとなしの両方の場合

[*1] 電気分解においては96580 Cの電荷で1グラム当量(物質のイオン状態のモル質量/イオンの価数)の物質が析出するという知見は,ファラデー(1833)により確立されていて,水素原子(イオン)の重さはほぼ知られていた.96580 Cは,現在の正確な値としては,96480 Cである.

[*2] この油滴の負電荷は,負イオンを付着したためと考えられる.この負イオンは,気体分子の解離で生成したり,X線照射により気体分子や油滴から飛び出した電子を気体分子や解離原子が受け入れたりして生成したものと考えられる.しかし,正電荷の油滴も観測される場合もあり,むしろ,油滴が上昇する場合を観測したと考えても良い.ミリカンは油滴の上昇と負電荷を観察している(1.1).油滴追跡中の油滴の電荷の変化には,X線照射により油滴から電子が飛び出すことが寄与している.さらに,油滴に付着した気体分子,解離原子,およびこれらのイオンがこの飛び出した電子を捕獲することも考えられる.

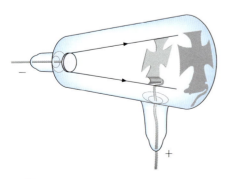

図1.1　放電管[クルクス(Crookes)管]

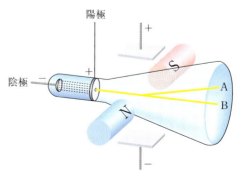

図1.2　トムソンの電子の比電荷の実験装置

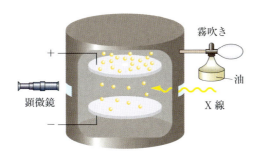

図 1.3 ミリカンの実験の装置図

について，数時間にわたり多数回，測定可能であった．電場のないときとあるときの両方の場合の終速度の測定値から電子の電荷（$-e$）を決定した[*1]（[Study 1.2] 参照）．この電子の電荷（$-e$）は現在

$$-e = -1.6022 \times 10^{-19} \text{ C} \tag{1.2}$$

であることが知られている．また，比電荷(1.1)式とこの電荷の値(1.2)式から**電子の質量**は

$$m_\text{e} = 9.1094 \times 10^{-31} \text{ kg} \tag{1.3}$$

となる（表 1.1）．

[*1] ミリカンは直接的にはかなり大きな電荷の値を測定したようである．しかし，多数回の測定値の差を採用すると小さな値が得られ，しかも，これらの値は，最小の値の整数倍であることが見出された[(1.1)]．この最小値を電子の電荷の絶対値とした．これは，数時間にわたる 1 個の油滴の運動の追跡中に油滴が失ったり獲得した電荷に最小値が存在し，電子を獲得したり失ったりしたためと解釈された．

表 1.1 電子，陽子，中性子の質量，電荷と電場・磁場への応答

	記号	質量/kg	電荷/C	電場 E・磁場 B への応答
電子	e$^-$	9.1094×10^{-31}	-1.6022×10^{-19}*	あり（陽子とは逆方向）
陽子	p	1.6726×10^{-27}	1.6022×10^{-19}	あり（電子とは逆方向）
中性子	n	1.6749×10^{-27}	0	なし

*：電子の電荷の絶対値（e）は素電荷（電気素量）と呼ばれる．

例題 1.1 ミリカンの油滴の実験により，電子の電荷の絶対値 e は $\dfrac{9\pi\eta}{E}\sqrt{\dfrac{2\eta v_1}{\rho g}}(v_1+v_2)$ と求められることを証明せよ（[Study 1.2] 参照）．ただし，$-e\,(<0)$ の電荷をもつ油滴[*2]（質量 m，密度 ρ，半径 a で球形とする）は電場なしのとき，速度 v_1 の終速度で空気（粘性係数 η）中を落下する（重力加速度は g とする）．また，この条件の下で電場（強さ E で下向き）を印加したとき，油滴は速度 v_2 の終速度で上昇するとする．なお，油滴は速度 v で落下もしくは上昇中，$6\pi\eta a v$ の摩擦力［ストークス（Stokes）の法則］を受けるとする．

解 油滴の質量と重さの関係 $m = \dfrac{4}{3}\pi a^3 \rho$ …①；電場なしの場合の終速度のときの力のつり合いの式 $6\pi\eta a v_1 = mg$ …②；電場ありの場合の終速度のときの力のつり合いの式 $eE = mg + 6\pi\eta a v_2$ …③；②と③は上向きの力を左辺に，下向きの力を右辺に書いている．①と②より a を求めると $a = 3\sqrt{\dfrac{\eta v_1}{2\rho g}}$ …

[*2] 油滴には，*1 でも説明したように，かなり大きな電荷が帯電している．ここでは理想的に電子 1 個が油滴に付着しているとする．

④; ②と③から $eE = 6\pi\eta av_1 + 6\pi\eta av_2 = 6\pi\eta a(v_1+v_2)$ …⑤; ④と⑤から e を求めると

$$e = \frac{6\pi\eta}{E}3\sqrt{\frac{\eta v_1}{2\rho g}}(v_1+v_2) = \frac{9\pi\eta}{E}\sqrt{\frac{2\eta v_1}{\rho g}}(v_1+v_2)$$

1.1.2 陽子の発見

陰極線の場合と同様に,高真空の放電管の陽極から発生した粒子線が,陰極の中心部の開いた穴を通過していることが発見され(図1.4),**カナル線**と名づけられた[ゴールドシュタイン(Goldstein), 1886]。このカナル線の比電荷の絶対値は電子の比電荷の絶対値と比較して数千分の1と小さいこと,正の電荷をもっていることが判明した[ヴィーン(Wien), 1897]。したがって,放電管の中では,陰極線の電子の衝突により気体分子から陽イオンが形成されることが推定された。トムソンらはカナル線の比電荷の測定を多くの原子について実施した[*1]。これらの測定値の中で最小の質量の粒子は水素原子の陽イオンであり,多くの原子の陽イオンの質量は水素原子の陽イオンの質量の整数倍に近いことが見出された。ラザフォード(Rutherford)は,1918年,α粒子[*2]を窒素ガスに打ち込むと窒素ガスに由来する水素の原子核,水素原子の陽イオンを見出した[*3]。このため,水素の原子核は物質の基本構成単位であるとして,**陽子**(プロトン:proton)とラザフォードにより名付けられた。

1.1.3 原子核の発見と構成

ラザフォードは1906年から1911年にかけて,図1.5のような装置を用いて,金属箔(Au, Cu, Pt など,数百nm程度の厚み)にα(アルファ)粒子を照射してその散乱角度を測定する実験(**ラザフォードの実験**)を実施した。その結果,多くのα粒子はそのまま直進したが,数万分の一の確率で90度を超えて大きく跳ね返されるα粒子を見出した。この大きく跳ね返されるα粒子の割合は,金属箔の厚みを2倍にすると,2倍になった。この結果は,1904年にトムソンにより提案されていた原子モデル,**無核原子**(乾しブドウの入ったプリン)**モデル**[図1.6(b)]と矛盾するものであった。トムソンの原子モデルは,一様な正電荷の媒体

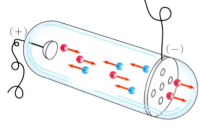

図1.4 カナル線の実験装置図

*1 1913年,トムソン(J. J. Thomson)はネオンガスのカナル線の比電荷が異なる複数の値をもつことを見出し,**同位体**(1.2節参照)を発見した。この比電荷の測定技術はアストン(Aston)により現在も活用されている**質量分析計**として発展させられている。

*2 α粒子は He の原子核である([Tea Time 1.3]参照)。

*3 この原子核の反応は初めて見出された原子核変換であり,$^{14}_{7}\text{N} + ^{4}_{2}\text{He} \longrightarrow ^{17}_{8}\text{O} + ^{1}_{1}\text{H}$と書かれる。$^{4}_{2}\text{He}$は$\alpha$線粒子であり,$^{1}_{1}\text{H}$は陽子である(1.2節参照のこと)。

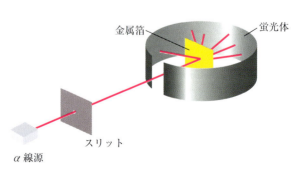

図1.5 ラザフォードの実験の装置図

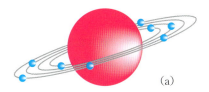 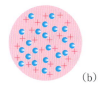 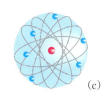

図 1.6 原子モデル （a）土星原子モデル（長岡半太郎，1903）（b）無核（乾しブドウの入ったプリン）原子モデル（トムソン，1904）（c）有核（惑星）原子モデル（ラザフォード，1911）

（プリン）の中に電子（干しブドウ）が埋め込まれているというモデルであった．小さな電子に大きな α 粒子が跳ね返されることは考えにくく，このようなモデルでは，α 粒子が 90 度を超えて大きく跳ね返される現象は起こりそうにないと考えられた．ラザフォードは，この予想外の結果を受けて，1909 年，原子の中心には質量の大部分を担う微小な芯（原子核）が存在すると考えた．さらに，この結果を踏まえて，1911 年，新たな**有核（惑星）原子モデル**を提案した．正電荷の原子核を中心にしてその周囲を電子が周回するという惑星モデル［図 1.6(c)］である．電子が原子核の周囲を周回するという同様なモデルは，すでに，1903 年，長岡半太郎により**土星原子モデル**［図 1.6(a)］として提案されていた．しかし，この土星モデルや惑星モデルには根源的な欠陥が存在していた．電子のような帯電粒子が円運動などの加速度運動をすると電磁波を放射してエネルギーを瞬時に失うというのが電磁気学の要請である．したがって，安定に原子が存在するという事実に関わらず，これらの電子の周回モデルは，電子はエネルギーを失い"原子の死"を予言する．この難問の解決には 1926 年の量子力学の出現を待たなければならなかった．

☕ Tea Time 1.1　原子核の大きさ[1.2]

ラザフォードの実験において，金箔により侵入した α 粒子が 90 度を超えて大きく跳ね返されるということは，跳ね返すものは質量の小さな電子であるはずはない．もし，電子に衝突すると数千倍の質量をもつ α 粒子は，電子を跳ね飛ばし，α 粒子自身はそのまま進行するはずであるからである．したがって，大きく跳ね返すものが原子の中に電子の他にあるはずである．厚み 400 nm の金箔は約 1.39×10^3 {$400\div(2\times0.144)$} 個の原子層の金原子から構成される（Au 原子の半径は 0.144 nm）．20000 回に 1 回，90 度を超えて大きく跳ね返されるということは，一原子層で跳ね返されていると考え直すと，$2.78\times10^7(1.39\times10^3\times2\times10^4)$ 個の原子の中の 1 個が大きく跳ね返していることになる．跳ね返す能力は跳ね返すものの断面積に比例すると考えられるから，跳ね返すものの直径は原子の直径の $1.89\times10^{-4}(=1/\sqrt{2.78\times10^7})$ 倍に相当する．したがって，大きく跳ね返すものの半径は 0.272×10^{-4} nm $(0.144\times1.89\times10^{-4}$ nm) 程度と推定される．ラザフォードは原子半径に比べて極めて小さなこの跳ね返すものを原子核と命名した．

1.1.4 中性子の発見

ラザフォードの実験により原子の質量の大部分を占める原子核の存在が明らかになった．当時，He 原子の原子核の正電荷が $+2e$ で質量が陽子の 4 倍であることが知られていた．したがって，原子核の構成粒子として，質量をもつ中性の粒子の存在が予想された．チャドウィック (Chadwick) は，1932 年，図 1.7 に示す装置を用いて中性子の発見に挑んだ．^{210}Po から放射される α 線を Be あるいは B の板に照射し，発生する未知の放射線（当時ベリリウム線と呼ばれていた）をパラフィン（水素原子を多く含む）などに照射した．このとき発生する陽子などの粒子線のエネルギー解析を実施した．チャドウィックは，未知のベリリウム線の正体が，陽子とほぼ同じ質量で電荷をもたない粒子であると結論し，**中性子**と命名した（[Tea Time 1.2] も参照）．

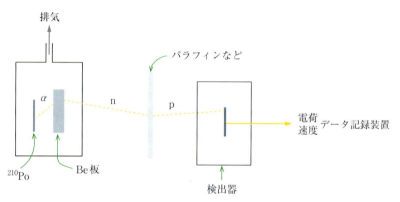

*1 α：α 線，n：中性子線，p：陽子線

図 1.7 チャドウィックの中性子の検出実験の模式図[*1]

☕ Tea Time 1.2　中性子の発見

中性子の発見はチャドウィックによるとされているが，その発見には，多くの研究者が貢献している．ベリリウムやホウ素などの軽元素に ^{210}Po からの高速の α 線を照射すると未知の透過力の大きな放射線（ベリリウム線）が発生することが知られていた（Bothe and Becker 1930）．この未知のベリリウム線は当初電磁波と考えられていた．キュリー夫妻の娘夫婦（I.Curie and F. J. Curie）はこのベリリウム線をパラフィンなどの水素を多く含む物質に照射すると陽子が発生することを見出した（1932）．発生する陽子の速度があまりにも大きいため，ベリリウム線が電磁波とすると，この過程でエネルギー保存則が成立しないと考えた．チャドウィックは，このキュリー夫妻の娘夫婦の実験に着目し，ベリリウム線をパラフィンの他にいろいろな物質に照射し，陽子やさらに質量の大きな原子核が発生することを見出した．このとき，発生する原子核の速度は質量が大きくなるほど小さくなることを見出し，エネルギー保存則が満たされていることを確認した．その結果，ベリリウム線の実体は陽子とほぼ同じ質量をもつ中性の粒子であると結論し，中性子と命名した（1932）[*2]．

*2 Be に α 粒子を照射して中性子が発生する原子核の反応は以下のように書かれる．
$$^{9}_{4}\text{Be} + ^{4}_{2}\text{He} \longrightarrow ^{12}_{6}\text{C} + \text{n}$$

以上で，原子を構成する陽子，中性子，電子の質量および電荷がすべて判明した[*1]．表1.1にはこれらの数値が示されている．電子の質量をm_e，陽子の質量をM_p，中性子の質量をM_nと表すと，電子の質量m_eは陽子の質量M_pおよび中性子の質量M_nの1836分の1である．

原子の質量は非常に小さい．原子の質量を表すために**統一原子質量単位**（unified atomic mass unit）が用いられる（0.3節既述）．質量数[*2] 12の炭素^{12}Cの原子1個の質量の12分の1の質量を単位（1u）とする．

$$1\,\mathrm{u} = 1.66054 \times 10^{-27}\,\mathrm{kg}$$

☕ Tea Time 1.3　放射線（X線, α線, β線, γ線）および He の発見

α線は，実験の重要な道具として，すでに陽子や中性子の発見のところで言及した．後述の原子の崩壊現象ではβ（ベータ）線やγ（ガンマ）線も出現する．さらに，X線を使用したX線回折は結晶構造の決定に重要な実験方法である．また，Heはα線の実体と判明するが，その解明プロセスも興味深い．これら放射線の発見の歴史の概略を以下に示す．

A. X線の発見

レントゲン（Röntgen）は，1895年に放電管のガラス壁に陰極線が当たるとき，非常に透過力の大きな放射線が発生することを発見した．この未知の放射線は**X線**と呼ばれるようになった．ラウエ（Laue 1912）は，結晶格子による回折現象を発生させることから，X線が"光"と同様な電磁波であることを示した．

B. 放射線の発見

α線の発見

ベクレル（Becquerel）はUから放射線が放射されることを発見した．キュリー（M. Curie）はUと同様に放射線を出すTh，さらに強い放射線を出すRaとPoを発見した．ラザフォードは，1898年，UやThからの放射線には2種類存在することを見出し，透過力の小さな方をα線，透過力の大きな方をβ線と命名した．さらに，1906年にこのα線の比電荷を測定し，水素イオンの二分の一であることから，α線はHeの原子核の流れであると結論した．これには，後述のヘリウムの発見の歴史が関連する．

β線の発見

ベクレルおよびギーゼル（Giesel）は，1899年，ラザフォードにより命名されたβ線の磁場による偏向方向から負の電荷を帯びていることを明らかにした．ベクレルは，さらに，β線についての比電荷の測定を実施し，β線は電子の流れであることを解明した．

γ線の発見

ヴィラール（Villard）は，1900年，β線よりも透過力の大きな放射線を発見した．この放射線をラザフォードは1903年γ線と命名した．ラザフォードとアンドラード（Andrade）は，γ線を結晶に照射

[*1] 原子核の中に正の電荷をもつ陽子と中性子が存在している．どうして，陽子と中性子が原子核という狭い領域に存在できるかは，湯川秀樹の中間子理論により説明された．陽子と中性子は中間子という粒子をやりとりすることで，引力を及ぼし合うというものである．この業績により，1949年，湯川秀樹はノーベル物理学賞を受賞した．

[*2] 質量数は陽子と中性子の数の和である（1.2.1項参照）．

して得られる回折パターンから波長の短い光(電磁波)であることを解明した．

C. ヘリウムの発見

ヘリウムについては，イギリスのロッキャー(Rokyer)が太陽コロナの発光スペクトルに未知な元素があることを発見し，太陽の意味をもつギリシャ語のヘリオスから，ヘリウムと命名(1868 年)した [フランスのジャンサン(Janssen, 1868)も同じスペクトル線の観測に成功している]．ヒレブランド(Hillebrand)はウラン鉱石から微量の不活性ガスを分離した(1890 年)．この未知な気体について，ラムゼー(Ramsay, 1895)は，スペクトルを測定し，太陽光のヘリウムのスペクトルと同一であることを確認した．ラザフォードとロイズ(Royds, 1907〜8)は Ra から放射される α 粒子を十分に集め，太陽光に見られるヘリウムと同一のスペクトルが観測されることを示した．その後，ラザフォードはガイガー(Geiger)と共同で，ガイガーの開発による計数管を利用して α 粒子が $+2e$ の電荷をもつことを示した(1908 年)．1906 年のラザフォードの α 粒子に対する比電荷の測定を合わせて考えると，α 粒子の質量は水素原子の 4 倍であることが判明した．以上の長い歴史により，α 粒子，すなわち，ヘリウム原子の原子核が $+2e$ の電荷をもち，質量数が 4 (1.2 節参照)であることが明らかになった．

1.2 同位体とその応用

1.2.1 原子核と同位体

同一の化学的性質を示す元素は，複数の同位体(isotope)と呼ばれる質量の異なる原子核をもつ原子(陽子数は同じ)を含んでいる(同位体は同位元素とも呼ばれる)．化学的性質は陽子の数に依存している．原子核に含まれる陽子および中性子は**核子**と呼ばれる．原子核が N_p 個の陽子(proton：p)と N_n 個の中性子(neutron：n)を含むとき，N_p と N_n の和 $A(=N_p+N_n)$ は**質量数**と呼ばれる．陽子の数 N_p が元素の化学的性質を決めていて，原子番号 $Z(=N_p)$ と呼ばれる．元素を構成する原子核を指定するためには，A および Z を指定することが慣例である．原子記号の左の上に A を，左の下に Z を書く．左下の Z は元素記号からも指定されるため，省略されることもある．たとえば，陽子は水素の原子核であり ${}^1_1\mathrm{H}$ (あるいは ${}^1\mathrm{H}$)と書かれ，α 粒子は ${}^4_2\mathrm{He}$ (あるいは ${}^4\mathrm{He}$) と書かれる．一般に原子核は

$$^A_Z\mathrm{G}\;(\mathrm{G：元素記号})$$

と書かれる．また電気的に中性な原子は陽子と同数の電子をもつ．同位体は，A および Z を用いると，同じ Z をもち A の異なる核種と定義される．化学的性質は原子核の外側の電子の振る舞いに依存しているため，同位体同士はほぼ同じ化学的性質を示す．元素*は原子の集合体であり，原子はその構成粒子である．地殻中の元素の存在比(質量%)は

---

* 元素という言葉は，ギリシャ時代や中世では万物の根源をなす基本的なものとして使用されてきた．現代では，化学物質の基本構成粒子は，デモクリトス(Dēmocritos)の原子説のリバイバルともいうべき原子とされる(原子の内部へは立ち入らない範囲で)．元素は化学物質の基本の構成成分物質(原子の集合)として使用されている．

表 1.2 地殻中の元素の存在割合（クラーク数）

元素	存在割合/(質量%)	元素	存在割合/(質量%)	元素	存在割合/(質量%)
O	49.5	Ti	0.46	Ba	0.023
Si	25.8	Cl	0.19	Zr	0.02
Al	7.56	Mn	0.09	Cr	0.02
Fe	4.70	P	0.08	Sr	0.02
Ca	3.39	C	0.08	V	0.015
Na	2.63	S	0.06	Ni	0.01
K	2.40	N	0.03	Cu	0.01
Mg	1.93	F	0.03		
H	0.83	Rb	0.03		

クラーク（Clarke）数[*1]と呼ばれ，表 1.2 に示すように，O，Si，Al，Fe などが多い．

表 1.3 に同位体の例を示す．**同位体**には安定に存在する**安定同位体**と放射線を放出して別の原子核の原子（核種）へ変化する**放射性同位体**がある．水素の原子核には，質量数 1, 2, 3 の 3 種類の核種が存在する．それらは，$^1_1$H（水素），$^2_1$H または D（重水素）[*2] および $^3_1$H* または T（三重水素*）[*3] である．このうち，* が付けられた三重水素は放射性であり，その半減期は 12.3 年である．水銀など 7 種類もの同位体が天然に

[*1] クラーク数という用語は最近ではあまり用いられていないが，地殻中の元素の存在の程度を知るのに参考になる．類似の用語として，地殻中の元素の存在度，地殻の元素存在度などがある．

[*2] D は英語名デューテリウム（Deuterium）の頭文字である．

[*3] T は英語名トリチウム（Tritium）の頭文字である．

表 1.3 同位体例，安定同位体と放射性同位体の区別，崩壊パターン，半減期

同位体	存在比/%	安定同位体，放射性同位体の区別	崩壊パターン	半減期
H(^{1}H)	99.985	安定	—	—
D(^{2}H)	0.015	安定	—	—
T(^{3}H)	0	放射性	β^-	12.3 年
^{12}C	98.892	安定	—	—
^{13}C	1.10	安定	—	—
^{14}C	1.2×10^{-10}	放射性	β^-	5715 年
^{14}N	99.634	安定	—	—
^{15}N	0.366	安定	—	—
^{19}F	100	安定	—	—
^{18}F	0	放射性	β^+	1.83 時間
^{31}P	100	安定	—	—
^{32}P	0	放射性	β^-	14.3 日
^{39}K	93.2581	安定	—	—
^{40}K	0.0117	放射性	β^-	1.25×10^9 年
^{41}K	6.7302	安定	—	—
^{90}Sr	0	放射性	β^-	29.1 年
^{127}I	100	安定	—	—
^{131}I	0	放射性	β^-	8.04 日
^{141}Pr	100	安定	—	—
^{210}Po	trace	放射性	α	138.4 日
^{226}Ra	trace	放射性	α	1599 年
^{232}Th	100	放射性	α	1.4×10^{10} 年
^{234}U	0.005	放射性	α	2.45×10^5 年
^{235}U	0.720	放射性	α	7.04×10^8 年
^{238}U	99.275	放射性	α	4.46×10^9 年

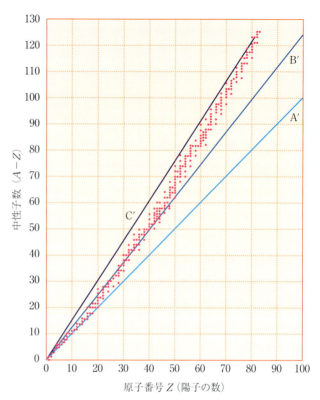

図 1.8 同位体分布図（A'：$A-Z=Z$，B'：$A-Z=1.25Z$，C'：$A-Z=1.5Z$）

*1 記号 k はボルツマン定数にも用いられる．しかし，ここでは，第11章と同じく，速度定数に k を用いている．

*2 $\log x$ は x についてのネイピア（Napier）数 e（$e=2.718\cdots$）を底とする対数である．すなわち x の自然対数である．$\log x = a$ は $x = e^a$ を意味する．$\log x$ は場合によっては，$\ln x$ あるいは $\log_e x$ とも書かれる（付録 A 参照）．

*3 崩壊反応は，11.1.2項で扱う分解反応に相当する．崩壊速度は(11.6)式で与えられる．時刻 t の濃度 $[A(t)]$ は(11.7)式で与えられる（代入すると解であることは容易にわかる）．(11.6)式を変形して，$\dfrac{1}{[A(t)]}\dfrac{d[A(t)]}{dt} = \dfrac{d\log[A(t)]}{dt} = -k$ として真中と右でできる微分方程式を解いてもよい．$t=0$ の濃度を $[A]_0$ とすると，半減期 $t_{1/2}$ の濃度について，$[A(t_{1/2})] = \dfrac{[A]_0}{2}$ が成立する．したがって，$[A]_0 e^{-kt_{1/2}} = \dfrac{[A]_0}{2}$ より，$t_{1/2} = \dfrac{\log 2}{k} = \dfrac{2.303\log_{10} 2}{k} = \dfrac{0.693}{k}$ となる（$\log_{10} x$ は10を底とする対数，常用対数）．

存在する元素もあるが，天然には同位体が1種類しか存在しない元素，Be，F，Na，Al，P，I，Cs，Au，Bi などもある．

　天然に存在する（安定）同位体の存在比は，一般的には，一定に保たれている．したがって，原子1個の質量と考えるべきは，異なる同位体の質量の存在比に対する加重平均である．この加重平均は統一原子質量単位で行う．このように原子の加重平均した質量を，**相対原子量 A_r**（relative atomic mass）または原子量と呼ぶ．

例　　$^{35}\text{Cl}(34.9688\,\text{u})\,75.53\%$；$^{37}\text{Cl}(36.9659\,\text{u})\,24.47\%$
　　　$A_r(\text{Cl}) = 34.9688\times 0.7553 + 36.9659\times 0.2447 = 35.4574$
(1.4)

この加重平均が周期表には原子量として与えられている．

1.2.2 原子核の自然崩壊

(1) 半減期

　放射性同位体は放射線を放射して他の核種へ自然に変化していく．この変化のことを崩壊という．崩壊の速さは，もとの半分の量になる時間，**半減期** $t_{1/2}$ で示される．この半減期は $t_{1/2} = \dfrac{\log 2}{k} = \dfrac{0.693}{k}$（$k$：崩壊反応の速度定数*1）と表され*2, *3，どこからスタートしても半分に

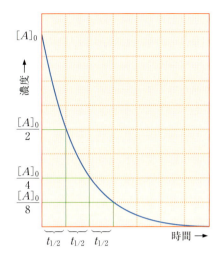

図 1.9 放射性同位体の減衰曲線と半減期

なる時間は図 1.9 に示すように一定である．放射性同位体の半減期は核種に固有であり，温度の影響はほとんどない．また，非常に長い半減期のものもある．

(2) 放射性同位体の崩壊形式

放射性同位体の崩壊形式には α 崩壊，β 崩壊，γ 崩壊の 3 種類がある．β 崩壊には電子放出の崩壊（B.1 参照）と陽電子放出の崩壊（B.2 参照）の 2 種類がある（表 1.4）．

表 1.4 放射性同位体の崩壊パターンと陽子数と質量数の変化

形式	放射されるもの	陽子数（原子番号）の変化	質量数の変化
α 崩壊	^4_2He（He の原子核）	-2	-4
β^- 崩壊	e^-（電子）	$+1$	0
β^+ 崩壊	e^+（陽電子）	-1	0
γ 崩壊	電磁波	0	0

A. α 崩壊

α 崩壊では，α 粒子（^4_2He：He の原子核）（α 線ともいう）を放射して質量数を 4，原子番号を 2 減少させる．この崩壊の核反応式では，左辺，右辺で質量数と原子番号（陽子数）の和は保存される．

例
$$^{238}_{92}\text{U} \longrightarrow {}^{234}_{90}\text{Th} + \alpha\,({}^4_2\text{He}) \tag{1.5}$$

$^{238}_{92}\text{U}$ は天然に 99.275% 存在し，半減期 4.46×10^9 年で $^{234}_{90}\text{Th}$ に変化していく．

B. β 崩壊

電子を放出して崩壊する β^- 崩壊と陽電子* を放出して崩壊する β^+ 崩壊がある．

B.1 β^- 崩壊 電子線を放射して崩壊する β^- 崩壊では質量数は不変で原子番号は 1 増加する．電子を e^- と書いて具体例を示すと，

---

* 陽電子は電子の反粒子（質量は電子と同じで，電荷については絶対値は電子と同じで符号が逆の粒子）である．1932 年にアンダーソン（Anderson）により宇宙線の中に見出され，その存在が明らかになった．

$$^{64}_{29}\text{Cu} \longrightarrow {}^{64}_{30}\text{Zn} + \text{e}^- \text{（または } {}^{0}_{-1}\text{e}） \tag{1.6}$$

$$^{60}_{27}\text{Co} \longrightarrow {}^{60}_{28}\text{Ni} + \text{e}^- \text{（または } {}^{0}_{-1}\text{e}） \tag{1.7}$$

などが挙げられる．この崩壊では，陽子をp，中性子をnと書くと，原子核内部でn $\longrightarrow$ p+e$^-$ の変化が起こっている（厳密には，この中性子から陽子への変化の際に，**反ニュートリノ**（$\bar{\nu}$で表す）[*1] という粒子が発生している）．電子 e$^-$ を形式的に $_{-1}^{0}$e と書くと，β^- 崩壊でも，核反応式の左辺，右辺で質量数と電荷数の和は保存される．

B.2 β^+ 崩壊　陽電子線を放射して崩壊する β^+ 崩壊では，質量数は不変で原子番号は1減少する．陽電子を e$^+$ と書くと，原子核の内部では p $\longrightarrow$ n+e$^+$ の変化が起こっている（厳密には，この陽子から中性子への変化の際に，**ニュートリノ**（νで表す）[*1] という粒子が発生している）．陽電子 e$^+$ を形式的に $_{+1}^{0}$e と書くと，β^+ 崩壊でも，核反応式の左辺，右辺で質量数と電荷数の和は保存される．具体例として以下の式を示す．

$$^{11}_{6}\text{C} \longrightarrow {}^{11}_{5}\text{B} + \text{e}^+ \text{（または } {}^{0}_{+1}\text{e}） \tag{1.8}$$

C. γ 崩壊

γ 崩壊では，高エネルギーの γ 線（波長の短い電磁波）を放射して変化する．α 崩壊や β 崩壊で生成した高エネルギー状態の核種が安定状態へ移行する際に γ 線を放射する．γ 崩壊では，以下の具体例に示すように，核種は不変である．

$$^{137}_{55}\text{Cs} \longrightarrow {}^{137}_{56}\text{Ba(m)} + \text{e}^- \tag{1.9a}$$

$$^{137}_{56}\text{Ba(m)} \longrightarrow {}^{137}_{56}\text{Ba} + \gamma\,(0.66166\,\text{MeV}) \tag{1.9b}$$

(m) は不安定（高エネルギー）状態を表し，安定状態へエネルギー 0.66166 MeV[*2] の γ 線を放射して移行する．

陽子数 Z について $92 \geqq Z \geqq 84$ である天然に存在する核種（$Z = 84$ はポロニウム，$Z = 92$ はウラン）はすべて放射線を放射する**放射性元素**である．これらの放射性元素は放射線を放射して次々と核種を変える3種類の**崩壊系列**，$^{232}_{90}$**Th 崩壊系列**（トリウム系列），$^{238}_{92}$**U 崩壊系列**（ウラン系列），および $^{235}_{92}$**U 崩壊系列**（アクチニウム系列）（図1.10）に含まれる．いずれの系列も安定な核種である Pb で終わる[*3]．

[*1] ニュートリノ（中性微子），および反ニュートリノ（反中性微子）は β 崩壊の過程でエネルギー保存則を満たすためにパウリ（Pauli）により1930年に提案された粒子であり，実験的にもその存在が確認されている．電荷をもたない中性粒子のため，ニュートリノと反ニュートリノは同一の可能性もある．

[*2] $1\,\text{MeV} = 10^6\,\text{eV} = 1.6022 \times 10^{-13}\,\text{J} = 2.4180 \times 10^{20}\,\text{s}^{-1\#} = 8.0657 \times 10^{11}\,\text{m}^{-1\#\#}$ [#: $E = h\nu$ の関係（2.1.2項参照）よりエネルギーを ν で表す，##: さらに，振動数で表したエネルギーを $c_0 = \nu\lambda$ の関係（0.2節参照）を用いて波数，$1/\lambda$ で表す]

[*3] この3種類の崩壊系列のほかに，ネプツニウム系列がある．^{241}Pu を起点に ^{209}Bi や ^{205}Tl を最終の系列核種とする．半減期が短いため，最終の系列核種を除いてこの系列の核種は現存していない．

> **例題 1.2**　次の核反応式の空欄 A〜G に該当するものを，原子番号，質量数がわかるように，書き入れよ．ただし，核反応では質量数と陽子数は保存する．
>
> (1) $^{42}_{18}\text{Ar} \longrightarrow (\ \text{A}\ ) + \text{e}^-$ 　　(2) $^{11}_{6}\text{C} \longrightarrow (\ \text{B}\ ) + \text{e}^+$
>
> (3) $^{222}_{86}\text{Rn} \longrightarrow (\ \text{C}\ ) + \alpha$ 　　(4) $^{9}_{4}\text{Be} + {}^{4}_{2}\text{He} \longrightarrow (\ \text{D}\ ) + \text{n}$
>
> (5) $^{27}_{13}\text{Al} + {}^{4}_{2}\text{He} \longrightarrow (\ \text{E}\ ) + \text{n}$
>
> (6) $^{233}_{90}\text{Th} \longrightarrow (\ \text{F}\ ) + \text{e}^-$; $(\ \text{F}\ ) \longrightarrow (\ \text{G}\ ) + \text{e}^-$
>
> **解**　A: $^{42}_{19}$K，B: $^{11}_{5}$B，C: $^{218}_{84}$Po，D: $^{12}_{6}$C，E: $^{30}_{15}$P，F: $^{233}_{91}$Pa，G: $^{233}_{92}$U

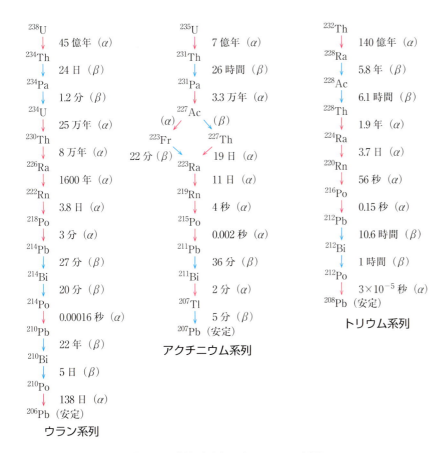

図 1.10 崩壊系列（βとあるのはβ^-崩壊）

1.2.3 （放射性）同位体の応用
(1) 年代測定法

年代測定法の代表的なものに放射性の核種$^{14}_{6}C$を利用した炭素14年代測定法がある．炭素の同位体割合（$^{12}_{6}C$：98.892%；$^{13}_{6}C$：1.108%；$^{14}_{6}C$：1.2×10^{-10}%）のうち，最も少ない$^{14}_{6}C$は半減期5715年の放射性同位体である．この核種は非常にわずかであるが，宇宙線の中性子と大気層の$^{14}_{7}N$（99.634%の存在割合）の核反応 $^{14}_{7}N + n \longrightarrow {}^{14}_{6}C + {}^{1}_{1}H$ で生成し，一定濃度を保っている．生物の$^{14}_{6}C$濃度は生存中，摂取と排泄で自然と同じ濃度を保っている．しかし，死を迎えると$^{14}_{6}C$の崩壊のみが起こり，$^{14}_{6}C$濃度の減少が起こる．遺跡などの人骨などの$^{14}_{6}C$濃度を測定し，半減期に対応した図1.9のような減衰曲線と比較することで，いつ死を迎えたかが判定でき，遺跡の年代測定が可能である（**炭素14年代測定法**）．

地球の年齢が45億年と現在では知られている．^{238}U（半減期45億年）および^{235}U（半減期7億年）は^{206}Pbおよび^{207}Pbにそれぞれ崩壊する．地球創成期の同位体組成と一致すると考えられる隕石と地球の岩石（花崗岩や玄武岩）のPbの同位体比の比較により地球の始まりは45億年前と決定された．この方法では，隕石の同位体構成比は地球始原と同一であること，地球の岩石にはウランの崩壊に由来する^{206}Pbや^{207}Pbが含

まれていることが前提とされている（**ウラン–鉛法**）．

(2) 古代の生活状況の解明

図 1.11(左)に示すように，^{13}C（天然に 1.108% 存在）の濃度については，光合成の違いにより，栽培植物（C_4 植物）ではやや高く，野生植物（C_3 植物）ではやや低い．さらに，^{15}N（天然に 0.366% 存在）の濃度についても，海生生物（海生哺乳類，魚類，貝類）はやや高く，陸生哺乳類はやや低いことが知られている．人間の毛髪は 1 ヶ月で 1×10^{-2} m 伸びて，一度形成されるとその組成を変えることはない．したがって，遺跡の中のミイラの毛髪を 2×10^{-2} m ごとに分析することにより，2 ヶ月ごとの食生活の推移を解明することができる．図 1.11(右)はこのような研究例[1.3]である．**生物種による同位体の存在比の差異から食生活の季節による推移が推定できる**．この図では以下に定義される ^{13}C および ^{15}N の濃度が使用されている[1.4]．

$$\delta^{15}\text{N} = \left(\frac{R_\text{N}^\text{sample}}{R_\text{N}^\text{st}} - 1\right) \times 1000 \quad (1.10\text{a}); \quad R_\text{N} = \frac{[^{15}\text{N}]}{[^{14}\text{N}]} \quad (1.10\text{b})$$

$$\delta^{13}\text{C} = \left(\frac{R_\text{C}^\text{sample}}{R_\text{C}^\text{st}} - 1\right) \times 1000 \quad (1.10\text{c}); \quad R_\text{C} = \frac{[^{13}\text{C}]}{[^{12}\text{C}]} \quad (1.10\text{d})$$

ここで，"st" は標準物質に対する同位体濃度比を示し，既知の値である．sample は対象試料の同位体濃度比である．同位体濃度比 R_N は同位体 ^{15}N の ^{14}N に対する濃度比，および同位体濃度比 R_C は同位体 ^{13}C の ^{12}C に対する濃度比である．δ^{13}C と δ^{15}N の単位は 1000 を 1 とした割合，千分率すなわち ‰（パーミル）である．

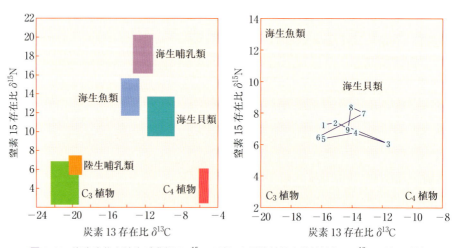

図 1.11 海生生物と陸生哺乳類の δ^{15}N の違いと野生植物と栽培植物の δ^{13}C の違い(左) およびミイラの毛髪中の同位体組成の変化(右)[1.3]

(3) 化学反応の追跡

植物が炭酸ガスを吸収して酸素を放出する光合成作用では水が重要な働きをしている．発生する酸素が吸収する二酸化炭素ではなく，水に由来していることが知られている．これは，次式のように酸素を ^{18}O で置換する（**同位体置換**もしくは**マークする**ともいう）ことから判明した．

$$6CO_2 + 12H_2{}^{18}O \longrightarrow C_6H_{12}O_6 + 6\,{}^{18}O_2 + 6H_2O \qquad (1.11)$$

このように，同位体を有効に使用することで，化学反応の過程を解析できる．

(4) **ポジトロン（陽電子）断層撮影法，PET（Positron Emission Tomography）**

以下のような機構で代謝が活発な箇所と不活発な箇所を識別する．

ステップ1：たとえば，天然には存在しない ^{18}F（半減期 1.83 時間）でマークした ^{18}F-FDG（フルオロデオキシグルコース）を血液に注射する（^{18}F-FDG は直前に小型加速器で生成する）．

ステップ2：この物質はブドウ糖類似のため，ブドウ糖を活発に消費するがん，脳，心筋などに集積される．

ステップ3：そこで，$^{18}_{9}\text{F} \longrightarrow {}^{18}_{8}\text{O} + e^+$ の核変換が起こり，陽電子 e^+ が放出される．

ステップ4：この陽電子はその付近の炭化水素などの電子と対消滅を起こし，お互いに 180 度の方向へ2本の γ 線を放出する．

ステップ5：取り囲む γ 線の同時検出器により，このお互いに 180 度で放射される γ 線の組，2組以上を検出すると，活発にブドウ糖が消費されている部位がわかる．

ステップ6：たとえば，ブドウ糖の消費の活発な場所はがん，不活発な場所はアルツハイマー症の箇所などと判定される．

1.3 核融合と核分裂

1.3.1 質量欠損

中性原子の質量 $M(A, Z)$（A：質量数；Z：原子番号）は構成粒子の質量の和より小さい．この減少量 ΔM は質量欠損と呼ばれる．陽子と電子の数は Z，中性子の数は $A - Z$ であるため，陽子，電子，中性子の質量を M_p, m_e および M_n とそれぞれ書くと，質量欠損 ΔM は以下のように書かれる．

$$\Delta M = \{ZM_p + (A-Z)M_n + Zm_e\} - M(A, Z) \quad (>0) \qquad (1.12)$$

この中性原子形成で軽くなった質量 ΔM は，光速度 c_0 を介したアインシュタイン（Einstein）の質量とエネルギーの等価原理により，**核子間の結合エネルギー B** となっている．

$$B = \Delta M \times c_0{}^2 \qquad (1.13)$$

核子1個あたりの結合エネルギー，B/A を A に対してプロットする[(1.5)]と，図 1.12 のように示される．このグラフから以下の2点に気づく．

1) $A = 4$ の He の B/A がその周囲の原子核の傾向と比べて飛びぬけて大きい．

2) $A = 56$ の Fe で B/A は最大である．

1) は α 崩壊で原子核から α 粒子（He の原子核）が放射される理由を示している．2) からは，Fe より A の小さな原子核は "**核融合**" で A の大きな原子核を形成した方が安定であり，Fe よりはるかに A の大き

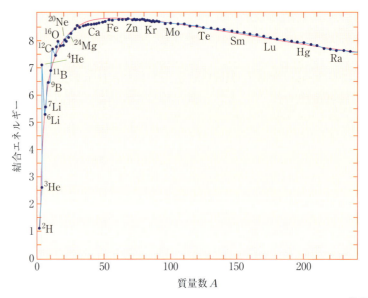

図 1.12 核子 1 個あたりの結合エネルギー（単位：MeV）と質量数 A の関係[(1.5)]

な原子核は"**核分裂**"で複数の A の小さな原子核に分裂した方が安定である．

1.3.2 核融合

太陽や恒星では以下の核融合反応が起こっている．

$$^2\mathrm{H} + {}^3\mathrm{H} \longrightarrow {}^4\mathrm{He} + \mathrm{n} + 17.6\,\mathrm{MeV} \tag{1.14a}$$

$$4\,{}^1\mathrm{H} \longrightarrow {}^4\mathrm{He} + 26.2\,\mathrm{MeV}^* \tag{1.14b}$$

$$^2\mathrm{H} + {}^2\mathrm{H} \longrightarrow {}^3\mathrm{He} + \mathrm{n} + 3.27\,\mathrm{MeV} \tag{1.14c}$$

* この反応は以下の 3 段階の反応をまとめて書いている．
$$2\,{}^1\mathrm{H} + 2\,{}^1\mathrm{H} \longrightarrow 2\,{}^2\mathrm{H} + 2\mathrm{e}^+ + 2\nu$$
$$2\,{}^2\mathrm{H} + 2\,{}^1\mathrm{H} \longrightarrow 2\,{}^3\mathrm{He}$$
$$2\,{}^3\mathrm{He} \longrightarrow {}^4\mathrm{He} + 2\,{}^1\mathrm{H}$$

この**核融合**は化学にとって重要な元素の起源に重要である［Tea Time 1.4］．さらに核融合は通常の化学反応の反応熱の百万倍程度の膨大なエネルギーを発生させる．このことに着目して以下の技術が開発あるいは開発中である．

(1) 国際熱核融合炉

太陽は 30〜100 億年で燃え尽きるといわれている．しかし，"地球に

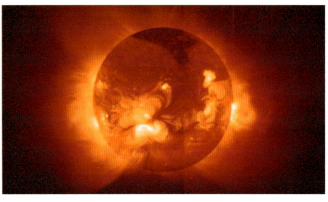

図 1.13 太陽の核融合反応（提供：JAXA）

太陽を"を合言葉に，**国際熱核融合炉**（ITER：International Thermonuclear Experimental Reactor）と呼ばれる核融合炉の開発が国際協力で進行中である．フランスは実験炉を建設し，日本は解析センターおよび次世代炉設計拠点を担う分担で遂行中である．

(2) 水素爆弾

核反応が莫大なエネルギーを生み出すことは，不幸なことに，兵器としての利用が真っ先に考えられた．^{2}H と ^{3}H の核融合は**水素爆弾**として利用されていて，^{6}Li の重水素化物に中性子を照射する形で実現されている．重水素 ^{2}H は海水中に豊富に存在し，^{6}Li も比較的地殻に多く含まれる．

$$n + {}^6\text{Li} \longrightarrow {}^4\text{He} + {}^3\text{H} \tag{1.15}$$

$$^3\text{H} + {}^2\text{H} \longrightarrow {}^4\text{He} + n \tag{1.16}$$

☕ Tea Time 1.4　元素の起源[1.5-1.7]

化学にとって最も基本的である元素の成因は，137億年前[注]に発生したビッグバンという宇宙の起源の後の核融合反応に求めることができる．ビッグバン直後の宇宙は超高温であったがその後の膨張とともに冷却が始まった．当初，陽子，中性子，電子は裸の状態で存在したが，3分後，10億 K くらいになり，He, Li, Be などの原子核が形成された．30万年後には温度が10万 K くらいとなり，H, He などの原子が形成された．この後，これら原子の密度の高いところと低いところ，密度揺らぎが出現した．この状態で，重力により密度の高い所の内部には H, He がますます集積し（重力収縮），100万年後には原始銀河が形成された．この原始銀河の密度が重力により一層増大するとともに温度も上昇し，1000万 K くらいになり，核融合で中心の水素からヘリウム原子が形成された．このヘリウムが中心に集まり，さらに高密度高温になり，炭素，酸素などが核融合で形成された．このように，核融合で Fe までの原子が形成された．1億年後には中心に Fe をもつ星が誕生し，中心部に Fe，最外層に水素，その中間に内側から外側へ幾層にも原子番号の減少する順に原子層が並ぶたまねぎ状の星が形成された．以上で，Fe までの原子の起源（Fe は核融合の終着駅）が説明される．Fe よりも重い原子の成因は，超新星爆発に求められる．中心に Fe の集積した星が重力でさらに収縮し，太陽より10倍くらい重くなった星は超新星爆発を起こし，大量のニュートリノを放出した．このとき，中心部の Fe 以外の部分は宇宙空間に撒き散らされ，中心部は中性子星やブラックホールになった．この過程で，それまで形成された原子核は中性子を取り込み，金や銀など Fe より重い元素が形成された．最近の研究の解説としては文献 1.6 が参考になる．

注：私たちから最も遠く 3.26×10^6 光年離れた銀河は 70 km s^{-1} の速度で遠ざかっている．この宇宙の膨張速度が一定であると仮定し，宇宙の一点から 3.26×10^6 光年の距離まで拡がったと考えると，必要な

時間は $\dfrac{3.26\times10^6\times B\times3\times10^8}{70\times10^3}=1.425\times10^{10}\times B$ 秒となる．B は 1 年間の秒数である．したがって，これを B で割ると 143 億年となる．現在の正確な見積もりは 137 億年である．

> ☕ **Tea Time 1.5　超新星爆発を捕らえた日本人**

　元素の生成に重要な超新星爆発を捕らえた日本人に小柴昌俊がいる．1987 年 2 月 24 日，大マゼラン星雲のタランチュラ星雲近くに超新星爆発（いまから 16 万年前に発生）が出現した．この超新星爆発（電子捕獲によるニュートリノ放出*）から発生したニュートリノは，岐阜県神岡鉱山地下 1000 m に設置されたカミオカンデにより検出された．この功績に対して，2002 年，ノーベル物理学賞が小柴昌俊に授与された．この研究は，その後も発展し，さらに高性能化されたスーパーカミオカンデ（図 1.14）による観測により，ニュートリノに質量のあることが解明された．この業績に対して，2015 年，ノーベル物理学賞が梶田隆章に授与された．この超新星爆発は非常に明るく肉眼でも観測可能であり，古い例として，1604 年のケプラーの星や平安時代の日記（藤原定家　名月記）の記載などが知られている．

* 超新星爆発に至る過程で，重力により収縮が進み極めて高密度になると，電子（e^-）も高エネルギーとなる．このような電子が存在する状況では，現在の地上で考えられる β^- 崩壊で安定化するという状況，$^{24}_{11}\text{Na} \longrightarrow {}^{24}_{12}\text{Mg}+e^-+\bar{\nu}$（$\bar{\nu}$：反ニュートリノ）は起こらなくなり，$\beta^-$ 崩壊ではなく電子捕獲が逆に起こる [$^{24}_{12}\text{Mg}+e^- \longrightarrow {}^{24}_{11}\text{Na}+\nu$，$^{24}_{11}\text{Na}+e^- \longrightarrow {}^{24}_{10}\text{Ne}+\nu$ など（ν：ニュートリノ）]．さらに，超新星爆発の際の Fe 原子核の崩壊により生じる陽子と電子の再結合（$p+e^- \longrightarrow n+\nu$）は，大量のニュートリノを放出する．

1.3.3　核分裂

　1938 年にハーン（Hahn）とマイトナー（Meitner）によりウランに中性子を照射すると原子核 2 つに分裂する**核分裂**が発見された．この核分裂で重要なことは，通常の化学反応の反応熱の数百万倍にも及ぶ膨大なエネルギーが放出されることである．さらに注目されるのは，1 個の中性子の注入で複数の中性子が発生し，反応起点がいたる所に拡大（連鎖反応）し，反応が爆発的に進行することである．核分裂反応の例を以下に示す．

$$^{235}_{92}\text{U}+n \longrightarrow {}^{143}_{54}\text{Xe}+{}^{91}_{38}\text{Sr}+2n \tag{1.17}$$

$$^{235}_{92}\text{U}+n \longrightarrow {}^{141}_{56}\text{Ba}+{}^{92}_{36}\text{Kr}+3n \tag{1.18}$$

$$^{235}_{92}\text{U}+n \longrightarrow {}^{139}_{53}\text{I}+{}^{95}_{39}\text{Y}+2n \tag{1.19}$$

この核分裂反応を起こす ^{235}U は天然 U 中に 0.72% 含まれ，半減期 7.04 億年である．U の核分裂の生成核種の質量数は，図 1.15 に示すように，$A=94$ のあたりと $A=140$ のあたりであることが多い．

　この核分裂反応を制御して利用を図るのが原子炉であり，爆発的に進行させるのが原子爆弾である．核分裂反応のエネルギーは原子炉として，原子力発電，潜水艦，探査ロケットなどで利用されている．最近は，国際条約により，宇宙への核物質の持ち込みは禁止されている．原子力発電では，天然の存在比 0.72% の ^{235}U を 4% 程度に濃縮した核燃料に水により適当な速さに減速された中性子を照射し，核分裂反応の発生と継続を図っている．この核反応の制御のため，中性子を吸収する**制御棒** [B（炭化ホウ素），Cd など中性子の吸収材] が使用される．これにより，中性子濃度を制御することで，核分裂反応を適正範囲に維持する．

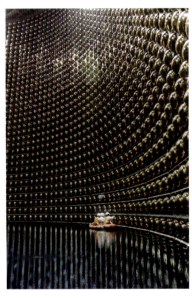

図 1.14　スーパーカミオカンデ
（提供：東京大学宇宙線研究所神岡宇宙素粒子研究施設）

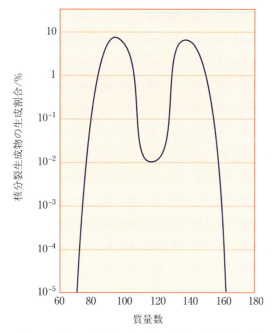

図 1.15 ^{235}U の核分裂の生成物の割合の質量数依存性

天然 U 中に 99.2% 含まれる ^{238}U は中性子照射を受けると以下のように ^{239}Pu を生成する．

$$^{238}_{92}\text{U} + n \longrightarrow [^{239}_{92}\text{U}] \longrightarrow ^{239}_{93}\text{Np} + e^- \tag{1.20}$$

$$^{239}_{93}\text{Np} \longrightarrow ^{239}_{94}\text{Pu} + e^- \tag{1.21}$$

^{239}Pu は核分裂を起こすことが比較的容易である．これらの核分裂可能な核種を利用した原子爆弾（核兵器）が 1945 年 6 月にアメリカにより開発され，同年 8 月に広島（^{235}U 弾）や長崎（^{239}Pu 弾）に投下された．現在のほとんどの核兵器では，核分裂反応の容易さ，小型化可能のため，^{239}Pu が使用されている．

原子力発電の際にも ^{239}Pu が生成される．したがって，原子力発電を行う際にもプルトニウムを蓄積しないことが国際的に求められている．プルトニウムの平和的消費方法として，高速増殖炉（廃止されるもんじゅなど）の核燃料として使用することや，プルサーマル* などで現状原子炉の核燃料として用いることなどが考えられている．

* プルサーマルとは Plutonium use in thermal reactor からつくった和製英語．MOX 燃料（和製英語：Mixed Oxide of U and Pu）を燃料として用いる．

☕ Tea Time 1.6　天然原子炉（20 億年前）

天然に原子炉が存在しうることを，1956 年，黒川和夫（アーカンソー大学）が予言した．この予言の正しさは，フランス政府による天然原子炉跡の発見という 1972 年の発表により，証明された．輸入ウラン燃料中の ^{235}U の存在比が，天然の存在比 0.72% に比較して 0.42% 低い（0.7171%）ことを問題としたことがきっかけである．輸入 U の産地のアフリカ・ガボン共和国に何箇所か ^{235}U の存在比が低い鉱床が存在していることが明らかになり，20 億年前に，天然の原子炉が数十万年間継続したと結論された．

Tea Time 1.7 人類と物質の関わり

図1.16は物質文明の進展を示している．人類が初期の石器時代から鉄器時代までにおおよそ300万年もの年月を要したが，その後，特殊相対性理論の発表によって核物質を利用できるようになるには鉄器の利用開始以降，3000年しか経ていない．量子力学の誕生も相俟って急激な物質文明の進展があったことがうかがえる．また，世界人口の推移を示すグラフからは，本章で学んだ原子の構造が明らかとなった20世紀以降に世界人口も急激に増大していることがわかる．現在，人類がいかに急激な技術と文明の変遷の途上にあるかがわかる．

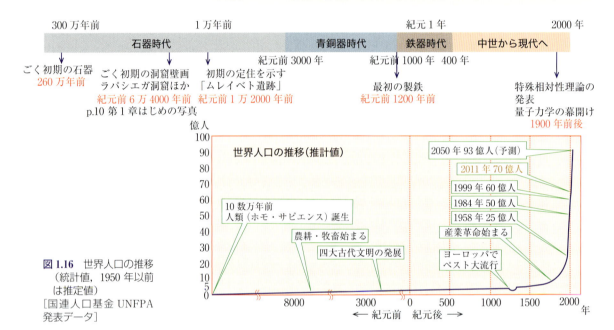

図1.16 世界人口の推移（統計値，1950年以前は推定値）[国連人口基金 UNFPA 発表データ]

第1章のまとめ

- 原子の存在の実験的検証と原子の基本構成粒子の発見
    - J.J.トムソンの陰極線の実験（電子の比電荷の決定，電子の発見）
    - ミリカンの実験（電子の電荷量の決定）
    - トムソンの陽極線の実験（陽子の発見）
    - ラザフォードの実験（原子核の発見）*
    - チャドウィックの実験（中性子の発見）*
        - ＊：当時発見されていた α 粒子を利用
- 原子の構成　　電子，原子核（陽子，中性子）
- 原子核　　同位体
    - 利用　　^{14}C 年代測定法，古代の生活状況の解明，化学反応の反応過程の追跡，PET
    - 原子の崩壊形式　　α 崩壊，β^- 崩壊，β^+ 崩壊，γ 崩壊，崩壊系列
    - 質量欠損　　原子核のエネルギーの開放　　核融合，核分裂
        - 太陽，恒星，ITER，水素爆弾
        - 原子炉，原子爆弾，元素の起源

章末問題 1

1. トムソンの実験（図 1.2 および [Study 1.1] 参照）についての以下の問題に答えよ．
   (1) 電場 E において質量 m_e，電荷 $-e(<0)$ の粒子が受ける力 F の式を SI 単位系で示し，力の方向も示せ．
   (2) トムソンの実験のステップ 1 [Study 1.1] の速度 v を求めよ．次に，ステップ 2 の通過時間 t を求めよ．最後に，ステップ 3 の y_1 を求め，実験的に電子の比電荷を決める実験式 $-\dfrac{e}{m_e} = \dfrac{2Ey_1}{B^2 L_1^2}$ を導出せよ．

2. ファラデーは電気分解の法則を 1833 年に発見している．この法則によれば，1 グラム等量 (p.12 *1 参照) の物質を析出させるのに必要な電気量は，物質の種類によらず一定で，96500 C であるという．これから，電子 1 個の電荷を求め，(1.2) 式の電荷量と比較せよ．さらに，なぜ，1833 年のファラデーの法則があるにも関わらず，1897 年のトムソンの実験による電子の比電荷の決定を電子の発見とする理由を説明せよ．

3. α 粒子の比電荷は陽子の比電荷の二分の一である．どのようにして α 粒子が He の原子核と確定されたかを説明せよ．

4. 統一原子質量単位 1 u の大きさが 1.66054×10^{-27} kg に等しいことを示せ．ただし，^{12}C からなる炭素 1 mol の重さは 12×10^{-3} kg である．

5. (1) 天然炭素中の ^{14}C は β^- 崩壊で崩壊していくが，同時に，常に生成する機構が働き，存在比は 1.2×10^{-10} ％で一定に保たれている．この ^{14}C の生成機構について原子核反応を用いて説明せよ．
   (2) ^{14}C の β^- 崩壊の核反応を書け．
   (3) ある遺跡から動物の骨が出土した．この骨の ^{14}C 濃度を分析したところ，0.3×10^{-10} ％であった．この遺跡の年代を推定せよ．ただし，^{14}C の半減期は 5715 年とする．

6. 天然の原子炉はアフリカのガボン共和国の鉱床に 20 億年前に存在したと結論されている．^{235}U の半減期は 7 億年，存在比は 0.72 ％である．また，このウラン鉱床には地下水が存在していたと容易に想像される．これら条件から天然原子炉が 20 億年前に存在することができたことを説明せよ．

7. ^{2}H + ^{3}H $\longrightarrow$ ^{4}He + n + 17.6 MeV で表される核反応の反応熱はグラファイトの燃焼熱 394 kJ mol^{-1} の何倍となるか．ただし，17.6 MeV は原子核 ^{4}He 1 個の生成反応の生成熱であることに注意せよ．

8. ^{2}H と ^{3}H の核融合反応の前段階 (1.15) 式は $A < 56$ の領域の核分裂反応である．この核分裂反応がエネルギーを生み出す目的の邪魔にならない理由を考えよ．

Study 1.1　トムソンの陰極線の実験の概略

図 1.17 に示すように，陰極から出た負電荷を帯びた陰極線は陽極中心部の穴を通過して蛍光板へ向かって速度 v で等速度運動し，平行電場と平行磁場の領域（偏向板領域）へ侵入する．平行電場 E（上から下の方向）は，上側の電極は ＋極，下側の電極は －極となるように設定されている．この電場は，陰極線粒子の電荷を $-e(<0)$ とすると，陰極線粒子に対して上向きで大きさ eE (E : 電場ベクトル E の

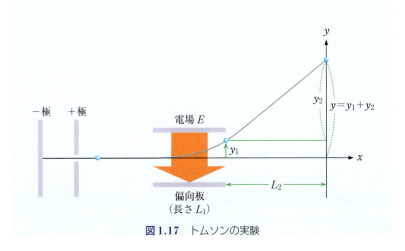

図 1.17　トムソンの実験

大きさ)の力を与える．また，平行磁場 B は紙面の表側から裏側の方向(表側 N 極，裏側 S 極)へ設定されている．この磁場は，負電荷 $-e$ をもち速度 v で進行する陰極線粒子に対して，下向きで大きさ evB (B：磁場ベクトル B の大きさ)の力を与える．

ステップ1：これら電圧 E と磁場 B が負に帯電した陰極線粒子へ与える力の大きさをお互いに等しく設定すると，進行する粒子へ働く力はゼロとなる．その結果，陰極線粒子は等速運動で直進する．この直進する条件から速度 v を決定する．

ステップ2：電場を与える電極板の長さ L_1 を用いて，電極(偏向)板の通過時間 t を求める．

ステップ3：ステップ1の場合と電場は同条件で，磁場を切断する．この電極板を通過する間に電場により y_1 だけ上方へ曲げられる．この上方への運動は等加速度運動となることに注意して，この運動の加速度 a を上方へ働く力から求める．さらに，$y_1 \left(= \left(\frac{1}{2}\right)at^2\right)$ を求める．

この y_1 の実測値から電子の比電荷を決定することが可能である．なお，電極(偏向)板領域を出た後の電子は，電極(偏向)板の出口の速度をもつ等速運動となる．したがって，この出口を出た後も陰極線粒子は上方へ運動し，図1.17の y_2 へ到着する．電極板の出口と陰極線が輝点として観測されるスクリーンまでの y 軸方向の距離を L_2 とする．L_2 は装置定数として実験的に与えられるから，y 軸上の y_2 を求めることは容易である．章末の問題1.1では，本質的なところだけを考えることとし，L_1 から y_1 を求める段階にとどめている．

Study 1.2　ミリカンの油滴の実験　　測定原理(図1.3参照)

ステップ1：電場なしで質量 m の油滴(半径 a の球形)の落下の終速度の大きさ v_1 を測定する．油滴に働く力は重力と媒質の及ぼす粘性抵抗であり，その合わせた力(合力)は0であることに注意する．落下の終速度とは重力と媒体による粘性抵抗がつり合い，力の働かない運動，等速度運動する状況をいう．このとき以下の式が成立する．

$$mg - 6\pi\eta a v_1 = 0 \tag{S1.2.1}$$

左辺第1項は質量 m の油滴に働く地球中心に向かう落下の重力 mg (g：重力加速度)を表す．左辺第2項は落下する半径 a の球形の油滴が受ける媒体(いまの場合，空気であり，その粘性係数は η)の粘性抵抗 F_r [$F_r = 6\pi\eta a v_1$(ストークスの粘性抵抗の法則)]を表す．

ステップ2：下向きで大きさ E の電場を印加して上昇の終速度の大きさ v_2 を測定する．負電荷をもつ油滴(電荷の大きさ q)について，以下の力のつり合いの式が成立する．

$$qE - mg - 6\pi\eta a v_2 = 0 \tag{S1.2.2}$$

油滴の密度を ρ とすると，$q = \dfrac{9\pi\eta}{E}\sqrt{\dfrac{2\eta v_1}{\rho g}}(v_1 + v_2)$ が得られる．

参考書・出典

(1.1) S. ワインバーグ(S. Weinberg)(本間三郎 訳)『新版 電子と原子核の発見』ちくま学芸文庫.

(1.2) L. ポーリング(L. Pauling)(関集三・千原秀昭・桐山良一訳『増訂 一般化学』岩波書店, 1965年第9刷.

(1.3) 米田 穣『化学で読み解くナスカの生活と社会』世界遺産 ナスカ展 TBS 2006年 p.197.

(1.4) J. ヘフス(J. Hoefs)(和田秀樹, 服部陽子 訳)『同位体地球化学の基礎』丸善出版.

(1.5) 高木仁三郎『元素の小事典』岩波ジュニア新書 49 p.68.

(1.6) 嶺重慎, 小久保英一郎 編著『元素はどこから来たのか 宇宙と生命の起源』山田章一 岩波ジュニア新書 477 p.25.

(1.7) 野本憲一編『元素はいかにつくられたか 超新星爆発と宇宙の化学進化』岩波書店.

原子の電子構造

　19世紀は産業革命が進展し，力学や電磁気学などもその進展に寄与し，これらの学問はすでに完成したという印象を人々はもっていた．しかし，19世紀後半からそれまでの学問では説明できない現象が相次いで知られるようになった．これまで人類が培ってきた物質観，自然観の変革が迫られる事態となり，従来の延長ではないまったく新しい考え方である量子力学が提案された[2.1]．量子力学は，当初，受け入れ難い奇妙な側面もあるため，論争や紛糾を経て，それまで説明不可能であった現象を説明可能とする学問体系として確立した．原子の電子構造にこのまったく新しい考えを適用することにより，従来抱えていた困難を解決し，原子や分子の電子構造や性質，周期表が解明されるようになった．この量子力学が半導体，コンピュータに代表される20世紀以降の科学技術と社会の急激な変革をもたらした．量子力学の知識抜きには化学現象の理解は不可能である．

太陽光のスペクトル：恒星から発せられる光の波長と強度分布から星の組成，大気，温度，年齢，距離などの情報が得られる．

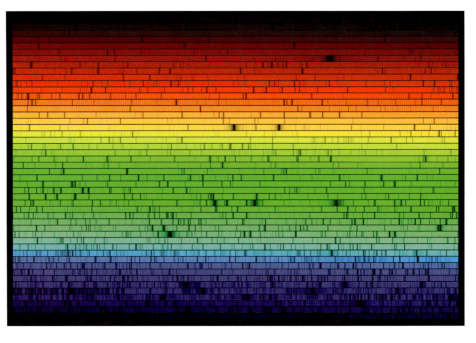

本章の目標
- 物質に波動性と粒子性の二面性があることを理解する．
- エネルギーの量子化を学ぶ．
- 電子の波動関数と存在確率の定式化を学ぶ．
- 電子のエネルギーと空間分布が原子の性質に及ぼす効果について知る．

羅針盤　赤：最重要　　青：重要　　緑：場合によっては自習

既存の考え方の破綻と克服への萌芽（2.1）
　原子の発光スペクトル（離散的エネルギーの暗示）（2.1.1）
　黒体放射（放射スペクトルの極大）　エネルギー量子仮説（プランク）（2.1.2）
　光電効果（最低振動数の存在）　光量子仮説（アインシュタイン）（2.1.3）

↓

ラザフォード・長岡の原子モデルの破綻　安定に電子は存在しえない問題

ボーア模型（2.2）　エネルギー量子仮説（2.2.1）
　離散的な水素原子の電子のエネルギーの説明と
　　リュードベリ定数の定量的な説明に成功（2.2.2）

波動力学（シュレーディンガー方程式）（2.3）
　ド・ブローイの物質波　電子の粒子性と波動性（2.3.1）

波動性に立脚した力学―シュレーディンガー方程式（2.3.2）
　1次元のシュレーディンガー方程式とその厳密解の特徴

水素原子の電子構造（2.4）
　水素原子に対するシュレーディンガー方程式の厳密解（2.4.1）

波動関数の図示の方法（2.4.2）
動径分布関数とボーア半径（2.4.3）

多原子分子の電子配置の規則性と周期表（2.5）

元素の性質の周期性（2.6）
　決定因子（2.6.1），原子の性質の周期性（2.6.2）

2.1 原子の電子構造の考え方の破綻と新しい考え方の導入

2.1.1 発光スペクトル

低圧の水素を入れた放電管に高電圧を印加したとき，光が発生する．この光を図2.1のように分光すると，可視光から紫外光にわたる波長域に数箇所の輝線が現れる現象が知られていた．このような一連の輝線，すなわち**発光スペクトル**の発生機構は，当時，不明であった．後にバルマー系列と呼ばれるこの発光スペクトルについて，バルマー（Balmer）は1885年，以下のような整理式を発見した．

$$\bar{\nu} = \frac{1}{\lambda} = R_H \left(\frac{1}{2^2} - \frac{1}{m^2} \right) \quad (m = 3, 4, 5, \cdots) \quad (2.1)$$

$\bar{\nu}$は波長λの逆数として定義される波数であり*，R_Hは**リュードベリ**（**Rydberg**）**定数**と呼ばれ，$R_H = 1.0967758 \times 10^7 \text{ m}^{-1}$の値をもつ．その後，この水素の発光スペクトルには，バルマー系列の他に遠紫外，可視，赤外の波長域（第0章参照）に輝線の集まりが数箇所存在することが明らかになり，自然数nを用いて，以下の式で整理された．

$$\bar{\nu} = \frac{1}{\lambda} = R_H \left(\frac{1}{n^2} - \frac{1}{m^2} \right) \quad (m = n+1, n+2, n+3, \cdots) \quad (2.2)$$

水素の発光スペクトルの(2.2)式に基づいた整理を表2.1にまとめて示す．これらの発光スペクトルは，原子の中の電子のエネルギーが離散的な（とびとびの）値をとっていることを暗示している．

図2.1 光のスペクトル（プリズムによる分光）

* 波数の記号としては$\tilde{\nu}$も多用されるが，この教科書では$\bar{\nu}$を用いている．

表2.1 水素の発光スペクトル

系列名	発見年度	波長範囲/nm##	電磁波の種類	(2.2)のn値	(2.2)のm値
ライマン（Lyman）系列	1906	91.2〜122	遠紫外	1	2, 3, 4, …
バルマー（Balmer）系列	1885#	365〜656	可視〜紫外	2	3, 4, 5, …
パッシェン（Paschen）系列	1908	820〜1870	赤外	3	4, 5, 6, …
ブラケット（Brackett）系列	1922	1460〜4060	赤外	4	5, 6, 7, …
プント（Pfund）系列	1924	2280〜7460	遠赤外	5	6, 7, 8, …

\#：これより以前に見出されていた．1885年はバルマーの式が提案された年．
\#\#：最短値は(2.2)式で$n = \infty$の値．

2.1.2 黒体放射

19世紀はドイツなどで鉄鋼業が盛んになり，良質な鋼を得るため，高温の温度管理の技術が重要となった．また，電球の普及も始まり，物体の温度と光の研究が重要となった．低温では赤く見え高温では白く輝く炉の小孔からもれる光から温度を正確に測定するため，**黒体放射**の研究が実施された．黒体とは，あらゆる光を吸収する物体を意味し，表面からの反射光ではなく内部から放射される光を研究するためのものである．内部に空洞をもつ高温物体の表面の一部に穴をあけて外部に放射される光を観測する空洞放射も黒体放射と考えられる．これにより，放射される光の強度と振動数νの関係（スペクトル）の研究が実施された．図2.2に測定されたスペクトルを示す．

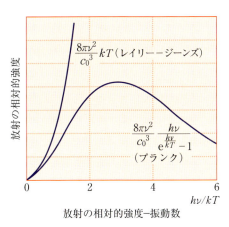 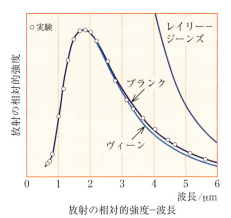

図 2.2 黒体放射の相対的強度の極大を示す実験（1600 K）と理論式との比較．（左）：振動数プロット（$h\nu/kT$ を横軸に採用，h：プランク定数，k：ボルツマン定数，T：絶対温度），実験はプランクの式と一致，（右）：波長プロット（μm を単位として波長を横軸に採用），実験値（1600 K）は○で示す．

実験結果はある振動数においてスペクトル強度が極大を示している．このスペクトルの理論的説明が試みられた．ヴィーン（Wien, 1896），レイリー（Rayleigh）とジーンズ（Jeans）は以下の式を提案した（1900, 1905）．

ヴィーンの式（W 式）（1896）
$$U(\nu) = \frac{8\pi\nu^2}{c_0^{\,3}} A\nu \exp\left(-\frac{B\nu}{T}\right) \quad (2.3\mathrm{a})^*$$
$$= \frac{8\pi h\nu^3}{c_0^{\,3}} \exp\left(-\frac{h\nu}{kT}\right) \quad (2.3\mathrm{b})^*$$

* $\exp(x)$ は e^x（e：ネイピア数）と同じである．

レイリー－ジーンズの式（RJ 式）（1900, 1905）
$$U(\nu) = \frac{8\pi\nu^2}{c_0^{\,3}} kT \quad (2.4)$$

これらの式で，h はプランク定数，c_0 は光速度の大きさ，k はボルツマン（Boltzmann）定数，T は絶対温度である．

レイリー－ジーンズの式［RJ 式, (2.4) 式］は低振動数側でのみ実験と一致し，極大の存在は再現しなかった．一方，**ヴィーンの式**［W 式, (2.3a) 式］は短波長側（高振動数側）では実験とよく一致したが，中，長波長側の一致はよくなかった．(2.3b) 式は後にプランクの式，(2.5) 式と比較のために書かれた形である．W 式および RJ 式の実験との不一致は，これらの理論式が従来の考え方に立脚して組み立てられたためである．このような状況のもとで，プランク（Planck）は，1900 年，輻射のエネルギーに量子仮説 $E = nh\nu$（$n = 1, 2, 3, \cdots$）を採用し，黒体輻射のスペクトルについて全振動数範囲で完全に実験と一致する理論式を得た．

プランクの式（P 式）
$$U(\nu) = \frac{8\pi\nu^2}{c_0^{\,3}} \frac{h\nu}{\exp\left(\dfrac{h\nu}{kT}\right) - 1} \quad (2.5)$$

この式は低振動数側では RJ 式に一致し（図 2.2 左），短波長側（高振動数側）では W 式に一致し（図 2.2 右），全振動数（波長）範囲で完全に実

験に一致した．プランクの式は，連続的と考えられてきた輻射のエネルギーをとびとびの値をもつとして量子的に扱っている．このプランクの**エネルギー量子仮説**は，その後，基本的自然観として発展する量子力学の扉を開く端緒となった．

2.1.3 光電効果

図2.3のように，金属に光を照射すると電子が外部へ飛び出す現象が見られる．この**光電効果**と呼ばれる現象について，ある振動数以下の光の照射では，どんなに強い光を照射しても電子が外部へ飛び出さないという実験結果が得られていた（図2.4）．当時，光は波動と考えられ，波動のエネルギーは振幅の2乗（強度）に比例すると考えられたため，どのような振動数の光でも，光の強度を強くさえすれば，電子を金属の外へ飛び出させることが可能なはずであると考えられた．この矛盾を，アインシュタイン(Einstein)は，1905年，プランクのエネルギー量子仮説を光に適用した光量子仮説を導入して解決した．

図2.4に示すように，金属の外へ電子が飛び出すためにはエネルギー障壁（仕事関数と呼ばれる）を飛び越えるエネルギーを電子はもたなければならない．もし，そのような障壁がなければ，金属は何もしなくとも電子を失い，崩壊するためである．したがって，光はこの障壁のエネルギー（仕事関数）Φ と電子の運動エネルギー $\frac{1}{2}m_e v^2$ * (m_e と v は電子の質量と速さ) の和のエネルギーを電子に与える必要がある．振動数 ν の光はエネルギーを $h\nu$（h：プランク定数）の塊としてもつと仮定する（光量子仮説）と，この条件は，$h\nu = \frac{1}{2}m_e v^2 + \Phi$ となり，$h\nu - \Phi = \frac{1}{2}m_e v^2 \geqq 0$ が成立する．したがって，$\nu \geqq \frac{\Phi}{h} = \nu_0$ (ν_0：下限振動数)

* 質量 m の物体が速さ v で運動しているときの運動のエネルギー（運動エネルギー）は $\frac{1}{2}mv^2$ である（付録A2参照）．エネルギーの測定などから確立した定義と考えよ．

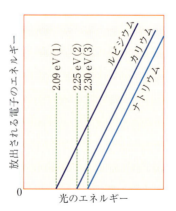

図2.4 光電効果の実験例（縦軸下端は放出される電子の運動エネルギーがゼロ，すなわち電子が飛び出さない条件を示している）．
振動数を ν，波長を λ として，(1) $\nu = 5.05 \times 10^{14}\,\text{s}^{-1}$, $\lambda = 593\,\text{nm}$；(2) $\nu = 5.44 \times 10^{14}\,\text{s}^{-1}$, $\lambda = 551\,\text{nm}$；(3) $\nu = 5.56 \times 10^{14}\,\text{s}^{-1}$, $\lambda = 539\,\text{nm}$．なお，単位 eV については，$1\,\text{eV} = 1.602\,\text{J}$ (p.5)．

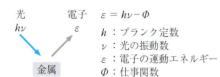

$\varepsilon = h\nu - \Phi$
h：プランク定数
ν：光の振動数
ε：電子の運動エネルギー
Φ：仕事関数

図2.3 光電効果の実験

でなければならない．すなわち，光電効果により電子を金属の外部に飛び出させるためには，ある振動数以上の光を照射しなければならない．**アインシュタインの光電効果の理論**の成功は，光のエネルギーは光量子という粒々で存在し，光は粒子性をもっていることを示している．

以上の実験事実は，電子のエネルギー準位はとびとびであること，光は粒子性をもつことなど，これまでの物理学の考え方では理解できない事実が存在していることを明らかにした．さらに，当時受け入れられていた原子の模型，電子の周回模型（ラザフォードの惑星モデルや長岡半太郎の土星モデル）は，すでに 1.1.3 項で言及したように，「電子はエネルギーを失い，原子の死を招く」という深刻な困難を抱えていた．原子の構造の理解には抜本的な考え方の転換（パラダイムシフト）が要求された．

☕ Tea Time 2.1　荷電粒子の加速度運動による電磁波の放射

荷電粒子が加速度運動すると電磁波を放射するということは初学者には難しく感じられるかもしれないが，学部レベルの電磁気学で学ぶ．しかし，この現象の身近な例としてニュースなどで接する放射光施設が挙げられる．放射光施設では，電子を巨大なリングに閉じ込め，円運動，すなわち速度の向きが常に接線方向に変化する等加速運動を電子にさせている．リングの接線方向から光（放射光）を取り出し，物質の構造の解析，分析などに利用している．この電子の円運動を持続させるために，電気エネルギーを周囲のコイルへ供給している．日本では，兵庫県に Spring-8 という放射光施設が稼動している[*]．

[*] Spring-8 は 1997 年 10 月の共用開始である．2024 年 4 月には次世代放射光施設，ナノテラス（仙台 東北大学青葉山新キャンパス）が共用開始予定で，高性能の軟 X 線放射光が，原子，分子の電子構造，磁気構造，結晶構造の解析に，活用できるようになる．

2.2　ボーア模型—前期量子論

2.2.1　ボーアの仮定

ラザフォードの原子モデルによると，水素原子の中では正の電荷を帯びた原子核の周囲を負の電荷の電子が周回していると考えている．しかし，このモデルには，極めて困難な問題，すなわち，電磁波の放射により電子は安定には存在し得ないという問題があることはすでに触れた．水素原子に電子が安定に存在し得ないというこの難問は，ボーア (Bohr) によるパラダイムシフトにより解決された．ボーアは，1913 年，水素の発光スペクトルの理論的説明に，従来では考えられない仮定（**ボーアの仮定**）を導入することで成功した．この理論は，本格的にこの分野を扱う方法となる量子力学の前段階として，前期量子論と呼ばれている．ボーア模型では正の電荷をもつ原子核と負の電荷をもつ電子の間にはクーロン力のみ考え，万有引力は無視する（第 0 章例題 0.1 参照）．ボーアは以下の 3 つの仮定を導入して議論を展開した．

仮定Ⅰ：電子は離散的なエネルギーの軌道を定常的に安定に運動する．
仮定Ⅱ：電子の軌道運動の角運動量 $m_e v r$ （m_e：電子の質量，v：電子の速度の大きさ，r：電子の軌道半径）は以下の値をとる．

$$m_\mathrm{e} vr = n\frac{h}{2\pi} \quad (n = 1, 2, 3, 4, \cdots) \tag{2.6}$$

ここで，h はプランク定数である．

仮定III：電子がエネルギー E_n の安定軌道から別のエネルギー E_m の安定軌道へ遷移するときのみ，以下の関係の振動数 ν の光の吸収あるいは放射が発生する．

$$|E_n - E_m| = h\nu \tag{2.7}$$

2.2.2 ボーア模型による電子のエネルギーとリュードベリ定数

ボーア模型では，原子核の電荷を $+Ze$，電子の電荷を $-e$ として，原子核から r 離れた軌道を速度 v で電子が周回していると考える（図 2.5）．

原子核と電子のクーロン力と電子の円運動の求心力[*1]が等しい条件から

$$\frac{1}{4\pi\varepsilon_0}\frac{Ze^2}{r^2} = m_\mathrm{e}\frac{v^2}{r} \tag{2.8}$$

の式が成立する．式中，ε_0 は真空の誘電率である．この式にボーアの仮定II［(2.6)式］を使用すると，

$$m_\mathrm{e}^2 r^2 v^2 = m_\mathrm{e} r^3 \frac{1}{4\pi\varepsilon_0}\frac{Ze^2}{r^2} = \frac{m_\mathrm{e} r Ze^2}{4\pi\varepsilon_0} = n^2\left(\frac{h}{2\pi}\right)^2 \tag{2.9}$$

が成立する．この式より，

$$r = \frac{\varepsilon_0 h^2}{\pi m_\mathrm{e} e^2}\frac{n^2}{Z} = a_0\frac{n^2}{Z} \tag{2.10}$$

$$a_0 \equiv \frac{\varepsilon_0 h^2}{\pi m_\mathrm{e} e^2} \tag{2.11}$$

を得る[*2]．ここで a_0 は**ボーア半径**と呼ばれ，0.05292 nm の値をもつ．

（全エネルギー E）＝（運動エネルギー K）＋（ポテンシャル（位置）エネルギー U）の関係から

$$E = K + U = \frac{1}{2}m_\mathrm{e} v^2 + \left(-\frac{1}{4\pi\varepsilon_0}\frac{Ze^2}{r}\right) \tag{2.12a}$$

と書かれる．運動エネルギーおよびポテンシャル（位置）エネルギーの形は，それぞれ，以下の形で書かれることを念のため記す（p.38 の * および例題 0.2 参照）．

$$K = \frac{1}{2}m_\mathrm{e} v^2 \tag{2.12b}$$

$$U = -\frac{1}{4\pi\varepsilon_0}\frac{Ze^2}{r} \tag{2.12c}$$

(2.8)式を(2.12a)式に代入して

$$E = \frac{1}{2}m_\mathrm{e} v^2 + \left(-\frac{1}{4\pi\varepsilon_0}\frac{Ze^2}{r}\right) = \frac{1}{2}\frac{1}{4\pi\varepsilon_0}\frac{Ze^2}{r} + \left(-\frac{1}{4\pi\varepsilon_0}\frac{Ze^2}{r}\right)$$

$$= -\frac{1}{8\pi\varepsilon_0}\frac{Ze^2}{r} \tag{2.13}$$

を得る．この式に(2.10)式を代入すると

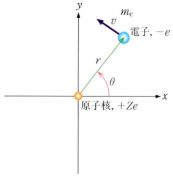

図 2.5 ボーア模型の円運動
m_e：電子の質量，$-e$：電子の電荷，$+Ze$：原子核の電荷，v：電子の速度

[*1] 遠心力と考えても良い（p.304 参照）．

[*2] (2.11)式で記号 ≡ は定義として用いられている．幾何学の合同，まったく同じに由来している．

$$E = -\frac{1}{8\pi\varepsilon_0}\frac{Ze^2}{r} = -\frac{m_e e^4}{8\varepsilon_0^2 h^2}\frac{Z^2}{n^2} \quad (2.14)$$

となる．(2.14)式の $Z=1$，$n=1$ の場合，すなわち水素原子の一番低いエネルギーに対応した E_1^H は $-13.6\,\mathrm{eV}$ の値をもつ．ボーアの仮定 III [(2.7)式] より

$$h\nu = |E_n - E_m| = \frac{m_e e^4}{8\varepsilon_0^2 h^2} Z^2 \left|\frac{1}{n^2} - \frac{1}{m^2}\right| \quad (2.15)$$

と書かれる．さらに，$n < m$ とし，波数 $\bar{\nu}\left(=\dfrac{1}{\lambda} = \dfrac{\nu}{c_0},\ c_0:\text{光速度}\right)$ で書き換えると

$$\bar{\nu} = \frac{1}{\lambda} = \frac{m_e e^4}{8\varepsilon_0^2 h^3 c_0} Z^2 \left(\frac{1}{n^2} - \frac{1}{m^2}\right) = Z^2 R_H \left(\frac{1}{n^2} - \frac{1}{m^2}\right) \quad (2.16)$$

となる．ここで，R_H は

$$R_H = \frac{m_e e^4}{8\varepsilon_0^2 h^3 c_0} \quad (2.17)$$

と書かれる．

$Z=1$ の場合は水素原子に対応する．この場合の R_H を (2.17) 式に含まれる諸定数を用いて算出すると，$R_H = 1.097\,374 \times 10^7\,\mathrm{m}^{-1}$ となる．この理論値はリュードベリ定数の実験値 $R_H = 1.096\,77 \times 10^7\,\mathrm{m}^{-1}$ と非常によく一致していて，ボーア模型の正しさを示している*．

水素原子の発光スペクトルの起源を示す模式図を図 2.6 に示す．この図はボーア模型のエネルギー式，(2.14) 式に基づいて書かれている．図 2.6 は 2.4 節で扱う水素原子のシュレーディンガー方程式の解として与えられる厳密なエネルギーの理論式によるとしても有効である（n はボーア模型では角運動量の量子化の量子数，シュレーディンガー方程式の解では主量子数と意味は少し違う）．

* リュードベリ定数としては，発光スペクトルの実験から決められた $1.096\,775\,8 \times 10^7\,\mathrm{m}^{-1}$ とする場合とボーア模型で与えられる理論的な $1.097\,373\,1 \times 10^7\,\mathrm{m}^{-1}$ とする場合が見られる．ここでは，前者をリュードベリ定数の実験値，後者をリュードベリ定数の理論値としている．裏表紙，1. 基本物理定数の値には理論値が掲載されている．ここで，注意すべきことがある．章末問題 2.2 を解くことで理解してほしいことであるが，(2.17) 式の R_H の電子の質量の代わりに，原子核と電子の相対運動として扱う際に現れる換算質量を用いると，得られる計算値は実験値と完全に一致するということである．換算質量の評価において，(2.17) 式の R_H は原子核の質量を無限に大きいとしていることに相当している．この意味で，R_H の理論値を R_∞ と書くこともある．裏表紙 1. 基本物理定数の値ではリュードベリ定数の記号として R_∞ が示されている．

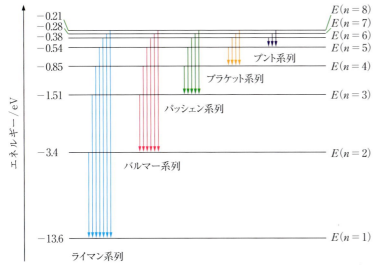

図 2.6 電子のエネルギーに基づいた発光スペクトルの模式図

2.3 波動力学（シュレーディンガー方程式）

2.3.1 粒子性と波動性の二重性

　光の粒子性は，1900年のプランクの黒体輻射に対するエネルギーの量子仮説により暗示され，1905年のアインシュタインの光量子仮説により明らかにされた．さらに，1913年のボーア模型の成功によっても支持された．従来，波動と考えられてきた光に粒子性があるのなら，粒子と考えられてきた電子にも波動性があるのではないかという直感から，1924年，ド・ブローイ（de Broglie）は**物質波**の考えを提案した．

「あらゆる運動する（速度の大きさv）物体（質量m）は$\lambda = \dfrac{h}{p} = \dfrac{h}{mv}$で表される波長の波動性をもつ」

この運動量p^*と波長の関係，

$$\lambda = \frac{h}{p} = \frac{h}{mv} \quad (h：プランク定数) \tag{2.18}$$

を**ド・ブローイの関係式**という（[Study 2.1]参照）．

　電子の波動性は，1927年，デヴィッスン（Davisson）とジャーマー（Germer）によるNi単結晶の電子線回折，トムソン［G. P. Thomson, 電子の比電荷を決定したトムソン（J. J. Thomson）の息子］によるAuなど金属薄膜に対する電子線回折により実験的に証明された．同様な電子線回折は雲母に対して菊池正士によっても1928年に行われている．ド・ブローイの関係式が定量的に成立していることも証明された．

　問題2.3に出題されているが，ボーアの仮定IIとド・ブローイの関係式を合わせて考えると，容易に，ボーア模型の電子がボーア半径の円周上を定在波として存在する条件を満たすことが導出される（問題2.3参照）．すなわち，ボーア模型では，水素原子の電子はボーア半径の円周上を定在波として安定に運動している．

* 記号pは第6〜9章では圧力に用いられている．ここでは運動量を表す記号として用いている．同様の運動量の意味の使用は付録A2にもある．

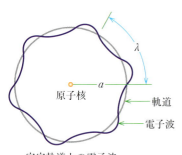

図2.7　ボーア模型の電子軌道の定在波

例題 2.1　(1)　水素原子に対するボーア模型（$Z = 1$）において，エネルギーEが知られているとする．このとき，運動エネルギーKについて，$K = -E$と書かれることを示せ．

(2)　水素の最低エネルギー状態の電子のエネルギーは$-13.59\,\mathrm{eV}$である．これより，電子の速度の大きさvを5桁以下切り捨てで求めよ．ただし，電子の質量m_eは$9.109\times10^{-31}\,\mathrm{kg}$，$1\,\mathrm{eV} = 1.602\times10^{-19}\,\mathrm{J}$とする．

(3)　ド・ブローイの関係$\lambda = \dfrac{h}{m_\mathrm{e}v}$から，この電子の波長を5桁以下切り捨てで求めよ．ただし，プランク定数hは$6.626\times10^{-34}\,\mathrm{J\,s}$である．

(4)　(3)で求めた波長はボーア半径$0.05292\,\mathrm{nm}$の2倍（$0.10584\,\mathrm{nm}$）の何倍となっているか．4桁以下切り捨てで答えよ．また，このことから，ボーア模型における水素原子の安定性はどのように解

釈できるか．

解 (1) $m_e \dfrac{v^2}{r} = \dfrac{1}{4\pi\varepsilon_0}\dfrac{e^2}{r^2}$ と $E = K + U = \dfrac{1}{2}m_e v^2 - \dfrac{1}{4\pi\varepsilon_0}\dfrac{e^2}{r}$ より，

$$E = \frac{1}{2}m_e v^2 - m_e v^2 = -\frac{1}{2}m_e v^2 = -K, \quad \text{すなわち}, \quad K = -E$$

(2) $K = \dfrac{1}{2}m_e v^2$

$$v = \sqrt{\frac{2K}{m_e}} = \sqrt{\frac{2 \times 13.59 \text{ eV}}{9.109 \times 10^{-31} \text{ kg}}}$$
$$= \sqrt{\frac{2 \times 13.59 \times 1.602 \times 10^{-19} \text{ J}}{9.109 \times 10^{-31} \text{ kg}}}$$
$$= \sqrt{4.7801 \times 10^{12}} \text{ m s}^{-1} = 2.186 \times 10^{6} \text{ m s}^{-1}$$

(3) $\lambda = \dfrac{6.626 \times 10^{-34} \text{ J s}}{(9.109 \times 10^{-31} \text{ kg}) \times (2.186 \times 10^{6} \text{ m s}^{-1})}$
$= 3.327 \times 10^{-10}$ m

(4) 3.14 倍，この波長はボーア半径を半径とする円の円周上の定在波の条件 $2\pi a_0 = n\lambda$ で $n = 1$ のときに相当する．定在波として電子は安定に存在し得る．

2.3.2 シュレーディンガー方程式

シュレーディンガー方程式とは ボーア模型は，ド・ブローイの関係を考え合わせると，電子の波動性を取り入れている（前項および問題 2.3 参照）．その結果，水素原子の発光スペクトルの説明に成功した．しかし，複雑な原子や分子へのボーア模型の適用は困難であった．そこで，電子の波動性に対応する適用性の広い一般的な理論が望まれた．シュレーディンガー(Schrödinger)は，1926 年，電子の波動性に対応する方程式，**波動方程式**（あるいは**シュレーディンガー方程式**），を発見した（[Study 2.2]）[*1]．まず，シュレーディンガー方程式で最も簡単な場合である 1 次元の場合を示し，その使い方と解法，現れる特徴的性質を示す．1 次元のシュレーディンガー方程式を以下に示す[*2]．

$$\left\{-\frac{h^2}{8\pi^2 m_e}\frac{d^2}{dx^2} + U(x)\right\}\Psi(x) = E\Psi(x) \tag{2.19a}$$

あるいは

$$-\frac{h^2}{8\pi^2 m_e}\frac{d^2\Psi(x)}{dx^2} + U(x)\Psi(x) = E\Psi(x). \tag{2.19b}$$

式中，h はプランク定数，m_e は電子の質量，$U(x)$ はポテンシャル（位置）エネルギー，$\Psi(x)$ は**波動関数**，E は**エネルギー（固有値）**である．

適用方法 このシュレーディンガー方程式を現実へ適用する場合，以下の手順にしたがう．

1. 解くべき状況はポテンシャル（位置）エネルギー $U(x)$ として与える．

[*1] シュレーディンガーはこのシュレーディンガー方程式を用いる方法を波動力学と命名した．電子などを扱う量子力学には，この波動力学の他にハイゼンベルクにより提案された行列力学と呼ばれる方法もある．両者は本質的には同じ結果を与える．行列力学は扱いが数学的に難しいため，波動力学が多くの場合，使用される．この教科書でも波動力学を使用する．

[*2] シュレーディンガー方程式には時間に依存するシュレーディンガー方程式と時間に依存しないシュレーディンガー方程式があり，ここで示しているのは後者である（[Study 2.2] 参照）．

2. シュレーディンガー方程式（微分方程式）を解いて E および $\Psi(x)$ を求める．
   このとき，波動関数 $\Psi(x)$ について，有限，1価，連続の制限条件をつける（3. で言及する波動関数が電子の確率密度に関係することから要請される）．
3. 得られた結果の現実との対応は以下のように考える．
   E：考える粒子（電子）のエネルギー
   $\Psi(x)$：考える粒子（電子）の確率密度に以下のように関係する [$\Psi(x)$ は複素関数]．

「$|\Psi|^2 \mathrm{d}x\mathrm{d}y\mathrm{d}z = \Psi^*\Psi \mathrm{d}x\mathrm{d}y\mathrm{d}z$[*1] [$\Psi^*$ は Ψ の複素共役（i を $-i$ に置換したもの）] は $x \sim x + \mathrm{d}x$，$y \sim y + \mathrm{d}y$，$z \sim z + \mathrm{d}z$ の間の体積素片 $\mathrm{d}x\mathrm{d}y\mathrm{d}z$ に多数回の測定で粒子（電子）を見出す確率に等しい」[*2] と考える（$|\Psi|^2$ は確率密度）．ここの記述は一般性をもたせて3次元で示している．1次元の場合は x についてのみ考えればよい．

ここで，$\int |\Psi|^2 \mathrm{d}x\mathrm{d}y\mathrm{d}z = \int \Psi^*\Psi \mathrm{d}x\mathrm{d}y\mathrm{d}z = 1$[*3] の条件（規格化条件）が課せられることが多い．この**規格化条件**はシュレーディンガー方程式の解はそれに係数を掛けても解であるため，係数の任意性を除くためである．

原子の電子は波動関数で表され，運動する粒子として表されない．この電子の確率密度を図示したものは，しばしば，**電子雲**と呼ばれる．

> **例題 2.2** 以下の文章の (a)～(f) 内に該当するものを記入し，(2.19b) 式の形をつくれ．
>
> 1) 質量 m_e，大きさ v の速度で運動する粒子の波長 λ を書け（ド・ブローイの関係式）．
>
> (a   )   (1)
>
> 2) この粒子の運動エネルギー K は
>
> $$K = \frac{1}{2} m_\mathrm{e} v^2 \quad (2)$$
>
> である．ここで，波動を表す量 $\Psi(x)$ を考える．
>
> $$\Psi(x) = A \sin\left(\frac{2\pi}{\lambda} x\right) \quad (3)$$
>
> 3) (3) 式について2回繰り返して微分すると (4) 式を得る．
>
> $$\frac{\mathrm{d}^2 \Psi(x)}{\mathrm{d}x^2} = (\quad b \quad) \Psi(x) \quad (4)$$
>
> 4) (4) 式の（　）内の係数を (2) 式の運動エネルギー K を用いて書くと以下のように書かれる．
>
> (c   )   (5)
>
> 5) 運動エネルギー K は全エネルギー E とポテンシャル（位置）エネルギー U と以下の関係にある．
>
> (d   )   (6)
>
> 6) この (5) 式および (6) 式を使用して (4) に代入すると以下の (7)

[*1] これは3次元の表現であり，1次元では変数 x のみを考え，y, z については考えない．

[*2] この考え方をボルンの確率解釈という．この波動関数についての考え方は，多くの論争を経て，現在では正しいものとして受け入れられている．ド・ブローイの物質波の考え方を取り入れて提出されたシュレーディンガー方程式では，波動関数は実在波でなく確率波と解釈される．（[Tea Time 3.1] も参照のこと）

この確率解釈は，量子力学においては，「観測前にはいろいろな状態が共存している（"重ね合わせの原理"）が，観測するとその中の一つの状態に確定する（"波束の収束"）」ということに関連している．特に，強く関連する複数の量子（電子，光子など）の波動関数の重ね合わせ状態（"量子もつれ"と呼ばれ，技術的に実現可能）では，お互いに遠く離れていても，ある量子の状態の情報が観測により知られると，その他の遠く離れた量子の状態の情報も瞬時に分かるということが起こる．また，重ね合わせの原理をコンピュータに活用すると，多数の場合を並列的に扱えることになり，コンピュータの高速化が期待される．このような重ね合わせの原理や量子もつれを利用した量子コンピュータや量子テレポーテーション（通信）が実現しつつある．量子力学の知識は現在，不可欠なものとなっている．

[*3] 1次元では x についてのみの積分となる．

式が得られる．

$$\qquad(\qquad\qquad e \qquad\qquad)\qquad(7)$$

7) (7)式を変形し，右辺を $E\Psi(x)$，左辺第1項を微分項とすると(8)式が得られる．

$$\qquad(\qquad\qquad f \qquad\qquad)\qquad(8)$$

この(8)式は，1次元のシュレーディンガー方程式（波動方程式），(2.19b)に対応している*．

解 a：$\lambda = \dfrac{h}{m_\mathrm{e}v}$，b：$-\dfrac{4\pi^2}{\lambda^2}$，c：$-\dfrac{8\pi^2 m_\mathrm{e}}{h^2}K$，d：$K = E - U$，

e：$\dfrac{\mathrm{d}^2\Psi(x)}{\mathrm{d}x^2} = -\dfrac{8\pi^2 m_\mathrm{e}}{h^2}(E-U)\,\Psi(x)$，

f：$-\dfrac{h^2}{8\pi^2 m_\mathrm{e}}\dfrac{\mathrm{d}^2\Psi(x)}{\mathrm{d}x^2} + U\Psi(x) = E\Psi(x)$

* この問題はシュレーディンガー方程式の一般的導出ではないことに留意のこと（[Study 2.2] 参照）．

☕ Tea Time 2.2 　電子の二重スリット実験と波動性

回折現象は，波動の示す典型的な現象で，2つの波が干渉するとき，山と山，谷と谷は強め合い，山と谷は打ち消し合い，濃淡の模様が出現する現象である．近年の技術の進歩は，電子線の干渉模様を示すことに，2箇所の短冊状の穴（スリット）を電子線が通過する二重スリット実験[(2.1)]により，成功している．図2.8に示すように，1個の電子をスリットに当てると二重スリットの一方のスリットを電子は通過するのみである．しかし，この測定を多数回実施すると，光による干渉縞と同様な干渉模様が出現し，波動のように振る舞うとみなすことができる．波動関数を電子の確率密度と関連させて解釈する考え方はこの実験からも妥当と考えられる．

☕ Tea Time 2.3 　波動関数の確率的解釈と不確定性原理

量子力学が重要となるのは日常の世界を離れた非常に小さな世界，極微の世界である．電子の質量は 9.109×10^{-31} kg であり，大きさはないというのが通説である．私たちが日常出会う物体，たとえば野球のボールは重さ 0.145 kg，直径 0.073 m であることと比較すると，いかに小さな世界を量子力学が対象とするかが理解される．電子，原子のような極微の世界ではハイゼンベルク（Heisenberg）により見出された不確定性原理が働いている．

〈不確定性原理〉

位置の不確定 Δx と運動量の不確定 Δp の間には以下の不等式が成立する．

$$\Delta p \cdot \Delta x \geq \dfrac{h}{4\pi}$$

この関係は定性的には以下のように説明される．微視的な対象は人間の目ではなく光により観測する．このとき物体は光を跳ね返す必要が

(a)

(b)

(c)

(d)
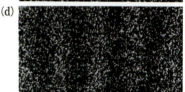

(e)
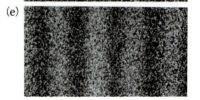

図 2.8 電子積算による干渉縞の形成．積算電子数は (a) 10，(b) 100，(c) 3000，(d) 20000，(e) 70000．（提供：株式会社日立製作所研究開発グループ[(2.2)]．文献(2.3)も参考になる．）

あり，波長 λ 以下のものは測定できない．すなわち，$\Delta x \sim \lambda$ である．一方，光子の運動量には $p = \dfrac{h}{\lambda}$ の関係（ド・ブローイの関係式）があるため，物体の p の不確定 Δp は $\Delta p \sim \dfrac{h}{\lambda}$ 程度と考えられる*．したがって，$\Delta p \cdot \Delta x \sim h$ 程度となる．この議論は観測に伴う誤差を強調した議論である．不確定には，波動（波束）としての必然的な不確定も存在するため，両者を加味した不確定性原理の式が提出されている (2.4)．

> * 物体は光の運動量 p を受けて，その運動量をこの光の運動量 p だけ変える．物体の運動量の不確定 Δp は $\dfrac{h}{\lambda}$ 程度となる．

量子力学の支配する極微の世界では位置と運動量は同時に測定できない．その結果，たとえばじめの位置と運動量がわかっても，以後の時間における粒子の位置と運動量，すなわち，軌跡は追跡不能である．これを，因果律が破綻しているという．その結果，電子がどこにあるかについては確率的解釈が要請される．量子力学のこの状況の特殊性は図 2.9 の古典力学の場合との比較図でも示される．

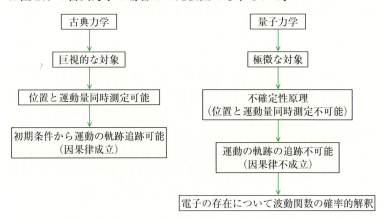

図 2.9 古典力学と量子力学の比較

1 次元の箱の中の自由電子と量子力学に特徴的な性質 (2.19)式を手順1〜3 に従い解く例を，1 次元の箱の中の自由電子について，[Study 2.3] に詳細に示す．この例では，図 2.10 のように，ポテンシャル（位置）エネルギーは長さ a の箱の中でゼロ，その外で ∞ としている．この ∞ としているのは，電子をこの箱の中に閉じ込める条件である．E を有限と考える限り，(2.19)式が $U(x) = \infty$ とおいたとき，$\Psi(x) = 0$ 以外に解は存在しないためである．この問題に対するエネルギー E と波動関数 $\Psi(x)$ について以下の解が得られる（[Study 2.3] 参照）．

$$\Psi_n(x) = A \sin \frac{n\pi}{a} x \qquad (n = 1, 2, 3, \cdots) \tag{2.20}$$

$$E_n = \frac{h^2 n^2}{8 m_e a^2} \qquad (n = 1, 2, 3, \cdots) \tag{2.21}$$

ここで，n は量子数であり，この例では自然数のみとる．量子数 n に対応したエネルギー E と波動関数 $\Psi(x)$ に，n の下付き添え字を付けてい

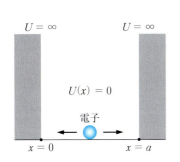

図2.10 1次元の箱の中の自由電子のポテンシャル（位置）エネルギー

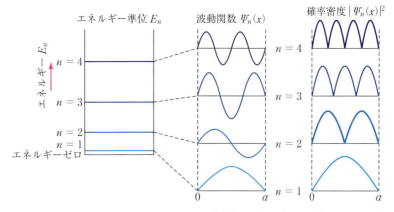

図2.11 1次元の箱の中の自由電子のエネルギー準位（a），波動関数（b）と確率密度（c）

る．エネルギーは，図2.11に示すように，とびとびの値をとり，波動関数は箱の両端でゼロの定在波のみ許される．

この簡単なモデルからは以下の量子力学の世界に特徴的なことが示される．

a. エネルギーはとびとびの（離散的な）値をもち，**量子数**が出現する．
b. (2.21)式において，最もエネルギーの低い状態（$n=1$）であってもエネルギーはゼロとはならず，有限の値をもつ[**零点運動**あるいは**零点エネルギー**（[Tea Time 2.4] 参照）]．
c. 量子数nが増すと，$\Psi(x) = 0$となる点（節点*1と呼ばれる）の数が増加し，これとともにエネルギーが増大する（図2.11）．エネルギーが増えると節点の数が増加するということは一般的に成立する．これは，波動関数の2次微分が電子の運動エネルギーに相当し，節の数が増えるほど，波動関数の2次微分が増加するためである．
d. $\int_0^a \Psi_n(x)\Psi_m(x)\,\mathrm{d}x = 0\ (n \neq m)$ の**直交条件**が成立する．これは「異なるエネルギーに属する波動関数は直交する」という一般則の特別な場合である．
e. aを大きくすると，エネルギーは低下する．これも，量子力学の世界に特徴的な**不確定性原理**（[Tea Time 2.3] 参照）の反映であり，電子は広い領域に束縛される方がエネルギーは低下する*2．

*1 節と呼ばれることもある．

*2 Tea Time 2.3に示す位置と運動量の不確定性原理において，$\Delta x \cong a$として，aを大きくすると，Δpは小さくなり，p自体も小さくなり，運動エネルギーは小さくなり，エネルギーも低下すると考えられる．

量子数nの出現は，ボーア模型の場合と同様に，1次元の箱の中に波動が定在波として存在する条件に由来する（図2.11参照）．

☕ Tea Time 2.4　量子力学系の奇妙な性質—トンネル現象と零点運動

図2.10の1次元の箱の中の自由電子の問題では，無限に高いポテンシャル（位置）エネルギーの障壁に囲まれた1次元の箱を考えた．有限のポテンシャル（位置）エネルギーの障壁を考えると，この障壁を越えて電子は箱の外に存在するようになる．このような現象はトンネル現象と呼ばれ，量子力学に特徴的な一般的性質である．古典力学では粒

子の運動エネルギーがポテンシャルエネルギーの障壁の高さより小さければ，粒子は絶対に外へは逃れられない．しかし，量子力学の世界では，このような場合でも，粒子は不確定性原理に由来して有限の障壁の外へ漏れ出る確率をもつ．第1章で学んだα崩壊も原子核に束縛されたHe原子核のトンネル現象として説明される．また，このトンネル現象は半導体素子[*1]や走査トンネル顕微鏡などにも利用されている．

もう1つの量子力学の世界に特有の現象として零点運動がある．有限な領域に電子を閉じ込めると，位置の不確定がその領域の大きさ程度に発生し，これに対応した不確定性原理に基づく運動量の不確定が発生する．したがって，運動量ゼロの確定した状態はとれなくなり，最も低いエネルギー状態でもエネルギーはゼロとはならない．この最も低い状態のゼロではないエネルギーを零点エネルギー，また，この運動状態を零点運動，振動の場合は零点振動と呼ぶ．

[*1] 江崎玲於奈は，トンネル現象に基づくトンネルダイオードと呼ばれる電子素子を発明した．超伝導体におけるトンネル効果の研究で業績を上げたジョセフソンとともに1973年，江崎玲於奈にノーベル物理学賞が授与された．

[*2] この形でシュレーディンガー方程式が解けることや $R_{n,l}(r)$，$\Theta_{l,m_l}(\theta)$，および $\Phi_{m_l}(\phi)$ の具体的な関数形を知りたいと思うかもしれない．これは大学初年度の授業で扱うにはやや困難を伴う．この解が p.313 付録A5に示す解になっている程度の理解でよい．意欲ある学生は章末文献 (2.5)～(2.7) を参照されたい．

(2.23)式から付録A5の解へ至る過程の本質を以下に簡単に要約する．(2.23)式をシュレーディンガー方程式に代入し整理すると，r のみに依存する微分項，θ のみに依存する微分項，ϕ のみに依存する微分項の和が定数という式が得られる．この式が成立する条件は，各々の微分項が定数となることである．結局，変数として r のみに，θ のみに，および ϕ のみに関係する二階微分方程式が3式得られる．これら微分方程式の解は，以前から解の知られた微分方程式の解と関係づけられる．たとえば，ϕ に関した微分方程式は単振動 [p.311の(A4.6)式] と類似の形となる．θ に関した微分方程式の解は，Legendre 陪関数と呼ばれるものとなる．r の微分方程式の解は Laguerre 陪関数と呼ばれる関数を含んだ関数で書かれる．さらに，規格化条件を考慮して，付録A5が得られる．

2.4 水素原子の電子状態

2.4.1 水素原子に対するシュレーディンガー方程式の解

原子核の電荷が $+Ze$ ($Z \geq 1$)，その周囲に電荷 $-e$ の電子が1個存在する場合，電子のポテンシャル（位置）エネルギーは(2.12c)式で与えられる．水素原子は，特別な場合，$Z=1$ に対応する．$Z>1$ の場合も含めて，(2.12c)式のポテンシャル（位置）エネルギーに対して以下に示すように，シュレーディンガー方程式の厳密解が存在する．しばしば，この $Z>1$ のポテンシャル（位置）エネルギー(2.12c)式で与えられる場合を水素様原子と呼ぶ．

水素(様)原子のポテンシャルエネルギーの場合，極座標(図2.12)に対するシュレーディンガー方程式([Study 2.4] 参照)について厳密解が与えられている[(2.5),(2.6)]．エネルギー E については以下の式が導かれている．

$$E_n = -\frac{m_e Z^2 e^4}{8\varepsilon_0^2 h^2}\frac{1}{n^2} \quad (2.22)$$

エネルギーは主量子数 n（後述，表2.2参照）にのみ依存し，ボーア模型と同じ解を与える（n の意味の違いを無視すると）．また，波動関数として，以下の厳密解が与えられている（付録A5参照）．

$$\Psi_{n,l,m_l}(r,\theta,\phi) = R_{n,l}(r)\Theta_{l,m_l}(\theta)\Phi_{m_l}(\phi) \quad (2.23)^{*2}$$

この式で使われる r, θ, ϕ と x, y, z の関係，および極座標 (r,θ,ϕ) と直交座標 (x,y,z) の関係を図2.12に示す（[Study 2.4] 参照）．

$\Psi_{n,l,m_l}(r,\theta,\phi)$ は水素(様)原子の極座標に対する解であり，r のみに依存する関数 $R_{n,l}(r)$，θ のみに依存する関数 $\Theta_{l,m_l}(\theta)$，および ϕ にのみ依存する関数 $\Phi_{m_l}(\phi)$ の積となる．特に，$R_{n,l}(r)$ は以下の方程式を満たす．

$$\left[-\frac{h^2}{8\pi^2 m_e}\left\{\frac{d^2}{dr^2}+\frac{2}{r}\frac{d}{dr}-\frac{l(l+1)}{r^2}\right\}+U(r)\right]R_{n,l}(r) = ER_{n,l}(r) \quad (2.24)$$

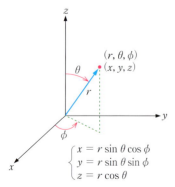

図2.12 直交座標 (x,y,z) と極座標 (r,θ,ϕ)

$\begin{cases} x = r\sin\theta\cos\phi \\ y = r\sin\theta\sin\phi \\ z = r\cos\theta \end{cases}$

(2.23)式のような解の形式は変数分離型と呼ばれ，水素(様)原子の場合[(2.12c)式]のようにポテンシャル(位置)エネルギーがrの大きさのみに依存する場合(**中心力場**)に一般的に成立する解の表現である．エネルギーに出現したnや波動関数$\Psi_{n,l,m_l}(r,\theta,\phi)$の添え字の$l, m_l$は量子数と呼ばれ，とびとびの値のみが許される(このような特別な値のときのみ解として存在し得る)．この量子数の出現は，波動関数が(時間に依存しない)シュレーディンガー方程式の時間に依存しない解として与えられるためである．このことは，ボーア模型や1次元の箱の中の自由粒子の場合にも，解が定在波として与えられるに伴って量子数が出現したことを思い起こすと当然である．量子数n, l, m_lについては，具体的には表2.2に示す値が許される．

主量子数nとしては，自然数をとる．$n = 1$はK殻，$n = 2$はL殻，$n = 3$はM殻，…に対応している．**方位量子数**lは0から$n-1$の値をとる．$l = 0$の状態にはs(sharp)，$l = 1$はp(principal)，$l = 2$はd(diffuse)，$l = 3$はf(fundamental)の記号を用いる．**磁気量子数**，m_lの異なる状態は$(2l+1)$個存在する．これらは表2.3にまとめて示されている．原子に属する電子の状態を表す波動関数は**原子軌道**と呼ばれる．n, lで指定される原子軌道の名称を表2.3に示す．たとえば，$n = 1$，$l = 0$の状態は**1s原子軌道***，$n = 2$，$l = 1$は**2p原子軌道**，$n = 3$，$l = 2$は**3d原子軌道**，$n = 4$，$l = 3$は**4f原子軌道**などと呼ぶ．

水素(様)原子に関わる量子数には，n, l, m_lに加えて，電子が本来保持している**スピン量子数**m_sがあり，$m_s = -\frac{1}{2}, \frac{1}{2}$の2通りの値をとりうる．この量子数は，多電子原子の電子構造を考えるとき重要となる．

* 1s原子軌道は1s軌道とも示される．他の原子軌道についても同様である．

表2.2 水素原子の波動関数の量子数

量子数	名前	とりうる値	意味
n	主量子数	$1, 2, 3, \cdots$	電子の空間的拡がりとエネルギーを決定
l	方位量子数	$0, 1, 2, \cdots, n-1$	電子の軌道角運動量を決定
m_l	磁気量子数	$-l, -l+1, \cdots, 0, \cdots, l-1, l$	軌道角運動量のz成分(磁場で方向指定)を決定

表2.3 水素原子の軌道の名称

主量子数n	電子殻の名前	方位量子数l	原子軌道名	磁気量子数m_l
1	K	0	1s	0
2	L	0	2s	0
2	L	1	2p	$-1, 0, 1$
3	M	0	3s	0
3	M	1	3p	$-1, 0, 1$
3	M	2	3d	$-2, -1, 0, 1, 2$
4	N	0	4s	0
4	N	1	4p	$-1, 0, 1$
4	N	2	4d	$-2, -1, 0, 1, 2$
4	N	3	4f	$-3, -2, -1, 0, 1, 2, 3$

☕ Tea Time 2.5　電子スピン

電子のスピンは電子という基本粒子に固有に存在するスピン角運動量を意味している．量子数 m_s のとりうる値は $1/2$ と $-1/2$ の2通りの値である．この半整数の値のスピンをもつ粒子をフェルミ粒子という．$m_s = 1/2$ のスピンは，類推として，右回りの自転に，$m_s = -1/2$ のスピンは左回りの自転にたとえられる．前者を α スピン［上向きスピン（上向き矢印でしばしば表す）］，後者を β スピン［下向きスピン（下向き矢印でしばしば表す）］と呼ぶ．また，角運動量を磁気双極子とみなす立場からは，上向きスピンは下向きの磁針（小さな磁石：磁気双極子モーメント）に，下向きスピンは上向きの磁針（小さな磁石：磁気双極子モーメント）にそれぞれたとえられる（付録 A3 参照）．なお，スピンを電子の自転とたとえるのは便宜的なものであり，本来，大きさをもたない電子が自転しても磁気双極子モーメントは発生しないはずである．電子にスピンという角運動量が本質的に存在するという考え方は元素の電子の周期的配列を説明するために 1924 年パウリ (W. Pauli) により考え出された（パウリの排他原理）．ウーレンベック (Uhlenbeck) とハウトスミット (Goudsmit) は，1925 年，電子が自転していてその角運動量の大きさは $\dfrac{1}{2}\dfrac{h}{2\pi}$ であるとするモデルを提案した．これにより，ナトリウムの発光スペクトルの D 線の微細な分裂（波長 589.6 nm と 589.0 nm）も説明することができた．電子スピンの存在は，シュテルン (Stern) とゲルラッハ (Gerlach) により実験的に示された．Ag, Na など（最外殻の s 原子軌道が電子 1 個で占有されている原子）の蒸気の流れを磁場勾配中に導くと，この原子の流れは 2 本の流れに分離する．スピンは磁針（小さな磁石）の性質をもつため，分離前はお互いに反対方向を向いた同数のスピンが混在していて，磁場勾配を通過するとき，それぞれが反対方向へ偏向させられたと解釈される．

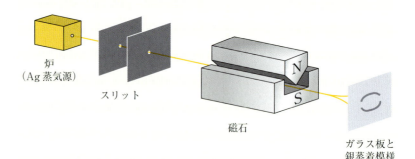

図 2.13　シュテルンとゲルラッハの実験

* 付録 A5 参照．

水素様原子の 1s 原子軌道の波動関数とエネルギーを以下に示す*．

$$\Psi_{1s}(r)(=\Psi_{1,0}(r)) = \frac{1}{\sqrt{\pi}}\left(\frac{Z}{a_0}\right)^{\frac{3}{2}} e^{-\rho} \tag{2.25}$$

表 2.4 水素原子の 2p 原子軌道の角度依存性[*1]

	$2p_x$	$2p_y$	$2p_z$
r, θ, ϕ による表現	$\sin\theta\cos\phi$	$\sin\theta\sin\phi$	$\cos\theta$
x, y, z による表現	$\dfrac{x}{r}$	$\dfrac{y}{r}$	$\dfrac{z}{r}$

表 2.5 水素原子の 3d 原子軌道の角度依存性[*1]

	$3d_{xy}$	$3d_{yz}$	$3d_{xz}$	$3d_{z^2}$	$3d_{x^2-y^2}$
r, θ, ϕ による表現	$\sin^2\theta\sin 2\phi$	$\sin\theta\cos\theta\sin\phi$	$\sin\theta\cos\theta\cos\phi$	$3\cos^2\theta-1$	$\sin^2\theta\cos 2\phi$
x, y, z による表現	$\dfrac{2xy}{r^2}$	$\dfrac{yz}{r^2}$	$\dfrac{xz}{r^2}$	$\dfrac{3z^2-r^2}{r^2}$	$\dfrac{x^2-y^2}{r^2}$

*1 これら角度依存性の極座標および x, y, z, r による関数形を確認したければ,図 2.12 の x, y, z の極座標表示と付録 A5 に示す解を比較すること.

$$E_{1s}(=E_1) = -\frac{m_e e^4}{8\varepsilon_0^2 h^2}Z^2 \quad (=-13.6\,Z^2\text{ eV}) \tag{2.26}$$

ここで,r は $\rho = \dfrac{Z}{a_0}r$ の形で入っていて,$\dfrac{Z}{a_0}$ (a_0:ボーア半径,Z:核電荷 Ze の Z) を長さの単位として表している.また,(2.26)式で与えられる水素原子($Z=1$)の 1s 原子軌道($n=1$)のエネルギー -13.6 eV は,実験と完全に一致している.

表 2.4,表 2.5 に水素原子の重要な波動関数の角度に依存する部分を示す.2p 原子軌道,3d 原子軌道,4f 原子軌道の方向性は波動関数の角度部分 $\Theta_{l,m_l}(\theta)\Phi_{m_l}(\phi)$ で表される[*2].波動関数の方向性は,角度に依存する部分を x, y, z で整理することで知ることができる.この方向性は,たとえば $\cos\theta(=z/r)$ の場合は $2p_z$ のように,原子軌道の下付き添え字として示している(z/r の r は方向性をもたず,z が方向性を示す).これら原子軌道の具体的関数形は付録 A5 を参照のこと.

*2 付録 A5 に顕な関数形を示す.2p 原子軌道についてのみここで具体的に示すと,
$2p_x \propto \Theta_{1,1}(\theta)\Phi_1(\phi)+\Theta_{1,-1}(\theta)\Phi_{-1}(\phi)$
$\quad \propto \sin\theta\cos\phi$
$2p_y \propto \Theta_{1,1}(\theta)\Phi_1(\phi)-\Theta_{1,-1}(\theta)\Phi_{-1}(\phi)$
$\quad \propto \sin\theta\sin\phi$
$2p_z \propto \Theta_{1,0}(\theta)\Phi_0(\phi) \propto \cos\theta$
である(ここで $\propto$ は係数を省略した〜のようなものの意味である).これは複素関数の波動関数を独立な実数の関数で表すためであり,3d 原子軌道($l=2$)(表 2.5)や 4f 原子軌道($l=3$)についても同様である.

> **例題 2.3** 水素原子の 1s 原子軌道の波動関数の r に依存する部分を $R_{1,0}(r)$ として,定数 α を含む(1)式の形を仮定する.
> $$R_{1,0}(r) = 2\left(\frac{1}{\alpha}\right)^{\frac{3}{2}}e^{-\frac{r}{\alpha}} \quad \left(=2\left(\frac{1}{\alpha}\right)^{\frac{3}{2}}\exp\left(-\frac{r}{\alpha}\right)\right) \tag{1}$$
> 方程式(2.24)$\left(\text{ただし,}U(r)=-\dfrac{1}{4\pi\varepsilon_0}\dfrac{e^2}{r}\right)$ に(1)式を代入することで,定数 α を決定し,1s 原子軌道の波動関数とエネルギーを決定できる.以下の手順にしたがい,1s 原子軌道の $R_{1,0}(r)$ および波動関数 $\Psi_{1,0}(r)$ を求めよ.代入する $R_{1,0}(r)$ としては単に $e^{-\frac{r}{\alpha}}$ としてよい.また,代入して得られる結果を r に依存する項と依存しない項に,たとえば $(A)\dfrac{1}{r}+(B)=0$ の形に整理し(A, B は複数項からなる),恒等式の条件,$A=B=0$ を適用せよ.このとき,共通因子 $e^{-\frac{r}{\alpha}}\left[=\exp\left(-\dfrac{r}{\alpha}\right)\right]$ は常に正の値をもつことに注意する.
> 1) $e^{-\frac{r}{\alpha}}\left[=\exp\left(-\dfrac{r}{\alpha}\right)\right]$ を(2.24)式に代入して微分実施直後の整

理前の式を書く [(1) 式の係数, $2\left(\dfrac{1}{\alpha}\right)^{\frac{3}{2}}$ については,含めて計算することも可能であるが,この係数は右辺,左辺の各項の共通因子として含まれるため,約することができる].

( ) (2)

2) $(A)\dfrac{1}{r}+(B)=0$ の形に整理して書く.

( ) (3)

3) (3) 式を恒等式の条件, $A=B=0$, から定数 α およびエネルギー E に関する式を書け.

$A=0$ から ( ) (4)

$B=0$ から ( ) (5)

4) (4) 式および (5) 式から α および E を求めよ.

$\alpha=($) (6)

$E=($) (7)

5) 得られた $R_{1,0}(r)$ を改めて下に書け.

$R_{1,0}(r)=($) (8)

6) ボーア半径 $a_0\left(=\dfrac{\varepsilon_0 h^2}{\pi m_\mathrm{e} e^2}\right)$ を用いて (8) 式を書き替え,以下に記入せよ.

$R_{1,0}(r)=($) (9)

(2.14) 式あるいは (2.26) 式および (2.25) 式と (7) 式および (9) 式を $2\sqrt{\pi}$ で割った式* を比較して,正しく水素原子の 1s 原子軌道のエネルギーと波動関数が導出できたことを確認せよ.

* $\Psi_{1,0}(r)=\dfrac{1}{2\sqrt{\pi}}R_{1,0}(r)$ の関係がある [(2.28) 式と (2.29a) 式を比較せよ.p.313 付録 A5 も参照のこと].

解 (2) $-\dfrac{h^2}{8\pi^2 m_\mathrm{e}}\left\{\left(-\dfrac{1}{\alpha}\right)^2 \mathrm{e}^{-\frac{r}{\alpha}}+\left(-\dfrac{1}{\alpha}\right)\dfrac{2}{r}\mathrm{e}^{-\frac{r}{\alpha}}\right\}-\dfrac{1}{4\pi\varepsilon_0}\dfrac{e^2}{r}\mathrm{e}^{-\frac{r}{\alpha}}$
$=E\mathrm{e}^{-\frac{r}{\alpha}}$;

(3) $\left(\dfrac{h^2}{8\pi^2 m_\mathrm{e}}\dfrac{2}{\alpha}-\dfrac{e^2}{4\pi\varepsilon_0}\right)\dfrac{1}{r}+\left(-\dfrac{h^2}{8\pi^2 m_\mathrm{e}}\dfrac{1}{\alpha^2}-E\right)=0$;

(4) $A=0$ から $\dfrac{h^2}{8\pi^2 m_\mathrm{e}}\dfrac{2}{\alpha}=\dfrac{e^2}{4\pi\varepsilon_0}$;

(5) $B=0$ から $-\dfrac{h^2}{8\pi^2 m_\mathrm{e}}\dfrac{1}{\alpha^2}=E$;

(6),(7) $\alpha=\dfrac{\varepsilon_0 h^2}{\pi m_\mathrm{e} e^2},\ E=-\dfrac{m_\mathrm{e} e^4}{8\varepsilon_0^2 h^2}$;

(8) $R_{1,0}(r)=2\left(\dfrac{\pi m_\mathrm{e} e^2}{\varepsilon_0 h^2}\right)^{\frac{3}{2}}\mathrm{e}^{-\frac{\pi m_\mathrm{e} e^2}{\varepsilon_0 h^2}r}$;

(9) $\Psi_{1,0}(r)=\dfrac{1}{2\sqrt{\pi}}R_{1,0}(r)=\dfrac{1}{\sqrt{\pi}}\left(\dfrac{1}{a_0}\right)^{\frac{3}{2}}\mathrm{e}^{-\frac{1}{a_0}r}$,エネルギーも波動関数も 1s 原子軌道 ($Z=1$) のもの [(2.25) 式および (2.26) 式] と一致.

☕ Tea Time 2.6　エネルギー固有値と期待値および変分原理

　シュレーディンガー方程式が厳密に解かれる場合は，この教科書で扱った"箱の中の自由電子"や水素原子など，非常に少数な場合に限られる．このため，摂動論や変分法などを用いてシュレーディンガー方程式を近似的に解くことが行われる．ここでは，変分法について簡単に触れる．シュレーディンガー方程式を $H\Psi = E\Psi$ と書く．たとえば，1次元のシュレーディンガー方程式，(2.19)式を考えると，

$$H = -\frac{h^2}{8\pi^2 m_e}\frac{d^2}{dx^2} + U(x)$$

となる．H はハミルトン(Hamilton)演算子あるいはハミルトニアンと呼ばれ，シュレーディンガー方程式は $H\Psi = E\Psi$ の形に，適切な H を用いて常に書くことができる．H を用いてエネルギーの平均値に対応した期待値 $\langle E \rangle$ を定義すると，以下のリッツ(Ritz)の変分原理と呼ばれる不等式が成立する．

$$\langle E \rangle \equiv \frac{\int \Psi^* H \Psi \, dV}{\int \Psi^* \Psi \, dV} \geq E_0$$

ここで，$\langle E \rangle \equiv \dfrac{\int \Psi^* H \Psi \, dV}{\int \Psi^* \Psi \, dV}$ は期待値の定義を表す．さらに，E_0 は最も低いエネルギー状態（基底状態）のエネルギー固有値を表す．波動関数が規格化されている場合は

$$\langle E \rangle \equiv \int \Psi^* H \Psi \, dV \geq E_0$$

と書かれる．シュレーディンガー方程式，$H\Psi = E\Psi$ が厳密に解ける場合は，いうまでもなく $E = \langle E \rangle = E_0$，すなわち，エネルギーの期待値はエネルギー（固有値）E_0 と一致する．一方，シュレーディンガー方程式，$H\Psi = E\Psi$ が厳密に解けない場合は，近似的な波動関数を用いて計算される期待値 $\langle E \rangle$ を最も小さく与える波動関数が最も"真の基底状態のエネルギー状態の波動関数"に近いと考える．

2.4.2　波動関数の図示の方法

　水素原子の波動関数を3次元空間に表すには簡単でなく，以下の約束のもとで表現する．

　　方法 I　$\Psi_{n,l,m_l}(r,\theta,\phi)$ の適当な r，$r=a$ における値，$\Psi_{n,l,m_l}(a,\theta,\phi)$ $(= A\Theta_{l,m_l}(\theta)\Phi_{m_l}(\phi)$；$A$：定数)* の絶対値の n 乗（$n=1$ または 2）を，θ, ϕ 指定方向へ原点からの距離としてプロットし，別の θ, ϕ のプロットを繰り返す．その描かれた図形の領域に $\Psi_{n,l,m_l}(a,\theta,\phi)$ の符号が正であれば＋，負であれば－符号を付記する．

　　方法 II　方法 I と同様なことを $|\Psi_{n,l,m_l}(a,\theta,\phi)|^2$ について実施する．波動関数の符号も付記する．単なる2乗でなく，その内側にほとん

* (2.23)式より，この関数は $A\Theta_{l,m_l}(\theta)\Phi_{m_l}(\phi)$ のように θ, ϕ の関数となり，A は定数である．

*1 1s, 2s, 2p, 3d および 4f 原子軌道は単に 1s, 2s, 2p, 3d および 4f 軌道とも示されることもある.

*2 もともと，波動関数の絶対値の 2 乗は多数回の測定で電子を見出す確率，確率密度である．これを存在確率密度と解釈している.

どの電子（たとえば 99% の確率で）を含む等確率面で囲むという条件で描かれることもある.

図 2.14 は 1s, 2p, 3d および 4f 原子軌道[*1]について方法 II（等確率面）で示した**電子の存在確率の領域**[*2] である．電子はこのように空間に拡がって分布するので，電子雲と呼ばれる．赤色部分は波動関数の符号が正（＋）の領域，青色部分は波動関数の符号が負（－）の領域を表す．波動関数の符号は第 3 章で扱う原子軌道の重なりで分子軌道を考える場合に重要となる．1s 原子軌道は球形に描かれている．これは，1s 原子軌道に対応する波動関数が r のみの関数であり，波動関数の絶対値の 2 乗が一定である等確率面は r 一定に対応し，球に対応するためである．2p 原

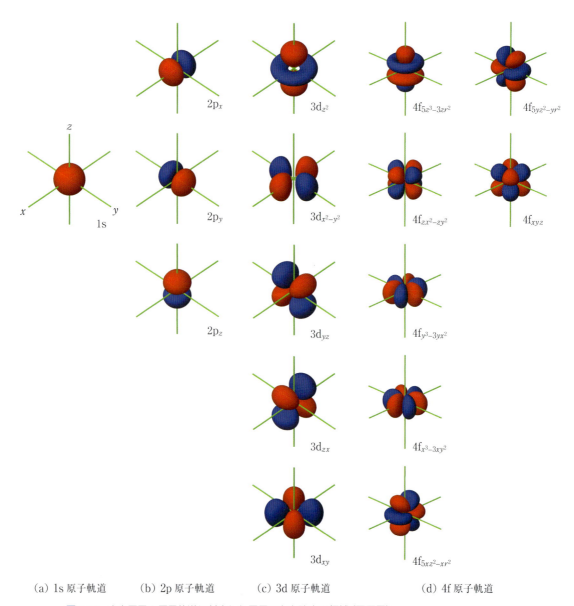

(a) 1s 原子軌道　　(b) 2p 原子軌道　　(c) 3d 原子軌道　　　　(d) 4f 原子軌道

図 2.14　水素原子の原子軌道に対応した電子の存在確率の領域（電子雲）
（各図の座標軸は 1s と同じ；赤の部分：波動関数の符号＋，青の部分：波動関数の符号－）

子軌道*1，3d および 4f 原子軌道では等確率面で表されているため，原点は等確率面の一部とはならず，除外されて表示されている．

2.4.3 動径分布関数とボーア半径

波動関数の絶対値の2乗を角度の変数について以下のように積分（平均）した $F(r)$ は，**動径分布関数**と呼ばれる．

$$F_{n,l}(r) = \int_0^{2\pi} d\phi \int_0^{\pi} \sin\theta \, d\theta \, r^2 \, |\Psi_{n,l,m_l}(r,\theta,\phi)|^2 = r^2 |R_{n,l}(r)|^2 \tag{2.27}$$

動径分布関数 $F_{n,l}(r)$ と dr の積，$F_{n,l}(r)dr$ は半径 r の球と半径 $r+dr$ の球との同心球の間の球殻に電子を見出す確率を表す（波動関数の角度に依存する部分は積分すると1となるように規格化されていると考えてよい）．水素様原子の 1s 原子軌道の波動関数は［すでに (2.25) 式に書いているが，r の関数として改めて示すと］，

$$\Psi_{1s}(r) = \frac{1}{\sqrt{\pi}} \left(\frac{Z}{a_0}\right)^{\frac{3}{2}} e^{-\frac{Zr}{a_0}} \tag{2.28}$$

である．(2.28) 式を (2.23) 式に現れる極座標の各々の変数の関数として書くと

$$R_{1,0}(r) = 2\left(\frac{Z}{a_0}\right)^{\frac{3}{2}} e^{-\frac{Zr}{a_0}} \tag{2.29a}$$

$$\Theta_{0,0}(\theta) = \frac{\sqrt{2}}{2} \tag{2.29b}$$

$$\Phi_0(\phi) = \frac{1}{\sqrt{2\pi}} \tag{2.29c}$$

と書かれる．a_0 はボーア半径である．(2.29a)，(2.29b)，および (2.29c) の積をとると (2.28) 式となっている．したがって，(2.28) 式を用いて 1s 原子軌道の動径分布関数を書くと，

$$F_{1s}(r)\,(=F_{1,0}(r)=4\pi r^2|\Psi_{1,0}|^2=r^2|R_{1,0}(r)|^2{}^{*2}) = 4\left(\frac{Z}{a_0}\right)^3 r^2 e^{-\frac{2Zr}{a_0}} \tag{2.30}$$

となる．図 2.15 の（左）に水素原子（$Z=1$）の 1s 原子軌道の波動関数，（右）に動径分布関数を示す．この $F_{1s}(r)$ は $r=a_0$ で最大となる（各自，問題 2.8 で確認のこと）．ボーアの仮定した電子の周回軌道の

*1 図 2.14 は p.53 の方法 II で描かれている．方法 I で 2p_z 原子軌道の電子雲を描くと，z 軸のゼロと直交する平面（x-y 平面）の上側の球と下側の球（両球の中心は z 軸上にある）となることを示す問題が章末問題 2 の 7 に用意されている．各自，この問題を解いて，自ら 2p_z 原子軌道の電子雲を描くことを体験することが望ましい．

*2 波動関数の角度部分は規格化されているとする．

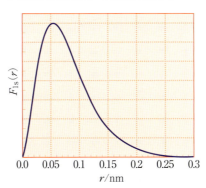

図 2.15 水素原子の 1s 原子軌道の波動関数（左）と動径分布関数（右）

$n=1$ および $Z=1$ の場合の半径(ボーア半径 $0.0529\,\mathrm{nm}$)はシュレーディンガー方程式の正確な解から与えられる 1s 原子軌道の動径分布関数の最大値を与える r である.この一致もまたボーア模型がミクロな量子力学的世界の本質を捉えていることを示している.

2.5 多電子原子の電子配置と周期表

2.5.1 基底状態の多電子原子の電子配置

多電子原子では水素原子とは異なり原子核の外側に 2 個以上の電子が存在する.複数の電子と原子核の引力が強く働く上に,電子は負電荷を帯びているため,電子同士の反発が働き,1 電子の水素原子の場合とは異なった状況が出現する.したがって,多電子原子の原子軌道は水素原子とは著しく異なっていることが予想される.しかし,図 2.16 に示すように,多電子原子の電子状態の進んだ理論 [ハートリー–フォック (Hartree–Fock) の方法と呼ばれる自己無撞着場の方法] による解析は,多電子原子においても水素原子の原子軌道に類似した原子軌道を考えることができることを示している.水素原子と多電子原子で原子軌道の異なる点は以下の通りである;水素原子のエネルギーは主量子数 n のみに依存するのに対し,多電子原子では,主量子数 n と方位量子数 l に依存する (図 2.16).

最もエネルギーの低い状態 (基底状態) の原子において,電子は原子軌道を以下の順に占有する (図 2.17)(この順は,便宜的に"原子軌道のエネルギーが高くなる順"と表現されることもある).

$$1\mathrm{s},\ 2\mathrm{s},\ (2\mathrm{p}_x, 2\mathrm{p}_y, 2\mathrm{p}_z),\ 3\mathrm{s},\ (3\mathrm{p}_x, 3\mathrm{p}_y, 3\mathrm{p}_z),$$
$$4\mathrm{s},\ (3\mathrm{d}_{xy}, 3\mathrm{d}_{yz}, 3\mathrm{d}_{zx}, 3\mathrm{d}_{x^2-y^2}, 3\mathrm{d}_{z^2}),\ (4\mathrm{p}_x, 4\mathrm{p}_y, 4\mathrm{p}_z),\ \cdots$$

上記の水素原子と多電子原子の違いを,多電子原子では s 原子軌道の

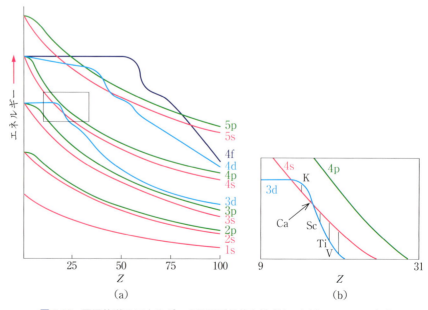

図 2.16 原子軌道のエネルギーの原子番号依存性 [ハートリー–フォックの方法による] (a) $Z=1\sim100$,(b) $Z=9\sim31$ の範囲の拡大図

方が p 原子軌道よりエネルギーが低いことを例に，説明する．この違いは，特に，2s 原子軌道と 2p 原子軌道を例に取り上げ，以下の順で説明する．1) 2s 原子軌道の波動関数は原子核の近傍でも大きな値をもつのに対して，2p 原子軌道では，原点を含む面が節面(波動関数が 0)となるため小さな値しかもたない．2) その結果，原子核の近傍では 2s 原子軌道の電子の方が 2p 原子軌道の電子より存在確率密度が大きくなる．3) 原子核近傍の 2s 原子軌道の電子は 2p 原子軌道の電子に対して原子核の正電荷を隠す働き，すなわち遮蔽効果を発揮する．4) 2p 原子軌道に対する原子核の引力相互作用は，2s 原子軌道の電子に対するものより小さくなる．5) その結果，2s 原子軌道の方が 2p 原子軌道よりエネルギーは低下する．この議論で重要な遮蔽効果については，2.6.1 項で，重要な概念として再度説明される．

エネルギーの最も低い状態(基底状態)の多電子原子の電子配置は以下の**構成原理**[*1]（3種の原理や規則）にしたがって決定される．

- **エネルギーに関する原理**　電子は低エネルギー原子軌道から占有する．
- **パウリの排他原理**：(n, l, m_l) で指定される原子軌道にはスピンを違えて最大 2 個まで電子が収容される．
- **フント（Hund）の規則**：同じ量子数 (n, l) をもつ同じエネルギーの軌道が複数あるとき[*2]，電子は，それら同じエネルギーをもつ異なる軌道にスピンを同じにして収容される．これら同エネルギーの軌道がスピンを違えた電子 2 個に占有されるのは，同エネルギーの軌道がスピンの向きを同一とする電子により一通り占有されてからである．

フントの規則は，同じスピンをもつ複数の電子は同じエネルギーをもつ複数の原子軌道を可能な限り多数占有することでエネルギーを下げる量子力学的効果（交換相互作用，交換エネルギー；p.64 の *1 参照）である．この構成原理による原子[*3]の電子配置を表 2.6 に示す．

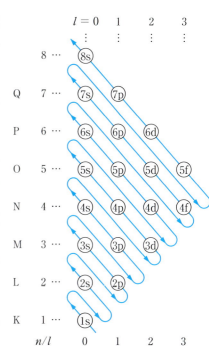

図 2.17 多電子原子における原子軌道の占有順

表 2.6 数種の原子の電子配置(↑および↓はスピンを表す)[*4]

原子名	1s 原子軌道	2s 原子軌道	2p 原子軌道
Ne	↑↓	↑↓	(↑↓)(↑↓)(↑↓)
F	↑↓	↑↓	(↑↓)(↑↓)(↑)
O	↑↓	↑↓	(↑↓)(↑)(↑)
N	↑↓	↑↓	(↑)(↑)(↑)
C	↑↓	↑↓	(↑)(↑)
B	↑↓	↑↓	(↑)
Be	↑↓	↑↓	
Li	↑↓	↑	
He	↑↓		
H	↑		

*1　構成原理はエネルギーに関する原理のみを意味することもある．しかし，ここでは，『化学大辞典』(東京化学同人，大木道則他編，1989)にしたがい，以下の3つの原理や規則を含む指導原理の意味で用いている．

*2　このような状態は縮退しているという．縮重しているともいう．

*3　以下，基底状態の原子は単に原子と記述される．

*4　この表に示す電子配置は，例題 2.4 にならい，エネルギーダイヤグラムとして示す習慣を身につけることが望ましい．

Tea Time 2.7　パウリの排他原理，電子のスピンとフェルミ粒子

1920 年代には分光学による，K, L, M, N 殻など原子の電子構造について現代にも通じる実験的知見が集積されてきていた．シュレーディンガー方程式による量子力学出現以前に，分光学的知見から，主量

子数，方位量子数，磁気量子数に対応する指標（量子数）がすでに知られていた．この原子の電子配置の殻構造を説明するため，パウリは，1925年のシュレーディンガー方程式の提案に先立って，1924年，パウリの排他原理と呼ばれる原理を導入した．

> パウリの排他原理：原子の中の電子は同じ量子数の組 (n, l, m, J) をもつ電子は2個あってはならない．

ここで言及されている量子数の n は現在の主量子数，l は方位量子数，m は磁気量子数に対応していて，その当時でも，現在と同様の意味をもっていた．しかし，量子数 J は当時知られていない量子数で，電子自身がもつもので2値をとるとしてパウリにより仮定されたものである．この量子数 J の解明が電子のスピンの存在へとつながったことは [Tea Time 2.5] でも説明している．スピン量子数を用いて，パウリの原理は以下のように書かれる．

> パウリの原理：同じ量子数の組 (n, l, m_l, m_s) で指定されるフェルミ粒子としての電子は2個あってはならない

言い換えると，量子数の組 (n, l, m_l) で指定される原子軌道には量子数，m_s を違えて2個まで電子を収容し得る（量子数，m_s は2値をとる）ということになる．その後，この原理は周期表の確立だけでなく，多数の同質の粒子を対象とする分野（統計力学）などでも重要な役割を果たしている．野球のボールやピンポン玉の場合は球同士の区別ができて，各々に番号を付けることも可能である．しかし，電子のような微視的な同質の粒子間では，粒子の識別や番号付けは不可能である．この同質粒子を交換しても2粒子の確率密度（波動関数の絶対値の2乗）が等しい条件から，粒子の交換に対して波動関数は対称（符号不変）と反対称（符号逆転）の2種類が存在することになる．前者にしたがう粒子をボーズ（Bose）粒子，後者にしたがう粒子をフェルミ（Fermi）粒子と呼ぶ．整数のスピン量子数をもつ光子はボーズ粒子であり，半整数 $\left(たとえば \frac{1}{2}\right)$ をもつ電子はフェルミ粒子である．

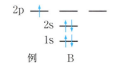

図 2.18 B の電子配置

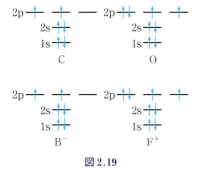

図 2.19

P.59 の *1 　最外殻の電子を価電子あるいは原子価電子という．ただし，希ガス原子の価電子あるいは原子価電子の数は0である．

> **例題 2.4** 基底状態の原子およびイオン，C，O，B⁻，F⁺ の電子配置をエネルギーダイヤグラムとして示せ．なお，エネルギーダイヤグラムでは，エネルギー状態を横線で表す．低いエネルギー状態に対応する横線からエネルギーの高い状態に対応した横線までを下から上に並べて書く．電子がその状態にあればその横線の上に矢印で書く．このようにして電子配置を表す．このとき，電子のスピン状態は上向きと下向き矢印で区別する．また，同じエネルギーに複数の状態がある場合は，横線を横に並べて示す．B の電子配置をエネルギーダイヤグラムに示した例を図 2.18 に示す．
>
> **解** エネルギーに関する原理，パウリの原理，およびフントの規則を考慮すると図 2.19 のようになる．

2.5.2 電子配置による元素の分類と周期表

従来の周期表では化学的性質の類似性，原子量の大きさの順などで元素を並べることで，現在普及している周期表の基礎が築かれた．表2.7に示す周期表に見られるように，前項の構成原理にしたがい電子を原子軌道に占有させると，周期表は最外殻の電子配置[*1]の類似性に由来することが明らかになった．この周期表では元素が横に1族から18族まで並び，縦に第1周期から第7周期まで並んでいる．この電子配置に基づいた元素の分類[*2]を以下に示す．なお，この分類は周期表で色分けされて示されている．

- s-ブロック元素：周期表第1周期〜第7周期の1, 2族元素およびHeが該当する．最外殻のs原子軌道が順次電子により占有される元素群である．
- p-ブロック元素：周期表第2周期〜第7周期の13〜18族元素が該当する．最外殻のp原子軌道が順次電子により占有される元素群である．
- d-ブロック元素：周期表第4周期〜第6周期の3〜12族元素が該当する．3d, 4dおよび5d原子軌道が順次電子により占有される元素群である．
- f-ブロック元素：第6周期および第7周期の3族に配置され，内部の4f原子軌道および5f原子軌道がそれぞれ順次電子により占有される元素群である．第6周期3族の原子群（$_{57}$La〜$_{71}$Lu）はランタノイド元素とも呼ばれる．第7周期3族の原子群（$_{89}$Ac〜$_{103}$Lr）はアクチノイド元素とも呼ばれる．

[*2] これまでの慣例で使用されている元素の分類（通称）として以下のものがある．
- アルカリ金属
  Li, Na, K, Rb, Cs, Fr
- アルカリ土類金属
  Be, Mg, Ca, Sr, Ba
- ハロゲン元素
  F, Cl, Br, I "塩をつくる"（ギリシャ語）
- カルコゲン元素
  O, S, Se, Te, Po "岩をつくる"（ギリシャ語）
- 貴金属
  金，銀，白金族（Ru, Rh, Pd, Os, Ir, Pt）
- 希ガス（不活性ガス）
  He, Ne, Ar, Xe, Rn
- 希土類元素
  $_{57}$La〜$_{71}$Lu + $_{21}$Sc + $_{39}$Y   3族17元素（性質が似ている），希少
- 放射性元素
  放射線を放出する元素，自然界に存在する $_{43}$Tc および $84(Po) \leq Z \leq 92(U)$（ただし $Z = 85$ の At は除く）の元素が該当する．さらに加速器で生成される At および超ウラン元素が該当する．
- 超ウラン元素または人工元素
  $Z \geq 93$ の元素 [$Z = 92$ は ^{92}U, $Z = 93$ は ^{93}Np（ネプツニウム）] は加速器などで人工的につくられる元素である．

表2.7 元素の外殻（内殻）電子の占有軌道による分類

注：^{57}La($6s^2 5d^1$), ^{89}Ac($7s^2 6d^1$), ^{90}Th($7s^2 6d^2$) は性質の類似性から f-ブロック元素に入れられる．元素記号の上の数字は原子番号．ランタノイドおよびアクチノイドで $7p^1$ となるのは Lr（ローレンシウム）のみ．また，この表で s, p, d, f の肩の数字は，該当原子軌道に配置された電子数である．たとえば，ns^2 は ns 原子軌道に電子が2個配置されていることを示す．表表紙の元素の周期表においても，最外殻の電子配置をこのように示している．ただし，d-ブロック元素，f-ブロック元素については，最外殻より内側の d 原子軌道および f 原子軌道の電子数も示している．

s-ブロック元素と p-ブロック元素を合わせた元素群は典型元素と呼ばれる．また，d-ブロック元素は遷移元素，f-ブロック元素は内部遷移元素とも呼ばれる．

☕ Tea Time 2.8　モーズリーの法則―周期性の起源

周期表は化学的性質の類似性，原子量の大きさの順に元素を並べたときに，周期性が見出されたことに起源がある［メンデレーエフ（Mendeleev）など］．現在では，周期表は原子の電子配置の類似性で並べたもの，陽子の数の順に並べたものとされている．周期表において陽子数の順に並べることの重要性を初めて示したのがモーズリー（Moseley）の法則である．金属に高速の電子を照射したとき，内殻電子が外部へ叩き出されてできるエネルギー状態の空席をそれよりも高いエネルギー状態の電子が占有する現象が起こる．このとき，放射される特性 X 線は，原子に固有の振動数を示す．この振動数 ν［あるいは波数 $\bar{\nu}(=1/\lambda; \lambda:$ 波長)］と陽子数（原子番号）Z の間には，以下のような関係が成立することがモーズリーにより実験的に発見された．この関係をモーズリーの法則と呼ぶ．

$$\sqrt{\nu} = k_1(Z-s) \quad \text{あるいは} \quad \sqrt{\frac{1}{\lambda}}(=\bar{\nu}) = k_2(Z-s)$$

ここで，k_1 および k_2 は比例定数である．s は次頁の遮蔽定数であり，外殻電子に対して内部の電子が原子核の正電荷を隠す（遮蔽する）働きを表す．現在の周期表の原子の並び方では，原子量の大きさが数箇所で逆転している．しかし，陽子数の逆転は見られない．

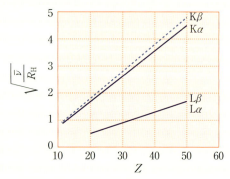

図 2.20　モーズリーの法則の図（R_H：リュードベリ定数，$\bar{\nu}$：波数，Z：原子番号 Kα, Kβ などの意味は問題 2.11 参照）

☕ Tea Time 2.9　元素の合成　現在も増加しつつある元素

原子は自然に存在するものばかりではなく，現在では，合成されたものも多数ある．加速器で原子（イオン）同士を衝突させてこれまで存在して来なかった重元素の生成の実験が続けられている．2015 年 12 月 31 日，IUPAC（国際純正・応用化学連合）は日本の理化学研究所チームの $Z = 113$ の新元素の発見を認定し，2016 年 6 月 9 日ニホニウムという名前がこの新元素に与えられた．

2.6 元素の性質の周期性
2.6.1 元素の性質を決める因子

元素の化学的性質は，構成原子の性質に依存している．言い換えると，元素の化学的性質は，元素を構成する原子の外部の影響を受けやすい最外殻の電子が担っている．この最外殻の電子のエネルギーへ影響を与える因子として有効核電荷(Z^*)と原子核から最外殻の電子までの距離，すなわち原子半径が考えられる．この**有効核電荷**(Z^*)は核電荷Zと**遮蔽定数**(s)と以下のように関係している．

$$Z^* = Z - s \quad (2.31)$$

この関係は，外側の電子にとって内側の電子が原子核の正電荷(Z)を隠す（遮蔽する）働きを示すことを表している．この遮蔽の働きを遮蔽定数(s)で評価している．原子内の電子は軌道運動する粒子として存在するのではなく，存在確率として空間に分布するため，同じ原子軌道の電子同士でも，一方の電子は他方の電子に対し核電荷を遮蔽する働きをもつ．この遮蔽という働きは電磁気学のガウス(Gauss)の法則から理解される（付録A3）[*1]．ガウスの法則によれば，外部の電場は，内側の電荷がすべて中心に存在するとして評価可能である．このため，外側の電子位置の電場は，原子核の正電荷と内側の電子の負電荷が相殺するとして評価できる．その結果，核電荷の量は，遮蔽されたように，少なくなる．遮蔽定数の比較的容易な評価の方法として，スレーター(Slater)の規則[*2]が提案されている．この規則で計算した原子の最外殻電子に対する有効核電荷の原子番号(Z)依存性を図2.21に示す．有効核電荷は同一周期では原子番号の増大とともに増大し，18族で最大となる．次の周期に移行する際，急激に減少する．また，同族原子では周期番号の増加とともに有効核電荷は穏やかに増加する．

核電荷が$+Ze$の原子核の周囲に電子がある場合，原子の原子半径および最外殻の電子のエネルギーは，(2.10)式および(2.22)式を参考にすると，以下の関係が推定される．

[*1] 「遮蔽は電子に与える核電荷Zの引力であるクーロン力が内側の電子による反発のクーロン力により一部相殺され，弱められる効果である」とする説明が教科書によっては見られる．しかし，この説明は外側に電子の存在しない電子についてのみ有効であることに注意を要する．もし外側にも電子があれば，外側の電子による反発力が核電荷によるクーロン引力と同方向に働く力として寄与するからである．ガウスの法則による遮蔽の説明はこのような制限を受けない．

[*2] 原子軌道を1s, (2s, 2p), (3s, 3p), 3d, (4s, 4p), …の軌道群に分類する．遮蔽定数sへの電子の寄与は以下のように与える．
1) 考える電子より外側の軌道群の電子の寄与は0とする．
2) 考える電子と同じ軌道群の電子のsへの寄与は1個あたり0.35，ただし，1s軌道の場合は0.30とする．
3) (ns, np)群($n \geq 2$)の電子に対するsへの寄与は，主量子数$n-1$の電子は1個あたり0.85, $n-m$ ($m \geq 2$)の主量子数の電子は1個あたり1.0とする(d, f軌道の電子のsへの寄与は省略)．

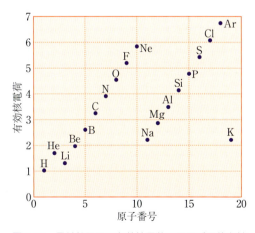

図2.21 最外殻電子の有効核電荷の原子番号依存性

*1 スレーターの規則では，主量子数 n に対する有効主量子数 n^* について以下のように与える：$n \leq 3$ に対して $n^* = n$，$n = 4$ に対して $n^* = 3.7$，….

*2 1s 原子軌道に2個，2s 原子軌道に1個電子が配置されている（p.59 表2.7 参照）．

*3 希ガス原子の経験的原子半径は2)および3)の傾向から外れている．これは，これまで提示された経験的原子半径の多くは結晶の構造から決められているためである．希ガス原子の場合，ファンデルワールス力に基づく比較的弱い原子間相互作用によって結晶が形成されるため，結晶は緩やかに凝集していて，原子半径は大き目に与えられる可能性が大きい．しかし，*4 で説明する量子力学計算（ハートリー－フォックの方法）に基づく最外殻の原子軌道の r の平均値 $\langle r \rangle$，計算原子半径は，2)および3)の傾向に反していない．結晶構造に基づく原子半径の決定は，原子環境を反映している．しかし，量子力学計算による $\langle r \rangle$ は孤立原子によるものであり，注意を要する．

*4 この最外殻電子の広がりに対応した原子半径として，ハートリー－フォックの方法に基づいた最外殻原子軌道の距離 r の平均値 $\langle r \rangle$ がある．これを原子半径とみなして，図 2.22 および付録表 B.1 に掲載している．イオン半径についても，このような計算によるデータセットが望まれる．

軌道半径　　　$r = \dfrac{\varepsilon_0 h^2 n^2}{\pi m_e Z e^2} \propto \dfrac{n^2}{Z}$　　(2.10)　　$r \propto \dfrac{(n^*)^2}{Z^*}$　(2.32)

エネルギー　　$E_n = -\dfrac{m_e Z^2 e^4}{8\varepsilon_0^2 h^2}\dfrac{1}{n^2} \propto -\dfrac{Z^2}{n^2}$　(2.22)

$$E_n \propto -\dfrac{(Z^*)^2}{(n^*)^2} \quad (2.33)$$

原子半径，および電子のエネルギーは有効主量子数 n^* および有効核電荷 Z^* の役割で説明されることが期待される．スレーターの規則によると，有効主量子数 n^* の値については，$n \leq 3$ では $n^* = n$ と与えられる．しかし，$n \geq 4$ の n^* の値については n よりやや小さく与えられる[*1]．

> **例題 2.5** Li 原子の最外殻電子の有効核電荷を計算し，図 2.21 と比較せよ．ただし，考える電子の主量子数を n とすると，$n-1$ の軌道の電子の遮蔽定数 s への寄与は電子1個あたり 0.85 とする［スレーターの方法］．
>
> **解** Li の電子配置は $1s^2 2s^1$ [*2] である．2s 電子にとって2個の 1s 電子が $Z = 3$ の核電荷を遮蔽している．したがって，$s = 0.85 \times 2 = 1.7$ となり，有効核電荷は $3 - 1.7 = 1.3$ となる．図 2.21 とも一致．

2.6.2 原子の性質の周期性

(1) 原子の大きさ

図 2.22 に原子半径の原子番号依存性を示す．以下の傾向が見られる[*3]．
1) 同一族で周期番号が大きくなると r は増大する
2) 同一周期で族番号が大きくなると r は減少する
3) 次の周期への移行の際に r は急増する

原子の大きさは最外殻電子の広がりに対応している[*4] ため，(2.32)

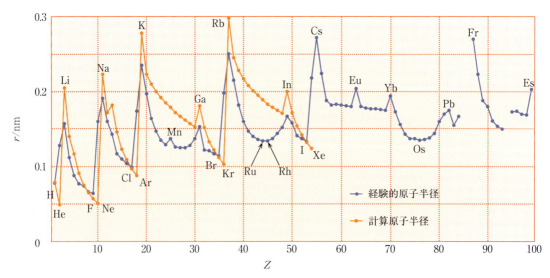

図 2.22　原子半径 r の原子番号 Z 依存性（数値は付録表 B.1 による）

式に基づいて考えることができる．1)の傾向は周期番号の増大とともに n^* および Z^* が増大するが，n^* の増大の効果の方が大きいためである．2)の傾向は族番号の増大とともに n^* は一定で Z^* が増大するためである．3)の原子半径の急増は n^* の増大と Z^* の急減が重なるためである[*1,*2]．

(2) イオン化エネルギーまたはイオン化ポテンシャル I_P

気相の孤立原子から電子を取り去るのに必要なエネルギーが**イオン化エネルギー** I_P であり，**イオン化ポテンシャル**と呼ぶこともある．孤立原子から電子を取り去る段階により，次のようなイオン化エネルギーが定義される．

最初の1個の電子を取り去るのに必要な最低のエネルギーは**第一イオン化エネルギー**，さらに，2個目の電子を取り去るに必要な最低のエネルギーは**第二イオン化エネルギー**，さらに，3個目の電子を取り去るに必要な最低のエネルギーは**第三イオン化エネルギー**である．以下では，イオン化エネルギーの術語で第一イオン化エネルギーについて議論を進める．

イオン化エネルギーが大きいほど陽イオンへはなり難い．図 2.23 にイオン化エネルギー，I_P の原子番号依存性を示す．イオン化エネルギーには，図 2.23 に示すように，以下の傾向が見られる．

1) 周期表同一族で周期番号の増加とともに I_P は減少する．
2) 周期表同一周期で族番号の増加ともに I_P は増加する．
3) 次の周期への移行の際に I_P は急減する．

イオン化エネルギーを (2.33) 式に基づいて考えると，$I_P \approx 0 - (-(Z^*)^2/(n^*)^2) = (Z^*)^2/(n^*)^2$ と考えられる [I_P = (電子を取り去った後の状態のエネルギー) − (電子を取り去る前の状態のエネルギー)]．

したがって，1)の傾向は周期番号の増加とともに Z^* も増大するが，n^* の増大の効果の方が大きいためである．2)の傾向は族番号の増加とともに n^* は一定で Z^* が増加傾向を示すためである．3)の傾向は次の

[*1] 原子やイオンの大きさの傾向の有名なものにランタノイド収縮（ランタニド収縮）がある．第6周期第3族に収容されているランタノイド元素の原子半径やイオン半径は，原子番号 Z の増加とともに減少する．アクチノイド元素の原子についても同様な減少が見られ，アクチノイド収縮（アクチニド収縮）と呼ばれる．これら収縮の原因については明確ではない．

[*2] 原子半径は，原子の波動関数が無限遠で零となるため，どこまでを原子半径とするかの任意性があり，これまで経験的な方法で決定されてきた．この決定は物質中の原子の存在状態に依存している．ほとんど化学結合していない原子の接触状態の原子間距離の半分として，ファンデルワールス半径が決定されている．共有結合分子の結合距離から共有結合半径が決定されている．また，金属結晶を原子が接触して集合していると見なした原子間距離の半分として金属結合半径が決定されている．

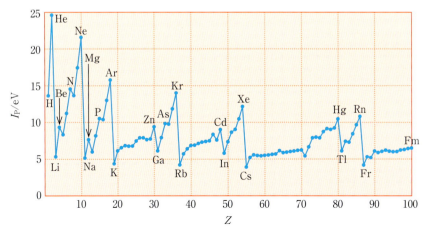

図 2.23 イオン化エネルギー I_P の原子番号 Z 依存性
（数値は付録表 B.2 による）

周期への移行の際，n^* の増加と Z^* の急減が重なるためである．

図2.23の第2周期と第3周期を詳細に見る．考察をこのように限るのは，第4周期以降ではd原子軌道やf軌道が参加して議論が複雑となるためである．第2周期と第3周期の傾向の中で，Be $(2s^2)$，Mg $(3s^2)$，N $(2s^2 2p^3)$，P $(3s^2 3p^3)$ で I_P が一連の傾向より大きい（小さな極大）傾向が見られる．Be $(2s^2)$，Mg $(3s^2)$ の I_P が大きいのは，その後の原子の電子配置に参加するp原子軌道のエネルギーが高い（図2.16および図2.17）ためと考えられる．N $(2s^2 2p^3)$，P $(3s^2 3p^3)$ で I_P が大きいのも，この後に続く原子の電子配置にp原子軌道がスピンを違えて二重に占有され始まることが関係している．負電荷の電子が同一原子軌道に二重に入る際はクーロン（Coulomb）斥力が働くため，エネルギーがやや高くなり，I_P はやや低下するためと考えられる[*1]．

(3) 電子付加エンタルピーと電子親和力

電子付加エンタルピー ΔH は，原子 A と原子 A の陰イオン A^- のエンタルピーをそれぞれ H_A，H_{A^-} とする．電子1個の付加による陰イオン形成におけるエンタルピー変化[*2] ΔH は以下のように定義される．

$$\Delta H = H_{A^-} - H_A \tag{2.34}$$

電子親和力 E_{EA}（electron affinity）は原子の陰イオンへのなりやすさを表し，E_{EA} が大きいほど，ΔH の絶対値は大きくなる．ただし，ΔH の符号は負である．したがって，E_{EA} と ΔH の間には，$E_{EA} = -\Delta H$（$T = 0$，T：絶対温度）の関係が成立する．歴史的には電子親和力が先に用いられてきた．

電子親和力の原子番号依存性を示す図2.24を概観すると，電子親和力は，同一周期では周期の前半で小さく，周期の後半では大きくなる．その増加はハロゲン原子で最大となる．すなわち，原子番号の増加とともに電子親和力は増加する．しかし，原子半径の減少傾向やイオン化エネルギーの増加傾向ほどきれいな傾向は示していない．これは，電子親和力は中性原子が外部の電子を引き寄せる傾向を見ているが，もとも

[*1] N $(2s^2 2p^3)$ や P $(3s^2 3p^3)$ の I_P は本来的に大きいともいえる．これらの原子では，3重に縮退したp軌道をスピン同方向で電子が1個ずつ占有している．このような同方向のスピンの状態の電子を交換しても交換前の状態と区別できないという量子力学的効果に由来する交換相互作用（交換エネルギー）のため，エネルギーは低下し，安定化する．その結果 I_P も大となる．「1次元の箱の中の電子のモデル」(p. 46～47) で考えると，このようにスピン同方向で2pの原子軌道に1個ずつ配置することは，電子はお互いに反撥を避けながら，より空間に拡がった状態をとると考えることができる．箱のサイズを大きくするとエネルギーは低下し，I_P は大きくなる（p. 47 e）．

[*2] エンタルピーは第7章で学ぶ熱力学量であるが，ここでは，エネルギーと考えてもよい．しかし，簡単な熱力学的考察により，

$$E_{EA} = -\Delta H - \frac{5}{2}RT$$

の関係がある．

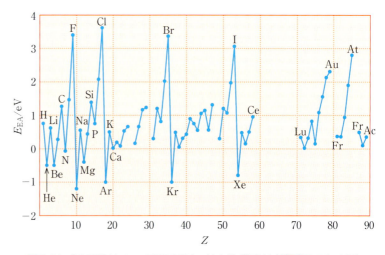

図2.24 電子親和力 E_{EA} の原子番号 Z 依存性（数値は付録表B.5による）

と，中性原子は電子を引き寄せる駆動力がさほど大きくないためと考えられる．同一周期での E_{EA} の大まかな増加傾向は以下のように説明される．最外殻の原子軌道の s 原子軌道や p 原子軌道に空きがある族番号 1, 13〜17 の原子では，外部から電子が近づいてくると，その電子の確率密度は空いた原子軌道の空間に侵入することが可能である．このとき，外部の電子に対する有効核電荷は族番号の増加とともに大きくなり，電子を引き寄せる傾向も大きくなる．このため，族番号の増加とともに電子親和力は大きくなる．以下に，さらに詳細に見た図 2.24 の第 1〜第 3 周期までの特徴を列記する．

a. 希ガス原子の電子親和力は負であり，電子を受け入れて陰イオンになる傾向は極めて小さい．
b. アルカリ土類金属の原子の電子親和力も負の小さな値を示すかゼロに近く，電子を受け入れて陰イオンになる傾向はほとんどない．
c. 15 族の窒素，リンの電子親和力もその前後の傾向と比較して小さく，N の場合はゼロに近い．
d. アルカリ金属原子の電子親和力は小さく，陰イオンになる傾向は比較的小さい．
e. ハロゲン元素の原子の電子親和力は非常に大きく，陰イオンに非常になりやすい．
f. カルコゲン元素の原子 (O, S) の電子親和力も大きく，陰イオンになりやすい．

18 族の希ガス原子は安定な $ns^2 np^6$ の閉殻構造をもつため，外部から電子が近づいてきても，その電子を収容する原子軌道に空きはない．さらに，外部の電子に対する有効核電荷もゼロに近いと考えられるため，電子を近づける駆動力は存在しない．したがって，外部から電子が近接しても原子 A の電子雲の反発を受け，陰イオン A^- の形成は非常に困難である (a. について)．アルカリ土類金属の原子がわずかに負の値を示すのは，すでに 2 個の電子で占有されていて空きのない s 原子軌道 (ns^2) をもつ 2 族原子にさらに電子を付加することが困難であるためである．この困難は，電子を近づけると，その電子の確率分布の一部は次に空いた 2p 原子軌道の空間に侵入することになる．その結果，エネルギー的には不利であり，また，2 族原子の電子雲の反発も受けるためである (b. について)．また，N の E_{EA} がわずかな負の値を示しているのも，半分が占有された 2p 原子軌道 ($2s^2 2p^3$) へ外部から電子雲が近づいても，クーロン反発のため，陰イオンの形成は容易ではないことのためである．($3s^2 3p^3$) のように原子軌道が占有されている P についても同様な理由で電子親和力は小さい (c. について)．もともと陽イオンになりやすい 1 族のアルカリ金属原子に電子が近づく場合，有効核電荷も小さく，電子親和力は小さい (d. について)．それに対して，もともと陰イオンになりやすいハロゲン元素の原子に電子を近づける場合は，有効核電荷も大きく電子親和力も大きい (e. について)．

16 族のカルコゲン元素の原子では，1 個目の電子付加は有効核電荷も

大きく容易であり，電子親和力は大きく正である（f. について）．しかし，2個目の電子の付加に対する電子親和力は大きな負の値を示す．これは，1価の陰イオンにさらに電子を付加することが困難であるためである．

$O \to O^-$　141 kJ mol^{-1}；　$S \to S^-$　200 kJ mol^{-1}；
$Se \to Se^-$　195 kJ mol^{-1}
$O^- \to O^{2-}$　-780 kJ mol^{-1}；　$S^- \to S^{2-}$　-590 kJ mol^{-1}；
$Se^- \to Se^{2-}$　-420 kJ mol^{-1}

(4) 電気陰性度

電気陰性度 χ は分子の形成において結合相手の原子から電子を引き寄せる傾向を表す．この指標の評価については複数の尺度が提案されている（[Tea Time 2.10] 参照）．その1つとしてオールレッド－ロコー（Allred and Rochow）の尺度がある．原子 A についての**オールレッド－ロコーの尺度**（χ_{AR}）は以下の式で定義される．

$$\chi_{AR} = \frac{3.59 \times 10^3 \, Z_A^*}{r_A^2} + 0.744 \tag{2.35}$$

ここで，r_A は共有結合半径*（pm 単位）であり，Z_A^* は有効核電荷である．原子 B の最外殻の電子が原子 A の原子軌道に入るとき，静電引力 $F = -\frac{1}{4\pi\varepsilon_0}\frac{Z_A^* e^2}{r_A^2}$ が働く．すなわち，Z_A^* に比例し r_A^2 に反比例する．このような考え方で相手原子から電子を奪う傾向を評価している．このオールレッド－ロコーの尺度は従来使用されてきた**ポーリングの電気陰性度**と同様な傾向を示す（図 2.25）．ここで注意すべきは，ポーリング（Pauling）の尺度は相手原子との組み合わせで評価される尺度であり，考える原子単独では評価できないことである（[Tea Time 2.10] 参照）．一方，オールレッド－ロコーの尺度は原子単独で評価可能であり，原子の性質として電気陰性度を議論するために有用な尺度である．

図 2.25 に，オールレッド－ロコーおよびポーリングの電気陰性度を

＊ 共有結合半径とは，共有結合の距離から原子同士が接触しているとして算出された原子半径である．

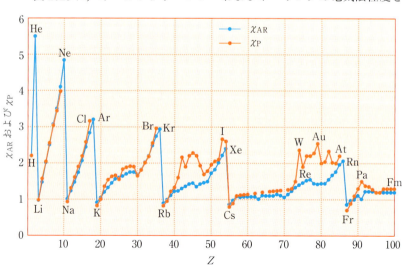

図 2.25　電気陰性度（オールレッド－ロコー：χ_{AR}，ポーリング：χ_P）の原子番号 Z 依存性（数値は付録表 B.4 による）

示す．電気陰性度 χ について，以下の傾向がある．
1) 同一周期では族番号の増加とともに χ は増大する．
2) 同一族では周期番号の増加とともに χ は減少する．
3) 周期が変わるときに激減する．

傾向 1) は (2.35) 式から，Z_A^* の増加と r_A の減少で説明される．2) の傾向は，(2.35) 式からは，r_A および Z_A^* ともに増加するものの，r_A の増加の効果が Z_A^* の増加にまさっているためと考えられる．3) の傾向は，Z_A^* の急減と r_A の増大のためと考えられる．

☕ Tea Time 2.10　電気陰性度のいろいろ

本文ではオールレッド–ロコーの尺度で議論した．この尺度のほかに，ポーリングの尺度とマリケンの尺度がある．

(1) ポーリングの尺度 χ_P は以下の式で定義される[*1]．

$$\chi_P^A - \chi_P^B = \left(\frac{\Delta_{AB}}{96.5\,\text{kJ mol}^{-1}} \right)^{\frac{1}{2}}$$

ここで，Δ_{AB} は分子 AB の結合（解離）エネルギーと等核二原子分子 A_2 と B_2 の結合（解離）エネルギーの相乗平均の差として定義される．

$$\Delta_{AB} \equiv D_{AB} - \sqrt{D_{AA} D_{BB}}$$

ここで，D_{ij} は分子 ij の結合（解離）エネルギーである．

実験の結合（解離）エネルギーから，F を 4.0，C を 2.5 として原子 A および B の電気陰性度 χ_P^A，χ_P^B が決定された．$\chi_P^A > \chi_P^B$ のとき原子 B から原子 A へ電子が部分的に δ だけ移行し，$A^{-\delta} B^{+\delta}$ の部分的イオン結合が形成される．すなわち，イオン性を帯びることで分子 AB の結合エネルギーは A_2, B_2 の平均の共有結合のエネルギーより増加すると考えている．

多くの物質では共有結合とイオン結合が混在している．このイオン性の割合を p とすると，p は原子 A および B の電気陰性度の差 $\Delta\chi = |\chi_P^A - \chi_P^B|$ を用いて，ポーリングダイヤグラムあるいは以下の関数形を用いて評価される．

$$p = 1 - \exp\left(-\frac{\Delta\chi^2}{4} \right)$$

$\Delta\chi > 2.0$ でイオン性は大きくなり，$\Delta\chi < 2.0$ では共有性が大きくなる．「金属同士からイオン結晶ができる」ことが CsAu で実験的に示されている（ポーリングの電気陰性度 Cs：0.79，Au：2.54）．

(2) マリケンの尺度　マリケンの尺度 χ_M は，イオン化エネルギー I_P と電子親和力 E_{EA} の平均として，以下のように定義される[*2]．

$$\chi_M = \frac{I_P + E_{EA}}{2}$$

I_P が大きく電子がとられにくいほど，電子親和力 E_{EA} が大きく電子を受け取りやすいほど，電子を引き寄せる傾向は大きい．おおむね，$\chi_M > \chi_P$ であり，χ_M が大であれば χ_P も大となる．しかし，$\chi_M < \chi_P$ の場合もあり，χ_M と χ_P の関係を表すのは困難である．

[*1] ポーリングは eV 単位で議論を進めた．96.5 kJ mol^{-1} は kJ mol^{-1} で評価した Δ_{AB} を eV 単位へ変換する変換因子である．χ_P^A，χ_P^B は実質上，無次元量として扱われる．

[*2] 多くの教科書，参考書ではこの形で与えられている．しかし，χ_M と $\frac{\chi_M + I_P}{2}$ の間には比例定数が必要である．詳細は [Study 2.5] を参照されたい．

第2章のまとめ

- 従来（1900年以前）の物理学—エネルギーの連続性および光の波動性—の破綻

    原子の発光スペクトル　バルマー系列，リュードベリ定数
    黒体放射　プランクのエネルギー量子仮説
    $$E = nh\nu$$
    n：自然数，h：プランク定数，ν：光の振動数
    光電効果　光量子仮説に基づくアインシュタインの理論
    原子モデルの欠陥　電子の周回モデル
    　　　　　　　　　　　　　　（長岡半太郎 1903，ラザフォード 1911）
    　　電磁波を放射して原子の"死"

- ボーア模型とボーアの仮定

    ボーアの3仮定
    ボーア模型の成果　リュードベリ定数の実験値と完全に一致する理論値を与えて原子の"死"の問題を解決

- 量子力学の出現

    ド・ブローイの物質波　粒子（電子）の波動性を主張
    物質波を反映する方程式　シュレーディンガー方程式の発見
    　　現在は，波動関数を確率波とする解釈が主流
    シュレーディンガー方程式の成功
    離散的な（とびとび）のエネルギーの出現，量子数
    　1. 1次元の箱の中の自由粒子　量子数 n（自然数）
    　　　　　　　　　　$n \to $ 大　$E \to $ 大
    　2. 水素原子　　　　　　　　量子数 n, l, m_l

- 水素原子の電子状態への量子力学の適用

    原子軌道（n, l で指定）：1s, 2s, 2p, 3s, 3p, 3d, …；電子雲の形状と動径分布関数

- 多電子原子の電子配置と周期表

    水素原子の原子軌道と類似の n, l で指定される原子軌道が存在
    基底状態の原子の電子構造の構成原理
    　　エネルギーに関する原理，パウリの排他原理，フントの規則
    周期表の起源　最外殻の電子配置の規則性　電子配置による元素の分類
    原子の性質の周期性の起源　有効核電荷と原子半径の効果
    　　　　　　　　　　原子半径の傾向，イオン化エネルギーの傾向，電子親和力の傾向，電気陰性度の傾向

章末問題 2

1. 質量 m_e の電子の原子核の周囲の回転運動の勢いを表す角運動量は $\boldsymbol{L} = \boldsymbol{r} \times \boldsymbol{p} = \boldsymbol{r} \times (m_e \boldsymbol{v}) = m_e \boldsymbol{r} \times \boldsymbol{v}$ で定義され，位置ベクトル $\boldsymbol{r}$ と運動量ベクトル $\boldsymbol{p} = m_e \boldsymbol{v}$ のベクトル積で評価される．円運動においては角運動量の大きさが $m_e v r$ と書けることを示せ．ここで，r は位置ベクトルの大きさ，v は速度ベクトルの大きさである．

2. (1) (2.17)式の R_H を実際に計算し，リュードベリ定数の実験値と極めてよい一致を示すことを実際に確かめよ（諸定数の代入に当たっては，数値の桁数を十分に多くとって実施のこと）．
  (2) ボーア模型では静止した陽子の周囲を電子が周回していると考えている．陽子も運動していると考えると，電子の陽子からの距離の座標（相対座標）と重心の座標でこの二体問題を扱うことができる．このとき，相対座標の方程式（静止した原子核の周囲の電子の運動）では電子の質量の代わりに換算質量 μ が入ってくる．換算質量 μ は陽子の質量 m_p および電子の質量 m_e と $\dfrac{1}{\mu} = \dfrac{1}{m_p} + \dfrac{1}{m_e}$ の関係にある．換算質量を用いたリュードベリ定数の計算値を求め，実験値と比較せよ．

3. ボーアの仮説 II にド・ブロイの関係を適用すると波長にどのような関係が得られるか．また，この得られた関係は，電子の運動の安定性をどのように説明するか．

4. トムソンの実験では電子の加速電圧として 225 V（ボルト）程度が採用されていたようである．この電子の波長はどの程度となるか．さらに，このように波動性があるにも関わらず，トムソンの実験では電子は粒子として検出されている理由を考えて記せ．

5. 極座標の体積素片が $r^2 \sin\theta \, dr d\theta d\phi$ と書かれることを $r \sim r + dr$, $\theta \sim \theta + d\theta$, $\phi \sim \phi + d\phi$ の間に形成される微小体積として考えよ．

6. 水素原子の $2p_z$ 原子軌道の波動関数は $R_{2,1}(r)\cos\theta$ の形をとることを，以下の極座標のシュレーディンガー方程式に代入することで確かめよ．ただし，$R_{2,1}(r)$ は(2.24)式を満たすことを用いてよい．

$$\left[-\frac{h^2}{8\pi^2 m_e} \left\{ \frac{\partial^2}{\partial r^2} + \frac{2}{r}\frac{\partial}{\partial r} + \frac{1}{r^2 \sin\theta}\frac{\partial}{\partial \theta}\left(\sin\theta \frac{\partial}{\partial \theta}\right) \right. \right.$$
$$\left. \left. + \frac{1}{r^2 \sin^2\theta}\frac{\partial^2}{\partial \phi^2} \right\} + U(r) \right] \Psi(r,\theta,\phi) - E\Psi(r,\theta,\phi)$$
$$= 0$$

さらに，$2p_z$ 原子軌道が $R_{2,1}(r)\cos\theta$ の波動関数としてシュレーディンガー方程式の解と認められるとき，$2p_x$ 原子軌道 $[R_{2,1}(r)\sin\theta\cos\phi]$ および $2p_y$ 原子軌道 $[R_{2,1}(r)\sin\theta\sin\phi]$ も解であることを定性的に説明せよ．

7. $2p_z$ の原子軌道に対応した電子雲の形状は，方法 I（$n = 1$ の場合）で描くと，z 軸正側の球（赤色）と負側の球（青色）で描かれることを示せ．$2p_z$ の波動関数は r の大きな値 a について $R_{2,1}(a)\cos\theta$ であるが，簡単のため，$2p_z$ の波動関数を $a\cos\theta$（a 一定）と考えてよい．
（ヒント：まず z 軸正側の球を証明する．y-z 平面上に $z = a\cos\theta$（a 一定）の $\theta = 0$ の場合の点 A と $\theta \neq 0$ の場合の点 B を考える．原点を O として，三角形 OAB の辺 AB の長さを三角関数の余弦定理で求める．次に $\angle ABO$ が直角であることを余弦定理などから求める．この結果から点 B の軌跡を求める．次に，z 軸負側の $\theta = 2\pi$ の場合の点 A' と $\theta \neq 2\pi$ の場合の点 B' を考えて，点 B' の軌跡を求める．最後に z 軸の周囲に 2π 回転させて，電子雲の形状を求める．）

8. 水素原子の 1s 原子軌道の動径分布関数の挙動をしらべ，ボーア半径は動径分布関数の最大値を与える距離に対応することを確かめよ．

9. 原子番号 23, 24, 25 の V, Cr, Mn および 28, 29 の Ni, Cu の電子配置を例題 2.4 にならってエネルギーダイヤグラム上に書け．

10. F, Cl, Br, I 原子の電気陰性度の傾向を説明せよ．

11. (1) 特性 X 線についてのモーズリーの法則は遮蔽定数を無視すると $\sqrt{\nu} = k_1 Z$ あるいは $\sqrt{\dfrac{1}{\lambda}}(=\sqrt{\bar{\nu}})$ $= k_2 Z$ と書かれる（[Tea Time 2.8] 参照）．金属に高速の電子を照射したとき，内殻電子が外部へ叩き出され，その空いたエネルギー状態へエネルギーの高い状態の電子が移行する際に，X 線が放射される．たとえば，空いた K 殻，$n = 1$ の 1s のエネルギー状態へ L 殻の電子が移行する際に放出される特性 X 線は Kα，M 殻の電子が移行する際の特性 X 線は Kβ と呼ばれる（厳密には，エネルギー状態の微細な分裂を反映して，α や β に Kα1, Kα2 など複数の X 線がある）．Kα や Kβ についてのモーズリーの法則について，遮蔽定数を無視してボーア模型に基づいて説明せよ．
(2) 原子番号 9 の F の特性 X 線 Kα は 0.687 keV，原子番号 36 の Kr の特性 X 線 Kα は 14.323 keV と知られている．未知試料の特性 X 線を測定したところ，1.838 keV であった．この未知試料は何であると判定されるか（ヒント：モーズリーの法則を $\sqrt{\nu} = aZ + b$ と考えよ）．

Study 2.1　ド・ブローイの関係式　物質波の推論の根拠

　有名なアインシュタインのエネルギー E と質量 m の等価原理 $E = mc_0^2$ (c_0：光速度の大きさ) を考える．次元解析 (単位からどのような物理量であるかを推定する方法) を mc_0 に実施すると運動量 p の単位をもつ．そのため，$E = pc_0$ の関係が予想される．この関係の厳密な導出はこの後に示すが，とりあえず，この関係，$E = pc_0$ と光量子仮説，$E = h\nu$ を等値させる．$E = pc_0 = h\nu$ となり，さらに，$\nu = \dfrac{c_0}{\lambda}$ を考慮すると

$$\lambda = \frac{h}{p}$$

の関係，ド・ブローイの関係式が得られる．

　$E = pc_0$ の関係は相対論から以下のように光子に対して厳密に導かれる．相対性理論によれば，物体が大きさ v の速度で運動しているとすると，この運動する物体の質量 $m(v)$ は

$$m(v) = \frac{m(0)}{\sqrt{1-\left(\dfrac{v}{c_0}\right)^2}} \quad (S2.1.1)$$

と書かれる[*1]．$m(0)$ は静止しているときの質量，静止質量である．この速度で変化する質量 (S2.1.1) 式を用いてエネルギーと質量の等価原理を書くと

$$E = m(v)c_0^2 = \frac{m(0)}{\sqrt{1-\left(\dfrac{v}{c_0}\right)^2}}c_0^2 \quad (S2.1.2)$$

と書かれる[*2]．運動量 $p = m(v)v$ と (S2.1.2) 式のはじめの等式 $E = m(v)c_0^2$ との比をとると，$\dfrac{E}{p} = \dfrac{c_0^2}{v}$，すなわち，$v = \dfrac{p}{E}c_0^2$ と書ける．この関係を (S2.1.2) 式の第1項と第3項についての等式に代入すると

$$E = \frac{m(0)}{\sqrt{1-\left(\dfrac{pc_0}{E}\right)^2}}c_0^2 \quad (S2.1.3)$$

と書かれる．さらに変形して

$$E^2 = m(0)^2 c_0^4 + (pc_0)^2 \quad (S2.1.4)$$

の関係が得られる．光子の静止質量 $m(0)$ はゼロであるので

$$E = pc_0$$

となる．

[*1]　(S2.1.1) 式の関係は相対論による運動量から導かれた．光の速度の大きさが，$v = c_0$ のため，(S2.1.1) 式の $m(v)$ の発散を避けるには，$m(0)$ はゼロである．すなわち，光子の静止質量はゼロである．

[*2]　この式において，粒子の速度の大きさ 0 の場合のエネルギーを E_0 と書くと，
$$E_0 = m(0)c_0^2$$
と書かれる．これが，有名なアインシュタインの質量公式であり，静止した状態でも $m(0)c_0^2$ のエネルギーをもつことを示している．これは，原爆などで実証され，原子力利用の原理となっている．

Study 2.2　ド・ブローイの物質波からシュレーディンガー方程式へ

　ド・ブローイの関係式 $\lambda = \dfrac{h}{p}$ は，運動量 p で運動する質量 m の物体の波動性を表す波長 λ を与える．また，このド・ブローイの考

え方の根底には，[Study 2.1] のところで示したように，振動数を ν，プランク定数を h とすると，プランクのエネルギー量子仮説 $E = h\nu$ が考慮されている．後者から，$\nu = \dfrac{E}{h}$ と書ける．したがって，ド・ブローイ波は以下のように書ける．

$$\Psi = A\mathrm{e}^{i2\pi\left(\frac{x}{\lambda}-\nu t\right)} = A\mathrm{e}^{i2\pi\left(\frac{px}{h}-\frac{Et}{h}\right)} = A\mathrm{e}^{i\frac{2\pi(px-Et)}{h}}$$

ここで，$i = \sqrt{-1}$ である．この式は，指数関数を用いた波動の式である．

したがって，

$$\frac{h}{2\pi i}\frac{\partial \Psi}{\partial x} = p\Psi$$

$$-\frac{h}{2\pi i}\frac{\partial \Psi}{\partial t} = E\Psi$$

と書ける．両式の左辺に注目すると，

$$p = \frac{h}{2\pi i}\frac{\partial}{\partial x}$$

$$E = -\frac{h}{2\pi i}\frac{\partial}{\partial t}$$

と定義すると，p および E は Ψ に演算を命令して運動量およびエネルギーを生み出す演算子と考えることができる．運動エネルギーとポテンシャル（位置）エネルギーの和は全エネルギーであるという関係をこれら演算子の関係を通じて考える．この際，これら演算子には右から Ψ が必ず掛けられていると考え，まず，1次元で考える．

$$\text{運動エネルギー} = \frac{p^2}{2m}\Psi = \frac{1}{2m}\left(\frac{h}{2\pi i}\frac{\partial}{\partial x}\right)^2\Psi = -\frac{h^2}{8\pi^2 m}\frac{\partial^2}{\partial x^2}\Psi$$

$$= -\frac{h^2}{8\pi^2 m}\frac{\partial^2 \Psi}{\partial x^2}$$

$$\text{ポテンシャル（位置）エネルギー} = U(x)\Psi$$

$$\text{全エネルギー} = E\Psi = -\frac{h}{2\pi i}\frac{\partial}{\partial t}\Psi = -\frac{h}{2\pi i}\frac{\partial \Psi}{\partial t}$$

より

$$-\frac{h}{2\pi i}\frac{\partial \Psi}{\partial t} = -\frac{h^2}{8\pi^2 m}\frac{\partial^2 \Psi}{\partial x^2} + U(x)\Psi$$

3次元で書くと

$$-\frac{h}{2\pi i}\frac{\partial \Psi}{\partial t} = -\frac{h^2}{8\pi^2 m}\left(\frac{\partial^2 \Psi}{\partial x^2} + \frac{\partial^2 \Psi}{\partial y^2} + \frac{\partial^2 \Psi}{\partial z^2}\right) + U(x, y, z)\Psi$$

となる．これらの式は，時間に依存したシュレーディンガー方程式と呼ばれ，波動性をもつ粒子に対応した方程式である．ポテンシャル（位置）エネルギーが時間に依存しないとき，エネルギー E も時間によらずに一定となる．$\Psi = A\mathrm{e}^{\frac{-i2\pi Et}{h}}\phi$ と位置座標にのみ依存する関数 ϕ を用いて書き換えると

$$-\frac{h^2}{8\pi^2 m}\left(\frac{\partial^2 \phi}{\partial x^2} + \frac{\partial^2 \phi}{\partial y^2} + \frac{\partial^2 \phi}{\partial z^2}\right) + U(x, y, z)\phi = E\phi$$

を得る．これは時間に依存しない（定常状態の）シュレーディンガー方程式と呼ばれ，原子や分子の定常状態の電子を議論するときに使用される［(2.19)式はこの時間に依存しないシュレーディンガー方程式の１次元の場合であり，質量 m を電子の質量 m_e で置換した形である］．

シュレーディンガーは，波動性をもつ粒子（電子）に対するシュレーディンガー方程式を提案した．この方程式は，水素原子について，ボーア模型とも一致する実験と完全に一致する結果を与えたことから，広く一般に支持されるようになった．

Study 2.3　１次元の箱の中の自由電子の問題

シュレーディンガー方程式(2.19)式の適用例として，１次元の箱の中の自由電子を考える．この状況のポテンシャル（位置）エネルギーは以下のように書かれる．

$$U(x) = 0 \qquad 0 \leq x \leq a$$
$$U(x) = \infty \qquad x < 0,\ x > a$$

考える電子は箱の中に閉じ込められているため，箱は無限に高い障壁［ポテンシャル（位置）エネルギー無限大］で囲まれている．この条件のもとでは，$x < 0,\ x > a$ の箱の外の領域には電子は存在できない．

$$\Psi(x) = 0 \qquad x < 0,\ x > a$$

$0 \leq x \leq a$ の領域については，$U(x) = 0$ で(2.19)式を解けばよい．そこで，解として

$$\Psi(x) = A\sin kx + B\cos kx$$

を考える．この解を(2.19)式に代入すると以下の式が得られる．

$$E = \frac{h^2 k^2}{8\pi^2 m_e}$$

$0 \leq x \leq a$ の領域の解の $x < 0,\ x > a$ の解との連続条件は，$\Psi(0) = B = 0$ および $\Psi(a) = A\sin ka + B\cos ka = 0$ である．$\Psi(0) = 0$ から $B = 0$ となるため，$\Psi(a) = 0$ の条件は $\Psi(a) = A\sin ka = 0$ である．$A \neq 0$ であるから $\sin ka = 0$ となる．この式から，

$$ka = n\pi \qquad (n = 1, 2, 3, \cdots)$$

が得られる．したがって，

$$\Psi(x) = A\sin\frac{n\pi}{a}x \qquad (n = 1, 2, 3, \cdots)$$

$$E = \frac{h^2 n^2}{8 m_e a^2} \qquad (n = 1, 2, 3, \cdots)$$

が求まる．すなわち，(2.20)式および(2.21)式が導出された．ここで，$ka = n\pi$ では $n = 1, 2, 3, \cdots$ と考えた．$n = 0$ が除外されているのは，$n = 0$ では $\Psi(x) = 0$ となってしまい，存在する電子を考えているにも関わらず，電子の存在確率がゼロとなるためである（$A \neq 0$ とした理由も同様である）．

Study 2.4 量子力学と古典力学の対応，直交座標と極座標，極座標のシュレーディンガー方程式

量子力学と古典力学の対応とシュレーディンガー方程式 量子力学と古典力学には以下の形式的な対応がある．

物理量	古典力学		量子力学
位置	x, y, z	$\leftrightarrow$	x, y, z
運動量	p_x, p_y, p_z	$\leftrightarrow$	$\dfrac{h}{2\pi i}\dfrac{\partial}{\partial x}, \dfrac{h}{2\pi i}\dfrac{\partial}{\partial y}, \dfrac{h}{2\pi i}\dfrac{\partial}{\partial z}$
運動エネルギーの x, y, z 方向部分	$\dfrac{1}{2m_e}p_x{}^2, \dfrac{1}{2m_e}p_y{}^2, \dfrac{1}{2m_e}p_z{}^2$	$\leftrightarrow$	$-\dfrac{h^2}{8\pi^2 m_e}\dfrac{\partial^2}{\partial x^2}, -\dfrac{h^2}{8\pi^2 m_e}\dfrac{\partial^2}{\partial y^2}, -\dfrac{h^2}{8\pi^2 m_e}\dfrac{\partial^2}{\partial z^2}$

上記の対応から，$-\dfrac{h^2}{8\pi^2 m_e}\dfrac{d^2\Psi(x)}{dx^2}+U(x)\Psi(x)=E\Psi(x)$ で表される (2.19) 式の 1 次元のシュレーディンガー方程式は"運動エネルギー (T)+位置エネルギー (U)=全エネルギー (E)"という，古典力学の世界では自明の関係を表すものとみなすことができる．すなわち，(2.19) 式の左辺第 1 項である，$-\dfrac{h^2}{8\pi^2 m_e}\dfrac{d^2}{dx^2}\Psi(x)$，は運動エネルギー，第 2 項の $U(x)\Psi(x)$ は位置エネルギー，右辺 $E\Psi(x)$ は全エネルギーに対応している．

この 1 次元の (2.19) 式を拡張すると，3 次元のシュレーディンガー方程式は，以下の形で表される．

$$\left\{-\dfrac{h^2}{8\pi^2 m_e}\left(\dfrac{\partial^2}{\partial x^2}+\dfrac{\partial^2}{\partial y^2}+\dfrac{\partial^2}{\partial z^2}\right)+U(x,y,z)\right\}\Psi(x,y,z)$$
$$=E\Psi(x,y,z)$$

なお，この表現に用いられた直交座標系は，お互いに直交した 3 軸から構成される座標系である．この式において，$U(x,y,z)$ はポテンシャル(位置)エネルギーで，$\Psi(x,y,z)$ は波動関数，E はエネルギー(固有値)である．$\dfrac{\partial}{\partial x}, \dfrac{\partial}{\partial y}, \dfrac{\partial}{\partial z}$ は偏微分を表し，他の変数を一定に保ったまま注目する変数のみの微分 (x で微分する場合であれば，y, z を定数扱いとして x で微分)の実施を命令する演算子である．

直交座標と極座標 ポテンシャル(位置)エネルギー $U(x,y,z)$ が原点からの距離 r のみに依存して $U(r)$ と書けるときは極座標を用いると便利である．図 2.26 上の図は位置座標 (x, y, z) で表された直交座標の点 A とそこにおける体積素片 dV を示している．図 2.26 下の図は極座標 (r, θ, ϕ) で表される点 A とそこの体積素片 dV の 3 辺を示している．

極座標 (r, θ, ϕ) と直交座標 (x, y, z) との間には以下の関係が成立する (図 2.12 参照)．

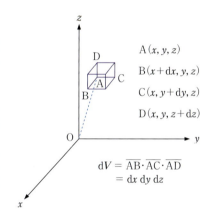

直交座標 $A(x, y, z)$ と体積素片 dV

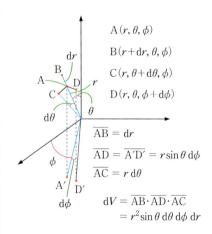

極座標 $A(r, \theta, \phi)$ と体積素片 dV

図 2.26

$$x = r\sin\theta\cos\phi, \quad y = r\sin\theta\sin\phi, \quad z = r\cos\theta$$

直交座標の変数 x, y, z は $-\infty \sim +\infty$ の範囲を変化するのに対して，r は $0\sim\infty$，θ は $0\sim\pi$，ϕ は $0\sim2\pi$ の範囲で変化する．点 $A(x, y, z)$ における体積素片 dV は，図 2.26 上に示すように，$dxdydz$（$x\sim x+dx$，$y\sim y+dy$，$z\sim z+dz$ に挟まれた体積素片：dx, dy, dz は微小量を表す）である．極座標の点 $A(r, \theta, \phi)$ における体積素片 dV も，図 2.26 下に示すように，$r^2\sin\theta\, dr d\theta d\phi$ と書かれる．

極座標のシュレーディンガー方程式 極座標を用いたシュレーディンガー方程式は，ポテンシャル（位置）エネルギー $U(r, \theta, \phi)$ を用いて

$$\left[-\frac{h^2}{8\pi^2 m_e} \left\{ \frac{1}{r^2}\frac{\partial}{\partial r}\left(r^2\frac{\partial}{\partial r}\right) + \frac{1}{r^2\sin\theta}\frac{\partial}{\partial\theta}\left(\sin\theta\frac{\partial}{\partial\theta}\right) \right.\right.$$
$$\left.\left. + \frac{1}{r^2\sin^2\theta}\frac{\partial^2}{\partial\phi^2} \right\} + U(r, \theta, \phi) \right]\Psi(r, \theta, \phi)$$
$$= E\,\Psi(r, \theta, \phi)$$

となる[(2.7)]．あるいは，以下のように書かれる．

$$\left[-\frac{h^2}{8\pi^2 m_e} \left\{ \frac{\partial^2}{\partial r^2} + \frac{2}{r}\frac{\partial}{\partial r} + \frac{1}{r^2\sin\theta}\frac{\partial}{\partial\theta}\left(\sin\theta\frac{\partial}{\partial\theta}\right) + \frac{1}{r^2\sin^2\theta}\frac{\partial^2}{\partial\phi^2} \right\} \right.$$
$$\left. + U(r, \theta, \phi) \right]\Psi(r, \theta, \phi)$$
$$= E\,\Psi(r, \theta, \phi)$$

これらの式で $\dfrac{\partial}{\partial r}$，$\dfrac{\partial}{\partial\theta}$，$\dfrac{\partial}{\partial\phi}$ は偏微分演算子である．

シュレーディンガー方程式は，原子や分子の有益な知見を与えるため，化学にとって強力な武器である．しかし，難解な部分も含まれるため，初学者は，量子力学の適用方法の理解に努めることが重要である．

Study 2.5　マリケンの電気陰性度 χ_M の式と実際の評価

多くの書物では，マリケンの電気陰性度 χ_M は，イオン化エネルギー I_P および電子親和力 E_{EA} を用いて，以下のようには書かれている[*1]．

$$\chi_M = \frac{I_P + E_{EA}}{2} \tag{S2.5.1}$$

(S2.5.1)式では，左辺は無次元量，右辺は，たとえば eV で書かれているため，その調整因子 A_M を導入して，以下のように書かれる[*2]．

$$\chi_M = A_M \frac{I_P + E_{EA}}{2} \tag{S2.5.2}$$

どの程度の値が A_M として考えられかを推定する．付録表 B.2 の I_P および付録表 B.5 の E_{EA}（いずれも単位は eV）を用いて $(I_P + E_{EA})/2$ を計算し，χ_M を付録表 B.4 から採取して，縦軸を χ_M，横軸を $(I_P + E_{EA})/2$ としたグラフにプロットした．その結果，非常によい直線関係が得られた．しかし，その傾きは，E_{EA} が比較的顕著に負の値をもつグループ A（Be, Ne, Mg, Ar, Kr, Xe）とその他の E_{EA} が正（ほぼゼロ以上）のグループ B の間で，図 2.27 および図 2.28 に示すように，わずかに異なる．

[*1] 原子 A と原子 B から A^+B^- を形成するのに必要なエネルギーは，$I_P(A) + E_A(B)$ である．ただし，$I_P(A)$ は原子 A のイオン化エネルギー，$E_A(B)$ は原子 B の電子付加エネルギーである．電子付加エネルギー $E_A(B)$ と電子親和力 $E_{EA}(B)$ が逆符号であることを考慮すると，$I_P(A) - E_{EA}(A)$ となる．同様に，原子 A と原子 B から A^-B^+ を形成するのに必要なエネルギーは $I_P(B) - E_{EA}(A)$ となる（括弧内の A, B は原子を表す）．A^+B^- が形成されるとすると，必要な条件は，$I_P(A) - E_{EA}(B) < I_P(B) - E_{EA}(A)$，すなわち，$I_P(A) + E_{EA}(A) < I_P(B) + E_{EA}(B)$ となり，$(I_P(A) + E_{EA}(A))/2 < (I_P(B) + E_{EA}(B))/2$ と書ける．電気陰性度の尺度として，$(I_P + E_{EA})/2$ が考えられる．

[*2] ポーリングの電気陰性度 χ_P と χ_M のスケールを合せる因子とも考えられる．

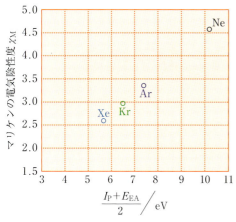
図 2.27　$\chi_M - \dfrac{I_P+E_{EA}}{2}$ プロット ($E_{EA} < 0$)

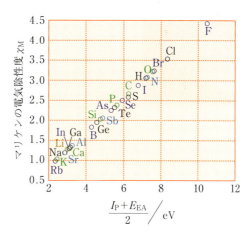
図 2.28　$\chi_M - \dfrac{I_P+E_{EA}}{2}$ プロット ($E_{EA} \geqq 0$)

結局，グループ B の H～I の 26 元素（$E_{EA} > 0$；N は $E_{EA} = -0.07$ であるが，グループ B に含める）の原子に対しては

$$\chi_M = 0.426 \frac{I_P + E_{EA}}{2} \tag{S2.5.3}$$

の関係（図 2.28）が得られ，グループ A（$E_{EA} < 0$）の Ne, Ar, Kr, Xe に対しては

$$\chi_M = 0.454 \frac{I_P + E_{EA}}{2} \tag{S2.5.4}$$

の関係が得られた（図 2.27）．

なお，グループ A とグループ B の違いの原因は，E_{EA} の信頼性なども考えられるが明らかではない．本教科書のデータの出典は，[シュライバー「無機化学」（第 3 版 2001）] に主によっている．その後出版された同名教科書シリーズ（第 4 版 2008，第 6 版 2016）には，Cs, Ba, Tl, Pb, Bi についても，χ_M の掲載がある．しかし，これら原子の A_M 値は 0.32～0.55 の範囲で大きく異なる値を示すこと，χ_M の計算に必要な E_{EA} の掲載がないことから，付録表 B.4 では，第 3 版の引用に留めている．

参考書・出典

(2.1) マンジット・クマール（青木薫訳）『量子革命』新潮文庫，2017．
(2.2) 株式会社日立製作所研究開発グループ．
(2.3) 長谷川修司『見えないものをみる』東京大学出版会，p.10．
(2.4) M. Ozawa Phys. Rev. A67(4) (2003) 042105．
(2.5) ポーリング，ウイルソン共著（桂井富之助，坂田民雄，玉木英彦，徳光直 共訳）『量子力学序論』白水社，1965；同書の新訳：渡辺正訳『量子力学入門　化学の土台』丸善出版，2016．
(2.6) 阿部正紀『はじめて学ぶ量子力学』培風館，2000．
(2.7) 細矢治夫『量子化学』サイエンス社，2001．

化学結合と分子構造

　分子は原子が結合することにより形成される．結合の担い手は電子であり，高校の化学では，原子と原子が電子を出し合って共有する共有結合，一方の原子から他方の原子に電子がうつって静電力により引き合うイオン結合などを化学結合の代表的な例として学んだ．第2章で，原子がもつ電子は単純な負電荷をもつ粒ではなく，波の性質をもつ波動関数として表されることを学んだ．原子のもつ1つ1つの電子の状態を表す波動関数は，原子軌道関数（普通は「関数」を省略して原子軌道）と呼ばれる．本章では，原子と原子が電子を介して化学結合を形成する機構について電子の波動関数を使って考える．

ナフタロシアニン分子の走査型トンネル顕微鏡像：分子軌道の空間的分布を特殊な顕微鏡で可視化している．

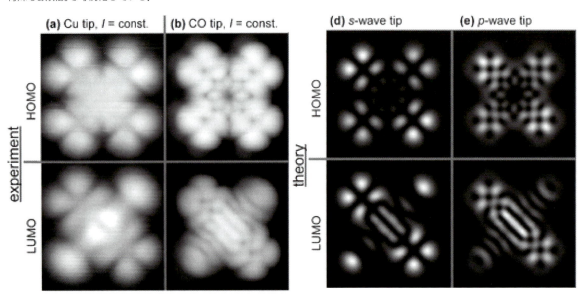

本章の目標
- 分子の電子状態を表す分子軌道と電子配置の概念を理解する.
- ポテンシャルエネルギー曲線と分子の平衡構造, 結合エネルギーの関係を理解する.
- 電子配置から, 化学結合の結合次数, 磁性などを理解する.
- 分子軌道に基づき共有結合とイオン結合を理解する.
- 多原子分子の化学結合を混成軌道で理解する.

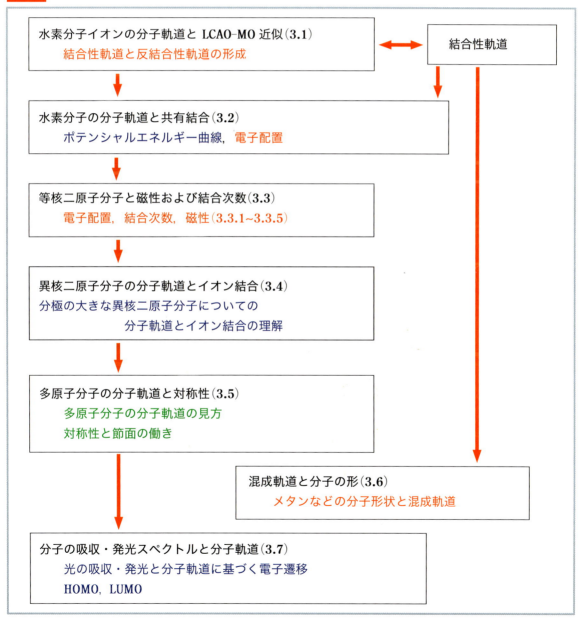

3.1 水素分子イオンの分子軌道と LCAO-MO 近似

水素分子イオンの形成 第 2 章で学んだように，原子の電子波動関数を表す原子軌道は主量子数 n で分類される殻構造をもち，原子核まわりの角運動量（軌道角運動量）の大きさに対応する方位量子数 l の値に応じて s $(l=0)$, p $(l=1)$, d $(l=2)$, f $(l=3)$ と名前がつき，空間的な形が決まる．本節では，原子が結合して分子を形成したとき，電子波動関数がどのように表されるかについて考えてみよう．具体的に，最も単純な分子である水素分子イオン（H_2^+）における電子波動関数を考える．2 つの水素原子を徐々に近づけてそれぞれの 1s 原子軌道*を重ね合わせてみると，図 3.1 に示すように 2 種類の波動関数がつくられる．ここで赤色および青色は波動関数の符号を表し，赤色は＋の符号，青色は－の符号を表すものとする．この 2 種類の波動関数の形成を詳細に見たのが図 3.2 である．この図では，(2.25)式で表した 1s 原子軌道を 2 つの原子の位置に配置し，両原子を結ぶ軸に沿った波動関数の値をプロットしている．同じ＋の符号の波動関数を近づけると，原子と原子に挟まれた結合領域で波動関数は＋の符号のままスムーズに重なり，2 つの陽子を引きつける役割を果たす．一方，＋と－の逆の符号で 2 つの原子軌道を近づけていくと，原子と原子を結ぶ軸の中点を通る分断面上で波動関数の符号は変わり，値が 0 となる面（これを節面と呼ぶ）が出現する．前者を結合性軌道，後者を反結合性軌道と呼ぶ．原子では，原子核を中心に広がった原子軌道によって電子の状態を表したが，分子では，分子全体に広がった軌道関数によって電子の状態を表す．これを分子軌道関数（普通「関数」を省略して**分子軌道**）と呼ぶ．分子軌道は，原子軌道を重ね合わせることでつくることができる．数学的には，原子

* 1s 原子軌道は単に 1s 軌道と示されることもある．2s, 2p, 3s, 3p, 3d, 4s, 4p, 4d, 4f 原子軌道についても同様である．

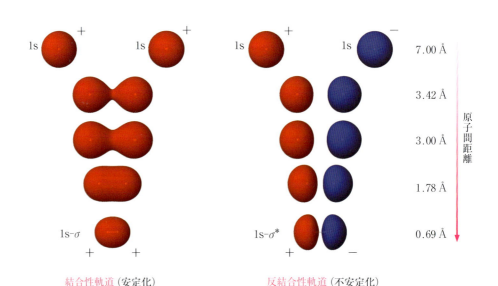

図 3.1 2 つの水素原子の原子軌道から水素分子イオンの分子軌道が形成される様子
（σ, σ^* の意味は 3.3 節参照）

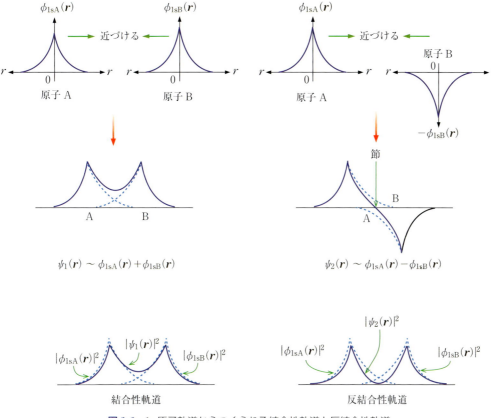

図 3.2 1s 原子軌道からつくられる結合性軌道と反結合性軌道

軌道の線形結合をとることで分子軌道を表す．これを Linear Combinations of Atomic Orbitals-Molecular Orbitals (LCAO-MO) 近似と呼ぶ．

LCAO-MO 近似 LCAO-MO 近似では，水素分子イオンの分子軌道 ψ_i は水素原子 A の 1s 原子軌道 ϕ_{1sA} と水素原子 B の 1s 原子軌道 ϕ_{1sB} の線形結合の形で表される．

$$\psi_i(\boldsymbol{r}) = C_{Ai}\phi_{1sA}(\boldsymbol{r}-\boldsymbol{r}_A) + C_{Bi}\phi_{1sB}(\boldsymbol{r}-\boldsymbol{r}_B) \tag{3.1}$$

ここで $\boldsymbol{r}$ は電子の位置ベクトル[*]，$\boldsymbol{r}_A, \boldsymbol{r}_B$ は原子 A, B の中心の位置ベクトル[*]であり，C_{Ai}, C_{Bi} は原子軌道の分子軌道への寄与の大きさを表す分子軌道係数である．物理的に意味をもつのは波動関数の絶対値の 2 乗で，電子が位置 $\boldsymbol{r}$ に見出される確率密度を表す．これを顕わに書くと

$$|\psi_i(\boldsymbol{r})|^2 = |C_{Ai}|^2 |\phi_{1sA}(\boldsymbol{r}-\boldsymbol{r}_A)|^2 + |C_{Bi}|^2 |\phi_{1sB}(\boldsymbol{r}-\boldsymbol{r}_B)|^2$$
$$+ C_{Ai}^* C_{Bi} \phi_{1sA}^*(\boldsymbol{r}-\boldsymbol{r}_A)\phi_{1sB}(\boldsymbol{r}-\boldsymbol{r}_B)$$
$$+ C_{Bi}^* C_{Ai} \phi_{1sB}^*(\boldsymbol{r}-\boldsymbol{r}_B)\phi_{1sA}(\boldsymbol{r}-\boldsymbol{r}_A) \tag{3.2}$$

となる．一般に波動関数は複素数の値をとり，波動関数の絶対値の 2 乗は波動関数とその複素共役（上付き添字 * で表す）との積である．水素分子イオンでは，2 つの水素原子の原子軌道は同じ 1s 原子軌道であり，実数の値をもつ実数値関数である．対称性（2 つの原子核の周辺に電子を見出す確率は等しい）から，この 2 つの原子軌道は同じ割合で寄与する．分子軌道係数は実数であると仮定すると，以下の式が成立する．

[*] 直交座標系で (x, y, z) で表される位置を $\boldsymbol{r} = \boldsymbol{i}x + \boldsymbol{j}y + \boldsymbol{k}z$ で表すとすると，$\boldsymbol{r}$ は位置ベクトルである．$\boldsymbol{i}, \boldsymbol{j}, \boldsymbol{k}$ は x, y, z 方向の単位ベクトルである（p. 299 参照）．

$$C_{Ai}^2 = C_{Bi}^2 \tag{3.3}^{*1}$$

$$C_{Ai} = C_{Bi} \text{ または } C_{Ai} = -C_{Bi} \tag{3.4}$$

図 3.1 の分子軌道の形からわかるように，水素分子イオンの結合性軌道の場合には $C_{A1} = C_{B1}$，反結合性軌道の場合には $C_{A2} = -C_{B2}$ が成立する．2 章で波動関数は規格化条件を満たすことを説明した．水素分子イオンの**結合性軌道**，**反結合性軌道**についても規格化条件が成立するので，各分子軌道は以下のように表すことができる．

$$\phi_1(\boldsymbol{r}) = \frac{1}{\sqrt{2+2S}} \left(\phi_{1sA}(\boldsymbol{r}-\boldsymbol{r}_A) + \phi_{1sB}(\boldsymbol{r}-\boldsymbol{r}_B) \right) \tag{3.5}$$

$$\phi_2(\boldsymbol{r}) = \frac{1}{\sqrt{2-2S}} \left(\phi_{1sA}(\boldsymbol{r}-\boldsymbol{r}_A) - \phi_{1sB}(\boldsymbol{r}-\boldsymbol{r}_B) \right) \tag{3.6}$$

ここで S は重なり積分と呼ばれる量であり，異なる原子に属する原子軌道を掛け合わせて電子座標について全座標範囲で積分した積分値として定義される（絶対値は 0～1 の値をとる）．

$$S = \int \phi_{1sA}(\boldsymbol{r}-\boldsymbol{r}_A) \phi_{1sB}(\boldsymbol{r}-\boldsymbol{r}_B) \, dV = \int \phi_{1sB}(\boldsymbol{r}-\boldsymbol{r}_B) \phi_{1sA}(\boldsymbol{r}-\boldsymbol{r}_A) \, dV^{*2}$$
$$\tag{3.7}$$

結合性軌道と反結合性軌道の形成の様子を模式的に図 3.3 に示す．結合性軌道は，2 つの 1s 原子軌道に分かれている状態よりも電子が空間的により広がって存在できるため，エネルギーが低下し安定化する（2.3.2 項参照）[*3]．これが共有結合の原理である．一方，反結合性軌道は結合領域の電子の密度が低くなるために原子核と原子核の静電的な反発が大きくなり，エネルギーが上昇し不安定化する．これら分子軌道のエネルギーについて定式化された理解を望むものは [Study 3.2] を参照されたい．第 2 章で波動関数の性質を学んだが，一般に波動関数では節面[*4] の数が増えるほどエネルギーが上昇し不安定化する（2.3.2 項参照）．水素分子イオンでは図 3.1 に示す 2 つの分子軌道を考えることになるが，電子はエネルギーの低い軌道に入るので，電子は結合性軌道を占有することになる．もし電子が反結合性軌道に入ると，水素分子イオンは壊れて水素原子と水素原子イオンに解離してしまう．

*1 水素分子を構成する水素原子 A および B は以下のように配置している．水素原子 A の B と逆側の点 A′ の

　　・　・　・　・　・
　　A′　A　O　B　B′

位置の分子軌道は近似的に (3.1) 式第 1 項，$C_{Ai}\phi_{1sA}(r_A)$ で表される．水素原子 A と水素原子 B の中点 O に対して点 A′ と点対称な点を B′ とすると，点 B′ の位置の分子軌道は，近似的に (3.1) 式第 2 項，$C_{Bi}\phi_{1sB}(r_{B'})$ で表される．点 A′ および点 B′ の位置における電子の確率密度は，分子軌道の絶対値の 2 乗で評価され，等しい（対称性）．C_{Ai} および C_{Bi} が実数の定数であることに注意すると，
$C_{Ai}^2|\phi_{1sA}(r_{A'})|^2 = C_{Bi}^2|\phi_{1sB}(r_{B'})|^2$
が得られる．ここで，水素原子 A および水素原子 B の原子軌道は同じ 1s 原子軌道であり，位置関係から $|\phi_{1sA}(r_{A'})|^2 = |\phi_{1sB}(r_{B'})|^2$ である．したがって，$C_{Ai}^2 = C_{Bi}^2$ が得られる．なお，この関係，$C_{Ai}^2 = C_{Bi}^2$ は，変分原理（p. 53 Tea Time 2.6 参照）に基づいた一般的な分子軌道法の理論により導出可能である．

*2 dV は体積素片であり，直交座標では $dxdydz$ と表される（[Study 2.4] 参照）．

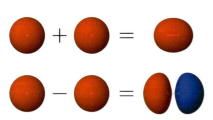

図 3.3 LCAO-MO 近似による結合性軌道（上）と反結合性軌道（下）

*3 このエネルギーの低下には，2 つの原子核間の電子密度の高まりが正電荷の 2 つの原子核同士を引き寄せていることが大きく寄与しているとも考えられる．

*4 波動関数がゼロとなる面を節面という．

☕ Tea Time 3.1　電子はどこに？

水素原子と水素原子イオンが結合して水素分子イオンになると，もはやどちらの水素原子がイオンかを決めることはできない．図 3.1 に示す分子軌道の形を見るとわかるように，電子は 2 つの水素原子に左右対称に広がっている．本文で述べたように，波動関数の物理的な意味は，電子が実際に空間的に広がって存在しているということではなく，各空間位置における波動関数の絶対値の 2 乗を計算すると，観測によって電子がその位置に見出される確率が得られる，というものである．量子力学をつくったシュレーディンガーは，波動関数の解釈として電子が実際に空間的に広がって存在する実在波と考えていた．その後，ボルンによって波動関数は確率波として解釈すべきことが提案

され，現在はこの確率波解釈が正しいもの（実験と矛盾しないもの）として信じられている．分子軌道を見たときに，これは電子の位置の確率分布を示すものと考えながら見続けることはなかなかにしんどいことである．むしろ，電子はこのように空間的に広がって存在している，という実在波の描像の方が受け入れやすい．化学を本格的に学ぶと「分子軌道」を避けることはできないが，普段は実在波として認識し，ときどき必要なときに，これは確率波であることを思い出すくらいでちょうどよい．

図 3.4 電子はどこに

3.2 水素分子の分子軌道と共有結合

水素分子イオンに電子が1つ加わると，水素分子になる．ここで，水素分子における2つの電子の状態を考えてみよう．第2章で説明したように，電子はフェルミ粒子であり，2つ以上の電子がまったく同一の状態をとることは許されない（パウリの排他原理）．原子の場合，電子波動関数である原子軌道は3つの量子数 n, l, m_l で区別される．電子には内部自由度として2種類のスピン状態 α, β があり（[Tea Time 2.5] 参照），1つの原子軌道を電子はスピンを変えて2つまで占有することができる．このパウリの排他原理は分子においても成立し，1つの分子軌道を，電子はスピンを変えて2つまで占有することができる．図3.5に水素分子の基底電子配置を示す．ここで基底電子配置とは，エネルギーが最も低い状態（基底状態と呼ぶ）に対応する電子配置を意味する．水素分子でも，水素分子イオンと同じように2つの水素原子の1s原子軌道の重ね合わせにより結合性軌道と反結合性軌道が生じる．水素分子の基底状態は，結合性軌道を2つの電子がスピンを変えて占有する状態となる．

2つの水素原子をお互いに近づけていくと，両者の原子軌道の重なりにより結合性軌道はますます安定化する．しかし，水素原子の原子核同士には静電的反発力が働くので，2つの水素原子が過剰に接近することはない．図3.6には，横軸方向に水素原子間の距離，縦軸方向に水素分子の電子エネルギーと原子核同士の静電反発エネルギーを足したエネルギーを示している．このエネルギーは，原子核の運動を考えるときにポテンシャルエネルギーの役割を果たすので，ポテンシャルエネルギー曲線と呼ばれる．水素原子と水素原子が近づくにつれエネルギーは安定化するが，ある距離のところで反発に転じ，エネルギーは増大する．この**ポテンシャルエネルギー曲線**の極小点が，水素分子の平衡原子間距離に相当する．この構造でのエネルギーと2つの水素原子に解離したときのエネルギー差を水素分子の結合エネルギー，または解離エネルギーと呼ぶ．

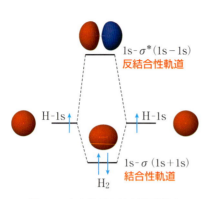

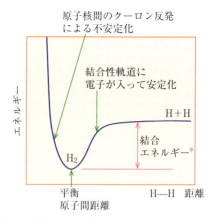

図 3.5 水素分子の基底電子配置

図 3.6 水素分子のポテンシャルエネルギー曲線

Tea Time 3.2　H_2^+ と H_2 の分子軌道は同じ？

3.1 節で H_2^+，3.2 節で H_2 の分子軌道を見てきた．賢明な読者は，これら 2 つの分子軌道が同じ式で表されていることを不思議に感じたかもしれない．H_2^+ と H_2 は違う分子なのに結合性軌道，反結合性軌道は同じ形になっている．なぜだろう．種明かしをすると，H_2^+ では電子が 1 つしかないので電子間のクーロン反発が働かず，分子軌道は 2 つの原子核の近くにのみ広がっている．一方，H_2 では電子が 2 つあるために電子間のクーロン反発が生じ，分子軌道は空間的により広がっている．LCAO-MO 近似では分子軌道を原子軌道の線形結合で表すため H_2^+ と H_2 の分子軌道は同じになってしまうが，実際には両者の分子軌道は大きさが異なるのである．これは LCAO-MO 近似の限界といってもよいだろう．

3.3　等核二原子分子と磁性および結合次数

水素分子以外の分子の分子軌道について見てみよう．同じ原子 2 つからなる二原子分子を**等核二原子分子**と呼ぶ．ここでは，周期表第 2 周期の元素である Li から Ne までを考えてみる．

Li から Ne までの第 2 周期は，価電子の原子軌道として L 殻の 2s, $2p_x, 2p_y, 2p_z$ が順番に埋まっていく元素群である．等核二原子分子の場合，まったく同じ原子軌道の組同士が重なって分子軌道が形成される．2s 原子軌道と 2s 原子軌道の重なりからは，1s 原子軌道と 1s 原子軌道の重なりから生成した結合性軌道および反結合性軌道と類似形の分子軌道がつくられる．一方，2p 原子軌道同士の重なりからは，別のタイプの分子軌道がつくられることになる．図 3.7 に等核二原子分子の分子軌道の一部を示す．原子の場合は原子核を中心とした球対称性があり，原子軌道は s, p, d, f のように原子核まわりの角運動量の大きさによって形が決まり，分類された．二原子分子では 2 つの原子核がつくる静電場はもはや球対称ではないが，分子軸まわりの回転については対称になっていて，分子軸（原子核同士を結ぶ方向の軸）まわりの回転方向の節面の

* この結合エネルギーは，平衡解離エネルギー，あるいは結合解離エネルギーとも呼ばれる．解離エネルギーを含これら術語では，分子 AB_n から B 原子を無限の彼方へ引き離して AB_{n-1} とする段階 1，さらに B 原子を引き離して AB_{n-2} を形成する段階 2，…，で値は異なる．しかし，結合エネルギーはこれらの平均値を意味する．二原子分子では，結合エネルギーと平衡解離エネルギーあるいは結合解離エネルギーは同じである．

σ軌道　分子軸方向に広がった分子軌道

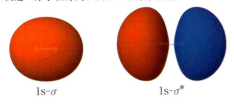

1s-σ　　　　　1s-σ*

π軌道　分子軸に直交する方向に広がった分子軌道

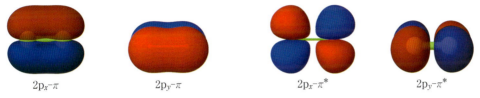

2p$_x$-π　　　2p$_y$-π　　　2p$_x$-π*　　　2p$_y$-π*

図 3.7　等核二原子分子のσ軌道とπ軌道（波動関数の符号が＋の領域は赤，－の領域は青）

　数によって分類される．分子軸まわりに節面がないタイプの分子軌道はσ軌道と呼ばれ（σ対称性），分子軸まわりに節面を1つもつ分子軌道はπ軌道と呼ばれる（π対称性）．図3.7に示すように，π軌道には節面の位置が異なる2組の分子軌道が存在する＊．また，2つの原子軌道（原子の波動関数）が原子が向き合った方向について同じ符号で重なるか，逆の符号で重なるかによって，結合性軌道と反結合性軌道がつくられる．σ軌道の結合性軌道，反結合性軌道は水素分子の場合にすでに示した．π軌道についても，たとえば2p$_x$原子軌道を逆向きにして重ねると結合領域に節面が生じ，反結合性軌道となる．分子軌道の表記として，反結合性軌道には肩に＊をつけ，σ＊やπ＊のように表す．

＊　これらの結合性軌道同士，および反結合性軌道同士のエネルギーは等しい．

3.3.1　基底状態の酸素分子の電子構造と磁性
(1)　基底状態の酸素分子の電子配置
　基底状態の酸素原子の電子配置については，すでに表2.6に示したように，エネルギーに関する原理，パウリの排他原理およびフントの規則を適用して，$(1s)^2(2s)^2(2p_x)^2(2p_y)^1(2p_z)^1$と書かれる．まったく同じ基底電子配置の酸素原子2個が近づいて形成される酸素分子では，水素分子のときと同じように，互いの原子軌道が重なり合い，分子全体に広がった分子軌道が生成する．ここで，原子軌道と原子軌道が重なり合って分子軌道を形成するときの2つのルールを示す．

　ルール1：エネルギーの近い原子軌道同士が重なり合いやすい．
　ルール2：対称性の合う原子軌道同士のみが重なり合う．

　ルール1より，等核二原子分子の場合には同じ原子軌道同士の線形結合のみ考えればよい．1sと1sから1s-σと1s-σ＊が，2sと2sから2s-σと2s-σ＊が生じる．2p原子軌道には2p$_x$,2p$_y$,2p$_z$の3つの原子軌道がある．通常，直線形の分子を考えるときには，分子軸の方向にz軸を選び，x軸，y軸は分子軸に直交した方向に定義する．3つの原子軌道が2組あるので，原子軌道の重ね合わせにより分子軌道が6個生成す

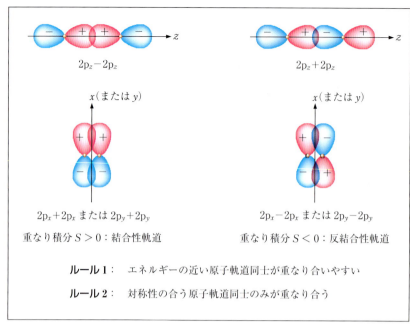

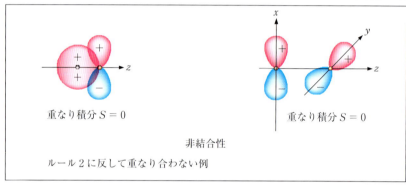

図 3.8 ルール1およびルール2にしたがう原子軌道の組み合わせとしたがわない組み合わせ例［分子軸を z 軸としている．重なり積分は，ϕ_A と $(\pm\phi_B)$ の間で考える］

る．ここでルール2の「対称性」を考える．対称性は広い概念であるが，ここでは形を有するものに対し，回転や鏡映などある空間的操作を施したときにもとの形と重なるとき，対称性をもつと定義する．対称性という観点からは，図3.8に示すように，$2p_x$ 同士，$2p_y$ 同士，$2p_z$ 同士の同じ原子軌道の間でのみ分子軌道がつくられる．

例として，酸素原子と酸素原子から酸素分子ができるときの原子軌道と分子軌道の相関関係を図3.9に示す．2p と 2p からできる6つの分子軌道は，エネルギーの低い順に $2p_z$-σ, $2p_{x,y}$-π, $2p_{x,y}$-π^*, $2p_z$-σ^* となっている．$2p_z$-σ および $2p_z$-σ^* は図3.8の一番上に示すように，$2p_z$ 同士が原子と原子の間で同じ符号* で重なると結合性軌道の $2p_z$-σ 分子軌道が形成され，逆の符号* で重なると反結合性軌道の $2p_z$-σ^* 分子軌道が形成される．これらは章末の問題3で各自考えよ．π 対称性の分子軌道は，エネルギーの同じ（縮退した）2つの軌道からなることはこの節ですでに説明した．結合性軌道について $2p_z$-σ の方が $2p_{x,y}$-π より安

* これらの符号は位相と表現されることもある．

定になるのは，分子軸方向に伸びた $2p_z$ 原子軌道同士の方が結合に垂直な方向の $2p_{x,y}$ 原子軌道同士よりもより効果的に重なるからである．反結合性軌道について，$2p_z$-σ^* の方が $2p_{x,y}$-π^* より不安定になるのも前者の方が反発が大きくなるためである．結局，酸素分子の電子構造は，酸素分子の 16 個（2×8 個）の電子がエネルギーの低い分子軌道から（エネルギーに関する原理）スピンを変えて 2 個ずつ詰まり（パウリの排他原理），最高エネルギー準位の分子軌道 $2p_{x,y}$-π^*（$2p_x$-π^* と $2p_y$-π^*）を 1 個ずつ電子が占有する（フントの規則）構造となる．

(2) 酸素分子の磁性

酸素分子の電子配置を見ると，二重に縮退した $2p_{x,y}$-π^* には，フントの規則より α スピン（上向きスピン）で電子が 1 つずつ詰まる．電子スピンは荷電粒子の自転運動とみなすことができ，磁気モーメントが生じる．α,β（上向き，下向き）の電子スピンをもつ電子の対（電子対）は各々の電子の自転方向が逆向きであるので，生じる磁気モーメントも互いに逆向きで打ち消し合う．しかし，酸素分子のように α スピンの電子の数が β スピンの電子の数を上回る（対をつくらない不対電子をもつ）と磁気モーメントが残り，酸素分子は磁石に引き寄せられる性質（常磁性）をもつ．すなわち，不対電子をもつと分子は**常磁性**を示す．なお，不対電子をもたずにすべての電子が電子対として存在する場合は**反磁性**を示す．これは，磁石を近づけると，レンツの法則（付録 A3 参照）により，対電子は磁石から遠ざかるように振る舞う（反磁性）ためである（原子の場合も同様である）．このように，基底電子配置（図 3.9）を見るだけでその分子が磁性をもつかどうかを判断することができる．

3.3.2 第 2 周期元素による等核二原子分子の基底電子配置と磁性

(1) 第 2 周期元素による等核二原子分子の基底電子配置

O_2 以外の第 2 周期の原子から形成される等核二原子分子の基底状態の電子構造は，基本的には酸素分子と同じで，原子軌道の重ね合わせで形成された分子軌道に，エネルギーに関する原理，パウリの排他原理，

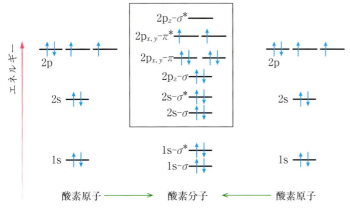

図 3.9 酸素原子と酸素原子から酸素分子ができるときの原子軌道と分子軌道（$2s$-σ − $2p_z$-σ 相互作用が小）

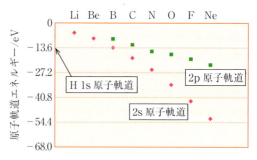

図3.10 第2周期元素の原子軌道の軌道エネルギー（多電子原子に対するハートリー－フォックの方法による理論値）

フントの規則を考慮して電子を詰めることで決められる．

2s-σ－2p$_z$-σ 相互作用の働き しかし，注意すべき点がある．図3.9の分子軌道で，枠に囲まれた2s, 2p原子軌道からつくられる分子軌道は，そのもととなっている原子軌道が同じL殻に属しているので，エネルギー的にも空間的広がりも近い軌道になっている．図3.10に第2周期元素の原子に対して量子力学［多電子原子に対するハートリー－フォック（Hartree-Fock）の方法］に基づき計算された2s, 2p原子軌道の軌道エネルギーを示す．基底状態ではLi, Beについては2s原子軌道までしか電子は占有されないので，2p原子軌道の軌道エネルギー（軌道のエネルギー）はB原子以後についてのみ示されている．内殻の1s原子軌道の軌道エネルギーは，L殻の原子軌道よりはるかに低い値をとり，たとえばB原子では-209 eV，Ne原子では-892 eVとなる．原子番号の増加につれて各原子軌道の軌道エネルギーは低下し，安定化していくが，2sと2pの軌道エネルギーの差も次第に広がっていく様子がわかる．

図3.9では，2s, 2p原子軌道からできる分子軌道は各原子がもつ同じ種類の原子軌道を原子と原子の間で同符号* あるいは逆符号* で重ね合わせて形成し，エネルギーの高くなる順に下から上に並べた．実は，分子軌道は，同じ対称性の他の分子軌道ともエネルギーが近ければ重なり合って相互作用し，その結果，分子軌道のエネルギーはシフトする．図3.9の枠内の分子軌道（2s-σ，2s-σ*，2p$_z$-σ，2p$_x$-π，2p$_y$-π，2p$_x$-π*，2p$_y$-π*，2p$_z$-σ*）の中で，同じ対称性のものは2s-σと2p$_z$-σ（σ対称性），2s-σ*と2p$_z$-σ*（σ*対称性）である．特に2s-σと2p$_z$-σはエネルギーも比較的近いので，互いに混ざり合い，2s-σのエネルギーは少し低下して安定化し，2p$_z$-σのエネルギーは少し上昇して不安定化する．原子番号が小さく2s, 2p原子軌道の軌道エネルギーが比較的近いLi, Be, B, C, N（図3.10）の等核二原子分子では，この2p$_z$-σの不安定化の結果，2p$_{x,y}$-πとのエネルギーの大小が入れ替わることが知られている．例として窒素分子の基底電子配置を図3.11に示す．

第2周期元素の等核二原子分子の電子配置 Li$_2$からN$_2$までは図3.11の分子軌道の順番に基づき電子を配置する．しかし，O$_2$, F$_2$, Ne$_2$については図3.9の分子軌道の順番に基づき電子を配置する．したがって，Li, Be, B, C, N, O, F, Neの等核二原子分子の基底電子配置は以下のように書

* これら符号は位相と表現されることもある．同位相，逆位相のように．

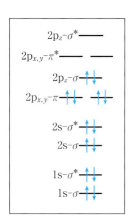

図3.11 窒素分子の基底電子配置（2s-σ－2p$_z$-σ 相互作用大）

かれる．ここで，二重に縮退した $2p_{x,y}\text{-}\pi$ および $2p_{x,y}\text{-}\pi^*$ は，必要があれば $2p_x\text{-}\pi$ と $2p_y\text{-}\pi$，$2p_x\text{-}\pi^*$ と $2p_y\text{-}\pi^*$ のように区別して表している．

Li_2：$(1s\text{-}\sigma)^2(1s\text{-}\sigma^*)^2(2s\text{-}\sigma)^2$

Be_2：$(1s\text{-}\sigma)^2(1s\text{-}\sigma^*)^2(2s\text{-}\sigma)^2(2s\text{-}\sigma^*)^2$

B_2：$(1s\text{-}\sigma)^2(1s\text{-}\sigma^*)^2(2s\text{-}\sigma)^2(2s\text{-}\sigma^*)^2(2p_x\text{-}\pi)^1(2p_y\text{-}\pi)^1$

C_2：$(1s\text{-}\sigma)^2(1s\text{-}\sigma^*)^2(2s\text{-}\sigma)^2(2s\text{-}\sigma^*)^2(2p_{x,y}\text{-}\pi)^4$

N_2：$(1s\text{-}\sigma)^2(1s\text{-}\sigma^*)^2(2s\text{-}\sigma)^2(2s\text{-}\sigma^*)^2(2p_{x,y}\text{-}\pi)^4(2p_z\text{-}\sigma)^2$

O_2：$(1s\text{-}\sigma)^2(1s\text{-}\sigma^*)^2(2s\text{-}\sigma)^2(2s\text{-}\sigma^*)^2(2p_z\text{-}\sigma)^2(2p_{x,y}\text{-}\pi)^4(2p_x\text{-}\pi^*)^1$
  $(2p_y\text{-}\pi^*)^1$

F_2：$(1s\text{-}\sigma)^2(1s\text{-}\sigma^*)^2(2s\text{-}\sigma)^2(2s\text{-}\sigma^*)^2(2p_z\text{-}\sigma)^2(2p_{x,y}\text{-}\pi)^4(2p_{x,y}\text{-}\pi^*)^4$

Ne_2：$(1s\text{-}\sigma)^2(1s\text{-}\sigma^*)^2(2s\text{-}\sigma)^2(2s\text{-}\sigma^*)^2(2p_z\text{-}\sigma)^2(2p_{x,y}\text{-}\pi)^4(2p_{x,y}\text{-}\pi^*)^4$
  $(2p_z\text{-}\sigma^*)^2$

(2) 第2周期の元素からなる等核二原子分子の磁性

基底電子配置を見ると，O_2 と同様に不対電子をもつ分子は B_2 である．O_2，B_2 以外の分子の電子はすべて，α スピンと β スピンの電子の対の電子対として存在する．O_2 と B_2 は常磁性，それら以外は反磁性を示す．

3.3.3 結合次数

水素分子が分子として安定に存在できるのは，原子がもっていた電子が結合性軌道に入り，より広い空間に非局在化することによって安定化するからである．一方，反結合性軌道に電子が入ると結合の強さは弱められる（3.1節で説明）．共有結合の結合の強さは，電子が結合性軌道を占有することによる安定化と反結合性軌道を占有することによる不安定化のバランスで決まる．ここまで述べてきたように，電子はエネルギーの低い軌道から順番にスピンを変えて2つずつ詰まっていくので，まず結合性軌道を占有し，続いて反結合性軌道を占有する．結合性軌道と反結合性軌道を電子がすべて同数で占有すると，結合することによる安定化はキャンセルされる（正確には不安定化される［Study 3.2］参照）ので，原子と原子は結合せず解離する．3.2節で水素分子が結合する機構を結合性軌道への電子の占有によって説明したが，原子番号2のヘリウム原子を2個互いに近づけると，合計4つの電子が結合性軌道，反結合性軌道を2つずつ占めるので，安定化と不安定化がキャンセルして（正確には不安定化して）二原子分子にはならない．ヘリウムが化学的に不活性な希ガスといわれる所以である．結合の強さを表す**結合次数**（bond order；BOと略称）として，以下の定義が使われる．

（結合次数）＝ {（結合性軌道の電子数）−（反結合性軌道の電子数）}/2
(3.8)

この定義に従うと，H_2 の BO は 1，He_2 の BO は 0 である．さらに，Be_2 と Ne_2 の BO も 0 となる．He，Be，および Ne は等核二原子分子をつくらない．表3.1に，第2周期元素同士から形成される等核二原子分子の平衡原子間距離* r_e，結合エネルギー D_e，BO，および磁性を示す．BO が大きいほど r_e は短く，D_e は大きくなる傾向がある．

* 結合距離（付録 表 C.2）あるいは原子間距離（付録 表 C.3）という術語も使用される．

表 3.1 第 2 周期元素による等核二原子分子の平衡原子間距離 r_e, 結合エネルギー D_e, 結合次数および磁性

	Li_2	Be_2	B_2	C_2	N_2	O_2	F_2	Ne_2
r_e/nm	0.267	—	0.159	0.124	0.110	0.121	0.142	—
D_e/eV	1.06	—	3.00	6.21	9.76	5.12	1.60	—
結合次数	1	0	1	2	3	2	1	0
常磁性・反磁性	反磁性	—	常磁性	反磁性	反磁性	常磁性	反磁性	—

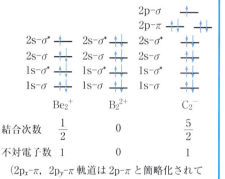

(2p$_x$-π, 2p$_y$-π 軌道は 2p-π と簡略化されて記されている.)

図 3.12

> **例題 3.1** 等核二原子分子のイオン Be_2^+, B_2^{2+}, C_2^- を考える. 分子軌道法により, 結合次数, 存在の有無, および磁性, すなわち, 常磁性か反磁性かを推定せよ. また, これら分子イオンの結合エネルギーが最も大きなものと最も小さなものを示せ.
>
> **解** 結合次数　$Be_2^+ : \frac{1}{2}(4-3) = \frac{1}{2}$, $B_2^{2+} : \frac{1}{2}(4-4) = 0$,
>
> $C_2^- : \frac{1}{2}(9-4) = \frac{5}{2}$
>
> 存在の有無　存在しないのは B_2^{2+} であり, 結合エネルギーと磁性の議論から除く. 存在するのは Be_2^+ および C_2^- である. このうち, 最も結合エネルギーの大きいのは C_2^- であり, 最も結合エネルギーの小さいのは Be_2^+ である. 常磁性を示すのは Be_2^+ および C_2^- であり, 反磁性を示すのはこの中にはない.

☕ Tea Time 3.3　遷移金属二量体の分子軌道はどんな形?

3.3 節では, 第 2 周期の元素からなる等核二原子分子の分子軌道を説明し, 基底電子配置から結合の強さや磁性の有無が議論できることを示してきた. 原子軌道としては s 原子軌道, p 原子軌道が登場したが, 周期律表を進んでいくと, 原子軌道として遷移元素では d 原子軌道, 希土類元素では f 原子軌道が登場する. これらの原子軌道からはどのような分子軌道がつくられるか考えてみよう. たとえば第 4 周期の元素である鉄原子について, 第 2 章で学んだように基底電子配置は $(1s)^2(2s)^2(2p)^6(3s)^2(3p)^6(4s)^2(3d)^6$ である. 鉄は金属であるので多数の原子が集まって金属結合を形成するが, 鉄原子 2 個をもってきて二量体をつくると, 原子軌道が重なり合って分子軌道が形成される. 鉄の 3d 原子軌道 2 組からつくられる分子軌道を図 3.13 に示す.

p 原子軌道 2 組からは分子軌道として $σ, π, π^*, σ^*$ が生成したが, d 原子軌道 2 組からは分子軌道として $σ, π, δ, δ^*, π^*, σ^*$ が生成する. $δ$ は分子軸まわりに節面を 2 個もつ. σ 結合, π 結合, δ 結合となるにしたがって結合軸まわりに関する節面の数が 0, 1, 2 と増えていくことを確認してほしい.

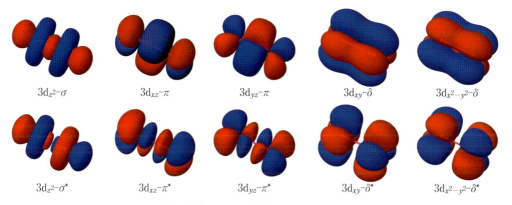

図 3.13 鉄二量体の 3d 原子軌道からつくられる分子軌道

3.4 異核二原子分子の分子軌道とイオン結合

異なる原子が二原子分子をつくる例としてフッ化水素（HF）を考える．H 原子の基底電子配置は $(1s)^1$，F 原子の基底電子配置は $(1s)^2(2s)^2(2p)^5$ である．F 原子の 1s は内殻の原子軌道で原子核近傍に局在し，エネルギー的にも非常に安定で原子核からの静電力に強く束縛されている．そのため，H 原子と結合をつくるときにはほとんど参加しない．原子と原子の結合を考えるときには，内殻の原子軌道を占める電子の寄与は考える必要はなく，最外殻の原子価軌道のみを考えれば十分である．

3.3 節で説明した 2 つのルールに従い，エネルギーの近い軌道で対称性の合う組み合わせを考える．直線分子では分子軸まわりの回転対称性により σ と π のタイプが考えられる．σ 軌道には H 原子の 1s と F 原子の $2s, 2p_z$ が寄与し，π 軌道には F 原子の $2p_x, 2p_y$ が寄与する．つまり HF 分子の結合は σ 軌道で形成され，π 軌道は F 原子に局在した分子軌道になる．図 3.14 に H 原子と F 原子の原子軌道から HF の分子軌道が形成される様子を示す．この図では，σ 軌道と π 軌道それぞれについてエネルギーの低い順に番号をつけていて，F 原子の 1s からなる 1σ（F 原子の 1s と実質的に同じ）は省略されている．また，F の $2p_x$ および $2p_y$ は，H の 1s との重なりがないため，1π 軌道として，そのまま描かれている[*1]．さらに，F の 2s 原子軌道がほぼそのまま 2σ 分子軌道になっている．F の $2p_z$ と H の 1s から 3σ 結合性軌道と $4\sigma^*$ 反結合性軌道が形成され，3σ に電子が占有されることにより HF の結合がつくられている．等核二原子分子では，結合性軌道は 2 つの原子の原子軌道が 50%ずつ混ざって形成された．しかし，**異核二原子分子**では分子軌道は異なる原子軌道の重ね合わせにより形成されるので，分子軌道の空間的な分布は一方の原子に偏ることも発生する．F 原子の $2p_z$ と H 原子の 1s から形成される 3σ の場合は，前者のエネルギーが低いので，F の $2p_z$ を主として H の 1s が原子と原子の間で同符号[*2]で少し混ざった形をとる．$4\sigma^*$ では H の 1s が主で F の $2p_z$ が逆符号[*2]で少し混ざった形をとる．各原子軌道の占める割合は 2 つの原子軌道のエネルギー準位に関係していて，エネルギー差が大きいほど混ざり方は小さくなり，電子

[*1] 結合性軌道でも反結合性軌道でもなく，原子のときと電子分布とエネルギーが変わらない分子軌道を非結合性軌道という．

[*2] これらの符号は位相とも表現されることもある．同符号は同位相，逆符号は逆位相のように．

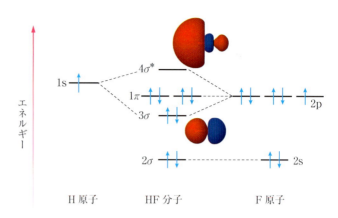

図 3.14　HF 分子の基底電子配置（波動関数の符号が＋の領域は赤，－の領域は青）

*1 「エネルギーの異なる原子軌道の重ね合わせから分子軌道が形成されるとき，エネルギーの低い分子軌道については，エネルギーの低い原子軌道の分子軌道係数の方が，エネルギーの高い原子軌道の分子軌道係数より大きくなる」ということが分子軌道の一般的議論で成立している．

*2　分子内で電子分布の偏りが大きい場合はイオン結合，小さい場合は極性結合と呼ばれる．共有結合にはイオン結合が混入している場合が多い．イオン結合の場合も同様に，共有結合が混入している場合が多い．異核分子では，100％イオン結合や 100％共有結合は存在しない．HF は極性結合，NaCl は（100％に比較的近いという意味で）イオン結合である．

*3　表 C.5 にいろいろな分子の電気双極子モーメントが掲載されている．

分布は一方の原子に偏る．HF の 3σ では，$2p_z$ の占める割合が大きく*1（図 3.14），電子の分布は F 原子側に偏っている．この電子分布が大きく偏っていることがイオン結合の本質である*2．

　高校化学では，イオン結合は原子と原子が結合するときに一方の原子から他方の原子へたとえば電子が 1 個移動し，生じる正電荷のイオンと負電荷のイオンがクーロン力によって結合するものと説明されている．しかし，電子の状態は波動関数で表され，空間的に広がったものとして理解される．粒としての電子が原子から原子へ引き渡されるのではなく，結合に関わる分子軌道の空間分布が一方の原子側に偏っていることから，電荷分布の偏りが生じている．この電荷分布が偏った状態を極性があるという．極性の程度を表す指標として，**電気双極子モーメント**が使用される*3．電荷の偏りが大きいとき，電気双極子モーメントも大きい（[Study 3.3] 参照）．イオン結合はこの極性の程度が大きな場合であり，分子軌道法で扱うことができる．

3.5　多原子分子の分子軌道と対称性

　前節までで，等核二原子分子と異核二原子分子の結合が原子軌道の重ね合わせで生じる分子軌道により説明できることを見てきた．化学結合の本質はこれですべてであり，原子の数が増え（図 3.15）より複雑な形の分子になったとしても，構成原子の原子軌道の重ね合わせで分子軌道がつくられる．この分子軌道に，エネルギーの低い順番に電子を 2 個ずつ詰めて基底状態の電子配置はつくられる．分子軌道の中で結合性軌道と反結合性軌道を解析することにより，結合の性質（共有結合性とイオン結合性，結合次数）を調べることができる．本節では，**多原子分子**の例としてベンゼン（C_6H_6）の分子軌道を眺めてみよう．図 3.16 にベンゼン分子の分子軌道をエネルギーの低い順番に並べたものを示す．

　ベンゼンは炭素原子 6 個で正六角形をつくり，各炭素原子に水素原子が 1 つずつ結合した平面分子である．分子の中心を通る軸まわりに 60 度回転するともとの形に重なる対称性（[Study 3.4] 参照）の高い分子である．分子軌道も，分子構造の対称性を反映して非常にきれいな形をと

原子　　二原子分子　　多原子分子
　　　　　　　　　　　（三原子以上）

図 3.15　原子，二原子分子，多原子分子

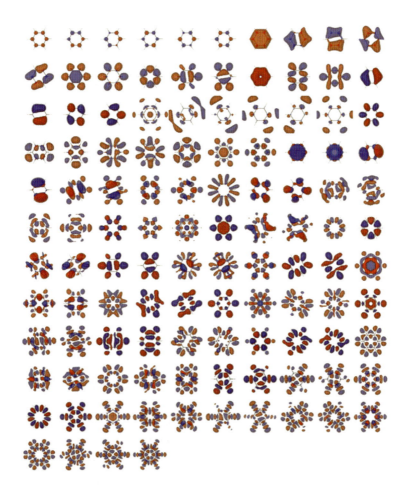

-305.77	-305.76	-305.76	-305.73	-305.73	-305.71	-31.34	-27.62	-27.62	-22.38	-22.38
-19.25	-17.41	-16.80	-15.93	-15.93	-13.65	-13.35	-13.35	-9.10	-9.10	3.78
3.78	4.97	5.99	5.99	6.98	6.98	7.44	9.63	11.96	11.96	12.85
12.85	15.89	16.06	18.46	18.49	19.39	19.88	19.88	20.18	20.18	20.32
20.32	20.34	22.40	22.40	23.21	23.21	24.23	24.23	24.81	27.03	27.17
28.50	30.17	30.17	30.80	31.41	32.80	32.80	33.94	33.94	33.99	33.99
35.87	36.01	36.01	40.01	41.29	41.29	46.86	47.53	47.53	48.18	49.47
51.06	51.06	51.71	51.82	51.82	53.16	53.16	53.53	53.53	53.56	57.08
57.08	57.96	58.62	58.62	59.06	59.22	59.22	61.81	61.81	62.30	62.30
63.52	68.28	69.96	73.79	75.51	75.51	76.16	76.16	81.13	81.13	81.94
85.68	89.61	89.61	110.41							

図 3.16 ベンゼン分子の分子軌道（図）と軌道エネルギー（eV）（表）
（HF/cc-pVDZ 法による計算結果）（波動関数の符号が＋の領域は赤，－の領域は青．表でうす青は内殻 1s 軌道，うす黄は原子価殻の占有軌道，赤数字は π 軌道に対応）

っている．電子の数は42個あるので，最初から数えて21番目までの軌道に電子が入り，22番目からは電子の入っていない空軌道である（電子が占有していない分子軌道を一般に仮想軌道または空軌道と呼ぶ）．エネルギーが高くなるにつれ節面の数が増えてきている様子も見てとれる．この図を使って多原子分子の分子軌道の見方を示していこう．

　軌道エネルギーの表を見ると，最初の6つの分子軌道は非常に安定である．これら6つの分子軌道はC原子の1s原子軌道が重なり合ってつくられた分子軌道であり，対称性を満たすためにすべてのC原子に電子密度をもつが，これらの分子軌道の電子はC原子の原子核近傍に局在していて，化学結合には関与しない．次に，原子価殻の原子軌道（C原子の2s, $2p_x$, $2p_y$, $2p_z$, H原子の1s）からできる分子軌道が並ぶ．ベンゼンはC原子6個，H原子6個をもつので，原子価殻の原子軌道は全部で30個存在し，それらの重ね合わせにより分子軌道が30個つくられる．原子価殻には電子が30個存在するので，15個の分子軌道に電子が2個ずつ占有し，残りの15個の分子軌道は空軌道となる．ベンゼンのように平面構造をとる分子系では，分子平面に垂直な方向にz軸がとられる．そうすると，分子平面上に電子密度をもつ原子軌道（C原子の2s, $2p_x$, $2p_y$, H原子の1s）と分子平面に垂直な方向に張り出し平面上には電子密度をもたない原子軌道（C原子の$2p_z$）に分けることができる．分子軌道も，分子平面上に電子密度をもつ分子軌道（σ軌道）と分子平面に垂直な方向に張り出した分子軌道（π軌道）に分かれる．図3.16では，17, 20, 21, 22, 23, 30番目の分子軌道がπ軌道であり，そのうちの最初の3つまでが電子が占有した分子軌道である．他は分子平面内に電子密度をもつσ軌道であるが，そのうち12個が占有軌道であり，12個が空軌道となっている．電子が占有した分子軌道でエネルギーの最も高い軌道，電子が占有しない分子軌道でエネルギーの最も低い軌道は化学反応において重要な役割を果たすことが知られていて（3.7節），不飽和炭化水素分子系ではこれらの分子軌道はπ軌道となる．

3.6　混成軌道と分子の形

　分子の性質を支配しているのは電子である．分子の中で電子がどのようにおさまっているか，光を照射されたり，他の分子が近づいてきたりなどの外的な変化（摂動）が加わったときに電子がどのように振る舞うかが，分子の構造や反応性を決める．本節では，基本分子である炭化水素の形を説明するために導入された混成軌道という考え方について，図3.17に示すメタン（CH_4），エタン（C_2H_6），エチレン（C_2H_4），アセチレン（C_2H_2）を例にとって説明する．ここで注意すべきは，**混成軌道の考え方は，これまでの基本的考え方の分子軌道法とは異なり，原子価結合法に基づいていることである**．原子価結合法という考え方は，この節の最後でも触れるように，原子同士が電子を等しく出し合って共有結合を形成するということを強調した化学結合の理論的方法である（分子軌道法との関係は［Study 3.1］参照）．

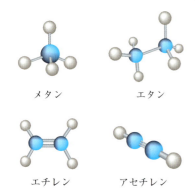

図 3.17　メタン，エタン，エチレン，アセチレン分子（白丸：水素原子，青丸：炭素原子）

sp³ 混成軌道　メタンは炭素原子が中心になって4個の水素原子と結合し，4個の水素原子は正四面体を形成している．すなわち，図3.18の上図において，炭素原子は原点Oに，水素原子は$(1,1,1)$など4個の頂点に配置する．炭素原子の結合に関わると考えられる原子軌道は2s, $2p_x, 2p_y, 2p_z$ 原子軌道であり，2s 原子軌道を除くと3つの2p 原子軌道は互いに90°の方向を向いている．これら3つの2p 原子軌道からは，どのようにしても4つの等価なCH結合を表す軌道はつくることができない．ところが，$2s, 2p_x, 2p_y, 2p_z$ の4つの原子軌道を25%ずつ混ぜる（以下，混ぜるは重ねると同じ意味で使う）と，互いに109.5°の方向を向いた4つの軌道をつくることができる．この軌道を**sp³ 混成軌道**と呼ぶ．混成軌道の形成の様子を図3.19に示す．炭素原子の基底状態の電子配置は $(2s)^2(2p_x)^1(2p_y)^1$ である．しかし，メタン分子の中の炭素原子の電子は $(sp^3\text{-}1)^1(sp^3\text{-}2)^1(sp^3\text{-}3)^1(sp^3\text{-}4)^1$ と4個の混成軌道に収容されている．

これら sp³ 混成軌道は水素原子の1s 原子軌道と結合性軌道をつくり，ここに電子2個が占有されてC–H単結合が形成される．4つのC–H結合は互いにできるだけ避け合う方向を向き，HCHの角度は正四面体の形で決まる109.5°の値をとる．エタン分子の炭素原子からは3つのC–H結合と1つのC–C結合が伸びている．実測の∠HCHおよび∠HCCは109.5°に非常に近く，sp³ 混成軌道で説明できる．

sp² 混成軌道　エチレンは平面分子であり，HCHおよびHCCの角度はほぼ120°と炭素原子を中心にほぼ正三角形の頂点の方向に結合が伸びている．すなわち，図3.18の真中の図において，原点Oの炭素原子は，正三角形の頂点の2つの水素原子および1つの炭素原子と結合している．この方向性をもつ炭素原子の波動関数は，図3.19に示すように，$2s, 2p_x, 2p_y$ の3つの原子軌道を混ぜることによりつくることができる．これは**sp² 混成軌道**と呼ばれている．

sp 混成軌道　アセチレン分子は直線分子であるので炭素原子を中心として結合方向は2方向であり，炭素原子の $2p_z$ 原子軌道だけで十分で，混成軌道を考える必要はないように思われる．しかし，結合方向の炭素

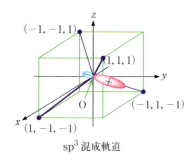

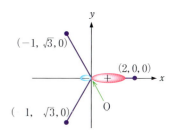

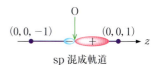

図3.18 各混成軌道の方向性（O：原点）

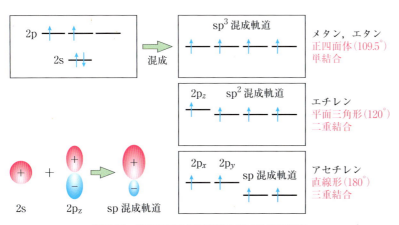

図3.19 炭素原子の原子軌道と混成軌道の関係

原子の電子の電子雲（存在確率もしくは確率密度）を大きくするため，sp^3 や sp^2 と同じように考えて，2s 原子軌道と $2p_z$ 原子軌道を 50％ ずつ混ぜて 2 つの **sp 混成軌道**をつくり，一方は C–H 結合，もう一方は C–C 結合に使われると考える．図 3.18 に各混成軌道の方向性を表す概念図をまとめて示す．

σ 結合と π 結合　有機化学で馴染みの物質であるエタン，エチレン，アセチレンの C–C 結合はそれぞれ単結合，二重結合，三重結合であるが，結合次数の数だけ対応する結合性軌道が分子軌道に現れる．エタンの C–C 結合は，図 3.19 に示すように，sp^3 混成軌道同士からなる σ 結合であり，この結合軸のまわりに回転し得る．エチレンの場合は sp^2 混成軌道同士から σ 結合が形成される．しかし，図 3.19 に示すように，この混成軌道の形成に参加しない $2p_z$ 原子軌道が存在する．この $2p_z$ 原子軌道同士の重なりから分子軸を上下に挟む π 結合が形成される．その結果，炭素原子間には σ 結合と π 結合 1 個ずつの二重結合が形成される．アセチレンの場合は sp 混成軌道同士が重なる σ 結合が形成される．この他に，図 3.19 に示すように，混成軌道に参加しない $2p_x$ 原子軌道および $2p_y$ 原子軌道が存在し，$2p_x$ 原子軌道同士および $2p_y$ 原子軌道同士が重なる π 結合が 2 組形成される．したがって，炭素原子間には，1 個の σ 結合と 2 個の π 結合の合計 3 個の結合性軌道が形成され，その結果，三重結合が存在することになる．二重結合では分子平面に垂直な π 結合があるため，結合軸の周囲に回転することはできない．

　エタン，エチレン，アセチレンの C–C 結合に対応する分子軌道法で計算された結合性軌道の図を図 3.20 に示す．C–C の σ 結合に対応する結合性軌道では，混成軌道により形成される C–C 結合に C–H 結合の寄与も混ざる．このため，C–H 結合部分は赤色のローブ（丸い突出部，耳たぶ）で覆われているが，C–C 結合部分は 2 つの C 原子の混成軌道が同符号（同位相）で重なり合っていることがわかる．一方，C–C の π 結合に対応する結合性軌道は C 原子の 2p 軌道のみから形成され，C–C 結合部分に局在している．

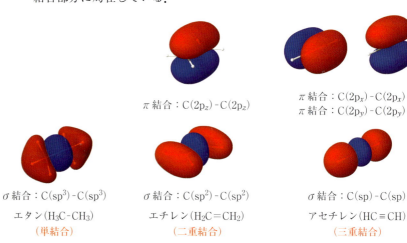

図 3.20　エタン，エチレン，アセチレンの CC 結合に対応する結合性軌道

混成軌道は結合の方向性を説明するために導入された考え方であり，原子価結合法で用いられる．原子価結合法は，H_2 分子に対して共有結合の本質を量子力学的に解明した 1927 年のハイトラー–ロンドン（Heitler–London）の理論で導入された．分子軌道法では，分子軌道に占有された個々の電子は分子全体に分布する見方をとるが，1 つの原子に 2 つの電子が偏在する状態の寄与も含まれている．しかし，原子価結合法では，等核二原子分子であれば，電子は各原子に 1 つずつ属している場合のみを考慮している（[Study 3.1] 参照）．図 3.17 に示す分子では，混成軌道は原子と原子の共有結合を担っている．しかし，混成軌道の中には必ずしも相手原子を必要とせず，共有結合を形成する原子自身に存在する孤立電子対[*1]（結合に参加しない電子対）を収容する場合もある（例題 3.2 参照）．

[*1] 非共有電子対ともいう．

> **例題 3.2** 孤立電子対 1 個をもつ NH_3 分子はどのような分子構造と推定されるか．また，H–N–H 角はどのような値をもつか．
> **解** NH_3 の N には N–H 結合に参加する 3 個の電子と孤立電子対 1 対が存在する．したがって，sp^3 混成軌道で形成される 4 個の混成軌道のうち 3 個は H との共有結合に使われ，残り 1 個は孤立電子対を収容するのに使われる．したがって，H–N–H 角はほぼ 109.5° となる（正確には H–N–H 角は 106.7° である．この違いについては 4.1.2 項で議論する）．

3.7 分子の吸収・発光スペクトルと分子軌道

電子遷移と吸収スペクトル　ここまで，化学結合の様式や分子の形について分子軌道や混成軌道に基づき説明してきたが，最後に物質の色と分子軌道の関係について考える．物質を見るには光が必要である．第 2 章で学んだように，光は電磁波であるとともに，振動数 ν（または波長 $\lambda = c_0/\nu$：c_0 は光速）によって決まるエネルギー $h\nu$（h はプランク定数）をもつ光子の集合体とみることができる．太陽光や蛍光灯の光にはさまざまな波長の電磁波が含まれている．その光が物質にあたるとある特定の波長の電磁波のみが吸収され，それ以外の波長の電磁波は反射されて私たちの目に飛びこんでくる．この反射光の情報が脳に信号として伝わる結果，物質が認識され，反射光の波長の違いが物質の色の違いとして認識される．ただし，私たちが色として認識できるのは，波長範囲が 400〜800 nm の範囲の可視光線に限られる[*2]．

[*2] 物質の色の違いを生じる機構としては，他に反射光の回折および屈折に伴う分散と物質自身の発光によるものがある．

分子レベルで考えると，分子は光を吸収（**光吸収**）し電子状態を基底状態からエネルギーの高い状態（**励起状態**と呼ぶ）へと変える．この分子は時間の経過とともに光を放射して基底状態へと戻る（エネルギーが分子の振動エネルギーや回転エネルギーなど他の形をとることはないとする）．振動数 ν の光を吸収する前後の電子状態のエネルギー差と光のエネルギーの間には，以下の関係式が成り立つ（h：プランク定数）．

*1 (2.7)式と類似

$$E(励起状態) - E(基底状態) = h\nu \quad *1 \qquad (3.9)$$

分子によって基底状態と励起状態のエネルギー差は決まっているため，分子が吸収あるいは放射できる光の波長は，分子ごとに固有の値として決まっている．ここで，励起状態の数は無数にあることに注意する必要がある．分子に光を照射し，光の波長を連続的に変化させながら分子が吸収する光の波長と強度を測定したものを吸収スペクトルと呼ぶ．励起状態の分子から放出される光の波長と強度を測定したものを発光スペクトルと呼ぶ．

分子が光のエネルギーを吸収し，電子状態が基底状態から励起状態へ変化する過程を分子軌道に基づいて考える．これまでの例で見てきたように，分子の電子状態は通常基底状態をとっていて，電子はエネルギーの低い分子軌道から順番に2個ずつ詰まった配置をとる．分子の電子状態が基底状態から励起状態へと変化する過程は，電子が占有軌道から空軌道へ遷移する過程と捉えることができる．そのときに吸収される光のエネルギー $h\nu$ は，遷移前後の分子軌道のエネルギー差になる．

$$\varepsilon(遷移後の軌道) - \varepsilon(遷移前の軌道) = h\nu \qquad (3.10)$$

ただし厳密には，電子が遷移することにより分子軌道は変化するはずであり，(3.10)式は近似式である．このとき，最も小さな $h\nu$ を与える遷移後の状態を第一励起状態という．

分子が光のエネルギーを吸収して電子状態が変化するとき，基底状態から第一励起状態への励起が最も重要となる．この吸収は，最低励起エネルギーに対応し，$\lambda = c_0/\nu$ の関係式から最も長波長側の吸収に相当する．分子軌道で考えると，多くの場合，**最高占有軌道**（Highest Occupied Molecular Orbital：**HOMO**）から**最低空軌道**（Lowest Unoccupied Molecular Orbital：**LUMO**）への1電子遷移が第一励起状態になる．(3.10)式より，HOMOとLUMOの軌道エネルギー差*2 が第一励起エネルギーの近似値を与える．HOMOやLUMOは有機反応の反応機構を考えるときに重要となる*3．

*2 HOMO-LUMO エネルギーギャップ，あるいは HOMO-LUMO ギャップと呼ばれることもある．

*3 HOMO と LUMO を合せてフロンティア軌道と呼ぶ．福井謙一は，このフロンティア軌道が，有機反応において重要として，フロンティア軌道理論を提唱した．福井はこの業績によって，1981 年，ホフマンとともに，ノーベル化学賞を受賞した．

有機分子の吸収スペクトル例 3.5節でベンゼン分子を例として取り上げた．ベンゼンは，化学式が C_6H_6 で炭素原子による正六角形のまわりに対称に6つの水素原子が結合した環構造をしていて，非常に安定な分子である．ベンゼン環を単位として横につなげていくと，図3.21に示すナフタレン（$C_{10}H_8$），アントラセン（$C_{14}H_{10}$），ナフタセン（$C_{18}H_{12}$）のような分子ができ，一般式は，$C_{2+4n}H_{4+2n}$ のように書ける．ベンゼン環を単位として2次元方向に半無限に広げていくとグラフェンという物質になり，グラフェンを層状に重ねると黒鉛［グラファイト（図5.14）］になる．これら分子の吸収スペクトルのピーク（極大）の波長（nm）（極大吸収波長）と色を以下に示す．

図 3.21 ベンゼン環を横につないだ $C_{2+4n}H_{4+2n}$ の分子群（$n = 1\sim4$）

ベンゼン	255	無色
ナフタレン	286	無色
アントラセン	375	黄

ナフタセン	477	橙
グラファイト		黒

図 3.22 には，ベンゼン，ナフタレン，アントラセンをエタノールに溶かして測定した吸収スペクトルを示す．可視光領域に吸収波長をもたなければ分子はその領域の波長の光を吸収しないので無色になる．アントラセン，ナフタセンは可視光領域に吸収波長があり（アントラセンの場合は吸収ピークの極大を外れた吸収が可視光域にある），その補色が人間に見えている．一方，グラファイトは可視光領域の波長の光をすべて吸収するため，黒色になる．炭素と水素からなる平面的な分子では，平面内に局在する電子とこの平面上下に形成される π 結合に収容される電子に分けて考える必要がある．前者を σ 電子，後者を π 電子と呼ぶ．π 電子が占有する分子軌道（π 軌道）では，σ 電子が占有する分子軌道（σ 軌道）に比べて分子軌道を構成する原子軌道間の重なりが小さいため，HOMO の属するエネルギーの高い占有軌道と LUMO の属するエネルギーの低い空軌道はすべて π 軌道になる[*1]．上で示したように，ベンゼン環を単位として分子を大きくしていくと吸収波長が次第に増大するが，これは HOMO-LUMO のエネルギー差が次第に小さくなっていくことに対応している．分子を大きくしていくと π 電子の数も増え，占有軌道と空軌道の数も増えていくので，π 軌道を構成する炭素原子の $2p_z$ 原子軌道（この場合は x-y 平面に炭素の 6 員環構造を配置していて $2p_z$ は分子平面に垂直な方向の $2p$ 軌道を指している）の軌道相互作用の結果として，HOMO のエネルギーは上昇し LUMO のエネルギーは下降する[*2]のである（ベンゼン環の数を増やすと，電子の数や状態の数は増えるが，状態のエネルギーの広がり幅はそれほど広がらない）．

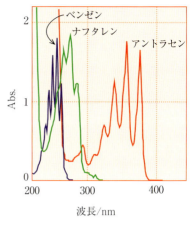

図 3.22 ベンゼン，ナフタレン，アントラセンの吸収スペクトル

[*1] 分子軌道法が使われるようになった初期の頃に，ヒュッケル（Hückel）により π 電子のみを考える分子軌道法が提案され，炭化水素系の分子の性質や反応性を説明する上で大きな役割を果たした．

[*2] 図 5.10 も参照のこと．

例題 3.3 分子 $H_2C=CH-CH=CH-CH=CH_2$ は単結合[*3]と二重結合を交互にもつ共役二重結合をもつ．このような共役二重結合系の π 結合の電子は分子全体に拡がる非局在電子であることが知られている[*4]．このような非局在の π 電子の最も簡単なモデルは 2.3.2 項および [Study 2.3] で学んだ 1 次元の箱の中の自由電子である．この分子について，以下の問題に答えよ．

(1) (2.21)式に基づき，量子数 n から $n+1$ への電子の励起に伴う電磁波の吸収波長を表す式を求めよ．

(2) HOMO から LUMO への電子励起に伴う波長を計算し，実験の光吸収の波長の最大値 268 nm と比較せよ．ただし，分子長は 0.728 nm である[*5]．

解 (1) (2.21)式 $E = \dfrac{h^2 n^2}{8m_e a^2}$．$h\nu = E_{n+1} - E_n = \dfrac{h^2}{8m_e a^2}\{(n+1)^2 - n^2\} = \dfrac{h^2}{8m_e a^2}(2n+1)$　および　$c_0 = \nu\lambda$ より　$\lambda = \dfrac{8m_e a^2 c_0}{h(2n+1)}$．

[*3] 一重結合ともいう．

[*4] π 電子は特定の二重結合に局在するよりも，分子全体に拡がって存在した方がエネルギーが低下し，安定化する（[Study 2.5] 参照）．

[*5] 大まかな分子長は付録表 C.3 のデータを用いても評価することができる．しかし，分子長にはあいまいさもあり，この評価値は記載の分子長と完全には一致しない．

(2) π電子が6個あるのでHOMOからLUMOへの電子励起は$n=3$から4である. $a=0.728$ nm, $m_e=9.109\times 10^{-31}$ kg, $h=6.626\times 10^{-34}$ J s, $c_0=2.998\times 10^8$ m s^{-1} を代入して$\lambda=250$ nmを得る. 実測値と比較的よく一致する.

第3章のまとめ

- 水素分子イオンの分子軌道 LCAO-MO 近似
  結合性軌道と反結合性軌道（原子軌道と比較して前者はエネルギー低下，後者は上昇）
- 等核二原子分子の基底状態の電子配置
  構成原理 エネルギーに関する原理，パウリの排他原理，フントの規則（原子の場合と同じ）
  分子軌道のエネルギーの低い方からの並べ方 $Li_2 \sim Ne_2$ について2種類
    $2s$-σ–$2p_z$-σ 相互作用 大 $Li_2 \sim N_2$
    $2s$-σ–$2p_z$-σ 相互作用 小 $O_2 \sim Ne_2$
  電子配置からわかること
    結合次数 結合次数0は結合しない，結合次数大で結合エネルギー大および原子間距離小
    常磁性（不対電子あり）か反磁性（すべて電子対で不対電子なし）；B_2, O_2 は常磁性
- 異核二原子分子
  分極の程度 電気双極子モーメントで評価可能
  分子軌道 イオン結合では，電気陰性度の大きな原子の原子軌道とほぼ変わらない分子軌道を電子が占有
- 混成軌道と分子の形状
  sp混成（直線状），sp^2混成（平面三角形），sp^3混成（正四面体）
  それぞれの代表例はアセチレン，エチレン，メタンのH–CおよびC–C結合
- 分子の吸収・発光スペクトルと分子軌道
    ε(遷移後の軌道)$-\varepsilon$(遷移前の軌道)$=h\nu$
  ベンゼン（無色），ナフタレン（無色），アントラセン（黄），ナフタセン（橙），グラファイト（無色）の括弧内に示す色は最高占有軌道（HOMO）の電子が励起されて最低空軌道（LUMO）の準位へ遷移するときの吸収光の補色
  黒色は可視光をすべて吸収，無色は電子の遷移が起こらない場合

章末問題 3

1. 水素分子の結合性軌道 $\phi_1(\boldsymbol{r})$ [(3.5)式] と反結合性軌道 $\phi_2(\boldsymbol{r})$ [(3.6)式] が規格直交条件を満たすことを示せ．なお，規格化条件とは $\int |\phi_1(\boldsymbol{r})|^2 \mathrm{d}V = 1$,

$\int |\phi_2(\boldsymbol{r})|^2 \, dV = 1$ を意味する．また，直交条件は $\int \phi_1(\boldsymbol{r})\phi_2(\boldsymbol{r}) \, dV = 0$ を意味する（扱う原子軌道は規格化された実数値関数と考えよ）．

2. H_2 と H_2^+ を比べると，平衡原子間距離が長いのはどちらか．結合エネルギーが大きいのはどちらか．

3. 等核二原子分子について，$2p_z$ 原子軌道からできる結合性軌道と反結合性軌道を図示せよ．

4. 第2周期の元素で等核二原子分子をつくらないものはどれか．等核二原子分子が常磁性を示すものはどれか．電子配置図を示し，根拠とともに答えよ．

5. N_2^+, N_2, O_2, O_2^- の電子配置を示し，結合次数を答えよ．さらに，常磁性か反磁性かを判別せよ．これら分子および分子イオンについて結合エネルギーが大きくなる順に並べよ．

6. 水分子の H–O–H 角は約 104.5° である．水分子の形を，混成軌道の考え方で説明せよ．

7. アセチレンの C–C 結合について，σ 結合と π 結合ではどちらの方が強いか，理由とともに答えよ．

Study 3.1　分子軌道法と原子価結合法

分子の電子波動関数を表現する方法としては，分子軌道法の他に原子価結合法がある．分子軌道法では，原子の場合に原子軌道に電子を2個ずつ詰めていったように，分子全体に広がった分子軌道に電子を2個ずつ詰めていくことによって分子全体の電子波動関数を表現する．3.2節では，基底状態の水素分子の結合は，結合性軌道を電子2個が占有することで形成されることを，図3.5を使って説明した．この全電子波動関数* $\Psi(\boldsymbol{r}_1, \boldsymbol{r}_2)$ の式を書き下すと以下のように表される．

$$\Psi(\boldsymbol{r}_1, \boldsymbol{r}_2) = \phi_1(\boldsymbol{r}_1)\phi_1(\boldsymbol{r}_2) \cdot \frac{1}{\sqrt{2}}(\alpha(1)\beta(2) - \beta(1)\alpha(2)) \quad (S3.1.1)$$

ここで，$\boldsymbol{r}_1, \boldsymbol{r}_2$ は電子1, 2の位置ベクトル，$\alpha(i)$ および $\beta(i)$ は第2章で学んだ電子 $i\,(i=1,2)$ の電子スピンを表している．$\phi_1(\boldsymbol{r}_1)$ は結合性軌道であり，$\phi_1(\boldsymbol{r}_1)$ および $\phi_1(\boldsymbol{r}_2)$ は，(3.5)式を使用して，以下に示される（$\boldsymbol{r}_A, \boldsymbol{r}_B$ は原子 A, B の中心の位置ベクトル）．

$$\phi_1(\boldsymbol{r}_1) = \frac{1}{\sqrt{2+2S}}(\phi_{1sA}(\boldsymbol{r}_1 - \boldsymbol{r}_A) + \phi_{1sB}(\boldsymbol{r}_1 - \boldsymbol{r}_B)) \quad (S3.1.2)$$

$$\phi_1(\boldsymbol{r}_2) = \frac{1}{\sqrt{2+2S}}(\phi_{1sA}(\boldsymbol{r}_2 - \boldsymbol{r}_A) + \phi_{1sB}(\boldsymbol{r}_2 - \boldsymbol{r}_B)) \quad (S3.1.3)$$

(S3.1.2) および (S3.1.3) を (S3.1.1) に代入すると，スピンを除いた空間座標に依存する波動関数 $\Psi_{空間}(\boldsymbol{r}_1, \boldsymbol{r}_2)$ は

$$\begin{aligned}\Psi_{空間}(\boldsymbol{r}_1, \boldsymbol{r}_2) = \frac{1}{2+2S} \{&(\phi_{1sA}(\boldsymbol{r}_1 - \boldsymbol{r}_A)\phi_{1sB}(\boldsymbol{r}_2 - \boldsymbol{r}_B) \\ &+ \phi_{1sB}(\boldsymbol{r}_1 - \boldsymbol{r}_A)\phi_{1sA}(\boldsymbol{r}_2 - \boldsymbol{r}_A)) \\ &+ (\phi_{1sA}(\boldsymbol{r}_1 - \boldsymbol{r}_A)\phi_{1sA}(\boldsymbol{r}_2 - \boldsymbol{r}_A) \\ &+ \phi_{1sB}(\boldsymbol{r}_1 - \boldsymbol{r}_A)\phi_{1sB}(\boldsymbol{r}_2 - \boldsymbol{r}_B))\} \end{aligned} \quad (S3.1.4)$$

となる．(S3.1.1)式はこの $\Psi_{空間}(\boldsymbol{r}_1, \boldsymbol{r}_2)$ を用いて

$$\Psi(\boldsymbol{r}_1, \boldsymbol{r}_2) = \Psi_{空間}(\boldsymbol{r}_1, \boldsymbol{r}_2) \cdot \frac{1}{\sqrt{2}}(\alpha(1)\beta(2) - \beta(1)\alpha(2)) \quad (S3.1.5)$$

と書ける．(S3.1.5)式は分子軌道法による全電子の波動関数を表す．(S3.1.4)式中の括弧内の第3項，第4項を無視すると，

* 全電子波動関数は，多電子系における全電子の電子状態を表す波動関数をいう．今の2電子系では電子1と電子2の状態を表す波動関数である．

$$\Psi(\boldsymbol{r}_1, \boldsymbol{r}_2) = \frac{1}{2+2S} \{\phi_{1sA}(\boldsymbol{r}_1-\boldsymbol{r}_A)\phi_{1sB}(\boldsymbol{r}_2-\boldsymbol{r}_B)$$
$$+ \phi_{1sB}(\boldsymbol{r}_1-\boldsymbol{r}_B)\phi_{1sA}(\boldsymbol{r}_2-\boldsymbol{r}_A)\}$$
$$\cdot \frac{1}{\sqrt{2}} \{\alpha(1)\beta(2) - \beta(1)\alpha(2)\} \quad \text{(S3.1.6)}$$

と書かれる．これは原子価結合法の波動関数である（規格化定数は変更する必要がある）．原子価結合法では，2つの水素原子が電子を1つずつ出し合って共有結合をつくる描像に基づき，各原子の原子軌道の積によって全電子波動関数をつくる．

全電子波動関数(S3.1.5)式を見ると，$\Psi_{空間}(\boldsymbol{r}_1, \boldsymbol{r}_2)$は電子の交換に対して対称であるが，電子スピンの部分は反対称化された形になっている．これにより2つの電子の番号を入れ替えると波動関数の符号が反転する$[\Psi(\boldsymbol{r}_1, \boldsymbol{r}_2) = -\Psi(\boldsymbol{r}_2, \boldsymbol{r}_1)]$こと（フェルミ粒子としての要請）が保証されている．また，全電子波動関数(S3.1.5)式において，電子1,2がともにαスピンの状態をとるとすると，全電子の波動関数はゼロとなり，第2章で現れたパウリの排他原理と同じ内容をもつ．

分子軌道法の波動関数(S3.1.5)式には，原子価結合法に対応した(S3.1.6)に比較して，余分な寄与として，

$$\frac{1}{2+2S} \{\phi_{1sA}(\boldsymbol{r}_1-\boldsymbol{r}_A)\phi_{1sA}(\boldsymbol{r}_2-\boldsymbol{r}_A) + \phi_{1sB}(\boldsymbol{r}_1-\boldsymbol{r}_B)\phi_{1sB}(\boldsymbol{r}_2-\boldsymbol{r}_B)\}$$
$$\cdot \frac{1}{\sqrt{2}} \{\alpha(1)\beta(2) - \beta(1)\alpha(2)\} \quad \text{(S3.1.7)}$$

が含まれる．この寄与は，電子1および電子2がともに水素原子H_Aに集まった状態や，あるいは水素原子H_Bに集まった状態の重ね合わせである．すなわち，2個の電子が一方の原子に集まった状態である$H^+ + H^-$の状態の寄与に相当する．水素分子の原子間距離を離していくと水素は2つの中性原子として解離するので，分子軌道法による記述は破綻する．

Study 3.2　分子軌道エネルギー

3.1節では水素分子イオンを例にとって分子軌道（結合性軌道，反結合性軌道）を式で示し，3.2節では水素分子に話を拡張して，これらの分子軌道のエネルギーについて図を使って説明した．図3.4に示すように，結合性軌道のエネルギーは水素原子の1s原子軌道のエネルギーより低くなって安定化し，反結合性軌道のエネルギーは高くなって不安定化している．ここではこのエネルギーの大小関係について，数式を使って説明する．

量子力学では，物理量はすべて演算子で表され，その物理量を観測したときに得られる観測値はその演算子の固有値になる．固有値は，演算子を固有関数で挟んで全座標空間で積分することにより計算することができる．たとえば水素分子イオンの場合，結合性軌道ϕ_1，反結合性軌道ϕ_2を占める電子のエネルギーは，エネルギー演算子であ

るハミルトニアン H を波動関数で挟んで積分することにより計算することができる．

$$E_i = \int \phi_i(\boldsymbol{r}) H \phi_i(\boldsymbol{r}) \, dV \tag{S3.2.1}$$

規格化された結合性軌道および反結合性軌道に対する(3.5)式，(3.6)式を上式に代入して整理すると，

$$E_1 = \frac{\alpha + \beta}{1 + S} \tag{S3.2.2}$$

$$E_2 = \frac{\alpha - \beta}{1 - S} \tag{S3.2.3}$$

となる．ここで S は(3.7)式で定義した重なり積分 ($0 \leq S < 1$) である．α, β はそれぞれクーロン積分，共鳴積分と呼ばれる負の値をとる量であり，以下の式で定義される．

$$\alpha = \int \phi_{1sA}(\boldsymbol{r}) H \phi_{1sA}(\boldsymbol{r}) \, dV = \int \phi_{1sB}(\boldsymbol{r}) H \phi_{1sB}(\boldsymbol{r}) \, dV \,^{*1} \tag{S3.2.4}$$

$$\beta = \int \phi_{1sA}(\boldsymbol{r}) H \phi_{1sB}(\boldsymbol{r}) \, dV = \int \phi_{1sB}(\boldsymbol{r}) H \phi_{1sA}(\boldsymbol{r}) \, dV \,^{*2} \tag{S3.2.5}$$

クーロン積分 α は，水素分子イオンのハミルトニアンを一方の水素原子の1s原子軌道で挟んで積分した値として定義され，水素原子間の距離を離すと水素原子の1s原子軌道のエネルギーに収れんする．結合性軌道と反結合性軌道のエネルギーを評価するために，α からの変化を計算してみると，

$$\alpha - E_1 = \frac{S\alpha - \beta}{1 + S} \tag{S3.2.6}$$

$$E_2 - \alpha = \frac{S\alpha - \beta}{1 - S} \tag{S3.2.7}$$

となり，結合性軌道の安定化より反結合性軌道の不安定化の度合いの方が大きいことがわかる ($S\alpha - \beta > 0$；$1 + S > 1 - S > 0$)．したがって，結合次数0の共有結合をもつ二原子分子は存在しない．

*1 2つの積分が等しいことは，2つの水素原子の原子核が等価で対称であることに由来している．

*2 2つの積分が等しいことは，ハミルトニアン H がエルミート演算子であることを使用して，量子力学の公式的議論により証明可能である．初学段階ではこれを受け入れて進んでもよい．自ら証明を志す場合は，量子力学の教科書のエルミート演算子の説明箇所を参照のこと．

Study 3.3　電気双極子モーメント

分子内における電子分布の偏りを反映した物理量として，電気双極子モーメント（あるいは電気双極子能率）$\boldsymbol{\mu}$ が知られている．これは実験でも測定できる量である．$+Q$ と $-Q$ の正負の電荷が距離 r の近接距離で存在しているとき，これを電気双極子と呼び，その電気双極子モーメントの大きさは

$$\mu = Qr \tag{S3.3.1}$$

である．また，方向は $-Q$ から $+Q$ へ向かう方向である．異核二原子分子に対し，電子が完全に一方から他方の原子に移ったと考える理想的イオン結合の場合の電気双極子モーメントと，実測の電気双極子モーメントの比をとることにより化学結合におけるイオン結合性を評

価することができる．なぜなら本文で見たように，電子の状態は空間的に広がった波動関数で表され，分子全体に広がって存在するため，実際の電子の存在位置の偏りは完全なイオン結合の場合に比べ小さく，電気双極子モーメントの実測値は理想的なイオン結合の場合より小さくなるからである．電子波動関数が与えられれば，電気双極子モーメントを計算によって求めることもできる．分子軌道の波動関数の2乗は電子のその位置における確率密度を表すので，各分子軌道を占める電子の平均位置を求めれば，その位置に基づいて電気双極子モーメントを計算することができる．

電気双極子モーメントの単位は SI 単位では C m であるが，慣例的に D［デバイ (Debye)］が用いられ，$1\,\text{D} = 3.33564\times 10^{-30}\,\text{C m}$ である．$+e\,(1.602\times 10^{-19}\,\text{C})$ と $-e$ の電荷，すなわち素電荷の大きさをもち符号の異なる電荷同士が 0.1 nm 離れて存在する場合の電気双極子モーメントは 4.80 D である．分子の電気双極子モーメントの値の例を付録表 C.5 に示す．

Study 3.4　分子の点群と分子軌道

本章では，ベンゼン分子の分子軌道を眺めた．ベンゼン自体，正六角形の美しい形をしているが，分子軌道も対称性をもち美しい．実はこれは，分子軌道は分子の点群という数学に支配されているという事実の帰結なのである．点群に興味のある人はぜひ他の教科書で調べてもらいたい．ここでは簡単に説明すると，分子に対しある空間操作（回転，鏡映，反転，回映，恒等）を施した結果，操作前の分子とぴったり重なるとき，分子はその空間操作を対称要素としてもつという．この対称要素の組が数学でいう群を形成する．これを点群と呼ぶ．たとえば水分子は2等辺折れ線形の形をしているが，恒等操作（つまり何の操作も行わない），180度回転，2つの鏡映操作の4つの対称要素をもち，C_{2v} 点群に属する，という言い方をする．C_{2v} 点群に属する分子の分子軌道は，この4つの対称操作に対して不変，あるいは符号が反転することが数学的に証明できる．点群を理解すると分子軌道の理解が一段と深まるので，ぜひ挑戦してほしい．

Study 3.5　共役二重結合における π 電子の非局在化による安定化

最も簡単な共役系，1,3-ブタジエンには4つの共鳴構造がある．
$\text{CH}_2=\text{CH}-\text{CH}=\text{CH}_2$ (I) ⟷ $\dot{\text{C}}\text{H}_2-\text{CH}=\text{CH}-\dot{\text{C}}\text{H}_2$ (II) ⟷
$\text{C}^+\text{H}_2-\text{CH}=\text{CH}-\ddot{\text{C}}^-\text{H}_2$ (III) ⟷ $\ddot{\text{C}}^-\text{H}_2-\text{CH}=\text{CH}-\text{C}^+\text{H}_2$ (IV)
1,3-ブタジエンの電子構造は構造 (I)〜(IV) の重ね合わせ（共鳴）であるため，π 電子は分子全体に広がっている．この π 電子の広がりはエネルギーの安定化をもたらす．この安定化を分子軌道法で考える．

π 結合を構成する π 電子 (4 個) のみ，炭素原子 1〜4 の骨格 (σ 結

合)の上で考える．炭素 i に置かれた原子軌道を $\phi_i(\boldsymbol{r})$ とすると，分子軌道は $C_1\phi_1(\boldsymbol{r})+C_2\phi_2(\boldsymbol{r})+C_3\phi_3(\boldsymbol{r})+C_4\phi_4(\boldsymbol{r})$ と書かれる．ただし，原子軌道は実数値関数とする．シュレーディンガー方程式 $H\Psi=E\Psi$ に対し，基底状態の Ψ および E を求めるため，変分法（[Tea Time 2.6]）を採用する．係数 C_1〜C_4 の変化に対するエネルギー期待値 E[*1] 極小の条件

$$\left(\frac{\partial E}{\partial C_1}\right)_{C_2,C_3,C_4}=\left(\frac{\partial E}{\partial C_2}\right)_{C_1,C_3,C_4}=\left(\frac{\partial E}{\partial C_3}\right)_{C_1,C_2,C_4}=\left(\frac{\partial E}{\partial C_4}\right)_{C_1,C_2,C_3}=0 \text{[*2]}$$
(S3.5.1)

を適用する[*3]．

計算の展開にあたって，以下のクーロン積分 α_{ii}，共鳴積分 β_{ij}，重なり積分 S_{ij} を定義し[*4]，利用する．さらに，ヒュッケル近似[*5] を採用する．その結果，(S3.5.1)式の4式に対応して，以下の4式が得られる．

$$(\alpha-E)C_1+\beta C_2=0 \qquad \beta C_1+(\alpha-E)C_2+\beta C_3=0$$
$$\beta C_2+(\alpha-E)C_3+\beta C_4=0 \qquad \beta C_3+(\alpha-E)C_4=0$$
(S3.5.2)

C_1〜C_4 に対する連立方程式の解がすべて0の自明な解以外の解をもつ条件は，連立方程式の係数のつくる行列式がゼロになること[*6] である．この条件から E を求める[*7] と，エネルギーの低い方から順に $E=\alpha+1.62\beta$，$E=\alpha+0.62\beta$，$E=\alpha-0.62\beta$，$E=\alpha-1.62\beta$ が得られる．4個の π 電子は2個ずつ下から2番目のエネルギー準位まで収容され（図3.23），1,3-ブタジエンの π 電子の全エネルギーは

$$2(\alpha+1.62\beta)+2(\alpha+0.62\beta)=4\alpha+4.48\beta \qquad (S3.5.3)$$

となる．一方，二重結合の π 電子が移動しないで局在する場合 ［構造(I)］，二重結合上の π 電子に関わるエネルギー図（図3.24）は両方の二重結合部分で同一（等核二原子分子と同じ[*8]）と考えると，4個の π 電子の全エネルギーは，

$$2(\alpha+\beta)+2(\alpha+\beta)=4\alpha+4\beta \qquad (S3.5.4)$$

となる（図3.24）．π 電子の非局在化によるエネルギー低下は，(S3.5.3)式と(S3.5.4)式の差から 0.48β（$\beta<0$）となる．すなわち，共役二重結合系の π 電子は非局在化により安定化する．これを非局在化エネルギーという．

参考書・出典

以下の参考書が本章の理解に役立つ．

中田宗隆『量子化学　基本の考え方16章』東京化学同人．
藤永茂『入門分子軌道法』講談社サイエンティフィク．
原田義也『量子化学　上・下』裳華房．

[*1] p.53 の記号では $\langle E \rangle$．

[*2] $\left(\dfrac{\partial E}{\partial C_1}\right)_{C_2,C_3,C_4}=0$ など4個の式であることに注意．

[*3] $E=\dfrac{\int\phi_i(\boldsymbol{r})H\phi_i(\boldsymbol{r})\mathrm{d}V}{\int\phi_i(\boldsymbol{r})^2\mathrm{d}V}$
を偏微分する煩雑さを避けるため，
$E\int\phi_i(\boldsymbol{r})^2\mathrm{d}V=\int\phi_i(\boldsymbol{r})H\phi_i(\boldsymbol{r})\mathrm{d}V$
の両辺を偏微分し，$\left(\dfrac{\partial E}{\partial C_1}\right)_{C_2,C_3,C_4}=0$ などを適用する．

[*4] $i,j=1$〜4として，
$\alpha_{ii}=\int\phi_i(\boldsymbol{r})H\phi_i(\boldsymbol{r})\mathrm{d}V$,
$\beta_{ij}=\int\phi_i(\boldsymbol{r})H\phi_j(\boldsymbol{r})\mathrm{d}V$,
$S_{ij}=\int\phi_i(\boldsymbol{r})\phi_j(\boldsymbol{r})\mathrm{d}V$.
ここで，$\beta_{ij}=\beta_{ji}$ であり，$S_{ij}=S_{ji}$ である．

[*5] $\alpha_{ii}=\alpha$ ($i=1,2,3,4$)，$\beta_{12}=\beta_{23}=\beta_{34}=\beta(<0)$，$\beta_{13}=\beta_{14}=\beta_{24}=0$，$i=j$ に対して $S_{ii}=1$，$i\ne j$ に対して $S_{ij}=0$．

[*6]
$$\begin{vmatrix} \alpha-E & \beta & 0 & 0 \\ \beta & \alpha-E & \beta & 0 \\ 0 & \beta & \alpha-E & \beta \\ 0 & 0 & \beta & \alpha-E \end{vmatrix}=0$$

[*7] 行列式を余因子分解して $(\alpha-E)$ の4次方程式とし，$(\alpha-E)^2\equiv X$ とおくと $X^2-3\beta^2X+\beta^4=0$ と2次方程式になり解ける．

[*8] (S3.2.6)式および(S3.2.7)式において $S=0$ とおくと $E_1=\alpha+\beta$，$E_2=\alpha-\beta$ になる．

── $\alpha-1.62\beta$
── $\alpha-0.62\beta$
⥮ $\alpha+0.62\beta$
⥮ $\alpha+1.62\beta$

図3.23 1,3-ブタジエンのエネルギー準位と π 電子

── $\alpha-\beta$ ──
⥮ $\alpha+\beta$ ⥮
C_1　C_2　C_3　C_4

図3.24 構造(I)のエネルギー準位と π 電子

分子から物質へ

　第3章で，量子力学に基づいて化学結合を理解した．この章では，はじめに，量子力学の発展以前の化学結合の考え方に由来する簡便な考え方を理解する．分子のさらに具体的なイメージをつかみ，分子を集合体へ導く機構を学習する．私たちの体をはじめとして，多くの物質は分子の集合体である．分子と分子の間には分子の形や電荷分布などに依存したさまざまな相互作用が働き，物質の性質や機能を支配している．簡単な分子同士の間の相互作用を理解することによって，壮大な分子集合体の世界の入り口に立つ．

脳の神経細胞：化学的な物質のやりとりによって情報処理，情報伝達を行う．ヒトの脳におけるエネルギー消費量は全身の25％といわれている．

本章の目標
- 分子の形を化学式から予測できる．
- 原子の振動と赤外線吸収を説明できる．
- 分子間相互作用の種類を説明できる．
- 水素結合と水や氷の特殊性を説明できる．
- 中性分子間の相互作用を説明できる．
- 分子間力の強弱を融点，沸点，表面張力などから推定できる．

羅針盤 赤：最重要　青：重要　緑：場合によっては自習

分子の形 (4.1)
- オクテット則と点電子構造式による分子形状の平面的理解 (4.1.1)
- VSEPRモデルによる分子の立体形状の理解 (4.1.2)

分子構造の動的側面—分子振動 (4.2)
- 分子の動的側面としての振動，特に極性をもった分子の振動

分子間相互作用に関わる化学結合と因子 (4.3)
- 分子間相互作用として扱われる化学結合 (4.3.1)
- 分子を含むイオンと錯体（錯イオン）(4.3.2)
- 電気双極子モーメント (4.3.3)

分子やイオンを凝集させる相互作用 (4.4)
- イオン間相互作用 (4.4.1)
- イオン—電気双極子相互作用 (4.4.2)
- 永久電気双極子—永久電気双極子相互作用 (4.4.3)
  - 水素結合
- 瞬間的電気双極子—誘起電気双極子相互作用 (4.4.4)
  - ファン・デル・ワールス相互作用

表面張力 (4.5)
- 分子間力を切断する意味で分子間力の強さを推定可能

4.1 分子の形
4.1.1 点電子構造式とオクテット則

これまでの章で，分子の共有結合について分子軌道法に基づいて考えた．また，炭化水素分子の立体的な分子構造についても，炭素のsp，sp^2，sp^3混成軌道により，考えることができた．これらの量子力学に立脚した取り扱いに先立って，原子や分子の電子構造について，1916年に提案されたルイス(Lewis)のオクテット則と呼ばれる簡明な規則で初歩的な理解が得られることが明らかになっている．

点電子構造式 電子対の共有で形成される共有結合では原子間に電子対が共有されている．しかし，NH_3分子の場合には，N–H間の3対の共有された共有電子対の他にN原子には共有されない電子対，「孤立電子対」が1対できる．このような孤立電子対と共有電子対をどのように扱えばよいだろうか？ これについても，1939年の槌田龍太郎，1940年のシジウィック(Sidgwick)およびパウエル(Powell)に始まり，ギレスピー(Gillespie)およびナイホルム(Nyholm)により完成を見たVSEPR理論がある(4.1.2項で議論する)．このように，分子軌道法など量子力学的計算をしなくてもよい簡便な方法が古くから工夫されてきていて，議論の手がかりとして重要である[*1]．

オクテット則では，点電子構造式を用いて次の表し方を用いる．

$$\text{窒素} \qquad :N:::N:$$
$$\text{二酸化炭素} \qquad :\ddot{O}::C::\ddot{O}:$$

点電子構造式は，最外殻電子を点で表し，単に，電子式，あるいは点電子式ともいう．また考案者の名前をとって**ルイス構造式**などとしばしば呼ばれる．

オクテット則 点電子構造式は<u>各原子のまわりに8個電子があると安定であるという</u>**オクテット則**[*2]を図で考える便利な表記である．8個(オクテット)の電子で囲まれる配置が安定であると考える理由は，希ガス原子の電子配置，すなわちs軌道に2個，p軌道に6個電子が入った電子配置が安定であることに着目したためである．軽い元素[*3]から形成される分子の場合はオクテット則がよく成立する(後述のように例外もある)．

以下に点電子構造式を用いたオクテット則の適用方法を説明する(4.1)．

段階1：すべての原子について，価電子[*4]の総数を数える．イオンの場合は価数に応じて，電子数を増減する．

段階2：原子のつながり方を決め，結合を表す線を1本描く．電気陰性度が小さな原子が中心に来る傾向がある．

段階3：段階1で計算した総電子数から結合に使われた価電子の数(1本あたり2個)を引いた後のまだ使われていない電子数を求め，その電子数を末端原子にオクテットになるように(ただし，水素は2個，ホウ素は6個とする)割り当てる．

段階4：まわりがオクテットになっているのに，価電子がさらに残っていれば，それらを中心元素に帰属させる．

[*1] 言うまでもなく，考える分子について，分子軌道法による成果が利用可能な場合は，それを優先させる．オクテット則や次項のVSEPR理論は，磁性はともかく，結合次数についてよい結果を与える場合が多いので，未知の分子を考える手がかりとして有用である．

[*2] 八隅説ともいう．

[*3] 第2周期元素および第3周期のNaおよびMgについて良く成立する．

[*4] 原子価電子ともいう．最外殻，すなわち，主量子数の最も大きな殻の電子をいう．

段階5：段階4がすんだときに余った電子がなく，中心原子がまだオクテットに達していない場合は，隣接原子の孤立電子対を取り去り中心原子と隣接原子の多重結合の形成に用いる．多重結合を形成すると，隣接原子の電子対が1対中心原子と隣接原子の共有電子対に変わることになるので，中心原子の電子数を2個増やすことができる．このとき，隣接原子の電子数は変わらない．

以下，具体例について考える．

例1　硝酸イオン NO_3^-

段階1：Nは5個，Oは6個の価電子がある．1価の負イオンなので，電子が1個追加される．価電子の総数を $5+6\times3+1 = 24$ 個として考える．

段階2：ポーリングの電気陰性度はNが3.0，Oが3.4なので，Nの方が小さい．そこで，Nを中心とした三角形にOを配置する．NとOを結ぶ単結合（共有電子対）を3個つくる．電子を6個使っている．図4.1のように，共有電子対1つを1本の線で書くとわかりやすい*．

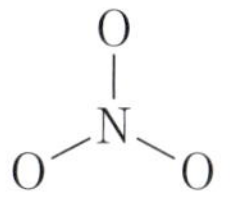

段階3：まだ $24-6 = 18$ 個の電子が残っている．各酸素原子に6個ずつ割り振ると酸素原子はオクテットになる（図4.2）．

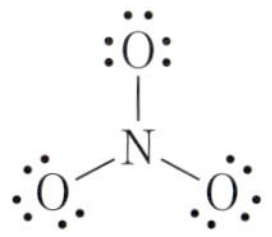

段階4：電子数の残りはない．

段階5：孤立電子対1対を使って，N=Oの二重結合をつくると，窒素原子も含めてすべての原子はオクテット則に従う［図4.3(a)の左］．しかし，二重結合をつくる場所には図4.3(a)に示す3通りの可能性がある．複数の点電子構造式を書くことができる場合，実際の構造はそれらが混じったもの（共鳴と呼ばれる）になる［図4.3(b)の量子化学計算の電荷密度も共鳴を支持している］．この例では，3つの酸素原子は等価なので，NO_3^- イオンは正三角形となる．

複数のエネルギー的に等価な点電子構造式を使って表す必要がある場合採用する．共鳴を表す記号は図4.3(a)のように両端に矢のある矢印を用いる．

形式電荷と結合次数　対等でない複数の点電子構造式の可能性が考えられる場合，どの点電子式が最もエネルギー的に安定で支配的かを考えるには，形式電荷という概念が役に立つ．形式電荷とは，もし電子対が2つの原子間で完全に等しく共有されているとするとき，各原子がもつはずの電荷である．図4.4は，原子Aと原子Bの単結合電子対を完全に等

図4.1

図4.2

* 共有電子対に線を対応させるのは，電子を全て点で書くのが煩わしい場合の簡略化のためである．

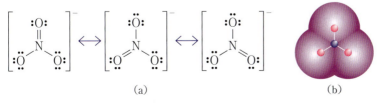

図4.3　(a) NO_3^- の点電子構造式（3つの構造間に共鳴がある）
(b) 量子化学計算で得られる NO_3^- の電荷分布

図4.4　形式電荷は共有結合を2原子で等分して考える

しく原子Aと原子Bで分けている様子を表している．最低エネルギーの点電子構造式は各原子の形式電荷が小さいことが多い．また，電気陰性度の大きな原子が負の形式電荷をもつ構造の方が低いエネルギーをもつことが多い．

NO_3^-の場合は，NとOとの間で共有電子対を等分すると，Nは価電子を4個もつことになる．中性原子Nの価電子は5個なので，点電子構造式をつくる際に価電子を1つOに渡している．したがってNの形式電荷は+1である．Oについては，各共鳴構造における形式電荷の平均値を形式電荷とする．図4.5に示す構造では，O_aとO_bの価電子は7個で，もともとOは6個で電気的に中性なので形式電荷は−1である．O_cについては，価電子は6個となるので形式電荷は0である．共鳴を考えると，各構造でそれぞれのO原子は形式電荷−1を2回，0を1回とることになるので，平均すると$(-1×2+0)÷3 = -2/3$となる．

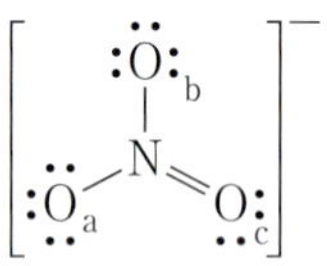

図4.5

点電子構造式においては，共有電子対の数が結合次数となる．共鳴構造をとる場合は，平均値となる．NO_3^-の場合は，各N–O結合について，二重結合が1回，単結合が2回現れるので，結合次数[*1]は$(2×1+1×2)÷3 = 4/3$になる．

超原子価 超酸（超強酸ともいう）[*2]のFSO_3HとSbF_5の1:1混合物はマジック酸と呼ばれる強力な酸である[*3]．これは，炭化水素にもH^+を与え，イオン化させる．図4.6に示すSbF_5の点電子構造式では，Sbの周りに電子が10個あり（電子過剰），オクテット則を満たさない．これは，第3周期以降の原子では8個より多い価電子が囲む場合（超原子価）が多い一例である．このような原子を含む化合物（分子）を超原子価化合物（分子）と呼ぶ．これとは別に，イオン構造を含んだ共鳴構造を考え，オクテット則の範囲で形式電荷および結合次数を考える方法もある[*4]．オクテットより収容電子数が少ない場合もある（HやBなどの場合で，p.106段階3参照）．このような場合にも，上記の手順に従えば点電子構造式を求めることができる．SbF_5の点電子構造式が図4.6になることを以下に説明する．

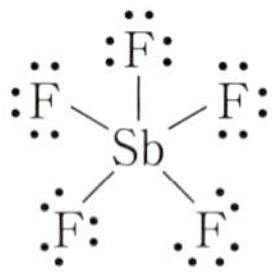

*1 この結合次数は3.3.3項における説明とは少し異なる方法で勘定する．電子2個で一重(単)結合とし，"原子間電子数÷2"で計算する．

図4.6

*2 100%硫酸より強い酸をいう．

*3 これを発見し，さらにその応用を発展させたジョージ・オラー（G. Olah）は，1994年，ノーベル（Nobel）化学賞を受賞している．

*4 $[SbF_4]^+ + F^-$と考え，SbとFの形式電荷はそれぞれ，+1と$-\frac{1}{5}$と考える．また，SbF_5のSb⋯F結合の結合次数は$\frac{4}{5}$と考える．

段階1：Sbは5個，Fは7個の価電子を提供し，価電子の総数は$5+7×5 = 40$個である．

段階2：Fは元素中最大の電気陰性度をもつので，Sbが中心に配置される．SbとFの間に単結合を描くと，電子を10個使用する．

段階3：段階2までで，残る価電子数は$40-10 = 30$より30個となる．この残った電子30個を5個のF原子に6個ずつ割り当てるとF原子はオクテット則を満たす．これで$5×6 = 30$個使ったので残りはない．

段階4，段階5は該当しない．

例題4.1 次の分子および反応のルイス構造式を書け．
(1) O_2 (2) Cl_2 (3) $NH_3 + H_2O \longrightarrow NH_4^+ + OH^-$

> 解 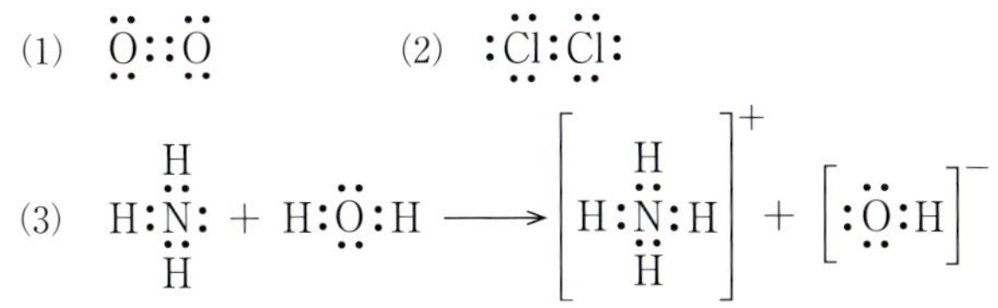
>
> (1) $\ddot{\text{O}}::\ddot{\text{O}}$ (2) $:\ddot{\text{Cl}}:\ddot{\text{Cl}}:$
>
> (3) H:Ṅ:H + H:Ö:H ⟶ [H:N̈:H]⁺ + [:Ö:H]⁻
> (with H above and below N; H above and below N in product)
>
> **図 4.7**

4.1.2 VSEPR モデル

VSEPR モデルの考え方 点電子構造式は分子の構造を平面的に表すに過ぎないが，**分子の形**は立体的である場合が多い．[Tea Time 4.1]にあるように，分子の形を観測するためのいろいろな方法がある．そのようにして形がわかっている分子の例として CO_2 と SO_2 を取り上げる．CO_2 は直線型だが，SO_2 は折れ線になっている．分子構造の推定は，シュレーディンガー方程式のエネルギー期待値について，分子構造を仮定して求めることで実施することもできる．分子構造は，コンピューター計算により一番低いエネルギーを与える構造として決定される．しかし，このようなコンピューターを駆使した計算によらずに，電子数のみから推定する簡単な方法が望まれる．そのような方法として，点電子構造式と**原子価殻電子対反発モデル**（Valence Shell Electron Pair Repulsion Model，略して VSEPR モデルと呼ばれる）を使う方法がある．

点電子式のつくり方がわかったので，分子の立体的形状について考える．**共有電子対**[*1] は，原子の間に書かれた 2 個の電子であり，**孤立電子対**[*2] は，それ以外の電子対である．孤立電子対はローブ lobe（耳たぶの意）やウサギの耳と呼ばれる長めの風船のような形をしていて，空間に拡がっている．

簡単な分子の形は，これら電子対同士の反発を最小とする考え方，VSEPR モデルで説明できることが多い．このモデルでは次の規則にしたがって考える．この際，二，三重結合も一つの共有電子対と考える．

> 規則 1：電子対（共有電子対＋孤立電子対）の数により，電子対がつくる形が決定される．電子対の数と形の対応を以下に「電子対の数→形」で示す．
>
> 2→ 直線形 3→ 平面三角形 4→ 四面体型
> 5→ 三方両錐型または四角錐[*3]（三方両錐の方が多い）
> 6→ 八面体型
>
> 規則 2：電子対同士の反発の強さの順は以下のようになる．
> 孤立電子対−孤立電子対 ＞ 孤立電子対−共有電子対 ＞ 共有電子対−共有電子対
>
> 規則 3：分子の形を描くとき，孤立電子対は省略して，原子の並びだけを共有電子対とともに示す．

VSEPR モデルの適用例 簡単な例として，分子 CH_4, NH_3, H_2O の形を考える．これらの点電子式は図 4.8 のようになる．電子対の数はいずれ

*1 結合電子対ともいう．

*2 非共有電子対ともいう．

*3 多くは三方両錐型であるが，$InCl_5$ は四角錐型．

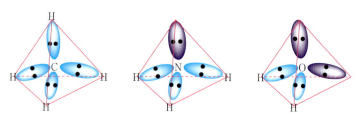

図 4.8 VSEPR モデルによる CH_4, NH_3, H_2O の立体構造（第 0 近似）

も 4 個なので，電子対は四面体方向に配置される．CH_4 では 4 つとも水素との共有電子対，NH_3 では共有電子対が 3 対と孤立電子対が 1 対（例題 3.2 で既習），H_2O では共有電子対が 2 対と孤立電子対が 2 対となる．規則 2 により，電子対同士の反発は関わる孤立電子対の数が多いほど強くなるので，NH_3 の N–H 同士の角度は N–H と N–孤立電子対の角度に比べて小さくなる．このため，正四面体における角度に比べて ∠H–N–H は小さくなる．H_2O では孤立電子対が 2 対のため ∠H–O–H はさらに小さくなる．数値を示すと，正四面体の CH_4 の ∠H–C–H は 109.5°（四面体角），三角錐の NH_3 の ∠H–N–H は 106.7°，折れ線の H_2O の ∠H–O–H は 104.5° である．

他のいくつかの例について VSEPR モデルで以下に検討する．

例 1　CO_2 分子の構造

O より C の電気陰性度が小さいので，C が中心に位置する．この C は孤立電子対をもたず，共有電子対を 2 対両側にもつ（C と O の間は 2 重結合）．両端は孤立電子対をもつ O で，孤立電子対同士の反発最小の直線形となり，∠O–C–O は 180° となる．

例 2　SO_2 分子の構造

O より S の電気陰性度が小さいので，中心に S を配置する．S の周囲の電子は 6 個で 8 個に足りないため，O の孤立電子対 1 対を S と O の間に下し，二重結合とする（O=S–O）．中心 S のまわりの電子対の数は，共有電子対 2 対（二重結合も 1 対と勘定），孤立電子対 1 対の合計 3 対となるため，VSEPR モデルから，平面三角形となる．∠O–S–O は 120° の予測に対し，実測は 119° である．形式電荷も書くと，$O = S^{+1}–O^{-1}$ となる．共鳴を考えると，$O = S^{+1}–O^{-1} \leftrightarrow O^{-1}–S^{+1} = O$ となり，平均構造は $O^{-\frac{1}{2}}\cdots S^{+1}\cdots O^{-\frac{1}{2}}$ となる*．

* 各原子の形式電荷は右肩に示されている．SO 間の結合次数は $1\frac{1}{2}$ である．

例 3　I_3^- イオンの構造

これはヨウ素が入ったうがい薬の成分である．実測すると，I_3^- の 3 つの I 原子は一直線上にあり［図 4.9(a)］，原子間距離は I_2 の I–I 距離が 0.26663 nm であるのに対し，I_3^- の I–I 距離は 0.29 nm 程度と長くなっている．2 つの考え方があり得る．

一番目は超原子価を伴う VSEPR である．孤立電子対が中心の I に 3 個，I–I の共有結合が 2 個あり［図 4.9(a)］，5 個の電子対の反発を考える．すると，三角形面を共有した 2 個の三角錐（三方両錐）の形に電子対が伸びる．反発最大の孤立電子対同士が最大角度をとるので，三方両錐の三角形面の 120 度方向に孤立電子対が伸び，共有電子対は三角形面

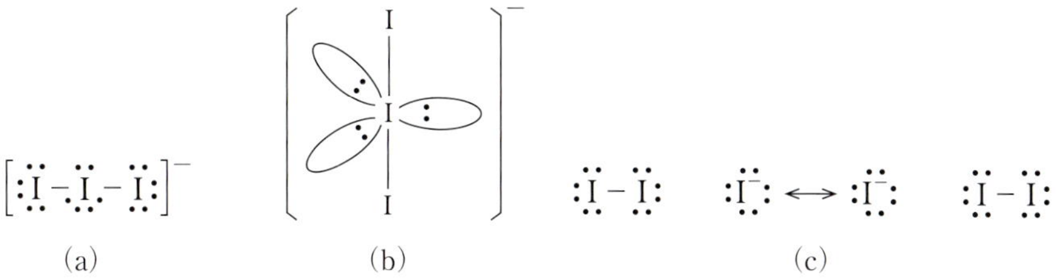

図 4.9 VSEPR モデルによる I_3^- の分子形状の予測 (a) 直線状 I_3^- の点電子構造式，(b) 三角両錐の I_3^- 図，(c) オクテット則にしたがう共鳴構造図

と直交する方向に伸びる．3 個の I 原子は一直線上に並ぶ [図 4.9(b)]．

二番目の考え方は，それぞれの I 原子がオクテット則を満たすようにするものである [図 4.9(c)]．I_2 と I^- が共有電子対をもたずに並んだものが共鳴することになる．I–I 結合の平均結合次数は 0.5 となる[*1]．結合次数が小さいということは結合が弱いということを意味するので，原子間距離は伸びる．したがって，このモデルでは I–I 距離が I_2 分子よりも長いことが理解しやすい．また，両端の I の形式電荷は −0.5 となるため，反発を最小にするためには 3 個の I は直線状に配置する．

[*1] 分子軌道法では三中心四電子結合として扱われる．4 個の電子が結合性軌道と非結合性軌道に 2 個ずつ収容され，反結合性軌道には収容されない（図 5.10 の 3 原子の場合参照）．

例題 4.2 希ガス原子でも Kr や Xe は他原子と分子を形成する[*2]．たとえば，Xe については XeF_2，XeF_4 が知られている．これら分子の形状を VSEPR モデルで推定せよ．

解 XeF_2 には共有電子対 2 個，孤立電子対 3 個形成され，分子形状は直線状となる．孤立電子対は平面三角形の中心の Xe から三角形の頂点へ向けて配置される．この平面上下に Xe–F 結合が配置する [I_3^- と等電子で図 4.9(b) の構造]．XeF_4 には共有電子対が 4 個，孤立電子対が 2 個形成され，分子形状は Xe を中心とした平面四角形となる（孤立電子対は平面四角形上下に配置する）．これらの分子形状は分子構造の解析結果と一致している．なお，希ガス原子が分子を形成するのは，分子軌道法で結合性軌道に入る電子の数が反結合性軌道に入る電子の数より多くなるためと理解される．

[*2] p.59 [*1] に希ガスの原子価は 0 であると記述した．これは，希ガス原子が分子形成や反応などに参加しない場合である．希ガス原子がこれらに参加する場合は，最外殻の電子数 8 を価電子として考える必要がある．

☕ Tea Time 4.1　分子の形を見る方法

分子の形状を観測する研究手段の主なものとして以下の方法がある．

1. 原子間距離程度の波長をもつ電磁波（または電子線）を当て，干渉パターン（回折像）を観測し，原子配列，原子間距離を逆算する．
   (i) 作製した単結晶やその粉末を対象に，X 線回折を実施する（実験室では日常的に行われている）．
   (ii) 気化した分子やイオンを対象に，電子線回折により分子構造やイオン構造を解析する．
2. 分子内の注目する原子と周囲の原子との相互作用の情報から原子の位置関係が精密に推定できる．

核磁気共鳴（NMR）が例として挙げられ，有機化学では重要な実験手段である．

注目する原子の原子核の磁気モーメントに及ぼす周囲の原子の影響から，周囲原子の位置関係や周囲の原子の運動状態，磁気環境を解析する．

3. イオン化して，質量分析計で測定する．やや大きな生体分子に使用できる[*1]．

    分子がイオン化するときのバラバラになるパターンが決まっているので，全体の質量数と構成している部分要素がわかる．また，特定の元素の同位体比の測定は，物質の起源や循環の解析に利用されている．

4. 特殊な電子顕微鏡や X 線顕微鏡（波長が短い）で直接見る．

    原子や分子を直接見る手法の開発が進んでいて，新しい手法で，"原子が見えた"というニュースも見られる．

5. 赤外吸収スペクトルやマイクロ波分光で，分子の振動状態や回転状態の解析を実施し，化学結合の強さや，原子の位置関係などを解析する．

6. 小さな分子は量子化学計算で精度の高い推測ができる．

4.2 分子構造の動的側面−分子振動

これまでの分子の構造の議論は静的な構造であった．しかし，分子の構造には振動や回転など動的側面がある．ここでは，その中でも，振動の例とその地球環境への重要性を議論する．共有結合には最安定距離があるということを第 3 章で理解した[*2]．図 3.6 に示すように，原子間距離が変化すると最安定距離よりも長くなっても短くなってもポテンシャル（位置）エネルギー（P. E.）が上昇する．P. E. を原子間距離で微分して−符号を付けたものが力（付録 A2）なので，このグラフは，最安定距離から離れると復元力が働くことを意味している．復元力が働く場合の運動，振動の例は振り子やバネとおもりである．このような復元力が働く物体は，振幅が小さい場合は決まった周期で振動する．この理由は，多くの振動系では，振幅が小さいときに復元力は最安定位置からのずれ（変位という）に比例する（フックの法則）からである．この変位を時間 t の関数として $x = x(t)$ と表し，振動する物体の質量を m，復元力の比例定数を k_s とおくと，x は次の運動方程式を満足する（付録 A4）．

$$-k_\mathrm{s} x = m \frac{\mathrm{d}^2 x}{\mathrm{d} t^2}$$

ここでマイナス符号は，復元力 F は変位と逆方向に働く（$F = -k_\mathrm{s} x$）ために付いている．

この微分方程式を満たす解は，$x = A \sin(\omega t + \alpha)$ または $x = A \cos(\omega t + \alpha)$ と書かれる．ただし，$\omega = \sqrt{k_\mathrm{s}/m}$ であり，A および α は状況で決まる定数である．この解は振動数 $\nu (= \omega/2\pi)$ の振動を表し

[*1] 質量分析計を用いた生体高分子の同定および構造解析の手法の開発により，田中耕一は，2002 年，ノーベル化学賞を受賞している．

[*2] 共有結合だけでなく，安定な化学結合にはすべて最安定距離がある．

ている（付録 A4）．共有結合分子の振動運動の振動数 ν は 10^{12}〜10^{14} s^{-1} 程度である．原子の質量 m が大きいほど ν は小さくなる．この**分子振動の振動数は赤外線と呼ばれる電磁波の振動数と同程度である**．したがって，分子がこれら赤外線を吸収して振動のエネルギーが励起されたり，放出して振動のエネルギーが低下したりする．

Tea Time 4.2　温室効果ガス

地球温暖化や温室効果については重大な問題としてしばしば話題になる．地球の平均気温が最近上昇していることが報告されていて，その理由の 1 つとして，大気による温室効果が提唱されている（温室効果の寄与は小さく，長期的な気候変動であるという説もある）．

温室効果とは，太陽光が地表に吸収されて熱に変化した後に起こる次に述べる効果である．熱は地表から宇宙空間へ輻射熱（放射熱）として放出される．輻射熱の実態は波長 1〜100 μm の電磁波（赤外線）である．大気中に赤外線を吸収する分子があると，吸収された輻射熱は宇宙空間へ輻射されるだけでなく地表へも再び輻射される．したがって，赤外線を吸収する分子がない場合よりも地表から宇宙空間へ放散する熱が減少する．そのため，地球の温度が上昇するという効果が温室効果である．

分子が赤外線を吸収するとはどのようなことかを考えてみよう．波長 λ [m] の赤外線の振動数 ν は，関係式 $\nu = \dfrac{c_0}{\lambda}$（$c_0$：光速度）を用いて計算できる．$\lambda$ が 10 μm であるとすると，3×10^{13} s^{-1}（$= 3 \times 10^8$ m s^{-1}/10×10^{-6} m）となり，分子振動の振動数と同じ桁（オーダー）となる．すなわち，大気を構成する分子の分子振動は赤外線を吸収し，温室効果を起こすことがわかる．

温室効果を強く起こす分子として，CO_2 や CH_4 の排出規制が議論されている．大気の主成分は N_2 や O_2 であるのに，なぜ微量の CO_2 や CH_4 が問題となるのであろうか？　これは，赤外線などの電磁波と物質の相互作用の一般論から説明できる．電磁波を強く吸収するためには，電荷が動かなければならない．分子振動では，原子がもつ電荷が原子と一緒に動くため，分子が電荷をもって振動しなければならない．すなわち，電磁波を吸収するためには共有結合に極性がなければならない．N_2 や O_2 は同じ原子からできている等核二原子分子であり，極性はない．符号の異なる絶対値が等量の電荷が非常に近い距離で存在する電荷対は，電気双極子と呼ばれる（4.3.3 項参照，[Study 3.3] も参照）．CO_2 や CH_4 は，各構成結合には極性があるが，分子全体としては極性を帯びていない．しかし，異なる電気陰性度の組み合わせの分子内の各結合には電気双極子がある．したがって，これらの分子は赤外線を吸収する（図 4.10）．赤外線を吸収することにより励起された（エネルギーの高い）振動は，やがて沈静化され，その際，赤外線が放射される．このとき放射される赤外線は，宇宙空間

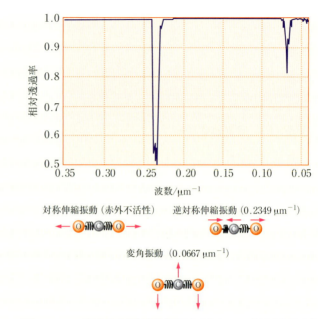

図 4.10 CO_2 気体の赤外線相対透過率（a）と CO_2 分子の振動（b）

に散逸するばかりでなく地表に戻り，最終的には大気中の他の分子や地表の物質の原子の運動エネルギーに変わっていく．これは第 6～8 章で述べられるように温度の上昇をもたらす．これが温室効果であり，人間の活動により増加した温室効果ガス（特に CO_2）が地球温暖化を起こしているという説が唱えられている．

4.3 分子間相互作用に関わる化学結合と因子

4.3.1 分子間相互作用として扱われる化学結合

ここでは分子と分子の相互作用，すなわち**分子間相互作用**について取り扱う（[Study 4.1] 参照）．高校で，化学結合と分子間相互作用として共有結合，金属結合，イオン結合，配位結合，水素結合，ファンデルワールス（van der Waals）力に基づく結合を学んでいる．そのうち，分子内の原子同士をつなぐ共有結合や配位結合は，分子内や錯イオン[*1]内結合なので，分子間相互作用には含めない．分子を含む分子イオン（例：H_3O^+ や NH_4^+）がイオン結合で他のイオンと結合している場合は，そのイオン結合は分子間相互作用と考えてよい．水素結合とファンデルワールス力による結合は分子間相互作用として重要である．分子間相互作用の詳しい説明は 4.4 節で行う．分子の大きさでは，電荷と電荷の間に働く力以外はほとんど無視できる[*2]．したがって，電気的に中性の分子の場合でも，電荷の偏り（分極）が分子間相互作用に大きな影響を及ぼす．この分極には静的なものと動的なもの（時間的に変動しないものとするもの）があり，4.4 節で詳しく議論する．

[*1] p.115 参照．

[*2] 万有引力と静電気力を比べてみよう．電荷は電子 1 個の電荷量（素電荷という）が単位で，1 つのイオンは質量が極めて小さいのに対してその電荷の単位を 1 個～数個もっているため，万有引力に比べて静電気力が桁違いに強く働く（具体的なクーロン力と万有引力の比較は例題 0.1 で既習）．物体をこすってできる静電気では表面 1×10^{-4} m^2 あたり 100 億個の桁の素電荷（電子過剰か電子不足による）が存在している．実際の数値として，大気下での放電限界の電場から 2.7×10^{-5} $C\,m^{-2}$ という値が算出されている(4.2)．電荷の数は全原子数に比べてごくわずかだが，髪の毛やアルミ箔断片など軽い物体ならば重力に打ち勝って引き付けられる．一方，大きな物体では，原子や分子が集まって正負の電荷が相殺して小さな電荷になっているのに対して，万有引力は質量に比例する．このため大きな物体では万有引力は静電気力に比べ強くなる．

4.3.2 分子を含むイオンと錯体（錯イオン）

分子を含むイオン，H_3O^+ や NH_4^+ は化学結合の担い手である（前項）．金属錯体（[Tea Time 4.3]）も電荷を持つイオン，錯イオンで多く存在し，化学結合の担い手になる．たとえば，青色の硫酸銅（$CuSO_4 \cdot 5H_2O$）には，平面四角形の $[Cu(H_2O)_4]^{2+}$ が含まれる[*1]．また，酸性溶液中では八面体の $[Ti(H_2O)_6]^{3+}$ が存在する．これら錯イオンは分子を含むイオンで，化学結合の担い手になる．電気的に中性な錯体も凝集状態では分子間力の担い手である（4.4.4項）．

 Tea Time 4.3　錯体とは

錯体とは金属原子またはイオンと配位子とが結合したものであり，この結合は，配位結合[*2]と呼ばれる．**配位結合**の詳細は錯体化学，有機金属化学，生物無機化学などと呼ばれる多彩な分野と繋がり[*3]，すべてを説明することはこの教科書の範囲を超えるが，概要を紹介する．錯体の配位子となる分子やイオンには孤立電子対がある．この孤立電子対を金属イオンと共有することによる化学結合が配位結合である．配位結合をもつ化合物を（金属）**錯体**（または配位化合物）という．錯体[*4]の中心金属の周囲に配置する配位子の数を配位数と呼ぶ．配位数は錯体によって異なるが，中心金属によってとりやすい配位数や構造がある程度決まる．$[Zn(NH_3)_4]^{2+}$ は正四面体型，$[Ag(NH_3)_2]^+$ は直線型である．中心金属は遷移金属である場合が多い．錯体の配位結合は，分子軌道法からは，d 原子軌道をもつ遷移金属の原子軌道と配位子の軌道（波動関数）の間に，対称性が合致してエネルギーが近い軌道同士の重ね合わせを考える．この扱い方は配位子場理論とも呼ばれ，最も一般的な方法である．この他に，結晶場理論と呼ばれる考え方がある．これは，配位子は単に負電荷と捉え，中心金属の d 軌道がこの負電荷のつくる環境（結晶場）でどのようにエネルギーの異なる軌道群に分裂するかを考える．また，中心金属元素に対して，配位子を配位するのに必要な対称性をもつ d 原子軌道も参加させた混成軌道を用意する考え方なども以前には用いられた．詳しくは無機化学，錯体化学の教科書を参照されたい．配位子が変わると錯体の構造や性質が変化することがある．身近な例としては，青色の $[CoCl_4]^{2-}$ に水が加わると桃色の $[Co(H_2O)_6]^{2+}$ に変化する．この変化は，シリカゲルの吸湿状態を知るのに利用される．炭素と金属が直接結合した錯体もあり，有機金属錯体と呼ばれる．有機金属錯体は現代の有機合成化学において極めて重要である．有機金属錯体でない錯体を**ウェルナー（Werner）錯体**と呼ぶ．これには配位子が CN^- の錯体も含まれる．錯体にはもっと広い意味もあり，異なる物質が原子分子レベルで複合したもの（complex）を指すこともある．分子 A から負電荷（電子）が分子 B へ移動して $A^{+\delta}B^{-\delta}$ $[\delta^+, \delta^-$：部分電荷（必ずしも整数でなく，分数や小数）$]$ となるときは，電荷移動錯体と呼ばれる．

[*1] $CuSO_4 \cdot 5H_2O$ は 3 種の化学種，$[Cu(H_2O)_4]^{2+}$，SO_4^{2-}，および H_2O が含まれていている．平面四角形の $[Cu(H_2O)_4]^{2+}$ の間に SO_4^{2-} が入っていて，さらに，SO_4^{2-} と H_2O は水素結合を形成している．$[Cu(H_2O)_4]^{2+}$ イオンは，Cu^{2+} イオンの周りに 4 個の水分子が酸素原子を Cu^{2+} イオンへ向けて配置した構造をもち，+2 の電荷を帯びた錯イオンである．Cu^{2+} イオンと酸素原子間は配位結合である．

[*2] 配位結合には金属原子の d 原子軌道が関与する場合が多く，その詳細はこの本の範囲を超える．しかし，分子中の共有結合と同じく，構成原子の電子配置と化学結合は，エネルギーが最も低くなるように決定されることには変わりがない．

[*3] 錯体には同じ分子式で構造や性質が異なる異性体が多く見られる．光学活性体が代表例で，光の偏光面に対して左旋性と右旋性の違いを示す．この違いは，これら旋光性に対応する錯体の構造がお互いに，右手と左手の関係，鏡映の関係にあることによる．光学異性体は医薬品の製造などで重要となる．これらについては有機化学で学ぶ．

[*4] 錯体の世界は多彩で，配位子を配位する金属原子イオンが複数あるものもあり，これは多核錯体と呼ばれる．配位子についても，金属イオンと配位する部位を複数持つものがあり，多座配位子と呼ばれる．ここでは，単座配位子を相手とした単核錯体を想定している．

図 4.11 エタノール分子の電荷分布
左：小さな白丸は水素原子，大きい黒丸は炭素原子，赤丸は酸素原子，全体は電子密度がある値よりも高い領域
右：原子核の正電荷も考慮に入れた場合の電荷の偏りで，赤部分は電荷が負，青部分は電荷が正と予測される領域

図 4.12 CO_2 と CH_4 分子における電荷の偏り．赤は負電荷，青は正電荷が多いと予測されるところ．

* 中性原子といえども瞬間，瞬間を見ると電子の負電荷の中心と原子核の正電荷の中心は一致せず，瞬間的な電気双極子モーメントをもつ．この事と量子力学との関わりを定性的に説明する．電子の位置と運動量の間には不確定性原理が働く（[Tea Time 2.3]）．電子の位置の不確定を原子の大きさ程度に小さな量と考えると，電子の運動量の不確定も大きくなり，運動量自身も大きくなる（p.47 *2 参照）．その結果，電子は非常に高速で運動していることになり（例題 2.1 参照），この高速運動のため，ある観測時間における電子の負電荷の中心と原子核の正電荷は必ずしも一致せず，電気双極子モーメントが発生する．その大きさや方向は時々刻々変化する．これが瞬間的双極子モーメントである．

4.3.3 電気双極子モーメント

電気陰性度の差をもつ原子から構成される分子では，分子内の共有結合であっても電荷の偏りが存在する．このような共有結合は極性を帯びているという．電荷の偏りは，化学反応（第 11 章や有機化学）や物理的性質に大きな影響を与え重要である．図 4.11 にエタノール C_2H_5OH 分子中の電荷分布を色の違いで示す．左図は，電子雲の分布を表していて，右図は電荷の偏りを表している．右図で緑色は原子の電荷分布と等しい部分を表していて，赤色は電子が過剰で負電荷を帯びている部分（酸素原子側），青色は電子不足で正電荷を帯びている部分（水素原子側）を表す．正負の電荷が分離して近くに存在している状態は電気双極子と呼ばれ，周囲への影響は電気双極子モーメントで評価される．電気双極子モーメントの大きさは C m という単位をもつ量で，分離した電荷の大きさとその距離の積である（3.4 節の [Study 3.3] および付録表 C.5 参照）．電気双極子モーメントをもつ物質は，強い電場中に置かれると電場の向きに配向する相互作用を受ける．これを利用しているのが電子レンジである（[Tea Time 4.4]）．電荷の偏りがあっても電気双極子モーメントがない分子もある．二酸化炭素やメタンが例である（図 4.12）．

電気双極子モーメントの中にも，極性を帯びた共有結合に起因する永続的なものと，量子力学的効果に起因する*時間的に変動する瞬間的電気双極子モーメントがある．区別する必要がある場合は，前者を**永久電気双極子モーメント**という．永久電気双極子モーメントがない物質では，後で述べるように後者（瞬間的電気双極子モーメント）が重要となる．電気双極子−電気双極子相互作用は，電気双極子モーメントの大きなもの同士の方が小さなもの同士より大きい．

☕ Tea Time 4.4　電子レンジ

電子レンジは，2.45 GHz の電磁波（1 秒間に 24 億 5000 万回　正負の方向が変わる電場）を物質に照射している．双極子モーメントをもつ水分子を含む物質の中では，各瞬間で電場の向きに電気双極子モーメントの方向を揃えようと，水分子は回転する．向きが頻繁に変わるため，分子と分子の間で摩擦が起こり，一種の摩擦による熱が発生する．電子レンジではこの現象を加熱に利用している．水分子以外でも加熱されることはある．電気双極子モーメントをもたない分子から形成されている物質（ポリエチレンなど）は加熱されないため，容器に使うことができる．ガラスは四面体の SiO_4 を単位としてできている．SiO_4 は極性を帯びた共有結合をもつが，メタンと同様に，分子形状（対称性）のために分子として電気双極子モーメントはもたない．したがって，加熱されない．しかし，セラミックにも加熱されるものがあるため注意が必要である．また，金属中の自由電子はマイクロ波によって移動して，形状によっては端に強い電場を発生させるため，放電が起こる．さらに，自由電子の移動も摩擦による熱を発生させる．これらの現象は，高温の局所的発生を引き起こす．さらに，マイ

クロ波の分布を乱してマイクロ波の発生源にダメージを与える．金属の電子レンジにおける使用は危険である．

4.4 分子やイオンを凝集させる相互作用

分子やイオンは多様な力で相互作用している．分子やイオン間の相互作用については [Study 4.1] の表 4.5 にまとめてある．随時，この表を参考にしながらこの節を読むことが望ましい．

4.4.1 イオン間相互作用

クーロン力に起因するイオン間相互作用の働く典型的な例として食塩が考えられる．食塩（塩化ナトリウム，NaCl）は陽イオン Na^+ と陰イオン Cl^- がクーロン力[*1]で結びついて結晶を作っている．融点は 801 ℃なので，ガスバーナーで加熱するとサラサラの液体になる．このようにイオン結晶を溶融させた液体は**溶融塩**と呼ばれるが，結晶と同様なイオン間相互作用が働いている．溶融塩中のイオン相互の位置関係については，長距離の規則性は失われているが，短距離の規則性は存在していて[*2]，全体として，凝集エネルギーをもっている．比較的大きな分子の陽イオンと陰イオンの集合体で室温でも液体となるものが開発されていて，**イオン液体**と呼ばれている（図 4.13）．イオン液体は電解質や反応場としての利用が期待されている．

[*1] 静電気力という言葉も良く使われる．

[*2] 一般に液体は固体の周期的構造が融解により壊された構造をもつ．しかし，ある原子に注目すると，その原子の周囲は比較的結晶と近い規則的構造をもつ．しかし，その原子から遠く離れたところでは結晶の規則的構造は完全に破壊されている．このような液体の構造の特徴を，近距離は**秩序構造**，長距離は**無秩序構造**という．

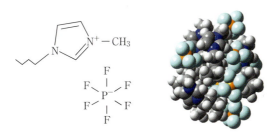

図 4.13 イオン液体の例．左：イオン液体を構成するイオンの例 1-ブチル-3-メチルイミダゾリウムイオン−ヘキサフルオロリン酸イオン：右：液体状態のモデル（オレンジ色：P，水色：F，青：N，濃い灰色：C，薄い灰色：H）

4.4.2 イオン−電気双極子相互作用

イオン−電気双極子相互作用は，水にイオン性の物質が溶ける際に起こる**水和**[*3]の原因である．図 4.14 は Li^+ の水和のコンピュータシミュレーションである．中心の紫色の球が Li^+ でそのまわりを水分子が酸素原子（赤い球）を向けて取り囲んでいる．電気双極子のマイナス側（H_2O の O 側）が陽イオン（Li^+）に引き付けられ，エネルギーが低くなる．LiCl など 1-17 族イオン結晶の多くは水に溶けやすい．

[*3] イオンは水和エンタルピーが小さいほど，水和エントロピーが大きい程，水和して溶解しやすい．前者の影響の方が大きい．これらは，付録表 C.9 に掲載されている．エンタルピーおよびエントロピーは第 7 章および第 8 章で学ぶ．

図 4.14 Li^+ イオンの水和状態のコンピュータシミュレーション 紫色の球は Li^+，白い球は水素原子，赤い球は酸素原子を表す（島田敏宏　私信）．

4.4.3 永久電気双極子—永久電気双極子相互作用と水素結合

永久電気双極子—永久電気双極子相互作用は多くの極性分子において見られる．特に，水素原子が関与する場合は特殊で，水素結合と呼ばれる[*1]．

水素結合の存在を示す例として，14族元素～17族元素の水素化物の沸点の周期表の周期番号依存性を示す．図4.15に示すように，NH_3，H_2O，HFを除いては，大まかな傾向として，同じ族では周期番号が大きくなるほど水素化物の沸点は高くなる傾向が見られる．しかし，NH_3，H_2O，HFの沸点は，周期番号の最も小さな第2周期元素の水素化物であるにも関わらず，例外的に高くなっている．これは，これらの分子に大きな極性があり，水素結合が作用しているためである．一方，14族では，CH_4の沸点が低く，周期表の位置が下にいくほど水素化物の沸点が高くなる傾向が見られる．これは，CH_4に極性がないことによる．しかし，H_2O分子の場合は，電気陰性度の差のため，<u>O原子は軽度に−に帯電し，H原子は軽度に＋に帯電している（永久電気双極子）．このため，異なる水分子間（永久電気双極子間）にクーロン引力が発生し，水素結合を形成する</u>．このような水素結合の存在は，沸点を高くする．水の沸点は，水素結合がないと仮定すると，−70℃程度と推定される．図4.15においては，沸点における水素結合の影響を示したが，融点についても同様な水素結合の影響が見られる（例題4.3参照）．

水が氷になるときに膨張するため氷は水に浮く（固化膨張[*2]）．この現象にも水素結合が関わっている．氷の結晶では，1つの酸素原子は2つの水素原子と共有結合を形成するだけではなく，隣の2つの水分子の水素原子とも，水素結合により，結合している（本項下線部）．したがって，氷の結晶構造は4配位のダイヤモンド構造（図5.13）と類似の隙間の多い構造（図4.16）となっている．液体の水となると，氷の結晶構造は破壊され，水素結合も一部切断される．その結果，一部の水分子は遊離し，ダイヤモンド構造の隙間を埋めるようになる．このため，水の方が氷より密度が大きくなる．

[*1] 水素結合は，この項で取り上げた例以外にも多くの物質で見られる．付録表C.4を参照されたい．

[*2] 付録表C.11に示す水と氷の密度を参照のこと．

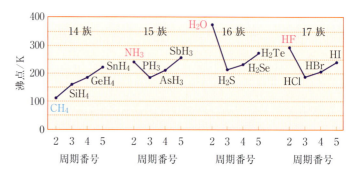

図 4.15 14～17族元素の水素化物の沸点の周期番号依存性の比較．水素結合をつくるNH_3，H_2O，HFの沸点が異常に高い．

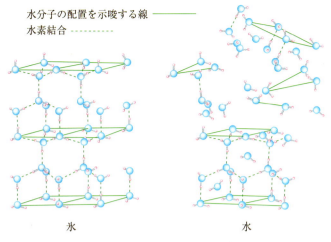

図4.16 氷と水における水素結合（点線）の模式図．大きな青い玉はO，小さなピンクの玉はH．

例題4.3 液体HF, HCl, HBr, HIの融点と沸点を表4.1に示す．

表4.1

	HF	HCl	HBr	HI
融点/K	189.5	159.0	186.3	222.4
沸点/K	292.7	188.2	206.4	237.8

(1) 融点と沸点はハロゲン原子によりどのように変化するか．
(2) この変化の様子は，どのように説明されるか．

解 (1) I, Br, Clとハロゲン原子の原子量が小さくなると融点と沸点は低下する．しかし，さらに原子量の小さなFの場合は融点および沸点は上昇する．
(2) 第17族Cl, Br, Iの水素化物の融点や沸点は，周期番号の減少とともに低下する．この傾向は，14族原子の水素化物の沸点が周期番号の減少とともに低下する（融点も同様に低下）傾向（図4.15）と同じであり，一般性がある[*1]．第17族Fの水素化物では，融点や沸点は増加に転じている．これは，HF分子のHと他のHF分子のFとの間に水素結合が形成されるためである．

水素結合は生体分子において極めて重要で，たとえばDNAの二重らせん構造は，水素結合によって組みあがっている（図4.17）．水素結合の例を表C.4(p.322)に示す．水素結合はこの表に示すような分子間に生じるものばかりでなく，分子内でも生じる．これを分子内水素結合[*2]という．

[*1] この対象分子群の融点，沸点の低下傾向は，これら分子が永久的な電気双極子モーメントをもつ（表4.4）にもかかわらず，分子間力がファンデルワールス力に依存すると考えることで説明される（例題4.4）．永久電気双極子−永久電気双極子相互作用は，実際に評価するとそれ程大きくはない．ファンデルワールス力に基づく分子間相互作用は，分子量が小さくなるにつれて小さくなり，融点，沸点も低下する．

[*2] 分子内水素結合の例として，ベンゼン環の隣り合うCに結合しているHをOH基とCl基でそれぞれ置換したo(オルト)-クロロフェノールが挙げられる．電子供与性のOH基のHは正の部分電荷を持ち，電子求引性のClは負の部分電荷を持つ．両者が近接して存在するため，分子内水素結合が形成される（本文では第2周期15〜17族元素が水素結合の担い手である例を示したが，第3周期のSやClも水素結合の担い手になる）．この物質の融点，沸点はそれぞれ9.3℃，174.5℃である．OH基とCl基がベンゼン環のCH一つを挟んで配置するm(メタ)-クロロフェノールでは融点，沸点はそれぞれ32.8℃，214℃である．また，OH基とCl基が向かい合って配置するp(パラ)-クロロフェノールでは融点，沸点はそれぞれ43℃，218.125℃である．このように，o-クロロフェノールに比べてm-クロロフェノールおよびp-クロロフェノールの融点および沸点が高いのは，前者では分子内水素結合を形成するのに対して，後者二つでは分子間に水素結合が形成される分子間水素結合のためであると考えられる．同様な異性体間の融点と沸点の違いは，ニトロフェノールやサリチル酸にも見られる．

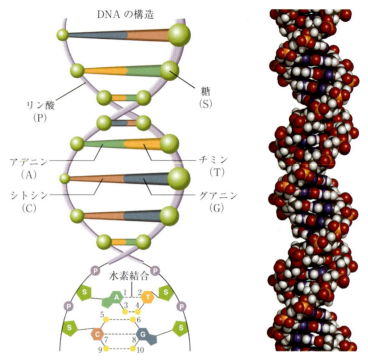

図 4.17 DNA の二重らせん構造(水素結合で結ばれている.1:アデニンの −NH$_2$ 基の H,2:チミンの =O 基の O,3:アデニンの N,4:チミンの NH の H,5:シトシンの =O 基の O,6:グアニンの NH$_2$ 基の H,7:シトシンの N,8:グアニンの =O の O,9:シトシンの =O 基の O,10:グアニンの NH$_2$ 基の H)[(4.2)]

☕ Tea Time 4.5　水素結合と私たち

　DNA では二重らせん構造は水素結合で保持されていて,生命科学にとって非常に重要である.この水素結合は北国の生活では身近に感じられる.北海道の厳冬期には,「水道の凍結にご注意ください」との注意情報がテレビに流れることがある.これは,水が氷になるとき体積膨張をするため,蛇口の閉じた水道管で破裂が起こるためである.この通常の液体とは逆の水の固化膨張は水素結合の存在のため発生する.水の固化膨張は生命の誕生や生命の存続の歴史にも重大な関わりがある.もし水が通常の液体と同様に固化収縮して氷の方が水より密度が大きければ,生命の歴史において何度か迎えた氷河期には,海の表面にできた氷は海底にすべて沈み,海は底から表面まで氷で覆われたと推定される.水中で生活していた魚類は食物連鎖上位の動物の食物としても重要であったが,長期間,魚類なしで生命の維持は可能だったのであろうか.このような水の固化膨張をもたらす水素結合がなければ,水の沸点は −70° 程度と推定される(図 4.15).地表から水はすべて蒸発して水は地球上になかったことも考えられる.生命は約 38 億年前に海中で誕生し,十分にオゾン層が形成されたいまから 5 億年前まで,海水中で維持されてきたといわれている.この生物の存続の歴史は水なしで可能であったのであろうか.

4.4.4 瞬間的電気双極子−誘起電気双極子相互作用（起源は分散力*1）

電荷も極性ももたない場合は，相互作用は弱いが，まったくないわけではない．希ガス原子など極性をもたない原子，分子も，温度を下げていくと凝集して液体や固体となる．このように電気的に中性な分子でも，図4.18に示すように，瞬間的には電子雲の−の電荷の中心と原子核の＋の電荷の中心は一致しない．この瞬間的な電気双極子とこれが周囲の分子に発生させる誘起電気双極子との間に働く弱い力を狭義のファンデルワールス力と呼ぶ．引力と反発力があるが，しばしば，引力部分を指す*2．特に，大きな分子同士の距離が小さくなると他の相互作用に負けない大きな引力相互作用をお互いに及ぼし合う．たとえば，生体分子と薬の相互作用では，分子同士の形が鍵と鍵穴にたとえられるような立体的に適合した形の組み合わせが出現し（図4.19），ファンデルワールス力による強い引力相互作用が働く*3．

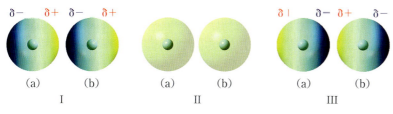

図4.18 Arにおけるファンデルワールス相互作用の説明
I. 瞬間的電気双極子モーメント(a)が誘起電気双極子モーメント(b)を発生させる．
II. 瞬間的に中性のAr(a)は周囲のAr(b)を分極させない．
III. Iと反対方向の瞬間的電気双極子モーメント(a)は誘起双極子モーメント(b)を発生させる．

例題 4.4 希ガス He, Ne, Ar, Kr, Xe, Rn の融点と沸点は表4.2のように示される．なお，Heの融点は高圧下のデータであるが，圧力の違いを無視して議論して良い．

表4.2

	He	Ne	Ar	Kr	Xe	Rn
融点/K	0.95 (2.5 MPa)	24.5	83.8	116.4	161.3	202
沸点/K	4.22	27.1	87.3	120.9	166.1	211.4

これら融点と沸点の傾向を説明せよ．

解 瞬間的電気双極子の電荷が希ガスで大差がないとする*4と，HeからRnの順に異符号電荷間の距離は大きくなり，瞬間的電気双極子モーメントは大きくなる．瞬間的電気双極子−誘起電気双極子相互作用はこの順で大きくなり，融点，沸点もこの順で上昇する．

瞬間的電気双極子は，r離れた周囲にr^{-3}に比例する電場を与え（付録図A.16），周囲の分子にr^{-3}に比例する大きさで反対向きの誘起電気双極子を生じさせる．電気双極子モーメントを前者はμ_1^*，後者はμ_2^*とすると，両電気双極子間の引力相互作用エネルギーは$\mu_1^*\mu_2^*$と

---

*1 分散力の呼び方は色々ある．この相互作のエネルギーの量子力学的導出に成功したロンドン(F. London)の名前にちなんでロンドン力，ロンドン分散力とも呼ばれる．この教科書では，この力をもっぱら狭義のファンデルワールス力と呼んでいる．ファンデルワールス力についいては，本文でも触れた斥力も含める場合もある．分子性結晶の分子間力を指す場合などである．また，永久電気双極子−永久電気双極子，永久電気双極子−誘起電気双極子，瞬間的電気双極子−誘起電気双極子間に働く力など，相互作用エネルギーとしてr^{-6}に依存する引力相互作用の総称として用いられる場合もある．ファンデルワールス力が出現した場合はどのような意味で用いられているかに注意を要する．

*2 狭義のファンデルワールス力の起源である瞬間的電気双極子−誘起電気双極子相互作用の引力エネルギーは小さいため，液化や結晶化は圧力にも強く依存する．たとえば，ヘリウムは1 atmではどんなに冷やしても固体にはならない．この瞬間的電気双極子−誘起電気双極子相互作用における引力の機構は量子力学的な効果であり，説明に成功した人の名前をとってロンドン(London)力，または分散力と呼ばれている(*1)．Arを例にとって説明する．Arの分子中の電荷分布は対称的であり，電気双極子モーメントはゼロのはずである．しかし，p.116 *で説明したように，中性原子，分子でも瞬間的電気双極子が発生する．その瞬間的電気双極子が，近くの分子の電子雲を偏らせて誘起電気双極子を発生させ，お互いに引力を働かせる．この意味で，この項および表4.5では，瞬間的電気双極子−誘起電気双極子相互作用としている．

ファンデルワールス力に由来する分子間相互作用は距離の−(マイナス)6乗に比例し，その比例係数は，分子の分極率（分子が電場の印加を受けて分極する傾向）が含まれる（表4.5）．

*3 ここで暗黙に示唆されていることではあるが，この項で扱う瞬間的電気双極子−誘起電気双極子相互作用は，他の分子間相互作用の有無に関わらず，いかなる原子，分子，物質間にも働いている．通常は他の分子間相互作用があればそれよりよりも弱く，なければ無視できなくなる．

*4 希ガス原子が大きくなると瞬間的な電荷は大きくなる．しかし，これを考慮しても，この解答の議論の結果は変わらない．

結合できない化学物質　結合できる化学物質

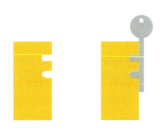

図 4.19　分子同士の立体的適合模式図

*1　電気双極子–電気双極子相互作用は，距離 r 離れた両者が 1 直線上にあり同方向の配向を取っている場合は，$-\dfrac{2}{4\pi\varepsilon_0}\dfrac{\mu_1\mu_2}{r^3}$ と書かれ，r^{-3} に比例する．ここで μ_1, μ_2 は，それぞれの電気双極子の電気双極子モーメントである．この電気双極子–電気双極子相互作用がそれらの電気双極子モーメントの積に比例することは一般的に成立する．両者が自由回転する場合はゼロとなる．両者が回転しつつ配向の相関も残す場合は，配向の平均をとると r^{-6} に比例する．これが表 4.5 (3) に示されている．

*2　分散力は量子力学の摂動論という初学者には難しい方法で導出されている．本文の議論は，分散力が r^{-6} に比例するということを理解してほしいため，この依存性を，量子力学を使用せず電磁気学により，定性的，便宜的に導出している．

*3　表面張力の単位は，単位長さに働く力（N m^{-1}）あるいは単位面積あたりのエネルギー（J m^{-2}）となる．

*4　付録表 C.12a, C.12b にいろいろな物質の粘性係数が掲載されている．

r^{-3} の積に比例する*1．μ_2^* は電場，r^{-3} に比例するため，結局，瞬間的電気双極子–誘起電気双極子間の引力相互作用エネルギーは r^{-6} に比例する*2．この相互作用は r が大で急速に小となり，r が小では無視できない．無極性分子では分散力が沸点など物性に大きな影響を与える．

4.5　表面張力

液体の表面の分子は液体内部からだけ力を受け，液体内部の方向に引っ張られる．その結果，液滴は表面積をできるだけ小さくし，自由な状態では，球状となる．この作用を起こす力を**表面張力***3 という．

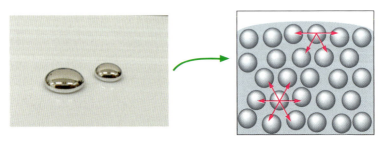

図 4.20　(a) 水銀滴（提供：北海道大学大学院工学研究院 山本靖典）．
(b) 表面張力の模式図．表面にある原子は液体内部の方向へのみ引力を受けるだけのため，液体は内部の方向へ引っ張られる．

表 4.3　表面張力と粘性係数（20 ℃）*4

物質名	化学式	粘性係数/m N s m^{-2}	表面張力/m N m^{-1}
ペンタン	C_5H_{12}	0.232	16.04
ベンゼン	C_6H_6	0.652	28.90
水	H_2O	1.002	72.7〜73.3
エタノール	C_2H_5OH	1.19*	22.39
水銀	Hg	1.559	486.43
グリセロール	$C_3H_5(OH)_3$	1480*	63.40*
エチレングリコール	$C_2H_4(OH)_2$	20.1	48.53

印なし：文献 (4.3) のデータの内挿値；＊：文献 (4.4)．

水の表面張力は水素結合のため大きい．水のみならず，グリセロール，エチレングリコールにも水素結合があり，表面張力も比較的大きい．エタノールにも水素結合があるが，その影響は水ほど顕著ではない．水銀は金属結合をもつので，原子間相互作用は電気双極子を介した相互作用よりも大きい．物質の粘りの傾向を表す粘性係数*は，分子の質量，形状および分子あたりの水素結合の数に関係している．グリセロールやエチレングリコールの粘性係数*が高いのは水素結合の数が多いことや分子が長いことが関係していると思われる．

* 液体（または気体）中の隣り合った部分AおよびBに注目する．Aの液体は遅く，Bの液体は同方向へ速く動いているとき，Aの液体を速く，Bの液体を遅くするように大きさFの力が働く．AとBの距離をa，接触面積Sとすると
$$\frac{F}{S} = \eta \frac{v}{a}$$
の関係が成立する．ここで，vはAとBの速度差である．比例定数ηは粘性係数と呼ばれる．粘性係数は粘性率，粘度とも呼ばれる．単位はN s m^{-2} (= Pa s)である．付録表C.12aおよび表C.12bにも，いろいろな物質の粘性係数が示されている．

第4章のまとめ

- 分子の形状　・簡便な考え方　オクテット則，VSEPRモデル
  　　　　　　・量子力学に立脚した考え方　混成軌道（第3章）
- 分子の振動と地球温暖化問題
- 分子間相互作用　　クーロン力 ≫ 万有引力
  - 分子を含むイオンと錯体（錯イオン）
  - 電気双極子モーメントがゼロの分子と値をもつ分子
  - 分子やイオンを凝縮させる力
    　　イオン間相互作用　　イオン結晶，溶融塩，イオン液体
    　　イオン-電気双極子相互作用　イオンの水和
    　　永久電気双極子-永久電気双極子相互作用　水素結合
    　　瞬間的電気双極子-誘起電気双極子相互作用
    　　　　狭義のファンデルワールス力（分散力あるいはロンドン力）
    　　　　鍵と鍵穴の関係の分子の結合
- 表面張力と粘性　大小は分子間相互作用や化学結合の大きさなどに関係

章末問題4

1. 以下の問題に解答せよ．
   (1) CO_3^{2-}, O_3 (∠O–O–O = 117.79°) について，オクテット則を満たすイオンまたは分子構造を書け．さらに，共鳴を考慮して，それぞれのイオン，分子の構成原子の形式電荷と化学結合の結合次数を求めよ．
   (2) ホルムアルデヒド H_2CO の点電子構造式をオクテット則に従い書け．次に，VSEPRモデルに従い，この分子の立体構造を孤立電子対も含めて書け．

2. 分子状の HF, HCl, HBr, HI の電気双極子モーメント μ と原子間距離は表4.4のように与えられる．ここで，μ の単位は D（デバイ）で与えられている (p.101 [Study 3.3] 参照).

表4.4

	HF	HCl	HBr	HI
μ/D	1.83	1.11	0.83	0.45
d/nm	0.0916	0.12746	0.14145	0.1609

以下の問に答えよ．
(1) 各原子の電荷 q（あるいは $-q$）を求め，イオン性の割合を算出せよ．ただし，電子の素電荷（電子の電荷の絶対値）は 1.602×10^{-19} C とする．
(2) 得られたイオン性は電気陰性度からどのように説明されるか．

3. 静電気は表面が帯電することにより起こる．静電気を帯びている物体表面の電荷密度は，最大で 10^{14} 個/m^2 と算出されている[4.1]（それ以上だと放電して電荷

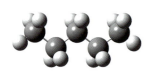

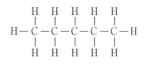
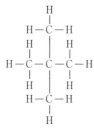

ペンタン（沸点：309.2 K）

2,2-ジメチルプロパン
（沸点：282.6 K）

図 4.21 ペンタンおよび 2,2-ジメチルプロパンの分子構造
（薄い灰色：H，濃い灰色：C）

が失われる）．表面をつくる原子が 0.1 nm の間隔で正方格子（正方形を敷き詰めた形）に並んでいるとする．原子のうちの何個がイオンになっているかを求めよ．

4. 図 4.21 の 2 つの分子は分子量が同じ飽和炭化水素だが沸点が異なる．これを分子間相互作用を考えて説明せよ．

5. Cl_2，KCl および Ge の融点は，それぞれ，171.6 K，1049 K，および 1211.4 K である．これらの物質の分子量（式量）は，それぞれ，70.9，74.551，72.64 とほぼ同じである．これら融点の違いを説明せよ．

Study 4.1 いろいろな分子間力の形と化学結合

表 4.5 にいろいろな分子間相互作用の形，そのような分子例，相互作用エネルギーのオーダーを示す[(4.5)–(4.7)]．

相互作用の距離依存性を詳細に導出することは，大学初年度には一部を除いては困難である．興味ある読者は『アトキンス　物理化学（下）第 6 版』（P. W. Atkins 著，千原　秀昭・中村亘男訳　東京化学同人；最新版訳として　同書名で第 10 版 P. W. Atkins and J. de Paula 共著，中野元裕他訳がある）などを参照されたい．分子間相互作用の距離依存性の詳細な導出はさておき，化学に現れる多様な相互作用について，どのような距離依存性をもつか，どの程度の相互作用エネルギーをもつかを大まかに把握しておくことが重要である．イオン–イオン相互作用は r^{-1} に比例するため，他の相互作用に比較して遠距離まで相互作用が及ぶ．イオン–永久電気双極子相互作用（$\sim r^{-2}$）やイオン–誘起電気双極子相互作用（$\sim r^{-4}$）はやや遠距離に及ぶ．距離依存性が r^{-6} に比例する瞬間的電気双極子–誘起電気双極子相互作用は近接したときのみ働く．結合エネルギーの観点からは，共有結合およびイオン結合が最も結合エネルギーが大きい．表 4.5 では共有結合の方がイオン結合よりやや結合エネルギーが大きいとみられるが，必ずしもそうではない．ポーリングの電気陰性度の考え方では共有結合にイオン性が混入したときのエネルギーの増加から各原子の電気陰性度が決定されている．瞬間的電気双極子–誘起電気双極子間の引力相互作用に由来するファンデルワールス結合や水素結合はそれ程大きくはない．イオン–永久電気双極子相互作用は電解質の水への溶解の際の水和エネルギーなどに関係している．

表 4.5 分子間相互作用の型，距離 r 依存性，分子（イオン）の組例，相互作用のオーダー

相互作用の型	距離 r 依存性	分子（イオン）の組合わせ例	相互作用のエネルギーのオーダー
(1) 点電荷-点電荷 　イオン A　　　イオン B 　　・　　　　　　・ 　　Q_A　　　　　Q_B	$\dfrac{1}{4\pi\varepsilon_0}\dfrac{Q_A Q_B}{r}\left(\sim \dfrac{1}{r}\right)$	K^+-Cl^-	$40\sim400$ kJ mol^{-1}
(2) 点電荷-永久電気双極子*1 　イオン A　　　極性分子 B 　　・　　　　　　● 　　Q_A　　　　　μ_B	$-\dfrac{1}{4\pi\varepsilon_0}\dfrac{Q_A \mu_B}{r^2}\left(\sim -\dfrac{1}{r^2}\right)$	Li^+-H_2O	$5\sim60$ kJ mol^{-1}
(3) 永久電気双極子*2-永久電気双極子*2 　極性分子 A　　　極性分子 B 　　●　　　　　　● 　　μ_A　　　　　μ_B	$-\dfrac{2\mu_A^2 \mu_B^2}{3(4\pi\varepsilon_0)^2 kT r^6}\left(\sim -\dfrac{1}{r^6}\right)$	SO_2-SO_2	$0.5\sim15$ kJ mol^{-1}
(4) 点電荷-誘起電気双極子 　イオン A　　　中性分子（原子）B 　　・　　　　　　○ 　　Q_A　　　　　α_B	$-\dfrac{Q_A^2 \alpha_B}{2(4\pi\varepsilon_0)^2 r^4}\left(\sim -\dfrac{1}{r^4}\right)$	K^+-CH_4	$0.4\sim4$ kJ mol^{-1}
(5) 永久電気双極子*2-誘起電気双極子 　極性分子 A　　　中性分子（原子）B 　　●　　　　　　○ 　　μ_A　　　　　α_B	$-\dfrac{4\alpha_B \mu_A^2}{(4\pi\varepsilon_0)^2 r^6}\left(\sim -\dfrac{1}{r^6}\right)$	HCl-CH_4	$0.1\sim4$ kJ mol^{-1}
(6) 瞬間的電気双極子-誘起電気双極子 　中性分子（原子）A　中性分子（原子）B 　　○　　　　　　○ 　　α_A　　　　　α_B	$-\dfrac{2\alpha_A \alpha_B}{3(4\pi\varepsilon_0)^2 r^6}\dfrac{I_A I_B}{I_A + I_B}\left(\sim -\dfrac{1}{r^6}\right)$	CH_4-CH_4	$0.1\sim40$ kJ mol^{-1}
(7) 水素結合	表現困難	H_2O----HOH	$4\sim40$ kJ mol^{-1}
(8) 共有結合	表現困難	H-H	$200\sim800$ kJ mol^{-1}

$Q_A(Q_B)$：イオン A(B)の電荷；ε_0：真空の誘電率；T：絶対温度；$\mu_A(\mu_B)$：極性分子 A(B)の電気双極子モーメント，$\alpha_A(\alpha_B)$：中性分子（原子）A(B)の分子（原子）分極率，$I_A(I_B)$：中性分子（原子）A(B)のイオン化エネルギー，この表は文献(4.6)～(4.8)を参考に作成している．$\alpha_A' = \dfrac{\alpha_A}{4\pi\varepsilon_0}$, $\alpha_B' = \dfrac{\alpha_B}{4\pi\varepsilon_0}$ で定義される α_A', α_B' が分極率として使用されることもあり，注意を要する．

*1：静止；*2：回転；

参考書・出典

(4.1) McMurry, J. E., Fay, R. C., Robinson, J. K. "General Chemistry : Atoms First" (1st edition), Pearson Education (2011).

(4.2) 村田雄司「帯電現象と材料表面」表面技術　56(8), 436(2005).

(4.3) 日本化学会編『改訂 6 版　化学便覧』丸善，令和 3 年.

(4.4) 日本油化学会編『油化学便覧　第 4 版』丸善，2001.

(4.5) J. N. イスラエルアチヴィリ（近藤保，大島広行訳）『分子間力と表面力』マグロウヒル出版(株), 1993, p.21.

(4.6) P. Atkins and J. de Paula, Physical Chemistry 7th Ed. p.700 Oxford (2002).

(4.7) R. Chang（岩澤康裕，北川禎三，原口宏夫訳）『化学・生命科学のための物理化学』東京化学同人，2003, p.436.

固体の物性

　地球上に存在する物質は，100程度の元素単体やその組み合わせから構成されている．室温で気体状態として存在するものは，水素，ヘリウム，窒素，酸素，フッ素，ネオン，塩素，アルゴン，クリプトン，キセノン，ラドンである．また，室温（30℃までとする）で液体状態で存在するものは，臭素，水銀，ガリウムである．それ以外は固体状態で存在するものばかりである．したがって，固体の物性を知ることは，私たちが目にしている多くの物質の特性を知る第一歩になる．世界中で一番多く使われている金属の鉄は，歴史の長い材料であり，炭素や微量な添加元素によっていろいろな機能が付与され，自動車，船などの構造材料として進化を遂げてきている．その進化は，まだ途中の段階に過ぎず，今後もこれまでより増してさらに高機能な鉄が創られると考えられている．また，微量な元素の添加によって大きく性能を変えるものに，半導体がある．この半導体の開発によって，人類の生活が著しく豊かで快適になっている．最近では多くの機能性をもった半導体が開発されてきている．たとえば，家電製品のセンサーやパソコンのCPUも半導体である．熱を電気に変え，電気を熱に変える熱電素子やさまざまな色を省電力で発光するLEDも半導体である．このように，身のまわりには機能性に富む固体材料が多く存在し，固体の物性を理解することは，未来の材料開発にも関わり，重要である．

雪のかたち：氷は17種類もの多彩な結晶構造を有することがこれまでわかっているが，雪のかたちはさらに多種多様である．

本章の目標
- 固体の状態にある結晶構造を理解する．
- 金属材料の変形や硬さの因子について学ぶ．
- 金属や半導体の電子構造を学び，それらが応用された材料についても理解する．
- イオン結晶の特徴や構成するイオンの半径と結晶構造の関係を学ぶ．

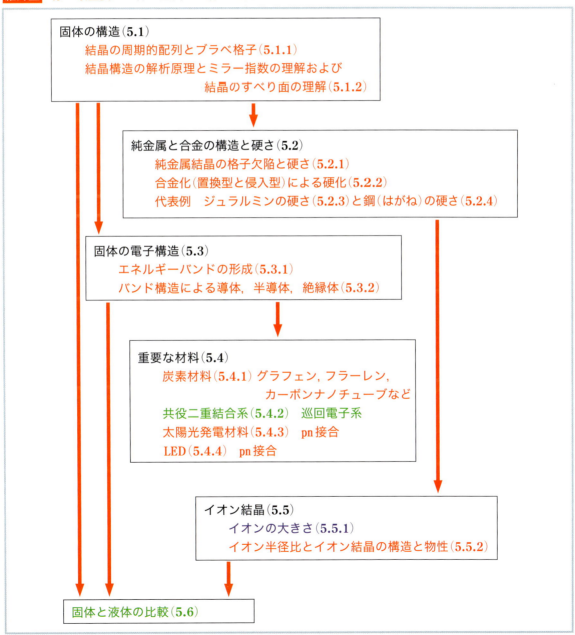

5.1 固体の構造

5.1.1 ブラベ格子

結晶では，原子や分子は空間において周期的に配列している（長距離秩序）．この結晶の周期構造は，図 5.1 に示すブラベ（Bravais）格子として分類される[(5.1)~(5.3)]．立方晶系では，単純立方格子，面心立方格子，体心立方格子がある．この他に正方晶系，三方晶系，六方晶系，直方晶系，単斜晶系，三斜晶系があり，全部で 14 種類に分類される．単純立方格子[図 5.1(12)]などではその中に原子が一個含まれるのに対し，体心立方格子[図 5.1(13)]，面心立方格子[図 5.1(14)]などは，その中に複数の原子を含み，複合格子と呼ばれる．

一方，非結晶は，近距離の規則性しかもたないものを指し，アモルファスとも呼ばれる．多くは，液体を急冷することで得られ，液体の構造をもちながら分子や原子の運動が凍結あるいは極端に抑制された状態である．液体の構造には短距離の秩序構造はみられるが，長距離の秩序構造は見られない（p.117 の *1 参照）．非晶質材料は，電気伝導性や熱伝

*1 等軸晶（系）ともいう．

*2 斜方晶系とも呼ばれる．

*3 広義的には六方晶系に含まれる．

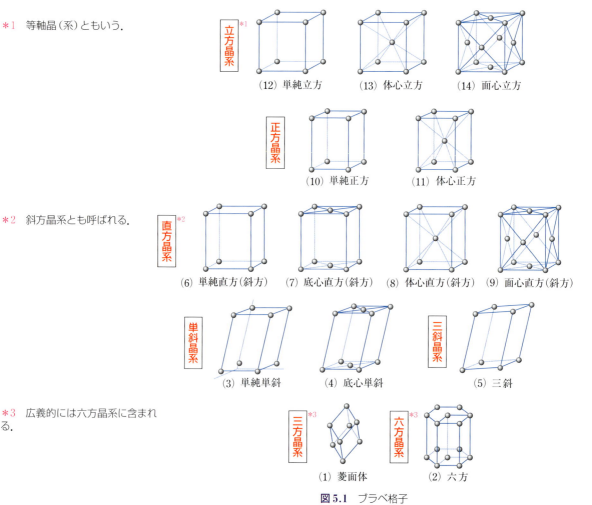

図 5.1 ブラベ格子

導性，光透過性，光吸収性，耐食性などにおいて結晶の物質と異なる特徴があり，さまざまな分野への応用が期待されている．非晶質の代表的な物質は，ガラスや金属ガラス，アモルファス半導体などである．

液晶は，結晶でもなく非結晶でもない状態[*1]である．また，結晶と液体の中間状態ともいわれる．一部の有機化合物では，固体から液体に変化する際に，分子の配列に方向性のある構造の中間相を形成する．この中間相が液晶と呼ばれる．最初に液晶として観察された物質が図5.2に示す安息香酸コレステリルエステルである（1888年）．この長い棒状の有機化合物分子は長軸を揃えて規則的に整列する．融点のすぐ下の温度範囲では長軸方向の運動のみが可能になる．この液晶状態は磁場，電場，温度，圧力などの影響を受けて光学的特性が変化する．私たちが液晶を液晶ディスプレイとして利用している原理の1つは次のようなものである．すなわち，2枚のお互いに90度の向きの偏光板に挟まれたTN（Twisted Nematic）型と呼ばれる分子配列のねじれた液晶（上下で90度ねじれている）の分子配列を電圧印加により制御して，光の透過と遮断を実現している．

結晶と液体の中間状態を示すものは，液晶の他に柔軟性結晶があるが，ここではその詳細についての説明は割愛する．

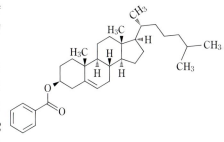

図 **5.2** 安息香酸コレステリルエステルの構造式

[*1] このような液体と結晶の両方の性質をもつ集合状態を中間相と呼ぶ．

5.1.2 結晶の構造解析

結晶の構造解析を行う手法としてX線回折（X-ray Diffraction：XRD）がある．X線は，1895年にレントゲン（Röntgen）により発見され，いろいろな物質を透過する未知の放射線ということで，X線と命名された．私たちが一般的にXRDで用いているのは銅のKα線（Cu-Kα）である（Al, Mg, Coが線源として用いられることもある）．Cu-Kα線は，電子が銅に衝突した際に放射されるX線である．これは，K殻の電子が衝突電子により叩き出され，この空いた状態へ，その上のL殻の電子が入ってくるときに放射される電磁波であり，波長（λ）は0.15418 nmである．X線が照射された物質は，結晶性のものであれば，ブラッグ（Bragg）の式にしたがってその物質の原子網面[*2]で回折が起こる．ブラッグの式は以下の式で与えられる．

$$n\lambda = 2d\sin\theta \quad (n = 1, 2, 3, \cdots)$$

ここで，λは入射X線の波長，θは入射角，dは面間隔である．この式の意味を図5.3に示す．面間隔dで並んだ原子でつくられた原子網面にθの角度でX線を入射する．原子網面を突き抜けるX線の他に原子網面に対してθの角度で散乱されるX線が発生する．突き抜けたX線はその下の原子網面でも同じ角度θで散乱される．上の面と下の面との散乱X線の行路差，$2d\sin\theta$，がX線の波長の整数倍の場合は上下の原子網面で散乱されたX線は強め合い，散乱X線として観測される．一方，この条件に適合しない場合は，上下面の散乱X線同士はお互いに弱め合い，散乱X線は観測されない．θを変化させることで，結晶にどのような原子網面が存在するか，どのように原子が配列しているか

[*2] 原子面ともいう．

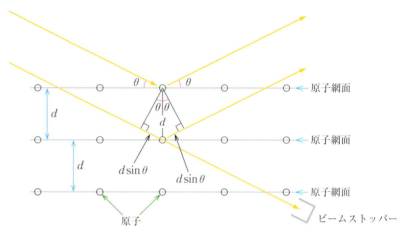

図 5.3 結晶の X 線回折

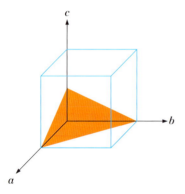

図 5.4 ミラー指数 (112)

*1 結晶の原子（イオン）や原子（イオン）集団を代表する点である格子点が 3 次元的に配列してできる格子のことをいう．

*2 a, b, c 軸は図 5.1 の立方晶系，正方晶系，直方晶系の場合は，直交座標系の x 軸，y 軸，z 軸と考えてよい．

を解析するのが XRD である．

結晶構造を説明する上でミラー（Miller）指数を理解しておく必要がある．この後説明するすべり面や XRD の理解には，このミラー指数が有用である．ここでは，ミラー指数の必要最小限の簡単な説明に止め，詳細な説明については専門書を参照して頂きたい．図 5.4 に示すように，結晶や空間格子*1 のある面を表すためには，三方向に伸びる軸（a 軸，b 軸および c 軸）*2 を考える．それぞれの軸に沿ったある長さを単位の長さ 1 と考える．a 軸を 2，b 軸を 2，c 軸を 1 で切る面を考える（図 5.4）．この場合に，それぞれの逆数を考えると 1/2, 1/2, 1 となる．分母の最小公倍数を掛けて最小の整数の組で書き換えると 1, 1, 2 となる．括弧を付けて，カンマを除き (112) のように表す．これがミラー指数である．ここで重要なことは，この指数はいま考えた面に平行な結晶内のすべての等価な面を表すということである．

次に面心立方格子と体心立方格子を考える．たとえば，面心立方格子の底面は 4 つのコーナーとその底面の中心に 1 つの原子がある．したがって，底面の対角線上に原子が 3 個並んでいることになる．同様にこの面心立方格子の側面の対角線上にも原子が 3 個あるため，底面の対角線と 2 つの側面の対角線およびその交点となる上面の点を含む面で切ると，原子が最も詰まった最密面になる．この面をミラー指数で表現するならば，(111) となる [(111) に等価な最密面は，この他に 3 面存在する]．体心立方格子では，格子の中心に原子があるため，この中心の原子を含んで底面と上面の対角線を通るように面を考えると，原子が最も詰まった面になる．この面はミラー指数で (110) 面と表記することができる [(110) に等価な最密面はこの他に 5 面存在する]．各軸を横切る長さの逆数でミラー指数は表されるため，このミラー指数中の 0 は Z 軸に平行を意味する）．この (111) 面や (110) 面のように，原子が最も密に存在する面において，面内の原子間の距離は最も小さくなる．一方，この面に平行な面の間隔は最も大きくなる．原子間の結合は面内が最も強くなり，面間は最も弱くなる．その結果，加えられた力に対して最も原

子が密に存在する面は一団として動き，結晶にとってすべりやすい面となる．このすべりやすい面をすべり面（Slip Plane）と呼ぶ．原子レベルでのこのすべりについて図に示したものが図5.5である．もし横方向の力が加わった場合には，(a)をすべり面として移動し，図の右側のように上下でずれることになる．また斜めからの力が加わると(b)や(c)の面ですべる可能性がある．

ミラー指数の理解のもとに体心立方格子の結晶と面心立方格子の結晶をXRD測定した場合を簡単に説明する．ミラー指数を(hkl)とすると，体心立方格子では，$h+k+l$が偶数のときのみ回折ピークが現れ，面心立方格子では，h, k, lがすべて奇数またはすべて偶数のときのみ回折ピークが現れる．体心立方格子で$h+k+l$が奇数のときや面心立方格子でh, k, lの間で偶数と奇数が混在しているときには，この指数(hkl)で表される原子網面同士からのX線の散乱波の散乱ピークが観測されなくなる．これを消滅則[5.2]と呼ぶ．この消滅則の詳細については専門書を参照していただきたい．結晶でないものや結晶性がよくないものをXRD測定すると，回折するための面がはっきりしないため，鋭い結晶のピークとは異なり，ブロードなピークとして観測されるようになる．

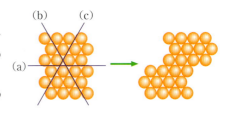

図5.5 原子のすべり図

線(a)のすぐ下の原子の並び（原子網面）は，面心立方格子であれば最密面の(111)を，体心立方格子であれば最密面の(110)を横から見ていると考えよ．ただし，結晶を単に原子の積み重ねと描いているので，それ以上の面対応は考えなくとも良い．

> **例題 5.1** 体心立方構造のミラー指数(110)および(001)を体心立方格子上に示し，これらの面に平行な面があればそのミラー指数を書け．また，この構造の(001)面の消滅則を考えよ．
>
> **解** 図5.6に示す(110)面に平行な原子の存在する面はこの格子には存在しない．図5.6に示す(001)面に平行な面は(002)面である．この(001)面の真中に(002)面があるということは，体心立方格子の消滅則「$h+k+l$が奇数のとき散乱波ピークが観測されない」に関係している．X線を入射すると，(001)面および(002)面がお互いに平行なため，両方の面の反射波が重なり合う．このとき，(001)面および(002)の反射波同士はお互いに打ち消し合う（位相が反波長ずれている）．これが(001)面（$h+k+l$が奇数の例）について，消滅則成立の原因である．

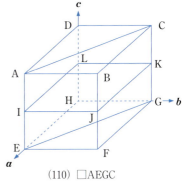

(110) □AEGC
(001) □ABCD
(001) □EFGH
(001) と平行な面は
　　(002) □IJKL

図5.6 体心立方構造の(110), (001), (002)面

5.2 純金属および合金の構造と硬さ

5.2.1 純金属の構造と硬さ

金属の結晶構造の大部分は，前節で示した体心立方や面心立方およびMgやZnのような六方最密充填である．体心立方や面心立方におけるすべり面については，すでに説明したが，六方最密充填では，(0001)または，(10-10)となる．この六方最密充填のミラー指数[*]については，図5.1(2)の底面の中心点から120度の角度で伸びる3方向の軸a_1軸，a_2軸，a_3軸および垂直上方にのびるc軸の4軸を考えるのが慣例である．たとえば，(0001)は図5.1(2)の上面である（a_1軸，a_2軸，a_3軸と平行でc軸とは上面で切る平面）．a_2軸およびc軸に平行でa_1軸を1，

[*] 六方晶系のミラー指数はミラー・ブラベ指数とも呼ばれる．

a_3軸を−1で切る面（六角柱の側面）である(10-10)も，c軸方向の長さにより，すべり面になり得るが，通常のすべり面は(0001)面である．金属結晶における"すべり"が，その金属の硬さや強さに大きく関係することはすでに理解できていると思う．この"すべり"に関しては，結晶中の格子欠陥も大きく関わる．規則的に並んだ格子点がすべて原子により占められていれば，これを完全結晶と呼ぶ．しかし，実際の金属では，原子が規則的に並んでいない場所も存在する．このような部分を格子欠陥と呼ぶ．格子欠陥には点状に存在する点欠陥，点欠陥が1次元的に連続的に繋がった線欠陥（転位とも呼ばれる），点欠陥が2次元的に連続的に繋がった面欠陥などがある．金属に力が加えられて変形した場合，線欠陥（転位）が増殖することによって原子がすべりにくくなる．つまり硬さが増加することになる．

　点欠陥が繋がった線状の欠陥である転位は，純金属における硬さに影響を与える因子の1つである．金属の結晶を硬くする他の方法としては，結晶粒を微細化することが考えられる．一続きの結晶を単結晶と呼ぶ．目にする大きさの金属は小さな単結晶（微結晶と呼ぶ）の集まりである．金属に力が加えられる場合，この結晶粒を微細化されていると，ある結晶粒のすべり面はすべるが，他の結晶粒では力の方向に沿ったすべり面は存在せず，金属全体ではすべらないということが起こる．結晶粒の微細化も硬さを増す働きをする．

☕ Tea Time 5.1　金属の構造と最密充填

　この章のすべり面などの議論では面心立方格子，体心立方格子，六方最密格子などが議論の対象となった．これは，金属の多くがこれらの構造をとっていて，金属の特性である展性，延性などに関係するためである．これらの構造の特徴は，配位数が大きいことからもわかるように，原子の充填率が高いことである．同じ寸法の剛体球をこれら格子に収容させると，面心立方最密格子，六方最密格子では全空間の74%，体心立方最密格子では全空間の68%が剛体球により占有される．六方最密充填構造をとる金属はBe, Mg, Zn, Cdなど，面心立方最密充填構造をとる金属はSr, Cu, Ag, Au, Ni, Pdなど，体心立方最密充填構造をとる金属はLi, Na, K, Rb, Cs, Feなどである．

　面心立方最密充填と六方最密充填構造は同じサイズの球の充填で再現することができる．まず2次元的に球を最密に並べる［第1層（図5.7(a)）］．その上に最密に球を1層重ねる［第2層（図5.7(b)）］．次の第3層を最密に重ねるとき，2通りの選択がある．1つは，上から見ると，第1層の球7に重ねる方法［図5.7(c1)］である．もう1つは，第1層の球1, 6, 7の隙間が見える位置に球を置く方法［図5.7(c2)］である．前者の方法を横から見ると図5.7[d1]のようになり，ABAB…の重なりになり，六方最密充填構造［図5.7(e1)］になる．後者の方法を横から見ると，図5.7(d2)のABCABC…の重なりになる．この配置は面心立方最密充填構造の配置と一致することがわかる

[図 5.7(e2)]．このように面心立方最密充填構造と六方最密充填構造はピンポン玉を 20〜30 個位用意して*積み重ねることでシミュレーション（模擬）することができるので，試みられることを薦める．

* 7〜13 個のピンポン玉を六角形をつくるように水平に並べ，外周にセロテープをはり，1 層とする．これを 3 層作成するとシミュレーションが可能である．

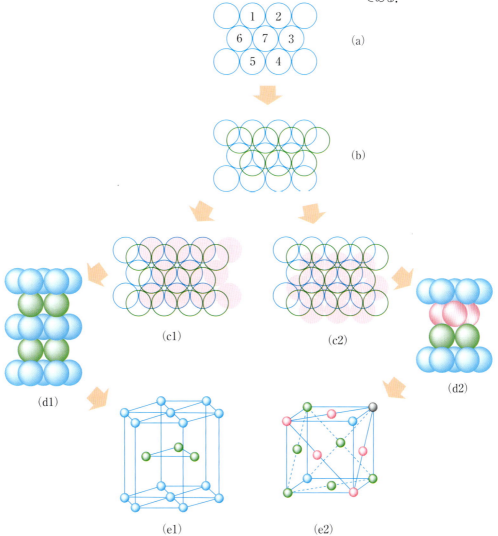

図 5.7 六方最密充填構造と面心立方最密充填構造の原子の充填

5.2.2 合金の構造と硬さ

　私たちの身のまわりでさまざまな金属材料が使われている．しかし，それらの金属材料のほとんどは，純粋金属で用いられることは非常に少なく，何種類かの金属が混ざったものが使われている．純粋（単一）金属として使われる例は，素子の配線の金や銅がよく知られている．複数の金属が溶け合った合金の例として身近なものは，ステンレス製品（Fe-Cr-Ni 合金）やアルミサッシ（Al-Si 合金）などである．その中でも金属種がある一定の組成比で結合して（混ざり合って）いるものは金属

間化合物と呼ばれる．

　合金には，大別すると，侵入型合金と置換型合金がある．置換型合金は，ある金属元素の一部が他の金属元素に置き換わることで形成される合金である．銅の一部がニッケルに置き替えられた銅-ニッケル合金が代表例であり，銅とすずの組み合わせでも同様な置換型合金が形成される．一方，侵入型合金は，格子の間隙に別の原子が収容されて形成される合金である．ホウ素，炭素，窒素が侵入型の高融点合金をつくる．合金は金属同士の組み合わせを対象とする場合が多いが，炭素，ケイ素，窒素が一方の成分となる場合も合金と呼ばれるのが一般的である．

　多くの場合，他の元素が添加されて形成された合金の方が，純金属よりも硬さが増す．この硬さについて考えると，前節の原子の"すべり"が大きく関わる．同じ原子が並んで配列している前節の図5.5のような純金属では，原子が密に並んだ面に沿ってすべるように原子が動き，変形する．合金の場合には，図5.8に示すように，置換型および侵入型いずれの場合も，原子の配列が直線的にならない．このような状況で，純金属と同じように変形させようと力を加えても，原子の並んでいる面は，歪んでいるため，すべりが起きにくくなる．その結果，合金では硬さが増すことになる．硬さを増加させる原因には，この他にも，析出硬化がある．原子サイズより大きな複数の原子から構成される析出物が結晶格子中に存在すれば，次項（5.2.3項）に説明するように，硬さを増す．さらに，結晶中の格子欠陥も原子のすべりを抑制して硬さを増加させる原因となる場合もある．

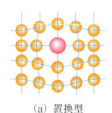

(a) 置換型

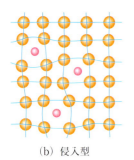

(b) 侵入型

図5.8　置換型と侵入型合金の図

5.2.3　合金例1　ジュラルミン（Al-Cu合金）

　純Alは他の金属に比べて柔らかい金属に分類される．ドイツの研究者が，硬さを増大させる研究の過程で，AlにCuを添加したAl-Cu合金（実際はMgもわずかに添加される）の硬さが大幅に増加することを発見した．ジュラルミンと命名されたこの合金は，軽量で硬い材料として航空機などに用いられている．なぜCuの添加によって硬度が増すのかを簡単に説明する．溶融状態のAl-Cu合金が急冷されて常温まで冷却されると，Cuが過飽和な濃度のAl-Cu合金になる．時間の経過とともにAlとCuの金属間化合物の析出が徐々に起こり，結晶内にこの金属間化合物が分散するようになる．この結果，原子がすべりにくい状態が形成される．場合によっては，析出物の他に，結晶内に形成された新たな相（phase）によっても合金内の原子の動きが制限され，硬さが増加すると考えられる（相については第9章で説明する）．

5.2.4　合金例2　鉄と鋼

　鉄と鋼の違いは，炭素が含まれているか否かである．純鉄をFeで表すと炭素を含む鋼はFe-C合金と考えることができる．純鉄では構造物に必要な十分な硬さや強度は得られないが，鋼にすることで硬さや強度を改善することができる．図5.9にFe-C（Fe-Fe$_3$C）系の二元系状態図

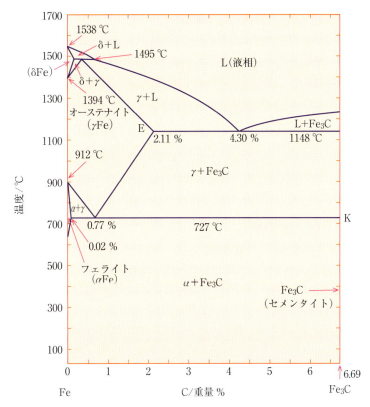

図 5.9 Fe-C 二元系状態図〔横軸は重量％（重さによる百分率）〕

を示す（状態図については，第 9 章で詳しく学習する）．

　この状態図を見ると，たとえば，炭素濃度が重量％で 1％の場合には，1500 ℃以上で液体状態となることが理解できる．またこの液体について 1200 ℃まで温度を下げると，オーステナイトと呼ばれる相になり，固体の状態で鉄原子と炭素原子が混ざり合った状態を形成することがわかる．この異なる元素が固体状態で完全に混ざり合っている現象のことを固溶するといい，固溶している混合状態のことを固溶体という．この Fe-C の固溶体では，炭素の濃度と温度によって，オーステナイト（γ），フェライト（α），マルテンサイト（オーステナイトの急冷で発生する分解生成物で硬さを生み出す）などいくつもの相が形成される．炭素が固溶した相の温度を下げると，下げられた温度（室温付近）では炭素が過飽和になるため，結晶内で格子間隙に炭素が析出し，結晶格子を歪ませる．この結果，鋼が硬くなるのである．固溶した状態から緩やかに冷却する場合と急激に冷却する場合では析出する炭素のサイズが変化するため，硬さもいろいろ変化させることができる．

Tea Time 5.2　金属の加工硬化

針金のある一点を折り曲げて，次に曲がった針金を戻して反対方向に曲げてみる．これを繰り返していると，あるときに曲げられた部分で針金は折れてしまう．この現象を原子レベルで考えてみると，金属には延性があるため針金は繋がったまま変形することができる．変形することによって針金の中に存在する転位（線欠陥）が増殖し，変形部分の硬さが増加していく．そしてある硬さになって，それ以上の力で変形させようとしたときに，その部分で力を緩和するために割れることになる．変形によって金属が硬くなる現象を加工硬化と呼ぶ．

5.3　固体の電子構造

5.3.1　エネルギーバンドの形成

金属結晶のエネルギー状態として，狭いエネルギー幅に状態が密集して存在するエネルギーバンド［あるいは単にバンド（帯）］を考える．バンドの形成を，金属 Li について，図 5.10 を用いて考える．Li 原子の電子配置は $1s^2 2s^1$ である．Li_2 分子では，第 3 章で学んだように，合計 6 個の電子は次のように分子軌道に収容される：1s 原子軌道[*1]からの結合性軌道と反結合性軌道へスピンを違えて 2 個ずつ，合計 4 個，2s 原子軌道の結合性軌道へスピンを違えて 2 個収容される．すなわち，1s 原子軌道由来の分子軌道はすべて電子によって占有され，2s 原子軌道由来の分子軌道はエネルギーの低い方から半分の状態が電子により占有される．Li 原子が 3 個の Li_3 分子になると，1s 原子軌道および 2s 原子軌道からそれぞれ結合性軌道，反結合性軌道が形成されるのに加えて，もとの原子軌道のエネルギーと変わらない非結合性軌道が形成される．すなわち，3 個の Li 原子の合計 9 個の電子は，1s 原子軌道の結合性，非結合性，および反結合性軌道へ 2 個ずつ，合計 6 個の電子が収容される．さらに，2s 原子軌道の結合性軌道へ 2 個，非結合へ 1 個の合計 3 個，収容される．すなわち，この場合も，1s 原子軌道由来の分子軌道はすべて電子によって占有され，2s 原子軌道由来の分子軌道はエネルギーの低い方から半分の状態が電子により占有される．このようにして 1 mol

[*1]　1s 原子軌道などの原子軌道は単に 1s 軌道と呼ばれることが多い．ここでは，これらが，原子に属する波動関数であることを示すため，1s 原子軌道などと記している．

[*2]　2 原子の場合は結合性軌道と反結合性軌道，3 原子の場合は結合性軌道，非結合性軌道，反結合性軌道が出現する．

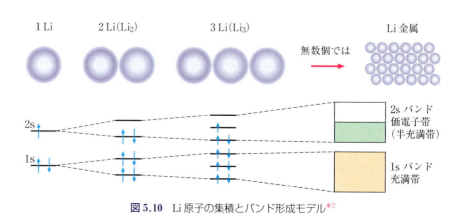

図 5.10　Li 原子の集積とバンド形成モデル[*2]

程度の Li 原子が集合した巨視的な Li 金属では，1s 原子軌道由来の分子軌道はすべて電子に占有され，2s 原子軌道由来の分子軌道については，エネルギーの低い方から半分の状態が電子に占有されることが容易に想像される．このような巨視的な金属では，1s 原子軌道および 2s 軌道からの分子軌道のエネルギー状態はエネルギーの狭い幅に密集して存在することになる．このように状態の密集したエネルギー帯をエネルギーバンドと呼ぶ．上述の表現を言い換えると，Li 金属の 2s バンドは，半分が電子により占有されている空きのあるバンドである．Li の 2s バンドの電子のように空きのあるバンドのエネルギー状態を占有する電子は，熱エネルギーや電気エネルギーによって励起されても（エネルギーの高い状態へ移行させられても），パウリの排他原理に反することなく，空いた状態を見つけて状態を変えることが可能となる．したがって，このような空きのあるバンドの電子は，電子の移動，電気伝導に寄与することが可能である．一方，1s バンドは電子で満たされた空きのないバンドである．この状態の電子が状態を変えることは，「同じ量子数をもつ電子は 2 個あってはならない」というパウリの排他原理により，このバンドの中では，不可能である．Li 原子のように 2 つの電子が入ることができる 2s 軌道に 1 個の電子が存在する場合には，Li 金属の 2s バンドの半分が電子に占有される．したがって，Li 金属は電気伝導性をもつ．Ti 原子（[Ar]$3d^2 2s^2$）のように 3d 軌道に空きが多くある場合は，金属の 3d バンドは電子に占有されない状態の割合が大きくなる．Ni 原子（[Ar]$3d^8 4s^2$）のように 3d 軌道のほとんどが電子で占有されている場合は，金属の 3d バンドは電子で占有された状態の割合が大きくなる．

5.3.2 導体，半導体，絶縁体のバンドによる理解

許容帯，禁止帯，バンドギャップ　物質に電場を印加した場合，金属のように電気が流れやすいものとゴムのように流れにくいものがある．これらを大別すると電気が流れやすい順に導体，半導体，絶縁体になる．電気抵抗率* で比較すると，導体は $10^{-6}\,\Omega\,\mathrm{m}$ 以下，半導体は $10^{-5} \sim 10^8\,\Omega\,\mathrm{m}$ 程度，絶縁体は $10^9\,\Omega\,\mathrm{m}$ 以上である．これらの電気抵抗率は何によって決まるのかを前節のバンド構造を用いて考えてみよう．一般に，結晶では複数のバンドが形成される．状態の存在するエネルギー領域（バンド）を許容帯，許容帯と許容帯の間の状態の存在しないエネルギー領域を禁止帯もしくは禁制帯と呼ぶ（図 5.11 参照）．結晶内の電子はエネルギーの低いバンドから満たしていくことはすでに学んでいる．このとき，完全に電子により満たされたバンド（充満帯），部分的に電子により満たされたバンドや電子の存在しない空いたバンドが形成される．金属の場合，充満帯の上の（エネルギーの高い）バンドは部分的に電子により占有された許容帯となり，電気伝導性を示す．この許容帯は，由来する電子状態に因んで価電子帯とも呼ばれる．（真性）半導体や絶縁体では，充満帯の上には電子の存在しない許容帯が形成される．充満帯の電子が上の許容帯に励起されると電子が移動し電気伝導性を示

---

* 電気伝導率と電気抵抗率 ρ は逆数の関係にある．電気抵抗 R は物体の長さ L に比例し，断面積 S に反比例する．すなわち，$R = \rho \dfrac{L}{S}$ である．ρ を電気抵抗率と呼び，形状によらない物質の性質，物性値である．

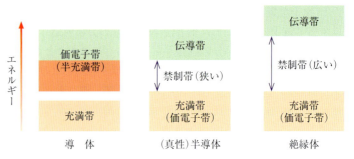

図 5.11 導体（金属），（真性）半導体，および絶縁体のバンド構造

すようになる．この意味で，上の許容帯を伝導帯と呼ぶ．両者の間の禁止帯（あるいは禁制帯）のエネルギー幅をバンドギャップ* という．

導体，真性半導体，絶縁体とバンド構造 導体（金属），（真性）半導体，絶縁体における充満帯，価電子帯，伝導帯および禁制帯の関係を図 5.11 に示す．電気を伝えるという現象は，最も高いエネルギーの電子が外から加えられた電場によって加速されて起こる状態変化である．これは空いたエネルギー準位へ電子が遷移することで実現される．導体（金属）とは電子の存在する最も大きなエネルギーの価電子帯の一部が電子により占有されている状態である．この電子は，わずかな励起エネルギーにより，パウリの排他原理に反することなく状態を変えることができる．その結果，電気がよく流れることになる．（真性）半導体の場合は，禁止帯があり，小さな励起エネルギーでは価電子帯の電子はその上の伝導帯へ遷移できない場合が生じる．しかし，バンドギャップが小さな場合，電場により加えられたエネルギーにより電子が伝導帯へ励起されれば，電子は，パウリの排他原理に反することなく，状態を変えることができる．その結果，金属ほどではないが電気をよく伝えることになり，（真性）半導体と呼ばれる．例としては，ケイ素 (Si) やゲルマニウム (Ge) がある．絶縁体では半導体よりもさらにバンドギャップが大きくなる．このような状況では，電場のエネルギーで価電子帯の電子は禁制帯を越えることができず，電子は状態を変えることができないため，電気伝導性を示さない．半導体と絶縁体を分けるバンドギャップは 5 eV 程度である．Si のバンドギャップは 1.11 eV であるので，半導体である．絶縁体の例としては，セラミクス，ガラス，ゴム，プラスチックがある．石英ガラスの成分である SiO_2 のバンドギャップは約 9 eV である．最近使われるようになった導電性ポリマーは，有機物の重合体でありながら電気を通すことができる．しかし，この電気抵抗率は，導体よりも半導体に近い．

* いろいろな物質のバンドギャップは付録表 C.16 に掲載されている．

> **例題 5.2** 2 族（アルカリ土類）元素の金属では ns 原子軌道から形成されるバンドが充満帯になり，絶縁体になりそうである．しかし，Mg, Ca などは金属として知られる．これら金属の電気伝導性をどのようにバンド理論で説明するか．

解 たとえば Mg のバンド構造で説明する．Mg の電子配置は $1s^2 2s^2 2p^6 3s^2 =$ [Ne]$3s^2$ であり，価電子は 3s 電子 2 個である．3s 原子軌道から形成される 3s バンドは充満帯になるが，3s バンドと 3p 原子軌道からの 3p バンドがエネルギー的に等しくなるエネルギー領域が現れる．電子は 3s バンドと 3p バンドの両方に占有されるようになり（図 5.12 参照），両方のバンドに空席ができる（このとき，電子の最も高いエネルギーは同じになる）．その結果，電子は印加電圧により容易に加速され，電気伝導性が発生する．

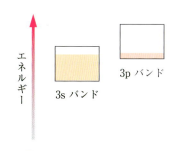

図 5.12 Mg のバンド模式図

不純物半導体 これまで説明した Si や Ge は純物質であり真性半導体と呼ばれる．それに対して，不純物を添加（ドープ）した半導体は不純物半導体と呼ばれる．不純物半導体には，電子が動いて電気を流す n 型半導体（n：negative）と電子の欠落した孔（ホール）が移動することで電気を流す p 型半導体（p：positive）がある．［Study 5.1］ではバンド的に考察しているが定性的には以下のように考えられる．Si に微量のリン（P）を添加する場合を考える．P は 3p 軌道に 5 個の電子をもち，母体の Si よりも 3p 軌道の電子は 1 個余分にもっている．共有結合の形成に 4 個の電子が供給され，余分の 1 個の電子はエネルギーを加えると自由に動ける巡回型電子となる．このようにして負の電荷が動く n 型半導体が形成される．一方，Si に微量の Al を添加する場合を考えると，Al は Si よりも 3p 軌道の電子が 1 個少ないため，電子が 1 個欠損した共有結合が形成される．すなわち，電子の孔が生成する．この孔は負の電子の抜けた穴ということで正の電荷をもつとみなすことが可能で，正孔（ホール）と呼ばれる．この正の電荷をもつ正孔は容易に結晶全体を動くことが可能で，伝導性が発現する．このような半導体を p 型半導体と呼ぶ（これらのバンドによる議論は［Study 5.1］参照）．価電子帯からエネルギーの低い電子を励起して正孔を形成する場合とエネルギーの高い電子を励起して正孔を形成する場合を比較すると，前者の方がより大きなエネルギーを要する．したがって，正孔はエネルギーが高いほど安定になる．一方，電子はエネルギーの低い方が安定である．

例題 5.3 GaAs（ガリウムヒ素）化合物の構成成分の原子の最外殻原子軌道について電子配置を示し，どのような結合が可能かを答えよ．
解 Ga は最外殻に 3 個の電子をもち，As は最外殻に 5 個の電子をもつ．Ga が Ga$^-$ となり As が As$^+$ になることで電子が 4 個ずつになり[*1]共有結合によって Si と同様な半導体の安定な化合物を形成する[*2]．

*1 このように同数の電子を含む分子イオンから構成される分子イオンや物質は同じ性質をもつ傾向がある．これを等電子原理ということがある．

*2 このような III-V (13-15) 族元素で形成される化合物や II-VI (12-16) 族元素で形成される化合物で半導体の性質を示すものを化合物半導体という．

*3 ダイヤモンド，グラファイトのように 1 種類の元素から構成されるにも関わらず，性質の異なる単体（同一元素から構成される物質）同士の関係を同素体という．この違いは結晶構造や化学結合の差異によっている．

5.4 重要な材料

5.4.1 炭素材料

炭素からなる材料として古くからグラファイトやダイヤモンド[*3]が

図 5.13 ダイヤモンド結晶構造の単位格子
2 組の面心立方格子の組み合わせとなっている．C から構成される面心立方格子に，もう 1 つの C から構成される面心立方格子を対角線上の対角線長さの 4 分の 1 ずらしたところに置いた構造である．

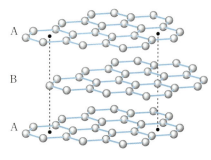

図 5.14 グラファイトの結晶構造
グラファイトは ABAB…の繰り返しの層状構造をもつ．A 層の正六角形の並びを正六角形の二分の一，ある頂点から向かい合う頂点の方向へ対角線の $\frac{1}{2}$ ずらした正六角形の並びが B 層の正六角形の並びである．図中，点線は A 層と B 層の位置関係を示唆している．なお，この他の結晶構造もグラファイトには知られている．

＊　この上下 2 面の π 結合の電子は，グラフェンやグラファイトが 2 次元伝導体となる原因である．

知られている．

ダイヤモンド　ダイヤモンドは硬さが著しいため，研磨材として利用されている．また，宝石などとしても利用されている．ダイヤモンドの結晶構造は，図 5.13 に示すように，正四面体配置の構造単位が繰り返されるダイヤモンド構造をとる．この正四面体配置の構造単位は炭素原子が sp^3 混成軌道を形成することで形成される．中心の炭素原子の sp^3 混成軌道が四面体頂点の炭素原子の sp^3 混成軌道と重なり合うことで σ 結合を形成する．四面体頂点の炭素原子の残りの 3 個の sp^3 混成軌道は別の正四面体配置の構造単位の炭素原子の sp^3 混成軌道と繋がり，正四面体構造単位が拡がっていく．炭素原子の 4 個の価電子は過不足なくこのダイヤモンド構造の形成に費やされる．したがって，自由に動く電子がないためダイヤモンドは絶縁体である．

グラファイト　グラファイトは，図 5.14 に示すように，層状構造をもつ．一層はグラフェンとも呼ばれ，炭素原子が正六角形に並んだ構造単位が平面状に繰り返されて拡がった平面状構造である．その垂直な方向に，このグラフェンがファンデルワールス（van der Waals）相互作用で積み重なっている．炭素原子は sp^2 混成軌道を形成し，この混成軌道は，お互いに 120 度の角度で 3 方向に伸びている．sp^2 混成軌道は他の原子の sp^2 混成軌道と重なることで，σ 結合を形成し，正六角形が繋がった平面状構造が形成される（グラフェン骨格）．炭素原子の 4 個の価電子のうち，3 個の価電子は σ 結合の形成に費やされる．余った 1 個の価電子は，sp^2 混成軌道に参加せずに $2p_z$ 軌道に収容される．このグラフェン骨格に垂直な $2p_z$ 軌道同士が重なることで，グラフェン骨格の上下に拡がった π 結合面が 2 面形成される＊．ファンデルワールス相互作用で結合したグラフェン同士の間隔は比較的広いため，グラフェンの層間にはアルカリ金属やヨウ素が収容される．このような物質は層間化合物と呼ばれ，超伝導など興味深い性質を示すことが知られている．

フラーレン　炭素−炭素の共有結合から形成されるサッカーボール状の球状分子が発見されている．この球状分子は，フラーレン[(5.3)]と呼ばれ，図 5.15 に示すように，典型的には 60 個の炭素原子から形成される C_{60} がある．このほか，C_{70} なども見出されている．この C_{60} フラーレンは，1985 年に煤の中から発見された．この業績に対して，1996 年のノーベ

図 5.15 フラーレンの結晶構造

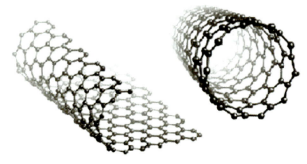

図 5.16 グラフェン（左）とカーボンナノチューブ（右）の構造

ル化学賞がクロトー(Kroto),スモーリー(Smalley),カール(Curl)に与えられている.フラーレンの内部に金属を内包したメタロフラーレンも合成され,超伝導など特異な性質で注目される.

グラフェンとカーボンナノチューブ　既述のように,グラファイトの平面状構造の1層を単離したものはグラフェンと呼ばれる.グラフェンの単離は,鉛筆の芯とセロテープを用いて2004年に成功している.この業績に対して,2010年のノーベル物理学賞がガイム(Geim)とノボセロフ(Novoselov)に与えられている.グラフェンは電子の易動度(単位の電場を印加したときに得られる電子の速度)が最も大きな材料として注目され,電子素子への応用が期待される.図5.16に示すように,グラフェンを筒状に丸めた構造体(カーボンナノチューブ)が1991年に飯島澄男により発見されている.カーボンナノチューブは,共有結合で形成されているため強度がありながら軽量であり,宇宙エレベータの候補材料として期待されている.飯島澄男はグラフェンを円錐状に丸めたカーボンナノホーン,カーボンナノホーンが集積したカーボンブラシの発見を発表している.グラフェンなどはさまざまな応用が期待される.

5.4.2　共役二重結合系

共役二重結合系はすでに例題3.3で示したように非局在性のπ電子[*1]が存在し,最も高い占有準位(HOMO)から最も低い非占有準位(LUMO)への電子の遷移で物質の色が説明される.多くの色素材料は共役二重結合をもっている.共役二重結合系の高分子としてポリアセチレン[*2]がある.共役二重結合系については有機化学分野で詳しく学習する.

5.4.3　太陽光発電[*3]

前節で説明した半導体は私たちの社会の広い分野で使われている.たとえば家電製品やパソコン,スマートフォンの中には必ずといっていいほど半導体が組み込まれている.最近太陽光発電が普及し始めてきているが,この発電のためのパネルにもSiの半導体が組み込まれている.この項では太陽光でなぜ発電できるのかをSi半導体の特徴から理解していく.

太陽光発電を行うためには,p型とn型の半導体[多くはSi半導体(p.139)]の組み合わせ,pn接合が使われる.このp型とn型の半導体は,異なる元素が添加されることで,価電子帯と伝導帯のエネルギーレベルもそれぞれ変化する.これらを繋ぎ合わせた場合(pn接合)には,接触部には両者のバンドを繋ぐような歪んだバンドが生じる.このようなバンドのモデルを図5.17に示す.このようにpn接合の半導体に太陽光を照射すると,太陽光のエネルギーは,この半導体のバンドギャップよりも大きなエネルギーをもっているため,価電子帯の電子を伝導帯まで励起できるようになる.pn接合部の伝導帯まで励起された電子は,エネルギーの低い図の右側の部分に集まることになる.一方,pn接合部の電子が励起されて抜けた後に価電子帯の上部に生成する正孔は,エ

[*1]　共役二重結合系のπ電子の非局在化によるエネルギー的安定化は,[Study 3.5]で議論されている.

[*2]　白色粉末のポリアセチレンの薄膜化とヨウ素添加による高電気伝導性の実現に白川英樹は成功した.このような物質は導電性高分子(導電性ポリマー)と呼ばれる.この業績に対してヒーガ,マクダイアミットとともに2000年のノーベル化学賞が授与された.

[*3]　この項では,原理も理解しやすく現在主流のシリコン太陽電池を対象に説明している.この他にも多様な太陽電池の開発が進められている.その中で,ペロブスカイト太陽電池が,軽量,曲げられる,簡単な製造方法(塗布,印刷),高い発電効率などで,注目を集めている.基本的には,電子とホールを反対方向へ移動させる点ではシリコン太陽電池と同じである.電子生成・輸送層の多孔質酸化チタン,ペロブスカイト結晶,ホール輸送層(有機半導体)から構成される.ペロブスカイト結晶(p.145図4.20)として,$(CH_3NH_3)PbX_3$(X:Iなどハロゲン原子)が用いられる.この働きは,光の吸収を高める,電子とホールを生成することである.この太陽電池は宮坂力らにより端緒が開かれ,世界的に開発が活発に進められている.

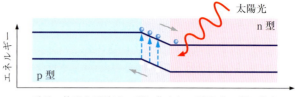

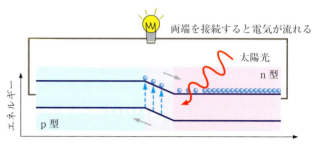

図 5.17 太陽光発電のイメージ図

* 電子はエネルギーの低い側へ，ホールはエネルギーの高い側へ流れる（5.3.2 項参照）．

ネルギーの高い図の左側に集まることになる*．図 5.17 の右側の n 型では電子が集まり左側の p 型では正孔が集まるため，両側では電位差が生じることになる．そこで，左右を導線で繋ぐと電子が p 型半導体側に流れる．したがって，この回路に抵抗を組み込むことで，太陽光で発電した電気を使うことができるようになる．

5.4.4 LED

LED とは，発光ダイオード（Light Emitting Diode）のことである．前節の太陽光発電が太陽の光を電気に変換しているのに対して，LED はその逆になり，電気を光に変換するデバイスである．このイメージ図を図 5.18 に示す．太陽光発電で pn 接合を用いているのと同様に，LED の場合も pn 接合が用いられる．電流を流すことにより，n 型半導体中の電子を p 型半導体の方向へ，p 型半導体中の正孔（電子の抜けた孔）を n 型半導体の方向へ移動させる．pn 接合の接合部では電子と正

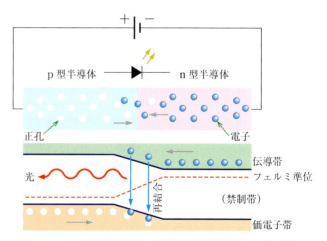

図 5.18 LED のイメージ図（フェルミ準位は［Study 10.1］の注を参照）

孔の再結合が起こり，電子は正孔に対応した共有結合の孔を埋める．この際，電子の失うエネルギーが光として放出される．その放出光の波長によって赤，黄や青色と見える．LED に使われる材料の例としては，セレン化亜鉛（ZnSe），窒化ガリウム（GaN），ガリウム砒素燐（GaAsP）などが挙げられ，さまざまな色の発光に成功している．照明器具としての LED の利用は，電球の照明に比べて消費電力量が少なく，蛍光管より寿命が長いため（消費電力は蛍光管とそれ程変わらない），今後さらに利用が進められると考えられる．

Tea Time 5.3　窒化ガリウム（GaN）

5.4.4 項で紹介した窒化ガリウム（GaN）は，2014 年 10 月に赤﨑勇，天野浩，中村修二の 3 人がノーベル物理学賞を受賞したことでも注目された半導体である．図 5.19 のように，青色に発光することはよく知られたことであるが，蛍光体のもとでその青色を発光させると，励起された蛍光体から発する黄色の光と入り混じり白色に見える．このことは，白色の LED 照明器具として利用されている．これまで使われてきた蛍光灯に比較して，やや低消費電力でかなり長寿命であるため，今後の幅広い普及が予想されている．GaN の活躍の分野は，この LED 照明関連のみではなく，一層期待されているのはパワーデバイスである．たとえば，家庭で電化製品を使う際には，発電所から変電所までの送電や変圧で電力のロスが発生し，さらに家庭用の交流 100 V から家電の直流に変換することでも電力ロスが発生する．これに対して，GaN を変圧や交流–直流変換の素子に用いれば，電圧を何度も変換していた行程が省略され，これら電力ロスを大幅に低減することも可能と考えられる．電車や，ハイブリッド車，電気自動車などに使われるインバータ（直流電力を交流電力に変換する装置）やコンバータ（交流電力を直流電力に変換する装置）に GaN が使われるようになると，従来の Si や SiC よりも高い電力変換効率が期待される．LED 照明よりもさらに大きな省エネルギー効果が期待される．

図 5.19　青色発光ダイオード

5.5　イオン結晶

この章ではこれまで主に共有結合をもつ物質について議論した．この節では，イオン結合をもつイオン結晶について議論する．

5.5.1　イオンの大きさ

原子やイオンの大きさを知ることは議論をする際に重要となる．しかし，電子の広がりの程度を知ることであり，量子力学によると，電子は確率的に存在しているため，容易ではない．原子核の周辺に存在する電子は特定の距離で急になくなるわけではなく，その存在する確率を徐々に減少させていくからである．原子半径は，原子をお互いに接触する剛体球と考え，凝集状態の密度と X 線回折による原子間距離などから推

*1 p.63 *2 参照.

定する方法が採用されている．金属結合半径，共有結合半径，ファンデルワールス半径などが提案されている[*1]．第 2 章で扱った原子半径もそのようにして決められている．イオン半径についても，X 線回折などで決定される陽イオンと陰イオンの原子核間の距離 d が，それぞれのイオンの半径の和に等しいと仮定して決定される．多くの結晶の d の値から各イオンの半径を決定することができる．このとき，ポーリングの仮定，等電子構造の Na^+ と F^- のイオン半径はそれぞれの有効核電荷に比例する仮定により，得られた Na^+ のイオン半径 0.096 nm，F^- のイオン半径 0.135 nm は，付録表 B.3 記載データとほぼ一致している．

> **例題 5.4** アルミニウム（Al）の金属原子半径は 143 pm とされている．Al の原子量として 26.98，金属 Al の密度を 2699 kg m^{-3}，金属格子中の原子の占有率を 74% と仮定し，Al 金属の原子半径を算出せよ．
>
> **解** モル密度を計算すると $2699 \times 10^3/26.98 = 1.00 \times 10^5$ mol m^{-3} となる（Al の原子量は 26.98）．単位体積あたりの原子の個数を算出すると $1.00 \times 10^5 \times 6.02 \times 10^{23} = 6.02 \times 10^{28}$ 個 m^{-3} である．この逆数が 1 個の原子が占める体積となり，$1/(6.02 \times 10^{28}) = 1.661 \times 10^{-29}$ m^{-3}/個 となる．74% が実際の占有率であれば，$1.661 \times 10^{-29} \times 0.74 = 1.229 \times 10^{-29}$ m^{-3}/個 となる．この体積から半径を計算すると $\left(\frac{3 \times 1.229 \times 10^{-29}}{4 \times 3.14}\right)^{\frac{1}{3}} = 1.432 \times 10^{-10}$ m が得られる．この値は付録表 B.1 の原子半径と非常によく一致している．
> 答え 143 pm．

イオンの大きさは中性の原子とは大きく異なる．陽イオンの場合には，原子の場合の核電荷と電子の有効核電荷とのバランスが崩れ，電子が担う有効核電荷がさらに増大することになるため，原子のときの半径よりもさらに小さな半径となる．一方，陰イオンでは，その逆に有効核電荷が小さくなるため，陰イオン半径は増大することになる．付録表 B.1 および表 B.3 によると，Na および Cl の原子半径は，それぞれ，0.191 nm および 0.099 nm に対して，Na^+ および Cl^- のイオン半径は，それぞれ，0.102 nm，および，0.181 nm[*2] である．

*2 このイオン半径 0.181 nm は諸条件を加味したイオン半径であり，有効イオン半径とも言うべきイオン半径である．結晶構造から求められたイオン半径は 0.167 nm であるとの報告 [R.D.Shannon, Acta Crystallogr, A32, 751 (1976)] もある．

5.5.2 イオン結晶の構造と物性

イオン結晶は，電子を放出して安定な陽イオンになる原子と，電子を受け取って安定な陰イオンとなる原子との間で生成され，陽イオンと陰イオンの間のクーロン引力に起因する位置エネルギーが凝集の源になっている [Study 5.2]．代表的なものとして，NaCl（NaCl 型），CsCl（CsCl 型），ZnS（閃亜鉛鉱型とウルツ鉱型），CaF_2（蛍石型），TiO_2（ルチル型）や $CaTiO_3$（ペロブスカイト型）などがある．また，それらの具体的な結晶型を図 5.20 に示す．

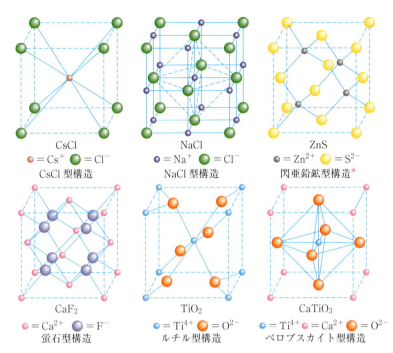

図 5.20 イオン結晶の構造

* 図 5.13 のダイヤモンド結晶構造の単位格子で，面心立方格子の上の C を S^{2-} で置換し，面心立方格子内の 4 個の C を Zn^{2+} で置換した構造である．

イオン結晶の構成は，1 価の陽イオンと 1 価の陰イオンなどのように陽イオンと陰イオンの価数が同じ組み合わせや，1 価の陽イオンと 2 価の陰イオン，あるいは，2 価の陽イオンと 1 価の陰イオンなどイオンの価数の異なる組み合わせの場合がある．イオン結晶に図 5.20 のようないろいろな構造があるのは，イオン結晶を構成する陽イオンと陰イオンのイオン半径の違いが大きく関わっている．一般に，陰イオンの半径 r_- は陽イオンの半径 r_+ より大きい．陰イオンと陽イオンが凝集してイオン結晶を形成する場合，両者のイオン半径の比によって配位数（結晶構造に密接に関連する因子）が決まる．たとえば，配位数が 6 の八面体の結晶において陽イオンと陰イオンが接触していると考える．このとき，断面は図 5.21 に示すような陽イオンと陰イオンの配列となる．格子定数は $2(r_+ + r_-)$ になる．格子定数に対して対角線の長さは $\sqrt{2}$ 倍になるため，この関係から r_+ と r_- との比を求めると約 0.41 になる（6 配位，八面体の限界半径比 0.414）．したがって陽イオンの半径がさらに小さくなると，陰イオン同士が接触するようになり，クーロン反発エネルギーが増大する．その結果，6 配位の八面体構造は，$r_+/r_- \geq 0.414$ であれば安定であるが，$r_+/r_- < 0.414$ では不安定となる．後者では，さらに配位数を減少させた正四面体（限界半径比 0.225）構造をとる．すなわち，$0.225 \leq r_+/r_- < 0.414$ であれば，正四面体構造をとる．イオン結晶のいろいろな陰イオン配置と限界半径比を表 5.1 に示す．この表には，限界半径比の間の半径比で採られる陰イオン配置 [（　）内に示す] および具体的な結晶構造についても示されている．

上記の例でもわかるように，イオン結晶では，可能な限り配位数を多

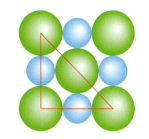

図 5.21 NaCl 型（八面体）イオン結晶の (200) 面

表 5.1 陰イオンの配置と限界半径比

配位数	陰イオン配置	限界半径比	陰イオン配置	該当結晶構造
3	平面三角形	0.155		
4	四面体	0.225	四面体	閃亜鉛鉱型[*1], ウルツ鉱型
6	八面体	0.414	八面体	NaCl 型, ルチル型
8	立方体	0.732	立方体	CsCl 型, 蛍石型
12	最密充填	1		

[*1] 閃亜鉛鉱型 ZnS では面心立方格子に配置された S^{2-} のつくる四面体サイトの中心の半分を Zn^{2+} が占める（図 5.20 参照）．ウルツ鉱型 ZnS では，六方最密充填構造（図 5.7 e1 参照）に配置した S^{2-} のつくる四面体サイトの中心の半分を Zn^{2+} が占める．

く，また，構成イオンのイオン半径比 r_+/r_- 以下の一番近い限界半径比の構造をもつように決められる．たとえば，NaCl でイオン半径比を考えると，$r(Na^+)/r(Cl^-) = 0.102\,nm/0.181\,nm = 0.56$ となり，0.56 以下の限界半径比で最も配位数の大きな構造は 6 配位の八面体構造となり，面心立方構造であることと符合する[*2]．

[*2] イオン半径比によるイオン結晶の構造予測は非常に有用である．しかし，NaCl 型の結晶を CsCl 型と予言することがしばしば起こる（例：KCl）$^{(5.4)}$．これは，共有結合性を完全に無視する考え方の限界である．

> **例題 5.5** 立方体配置の限界半径比 0.732 を求めよ．
> **解** $\sqrt{3}(2r_-) = 2(r_+ + r_-)$ から $r_+/r_- = 0.732$（図 5.22 参照）

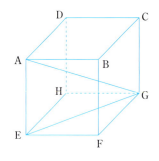
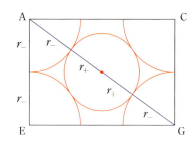

$2r_- : 2(r_+ + r_-) = 1 : \sqrt{3}$

$\dfrac{r_+}{r_-} = \sqrt{3} - 1 = 0.732$

図 5.22

次にイオン結晶の融点について考える．イオン結晶は，陽イオンと陰イオンの間の強いクーロン引力によって凝集しているため，その凝集状態をバラバラにするには大きなエネルギーが必要である．そのエネルギーの大きさはイオン結晶の融点で比較できる．クーロン引力に起因する凝集エネルギー[*3]が大きいほど融点も高くなると予想される．図 5.23 に示すように，一般に −1 価のフッ素（F），塩素（Cl），ヨウ素（I）イオンと +1 価の陽イオン Na^+ とのイオン結晶の融点よりも 2 族元素の陽イオンと酸素の陰イオンとの結晶の融点の方が高く，より強い結合である．また，イオン半径が大きくなると融点は下がる．イオン結晶は硬くて脆い性質をもっている．NaCl の構造では，ナトリウムイオンと塩素イオンが交互に配置されている（図 5.20）．ある力によって原子面がすべる場合には，ナトリウムイオン同士または塩素イオン同士が隣り合うことが起こり，反発力が生じてその面で剥離することが起こる．このよ

[*3] このクーロン力に起因する凝集エネルギーは格子エネルギーと呼ばれ，[Study 5.2] で詳しく説明されている．また，実験データから格子エネルギーを求める方法は第 7 章問題 6 に示している．いろいろなイオン結晶の格子エネルギーは付録表 C.7a および付録表 C.7b に掲載されている．

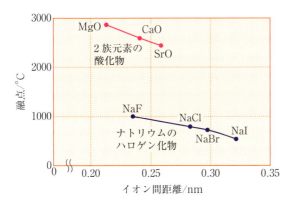

図 5.23　イオン結晶における融点の傾向の例

うな結晶の割れ方を劈開（へきかい）という．金属結晶は自由電子によって原子同士の結合は等方的であり，展性や延性に富み，原子のない部分（欠陥）によってつくられる転位の移動によって変形し得る．イオン結晶中にも転位が存在するが，イオン結晶中を転位が移動するためには同じ電荷をもったイオンの反発力に打ち勝つエネルギーが必要となる．イオン結晶が劈開しやすいということは，転位の移動により結晶を変形させるのに必要なエネルギーが，割れた状態にするエネルギーよりも大きく，エネルギー的に不利だからである．

　イオン結晶の電気伝導性を考えた場合，塩化ナトリウム（NaCl）を例にとると，一般的に常温では絶縁体である．しかし，融点の 803 ℃ まで温度を上げると，Na^+ と Cl^- のイオンで構成される液体に変化し，電気伝導性がよくなる．このように塩が溶融した液体状態を溶融塩と呼ぶ．現在でも活性金属（Li, Na, Mg, Al など）の製造には，このような溶融塩と呼ばれる液体が電解液として用いられている．

☕ Tea Time 5.4　活性金属上に形成される酸化皮膜

　酸素との親和力の強い金属は，表面に酸化物や酸化物皮膜を形成する．代表的なものはアルミニウムである．チタン（Ti）の場合もまた酸化物皮膜が表面に形成される．チタンは，酸化物皮膜の厚さにより，いろいろな色に見える．これは光の干渉によるものであり，シャボン玉の表面が虹色に光って見えることと同じ原理である．ある酸化物皮膜の上で反射される光と膜を透過して反射される光が，位相差によって強め合ったり弱め合ったりする干渉現象が起こる．干渉によって強められた光は色となって現れる．その強め合う光の色は酸化物皮膜の厚さにより変化する．その結果，さまざまな色が見えることになる．写真（図 5.24）はさまざまな厚さの酸化物皮膜によって覆われたチタン合金製ボルトである．

図 5.24　チタン合金製ボルト
　　　　（提供：中野科学）

5.6 固体と液体の比較

ここでは，水を例に挙げて固体（氷），液体（水）* および気体（水蒸気）の違いについて説明する．氷および水の結合を比較すると，水分子間の結合には大きな違いはない．しかし，両者間の大きな違いは，水や氷の分子の振動にある．氷に熱を供給する（温度を上げる）と，分子の振動がより活発になり，氷で存在していた長距離の周期的分子配列，すなわち結晶構造が崩れる．それ自身で形状を保っていた氷は，入っている容器底部の形にしたがうようになる．この状態が水である．水の状態は氷の状態よりも分子の振動が激しくなるため（あるいは並進運動が発生し），自由に形を変化させるようになる．激しい振動状態（あるいは並進運動）であるとはいえ，水の分子間にはある程度の引力が働いているため，水分子が液体状態から勝手に飛び出していくことは稀である．しかし，さらに温度を上げて水よりも分子の振動や並進運動が活発な水蒸気（気体）になると，分子間の引力に勝って，水分子は容器全体に広がる．容器にふたがなければ容器の外に飛び出してしまう．すなわち，蒸発が起こる．

液体金属は，液体でありながら金属の性質を示す．たとえば水銀は，融点が $-38.8\,°C$ であるため，室温で液体である．液体の水銀にも，原子間を自由に動く自由電子があるため，電気抵抗率は室温で $1\,\mu\Omega\,m$ 以下（$25\,°C$）を示す電気の良導体である．このため，以前は電気機器のスイッチとして使われることがあった．しかし，毒性を考慮し，最近はあまり使われなくなっている．金属の特徴として述べた光を反射する性質もあるため，光沢も有している．

* 液体のように近距離秩序，長距離無秩序の構造をもちながら，固体と同様にみずから形状を保つものにガラス（非晶質）がある．金属ガラスなども開発され，応用が期待されている．

第5章のまとめ

- 固体の構造　結晶，ブラベ格子，液晶
- 結晶構造の決定　X線回折，ブラッグの条件，ミラー指数，消滅則
- すべり面　展性と延性
- 純金属と合金　置換型合金と侵入型合金，硬化（格子欠陥，転移，析出物）
　　　　　　　　ジュラルミン，鉄と鋼
- 固体の電子構造　バンド（金属，半導体，絶縁体），バンドギャップ
- 重要な材料
　　　グラフェン，グラファイト，フラーレン，カーボンナノチューブ
　　　太陽光発電（pn接合），LED（pn接合）
- イオン結晶　イオン半径，イオン結晶の構造と陽イオン陰イオンの
　　　　　　　　限界半径比
　　　　　　　　劈開性，クーロン引力エネルギーと融点
- 固体と液体の構造の違い　液体金属と電気抵抗率

章末問題 5

1. 単純立方格子の (100), (110) および (111) 面を単純立方格子上に図示せよ. さらにすべり面はどの面となるか.
2. イオン結晶 KCl と NaCl の問題に答えよ.
   (1) 両イオン結晶の室温の結晶構造を答えよ.
   (2) Na, K, および Cl の電子配置はイオン結晶中では原子状態からどのように変化するか.
   (3) X 線回折においては, X 線は原子, イオンの電子雲により散乱される. 両結晶は X 線回折からはどのような構造と捉えられるか. 図 5.1 あるいは図 5.20 の構造を参考に答えよ.
3. グラフェンは固体中で電子が高速で移動することで期待されている材料である. このグラフェンの電気伝導性を説明せよ. また, グラファイトが 2 次元的にのみ電気を伝える 2 次元電気伝導体であることを説明せよ.
4. NaI, CsI, KI, MgO の結晶構造について NaCl 型か CsCl 型かを判定せよ. ただし, 次のイオン半径を用いよ. Na^+ : 0.102 nm, K^+ : 0.138 nm, Cs^+ : 0.167 nm, Mg^{2+} : 0.072 nm, Cl^- : 0.181 nm, I^- : 0.220 nm, O^{2-} : 0.140 nm.
5. LiCl, NaCl, KCl, CsCl の融点はそれぞれ, 605 °C, 801 °C, 770 °C, 645 °C である. これらの融点の違いを説明せよ.

Study 5.1 不純物半導体のバンド構造

不純物が添加された半導体である不純物半導体を考える. 図 5.11 に示す真性半導体の Si への不純物添加を考える. Si 原子は 4 個の電子を提供して 4 個の共有電子対を形成し, 図 5.13 に示すダイヤモンド構造の結晶を形成する. このとき, Si からの 4 個の電子は価電子帯へ収容される. この状況を図 5.25 左に示す. バンドギャップ 1.1 eV を超えるエネルギーを獲得した電子は電気伝導に寄与する. しかし, 原子 P でドープされた n 型半導体では, P 原子は 5 個の電子を供給する. このうち, 4 個は価電子帯に収容されるが, 残りの 1 個の電子はその上のエネルギー状態に収容される. このとき, Si の核電荷が $+4e$ に対して P の核電荷は電子を強く束縛する $+5e$ となる. この結果, 伝導帯よりやや低いエネルギーの不純物準位 (ドナー準位) が形成される. ドナー準位は伝導帯より 0.05 eV 程度低いエネルギーとなる. したがって, ドナー準位の電子は容易に伝導帯へ励起され, 電気伝導に寄与する. この状況を図示すると図 5.25 の真ん中の図となる.

次に p 型半導体の B 添加の場合を考える. B 原子は電子を 3 個提供して共有電子対に参加する. しかし, この B の電子のエネルギー状態については, B が核電荷を $+3e$ しかもたないため, $+4e$ の核電

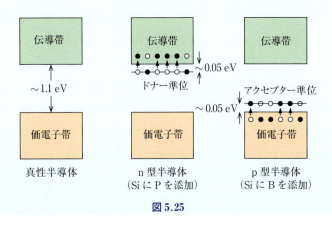

図 5.25

荷の Si 原子より電子を弱く束縛してエネルギーは高くなる．この価電子帯より，0.05 eV 程度，ややエネルギーの高い不純物準位をアクセプター準位という．価電子帯の電子は容易にアクセプター準位へ励起され，電気伝導へ寄与する．

Study 5.2　イオン結晶の格子エネルギー（凝集エネルギー）

　イオン結晶では陽イオンは陰イオンに，陰イオンは陽イオンに囲まれた構造をとっている．NaCl 結晶では，陰イオンは格子定数 a の面心立方格子の格子点（8 個の頂点と 6 個の面心）を占める．陽イオンは陰イオンの面心立方格子の $a/2$ ずれた格子定数 a の面心立方格子の格子点を占める．すなわち，陽イオンと陰イオンの面心立方格子同士お互いに貫入している．NaCl 結晶のイオン配置を図 5.26 に示す．中心の陽イオンは，陽イオンと陰イオンの最近接距離 r とすると，周囲のイオンと以下のような相互作用をする*．

＊　以下のイオンペア数と対応エネルギーの評価には $r = \dfrac{a}{2}$ として考えた方が容易である．しかし，r は原理的には全エネルギー最小で決まる変数である．

距離 r 離れた 6 個の陰イオン　$-\dfrac{e^2}{4\pi\varepsilon_0 r}$ のクーロン引力相互作用

$$-\dfrac{e^2}{4\pi\varepsilon_0 r} \times 6$$

距離 $\sqrt{2}r$ 離れた 12 個の陽イオンと $+\dfrac{e^2}{4\pi\varepsilon_0 \sqrt{2}r}$ のクーロン斥力相互作用　$+\dfrac{e^2}{4\pi\varepsilon_0 \sqrt{2}r} \times 12$

距離 $\sqrt{3}r$ 離れた 8 個の陰イオンと $-\dfrac{e^2}{4\pi\varepsilon_0 \sqrt{3}r}$ のクーロン引力相互作用　$-\dfrac{e^2}{4\pi\varepsilon_0 \sqrt{3}r} \times 8$

距離 $2r$ 離れた 6 個の陽イオンと $+\dfrac{e^2}{4\pi\varepsilon_0 2r}$ のクーロン斥力相互作用　$+\dfrac{e^2}{4\pi\varepsilon_0 2r} \times 6$

距離 $\sqrt{5}r$ 離れた 24 個の陰イオンと $-\dfrac{e^2}{4\pi\varepsilon_0 \sqrt{5}r}$ のクーロン引力相互作用　$-\dfrac{e^2}{4\pi\varepsilon_0 \sqrt{5}r} \times 24$

$$\vdots$$

このような相互作用の和をとると

$$-\dfrac{e^2}{4\pi\varepsilon_0 r}\left(6 - \dfrac{12}{\sqrt{2}} + \dfrac{8}{\sqrt{3}} - \dfrac{6}{2} + \dfrac{24}{\sqrt{5}} - \cdots\right) = -\dfrac{e^2}{4\pi\varepsilon_0 r} A$$

と書かれる．A はマーデルング（Madelung）定数と呼ばれ，上記式の左辺括弧内の無限級数の和の値をもち，結晶構造により決まった値をもつ．塩化ナトリウム型では 1.747565，塩化セシウム型では

1.762675，閃亜鉛鉱型では 1.6381 の値をもつ．

イオン結晶の凝集エネルギーの主要部分は上記クーロン力に起因する相互作用である．しかし，陽イオンと陰イオンはお互いに近づき過ぎると，両者の電子雲の重なりが起こり反発のエネルギーが発生する．この反発エネルギーは以下の形で書かれる．

$$E_{\text{rep}} = \frac{B}{r^n}$$

ここで r は最近接の陽イオン–陰イオン間距離である．また，n は陽イオンや陰イオンの閉殻電子構造で決まる定数であり，NaCl では 9.1 の値が採用される．陰イオンと陽イオンが結晶として集合したときの凝集エネルギー U は

$$U = N_{\text{A}} \left(-\frac{e^2}{4\pi\varepsilon_0 r} A + \frac{B}{r^n} \right)$$

と書かれる．ここで，N_{A} はアボガドロ定数であり，陽イオンと陰イオンの対がアボガドロ数集合した体系を考えている．平衡における r，すなわち r_0 は U 極小の条件，$\left(\frac{\partial U}{\partial r} \right)_{r=r_0}$ から求まる．その結果，平衡における凝集エネルギー U は

$$U = N_{\text{A}} \left(1 - \frac{1}{n} \right) \left(-\frac{e^2}{4\pi\varepsilon_0 r_0} \right) A$$

と書かれる．この凝集エネルギーは孤立した Na$^+$ イオンと Cl$^-$ イオンから NaCl 結晶が形成される際の安定化エネルギーであり，格子エネルギーと呼ばれる[*]．上式に $n = 8$，$A = 1.74756$，および r_0 として NaCl の構造解析から得られる格子定数 a の 2 分の 1 の値 0.282 nm を代入すると，-754 kJ mol^{-1} が得られる（各自計算することが望ましい）．この値は，実験の -771 kJ mol^{-1} とかなりよく一致している．一般に，イオン結晶の格子エネルギーは結晶（構造）に対応したイオン電荷，マーデルング定数 A，および斥力に関係する指数 n を与えることで計算することができる．

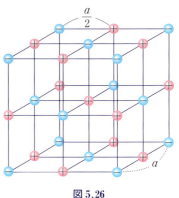

図 5.26

[*] いろいろなイオン結晶の格子エネルギーは付録表 C.7a および付録表 C.7b に掲載されている．

参考書・出典

(5.1) A. R. West（遠藤忠也共訳）『固体化学入門』講談社サイエンティフィック，2010．

(5.2) C. Kittel（宇野良清他訳）『キッテル 固体物理入門 第 8 版』丸善，平成 18 年．

(5.3) 小川桂一，小島憲道編『現代物性化学の基礎』講談社サイエンティフィック，2013．

(5.4) L. Smart, E. Moore（河本邦仁，平尾一之訳）『入門 固体化学』化学同人．

気体の性質と状態方程式

　本章では集団としての気体の物理的な性質について考える．これまでの実験結果から気体の物理的性質は，気体分子の種類が違ってもほぼ同じであることが示されている．このことは，気体の物理的状態を表す物質量，圧力，温度，体積といったパラメータが，気体の種類によらず同じ関係式を満たすことを意味している．この関係式を理想気体の状態方程式と呼び，この式は常温，常圧付近の多くの気体の性質をよく表現する．しかし，実際に存在する気体（実在気体）は，高圧や低温の場合，その挙動は理想気体の状態方程式とは大きく異なることがある．さらに圧力，温度，体積を変化させることで実在気体は液化という現象を示し，理想気体の状態方程式では表現されない性質を示す．このような実在気体と理想気体での異なった挙動は，気体分子間に働く力（分子間力）や分子が空間を占める体積，すなわち分子体積に由来していて，その気体分子の分子構造に依存している．すなわち，実在気体における気体分子の物理的な性質については，その分子構造に依存する性質と依存しない性質によって説明される．

台風：海からの暖かい水蒸気が大量に発生し，上昇気流となって形成される．渦の回転方向は自転の影響で南半球と北半球で異なる．

本章の目標
- 気体の物理的性質の一般性を理解する．
  気体の物理的性質は気体の種類に依存しない：気体分子運動論
- 気体の圧力，体積，温度の関係を理解する．
  気体の圧力，体積，温度は一定の式を満たす：状態方程式
- 理想気体と実在気体の違いを理解する．
  気体分子の分子構造が気体の物理的性質に影響を与える：分子間力と分子体積
- 分子間力と分子体積を考慮した状態方程式を理解する：ファンデルワールスの式

羅針盤　赤：最重要　　青：重要　　緑：場合によっては自習

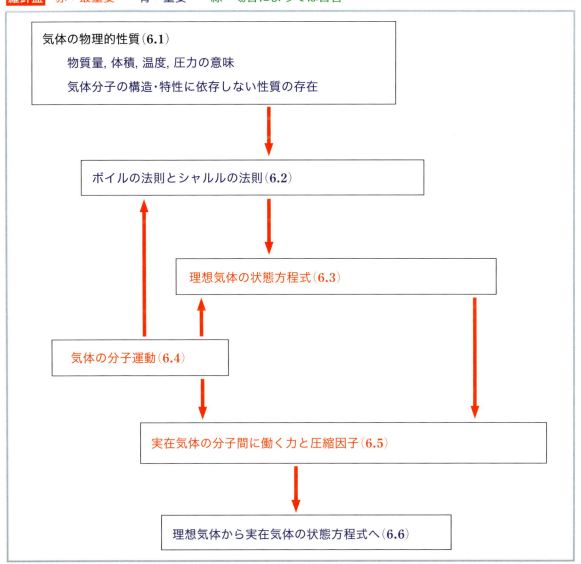

6.1 気体の物理的性質

私たちの身のまわりにはさまざまな気体が存在している。空気の主成分である窒素分子や酸素分子のような**等核二原子分子**,微量成分であるアルゴンのような**単原子分子**,自動車の排気ガスなどに含まれる一酸化炭素のような**異核二原子分子**,さらに呼吸によって生じる二酸化炭素や工業材料として人工的に大量に生産されるアンモニアのような**多原子分子**など,その分子構造や化学的性質もさまざまである。しかし,このような多様な気体分子であっても,一定の物質量で一定の温度,圧力では,どの気体もほぼ一定の体積を示す(表6.1)。さらに,気体の反応においてその反応前後の体積変化は,温度と圧力が一定であれば,どのような**気体の化学反応式**においても,その**化学量論比**から見積もることができる。たとえば,気体の水素分子と酸素分子から気体の水(水蒸気)が生成する場合,以下の化学反応式

$$2\,H_2 + O_2 \longrightarrow 2\,H_2O$$

の化学量論比の通り,2体積の水素分子は1体積の酸素分子と過不足なく反応して2体積の水蒸気が生成する(図6.1)。つまり,この場合,気体の体積はその気体分子の物質量のみに比例し*,気体分子が何個の原子から構成されているのか,あるいはその構造が棒状(酸素分子や水素分子)なのか折れ線型(水)なのか,あるいは極性がない(酸素分子や水素分子)のかある(水)のかなどは関係ない。

これらの事実から,体積や圧力,温度のような**気体分子が集団として示す性質**は,気体分子をその化学的構造を無視した仮想的な微小な粒子

* この等温定圧条件における体積の関係は,アボガドロの法則(表0.4)と同等である.

表 6.1 さまざまな気体の 1 mol の質量と 0 ℃, 1 atm での体積

気体名	質量/g	体積/L
水素(H_2)	2.016	22.43
ヘリウム(He)	4.003	22.41
アルゴン(Ar)	39.95	22.40
窒素(N_2)	28.02	22.40
フッ素(F_2)	38.00	22.38
アンモニア(NH_3)	17.03	22.09
塩素(Cl_2)	70.91	22.06

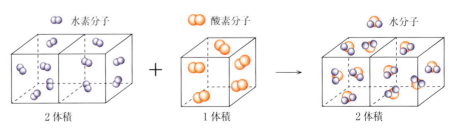

図 6.1 水素と酸素から水(水蒸気)が生成する反応の体積変化

として考えても説明できることを意味している．このような考えに基づいて気体の性質を説明するのが，**気体分子運動論**であるが，その説明の前にもう少し実験事実から導かれる気体の物理的性質について考えてみる．

まず，気体の性質を記述するにあたり，そのパラメータとして重要な圧力，温度，体積，物質量について，その定義を簡単に示しておく．**物質量**については，**気体分子の数**によって定義され，通常はその 6.02×10^{23} 個を 1 mol として表示し，これだけの個数の分子の質量が**分子量**に対応する．**体積**は，気体分子が存在できる空間の大きさを示し，その空間内には気体分子が偏ることなく，均一に存在すると考える．**温度**の定義については厳密には熱力学的な定義に基づくが，気体の性質としてみた場合には，気体分子の**運動エネルギー**に相当している．温度が高いほど気体分子は速く運動しており，その運動エネルギーは大きく，逆に低温の場合には気体分子の運動が遅く，運動エネルギーも小さい（図 6.2）と考える．さらに，**圧力**は気体が入っている容器の壁の単位時間，単位面積あたりに**衝突する分子の力**と定義できる（図 6.3）．図に示したように，壁に衝突する分子の数が多い，つまり，一定の物質量の気体が容器に入れられた場合，単位体積あたりの物質量が大きい（濃度が高い）ほど，あるいは，衝突する分子の速度が速い（温度が高い）ほど，圧力は大きくなる．

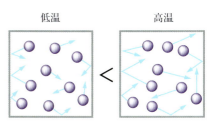

図 6.2 気体分子の運動と温度

- 衝突する**分子数**（気体濃度＝一定体積あたりの**物質量**）が多いほど高圧

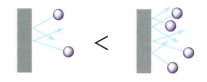

- 衝突する**分子の速度**（運動エネルギー＝**温度**）が速いほど高圧

図 6.3 気体分子の容器壁面への衝突と圧力

6.2　ボイルの法則とシャルルの法則

物質量，圧力，温度，体積の 4 つのパラメータは，それぞれ，その値を変えることができるが，すべてを自由に変えることはできない．つまり，3 つのパラメータまでは自由に変化させることができても最後のパラメータは必然的に決まってしまう．たとえば，物質量と温度を一定にした条件下で圧力を変化させると，気体の種類にかかわらず，体積は一定の値を示す．表 6.2 の低圧側（0.05～0.5 MPa）のデータが示すように，実際に気体の圧力（p）を変化させたときの種々の圧力下におけるモル体積（1 mol の体積）（V_m）の変化は，気体分子の種類によらず同じで，圧力が 2 倍になれば体積は 1/2 倍になる．つまり，物質量，温度が一定であれば，圧力とモル体積の積（$p \times V_m$），あるいは圧力と体積（V）

表 6.2　300 K，種々の圧力下における気体のモル体積 V_m（L mol^{-1}）（上段）と圧力（p）とモル体積（V_m）の積，$p \times V_m$（MPa・L mol^{-1}）（下段）

MPa		0.05	0.1	0.5	1	2	10	20	50
He	V_m	49.8967	24.9559	5.0007	2.5063	1.2590	0.2616	0.1363	0.0611
	$p \times V_m$	2.4948	2.4956	2.5003	2.5063	2.5180	2.6156	2.7261	3.0551
CH$_4$	V_m	49.8459	24.9027	4.9478	2.4533	1.2060	0.2130	0.1033	
	$p \times V_m$	2.4923	2.4903	2.4739	2.4533	2.4120	2.1301	2.0659	
NH$_3$	V_m		24.690	4.7245	2.2119				
	$p \times V_m$		2.4690	2.3622	2.2119				

の積($p×V$)は常に一定となる.ただし,物質量を n mol とすると $V = nV_m$ である.このような気体の性質は実際の実験結果から示され,**ボイル(Boyle)の法則**と呼ばれている.この法則は以下のように単純な思考実験によっても確認でき,このことは気体の挙動は気体分子を仮想的な微小粒子(質量をもった点)として考えてもよいことを示している.

最初に気体の体積を変化させたときの圧力変化を考える.物質量と温度を一定にして,この容器の縦,横,高さを2倍にしたとすると,体積は8倍となる(図6.4).一方,この容器の壁面の面積は4倍にしかならないので,温度が一定であれば,単位面積あたりに衝突する分子の数は1/4(図6.4上)となり,この単位面積あたりに衝突する分子の数の減少によって圧力は1/4になる.さらに,温度が一定であるときは気体分子の速度も変化しないので,1つの壁に衝突した気体分子が反対側の壁に衝突するまでの時間は,壁面間の距離が2倍になるので,その所要時間も2倍必要となり,単位時間あたりに壁面に衝突する分子の数は1/2となる(図6.4下).この効果により,圧力はさらに1/2となる.つまり,単位面積に壁面に衝突する分子の数が1/4,単位時間に壁面に衝突する分子の数が1/2になるので,結局,圧力は1/8となることになり,**圧力は体積に反比例する**ことが示された.すなわち,このような簡単な思考実験でボイルの法則が証明できることになる.

次に,圧力一定下での体積変化に伴う温度変化について考える.一定の物質量の気体の温度を圧力一定で下げると,その体積は減少し,温度と体積の関係は実験から図6.5のような直線で表現される.このような挙動は気体分子の種類にかかわらず観測される.実在気体ではある温度で液化してしまうものの,気体部分の直線関係を低温側に補外すると,ある温度で体積が0となる.この温度はどのような気体でも一定で,

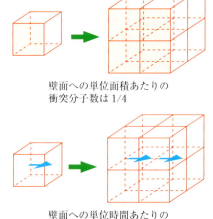

壁面への単位面積あたりの
衝突分子数は 1/4

壁面への単位時間あたりの
衝突分子数は 1/2

図 6.4 体積が(縦横とも2倍に)増加したときの圧力の変化

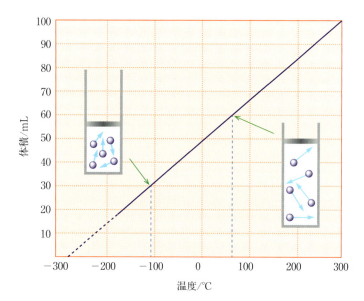

図 6.5 気体の温度と体積の関係

$-273.15\,°C$ となる．この温度を絶対温度の $0\,K$ とする．つまり絶対温度を T とすると圧力一定下では V/T が一定となり，**温度は体積に比例する**．この関係を**シャルル(Charles)の法則**という．このシャルルの法則ももともとは，このような実験から求められた経験則である．しかし，気体分子運動論の考察からは，ボイルの法則同様，気体分子を微小な粒子として仮定することで，理論的に導くことができる．

例題 6.1 $1.0\,atm$，$27\,°C$，$1.0\,m^3$ の気体が密閉された容器に入っている．この気体がボイルの法則およびシャルルの法則にしたがうとき，以下の問いに答えよ．

(1) 温度を一定にして圧力を2倍にした場合の体積を求めよ．
(2) 圧力を一定にして体積を2倍にした場合の温度を求めよ．
(3) 体積を一定として温度を100度上昇させたときの圧力を求めよ．

解 (1) 温度 T が一定なので，ボイルの法則を用いる．求める体積 $V\,m^3$ とすると，

$$1.0\,atm \times 1.0\,m^3 = 2.0\,atm \times V\,m^3$$

$V = 0.50\,m^3$ となる．

(2) 圧力 p^* が一定なので，シャルルの法則を用いる．求める温度を $t\,°C$ とすると，

$$\frac{1.0\,m^3}{(273+27)\,K} = \frac{2.0\,m^3}{(273+t)\,K}$$

つまり，$t = 327\,°C$ となる．

(3) ボイルとシャルルの法則を組み合わせると，$pV = $ 一定，$\frac{V}{T} = $ 一定より，$\frac{pV}{T} = $ 一定となる（厳密な導出は問題 6.2 参照）．つまり，体積が一定であれば，圧力は温度に比例する．したがって，求める圧力を $p\,atm$ とすると，

$$\frac{1.0\,atm}{(273+27)\,K} = \frac{p\,atm}{(273+27+100)\,K}$$

となるので，$p = 1.3\,atm$ となる．

＊ 記号 p は 2.3.1 項では運動量を表していた．第6章以降，この教科書では，圧力を表す．ただし，付録 A2 では運動量を表している．前後を注意深く読んで判断すること．

Tea Time 6.1　シャルルの法則とゲイ・リュサック

気体の温度と体積の関係を定式化したシャルルの法則の発見者は，実はシャルルではなく，シャルルが残した実験結果を，後年になって論文として発表したゲイ・リュサック(Gay-Lussac)である．シャルル自身は水素気球の開発に情熱を傾け，気球の中に詰める気体を選択する中で，どの気体を選んでも温度を上げると同じ体積だけ膨張することを見出した．シャルルらが開発した水素気球（なぜシャルルは可燃性の水素を選んだのか，考えてみよ）は，同時期に開発されていた熱気球よりも効率がよく，18世紀後半には $200\,km$ 近くの飛行にも成

功した(彼らは2名の乗員を載せて，約600 mの上空まで達したと伝えられているが，この気球に必要な水素ガスの体積はどのくらいだろうか)．その後，水素の可燃性から引火・爆発事故が相次ぎ，ヘリウムの利用が始まると水素気球は使用されなくなったが，科学的根拠に基づいて軽い気体を気球に利用する発想は，シャルルによって初めて提案された．

6.3 理想気体の状態方程式

ボイルの法則とシャルルの法則は一定量の物質量(1 mol とする)の気体について，以下のように書かれる．

$$pV_m = 一定 \quad (ボイルの法則) \tag{6.1}$$

$$\frac{V_m}{T} = 一定 \quad (シャルルの法則) \tag{6.2}$$

ここで V_m はモル体積(1 mol の体積)である．これらの式を組み合わせると，

$$pV_m = RT \quad (R は定数) \tag{6.3}$$

と表現することができる[*1]．この式を理想気体の状態方程式と呼ぶ．ここで定数 R について考えると，実験的には 1 mol の気体の体積 V_m，圧力 p，温度 T から算出できる定数である．気体の種類にかかわらず，1 mol の気体の温度と圧力を同じにすると，その体積もほぼ同じである(表 6.1)ことから，この定数も気体の種類に依存しないと考えられる．この定数は**気体定数**と呼ばれている．気体の体積，圧力の単位により，いくつかの数値が知られている．体積を $m^3\,mol^{-1}$，圧力を Pa 単位で計算すると $8.314\,J\,K^{-1}\,mol^{-1}\,(m^2\,kg\,s^{-2}\,K^{-1}\,mol^{-1})$，体積を $L\,mol^{-1}$，圧力を atm 単位で計算すると $0.0821\,L\,atm\,K^{-1}\,mol^{-1}$ となる[*2]．この値は 1 mol の気体に対応する値であるので，n mol の気体では (6.3) 式は

$$pV = nRT \tag{6.4}$$

と表現することができる．なお，第 0 章 4 節で言及したアボガドロの仮説は (6.4) 式において p, V, T 一定とすると n も一定となり，妥当な仮説であったことがわかる．

この状態方程式は，ボイルの法則およびシャルルの法則に基づくため，これらの両法則と同様に，気体分子をその化学的構造を無視した微小粒子として考え，液化などを考慮しない場合にのみ，厳密に成立することになる[*3]．本章の後の節で考察するように，気体分子の化学的構造に基づく性質，つまり分子間の相互作用が強く働く条件下，つまり高圧，低温下での気体の挙動は必ずしもこの状態方程式通りにはならない．

6.4 気体の分子運動

これまでの節で見てきたように，気体の挙動は気体分子の化学的構造を無視した微小な粒子の集団としての性質で表現できることがわかる．それでは，実験ではなく最初から気体分子を微小な粒子として考えるこ

[*1] $\dfrac{pV_m}{T} = k_{BC}$ (一定) あるいは $\dfrac{pV}{T} = k_{BC}'$ (一定) と書くとボイル－シャルルの法則となる．

[*2] 逆に，1 気圧，0 ℃ の気体について，(6.23) 式から理想気体の V_m を計算すると，$22.42\,L\,mol^{-1}$ を得る．すなわち，理想気体の 0 ℃，1 atm のモル体積(1 mol あたりの体積)は $22.42\,L\,mol^{-1}$ である(採用する気体定数 R の値のわずかな違いにより，$22.41\,L\,mol^{-1}$ と書かれることも多い)．

[*3] このような気体分子から構成される気体は理想気体と呼ばれる．また，(6.4) 式で表される p, T, V の間の関係式を理想気体の状態方程式という．

とで，理想気体の状態方程式が導かれるかどうか確認してみよう．このような考え方を**気体分子運動論**[(6.1)]という．

まず，1辺Lの立方体（体積$V = L^3$）の中に質量mの気体分子がN個存在すると考える［図6.6(a)］．この気体の圧力を求めるためには，圧力は**単位面積あたりの力**であるので，気体分子が単位面積の壁面に与える力を評価する必要がある．この力は「単位時間に壁面に衝突する気体分子が壁面に与える力は，衝突による気体分子の**運動量変化**である[*1]」という関係を用いて評価することができる．これは，壁面に衝突する気体分子1個が壁面に与える力と，単位時間に何個の気体分子が壁面に衝突するかを求めれば見積もることができる．この気体分子の平均の速さに対応した根2乗平均速さ[*2]をvとし，その速度を図6.6(b)のようにx, y, z軸方向に分解し，それぞれの軸方向の成分をv_x, v_y, v_zとする．y-z平面上の壁面に衝突した気体分子の運動量変化は，この壁面に垂直な方向のみに起こり，

$$2mv_x \tag{6.5}$$

となる［図6.6(c)］．

このような分子が何個，単位時間に単位面積の壁面に衝突するかを考える．単位面積の壁面を底面積とし，高さをv_xとする直方体の中の分子は，必ず単位時間内に壁面に衝突する［図6.6(d)］．この単位時間に単位面積の壁面に衝突する分子の総数は

$$\frac{N}{2V} \times 1 \times 1 \times v_x = \frac{N}{2V} v_x \tag{6.6}$$

である．ここで，分母の2は壁面に向かう分子と遠ざかる分子が同数あるためであり，N/Vは気体分子の数の密度である．これに，1個の分子が単位時間に壁面に与える力$2mv_x$を掛けると，圧力が評価できる．

$$p = \frac{N}{2V} v_x \times 2mv_x = \frac{Nmv_x^2}{V} \tag{6.7}$$

ここで以下の式で定義する気体の**平均2乗速さ**$\overline{c^2}$を利用する．

$$\overline{c^2} = v_x^2 + v_y^2 + v_z^2 = 3v_x^2 \tag{6.8}$$

この(6.8)式でv_x, v_y, v_zは根2乗平均速さであること，等方的な運動を考えていること（$v_x^2 = v_y^2 = v_z^2$）に注意する．

[*1] 運動量変化$\Delta(mv)$は力積Ft（F：力，t：時間）に等しいという関係で$t = 1$の場合の関係である．

[*2] 厳密には，気体ではすべての分子が同じ大きさの速度で運動しているわけではなく，いろいろな大きさと方向の速度をもって運動する分子が存在している．ここで扱う速度はこれらいろいろな速度の大きさの平均に対応した根2乗平均速さ（速度の2乗の平均値の平方根）と考える．これは，速度の平均値はゼロであるため，速度の大きさの平均値を評価するためには，速度の2乗の平均値の平方根で評価する必要があるためである．

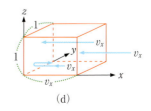

図6.6 容器中の気体分子の運動

この(6.8)式から(6.7)式は

$$pV = \frac{1}{3} Nm\overline{c^2} \tag{6.9}$$

となる．温度一定であれば気体分子の平均2乗速さ $\overline{c^2}$ も一定 [(6.12)式] であるので，(6.9)式の右辺は一定であり，$pV = $ 一定，つまりボイルの法則が導かれる．

ここで，温度 T における**気体分子の平均エネルギーの式**（エネルギーの等分配法則から導かれる[*1]）

$$E = \frac{3}{2} kT \quad (k\text{ はボルツマン定数}) \tag{6.10}$$

と気体分子の**運動エネルギーの式**

$$K = \frac{1}{2} m\overline{c^2} \tag{6.11}$$

において，気体分子の平均エネルギーはその運動エネルギーと等しいことから，次式が成立する．

$$\frac{3}{2} kT = \frac{1}{2} m\overline{c^2} \tag{6.12}$$

この式を用いることで，(6.9)式は，

$$pV = \frac{1}{3} Nm\overline{c^2} = NkT \tag{6.13}$$

となる．ここで，物質量を n mol とし，1 mol に含まれる分子数は N_A 個（N_A：アボガドロ定数）とすると，$N = nN_A$ であるため，右辺の定数部分である Nk は nR ($R = N_A k$) と書ける．その結果，

$$pV = nRT \tag{6.14}$$

が得られる．以上のような推論から理想気体の状態方程式が導かれる．実際に 1 mol の気体について R を計算する．

$$R = N_A k = (6.022 \times 10^{23}\,\text{mol}^{-1}) \times (1.3806 \times 10^{-23}\,\text{m}^2\,\text{kg}\,\text{s}^{-2}\,\text{K}^{-1})$$
$$= 8.314\,\text{J}\,\text{mol}^{-1}\,\text{K}^{-1}\,\text{[*2]} \tag{6.15}$$

となる．前節ですでに示した R の値と一致し，実験をすることなく，気体定数の値を決定することができる．

一方，ここまでの議論を逆に用いると，n mol の理想気体の状態方程式を満たす気体は (6.9) 式から，

$$\frac{1}{3} nN_A m\overline{c^2} = nRT \tag{6.16}$$

が成立する．この式を，(6.11)式を用いて気体の運動エネルギー K により表すと，

$$K = \frac{3}{2} nN_A kT = \frac{3}{2} nRT \tag{6.17}$$

となる．理想気体のエネルギー（第7章で学ぶ**内部エネルギー**に相当）は温度のみに依存している（圧力や体積には依存しない）量であることがわかる．

さらに，理想気体の状態方程式は，気体の基本的な性質である**熱容量（比熱）**についても興味深い知見を与える．熱容量とは，一定質量の物

[*1] エネルギー等分配法則は，いまの場合，x, y, z 方向の運動エネルギーの平均はそれぞれ $\frac{1}{2}kT$ で与えられることを意味している．

[*2] 現在の最も正確な気体定数の値は 8.314 462 618 15 J mol^{-1} K^{-1} である（裏表紙 1. 基本物理定数の値参照）．これを書き換えると 0.082 057 3 atm L K^{-1} が得られる．この換算には，1 J mol^{-1} K^{-1} = 1 Pa m^3 mol^{-1} K^{-1}，1 atm = 1.013 25×10^5 Pa（裏表紙 3. 圧力単位換算表参照），および 1 m^3 = 10^3 L を用いている．

質の温度を 1 K 上昇させるために必要な熱量である．物質に外部から加えられた熱量（エネルギー）は，物質自体がもつエネルギーである内部エネルギーに加えられる．したがって，熱容量は**内部エネルギーの温度微分**（内部エネルギーを温度の関数としてプロットした曲線の傾き）である．理想気体の場合，内部エネルギーは気体分子の運動エネルギーに対応し，(6.17)式が温度に関する1次式なので，その微分形の熱容量は温度に依存しない定数（1 mol の場合，$\frac{3}{2}R$）となる．実際，理想気体に近い挙動を示す単原子気体などの定積熱容量（体積一定の場合の熱容量）は，理想気体の定積熱容量 $12.47 \, \mathrm{J\,K^{-1}\,mol^{-1}}$ と近い値 [He で $12.62 \, \mathrm{J\,K^{-1}\,mol^{-1}}\,(-180\,°\mathrm{C})$, Ar で $12.51 \, \mathrm{J\,K^{-1}\,mol^{-1}}\,(15\,°\mathrm{C})$] を示し，広い温度範囲で温度に依存しないことが実験的に示されている．

☕ Tea Time 6.2　絶対零度は何 °C？

気体の温度を下げていくと次第に体積が小さくなり，ついには体積が 0 になる温度があるはずであるということは，シャルルより前のフランスの技術者・物理学者であるアモントン（Amontons）によって指摘されていた．しかし，当時は温度目盛が定義されておらず，おおよそ $-240\,°\mathrm{C}$ ぐらいであろう，としかわからなかった．その後，シャルルの実験結果をまとめてシャルルの法則を発表したゲイ・リュサックはその論文の中で，「For the permanent gases the increase of volume received by each of them between the temperature of melting ice and that of boiling water is equal（中略）to 100/266.66 of the same volume for the centigrade thermometer」と書き，$-266.66\,°\mathrm{C}$ と考えていたことがわかる．その後，ケルビンによって空気の $0\,°\mathrm{C}$ での膨張率をもとにして絶対零度が算出された．彼の論文によると「we should arrive at a point corresponding to the volume of air being reduced to nothing, which would be marked as $-273°$ of the scale ($-100/.366$, if $.366$ be the coefficient of expansion); and therefore $-273°$ of the air-thermometer is a point which cannot be reached at any finite temperature, however low.」ということで，$-273\,°\mathrm{C}$ と算出された．これ以後，絶対温度の小数点以下の値について，測定と議論が続いたが，最終的に東京工業大学の木下正雄と大石二郎によって開発された精密な気体温度計によって見積もられた値 $-273.15\,°\mathrm{C}$ が 1954 年の第 4 回国際度量衡委員会により 0 K であると決定された．

6.5　実在気体に働く気体分子間の力と圧縮因子

これまで気体の挙動は，気体分子の化学的構造を無視した微小な粒子によってよく再現されることを示してきた．しかし，実際には表 6.2 の高圧部分のデータにも明らかなように，条件によっては理想気体の状態方程式からは大きく外れた挙動（温度一定下においても圧力と体積の積が一定にはならない：ボイルの法則に従わない）を示す．また，その外

れ方についても気体分子の種類に依存しており，表6.2に示すように高圧側においてその体積が理想気体で予想される体積より大きくなる気体（He）と小さくなる気体（CH_4，NH_3）が存在する．このような実在気体における理想気体からのずれを表す指標として，以下の式で定義される**圧縮因子** Z が用いられる．

$$Z = \frac{pV}{nRT} \tag{6.18}$$

理想気体であれば，その状態方程式より，圧力にかかわらず圧縮因子は1となるはずである．しかし，実在気体の圧縮因子の圧力依存性は図6.7のようになり，気体によって，あるいは同じ気体でも圧力によって1よりも大きくも小さくもなる．ある気体の圧縮因子が1よりも大きいということは，圧力と温度が一定のもとでは，(6.18)式より，この気体の体積が理想気体に比べて大きいということを示している．これは，気体分子間の距離が理想気体よりも長い，つまり分子間に**反発力**（**斥力**）が働くことを示している．逆に圧縮因子が1よりも小さい場合には，理想気体に比べ体積が小さくなるということを示しており，分子間に**引力**が働くことを示している．

　それではこのような分子間の力はどのようにして生じるのであろうか．まず分子間の反発力について考えてみる．気体の体積の定義は前節でも述べたように，気体分子が自由に動き回れる空間の大きさである．実際には気体分子は**分子体積**を有しており，実際に測定される気体の体積は，気体分子が自由に動き回れる空間とこの分子体積の和となる．したがって，同じ物質量の理想気体と実在気体では，実在気体の方が体積は大きくなるはずである．特に，単位体積あたりに多くの気体分子が存在する高圧条件下では，非常に小さい値とはいえ気体分子の分子体積の効果が大きく働く．実際にも図6.7で示されているように**高圧側では圧縮因子は増加**しており，これは高圧下では分子体積の効果が顕著にな

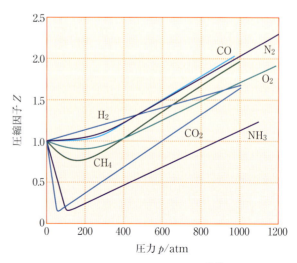

図 6.7 実在気体の圧縮因子[6.2]

り，分子間に反発力が働くことに対応している．

　一方，図6.7に示すように，低圧側では圧縮因子が1よりも小さな気体が存在している．このような気体では分子体積による体積増加の効果よりも，**分子間に働く引力（分子間力）**がより強く働いていると考えられる．しかし，圧縮因子が1より小さくなる圧力は気体によって異なる．また，比較的圧力が高い状態で圧縮因子が1よりも小さくなるCH_4やNH_3に比べ，H_2やHeでは低圧にしても圧縮因子は1よりも小さくはならない．このような圧縮因子の挙動の違いは，CH_4やNH_3の分子体積はH_2やHeよりも大きいものの，CH_4やNH_3の分子間力がH_2やHeよりもはるかに強いことを意味している．この分子間力の違いは，CH_4やNH_3は多原子分子であるため，その電子分布は小さな等核二原子分子のH_2や単原子分子のHeに比べて大きく広がっていることに起因している．このため，瞬間的に形成される電気双極子とそれが誘起する電気双極子の間のLondon力は，CH_4やNH_3の方が大きくなる（4.4.4項参照）．さらにCH_4やNH_3はH_2やHeに比べて分子量が大きく，同じ温度であればその分子の運動速度は遅いため，引力の効果がより大きく働くことになる．さらに，NH_3は**極性分子**であり，永久電気双極子—永久電気双極子相互作用も働くため，その分子間の引力はさらに強くなり，圧縮因子は比較的低圧側でも1よりも小さくなる（図6.7）．

　このような分子間引力の相違は，それぞれの**気体の沸点**にも反映していて，Heの沸点は$-268.9\,°C$，H_2は$-252.9\,°C$である．一方，CH_4は$-161.5\,°C$，NH_3は$-33.4\,°C$である（いずれも1 atmにおける値）．CH_4やNH_3はH_2やHeに比べ分子間の引力が強く，H_2やHeよりも高温でもその分子間の引力により分子間の距離を縮めて気体から液体へ変化できるのに対して，H_2やHeでは分子間の引力が非常に小さく，分子間の距離を縮めて液体とするには，気体分子の運動エネルギーが非常に小さくなる極低温が必要である．以上のような分子間に働く力は気体分子の化学的構造に依存していることから，逆に，理想気体からのずれを観測することで，次節にも示すように実際の**気体分子間の相互作用**や**分子体積**を求めることも可能となる．

6.6　理想気体から実在気体の状態方程式へ

　前節での考察をもとに，実際の気体の挙動を解析できる**実在気体の状態方程式**を導くことを考えてみる．前節で考察したように，理想気体と実在気体との相違は，**分子体積**と**分子間力**の有無であることから，理想気体の状態方程式にこれら2つの効果を導入する．まず，分子体積については，前節での考察通り，分子体積だけ実際に気体分子が自由に動ける空間の体積が減少する（[Study 6.1]参照）ので，実在気体の体積をV_{real}，1 molの気体分子の分子体積をb，気体分子が自由に動き回ることのできる空間の体積，すなわち理想気体における体積をV_{ideal}とすると，n molの気体に対して，以下の式が成立する．

$$V_{ideal} = V_{real} - nb \tag{6.19}$$

一方，分子間力について考えると，分子間力（引力）は気体分子が壁に衝突するときの速さを遅くする．壁面近傍の分子は壁面を前方とすると，後方のみから引力を受けるため，前方への進行速度は小さくなる．その結果，気体分子が容器の壁面に衝突するときの運動量変化は小さくなる．このため，壁面近傍の分子が壁面に衝突することにより壁面に与える衝突の力は弱まる．すなわち，分子間力は気体の圧力を小さくする方向に働く．圧力は前節で学んだように，気体分子が容器壁面に衝突するときの運動量変化と単位時間あたりの衝突の回数（衝突頻度）の積で決まる．まず，運動量変化について考えると，分子間力は，1つの気体分子に対して，そのまわりにより多くの気体分子が存在するほど強く働き，衝突時の速さを遅くし，運動量変化を減少させることになる．分子間力が働くことによるこの運動量変化の減少は，単位体積あたりに存在する気体分子数，すなわち濃度に比例する．つまり，n mol の気体が体積 V の容器に入れられている場合には，その気体分子の壁面への衝突時の運動量変化の減少は，気体分子の濃度を表す n/V に比例することになる．次に，衝突頻度について考えると，衝突頻度自体も気体分子の密度，すなわち濃度 n/V に比例する．結局，運動量変化と衝突頻度の両方を考えると，分子間力による圧力の低下の効果は気体分子の濃度の2乗 $[(n/V)^2]$ に比例することになる．したがって，このような効果を考慮した実在気体の圧力 p_{real} は，理想気体の圧力 p_{ideal} より小さくなり，

$$p_{\text{ideal}} = p_{\text{real}} + a\left(\frac{n}{V}\right)^2 \tag{6.20}$$

と表すことができる．ここで定数 a は分子間引力の強さを表す比例定数である．

　(6.19)式の V_{ideal} と (6.20)式の p_{ideal} は，それぞれ理想気体の体積と圧力であるので，理想気体の状態方程式を満たすはずである．したがって，以下の式を導くことができる．

$$\left\{p_{\text{real}} + a\left(\frac{n}{V}\right)^2\right\}(V_{\text{real}} - nb) = nRT \tag{6.21}$$

つまり，

$$p_{\text{real}} = \frac{nRT}{V_{\text{real}} - nb} - a\left(\frac{n}{V}\right)^2 \tag{6.22}$$

が得られる．この実在気体の挙動を表現する気体の状態方程式は**ファンデルワールス**（van der Waals）**の式**と呼ばれる．この式における定数 a, b はその気体の**ファンデルワールス定数**と呼ばれ，それぞれの気体の化学的構造に基づく気体分子固有の数値となる．これらの定数は，気体分子の化学的構造からも推定できるが，逆に精密な気体の圧力と体積，温度の測定からファンデルワールス定数を決定することができる．これにより，気体分子の分子体積や分子間引力を見積もることが可能となる．種々の気体のファンデルワールス定数を表6.3に示す．

表6.3 さまざまな気体のファンデルワールス定数[6.3]

気体名	a/atm dm^6 mol^{-2}	b/dm^3 mol^{-1}
水素（H$_2$）	0.2420	0.0265
ヘリウム（He）	0.0341	0.0238
アンモニア（NH$_3$）	4.169	0.0371
窒素（N$_2$）	1.352	0.0387
メタン（CH$_4$）	2.273	0.0431
一酸化炭素（CO）	1.453	0.0395
二酸化炭素（CO$_2$）	3.610	0.0429
ベンゼン（C$_6$H$_6$）	18.57	0.1193
酸素（O$_2$）	1.364	0.0319
アルゴン（Ar）	1.337	0.0320
塩素（Cl$_2$）	6.260	0.0542

例題 6.2 表6.3の各物質の融点 T_m と沸点 T_v は表6.4のようになっている.
(1) 物質の融点および沸点はファンデルワールス定数 a とどのような関係にあるか. またその理由を説明せよ.
(2) 物質の融点および沸点はファンデルワールス定数 b とどのような関係にあるか. またその理由を説明せよ.

解 (1) 図6.8aに示すように, 融点および沸点は定数 a の増加とともに高くなる傾向を示す. これは, a が引力相互作用に関係する定数であるため, a が大きくなると, 凝集エネルギーが大きくなり, 沸点, 融点は高くなる.
(2) 図6.8bに示すように, 融点および沸点は定数 b の増加とともに高くなる傾向を示す. 定数 b が分子自身の大きさに関係する定数であるが, 定数 b が大きくなると融点および沸点が高くなるのは, 次の理由である. b が大きくなって分子が大きくなると, 電子雲の拡がりも大きくなる. 電子雲の拡がりが大きくなると, 電子の運動による正電荷（原子核による）の中心と負電荷（電子による）の中心の不一致が起りやすくなる. この結果発生する微小な正電荷と微小な負電荷の距離が大きくなる. このため, 電気双極子モーメントが大きくなり, 瞬間的な電子双極子間に働く引力［ロンドン（London）力］が大きくなる. したがって, 融点および沸点は高くなる.

表6.4 さまざまな物質の融点（T_m）と沸点（T_v）

	T_m/K	T_v/K
H$_2$	13.96	20.39
He	0.95	4.216
NH$_3$	195.40	195.5
N$_2$	63.15	77.34
CH$_4$	90.67	111.67
CO	67.95	81.66
CO$_2$	217.0[1]	—
C$_6$H$_6$	278.69	353.33
O$_2$	54.40	90.19
Ar	83.85	87.29
Cl$_2$	172.16	239.10

[1] 三重点

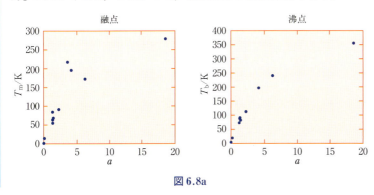

図6.8a

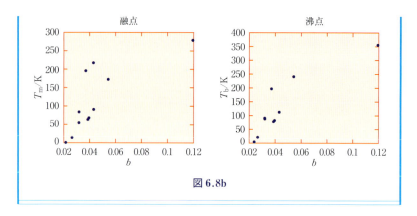

図 6.8b

第 6 章のまとめ

- ボイルの法則，シャルルの法則，ボイル–シャルルの法則（理想気体の状態方程式）
  経験則から気体分子運動論による理解
- 理想気体の状態方程式　気体分子運動論から導出可能
  大きさはないが質量をもつ（質点）分子の集合として気体を力学的に取り扱う
  理想気体の微視的な描像が確立
- 圧縮因子 Z の挙動
  理想気体 $Z = 1$
  実在気体　分子により，また条件により，$Z > 1$ にも $Z < 1$ にもなりうる．
  $Z > 1$：分子間斥力（分子体積）の働き；$Z < 1$：分子間引力の働き
- 実在気体の状態方程式　ファンデルワールスの式
  分子の大きさと分子間引力の効果を考慮

章末問題 6

1. 1.0 atm, 10 ℃, 2.0×10^{-2} m^3 の気体が密閉された容器に入っている．この気体がボイル–シャルルの法則にしたがうとき，以下の問いに答えよ．
   (1) 温度を一定にして，気体の圧力を 2.0 atm にしたときの体積を求めよ．
   (2) 圧力を一定にして，気体の温度を 100 ℃ にしたときの体積を求めよ．
   (3) 気体の圧力を 2.0 atm，温度を 100 ℃ にしたときの体積を求めよ．

2. ボイルの法則 [(6.1) 式] とシャルルの法則 [(6.2) 式] から，理想気体の状態方程式 [(6.3) 式] を導き，表 6.1 のデータを用いて，それぞれの気体についての気体定数 R を求めよ．

3. 気体のエネルギー（運動エネルギー）が温度に比例すると仮定し，さらに，気体分子運動論における (6.13) 式を用いることで，シャルルの法則が導かれることを示せ．

4. 圧縮因子の圧力依存性（図 6.7）は，その気体分子の分子間引力や分子量に依存している．以下の問いに答えよ．
   (1) 分子量がほぼ等しいにもかかわらず，CH_4 と NH_3 では圧縮因子の圧力依存性が大きく異なる．その理由は何か．
   (2) N_2 の圧縮因子の圧力依存性は，同じ等核二原子分子である O_2 の場合とは異なり，電荷の偏りのある異核二原子分子である CO とほぼ同様である．なぜこのような性質を示すのか，説明せよ．

5. いくつかのファンデルワールスの式の定数 a, b が表 6.3 に示されている．この表の数値をもとに，以下の問いに答えよ．

(1) この表に記載されている気体の中で，最も分子間引力が強い気体はどれか．選んだ理由も示せ．

(2) この表に記載されている気体の中で，分子体積が最小の気体と最大の気体を選べ．

Study 6.1　気体の体積と排除体積

ファンデルワールスの式の定数 b は，気体分子の体積に対応するが，実際には一つの気体分子が存在するために，他の気体分子が入ることのできない空間の体積である「排除体積」に対応する（図 6.9）．つまり，気体分子を半径 r の球とするとき，2 個の気体分子の中心間の距離は $2r$ 以下にはならないことから，一方の気体分子の中心点は，もう一方の気体の中心から半径 $2r$ の球内には入り込むことができない．この球の体積は $\frac{4}{3}\pi(2r)^3$ となり，この体積はこれら 2 個の気体分子に対する排除体積であるので，気体分子の「真の」分子体積を V とすると，気体分子 1 個あたりの排除体積 V_{ex} は

$$V_{\text{ex}} = \frac{1}{2} \times \frac{4}{3}\pi(2r)^3 = 4 \times \frac{4}{3}\pi r^3 = 4V$$

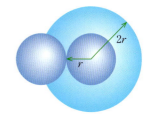

図 6.9

となる．つまり，排除体積は真の体積の 4 倍であることがわかる．ここで b が V_{ex} であるとすると，

$$r = \left(\frac{3b}{16\pi}\right)^{\frac{1}{3}}$$

となり，ファンデルワールスの式の定数 b から，気体分子の見かけの半径を見積もることができる．ただし，ここで得られる半径の値は実際の分子のファンデルワールス半径*よりも，かなり小さくなることに注意する必要がある．

*　ファンデルワールス半径とは，原子同士が結合していないで原子同士が接触している場合の原子間距離から算出される原子半径である．実験的に決定できるのは希ガス原子に限られ，固体結晶の原子間隔の半分として推定される．希ガス原子以外のいくつかの元素についても近似的に評価されている．

参考書・出典

(6.1) 気体分子運動論についての参考書として　D. A. マッカーリ，J. D. サイモン『物理化学―分子論的アプローチ』東京化学同人，1999．

(6.2) J. P. Bromberg, "Physical Chemistry", 2nd ed., Allyn & Bacon, Boston, 1980 他．

(6.3) "Handbook of Chemistry and Physics" ed. by D. R. Lide, CRC Press, Boca Raton, 2000.

エネルギー

　この章では，**エネルギー**という身近で，そして実体が不明確な概念を考える．現代の私たちの生活にエネルギーが不可欠であるということは，電気やガス，燃費や省エネのことばかりには限らない．私たちの躰の動作や脳内の思考もエネルギーがなければ起こり得ない．これらはすべて化学反応の結果であり，化学反応の駆動にはエネルギーが関係する（第9章）．本章では，特に定圧下の熱の出入りに関連する状態関数，エンタルピー（H）に注目し，化学反応が進む方向について学ぶ．

テルミット反応：金属酸化物と金属アルミニウムとの粉末混合物に着火すると，電子移動が伴う化学反応により高温が発生する．金属の溶接などに用いられる．

本章の目標
- 化学反応を含むさまざまな過程におけるエネルギー変化について理解する．
- 熱や仕事が経路関数であることを理解する．
- 「系の内部エネルギーの増加は系に加えられた仕事と熱の和に等しい（熱力学第一法則）」について，内部エネルギーが状態関数であることで理解する．
- 定圧下における経路関数の熱の出入りはエンタルピー H の変化であり，状態関数の変化として取り扱えることを理解し，応用する．
- 反応の自発性は，エンタルピー変化 ΔH のみでは判断できないことを学ぶ．

羅針盤 赤：最重要　　青：重要　　緑：場合によっては自習

```
エネルギーとは（7.1）
    運動エネルギー，位置エネルギー，そして熱（7.1.1）
    系と状態関数（7.1.2）
    仕事（7.1.3）
    熱（7.1.4）
    熱と仕事の等価性―ジュールの実験（7.1.5）
```

```
内部エネルギーと熱力学第一法則（7.2）
    内部エネルギーとして何を対象とするか（7.2.1）
    熱力学第一法則（7.2.2）
```

```
熱力学における変化の過程（7.3）
    体積変化と仕事および熱（7.3.1）
    可逆過程と不可逆過程（7.3.2）
    準静的定圧過程と準静的定積（定容）過程（7.3.3）
    準静的等温過程と準静的断熱過程（7.3.4）
```

```
エンタルピー（7.4）
    熱容量（7.4.1）
    エンタルピーの定義（7.4.2）
    標準生成エンタルピーと標準反応エンタルピー（7.4.3）
    発熱反応と吸熱反応（7.4.4）
    ヘスの法則（7.4.5）
    反応エンタルピーの温度依存性（7.4.6）
```

```
反応の自発性（7.5）
```

7.1 エネルギーとは
7.1.1 運動エネルギー，位置エネルギー，そして熱

　エネルギーは現代社会に不可欠である．私たち生物の躰もエネルギー循環によって成り立っている．現代では質量までもがエネルギーとして考えられるが，エネルギーは「仕事をする能力」としばしば説明される．エネルギーの次元は，$[ML^2T^{-2}]$ $[M：質量 (mass), L：長さ (length), T：時間 (time)]$ であり，SI 単位では J [ジュール ($= kg\,m^2\,s^{-2}$)] を用いる．たとえば，1 kg のボールが約 $1.4\,m\,s^{-1}$ の速度で飛んでいくエネルギー (運動エネルギー) と 1 kg の本を約 0.1 m 持ち上げる仕事 (位置エネルギー) も，等価なエネルギーであり，場合によっては，お互いに変換可能である．この場合の位置エネルギーとは，重力 (つまりは地球の引力) という力がかかっている状態で，地表に存在する物体の (地表からの) 高さを増加させるのに必要なエネルギーのことである．運動エネルギー (p. 38 の * および付録 A2) と位置エネルギー (付録 A2) の間の変換の例はジェットコースターに見られる．一番高い所の列車は速度を増加させながら下降して最低地点で速度は最大になる．この下降過程で位置エネルギーを失いながら運動エネルギーを増加させ，最低地点で，位置エネルギーは最小，運動エネルギーは最大となる．この最低地点で上昇に転ずると，速度を落としながら最高地点へ向かう．この上昇過程で，列車は運動エネルギーを失いながら位置エネルギーを増加させる．理想的には，これらの過程で運動エネルギーと位置エネルギーの和は一定 (全エネルギー) であり，エネルギー保存則が成立する．もし，列車とレールの間に摩擦による熱が発生すると，列車はやがて停止する．このように停止した列車は自然に動き出すことはない．摩擦による熱は第 8 章で学ぶ不可逆現象の典型である．熱はエネルギーのやりとりの一形態である (7.1.5 項)．摩擦による熱も含めて考えると，先のエネルギー保存則が成立する．物質を扱う熱力学においてもエネルギー保存則は成立する．これは，物質自身がもつエネルギー (内部エネルギー：7.2 節) の増加は，系に与えられた仕事 (7.1.3 項)，および系に与えられた熱 (7.1.5 項) の和であるという熱力学第一法則である．この法則は，マイヤー (Mayer) の考察 (1842)，ジュール (Joule) の実験 (1840〜1849) を踏まえて，ヘルムホルツ (Helmholtz) により確立された (1847)．

7.1.2 系と状態関数

　エネルギーを熱力学に基づいて考える場合，私たちが注目する部分を系という．系のまわりには外界が存在し，系と外界を隔てている部分を境界，そして系と外界を含めて全系という．系と外界とは物質やエネルギーのやりとりが可能な場合と不可能な場合とが存在し，その状況によって系は 3 つに分類される．エネルギー (熱，仕事)，および物質すべてを外界とやりとりできない系を，孤立系と呼ぶ．一方，物質はやりとりできずにエネルギーのみやりとり可能な系を閉鎖系と呼ぶ．外界とす

表7.1 エネルギー（熱・仕事）および物質のやりとりと系の分類
（○は出入り可，×は出入り不可）

系の名前	物質の出入り	エネルギー（熱・仕事）の出入り	系の名前	物質の出入り	熱の出入り	仕事の出入り
開放系	○	○	断熱系	×	×	○
閉鎖系	×	○				
孤立系	×	×				

べてのやりとりが可能な系を開放系と呼ぶ．この状況を表7.1左に示す．場合によっては熱のやりとりは許されず，仕事のみやりとりが許される系を断熱系と呼ぶ場合もある（表7.1右）．

> **例題7.1** 以下の系は，表7.1の4つの系のどれにあてはまるだろうか？
>
>
>
> 蓋をした試験管　　地球　　蓋の閉じた魔法瓶
>
>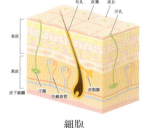
>
> 宇宙　　細胞
>
> 図7.1
>
> **解答例** 孤立系：宇宙と蓋の閉じた魔法瓶，断熱系：なし，閉鎖系：蓋をした試験管と地球，開放系：細胞（生存状態）

一般的には系へのエネルギーの流れを完全に遮断することが困難であるため，孤立系をつくることは最も困難である．しかし，魔法瓶に蓋をして光や熱を遮断した状態は，ごく短時間においては孤立系に非常に近い．孤立系は，真に理想化された概念であるが，私たちが存在する宇宙は，ほぼ孤立系と考えてよい．閉鎖系は，単に物理的に囲われた系であり，エネルギーのやりとりは許されるが，外界と物質のやりとりは禁止されている．化学反応の多くは閉鎖系で進行する．栓をした試験管内の化学反応がその例であり，熱のやりとりは許されている．一方，私たちの身体は飲食をし，呼吸し，暖をとったり，冷やしたりすることから，

明らかに物質，熱，仕事のやりとりを許す開放系である．この系は考察することが最も困難であり，そして同時に最もありふれた系である．断熱系とは，たとえば断熱容器の中で水が羽根車でかき混ぜられるような系（図7.3に例）である．この系は，しばしば孤立系と混同されるが，仕事のやりとりのみは許される点で，孤立系とは区別される．

系の状態が決まれば，一義的に値が決まる物理量を**状態関数**[*1]と呼ぶ．状態関数の変化量は，系の最初と最後の状態によって決まり，途中の経路には依存しない．数学的には状態関数の微小変化量は完全微分（exact differential）で表すことができる．状態関数 z が x と y の関数 $z = z(x, y)$ であるとすると，状態関数 z の完全微分は，

$$\mathrm{d}z = \left(\frac{\partial z}{\partial x}\right)_y \mathrm{d}x + \left(\frac{\partial z}{\partial y}\right)_x \mathrm{d}y \tag{7.1}$$

の関係で示される．ここで，$\left(\dfrac{\partial z}{\partial x}\right)_y$ は y を一定とした条件下の z の x で微分した偏導関数，$\left(\dfrac{\partial z}{\partial y}\right)_x$ は x を一定とした条件下の y で微分した偏導関数である．

状態関数には，示量性変数と示強性変数の2種類があり，前者については，構成物質量を倍にすると倍となる加成性が成り立つ．後者は構成物質量には無関係である．前者の例として，体積 V，物質量 n，電荷 q などがある．後者の例としては，圧力 p，温度 T などがあり，系内のどの部分をとっても同じと考えてよい場合が多い（第9章）．

ある系の構成物質量を a として物理量を $X(a)$ とすると，以下のように記述できる．

$$\text{示量性変数：} \quad X(na) = nX(a) \tag{7.2a}$$
$$\text{示強性変数：} \quad X(na) = X(a) \tag{7.2b}$$

7.1.3 仕事

7.1.1項でエネルギーとは「仕事をする能力」であると記述した．古典力学では，仕事は力と距離の積として定義される（付録A2参照）．熱力学では，系は外界に対して仕事を与えることができ，その一方で外界は系に仕事を与えることができる．系によって与えられた，あるいは系に対して与えられた力学的微小仕事 δW を計算するには，系に加わる外力 F と，系が動いた距離（位置の変化量，変位）$\mathrm{d}L$ の積を求めればよい（仕事全体はこの微小仕事を過程に沿って積分することで得られる）．

$$\delta W = -F\,\mathrm{d}L \tag{7.3}[*2]$$

熱力学では，気体の体積変化に伴う微小仕事 δW_vc（vc：volume change），電気的微小仕事 δW_e，化学変化に伴う微小仕事 δW_c などを扱う．これらの仕事は，いずれも，示強性変数と示量性変数の変化量との積として表すことができる（表7.2）．表7.2の気体の体積変化に伴う仕事 $\mathrm{d}W_\mathrm{vc}$ は，初等熱力学に頻繁に出現する仕事である．しかし，系の圧力 p を用いた $\delta W_\mathrm{vc} = -p\,\mathrm{d}V$ は，後述する準静的過程の仕事である．気体の

[*1] この状態関数という術語に対する術語は経路関数である（p.176）．状態関数は状態量，経路関数は非状態量と書かれることもある．

[*2] $-$ 符号は，例題7.2のように，L の減少が系に与えられた仕事となる状況に対応させるために付けている．

表 7.2　熱力学で扱ういろいろな微小仕事

微小仕事	=	示強性変数	× 示量性変数の微小変化量
力学的仕事 dW	=	$(-$力 F	× 距離の微小変化量 $dL)$
体積変化に伴う微小仕事 dW_{vc}	=	$(-$圧力 p	× 体積の微小変化量 $dV)$
電気的微小仕事 dW_e	=	電位 ϕ	× 電気量の微小変化量 dq
化学変化に伴う微小仕事 dW_c	=	化学ポテンシャル μ	× 物質量の微小変化量 dn

圧力 p よりわずかに小さな圧力を加えることで,気体は準静的に(ゆっくりと)膨張する.また,わずかに大きな圧力を加えることで気体は準静的に(ゆっくりと)収縮する.これらの過程の仕事が $dW_{vc} = -p\,dV$ で表される仕事である(7.3節参照).なお,微小仕事の dW と δW の使い分けについては 7.2.2 項まであまり気にしないでよい.

系と外界の間のエネルギー交換を正しく理解するためには,仕事の符号をあらかじめ定義しておくことが重要である.ここでは,外界が系に対して仕事を与えるときには正符号をもち,系が外界に対して仕事を与えるときには負符号をもつとする(前述の $\delta W_{vc} = -p\,dV$ の−符号に注意;収縮で系は仕事を与えられる;$dV < 0$ で $\delta W_{vc} > 0$).仕事は,系が外界とエネルギーの受け渡しを行う経路の1つである.

> **例題 7.2**　力学の仕事は加えた力 F_{ext} と移動距離 dL の積である.気体が充填された断面積 S のピストン付きシリンダー(図7.5)に,F_{ext}[*1] を加えた.ピストンの仕切り板は dL だけ移動した.このときの気体に加えられる仕事,$-p_{ext}\,dV$[*2](p_{ext}:外から加わる圧力,V:気体の体積)を導け.
>
> **解**　$-F_{ext}\,dL = -\left(\dfrac{F_{ext}}{S}\right)S\,dL = -p_{ext}\,dV$
>
> 　　(dL, dV 負で気体に与えられる仕事正)

[*1] 下付き添え字 ext (external) は外力,外圧など"外から加わる力,圧力"を意味する.7.3.1項の sur の添え字("外界の"の意味)とほぼ同じ内容をもつ.

[*2] この微小な仕事 $\delta W = -p_{ext}\,dV$ は熱力学で重要な式である.この式と同じ内容の $\delta W = -p_{sur}\,dV$,および p_{ext} を系の圧力 p で置き換えた $\delta W = -p\,dV$ は,7.3節で重要な式となっている.また,[Study 7.1]でも使用されている.

7.1.4　熱

2つの物体が接触すると,両者の温度は等しくなろうとする.高温物体はエネルギーを失い,温度が下がる.低温物体はエネルギーを得て,その温度が上がる.このようなエネルギー移動は熱伝導(heat transfer)によって行われる.熱伝導は2つの物体の温度が同じになるまで続き,両者が等温になった状態で止まる.この状態を熱平衡に到達したといい,熱平衡状態と呼ぶ.

熱伝導で移動する熱については,現在では,熱がミクロな粒子(物質を構成している原子や分子)の運動に起因することは知られている.温度が高いということは,構成粒子が激しく運動しているということに対応する.たとえば,エアコンの温風が当たったときに暖かいと感じるのは,皮膚の表面に激しく運動する気体分子がぶつかって皮膚に運動エネルギーを与えるからである.一方,冷風に当たったときに涼しいと感じるのは,皮膚に当たった緩やかに運動する気体分子が皮膚からエネルギ

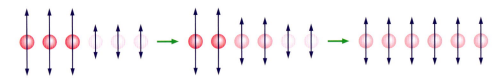

図 7.2 高温物体と低温物体を接触させた場合の粒子の振動の伝搬（熱移動）の模式図

ーを受け取って加速されるからである．高温の物質と低温の物質とを隣り合って置いた場合，激しく振動する粒子から構成される高温物体の隣に穏やかに振動する粒子から構成される低温の物体が位置することになる．この場合，振動が大きな（激しい）粒子の運動は，振動の小さな（穏やかな）粒子の運動に影響を及ぼし，振動のエネルギーは常に大きな（激しい）方から小さな（穏やかな）方へと渡されていく（図 7.2）．その結果，最終的には高温の物体と低温の物体の振動エネルギーはどの粒子についても同じとなり，物体同士の温度差がなくなっていく．

2 物体の温度差に応じて，物体間の境界を横切って通過するエネルギーこそが熱（heat）である．熱もまたエネルギー交換の経路の 1 つであり，仕事と同様，熱が系に流れ込むときに正の符号を与え，系から流れ出すときに負の符号を与えると定義する．

熱も仕事（表 7.2）と同様，示強性変数と示量性変数との積で表すことができ，熱量 Q は温度 T とエントロピー S の（微小）変化量との積である（準静的過程）．エントロピー S については第 8 章で取り扱う．

7.1.5 熱と仕事の等価性〜ジュールの実験

熱と仕事のエネルギーとしての定量的な等価性を実験により明らかにしたのは 1845 年のジュール（Joule）の実験である．彼は図 7.3 のように，おもりの落下によって水中の羽根車を回転させ断熱壁に囲まれた水槽内の水をかき混ぜる装置を作成した．この装置により，羽根車の運動エネルギーが水の粘性抵抗により次第に失われ，水温が上昇することを観測した．水に加えられた仕事の量と温度上昇との間にほぼ正確な比例

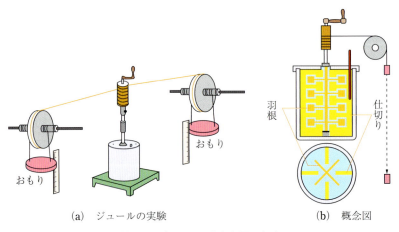

(a) ジュールの実験　　　　　　(b) 概念図

図 7.3 ジュールの仕事当量の実験

関係が見出され，他の実験結果（たとえば，水中に浸したシリンダー内の気体を圧縮する実験や細管による水の摩擦の実験）もあわせて，熱も仕事と同じエネルギーの1つの形であることを証明した．当時，すでに熱に関しては，大気圧下で1gの水の温度を14.5℃から15.5℃まで1℃上昇させるために必要な熱量が1 calであると定義がされていた（カロリーという言葉はラテン語で熱を意味する calor に由来する）．ジュールの実験により熱の仕事当量，1 cal = 4.186 J[*1]，が求められ，この関係から熱の仕事への換算が可能になった．これによれば，1 mの高さにある1 kgの物体が有する位置エネルギーにより，1 gの水は2.3℃温めることができる．語源からわかるように，cal は熱を意識させる単位である．J という単位を使うことで，熱は熱量の束縛から自由になり，エネルギーとして一般的に評価できる[*2]．

[*1] 水の比熱容量（比熱）によって異なるが，現在最も信頼される値が4.186 Jである．裏表紙2．エネルギー換算表では熱力学カロリー（定義カロリー），1 cal = 4.184 Jを用いている．

[*2] 熱と仕事はエネルギーとして等価であるが，等質ではないことに注意を要する．仕事のエネルギーのすべてを熱に変えることはできる．いろいろな変化の過程を経て始めの状態に戻る過程をサイクルという．このサイクルにおいては，熱のエネルギーのすべてを仕事に変えることはできない．この注釈の後半は理解が難しいかもしれないが，第8章を学んでからもう一度考えるとよい．

7.2 内部エネルギーと熱力学第一法則

7.2.1 内部エネルギーとして何を対象とするか

系全体が1個の物体として運動している場合でも，1個の物体としての運動エネルギーや位置エネルギーを系全体のエネルギーから差し引いたエネルギーを内部エネルギーと呼ぶ．この内部エネルギー U は系を構成する原子・分子のエネルギーの総和であるが，U の絶対値は簡単には求められない[例外的に，理想気体については，気体原子（または分子）の並進（および振動・回転）エネルギーの総和が U になる]．そこで，系と外界との仕事と熱のやりとりから内部エネルギーの変化を評価する方法がとられる．このためには，次項の熱力学第一法則が適用される．

7.2.2 熱力学第一法則

内部エネルギー U_i[*3] の系に熱量を Q，および仕事量 W を与えて，系の内部エネルギー U_f[*4] となったとする．このとき，

$$U_f = U_i + Q + W \tag{7.4}$$

と表すことができる．さらに内部エネルギーの差 ΔU について

$$\Delta U = U_f - U_i = Q + W \tag{7.5}$$

と表す．この関係は**熱力学第一法則**（the first law of thermodynamics）と呼ばれる．この法則は人類が経験から学んだ経験則である．この法則は，一般的には，エネルギー保存則に対応している．この熱力学第一法則については，いろいろな表し方が存在する．たとえば，「系のエネルギーと外界のエネルギーの合計は保存される」，あるいは「無からエネルギーは生まれない」などと記述されるが，これらはすべて同じことを言い換えているに過ぎない．この中で，重要なのは「無からエネルギーは生じない」という言い方である．人類はこの「無からエネルギーを獲得する」ことを夢想してことごとく失敗を繰り返した．その結果，「内部エネルギーは状態関数である」という結論が得られた．状態関数とは，7.1.2項で説明したように，系の状態のみに依存し，その状態へ至

[*3] 添え字 i は始状態（initial state）を表す．
[*4] 添字 f は終状態（final state）を表す．

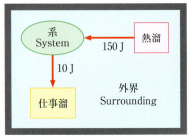

図7.4 仕事，熱と内部エネルギー増加の例

る途中の経路には依存しない量である．もし，内部エネルギーが状態関数でないとすると，世界一周してもとの場所に戻った船や航空機の燃料は出発前と同量あるいは，より増加していることもありうる．しかし，このような都合のよい現象を見た人はいない．

図7.4で熱力学第一法則(7.5)式を説明すると，以下のようになる．系が外界から $Q = 150\,\mathrm{J}$ の熱量を与えられ，外界に対して $W = -10\,\mathrm{J}$ の仕事を与えたとすると，

$$\Delta U = Q + W = (+150\,\mathrm{J}) + (-10\,\mathrm{J}) = +140\,\mathrm{J}$$

となり，系の内部エネルギー変化は 140 J の増加ということになる．

ここで，経路関数を状態関数との比較で定義しておく．経路関数とは，いまの状態だけでなく，過去に辿った経路にも依存する量を表す．状態関数とは，すでに述べたように，状態を決めれば決まる量を表す．したがって，(7.5)式においては，状態関数であることが熱力学第一法則により保証されている U には Δ が付けられて変化量で表している．しかし，経路関数である Q と W には，Δ は付けられずそのままで表されている（すなわち，$U = Q + W$ と記述すると間違いである）．積分型の(7.5)式ではしばしば誤解を招くため，U の変化量を完全微分 $\mathrm{d}U$ で書く(7.1.2項)と，微分型の熱力学第一法則は以下のように書かれる．

$$\mathrm{d}U = \delta Q + \delta W \tag{7.6}$$

Q と W の前にある δ は不完全微分を意味し，その変化の過程に即した単なる無限小の与えられた量を表している．U が状態関数であることは，第6章で学んだ気体分子運動論から理想気体の内部エネルギーが状態の示す温度（状態関数の1つである）のみに依存し[*1]，それまでの経路に依存しないことから明らかである．しかし，仕事 W と熱 Q については，現在の状態の温度や圧力を指定しても，どのような過程で現在に至っているかに依存する．このことは，7.3.3項で学ぶ定積過程と定圧過程を駆使すると比較的容易に示すことができる[*2]．

無限に小さい微小変化量 $\mathrm{d}U$ をその過程に沿って足し合わせる（積分する）と，始状態 i と終状態 f の間の変化量になる．

$$\Delta U = \int_{U_\mathrm{i}}^{U_\mathrm{f}} \mathrm{d}U \tag{7.7}[*3]$$

このとき，$W = \int_\mathrm{i}^\mathrm{f} \delta W$ および $Q = \int_\mathrm{i}^\mathrm{f} \delta Q$ のように W や Q についても経路に沿った和（積分）となる．すなわち，自明なことであるが，(7.6)式を経路に沿って足し合わす（積分する）と(7.5)式が得られる．(7.6)式において，完全微分（左辺）と不完全微分（右辺）が等号で結ばれることは気持ち悪く感じるかもしれない（しかし，これが熱力学第一法則である）．実は(7.6)式を，最終的には完全微分を用いて表すことができる．この方法は，非常にゆっくりと平衡を保ちながら変化させる過程，準静的過程（[Tea Time 7.2]）を考えることで可能である（第8章）．仕事として体積変化に伴う仕事のみ考えると，(7.6)式は以下のように表される．

$$\mathrm{d}U = \delta Q - p\,\mathrm{d}V \tag{7.8}$$

[*1] これについては，(6.10)式参照．熱力学的にはジュールの断熱自由膨張の実験 (p.180 の [*1] 参照) により，示された．

[*2] ヒント：気体のする仕事 W について，状態1 (p_1, V_1, T_1) から状態2 (p_2, V_2, T_2) への変化 $(p_1 > p_2 ; V_1 < V_2)$ の過程を2通りの経路で考える．経路Iでは，圧力を $p = p_1$ に保つ定圧過程で体積を V_1 から V_2 へ変化させる；続いて，体積を $V = V_2$ に保つ定積過程で，圧力 p を p_1 から p_2 へ変化させて最終的に状態2へ至る．経路IIでは，$V = V_1$ に保つ定積過程で圧力を p_1 から p_2 へ変化させる；続いて，$p = p_2$ に保つ定圧過程で V_1 から V_2 へ変化させ，最終的に状態2へ至る．定積過程では体積変化による仕事はゼロであり，経路Iと経路IIの間の仕事の差は，定圧過程に由来する．したがって，仕事 W に違いがあるのは，7.3.3項から明らかである．経路Iと経路IIでは状態関数の内部エネルギーは同じであるため，熱力学第一法則から，熱 Q については経路Iと経路IIで差が存在することになる．(7.3.3項以降を学習後，自習が望ましい．)

[*3] 状態 i から状態 f への積分の意味で $\Delta U = \int_\mathrm{i}^\mathrm{f} \mathrm{d}U$ とも書かれる．

$$dU = TdS - pdV \tag{7.9}$$

(7.8)式は，体積変化の仕事を顕わに書いた表現で，仕事については完全微分 $-pdV$ を用いて書かれている．(7.9)式では，熱の微小量として，状態量であるエントロピーの微小変化 dS（完全微分）を用いて書いている．エントロピーについては第8章で学ぶので，当面，(7.8)式の理解で十分である．また，表7.2にはいろいろな仕事が示されていたが，熱力学の初学段階では，この項で示したように，体積変化に伴う微小仕事 $-pdV$ だけで十分である．体積変化に伴う微小仕事にマイナス符号が付与されているのは，膨張する（$dV>0$）とき，系は仕事を外界に与え，系はエネルギーを失うためである（$\delta W = -pdV < 0$）．

Tea Time 7.1　熱力学の第0法則

　現在の一般的な教科書では，熱力学の法則として熱力学第一法則〜第三法則までの3つの法則が記載されているが，より基礎的な法則がこれら3法則の確立の後に発見された．マクスウェル（Maxwell）により1931年に確立された「**AがBと熱平衡をなし，BがCと熱平衡をなすとすると，CとAは熱平衡をなす**」という法則である．これは，温度計および物質の温度が定義できることを表していて，これ以前に見出されていた3つの法則よりも根本的と考えられた．そのため，**熱力学の第0法則**と呼ばれる．熱平衡という言葉は7.1.4節で取り扱ったが，平衡という言葉が直観的に理解できれば，第0法則の中身は，当たり前のことだと感じるだろう．私たちが自分の体温を測るときは，体温計（**B**）を自分の躰の脇の下や口内（**A**）に接触させ，熱平衡状態になったときの体温計の温度を計測しているのである．体温計自体（**B**）はすでに検定されていて，体温計の指示温度の媒体（**C**）と熱平衡にあると考えてよい．すなわち，躰（**A**）は媒体（**C**）と熱平衡にあると考えられる．私たちの体温計測はまさにこの第0法則に基づいているのである．

7.3　熱力学における変化の過程

　この節では熱力学的な変化の過程を扱うが，多くは平衡を保ちながらの変化過程，すなわち準静的過程として考える．

7.3.1　体積変化と仕事および熱

　ここで圧力一定の変化（あるいは過程），定圧変化（あるいは定圧過程）を考える．私たちの遭遇する日常のほとんどの現象は，ほぼ一定の大気圧下で起こっているため，定圧変化（過程）である．以下，簡単のため，ここで扱う定圧過程は準静的過程とする．物質に熱を与えると，その物質の体積が膨らむことで何らかの仕事ができる．仕事として，この膨張仕事のみ考え，図7.5のようなシリンダー装置を考える．一端にピストンの付いたシリンダー内部の気体を系として考える．ピストンの

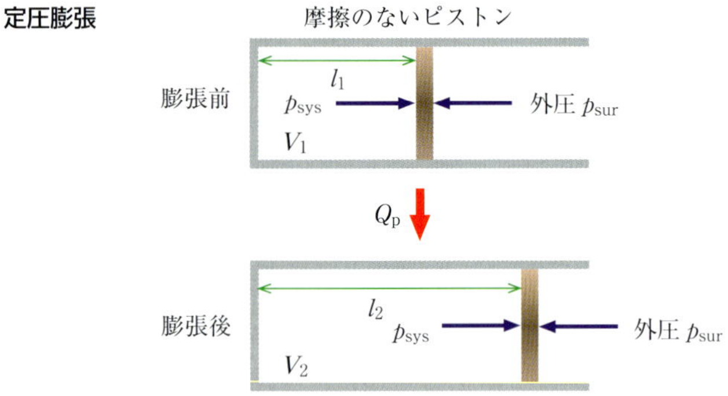

定圧膨張

図7.5 ピストン付きシリンダー内の（理想）気体の準静的定圧膨張（$p_\text{sys} = p_\text{sur}$）

移動には摩擦がないとする．系は外界から熱 Q_p をゆっくり与えられ，系（system）の圧力 p_sys と外界（surrounding）の圧力 p_sur の間で常に圧平衡を保ちながら，ピストンをゆっくりと外界側へ移動させる．これにより，準静的な定圧膨張過程が実現する．この過程では，始状態から終状態への全過程で，いつでも

$$p_\text{sys} = p_\text{sur} \tag{7.10}$$

という圧平衡条件が成り立つと仮定できる．

系が定圧下で外界とやりとりする熱量を Q_p で表す．添え字 p は，圧力（pressure）の頭文字からとられており，圧力一定条件下を意味している．外界の一定圧力を p_sur，膨張前（始状態：initial state）の体積を V_i，膨張させた後（終状態：final state）の体積を V_f とすると，系が熱 Q_p をゆっくりと吸収して膨張するとき，外界から与えられる準静的な体積変化の仕事 W_vc および膨張仕事の微小量 δW_vc は以下のように表される（表 7.2 および例題 7.2 参照）．

$$W_\text{vc} = -p_\text{sys}(V_\text{f} - V_\text{i}) = -p_\text{sys}\Delta V_\text{sys} \tag{7.11}$$

$$\delta W_\text{vc} = -p_\text{sys}\,dV_\text{sys} \tag{7.12}$$

ここで $\Delta V_\text{sys}(=V_\text{f}-V_\text{i})$ あるいは dV_sys は系の体積変化である．また，(7.11)式および(7.12)式では，体積膨張の場合は負の量となり，系は外界に仕事を与えている．

熱力学第一法則(7.6)式と(7.12)式を合わせて考える．

$$dU_\text{sys} = \delta Q_\text{p} + \delta W_\text{vc} = \delta Q_\text{p} - p_\text{sys}\,dV_\text{sys} \tag{7.13}$$

さらに，エネルギー収支がわかりやすいように，(7.13)式を変形する．

$$\delta Q_\text{p} = dU_\text{sys} + p_\text{sys}\,dV_\text{sys} \tag{7.14}$$

こうすると，定圧下で系に加えられた熱量 δQ_p が，系の内部エネルギー変化 dU_sys と系が外界に対してする仕事 $p_\text{sys}\,dV_\text{sys}$ に分配されることがわかる．

7.3.2 可逆過程と不可逆過程

定圧膨張（収縮）過程は，系の圧力を一定に保った条件での体積膨張（収縮）である．一般に，外圧より系の圧力を高圧（低圧）に保持して膨張（収縮）させることで可能である．この系の圧力と外圧の差を非常に

小さく保つと，7.3.1 項でも見たように，膨張（収縮）が非常にゆっくりと進行する．このとき，系は常に外界の圧力と平衡状態になっていると仮定してもかまわない．このように平衡状態を保ちながら状態を少しずつ変化させるという理想的な過程を準静的過程といい，熱力学では基本的に準静的過程で考えることができる．状態関数の変化量が重要で，変化の過程そのものに必ずしも沿って考えなくともよいからである．（[Tea Time 7.2]）．準静的過程は，特別な場合を除き，過程を逆向きにできる可逆過程である．一方，逆向きにできない過程は不可逆過程と呼ばれる（第 8 章）．

☕ Tea Time 7.2　準静的過程とは？

　熱力学で語られる準静的過程という言葉は，あまり馴染みがなく，ピンとこない表現である．一般に熱力学の教科書では，「系の熱力学的平衡を保ちながら無限の時間をかけて行われる変化」とか，「示量変数の時間変化がゆっくりしているために，操作の途中でも系はいつでも平衡状態とみなせるような極限的な操作」などという記述がある．そのため，現実味がない仮想的操作のように感じられる．しかし，竹内薫著『熱とはなんだろう』（講談社ブルーバックス）p. 142[(7.1)]では，「準静的ではない過程」を取り上げることで，逆に準静的過程を明らかにしている．すなわち，「気体を準静的ではない仕方で圧縮するためには，気体が「反応」するよりも速くピストンを"えいやっと"押し込まないといけない（その速さは少なくとも気体を伝わる音速くらいでないとだめだ）」（たとえば，空気中の音速は 340 m s^{-1}*）という記載がある．興味がある読者は，この本と引用されている何冊かの本を読んで欲しいが，ともかく気体の圧縮・膨張に関する限り，音速以上でピストンを移動しない限りは準静的過程であると考えてよさそうである．

＊　この値は 1 atm，15 ℃の空気中の音速のおおよその値である．しかし，音速の温度依存性はかなり大きく，32 ℃では 350.6 m s^{-1} である（付録表 C.10）．

7.3.3　準静的定圧過程と準静的定積（定容）過程

　ここで，定圧過程と比較しやすい定積（定容）過程を合わせて考える．定積（定容）過程とは，系の体積を一定に保った過程である．簡単のため始状態と終状態の状態関数である圧力，体積，温度をそれぞれ (p_1, V_1, T_1)，(p_2, V_2, T_2) とし，摩擦のないピストンが付いたシリンダー内部の気体を系として考える．以下の議論では，7.3.1 項で使用した dU_{sys}, $p_{sys} dV_{sys}$, δQ_p などの sys および p の添え字は，定圧下の系を対象としていて外界のものと区別する必要がない場合は，省略して議論されている．以後，変化前（始状態）には添え字 1 を，変化後（終状態）には添え字 2 を付けて議論する．

準静的定圧過程：圧力一定の定圧過程では始状態と終状態の圧力が一定である（$p_1 = p_2$）．系が熱 Q を吸収することにより外界から受け取る仕事 W は，$W = -p_1(V_2 - V_1)$ となり，内部エネルギー変化は，(7.5) 式

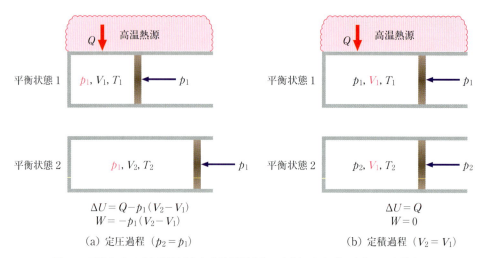

図 7.6 理想気体の定圧過程 (a) と定積過程 (b) の内部エネルギー変化 ΔU と仕事 W

および (7.11) 式より $\Delta U = Q - p_1(V_2 - V_1)$ となる．

準静的定積 (定容) 過程：体積一定の定積過程では，変化の前後で体積変化はなく，系の外部との仕事のやりとりもない．具体的には，一定に保たれた体積 ($V_1 = V_2$) の容器の中に閉じ込めた気体を系とし，この気体に熱 Q を外部から吸収させる．系が外界から熱 Q を得るが，体積は変化せず外界に仕事をしていない ($W = 0$)．したがって，(7.5) 式より与えられた熱 Q がすべて内部エネルギーの増加 ΔU になる ($\Delta U = Q$)．

ここで，定圧過程と定積過程で同じ熱 Q を与えたとき，どちらの方の温度が高くなるかを考える．図 7.6 における ΔU に関する 2 つの式を見れば答えは自明であり，熱をすべて内部エネルギーの増加分にできる定積過程の方が，系の温度も高くなる．

7.3.4　準静的等温過程と準静的断熱過程

準静的等温過程

系の温度が変化の過程で一定に保たれる過程を等温過程と呼ぶ．その特別な場合として，理想気体の準静的等温過程を考える．たとえば，一端にピストンの付いたシリンダー内の理想気体を恒温槽に入れた状態でピストンをゆっくり動かす．理想気体の体積を変化させても，系は恒温槽と熱平衡状態にあり，温度変化はない．温度変化がないことは，理想気体では，内部エネルギー変化がないということになる*1．

$$\Delta U = Q + W = 0 \tag{7.15}$$

(7.15) 式から，系が外界に対してする仕事 $-W$ と外界 (恒温槽) から取り入れる熱 Q がエネルギー量として等しくなることがわかる．このとき，体積 V_1 から V_2 への可逆的 (準静的) 変化の過程で，圧力も理想気体の状態方程式 ($pV = nRT$; n はモル数) にしたがって，p_1 から p_2 へ可逆的に変化する．系が外界にする仕事 $-W$，および系が恒温槽から受け取る熱 Q は，p を最終的には V で積分することで求まる*2 ので，

*1　理想気体の内部エネルギーが温度のみの関数であることはジュールの気体の自由膨張の実験で確認された．このジュールの実験では，一方の容器の気体をもう一方の真空容器へ放出させる自由膨張をさせ，気体の温度変化を観測したが，温度変化が見出されなかった．体積を変化させても気体の温度変化は観測されないため，内部エネルギーは体積変化に対して変化しないと考えられた．したがって，U は V に依存せず，T のみの関数となると考えられた (もう少し厳密な説明は章末問題 7.1 で考えよ)．

*2　p を状態 1 (p_1, V_1, T_1) から状態 2 (p_2, V_2, T_1) まで $pV = nRT = $ 一定に沿って積分する．

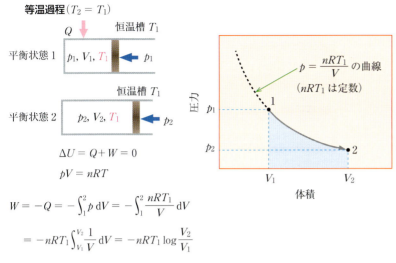

図 7.7 理想気体の準静的等温過程（左）とその変化の p-V プロット（右）
（この過程の仕事 W はブルーの面積に対応している）

$$-W = Q = \int_1^2 p\,dV = n\int_1^2 \frac{RT_1}{V}dV = nRT_1 \int_{V_1}^{V_2} \frac{1}{V}dV = nRT_1 \log\frac{V_2}{V_1} \tag{7.16}$$

となる．上式では温度 T_1 が一定であるため，モル数 n および気体定数 R とともに定数として積分の外に取り出している．膨張では $V_2 > V_1$ であるから $-W > 0$ となり，系に加えられる仕事 W は負となっている（系は外界へ仕事をしている）．等温膨張過程における変化を p-V 平面に描くと，図 7.7（右）のようになる．このときの仕事は，ブルーで示した面積となる．

準静的断熱過程

準静的断熱過程は，系に熱を与えることなく（$Q = 0$），平衡状態を保持しながら変化させる過程である．断熱材で系を囲み，外界との熱のやりとりを遮断した状態で，強制的にピストンをゆっくり動かして理想気体の系を膨張させたり，圧縮させたりする．この操作で，外界に対して仕事をしたり，外界から仕事を獲得したりする．断熱過程では $Q = 0$ であるため，熱力学第一法則 (7.5) 式から $\Delta U = W$ となる．系を強制的にゆっくりと膨張させれば，系は外界に対して仕事をすることになり（$W < 0$），内部エネルギーは減少（$\Delta U < 0$）し，系の温度は下がる．

炭酸ガスを高圧ボンベから放出する過程は，炭酸ガスが熱を吸収する前に膨張するので断熱膨張とみなせる．この過程の気体の膨張仕事*による冷却で，炭酸ガスの固体であるドライアイスが生成する．このドライアイスはスーパーマーケットなどで冷材として利用されている．

理想気体の準静的断熱過程については，ポアソン（Poisson）の関係式 (7.17) 式が成立する（[Study 7.1] 参照）．

$$pV^\gamma = c \quad (\text{一定}) \tag{7.17}$$

* 内部エネルギーは状態関数であり，準静的過程でなくとも，断熱過程の仕事は熱の吸収を伴う．

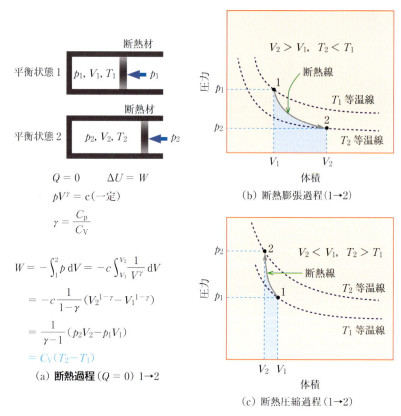

図 7.8 理想気体の準静的断熱過程(a)と準静的断熱膨張(b)および準静的断熱圧縮過程(c)の p-V プロット(図で断熱線はポアソンの関係式に対応する;各過程の仕事 W はブルーの面積に対応している)

ここで, c は定数である. また, γ は定積熱容量 C_V に対する定圧熱容量 C_p の比であり, 1 よりも大きい[後述の(7.22)式と(7.25)式を参考にせよ]. ポアソンの関係式を使えば, 理想気体の断熱過程における仕事を計算できる[(7.18)式の最後の式変形は $pV = nRT$ を利用].

$$W = -\int_1^2 p\, dV = -c\int_{V_1}^{V_2} \frac{1}{V^\gamma} dV = c\frac{1}{\gamma-1}(V_2^{1-\gamma} - V_1^{1-\gamma})$$

$$= \frac{1}{\gamma-1}(p_2V_2 - p_1V_1) = \frac{nR}{\gamma-1}(T_2 - T_1) = C_V(T_2 - T_1) \quad (7.18)^*$$

準静的な断熱膨張過程および断熱圧縮過程における p-V 変化は図 7.8(b),(c)のようになる. このときの仕事は, ブルーで示した面積となり, 準静的等温過程図7.7の仕事(ブルーの面積)とは異なる.

* $\gamma = \dfrac{C_p}{C_V}$ および $C_p - C_V = nR$ (マイヤーの関係;p.184 の *1 参照)より $\dfrac{nR}{\gamma-1} = C_V$. なお, 現段階の学習では, $\dfrac{nR}{\gamma-1}$ を係数とした表現で可. C_p および C_V については 7.4.1 項を参照.

例題 7.3 体積 V_1, 圧力 p_1 の理想気体 n mol がある. 体積 V_2 まで膨張させるとき, 準静的等温過程と準静的断熱過程のどちらの圧力低下が大きくなるか.

解 準静的等温過程 $p_1V_1 = p_2V_2$ より $p_2 = p_1\dfrac{V_1}{V_2}$; 準静的断熱

過程 $p_1V_1^\gamma = p_3V_2^\gamma$ したがって，$p_3 = p_1\left(\dfrac{V_1}{V_2}\right)^\gamma$．$V_2 > V_1$, $\gamma > 1$ より $p_3 < p_2$．すなわち準静的断熱過程の方が準静的等温過程より圧力低下は大きい（もっと直接的には両過程の $\dfrac{dp}{dV}$ を計算して議論することもできる）．

各過程のまとめ

これまで取り扱ってきた理想気体の準静的な定圧，定積，等温，断熱過程における熱，仕事，および内部エネルギー変化をまとめると，表7.3のようになる．

表 7.3 準静的な定圧，定積，等温，断熱過程の熱，仕事，内部エネルギー変化
[理想気体 (n mol) の (p_1, V_1, T_1) から (p_2, V_2, T_2) への変化]

熱力学過程	熱 Q	仕事 W	内部エネルギー変化 ΔU
準静的定圧過程	Q	$-p_1(V_2-V_1) = nR(T_1-T_2)$	$Q - p_1(V_2-V_1) = Q + nR(T_1-T_2)$
準静的定積過程	Q	0	Q
準静的等温過程	$nRT_1\log\dfrac{V_2}{V_1}$	$-nRT_1\log\dfrac{V_2}{V_1}$	0
準静的断熱過程	0	$\dfrac{1}{\gamma-1}(p_2V_2 - p_1V_1)$ $= \dfrac{nR}{\gamma-1}(T_2-T_1) = C_V(T_2-T_1)$	$\dfrac{1}{\gamma-1}(p_2V_2 - p_1V_1)$ $= \dfrac{nR}{\gamma-1}(T_2-T_1) = C_V(T_2-T_1)$

7.4 エンタルピー

7.4.1 熱容量

物質の温度を 1 K 上昇させるために必要な熱を熱容量という．たとえば，熱 Q を与えたときに物質の温度が ΔT だけ上昇したとすると，熱容量は $Q/\Delta T$ で定義される．熱容量は物質量に比例するため，物質 1 g あたりの熱容量を比熱容量と呼び，物質 1 mol あたりの熱容量をモル熱容量（molar heat capacity）と呼ぶ．

7.3.3 項で学んだように，定積過程では，仕事に利用されるエネルギーの損失がない（$W = 0$）ので，与えた微小な熱 δQ がそのまま内部エネルギーの微小変化 dU になる（$dU = \delta Q$）．したがって，定積熱容量 C_V は次の式で表される．

$$C_V = \frac{\delta Q}{dT} = \frac{dU}{dT} \tag{7.19}{}^{*1}$$

6.4 節で学んだように，立方体の箱に n mol の分子が含まれる理想気体を考える．1 個の分子（質量 m）の平均並進運動エネルギー K は，(6.11) 式から $K = \dfrac{1}{2}m\overline{c^2}$（$\overline{c^2}$：平均 2 乗速さ）[*2] と書かれる．アボガドロ定数を N_A とすると，n mol の気体分子の平均並進運動エネルギーは (6.12) 式より，温度に比例する以下の関係が成立する（R：気体定数）．

[*1] $\dfrac{dU}{dT}$ は，一般的には偏微分を用いて $\left(\dfrac{\partial U}{\partial T}\right)_V$ と書く．下付き添字の V は V 一定で U を T で微分することを表す．

[*2] (6.11) 式として既出．

$$nN_A\left(\frac{1}{2}m\overline{c^2}\right) = \frac{3}{2}nRT \qquad (7.20)$$

左辺は並進運動エネルギーの合計であり，理想気体の系であれば，内部エネルギー U に等しい（回転・振動エネルギーの寄与は理想気体では，分子を質点と考えるため，考えなくともよい）．このため，内部エネルギーの増加は温度の上昇に比例する．さらに，(7.19)式を考慮すると

$$dU = \frac{3}{2}nR(dT) = C_V\,dT \qquad (7.21)$$

と書ける．理想気体の定積熱容量 C_V は，以下の式で表すことができる：

$$C_V = \frac{dU}{dT} = \frac{3}{2}nR \qquad (7.22)^{*1}$$

一方，定圧過程では，(7.14)式から以下の式が成立する．

$$\delta Q = dU + p\,dV \qquad (7.23)$$

理想気体の状態方程式（$pV = nRT$）を用いると，pV の変化は，定圧下では $p(dV) = nR(dT)$ と書けることに注意して，(7.23)式は次のように表せる．

$$\delta Q = \frac{3}{2}nR(dT) + nR(dT) = \frac{5}{2}nR(dT) \qquad (7.24)$$

したがって，理想気体の定圧熱容量 C_p は

$$C_p = \frac{\delta Q}{dT} = \frac{5}{2}nR \qquad (7.25)^{*1}$$

となる．理想気体の定圧過程の熱容量 C_p は，理想気体の定積過程の熱容量 C_V に比べて nR だけ大きくなる[*2]．熱容量が大きいということは，気体を 1 K だけ温度上昇させるために，より多くの熱が必要になることを意味している．定圧過程では定積過程よりも気体が温まりにくい．

理想気体では，熱容量（モル熱容量[*3]）は温度によらず一定と考えてよい[*4]．しかし，実在気体には気体分子の並進以外に分子回転と分子振動が寄与する．大気圧，室温下で測定した定圧モル熱容量[*3] $C_{p,m}$ の値

表7.4 気体の定圧モル熱容量 (298.15 K, 1 atm；気体定数 $R = 8.314\,\text{J mol}^{-1}\,\text{K}^{-1}$)

分子		実測値(7.2) $C_{p,m}/\text{J K}^{-1}\,\text{mol}^{-1}$	計算値 $C_{p,m}/\text{J K}^{-1}\,\text{mol}^{-1}$	並進・回転の自由度からの計算式
単原子気体	He Ne Ar Kr	20.79 20.79 20.79 20.79	20.79	$\frac{5}{2}R$
二原子気体	H_2 N_2 O_2	28.84 29.12 29.38	29.10	$\frac{7}{2}R$
多原子気体	CO_2 NH_3 CH_4	35.46* 35.5# 35.79	37.42 33.26	$\frac{9}{2}R$[*5] $\frac{8}{2}R$[*6]

＊：文献(7.2)の内挿値；＃：理科年表 2023（丸善）

[*1] (7.22)式と(7.25)式より得られる $C_p - C_V = nR$ はマイヤーの関係式と呼ばれる（[Study 7.1] 参照）．後述の定積モル熱容量 $C_{V,m}$ および定圧モル熱容量 $C_{p,m}$ を用いれば，マイヤーの関係式は $C_{p,m} - C_{V,m} = R$ となる．

[*2] 液体や固体の場合は，温めても（気体の場合に比べて）ほとんど体積は増えないので，$C_p = C_V$ と考えてよい場合もある．

[*3] 1 mol あたりの定積熱容量は定積モル熱容量で，$C_{V,m}$ と表記される．1 mol あたりの定圧熱容量は定圧モル熱容量であり，$C_{p,m}$ と表記される．物質量 n mol の定積熱容量 C_V について $C_V = nC_{V,m}$，定圧熱容量 C_p について $C_p = nC_{p,m}$ の関係が成立する．

[*4] 分子を質点と考える理想気体の近似が適用できるのは，単原子気体に限られる．多原子分子に現れる振動運動，回転運動の寄与は別途，[*5] や [*6] のように考える．

[*5] 「3つの並進運動の寄与 $\frac{3}{2}R$」＋「振動運動の寄与 R」＋「2つの回転運動の寄与 R」＋「C_p への変換のための R」．

[*6] 「3つの並進運動の寄与 $\frac{3}{2}R$」＋「3つの回転運動の寄与 $\frac{3}{2}R$」＋「C_p への変換の寄与 R」．

の例を表7.4に示す．理想気体に近い希ガスでは，$C_{p,m} = \frac{5}{2}R$ による計算値に近い実測値が得られている．酸素や窒素など二原子分子気体では $\frac{7}{2}R$（「定積モル熱容量の並進運動の寄与 $\frac{3}{2}R$」+「2つの回転運動の寄与 R」+「定圧モル熱容量への変換の寄与 R」）による計算値に近い．さらに多原子分子気体になると，分子の形が直線状か非直線状かでも異なり，分子回転や振動の寄与がさらに大きく複雑になる．分子振動の熱容量に対する影響は，温度上昇によりさらに顕著かつ複雑になるため，多数の原子を含む多原子分子の熱容量が示す温度依存性は実測値に対する近似式でしか求めることができなくなる．

7.4.2 エンタルピーの定義

私たちの身のまわりで見られる定圧過程では，(7.14)式が成立する．外界と系の圧力が等しい（$p_{\text{ext}} = p_{\text{sys}}$）という条件が成立している準静的過程においては，sys の添え字を省略すると，熱力学第一法則に由来する (7.14) 式は以下のように書かれる．

$$\delta Q_p = dU + p\,dV \tag{7.26}$$

左辺は系に与えられた熱である．右辺は系の内部エネルギー変化量および圧力と体積変化量の積で表される体積変化に伴う仕事との和で表されている．右辺は，定圧過程では，状態変数の変化量となる．その単位から，エネルギーの関数であることもわかる．そこでエネルギーを表す新しい状態関数として，次の物理量を定義する．

$$H = U + pV \tag{7.27}$$

この H のことを「温める」というギリシャ語にちなんで，**エンタルピー**と呼ぶ．圧力が一定である定圧過程では，系のエンタルピーの変化量は，(7.26) 式も考慮すると，次のようになる．

$$dH = dU + p\,dV = \delta Q_p \tag{7.28}$$

この式によると，定圧過程において，エンタルピーの変化量 dH は内部エネルギーの変化量と体積変化の仕事の和である．すなわち，定圧過程のエンタルピー変化 dH は外界とやりとりする熱の微小量 δQ_p に等しい．また，熱は経路に依存する量であるが，準静的定圧過程では，エンタルピーという状態関数の変化量として取り扱える．

dH を用いると，定圧熱容量 C_p は次のように書き換えられる：

$$C_p = \frac{\delta Q_p}{dT} = \frac{dH}{dT} \tag{7.29}*$$

つまり，定積熱容量 C_V と定圧熱容量 C_p はそれぞれ物質の温度を1 K 上昇させるときの内部エネルギー変化 ΔU [(7.19) 式] とエンタルピー変化 ΔH である．したがって，熱容量が温度に依存する場合，それぞれの熱容量を以下のように温度で積分することで，内部エネルギー変化 ΔU とエンタルピー変化 ΔH の温度依存性を決定できる．

* p.183 *1 と同様に，一般的には圧力 p 一定の偏微分 $\left(\frac{\partial H}{\partial T}\right)_p$ である．

$$\Delta U = \int_{T_1}^{T_2} C_V \, dT \quad ; \quad \Delta H = \int_{T_1}^{T_2} C_p \, dT \tag{7.30}$$

これらの式は，物質の温度変化に伴う熱の出入りの計算に利用される．

☕ Tea Time 7.3　海風と陸風

海辺の公園では，凧揚げをする姿がよく見かけられる．海辺で吹く風が強いためであるが，これは海と陸の熱容量の差によって起こる現象である．太陽から同じ熱が降り注いでも，海と陸では温度の上がり方が違う．海は温度が上がりにくく，陸では上がりやすい．言い換えると，海は熱容量が大きく，陸は海に比べて熱容量が小さい．朝，日が昇ると陸の温度が急速に上昇する．すると陸に接する空気が温められて膨張し，密度が低下した結果，上昇気流が生まれる．そうするとまだ温度が低いままである海上の空気が陸へ向かって流れ込み，海風が生じる．しかし日が陰ってくると，今度は陸の温度が急速に下がるが，熱を溜め込んだ海の温度はあまり下がらず，逆に陸から海へ向かって風がながれる．これを陸風という．

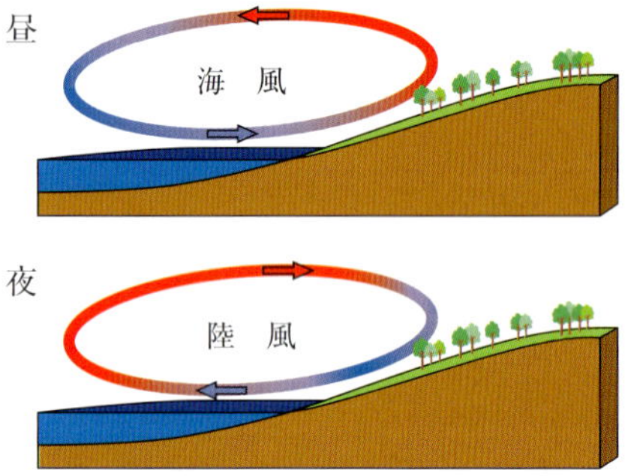

同じ熱を与えても陸と海では温度変化が異なる：熱容量が異なる！

図 7.9 海風と陸風

7.4.3　標準生成エンタルピーと標準反応エンタルピー

高校の化学では，燃焼熱や溶解熱など，さまざまな反応熱を学んできた．大気圧下の反応であれば，これら反応熱はすべてエンタルピー変化として置き換えられる[(7.28)式]．たとえば高校化学で学んだ**生成熱**も生成エンタルピーであり，化合物を生成するときのエンタルピー変化である．化学反応における放出あるいは吸収されるエネルギーを議論するためには，標準反応エンタルピーが利用される．化学反応は，一般的に，

$$反応原系 \longrightarrow 生成系$$

と表される．反応エンタルピーは

$$(生成系のエンタルピーの総和 H_{生成系})$$
$$-(反応原系のエンタルピーの総和 H_{反応原系})$$

である．**標準反応エンタルピーは標準状態**(圧力 1 bar*，指定温度)の反応原系から標準状態の生成系が生じる反応の反応エンタルピーである．標準反応エンタルピーの表記には，$\Delta_r H°$ [および $\Delta_r H°(298\,\mathrm{K})$] が使用される．反応(reaction)を意味する r，標準状態(1 bar)を意味する°を付記している．さらに，括弧内に指定温度を，298 K であれば(298 K)のように明記している．単に $\Delta_r H°$ と書かれることもある．

いろいろな反応の反応エンタルピーを計算する際には，**標準生成エンタルピー**が有用である．物質の標準生成エンタルピーとは，基準状態にある構成元素から物質を生成する反応の標準反応エンタルピーである．元素の基準状態とは，1 bar の圧力および指定温度において，最も安定な状態(同素体)である．たとえば炭素では，黒鉛，ダイヤモンドなどの同素体が存在するが，基準状態となるのは最も安定な黒鉛である．H および N についてはそれぞれ気体の H_2 および N_2 が基準状態となる．標準反応エンタルピーの計算に当たっては，元素の基準状態のエンタル

---

*　標準状態の圧力については混乱も見られる．IUPAC(国際純正・応用化学連合)は 100 kPa (= 10^5 Pa = 1 bar) を推奨している．しかし，日本の学界では 1 atm が常用されている．このため，この教科書では，1 atm を使用している．

表7.5 さまざまな気体の標準生成エンタルピー $\Delta_f H°$(1atm, 298 K)

分子	$\Delta_f H°/\text{kJ mol}^{-1}$	分子	$\Delta_f H°/\text{kJ mol}^{-1}$	分子	$\Delta_f H°/\text{kJ mol}^{-1}$
HF	-271.1	CO_2	-393.51	CH_4	-74.87
HCl	-92.31	NO_2	33.18	C_2H_6	-83.8
HBr	-36.4	O_3	142.7	C_3H_8	-104.7
HI*	26.48	SO_2	-296.83	C_2H_4	52.47
CO	-110.53	H_2O	-241.83	C_2H_2	226.73
NO	90.25	NH_3	-45.94	CH_3Cl	-83.68

印なしは文献(7.2),＊印は文献(7.3)による.

ピーはゼロとして取り扱われる．標準生成エンタルピーの記号には $\Delta_f H°$ あるいは $\Delta_f H°(298\,\text{K})$ が使用される．生成(formation)を意味する f が付記されていることと，反応原系に基準状態を考えること以外，標準反応エンタルピー $\Delta_r H°$ の場合と同様である．標準状態の圧力として 1 bar ではなく 1 atm[*1] の場合もある（表7.5）．どのような圧力が標準状態に採用されているか，場合によっては，確認する必要がある．

*1 たとえば文献(7.2)では 1 atm が採用されている．

代表的な気体の標準生成エンタルピーを表7.5に示す（付録 表 C.8a および 表 C.8b も参照のこと）．この標準生成エンタルピーは，反応がどのような温度になろうとも，最終的に 298 K となる限り，利用することができる．

$\Delta_f H°(298\,\text{K})$ の適用の例として，黒鉛の酸化反応を考える．

$$\text{C(s, graphite)} + O_2(g) \longrightarrow CO_2(g) \tag{7.31}$$

ここで，括弧の中の s および g は，それぞれ固体(solid)および気体(gas)であることを表している．この燃焼反応の反応原系（左辺）は，標準状態で単体として最も安定な黒鉛と酸素である．これらは，いずれも $CO_2(g)$ の構成元素の基準状態であり，それぞれの $\Delta_f H°(298\,\text{K})$ はゼロであり，その和も当然ゼロである．生成系（右辺）は二酸化炭素の標準生成エンタルピーのみであり，表7.5から，$-393.51\,\text{kJ mol}^{-1}$ である．したがって，$\Delta_r H°(298\,\text{K}) = -393.51\,\text{kJ mol}^{-1}$ となり，燃焼エンタルピーは，$-393.51\,\text{kJ mol}^{-1}$ と求まる．この値については次項で取り扱う．少し注意を要するのは，(7.31)式の化学反応のように，反応原系が生成系の構成元素の基準状態の場合は，生成系物質については，標準反応エンタルピー $\Delta_r H°(298\,\text{K})$ と標準生成エンタルピー $\Delta_f H°(298\,\text{K})$ は等しくなることである．この教科書では反応エンタルピーを考える場合は $\Delta_r H°(298\,\text{K})$ を用いる．

7.4.4 発熱反応と吸熱反応

前項で取り扱った通り，大気中で炭[*2]を燃焼させると，燃焼反応の進行とともに二酸化炭素が発生する．この反応は

$$\text{C(s, graphite)} + O_2(g) \longrightarrow CO_2(g)$$
$$\Delta_r H°(298\,\text{K}) = -393.51\,\text{kJ mol}^{-1} \tag{7.32}$$

と書かれる．この反応の $\Delta_r H°(298\,\text{K})$ は $-393.51\,\text{kJ mol}^{-1}$ となり，反

*2 炭は木材を蒸し焼きにしたもので，必ずしも，グラファイトばかりではないが，ここでは，グラファイトとして扱う．

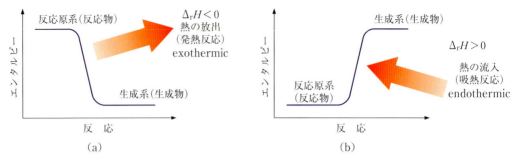

図 7.10 発熱反応 (a) と吸熱反応 (b) のエンタルピー変化の模式図

応の $\Delta_r H°(298\,\mathrm{K})$ は負である．したがって，反応によって系のエンタルピーが減少し，エネルギーが外界に放出されることを意味する．これは，生成系は反応原系よりも安定であることを意味している（図 7.10）．炭火をおこすと，炭は熱を発生し赤く発光する．すなわち負符号の反応エンタルピーは発熱（exothermic）反応を意味し，外界に放出されるエネルギーの多くは熱として放出される．一度，炭火をおこすと，酸素の供給が尽きない限り，炭が灰になるまで燃焼反応は進行する．この発熱反応は自発的に進行する．

一方，以下に示す一酸化窒素 NO の生成反応の $\Delta_r H°(298\,\mathrm{K})$ は正の値である．

$$\frac{1}{2}\mathrm{N}_2 + \frac{1}{2}\mathrm{O}_2 \longrightarrow \mathrm{NO} \qquad \Delta_r H° = +90.25\,\mathrm{kJ\,mol^{-1}} \qquad (7.33)$$

生成系の NO のエンタルピーは反応原系のエンタルピーより大きく，反応原系より不安定である．一酸化窒素を 1 mol 生成するためには，1 mol あたり約 90 kJ のエネルギーが必要な吸熱反応である．この吸熱反応は，多くの場合，自発的には進行しない[*1]．

*1 この反応の進行にはエネルギーの供給が必要である．厳密には，たとえば等温定圧条件下で反応の自発的進行を決めるのはギブズエネルギーである．これについては，第 8 章で学ぶ．

例題 7.4 以下の反応の標準反応エンタルピー $\Delta_r H°(298\,\mathrm{K})$ を，表 7.5 を参考に求めよ．

$$\frac{1}{2}\mathrm{N}_2(\mathrm{g}) + \frac{1}{2}\mathrm{O}_2(\mathrm{g}) \longrightarrow \mathrm{NO}(\mathrm{g})$$

解 $\Delta_r H°(298\,\mathrm{K}) = \Delta_f H°(\mathrm{NO}) - \left\{\frac{1}{2}\Delta_f H°(\mathrm{N}_2) + \frac{1}{2}\Delta_f H°(\mathrm{O}_2)\right\}$

$= 90.25\,\mathrm{kJ\,mol^{-1}} - (0+0)\,\mathrm{kJ\,mol^{-1}} = +90.25\,\mathrm{kJ\,mol^{-1}} > 0$

よって，この反応は吸熱反応であり，自発的には進行しない[*2]．もしこの反応が自発的に進むのであれば，大気中ではどんどん有害な NO が発生することになる．

*2 この問題の直前に書いた多くの場合の一例であると考えている（*1 も参照）．

例題 7.5 2 つの CO 結合をもつ二酸化炭素の標準生成エンタルピーは，一酸化炭素の標準生成エンタルピーの 2 倍にはなっていない．その理由を推定せよ．

$\Delta_f H°(\mathrm{CO}_2) = -393.51\,\mathrm{kJ\,mol^{-1}}, \quad \Delta_f H°(\mathrm{CO}) = -110.53\,\mathrm{kJ\,mol^{-1}}$

解 二酸化炭素は二重結合2個からなっており，一酸化炭素は三重結合1個からなっている（オクテット則より）．二重結合と三重結合の結合エネルギーが違うため，2倍になる必要はない．

7.4.5 $\Delta_f H°(298\,\mathrm{K})$の適用とヘスの法則

$\Delta_r H°(298\,\mathrm{K})$の評価への$\Delta_f H°(298\,\mathrm{K})$の適用 すでに見たように，標準生成エンタルピー$\Delta_f H°(298\,\mathrm{K})$は化学反応を考えるとき有効である．たとえば，以下のエチレンの水素添加反応の標準反応エンタルピーを考える．

$$C_2H_4(g) + H_2(g) \longrightarrow C_2H_6(g) \tag{7.34}$$

エチレンとエタンの$\Delta_f H°(298\,\mathrm{K})$は，表7.5から，それぞれ$52.47\,\mathrm{kJ\,mol^{-1}}$および$-83.8\,\mathrm{kJ\,mol^{-1}}$である．水素の$\Delta_f H°(298\,\mathrm{K})$は安定な単体であるため，ゼロである．この反応における系の標準反応エンタルピー，$\Delta_r H°(298\,\mathrm{K})$は，以下のように求められる．

$$\begin{aligned}\Delta_r H°(298\,\mathrm{K}) &= (\text{生成系の標準生成エンタルピーの総和}) \\ &\quad - (\text{反応原系の標準生成エンタルピーの総和}) \\ &= (-83.8\,\mathrm{kJ\,mol^{-1}}) - (52.47\,\mathrm{kJ\,mol^{-1}} + 0\,\mathrm{kJ\,mol^{-1}}) \\ &= -136.27\,\mathrm{kJ\,mol^{-1}}\end{aligned} \tag{7.35}$$

したがって，$\Delta_r H°(298\,\mathrm{K})$は$-136.27\,\mathrm{kJ\,mol^{-1}}$と負の値となり，発熱反応である．

ヘスの法則の適用 黒鉛の燃焼による一酸化炭素の生成反応$C(s) + \frac{1}{2}O_2(g) \longrightarrow CO(g)$を考える．実験的にこの反応の反応熱を求めることは，二酸化炭素の生成を必ず伴うため困難である．しかし，このような場合でも，以下の実測可能な反応熱をもつ2つの反応を利用することで求めることができる．

$$C(s) + O_2(g) \longrightarrow CO_2(g) \quad \Delta_r H°(298\,\mathrm{K}) = -393.51\,\mathrm{kJ\,mol^{-1}} \tag{7.36}$$

$$CO(g) + \frac{1}{2}O_2(g) \longrightarrow CO_2(g) \quad \Delta_r H°(298\,\mathrm{K}) = -282.98\,\mathrm{kJ\,mol^{-1}} \tag{7.37}$$

ここで，**ヘス（Hess）の法則**を利用する．この法則は，「反応熱は，反応の経路によらず，反応の始めの状態と終わりの状態で決まる」という内容をもつ．この実験則は反応熱が状態関数であるエンタルピーについての反応原系と生成系との差であることにより裏付けられる．一酸化炭素が生成するときの燃焼熱[*]は，(7.36)式から(7.37)式を引き算することで

$$C(s) + \frac{1}{2}O_2(g) \longrightarrow CO(g) \quad \Delta_r H°(298\,\mathrm{K}) = -110.53\,\mathrm{kJ\,mol^{-1}} \tag{7.38}$$

と求まる．このようにヘスの法則は実験的に測定困難な場合の反応熱の推定に有効である．表7.5には，実験値ばかりではなくこのような計算値も掲載されている．図7.11には，ヘスの法則を適用してメタンの燃焼熱を算出する例を示す．メタンの燃焼反応，$CH_4(g) + 2O_2(g) \longrightarrow$

[*] この項では，燃焼反応の標準反応エンタルピー，標準燃焼エンタルピーを，簡単のため，燃焼熱と記述している．

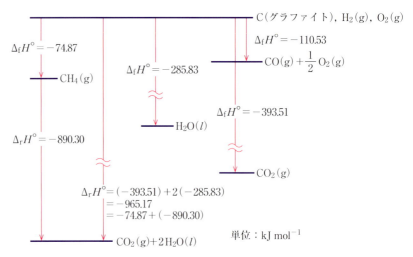

図7.11 ヘスの法則の適用例—メタンの燃焼熱，$-890.30 \text{ kJ mol}^{-1}$.

$CO_2(g)+2H_2O(l)$，に出現する各物質の標準生成エンタルピーからメタンの燃焼熱が算出可能である．ただし，水（液体）については，$\Delta_f H°$ (298 K) $= -285.83 \text{ kJ mol}^{-1}$（付録 表 C.8a 参照）を用いている．

> **例題7.6** 表7.5を参考にして，アセチレンに水素を付加してエチレンを生成するときの標準反応エンタルピー $\Delta_r H°$ (298 K) を求めよ．
> **解** この反応の式は，$C_2H_2(g) + H_2(g) \longrightarrow C_2H_4(g)$ で表せる．よってこの反応の標準反応エンタルピー $\Delta_r H°$ は，以下のように求められる．
> $$\begin{aligned}\Delta_r H°(298 \text{ K}) &= \Delta_f H°(C_2H_4) - \{\Delta_f H°(C_2H_2) + \Delta_f H°(H_2)\} \\ &= 52.47 \text{ kJ mol}^{-1} - (226.73 \text{ kJ mol}^{-1} + 0 \text{ kJ mol}^{-1}) \\ &= -174.26 \text{ kJ mol}^{-1}\end{aligned}$$

7.4.6 反応エンタルピーの温度依存性

標準反応エンタルピーは，反応物（反応原系）と生成物（生成系）の標準生成エンタルピーを用いて計算できる．しかし，標準生成エンタルピーは室温値が示されることが多いのに対して，多くの化学反応は，高温で進行する．この様な場合の反応熱（標準反応エンタルピー）の求め方を以下に示す．

例として，373 K で窒素と水素からアンモニアを合成する反応を取り上げる．

$$\frac{1}{2}N_2 + \frac{3}{2}H_2 \longrightarrow NH_3 \tag{7.39}$$

この反応の標準反応エンタルピーは，図7.12 の $\Delta_r H_4$ に対応する．この $\Delta_r H_4$ を評価するとき，表7.5の $\Delta_f H°$ (298 K) は温度が異なるため，利用できない．図7.12 には，室温の窒素と水素の系を，373 K のアンモニアに変化させる経路について2種類示されている．1つの経路は反

応原系の温度を室温から 373 K まで上昇させてから反応させる経路 I である．もう 1 つの経路は室温で反応させて生成した生成系の温度を 373 K まで上昇させる経路 II である．現実の反応は経路 I であり，経路 II では反応はほとんど進行しない．経路 I による反応と経路 II による反応のエンタルピー変化 $\Delta_\mathrm{r} H$ は等しい．そこで，ヘスの法則を利用して，表 7.5 の $\Delta_\mathrm{f} H°(298\ \mathrm{K})$ から直接的には求まらない $\Delta_\mathrm{r} H_4$ を求める．

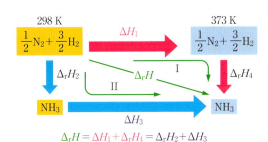

図 7.12 アンモニア合成における複数の経路（右まわりは本文の経路 I，左まわりは本文の経路 II）

まず温度を上昇させる過程のエンタルピー変化を計算する．ΔH_1 および ΔH_3 は，それぞれ，反応原系および生成系の温度を室温から 373 K まで上昇させる過程である．熱容量が温度変化に対して一定とすると，1 mol あたりのエンタルピー変化 ΔH は (7.30) 式の定圧熱容量 C_p を定圧モル熱容量 $C_\mathrm{p,m}$ で置換して計算できる．

$$\Delta H = C_\mathrm{p,m} \Delta T \tag{7.40}$$

窒素と水素の定圧モル熱容量 $C_\mathrm{p,m}$ は，表 7.4 により，どちらも約 29 J K^{-1} mol^{-1} である．二原子分子に関してはその温度依存性が無視できるので，298 K から 373 K までのエンタルピー変化 ΔH_1 は

$$\Delta H_1/\mathrm{J\ mol^{-1}} \approx 29 \times \left(\frac{1}{2}+\frac{3}{2}\right) \times (373-298) = 4.35 \times 10^3 \tag{7.41}$$

となり，$4.35\ \mathrm{kJ\ mol^{-1}}$ と評価できる．なお，窒素と水素の $C_\mathrm{p,m}$ は 1 mol あたりの量のため，(7.39) 式反応原系のそれぞれの化学量論係数を掛けている．

アンモニアの $C_\mathrm{p,m}$ は，表 7.4 では 33.26 J K^{-1} mol^{-1} と示されている．しかし，7.4.1 項で述べた通り，多原子分子の $C_\mathrm{p,m}$ は，変角振動の寄与により，温度変化に対して一定ではない．7.4.1 項では詳細を述べなかったが，アンモニアの $C_\mathrm{p,m}$ の実験式は，温度の 1 次式で表される．

$$C_\mathrm{p,m}/\mathrm{J\ K^{-1}\ mol^{-1}} = 29.7 + 0.025 T \tag{7.42}$$

この式と (7.30) 式より，ΔH_3 は以下の計算で $2.86\ \mathrm{kJ\ mol^{-1}}$ となる．

$$\begin{aligned}\Delta H_3/\mathrm{J\ mol^{-1}} &= \int_{298}^{373}(29.7+0.025\ T)\,\mathrm{d}T \\ &= 29.7 \times (373-298) + 0.025 \times \frac{1}{2} \times (373^2-298^2) \\ &\approx 2.86 \times 10^3\end{aligned} \tag{7.43}$$

次に，室温の過程の $\Delta_\mathrm{r} H_2$ を計算する．この $\Delta_\mathrm{r} H_2$ はアンモニアの標準

生成エンタルピーと等しいため，表 7.5 より，$-45.94\,\mathrm{kJ\,mol^{-1}}$ と与えられる．これら 3 つのエンタルピー変化を図 7.12 に示す以下の式

$$\Delta H_1 + \Delta_r H_4 = \Delta_r H_2 + \Delta H_3 \tag{7.44}$$

に代入する．その結果，$\Delta_r H_4 = -47.43\,\mathrm{kJ\,mol^{-1}}$ が得られる．この計算に用いた (7.44) 式はヘスの法則に基づいている．このようにヘスの法則を使えば，室温以外での反応エンタルピーも計算できる．

7.5 反応の自発性

7.4.4 項において扱った例では，化学反応は発熱反応では自発的に進行し，吸熱反応は自発的に進行しない．しかし，次章で例示すように，吸熱反応でも自発的に化学反応が進行する場合がある．化学反応の進行の方向はエンタルピー変化とエントロピー変化の両方の効果を含んだギブズエネルギーであることを第 8, 9 章で学ぶ．

第 7 章のまとめ

物質の変化と平衡を扱う巨視的な学問の方法　熱力学
- 熱力学の前提　系（開放系，閉鎖系，断熱系，孤立系）
  　　　　　　　熱 Q と仕事 W の等価性（ジュールの実験）
  　　　　　　　温度 T と平衡（熱力学第 0 法則）
  　　　　　　　状態関数と経路関数
  　　　　　　　状態方程式の存在
- 熱力学第一法則　状態関数の内部エネルギーを定義
  「系に加えられた熱 δQ と仕事 δW の和は内部エネルギー U の増加 $\mathrm{d}U$ に等しい」
  「無からエネルギーは得られない」経験から得られた経験則
  　　　内部エネルギーが状態関数に対して，熱と仕事が経路関数であることが本質
- 変化の過程　準静的過程
  　　　　　　準静的定圧過程 (a)，準静的定積過程 (b)，準静的等温過程 (c)，
  　　　　　　準静的断熱過程 (d)（ポアソンの関係）
  　　　　　　(a)〜(d) の過程について，理想気体の受け取る熱 Q，仕事 W，ΔU（内部エネルギーの変化）
- エンタルピーの導入
  　　　　　　エンタルピー $H\,(= U + pV,\ p\,:\,$圧力$,\ V\,:\,$体積$)$
  　　　　　　定圧では熱 Q はエンタルピー変化 ΔH に等しい
  　　　　　　定積熱容量 C_V と定圧熱容量 C_p（定積モル熱容量 $C_{V,\mathrm{m}}$ と定圧モル熱容量 $C_{p,\mathrm{m}}$）
  　　　　　　標準生成エンタルピーとその利用
  　　　　　　発熱反応，吸熱反応と反応エンタルピーの関係
  　　　　　　ヘスの法則とその利用
  　　　　　　反応エンタルピーの温度依存性の考慮の仕方

章末問題 7

1. 状態量である U を T と V の関数 $U(T,V)$ と考え，全微分 (7.1) 式を適用する ($x \leftrightarrow T$; $y \leftrightarrow V$; $z \leftrightarrow U$). ジュールの気体の自由膨張の実験結果は (理想) 気体では体積変化があっても温度変化はなく，内部エネルギーの変化はないと解釈された．この解釈より $\left(\frac{\partial U}{\partial V}\right)_T = 0$ を導け．

2. 炭酸ガスのボンベの栓を回して，一気にガスを放出すると，どのような現象が起きるだろうか？ このときの過程は表 7.3 の 4 つの過程のどれに近いだろうか？ 考えてみよう．
   (ヒント：スーパーマーケットで冷凍食品やアイスクリームを購入すると，このボンベからの噴出物を見ることもある．)

3. エンタルピーとは何か，その必要性とともに説明せよ．

4. 理想気体の準静的等温膨張におけるエンタルピー変化を求めよ．

5. 体積 V_1，圧力 p_1 の理想気体 1 mol がある．温度 T の準静的な等温過程で体積を V_2 へ膨張させた．準静的等温過程の代わりに準静的断熱過程により体積 V_2 まで膨張させたとき，温度 T_3 はどのようになるか．

6. 孤立した陽イオンと陰イオンからイオン結晶が生成するときの安定化のエネルギーを格子エネルギーという．NaCl 結晶については $Na^+(g) + Cl^-(g) \longrightarrow NaCl(s)$ の式で表される．しかし，実験的には直接求められるのは，この格子エネルギーではなく，$Na(s) + \frac{1}{2}Cl_2(g) \longrightarrow NaCl(s)$ で表される NaCl の生成熱である．NaCl 結晶の生成熱 -411.2 kJ mol^{-1} を用いて，NaCl の格子エネルギーを求めよ．ただし，以下の反応熱を用いてよい．
   (ヒント：ヘスの法則を用いよ．[Study 5.2] では 771 kJ mol^{-1} と与えられているが，使用データの違いなどにより，本問題ではこの値とは必ずしも一致しない値が得られる)

$Na(s) \longrightarrow Na(g)$	$\Delta H_1 = 107.5$ kJ mol^{-1}
$Na(g) \longrightarrow Na^+ + e^-$	$\Delta H_2 = 495.9$ kJ mol^{-1}
$Cl_2(g) \longrightarrow 2Cl(g)$	$\Delta H_3 = 239.2$ kJ mol^{-1}
$Cl(g) + e^- \longrightarrow Cl^-$	$\Delta H_4 = -349.0$ kJ mol^{-1}

Study 7.1 ポアソンの関係式

準静的断熱膨張過程について考える．まず断熱であることから，熱力学第一法則において外界から系への熱の流入・流出がないので，過程の瞬間ごとに $\delta Q = 0$ が成り立つ．したがって，(7.6) 式より

$$dU = \delta W \qquad (S7.1.1)$$

となる．左辺・右辺をそれぞれ温度と圧力の関数として書くため，左辺は体積が変わっても理想気体であれば (7.21) 式が使えること，右辺は，例題 7.2 の *2 に示された $\delta W = -p_{\mathrm{sur}} dV$ の式を採用することで (S7.1.1) 式は以下のように書くことができる：

$$C_V dT = -p_{\mathrm{sur}} dV \qquad (S7.1.2)$$

ここで右辺の p_{sur} は，外界からピストンを押す圧力であることに注意する．可逆過程であることから内部の気体がピストンを内側から押す系の圧力 p と外界からピストンを押す圧力 p_{sur} が，シリンダー内部の気体の体積が変化しても，常につり合っている．すなわち，

$$p_{\mathrm{sur}} = p \qquad (S7.1.3)$$

が成り立つ．また，シリンダー内部の気体については理想気体の状態方程式より，

$$p = \frac{nRT}{V} \qquad (S7.1.4)$$

が成り立つ．ここで (S7.1.3) 式と (S7.1.4) 式を (S7.1.2) 式に入れることで，次の式が得られる．

$$C_V dT = -\frac{nRT}{V} dV \qquad (S7.1.5)$$

両辺を T で割り，左辺を T の関数，右辺を V の関数で整理すると，(S7.1.5) 式は

$$\frac{C_V}{T}\,dT = -\frac{nR}{V}\,dV \tag{S7.1.6}$$

となる．この式は理想気体の準静的断熱過程における一般的な式である．ここで単純化のため，考えている温度範囲において，定積熱容量 C_V は温度によらない定数とする．このとき，系の温度と体積がそれぞれ $[T_1, V_1]$ から $[T_2, V_2]$ に変化するとし，$-nR$ や C_V が定数であることに注意して (S7.1.6) 式を当該区間で積分すると，

$$\int_{T_1}^{T_2} \frac{C_V}{T}\,dT = \int_{V_1}^{V_2} \left(-\frac{nR}{V}\right) dV \tag{S7.1.7}$$

となる．積分を実行すると，

$$C_V \log \frac{T_2}{T_1} = -nR \log \frac{V_2}{V_1} \tag{S7.1.8}$$

さらに (S7.1.8) 式を整理すると，

$$\log \frac{T_2}{T_1} = \log \left(\frac{V_2}{V_1}\right)^{-\frac{nR}{C_V}} \tag{S7.1.9}$$

ここで対数の中身を比較する．このとき，指数のマイナスをプラスにするため，右辺の分母と分子を入れ替え次式を得る．

$$\frac{T_2}{T_1} = \left(\frac{V_1}{V_2}\right)^{\frac{nR}{C_V}} \tag{S7.1.10}$$

ここで (7.22) 式と (7.25) 式から得られるマイヤー (Mayer) の関係式

$$C_p = C_V + nR \tag{S7.1.11}$$

を示す (p.184 の *1 参照)．この関係を用いると，

$$\frac{T_2}{T_1} = \left(\frac{V_1}{V_2}\right)^{\gamma-1} \tag{S7.1.12}$$

となる．ここで γ は熱容量比 (heat capacity ratio) と呼ばれ，

$$\gamma \equiv \frac{C_p}{C_V} \tag{S7.1.13}$$

と定義される．(S7.1.12) 式は次の形にも整理できる．

$$T_1 V_1^{\gamma-1} = T_2 V_2^{\gamma-1} \tag{S7.1.14}$$

したがって，理想気体の準静的断熱膨張 (圧縮) 過程については以下の式が成立する．

$$TV^{\gamma-1} = c_{ad}\,(一定) \tag{S7.1.15}$$

c_{ad} は定数である．また，過程上のどの点においても成り立つ理想気体の状態方程式を使えば，圧力 p と体積 V を用いて (S7.1.15) 式を次のように書き換えることもできる．

$$pV^{\gamma} = c\,(一定) \tag{S7.1.16}$$

ここで c は定数である．(S7.1.16) 式は (7.17) 式の再掲である．(S7.1.15) 式および (S7.1.16) 式はポアソンの関係式と呼ばれ，理想気体の準静的断熱過程について一定となる熱力学的関係を表している．

参考書・出典
(7.1) 竹内薫『熱とはなんだろう』講談社ブルーバックス, 2002.
(7.2) 日本化学会編『改訂6版 化学便覧』丸善, 令和3年.
(7.3) 日本化学会編『化学便覧 基礎編 改訂5版』丸善, 平成16年.

以下の参考書もこの章の理解に役立つ.
ピーター・アトキンス(斉藤隆央訳)『万物を駆動する四つの法則』早川書房, 2009.
ピーター・W・アトキンス(米沢富美子, 森弘之訳)『エントロピーと秩序』日経サイエンス, 1992.
I. Tinoco *et al.*(猪飼 篤ら訳)『バイオサイエンスのための物理化学第5版』東京化学同人, 2015.
中田宗隆『化学熱力学 基本の考え方15章』東京化学同人, 2012.
平山令明『熱力学で理解する化学反応のしくみ』講談社ブルーバックス, 2008.
村上雅人『なるほど熱力学』海鳴社, 2004.
由井宏治『見える! 使える! 化学熱力学入門』オーム社, 2013.

エントロピー

　水溶性のインクを水に入れると，均一に溶解して薄い色水になる．高温の物体と低温の物体を接触させると，熱は高温側から低温側へ流れる．一方で，これらの逆の現象，たとえば高温の物体がますます高温に，低温の物体がますます低温になることは起こりそうにない．このように，自発的な状態の変化や化学反応の進行には方向性が存在する．本章では，こうした反応の自発性・方向性を決める指標である「エントロピー」「ギブズエネルギー」と，それにかかわる熱力学および統計力学の初歩について学ぶ．

自然界にみられるパターン：自発的な反応が進むと系は均一になろうとする．しかし，自然界では，複雑な規則性をもった形が形成される．なぜか．

本章の目標
- エントロピーの概念を理解する．
- 熱力学第二法則（エントロピー増大則）を理解する．
- 系のギブズエネルギー変化から，反応の自発性を判断できる．
- ある反応における系の反応エントロピー，反応ギブズエネルギーなどを標準モルエントロピー，標準生成ギブズエネルギーなどの既知の値（データベース）から計算できる．

羅針盤　赤：最重要　　青：重要　　緑：場合によっては自習

エントロピーの導入（8.1）
　　自発的変化の方向（8.1.1）　熱移動，断熱自由膨張
　　カルノーサイクルとクラウジウスの不等式（8.1.2）
　　エントロピーの表式とその適用例（8.1.3）　　$dS = \delta Q/T$

↓

熱力学第二法則（8.2）
　　熱力学第二法則と孤立系（断熱系）の平衡の条件（8.2.1）
　　不可逆過程におけるエントロピーの増加の例（8.2.2）　熱移動
　　エントロピーの物理的イメージ（8.2.3）　　系の「可能性の多さ」「乱雑さ」
　　熱力学第三法則（8.2.4）　エントロピーのゼロ（原点）を決める
　　標準モルエントロピーと標準反応エントロピー（8.2.5）
　　内部エネルギーおよびエンタルピーとエントロピーとの関係式（8.2.6）　　$\delta Q = T\,dS$

↓

ギブズエネルギー（8.3）
　　ギブズエネルギーの導入と平衡条件（8.3.1）　$G = H - TS$　　G 最小
　　反応ギブズエネルギーの計算（8.3.2）

8.1 エントロピーの導入

8.1.1 自発的な変化には方向性がある

もし，ある化学過程 A → B が自発的であるならば，その逆の過程 B → A は非自発的である．このことを示す簡単な例として，気体の膨張を考える．図 8.1 に示すように，同じ体積 V の断熱容器を 2 つ連結し，間を仕切っておく．容器の一方に圧力 p で気体を満たし，もう一方は真空のままとする．ここで仕切りを除くと，気体は自発的に真空側に漏れ出し，最終的には圧力 $\frac{1}{2}p$ の気体が 2 つの容器全体を均一に満たして平衡に達する．このような気体の膨張は自発的変化である．しかし，その逆の過程，すなわち均一気体が自発的に真空と濃厚な気体に分かれるという現象は自発的には起こらない．

熱の移動も一方向へ向かう変化の方向性の例である．たとえば図 8.2 に示すように温度の高い物体と温度の低い物体を接触させる．熱は高温側から低温側へ流れ，最終的には両物体の温度は等しくなる．この逆の現象，すなわち，自然に放置した状態で，高温側がますます高温に，低温側がますます低温になる現象を見た人はいない．熱の流れる方向は一方向であり，熱の移動は 7.3.2 項で学習した不可逆現象（過程）* である．同様な自発的変化の方向性は，化学反応においても観察される．たとえば，鉄を長年空気中に放置すると，鉄が自発的に空気中の酸素と結合して酸化鉄になる（さびる）．逆に，さびた鉄が空気中で酸素と鉄に分解されることは，外からエネルギーを加えない限り起こることはない．

こうした変化の方向について，前章で学んだ熱力学第一法則は何も教えてはくれない．私たちは，変化の方向を決める因子を別に探さなければならない．

* この熱の移動が不可逆現象（過程）であることは，8.2 節の熱力学第二法則を学ぶと，さらに明解に理解される（たとえば 8.2.2 項の例 1）．7.3.2 項で学習した可逆過程と不可逆過程の違いは 8.2 節で明らかになる．

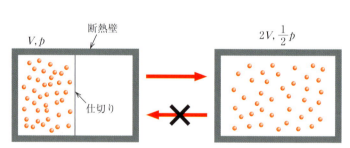

図 8.1　気体の断熱自由膨張と不可逆性

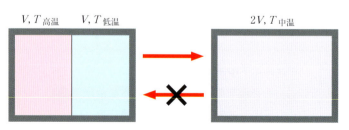

図 8.2　熱の移動と不可逆性

これまでの学習内容と直感的な常識から，「反応・変化は系のエネルギーの低い方へ進行する」という仮説が考えられる．実際に，前章で取り扱った系のエンタルピー変化 ΔH を振り返ると，自発的な反応は概して発熱反応（系のエネルギーが低下する反応）であり，ΔH が負の値となっている．吸熱反応（系のエネルギーが増大する反応）は，外界からのエネルギーの供給がない限り起こらないように思われる．しかし，現実の世界では，エンタルピー変化 ΔH が正であるにもかかわらず自発的に進む過程や反応が存在する．例として，図 8.3 に示す冷却パックが挙げられる．破裂しやすいパック内にある硝酸アンモニウムの袋を叩いて破ると，硝酸アンモニウムが水に溶け出すことで吸熱反応が起こり，これを冷却に利用している．本反応は溶解エンタルピー ΔH が $+28$ kJ mol^{-1} の吸熱反応であるが，常温で自発的に進行する．これは，先の仮説に反している．本例が示すように，第 7 章で学んだ系の内部エネルギーやエンタルピーを考えるだけでは，反応の進行方向を説明することはできない．反応の進行方向を決めている重要な因子は，本章で学ぶ**エントロピー**であり，これを学ばなければ，状態の変化や反応の方向を理解することはできない．

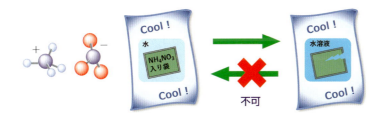

硝酸アンモニウムの水和　　$NH_4NO_3(s) \longrightarrow NH_4^+(aq) + NO_3^-(aq)$

溶解エンタルピー　　$\Delta H° = +28$ kJ mol$^{-1} > 0$　（吸熱反応）

図 8.3　冷却パック

8.1.2　カルノーサイクルとクラウジウスの不等式

熱力学は，化学反応をはじめとするさまざまな現象に適用できる学問であるが，歴史的には熱機関の研究をもとに構築されてきた．本章でもそれに倣い，熱機関の原理をもとにエントロピーを導入する．熱機関とは，熱を仕事に変換する装置*であり，たとえば車のエンジンは，燃料を燃やして熱を取り入れ，それを車の駆動力（仕事）に変える代表的な熱機関である．本章では，熱を取り入れて仕事を外部へ与える理想化された熱機関として，温度の高い高熱源から熱を貰い，その一部を仕事に変え，残りの熱を温度の低い低熱源へ捨てるカルノー（Carnot）サイクルを考える．ここで，熱源とは温度一定の極めて巨大な仮想的物体であり，対象系へ熱を与えても，逆に系から熱を奪っても，熱源の温度変化は無視できると考える．したがって，熱源の温度は熱を与えたり受け取ったりする操作中も一定に保たれると考える．

＊ 熱機関の定義には，この後のカルノーサイクルを指す場合もある．むしろ，カルノーサイクルを指す場合が多い．

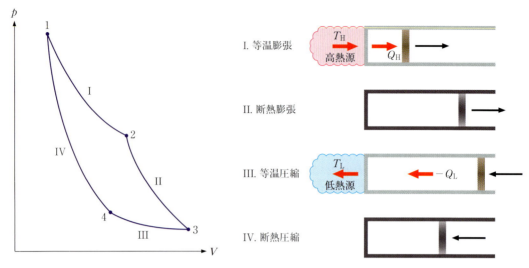

図 8.4 カルノーサイクルの p-V 図

　カルノーサイクルは，温度 T_H の熱源（高熱源）と温度が T_L の熱源（低熱源）($T_H > T_L$) の 2 つの熱源および内部に作業物質を詰めたピストン付きのシリンダーによって動作し，図 8.4 に示す 4 つの行程の繰り返し（サイクル）によって動作する．まず，シリンダー内部に理想気体を充填した，全過程が可逆的なカルノーサイクルを考える．可逆過程であるため，ピストンとシリンダーの間に摩擦による熱などは考えない．

行程 I（準静的等温膨張）：シリンダーを高熱源（温度 T_H）に接触させる．シリンダーは熱 $Q_H (>0)$ を吸収し[*1]，シリンダー内の理想気体の体積は V_1 から V_2 へと膨張する．

行程 II（準静的断熱膨張）：次にシリンダーを高熱源から離し，シリンダーを断熱する．この条件で理想気体の体積を V_2 から V_3 へ膨張させる．このとき，理想気体の温度は T_H から T_L へ低下する．

行程 III（準静的等温圧縮）：今度はシリンダーを低熱源（温度 T_L）に接触させ，理想気体の体積を V_3 から V_4 へ圧縮する．この過程で理想気体は $-Q_L$ の熱を低熱源へ排出する[*2]（Q_L の熱を低熱源から受け取る．ただし，Q_L は負の値を有する）．

行程 IV（準静的断熱圧縮）：次にシリンダーを低熱源から離して断熱する．この条件で，理想気体の体積を V_4 から V_1 へと圧縮する．理想気体の温度は T_L から T_H へ上昇し，系は最初の状態に戻る．

　このように，行程を一巡した後，系の状態が元に戻る過程を**サイクル**と呼ぶ．サイクル終了後，系は最初の状態に戻るため，状態関数である系の内部エネルギーの変化はなく，$\Delta U = 0$ となる．したがって，(7.5)式の熱力学第一法則より，1 サイクル中に系が外界からなされた仕事 W と系に加わった熱 $Q_H + Q_L$ の総和は 0 となる．

$$\Delta U = W + (Q_H + Q_L) = 0 \tag{8.1}$$

ここから，系が 1 サイクルで行った仕事 $-W$ は，系が高熱源から取り入れた熱 Q_H と低熱源に排出した熱 $-Q_L$ の差に等しいことがわかる

[*1] 理想気体が入ったシリンダーの温度を T とすると，準静的過程は，$T_H > T$ でかつ $T \fallingdotseq T_H$ を保ちながら熱移動させる極限操作である．

[*2] 理想気体が入ったシリンダーの温度を T とすると，準静的過程の極限では，$T > T_L$ かつ $T \fallingdotseq T_L$ を保ちながら熱移動させる極限操作である．

[W, Q の符号に注意；$-W = Q_H - (-Q_L)$].

ところで，世の中の熱機関の効率はさまざまであり，たとえば車の燃費にも良し悪しがある．熱機関の効率 η は，熱機関が吸収した熱 Q に対して外部に行った仕事 $-W$ の比として定義される．これは，熱機関の本質が熱を仕事に変えるものだからである．上記のカルノーサイクルの場合，外部から理想気体が吸収した熱は行程 I で吸収した Q_H であるので，その効率は以下のように書かれる．

$$\eta = \frac{-W}{Q_H} = \frac{Q_H + Q_L}{Q_H} \tag{8.2}$$

本式に，理想気体についての Q_H および Q_L を代入すると，理想気体を用いた可逆的なカルノーサイクルの効率について，次の等式を得る（[Study 8.1] 参照）．

$$\eta_{可逆} = \frac{T_H - T_L}{T_H} \tag{8.3}$$

次に，不可逆過程が混入している可能性をもつカルノーサイクルを考える．このカルノーサイクルの効率 $\eta_{可逆または不可逆}$ は，可逆カルノーサイクルの効率，(8.3)式以下である．すなわち，

$$\eta_{可逆または不可逆} = \frac{Q_H + Q_L}{Q_H} \leq \frac{T_H - T_L}{T_H} = \eta_{可逆} \quad (\leq\text{ の }=\text{ は可逆}) \tag{8.4}$$

が成立する．図 8.5 に，$\eta_{可逆または不可逆} \leq \eta_{可逆}$ の成立を説明する[*1]．不可逆過程を含むカルノーサイクル A と可逆過程を含むカルノーサイクル B が同じ高熱源度 (T_H) と低熱源 (T_L) で働く状況を示す．A を順方向[*2]に働かせ，B を逆方向[*2]に働かせ，両サイクル合わせて 1 つのサイクルを形成させる．$Q_H^A = -Q_H^B$ と調節すると，$-W_A - W_B = Q_L^A + Q_L^B$ が得られ，$-W_B - W_A \leq 0$ の要請[*3]より $-Q_L^B \geq Q_L^A$ を得る．これより，$\eta^B \geq \eta^A$，すなわち $\eta_{可逆または不可逆} \leq \eta_{可逆}$ が得られる．

(8.4)式の内側の不等式を変形すると，以下の不等式が得られる．

[*1] 可逆過程のカルノーサイクルの効率より不可逆過程の可能性を含むカルノーサイクルの効率は小さいことは，準静的過程が無限時間で行うのに対して現実の過程は有限時間で行われること，行程 I や行程 III に摩擦熱が発生したり，熱源と作業物質の間，あるいは不完全な断熱壁に温度差があって不可逆的な熱流が発生するためなど，と説明される．しかし，この説明で満足できる学生は図 8.5 の説明を読み飛ばしても良い．どうしてもわからなくて我慢できない学生は辛抱強く図 8.5 の説明を読んで欲しい．

[*2] 図 8.4 の I → II → III → IV → I のようにめぐるサイクルを順サイクル，あるいは順方向のサイクルという．この逆回りのサイクルを逆サイクルあるいは逆方向のサイクルという．

[*3] これは熱力学第二法則の表現の一つであるケルヴィン（トムソン）の原理「一つの熱源から熱を取り出し，これを全て仕事として外部へ与えるサイクルは存在しない」により，要請される．すなわち，外にする仕事が正であってはならず，0 以下である．ここで，p. 204 に記述される熱力学第二法則がここで先に使われるのは変だと感じるかも知れない．しかし，不可逆過程の絡める現象の議論には，必ず，熱力学第二法則が関係する．

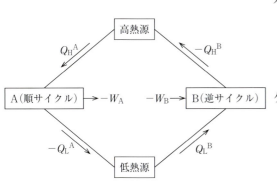

外界にする仕事
$$-W_A = Q_L^A + Q_H^A \quad (>0; 順サイクル[*2]) \quad \cdots ①$$
$$-W_B = Q_L^B + Q_H^B \quad (<0; 逆サイクル[*2]) \quad \cdots ②$$

$Q_H^A = -Q_H^B$ より　外にする仕事は
$$-W_A - W_B = Q_L^A + Q_L^B \leq 0$$

ケルヴィン（トムソン）の原理[*3]より，$-W_A - W_B \leq 0$

$Q_L^A \leq -Q_L^B$　両辺を $Q_H^A, -Q_H^B$ でそれぞれ割ると

$$\frac{Q_L^A}{Q_H^A} \leq \frac{-Q_L^B}{-Q_H^B} = \frac{Q_L^B}{Q_H^B} \qquad \frac{Q_L^A + Q_H^A}{Q_H^A} \leq \frac{Q_L^B + Q_H^B}{Q_H^B}$$

右辺は，順方向の可逆カルノーサイクル B の効率

$$\therefore \eta_{可逆または不可逆} \leq \eta_{可逆}$$

図 8.5　二つのカルノーサイクルから構成されるサイクル
A：可逆または不可逆過程のカルノーサイクル（順サイクル）；B：可逆過程のカルノーサイクル（逆サイクル）

$$\frac{Q_\mathrm{L}}{T_\mathrm{L}} + \frac{Q_\mathrm{H}}{T_\mathrm{H}} \leqq 0 \quad (\text{等号は可逆過程のとき}) \tag{8.5}$$

この不等式は，一見，行程 I および行程 III のみ含むように見えるが，熱の出入りを遮断した行程 II および行程 IV も含めて考えることができる（これらの行程では $Q=0$ であり，(8.5)式は，行程 II および行程 IV の寄与を含めても不変である）．したがって，以下の式が成り立つ．

$$\oint \frac{\delta Q}{T} \leqq 0 \quad (\text{等号は可逆過程のとき}) \tag{8.6}$$

ここで $\oint$ はカルノーサイクルの行程に沿った（一周）積分を表し，δQ は，サイクルに沿った微小行程において系が吸収した熱の微小量である．この一周積分は，熱源から貰う熱を＋の熱量，熱源に渡す熱量を－の熱量として評価することを強調しておく．本不等式は**クラウジウス (Clausius) の不等式**と呼ばれ，等号は可逆過程の場合に成立する．

この(8.6)式は，理想的なカルノーサイクルのみならず，任意の熱機関に対して成り立つ．熱機関にはさまざまな種類のものがあり，それらは必ずしも準静的な等温過程と断熱過程を組み合わせたサイクルを有するとは限らない．しかし任意の熱機関のサイクルは，等温過程と断熱過程から構成される小さなカルノーサイクルの集合体として近似的に考えることができる（[Tea Time 8.1] 参照）．したがって，カルノーサイクルにおける(8.6)式は，どのような熱機関においても成り立つ．

☕ Tea Time 8.1 　任意の熱機関の小カルノーサイクルによる近似

どのようなサイクルでも小さなカルノーサイクルへ分割することが近似的に可能である．たとえば，そのような分割されたカルノーサイクルの一部を取り出して図 8.6 に示す．

小カルノーサイクル(1)の C → D の等温圧縮過程は小カルノーサイクル(2)の D → C の等温膨張過程の逆向きになりお互いに打ち消し合う．また，小カルノーサイクル(2)の C → F の断熱膨張過程は小カルノーサイクル(3)の F → C の断熱圧縮過程の逆向きであり，お互いに打ち消し合う．結局，任意のカルノーサイクルを小カルノーサイクルに分割したとき，熱と仕事のやりとりに寄与する過程は，打ち消し合いが働かない外周の過程 A → B → C → H → G → F → E → D → A のみである．したがって，分割を細かくすれば，任意の形状の熱機関（サイクル）は，小カルノーサイクルへの分割で非常によく近似可能である．

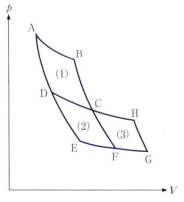

図 8.6　カルノーサイクルの分割の一部の図

8.1.3　エントロピーの表式とその適用例

クラウジウスの不等式(8.6)式より，$\delta Q/T$ は特別な意味をもつ．熱機関を1サイクル運転したとき，$\oint \delta Q/T$ の値は可逆過程ではゼロのた

め，$\delta Q/T$ は系の変化の過程によらない状態関数である．そこで，新たな物理量「エントロピー S（単位 J K^{-1}）」を考え，$\delta Q_{可逆}/T$ を，エントロピーの微小変化 dS と定義する．$\delta Q_{可逆}$ は可逆過程の δQ である．

$$dS = \frac{\delta Q_{可逆}}{T} \tag{8.7}$$

準静的な変化を考える場合は，系が状態1から状態2に変化するときのエントロピー変化 ΔS を以下のように書くことができる．ここで $S(X)$ は，状態 X における系のエントロピーである．

$$\Delta S = S(2) - S(1) = \int_1^2 \frac{\delta Q_{可逆}}{T} \tag{8.8}$$

このように定義されるエントロピーは，変化の経路によらない状態関数である（[Study 8.2]）．

8.2 熱力学第二法則

8.2.1 熱力学第二法則と孤立系（断熱系）の平衡の条件

図8.7のように，状態1から状態2へ可逆過程もしくは不可逆過程で変化し，次に可逆過程により状態2から状態1へ戻る過程を考える．

このサイクルについてクラウジウスの不等式を書くと

$$\int_1^2 \frac{\delta Q}{T}_{可逆または不可逆} + \int_2^1 \frac{\delta Q}{T}_{可逆} \leq 0 \tag{8.9}$$

この式で，2番目の積分を(8.8)式を用いて書き換えると以下の式を得る．

$$S(2) - S(1) \geq \int_1^2 \frac{\delta Q}{T} \quad \text{（等号は可逆過程のときに成立）} \tag{8.10}$$

(8.10)式を，S の微小変化量で書くと

$$dS \geq \frac{\delta Q}{T} \quad \text{（等号は可逆過程のときに成立）} \tag{8.11}$$

となる．

(8.10)式において，もし $\delta Q = 0$ であれば右辺が0となるため，式変形により $S(2) \geq S(1)$ となる．したがって，系のエントロピー S は増大することになる．$\delta Q = 0$ が成立するのは，第7章の系の分類から断熱系および孤立系である．これをもとに，以下のように，熱力学第二法則が提案された．

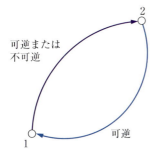

図8.7 1から2へ可逆または不可逆，2から1へ可逆のサイクル

熱力学第二法則：孤立系（断熱系）*において自発的に変化が起こると，系のエントロピーは増大する．

この熱力学第二法則から，孤立系（断熱系）を放置したときにそれ以上変化の起こらない条件，すなわち平衡の条件が導かれる．孤立系（断熱系）において自発的変化が起こるとエントロピーは増大し，増大しつくしたときに系内で自発的反応が生じなくなる（平衡状態になる）．

孤立系（断熱系）の平衡の条件：「孤立系（断熱系）における平衡の条件はエントロピー最大である」

* 断熱系であることがエントロピー増大則（熱力学第二法則）の導出条件である．しかし，多くは断熱系に含まれる孤立系を対象とした議論に適用されるので，この教科書では，孤立系（断熱系）のように書いている．

☕ Tea Time 8.2　第二種永久機関の不可能性と熱力学第二法則 🍰

熱力学第一法則はエネルギーを消費することなしに仕事を獲得する仕組み，第一種永久機関が不可能であることを人類が痛切に学んで得た経験則である．次に人類が目論んだのは，1つの熱源の熱をすべて仕事に変える熱機関，第二種永久機関である．たとえば，空気のもつ熱エネルギーを吸い取って動き，排熱を出さないような車は第二種永久機関といえる．この車は周囲の熱エネルギーを運動エネルギーに変換して動くが，この運動エネルギーは，地面や空気との摩擦によって最終的には熱エネルギーとして周囲に戻る．したがって，この車は理屈上無限に走行することが可能である．これは，熱力学第一法則とは矛盾していない．しかし，このような試みもすべて挫折した．この失敗から，「1つの熱源から熱を奪い，これを他に変化を残さないですべて仕事に変えることは不可能である」というトムソン（W. Thomson）［ケルヴィン（Kelvin）］の原理が提案された．実は，この原理は本章で主に取り上げた熱力学第二法則の別の表現，エントロピー増大則と等価であることが知られている．ここでは，カルノーサイクルを用いて，第二種永久機関が不可能である意味を探る．(8.2)式および(8.3)式で第二種永久機関の可能性を考えると以下のようになる．熱を吸収して仕事を生み出すためには図8.4の行程Iの準静的等温膨張が必要であり，サイクルを構成するために，残りのII，III，IVの行程が必要となる．行程IIIが必要だということは，高熱源で貰った熱の一部を等温圧縮で低熱源へ放出しなければならないということである．すなわち，熱源から受け取った熱すべてを仕事に変えることはできない．一歩譲って，(8.2)式あるいは(8.3)式で効率 η が1であるとき，高熱源から貰った熱をすべて仕事に変えることになり，このとき，第二種永久機関は実現できるように見える．しかし，このことは不可能である．$\eta = 1$ を与えるのは(8.2)式において，$Q_H = \infty$ もしくは $Q_L = 0$ である．また，(8.3)式で考えると，$T_H = \infty$ もしくは $T_L = 0$ である．$Q_H = \infty$ や $T_H = \infty$ は現実的に不可能である．また，$Q_L = 0$ は高熱源だけで働くサイクルになり，先に述べたトムソン（ケルヴィン）の原理に反する．また，$T_L = 0$ は，8.2.4項で触れる熱力学第三法則，絶対零度への到達不能により不可能である．したがって，第二種永久機関は不可能である．

8.2.2 不可逆過程におけるエントロピーの増加の例

(8.10)式によれば，系の内外で熱の出入りがない($\delta Q = 0$)とき，可逆的な変化の場合は系のエントロピーは変化せず，不可逆過程であれば系のエントロピーは増大する．一方，系のエントロピーが減少するような変化は自発的には起こり得ない．このように，エントロピーは変化の自発性，不可逆性の判定に重要である．典型的な不可逆現象についてのエントロピーを以下で検討する．

例1　高温部から低温部への熱移動

孤立系において，高温物質と低温物質を接触させると，熱が前者から後者へと移動する．この現象とは逆に，低温側から高温側へ自然に熱が移動し，ますます温度差が増大する現象を見た人はいない．したがって，高温物質から低温物質への熱の移動は，典型的な不可逆過程である．この過程のエントロピー変化 ΔS は，準静的変化を仮定する*と，高温物質の温度 T_H，低温物質の温度 T_L，移動する熱 δQ を用いて

$$\Delta S = \frac{-\delta Q}{T_H} + \frac{\delta Q}{T_L} = \delta Q \left(\frac{1}{T_L} - \frac{1}{T_H} \right) = \delta Q \frac{T_H - T_L}{T_L T_H} > 0 \quad (8.12)$$

となる．$T_H > T_L$ よりエントロピーは確かに増加する．

* 熱のやりとりを準静的に実施するには熱源[熱の出入りはあってもそれ自身温度不変の物体(たとえば大きな物体を考えるとよい)]と接触させる込み入った議論が必要である．ここでは，準静的な熱移動が可能として進めてよい．

> **例題 8.1** 孤立系において，温度 100 K の物質 A と 200 K の物質 B を接触させた後に離したとする．このとき，物質 B から A へ 200 J の熱が準静的に移動したとする*．この過程における物質 A と B の温度変化は十分小さく，無視できるものとする．本過程における系のエントロピー変化を求めよ．
>
> **解** 本過程において，物質 A は 200 J の熱 Q_A を得た．したがって，(8.7)式より物質 A のエントロピー変化 ΔS_A は，$\Delta S_A = \dfrac{200 \text{ J}}{100 \text{ K}} = 2 \text{ J K}^{-1}$ となる．逆に，物質 B は -200 J の熱 Q_B を得た(200 J の熱を失った)．物質 B のエントロピー変化 ΔS_B は，$\Delta S_B = \dfrac{-200 \text{ J}}{200 \text{ K}} = -1 \text{ J K}^{-1}$ となる．したがって，系全体のエントロピー変化は，$\Delta S = \Delta S_A + \Delta S_B = 1 \text{ J K}^{-1}$ である．

例2　摩擦による熱の発生

摩擦による熱の発生も，7.1.1項および8.1.2項でも説明したように，典型的な不可逆現象である．7.1.1項のジェットコースター(JC)の例やビリヤード台の上の玉において，JC の列車やビリヤードの玉は永遠に運動し続けてもよさそうである．しかし現実には，列車とレール，玉と台の間に摩擦が働き，運動エネルギーが摩擦による熱として散逸し(レールや台の温度を上昇させ)，列車や球は速度を落とし，ついには停止する．一度発生した摩擦による熱を物体の運動エネルギーに戻すことができれば，物体は運動し続けることができる．しかし，一度発生した摩擦による熱が運動エネルギーなどの力学的エネルギーへ自発的に戻ること

を見た人はなく，第二種永久機関は不可能である（[Tea Time 8.2] 参照）．摩擦による熱の発生は不可逆現象で，エントロピーも増加する（[Study 8.3]）．

8.2.3 エントロピーの物理的イメージ

エントロピーは，物理的には何に対応しているのか，把握し難い印象があるかもしれない．しかし，巨視的な体系を分子・原子の運動から理解する立場（統計力学）からは，エントロピーは系の「可能性の多さ」「乱雑さ」に対応していると考えることができる．このことを具体的な例から考えてみよう．

図 8.1 に示したように，連結した 2 つの断熱容器の片方に気体を充填して仕切りを取り去ると，気体分子は容器全体へと均一に拡散する．一方で，均一に拡がった気体分子が自発的に容器の片側に集まることはない．つまり気体の拡散は不可逆変化であり，熱力学第二法則にしたがい，系のエントロピーは増加する．統計力学では，このような拡散現象の不可逆性を確率論で説明している．気体分子の運動が十分に速いとすると，本容器内のある気体分子が，ある瞬間に容器の左側にいるか，右側にいるかの確率は半々であると考えられる．このような気体分子が大量に集まったとき，ある瞬間にすべての気体分子が容器の左側のみに存在するような状態は，確率的にほとんど起こりそうにない．最も可能性が高いのは，分子が左右にランダムに（乱雑に）分かれて存在するような状態である．したがって本系において，前者から後者への変化は確率的に極めて起こりやすいと考えられ，実際に自発的である．逆に後者から前者への変化は確率的には起こりそうになく，実際に非自発的である．このような意味で，分子論的な"可能性の多さ""乱雑さ（無秩序さ）"の程度は，変化の自発性および熱機関の研究から見出されたエントロピーに対応しているといえる．この観点から，エントロピーは統計力学におけるボルツマンの公式によって以下のように再定義される．

$$S = k \log \Omega \quad (8.13)$$

ここで，k はボルツマン定数である．Ω はエネルギー E の微視的状態の数であり，端的にいえば，系のとることができる可能性の数（乱雑さ）である．

エントロピーを系の乱雑さと考えると，さまざまな化学過程・化学反応に伴うエントロピーの傾向を乱雑さと関連づけて理解することができる．図 8.1 の例は，左右に粒子が分かれて整然とした状態が乱雑になったと見ることができる（図 8.2 の場合も同様）．固体，液体，気体の相転移についても乱雑さとエントロピーの対応で考えることができる．固体は原子・分子が規則的に並んだ状態であり，乱雑さが低くエントロピーが小さい．物質が固体から液体に変化している間は，その物質は潜熱（融解熱）を吸収し，温度は一定（融点）に保たれる．この融解に際しては，固体の規則的な原子配置が融解によって崩れて原子配置の乱雑さが増加する．このため，エントロピーが増加する．この融解に伴うエント

● エントロピーの傾向

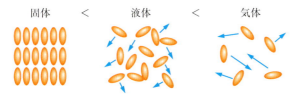

図 8.8　結晶の融解と液体の蒸発に伴うエントロピー増大

ロピーの増加量は，融解熱を融点（単位 K）で割り算することで求めることができる．液体の沸点における蒸発の際も同様で，液体が気体へ蒸発している間は，潜熱（蒸発熱）を吸収し，温度は一定に保たれる．沸点における蒸発に際しても，蒸発熱を絶対温度で表した沸点の温度で割り算することで，液体の乱れた構造がさらに乱れた気体の構造へ変化することに伴うエントロピーの増加量を求めることができる．この様子を定性的に図 8.8 に示す．

☕ Tea Time 8.3　熱力学第二法則と宇宙の終焉

　晴れた日に夜空を見上げると，無数の星々がきらめいていて，それは美しい光景である．ところで，宇宙に星々が輝いているということは，熱力学第二法則によれば驚くべき状態である．宇宙はとても広大なのに，物質は均一に分布するのではなく，局所的に集合して星々を形成している．さらに，星々も均一に分布するのではなく，銀河という集団をつくって存在している．これらの事実から，宇宙のエントロピーは低い状態にあるといえるだろう．さて，熱力学第二法則が普遍的に成り立つならば，宇宙（孤立系）のエントロピーは常に増大し，最終的にはエントロピー最大の乱雑な状態に落ち着くはずである．すると，はるか遠い未来の宇宙では，銀河や星々は消え去り，宇宙内部の物質は素粒子レベルで均質化してしまうだろう．これが，熱力学第二法則から導かれる宇宙の終焉（熱的死）である．ただし，熱力学第二法則をそのまま現在の宇宙の終焉に当てはめることには異論も多い．一例として，宇宙は常に膨張によってエントロピーを増大させているため，整然とした構造を保ったまま存在することが可能である，という考え方がある．そもそも，熱的死が本当に起こるとしても，宇宙がそのような状態に到達するのは極めて遠い未来の話であり，私たちが心配する必要はないのであるが．

図 8.9

8.2.4 熱力学第三法則

エントロピーを乱雑さの程度と考えると，エントロピーの原点の候補は物質の絶対零度の状態である．この状態は，規則的に原子が並んだ最も整然とした状態であり，また，最も低いエネルギー状態にある．したがって，この状態のエントロピーは最も低いと予想される．このエントロピーの原点の探索は，ネルンスト (Nernst) の熱定理に始まり (1906)，プランクの考察 (1910) を経て，ルイスとランドール (Lewis and Randall) の表現に集約された (1923)．この表現を忠実に記した下記の内容は，統計力学的エントロピー (8.13) 式とも整合性をもつ化学に適用しやすい内容をもつ．

熱力学第三法則：結晶状態の各元素のエントロピーは絶対零度でゼロであるとすると，どの物質のエントロピーも正で有限な値をもつ．しかし，絶対零度ではエントロピーはゼロになるだろう．そして実際に，完全結晶の物質の絶対零度のエントロピーはゼロである．

この法則は，「絶対零度へ到達することは有限回の操作では不可能である」という表現でも表される．図 8.10 に示すように，仕事 W を加えることで，温度 T_L の低熱源から熱 Q_L を奪い，温度 T_H の高熱源に熱 $-Q_H$（貰う熱をプラスとするため）を捨てる熱機関をヒートポンプと呼ぶ．このような働きは図 8.4 に示すカルノーサイクルを逆向きに動作させることで実現可能である．冷蔵庫や冷房機（クーラー）はその代表例である．このヒートポンプの効率は，1 サイクルでした仕事 (W) に対する吸収する熱 (Q_L) の割合として

$$\eta = \frac{Q_L}{W} = \frac{T_L}{T_H - T_L} \tag{8.14}$$

と書かれる（[Study 8.4] 参照）．ここで，T_L を小さくすると効率 η は小さくなり，$T_L = 0$ の極限では $\eta = 0$ となる．すなわち，低温にしようとするほど，大きな仕事が必要となり，絶対零度は到達不能である．

このように，私たちは絶対零度には決して到達できない．しかし，絶対零度に近い極低温を得るさまざまな方法がこれまでに開発されていて，現在までに人類が実現させた最も低い温度は，1 nK を下回っている[8.1]．

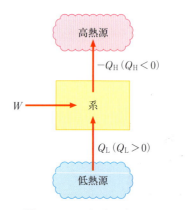

図 8.10 ヒートポンプの図

8.2.5 標準モルエントロピーと標準反応エントロピー

物質のエントロピーの測定は，広い温度範囲でモル熱容量（比熱容量）を調べる方法や分光学的手法を用いる方法で実施可能である．すでに，さまざまな物質のエントロピーが文献値として存在している．異種の物質が有するエントロピーを比較しやすいように，標準モルエントロピー S_m°，すなわち，標準状態［1 bar（または 1 atm）］における 1 mol の純物質がもつエントロピーがデータベースとして与えられている．S_m° の単位は $J\,K^{-1}\,mol^{-1}$ である．エンタルピーと異なり，エントロピーは，熱力学第三法則の存在により，絶対的な値を決定することが可能であり，標準モルエントロピーも絶対値で表される．表 8.1 に，さまざまな物質の標準モルエントロピー S_m° を示す（付録表 C.8a，表 C.8b も参照）[*]．傾向として，固体の S_m° は小さく，気体の S_m° は大きい．これは，構造の乱雑さの違いによる．また，単純な分子の S_m° は小さく，複雑な分子の S_m° は大きい．これも，複雑な分子は単純な分子に比べ，可能な微視的状態の数（可能性）が多くなるためであるが，完全な理解には，進んだ段階で学ぶ統計力学が必要である．

エントロピーは状態関数であるので，その値は変化の経路に依存しない．これを利用して，標準状態においてある反応（reaction）が起こったときのエントロピー変化，すなわち，標準反応エントロピー $\Delta_r S^\circ$ を，$\Delta_r S^\circ = $（生成系の S° の総和）$-$（反応系の S° の総和）という式により求めることができる．

標準反応エントロピー $\Delta_r S^\circ$ を求める例として，水素と酸素を 25 ℃，大気圧で反応させて 1 mol の液体の水を得る反応，$H_2(g) + \frac{1}{2}O_2(g) \longrightarrow H_2O(l)$ を考える．生成系（1 mol の水）の S_m° は，表 8.1 より 69.91 $J\,K^{-1}$ と与えられる．反応原系のエントロピーは，1 mol の水素と 0.5 mol の酸素のエントロピーの和であるので，$(130.57 \times 1\,J\,K^{-1} + 205.029 \times 0.5\,J\,K^{-1}) = 233.08\,J\,K^{-1}$ となる．したがって，本反応の

[*] 付録表 C.8a, b には，いろいろな物質の標準モルエントロピー S_m° を掲載している．これらの表では，標準状態の圧力として，1 atm を採用している．

表 8.1 さまざまな物質の標準モルエントロピー S_m° (1 atm, 298.15 K)[(8.2)]

物質	$S_m^\circ / J\,K^{-1}\,mol^{-1}$	物質	$S_m^\circ / J\,K^{-1}\,mol^{-1}$	物質	$S_m^\circ / J\,K^{-1}\,mol^{-1}$
気体		液体		固体	
He	126.041	H_2O	69.91	C（ダイヤモンド）	2.377
H_2	130.57	CH_3OH	127.27	C（グラファイト）	5.74
Ne	146.328*	Br_2	152.231	LiF	35.65
Ar	154.843	CH_3CH_2OH	160.1	SiO_2（石英）	41.84
Kr	164.1*	C_6H_6（ベンゼン）	173.26	Ca	41.42
Xe	169.985*	C_6H_{12}（シクロヘキサン）	204.35	Na	51.21
H_2O	188.723	C_8H_{18}（オクタン）	361.20	MgF_2	57.24
N_2	191.5			K	64.18
O_2	205.029			NaCl	72.13
CO_2	213.63			KCl	82.59
I_2	260.58			I_2	116.13
NO_2	239.95				

*の出典は文献 (8.3)

$\Delta_r S°$ は 69.91 J K^{-1} − 233.08 J K^{-1} ≒ −163.2 J K^{-1} となり，反応によってエントロピーが減少することがわかる．これは定性的に，気体が液体になって乱雑さが減少したこと，また反応によって分子数が減ったことに対応している．

8.2.6　内部エネルギーおよびエンタルピーとエントロピーとの関係式

第7章において，系の内部エネルギー U の微小変化を表す(7.6)式を示した．この式は経路関数である(変化の経路に依存する)熱や仕事を含んでいて，数学的に扱いづらい．これら経路関数を，変化の経路に依存しない状態関数に置き換えることを試みる．

本項では準静的な変化のみを考える．まず微小仕事 δW として，体積変化に由来する仕事 $-p\,dV$ を採用する［ここで，(7.10)式で議論した，準静的変化における系の圧力 p_{sys} と外界の圧力 p_{ext} が等しいことを利用］．次に熱の微小量 δQ について，(8.7)式のエントロピーの定義からの関係 $\delta Q = T\,dS$ を用いる．これらを(7.6)式に代入すると［(7.8)式も考慮して］，準静的変化に伴う系の内部エネルギーの微小変化については，

$$dU = T\,dS - p\,dV \tag{8.15}$$

と書ける［(7.9)式と同一］．次に，エンタルピーの定義式 $H = U + pV$ を全微分すると，エンタルピーの微小変化を表す式

$$dH = dU + p\,dV + V\,dp \tag{8.16}$$

が求められる．さらに，(8.16)式の中の dU に(8.15)式を代入することで，

$$dH = T\,dS + V\,dp \tag{8.17}$$

という関係も得られる．(8.17)式は準静的な定圧過程における熱 δQ ($= T\,dS$)がエンタルピー変化 dH に等しいという化学において重要な関係に対応している．これらの式は準静的過程に対してのみ有効であるが，すべて状態関数で表されているので用いやすい．また，熱力学では状態関数の変化を議論することが多いが，この議論には準静的過程という特殊な過程を採用しても問題はない．このため，(8.16)式や(8.17)式は熱力学の適用の際に重要となる．

$$\delta W = -p\,dV$$

$dU = \delta Q + \delta W$		$dU = T\,dS - p\,dV$
$dH = d(U + pV)$	$dH = \delta Q + V\,dp$	$dH = T\,dS + V\,dp$
$dG = d(H - TS)$	$dG = \delta Q + V\,dp - d(TS)$	$dG = -S\,dT + V\,dp$

$$\delta Q = T\,dS$$

定義に即した微小変化　　　$\delta W = -p\,dV$ を用いて　　　準静的過程の微小変化
　　　　　　　　　　　　　δQ を残した微小変化

図 8.11　準静的過程を強調した熱力学関数の微小変化の表現(ギブズエネルギーの微小変化については 8.3 節および第 9 章で扱う)

これらの式からわかるように，エントロピー S はこれまでに学んだ内部エネルギー U やエンタルピー H とも深い関係がある熱力学関数である．

8.3 ギブズエネルギー
8.3.1 ギブズエネルギーの導入と平衡条件

8.2.1 項では，系の内外で熱および物質のやりとりのない孤立系（断熱系）における平衡の条件がエントロピー最大であることを学んだ．一方，孤立系（断熱系）は必ずしも私たちの出会う実験条件ではない．このような実験条件の場合は，系の反応方向を決定づける別のパラメータを探す必要がある．系の内外で熱の出入りがある場合，系と外界を合わせた全系*について「系と外界のエントロピーの総和 S_total は常に増大する」として熱力学第二法則により表現し直すことができる．反応に伴う系と外界のエントロピー変化を，それぞれ，ΔS_sys と ΔS_sur とすると，エントロピーは示量性の状態関数であるため，系＋外界を合わせた全系*のエントロピー変化 ΔS_total は以下のように書かれる．

$$\Delta S_\text{total} = \Delta S_\text{sys} + \Delta S_\text{sur} \tag{8.18}$$

* 7.1.2 項で定義したように，系と外界を合わせて全系という．

身のまわりで起こる化学反応の多くは等温定圧条件のもとで起こるため，本項ではそれに絞って説明する．いま，ある反応が等温定圧の条件の下で起こったとき，外界から系に熱 Q が準静的に移動したとする．このとき，Q は系のエンタルピー変化 ΔH_sys に等しい（定圧条件）．また系と外界の熱の収支は必ず等しいので，外界に加わった熱 $-Q$ は $-\Delta H_\text{sys}$ に等しい．したがって，外界のエントロピー変化 ΔS_sur は

$$\Delta S_\text{sur} = -\frac{Q}{T} = -\frac{\Delta H_\text{sys}}{T} \tag{8.19}$$

と書ける．これを (8.18) 式に代入すると，

$$\Delta S_\text{total} = \Delta S_\text{sys} - \frac{\Delta H_\text{sys}}{T} \tag{8.20a}$$

$$-T\Delta S_\text{total} = \Delta H_\text{sys} - T\Delta S_\text{sys} \tag{8.20b}$$

の関係が成立する．ここで，系の**ギブズエネルギー** G を以下のように定義する．

$$G \equiv H - TS \tag{8.21}$$

等温条件において，$\Delta G = \Delta H - T\Delta S - S\Delta T = \Delta H - T\Delta S$ であることを利用し，(8.20b) 式の右辺を ΔG_sys に置き換えて

$$-T\Delta S_\text{total} = \Delta G_\text{sys} \tag{8.22}$$

という関係が得られる．

熱力学第二法則は，系の自発的変化に伴い「系＋外界」のエントロピーが増大すること，すなわち $\Delta S_\text{total} > 0$ であることを主張する．ここで温度 $T(\text{K})$ は必ず正であることを考慮すると，(8.22) 式より，$\Delta S_\text{total} > 0$ であるならば，系のギブズエネルギー変化 ΔG_sys は必ず負になることがわかる．すなわち，等温定圧条件のもとで系の自発的変化が起こると，系のギブズエネルギーは必ず減少する．

$$\Delta G_\text{sys} \leqq 0 \tag{8.23}$$

(8.23)式から，等温定圧条件における系の平衡条件が導き出される．等温定圧下での自発的変化に伴い，系のギブズエネルギー G は減少する方向に変化し，減少しつくした極限で平衡に達する．

> 等温定圧条件の系の平衡条件：等温定圧条件における平衡の条件は，系のギブズエネルギー最小である．

8.3.2 反応ギブズエネルギーの計算

ある反応が起きた際の標準反応ギブズエネルギー $\Delta_r G^\circ$ は以下のように定義される．

$$\Delta_r G^\circ = (生成系物質の \Delta_f G^\circ の総和) - (反応原系物質の \Delta_f G^\circ の総和) \tag{8.24}$$

この $\Delta_r G^\circ$ はいくつかの方法で求めることができる．たとえば，化学平衡の平衡定数から求める方法（第 9 章），電位差測定から求める方法（第 10 章），$\Delta G = \Delta H - T \Delta S$（等温条件）を用いて反応エンタルピーと反応エントロピーから計算により求める方法がある．このような方法で，さまざまな物質について，標準生成ギブズエネルギー $\Delta_f G^\circ$ (298 K) が求められていて，表 8.2 のようなデータベースとして与えられる（付録 表 C.8a および表 C.8b も参照）．ここで標準生成ギブズエネルギーとは，標準状態 [1 bar（または 1 atm）] において，ある物質を最安定な単体（基準状態）から合成した際の反応ギブズエネルギーである．必要であれば，温度は括弧内に数値で示す．ギブズエネルギーは状態関数であり，エンタルピー，エントロピーと同様に，反応の経路に依存せず，物質の状態だけで決まる．このデータをもとに，標準状態におけるさまざまな反応の標準反応ギブズエネルギー $\Delta_r G^\circ$ を計算することができる．

たとえば，メタンを燃焼させて二酸化炭素にする反応は，

$$CH_4(g) + 2O_2(g) \longrightarrow CO_2(g) + 2H_2O(l) \tag{8.25}$$

と書くことができる．この反応の $\Delta_r G^\circ$ は，

$$\{-394.359 + 2 \times (-237.178)\} \text{ kJ mol}^{-1} - (-50.79 + 2 \times 0) \text{ kJ mol}^{-1}$$
$$= -817.9 \text{ kJ mol}^{-1}$$

となり，$\Delta_r G^\circ < 0$ の自発的に起こる反応である．

もし各物質の $\Delta_f G^\circ$ が未知だったとしても，反応に関与する物質の標準生成エンタルピー $\Delta_f H^\circ$ および標準生成エントロピー $\Delta_f S^\circ$（物質を最も

表 8.2 さまざまな物質の標準生成ギブズエネルギー $\Delta_f G^\circ$ (1 atm, 298 K)[8.2]

分子	$\Delta_f G^\circ$ (298 K) /kJ mol^{-1}	分子	$\Delta_f G^\circ$ (298 K) /kJ mol^{-1}
$H_2(g)$	0	$CO_2(g)$	-394.359
$O_2(g)$	0	$NO_2(g)$	51.29
$N_2(g)$	0	$CH_4(g)$	-50.79*
C（グラファイト）	0	$H_2O(l)$	-237.178
C（ダイヤモンド）	2.9	$H_2O(g)$	-228.6
$CO(g)$	-137.152	$NH_3(g)$	-16.43

*$\Delta_f G^\circ = \Delta_f H^\circ - 298.15 \times \Delta_f S^\circ$ により計算；文献 (8.4) も参照；g：気体，l：液体．

安定な単体から生成する際の反応エンタルピーおよび反応エントロピー）が知られていれば（または，計算できれば），$\Delta_f G° = \Delta_f H° - T\Delta_f S°$ を利用して，$\Delta_f G°$ を評価できる．本方法を用いる際は，$\Delta_f H°$ および $\Delta_f S°$ が温度に依存しないと仮定することで，反応温度が 25 ℃でないときでも反応に伴う $\Delta_r G°$ を近似的に計算できる（この仮定は厳密には正しくないが，近似的によく成立）[*1]．たとえば，$H_2O(l) \longrightarrow H_2O(g)$ の標準反応エンタルピー $\Delta_r H°$ は[*2] 44.0 kJ mol^{-1}（付録 表 C.8b），標準反応エントロピー $\Delta_r S°$ は[*3] 118.81 J K^{-1} mol^{-1}（表 8.1）である．これより 1 atm で水の蒸発が 50 ℃ および 200 ℃ で自発的に起こるか否かを推定してみる．200 ℃（473 K）における $\Delta_r G°$ を近似的に計算すると，

$\Delta_r G°(473\text{ K}) = (44.0 - 473 \times 0.119)$ kJ mol^{-1} $= -12.3$ kJ mol^{-1}

と負の値になり，自発的に起こる反応であると予想される．50 ℃（323 K）の $\Delta_r G°$ を計算すると，

$\Delta_r G°(323\text{ K}) = (44.0 - 323 \times 0.119)$ kJ mol^{-1} $= 5.56$ kJ mol^{-1}

と計算され，自発的には進行しないと予想される．これらは，実際の水の挙動と一致している．この考え方をさらに進め，水の沸点 T_v を計算する．沸点とは，気体と液体のギブズエネルギーの差 $\Delta_r G$ の正負が切り替わる，すなわち，0 になる温度と考えられる．温度が沸点のとき，$\Delta_r G° = \Delta_r H° - T_v \Delta_r S° = 0$ である．したがって，$T_v = \Delta_r H°/\Delta_r S° = 370$ K と近似的に計算できる．実際の沸点は 373 K であり，近似的によく一致している．

さまざまな等温定圧下での化学反応は，反応ギブズエネルギー $\Delta_r G$ に関与する反応エンタルピー $\Delta_r H$ と反応エントロピー $\Delta_r S$ の正負によって 4 パターンに分類できる．これを，表 8.3 にまとめる．

新しい化学反応を開発する場合，反応ギブズエネルギーの計算により，反応が実現可能かどうかを予測することが望まれる．たとえば，以下のような反応の開発を目指すとする．

$$CO_2(g) \longrightarrow C(ダイヤモンド) + O_2(g) \tag{8.26}$$

空気中の二酸化炭素を，ダイヤモンドと酸素に変換する夢のような反応である．もしこのような反応が本当に実現可能だとすると，地球温暖化問題は解決し，高価なダイヤモンドが合成される．しかし，この反応の標準反応ギブズエネルギー，$\Delta_r G°$ は $+397.259$ kJ mol^{-1}（表 8.2）と極めて大きいため，自発的に起こることは考えられない．人によっては，

[*1] (8.24)式に関与する各物質の温度 $T(K)$ における標準生成ギブズエネルギー $\Delta_f G(T)$ について，$\Delta_f G(T) = \Delta_f H° - T\Delta_f S°$ と近似すると，温度 $T(K)$ の標準反応ギブズエネルギー $\Delta_r G(T)$ は $\Delta_r G(T) = \Delta_r H° - T\Delta_r S°$ と表される．すなわち，$\Delta_f G(T)$ に対する近似的表現と同様な近似的表現が $\Delta_r G(T)$ についても得られる．本文の以下の計算例では，後者を用いている．

[*2] (8.24)式右辺の $\Delta_f G°$ を $\Delta_f H°$ で置換して計算．

[*3] p.209〜p.210 に具体的計算例あり．

表 8.3 化学反応の進行と反応ギブズエネルギー $\Delta_r G$，反応エンタルピー $\Delta_r H$，および反応エントロピー $\Delta_r S$

$\Delta_r H$	$\Delta_r S$	$\Delta_r G$	化学反応
負	正	常に負	常に自発的に起こる
正	負	常に正	常に自発的には起こらない
負	負	低温で負 高温で正	低温では自発的に起こるが，高温では起こらない
正	正	低温で正 高温で負	高温では自発的には起こるが，低温では起こらない

触媒を使えば，$\Delta_r G$ が正の反応でも実現できるのではと考えるかもしれない．しかし，触媒には原則的にそのような働きはない．触媒は，あくまで活性化エネルギーを下げ，反応速度を大きくする効果をもつ（11.2 節参照）だけで，自発的に起こらない反応を自発的に起こらせる働きはもたない（[Tea Time 8.4] に示す例はむしろ例外的である）．

> **例題 8.2** 以下の記述は正しいか，間違っているか．
> 1. 窒素と酸素から二酸化窒素が生成する反応は，標準状態で自発的に起こる．
> 2. あらゆる温度において自発的に進む吸熱反応は存在しない．
>
> **解**
> 1. 間違いである．系の $\Delta_r G$ は正であるので自発的には反応は起こらない．
> 2. 正しい．吸熱反応なので，$\Delta_r H > 0$ である．表 8.3 より，吸熱反応は $\Delta_r S > 0$ であれば，十分に高温においては自発的に進行する．しかし，低温では自発的に進行しない．

☕ Tea Time 8.4　ギブズエネルギーが正の反応を進ませるには 🍰

本章で説明した原理を考えると，ギブズエネルギー $\Delta_r G$ が正の反応は絶対に起こらないように思える．しかし，生物は $\Delta_r G$ が正の反応を積極的に活用している．たとえば，アミノ酸の一種であるグルタミンは，グルタミン酸とアンモニアを反応させてつくられている．しかし，この反応の $\Delta_r G$ は $+14\,\mathrm{kJ\,mol^{-1}}$ であり，通常の条件下では自発的に起こりそうにはない．そこで生物は，本反応に $\Delta_r G$ が大きく負である反応をカップリングさせ，両反応の $\Delta_r G$ の合計を負にすることで，この反応を進ませている．たとえばグルタミン合成反応では，ATP を分解して ADP とリン酸をつくる反応を用いている．ATP 分解反応の $\Delta_r G$ は $-30\,\mathrm{kJ\,mol^{-1}}$ であるので，グルタミン合成反応と ATP 分解反応をカップリングさせれば正味の $\Delta_r G$ は $-16\,\mathrm{kJ\,mol^{-1}}$ となり，グルタミン合成反応は自発的に進む．両反応をカップリング

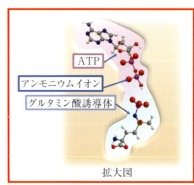
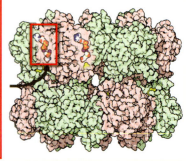

図 8.12　グルタミン合成酵素模式図

させるために，生物は特殊な構造をもつグルタミン合成酵素を用いている．この酵素は，グルタミン，アンモニア（正確にはアンモニウムイオン），ATPが結合する部位を有しており，この3種の部品すべてが酵素に結合した場合のみ，グルタミン合成が進むようになっている．

Tea Time 8.5 熱力学と材料科学

熱力学は，さまざまな分野に適用できる極めて基礎的な学問であり，本章で扱うような化学反応や熱機関のみならず，材料の変形などについても適用することができる．

たとえば，ダイヤモンドは非常に硬く，変形させるためには大きな力が必要である．これはなぜだろうか？　まず，第5章で学んだ「ダイヤモンドは炭素原子が共有結合で結合した結晶である」ことを思い出そう．もしダイヤモンドが変形すると，内部の化学結合の長さ，角度などが最適な値からずれるため，材料の内部エネルギー U が増大する．すると，ギブズエネルギー $G(=U+pV-TS)$ も増大する．変形前と変形後について G を比べると，変形前の G の方が小さいため，変形したダイヤモンドは自発的に最初の状態に戻ろうとする．この変形の仕組みをエネルギー弾性と呼び，多くの固体材料，たとえば金属，セラミックス（石）などの変形は，このエネルギー弾性で説明できる．

ダイヤモンドとは対照的に，ゴムは柔らかい材料として広く使われている．ゴムは，長い高分子の鎖が網目状につながってできている物質である．ゴム内部の高分子鎖は，自由に曲がれる鎖として考えることができる．ゴムが縮んだ状態では，内部の高分子鎖は図に示すようにさまざまなコンフォメーション（分子の立体構造）をとることが可能であり，乱雑さ（エントロピー）が大きい状態である．すなわち，ギブズエネルギー $G(=U+pV-TS)$ は小さな状態であるといえる．一方，ゴムが伸びた状態では，内部の高分子鎖は引っ張られることで自由に動けなくなり，乱雑さ（エントロピー）が小さく，G が大きな状態に変化する．両者を比較すると，縮んだ状態のギブズエネルギーの方が小さいので，伸ばされたゴムは自発的に縮んだ状態に戻ろうとする．この仕組みをエントロピー弾性と呼び，ゴムの柔軟さはこのエントロピー弾性に由来している．

S：大

S：小

図 8.13　ゴムは，内部の高分子鎖の乱雑さがなるべく大きくなる方向に変化する（エントロピー弾性）．

第8章のまとめ

- 自発的な変化の方向を示す現象　気体の膨張（断熱自由膨張），熱伝導
- カルノーサイクルからクラウジウスの不等式へ
- クラウジウスの不等式の準静的過程の場合からエントロピーを定義　クラウジウスの不等式にエントロピーという状態関数の導入

熱力学第二法則　孤立系（断熱系）において自発的変化が起こるとエントロピーは増加する

平衡の条件　孤立系（断熱系）における平衡の条件はエントロピー最大

不可逆過程のエントロピー増加例　熱伝導，摩擦による熱，気体の膨張，拡散，固体の融解，液体の気化

- 熱力学第三法則　エントロピーの原点（エントロピーゼロ）を定める
- 標準モルエントロピーと標準反応エントロピーの活用方法
- エントロピーを用いた準静的過程の熱力学関数の微小変化量の表式
  $\delta Q = T\,dS$；$dU = T\,dS - p\,dV$；$dH = T\,dS + V\,dp$
- 等温定圧条件の平衡の条件　ギブズエネルギー $G(= H - TS)$ の導入；$dG = -S\,dT + V\,dp$

  平衡は系のギブズエネルギー最小
- 標準生成ギブズエネルギーから反応ギブズエネルギーを求める
- 吸熱反応の化学反応の進行も反応ギブズエネルギーから反応エントロピーの役割を考慮して理解可能

章末問題 8

1. 以下のような変化が起こるとき，系のエントロピー変化量 ΔS の符号は正あるいは負のどちらになると考えられるか．予想せよ．
   (1) ピストンによる等温可逆的な理想気体の膨張
   (2) 等温定圧下における純水と純エタノールとの混合
   (3) ドライアイスの昇華

2. 大気圧下における 1 mol の氷の融解のエントロピー変化 $\Delta S_{s \to l}$ と水の蒸発のエントロピー変化 $\Delta S_{l \to g}$ をそれぞれ求めよ．ただし，大気圧下における氷の融解熱と水の蒸発熱をそれぞれ 6.01 kJ mol^{-1} および 40.66 kJ mol^{-1} とする．

3. 200 K，1 mol の理想気体を 10^5 Pa でピストンに閉じ込め，等温下で 10^6 Pa になるまで準静的に圧縮した．このとき，系のエントロピー変化 ΔS を求めよ．

4. 表 8.1 のデータを用いて，以下の反応の標準反応エントロピー $\Delta_r S°$ を計算せよ．いずれの反応も，25 °C，大気圧で起こるものとする．
   (1) $6\,\text{C}(黒鉛) + 3\,\text{H}_2(g) \longrightarrow \text{C}_6\text{H}_6(l)$
   (2) 水 1 mol の蒸発
   (3) ダイヤモンド 1 mol の燃焼

5. 以下の反応の標準反応ギブズエネルギー $\Delta_r G°$ を概算し，標準状態におけるこれらの反応の自発性について検討せよ．
   (1) $\text{C}(グラファイト) \longrightarrow \text{C}(ダイヤモンド)$
   (2) $\text{CO}(g) + \dfrac{1}{2}\text{O}_2(g) \longrightarrow \text{CO}_2(g)$
   (3) $\dfrac{1}{2}\text{N}_2(g) + \dfrac{3}{2}\text{H}_2(g) \longrightarrow \text{NH}_3(g)$

Study 8.1　理想気体を作業物質とするカルノーサイクルの効率

温度 T_H の高熱源と T_L の低熱源をもつカルノーサイクル（図 8.4）の各行程における系に加えられる熱 Q を以下に示す（表 7.3 参照）．以下の p_i, V_i は図 8.4 の点 i ($i = 1 \sim 4$) に対応する．

	行程 I	行程 II	行程 III	行程 IV
Q	$nRT_H \log(V_2/V_1)$	0	$nRT_L \log(V_4/V_3)$	0

したがって，サイクル終了時，$dU = Q_I + Q_{II} + W = 0$ から系のした

仕事の総量 $(-W = Q_\mathrm{I} + Q_\mathrm{II})$ は
$$nRT_\mathrm{H} \log(V_2/V_1) + nRT_\mathrm{L} \log(V_4/V_3) \tag{S8.1.1}$$
である．

準静的等温過程，行程Iおよび行程IIIでは
$$p_1V_1 = p_2V_2 \quad \text{および} \quad p_3V_3 = p_4V_4 \tag{S8.1.2}$$
が成立する．準静的断熱過程（行程IIおよび行程IV）ではポアソンの(7.17)式が適用できるため，
$$p_2V_2^\gamma = p_3V_3^\gamma \quad \text{および} \quad p_4V_4^\gamma = p_1V_1^\gamma \tag{S8.1.3}$$
が成立する．(S8.1.3)式の両式の比をとり，(S8.1.2)式を考慮すると
$$\frac{V_2}{V_1} = \frac{V_3}{V_4} \tag{S8.1.4}$$
が成立する．したがって，このカルノーサイクルの効率 η は
$$\eta = \frac{-W}{Q_\mathrm{H}} = \frac{Q_\mathrm{H} + Q_\mathrm{L}}{Q_\mathrm{H}} = \frac{nRT_\mathrm{H} \log(V_2/V_1) + nRT_\mathrm{L} \log(V_4/V_3)}{nRT_\mathrm{H} \log(V_2/V_1)}$$
$$= \frac{T_\mathrm{H} - T_\mathrm{L}}{T_\mathrm{H}} \tag{S8.1.5}$$
と求められる．

本式から，カルノーサイクルの効率は両熱源の温度差が大きいほど大きくなることがわかる．この性質（温度差が大きいほど効率がよくなる）は，一般の熱機関について共通に成り立つものである．

Study 8.2　クラウジウスの不等式とエントロピーの導入

図8.14に示すように，系が状態Aから状態Bへ準静的経路Iに沿って変化し，異なる準静的経路IIでもとの状態Aに戻るとする．可逆過程では，クラウジウスの不等式より，以下の式が成立する．

$$\oint \frac{\delta Q_\text{可逆}}{T} = \int_\mathrm{I} \frac{\delta Q_\text{可逆}}{T} + \int_\mathrm{II} \frac{\delta Q_\text{可逆}}{T} = 0 \tag{S8.2.1}$$

経路IIの逆向きの準静的過程をIIIとすると，$\int_\mathrm{II} \frac{\delta Q_\text{可逆}}{T} = -\int_\mathrm{III} \frac{\delta Q_\text{可逆}}{T}$ より

$$\int_\mathrm{I} \frac{\delta Q_\text{可逆}}{T} = \int_\mathrm{III} \frac{\delta Q_\text{可逆}}{T} \tag{S8.2.2}$$

が成立する．すなわち，$\int \frac{\delta Q_\text{可逆}}{T}$ は経路によらない状態関数である．そこで，基準の状態"0"から，温度 T の状態"1"までの準静的過程に沿った積分，

$$S(T) = \int_0^1 \frac{\delta Q_\text{可逆}}{T} \tag{S8.2.3}$$

を状態"1"（温度 T）のエントロピーと定義する．エントロピーは状態関数である．

状態"1"と状態"2"のエントロピーの差は以下のように書かれ，基準"0"のとり方には依存しなくなる．

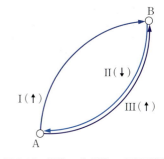

図8.14　状態Aと状態Bの間の準静的変化とサイクル

$$S(2)-S(1) = \int_0^2 \frac{\delta Q_{可逆}}{T} - \int_0^1 \frac{\delta Q_{可逆}}{T} = \int_1^2 \frac{\delta Q_{可逆}}{T} \quad \text{(S8.2.4)}$$

したがって，エントロピーの微小変化について

$$\mathrm{d}S = \frac{\delta Q_{可逆}}{T} \quad \text{(S8.2.5)}$$

と書かれる．

Study 8.3　摩擦による熱とエントロピーの増加

摩擦による熱の発生も典型的な不可逆現象である．この不可逆過程でエントロピーが増大することを示すことはデリケートな議論を要する．なぜならば，エントロピー変化は準静的過程でのみ(8.7)式または(8.8)式を用いて評価可能であるのに対し，摩擦による熱の発生は不可逆現象であるからである．摩擦による熱の発生のあるときのエントロピー変化は，摩擦による熱発生のないときの系の熱の変化を $\delta Q_{可逆}$ とし，摩擦による熱を $\delta Q_{摩擦}$ とし，さらに，変化前のエントロピーおよび変化後のエントロピーを $S(1)$ および $S(2)$ とすると，(8.10)式より以下のように書ける．

$$S(2)-S(1) \geqq \int_1^2 \frac{\delta Q_{可逆}+\delta Q_{摩擦}}{T} = \int_1^2 \frac{\delta Q_{可逆}}{T} + \int_1^2 \frac{\delta Q_{摩擦}}{T} \quad \text{(S8.3.1)}$$

ここで，$\delta Q_{可逆}$ のみの関係した変化は可逆過程であり，変化後のエントロピーを $S(2)_{可逆}$ とすると，(8.8)式より，以下の等式が成立する．

$$S(2)_{可逆}-S(1) = \int_1^2 \frac{\delta Q_{可逆}}{T} \quad \text{(S8.3.2)}$$

(S8.3.1)式と(S8.3.2)式の差をとると

$$S(2)-S(2)_{可逆} > \int_1^2 \frac{\delta Q_{摩擦}}{T} \quad \text{(S8.3.3)}$$

を得る．すなわち，摩擦による熱 $\delta Q_{摩擦}(>0)$ の発生のあるときのエントロピー $S(2)$ は，摩擦による熱の発生のない場合のエントロピー $S(2)_{可逆}$ より，必ず，増加している．

Study 8.4　ヒートポンプの効率

冷蔵庫，クーラーなど，エネルギーを使って冷却する電化製品が身のまわりにある．これらは，仕事を投入して熱を奪い（汲み上げて）冷却する機能を有し，ヒートポンプと呼ばれる．したがって，その効率は，投入される仕事 W に対する汲み上げる熱 Q_L として定義される．

$$\eta = \frac{Q_\mathrm{L}}{W}$$

この効率を［Study 8.1］で考えた理想気体を作業物質とするカルノーサイクル（$V_1 \to V_2 \to V_3 \to V_4 \to V_1$）を逆回しにしたサイクル（$V_4 \to V_3$

$\to V_2 \to V_1 \to V_4$) で考える．[Study 8.1] を参考にすると，$Q_H = nRT_L \log\left(\frac{V_3}{V_4}\right)$, $Q_H = nRT_H \log\left(\frac{V_1}{V_2}\right)$ と書かれる．$Q_L + Q_L + W = 0$ であるから，$W + nRT_L \log\left(\frac{V_3}{V_4}\right) + nRT_H \log\left(\frac{V_1}{V_2}\right) = 0$ と書かれる．ここで，$\frac{V_1}{V_2} = \frac{V_3}{V_4}$ ((S8.1.4)式) に注意すると，$\eta = \frac{Q_L}{W} = \frac{Q_L}{-Q_L - Q_H} = \frac{T_L}{T_H - T_L}$ と書かれる．

Study 8.5 理想気体の体積増加によるエントロピー増加の表式と体積増加によるエントロピー増大

理想気体は分子間力がないため，温度一定において体積が膨張する過程では内部エネルギーの変化はない．すなわち，このとき，$dU = 0$ であり，$dU = T\,dS - p\,dV$ から $dS = \frac{p}{T}dV$ が成立する．理想気体の状態方程式 $pV = nRT$ を用いると，$dS = \frac{nR}{V}dV = nR\,d\log V$ を得る．体積 V_1 から V_2 へ膨張するときのエントロピー変化は $\Delta S = nR\log\frac{V_2}{V_1}$ となり，$V_2 > V_1$（膨張）を考えると，$\Delta S > 0$ となる．すなわち，気体が膨張するとエントロピーは増大する．この章の初めにエントロピー増大（自発的変化）の例として，気体の断熱膨張が示された．このことも，気体を理想気体と仮定し，理想気体の内部エネルギーは体積に依存せず温度のみに依存することに注意すると，$\Delta S = nR\log\frac{V_2}{V_1}$ の関係から理解される．

参考書・出典

(8.1) T. Kovachy *et al*., Phys. Rev. Lett. **2015**, 114, 143004.

(8.2) 日本化学会編『改訂6版 化学便覧 基礎編』丸善，令和3年．

(8.3) Cox, J.D., Wagman, D.D., Medvedev, V.A., "CODATA Key Values for Thermodynamics", Hemisphere Publishing Corp., New York, 1984, 1 ; see also Chasse, M.W., Jr., NIST-JANAF Thermodynamical Table, Fourth Edition, J. Phys. Chem. Ref. DATA, Monograph 9, 1-1951 (https://webbook.nist.gov/cgi/cbook.cgi?Source=1998CHA1-1951).

(8.4) 国立天文台編『理科年表 平成24年』丸善出版，2011．

以下の参考書もこの章の理解に役立つ．
砂川重信『熱・統計力学の考え方』岩波書店，1993．
白井光雲『現代の熱力学』共立出版，2011．

相平衡と化学平衡

　物質は"物質の三態"として知られる固体（固相），液体（液相），気体（気相）など，いろいろな状態を示す．しかし，これらの状態は単独で存在することはまれで，多くは共存して存在する．たとえば，固体，液体，気体が共存して存在することは，海に氷が浮かぶ流氷や空気中の水分量が湿度であることからも明らかである．条件が整えば，多相間で物質の存在割合は変化なく一定に保たれ，"相平衡"と呼ばれる状態が出現する．また，水の中では，わずかながらも水分子の水素イオンと水酸イオンへの解離現象が見られ，高温にするとこのような解離は進行して停止する．このような化学反応の平衡を支配するのが"化学平衡"である．これにより，出発物質の量が知られていれば生成物の量を知ることが可能である．本章では，相平衡や化学平衡を，第8章で扱ったギブズエネルギーから派生する化学ポテンシャルにより理解する．

樹氷：過冷却状態にある空気中の微小水滴が樹木などに付着して氷となったもの．風の方向に生長する．

本章の目標
- ギブズエネルギーと化学ポテンシャルの関係を学ぶ．
- 相平衡の条件を知る．
- ギブズの相律で決まる状態を知る．
- 1成分系の気液・固液平衡が説明できる．
- 2成分系の相平衡として分配平衡および束一的性質が説明できる．
- 標準反応ギブズエネルギーと平衡定数の関係を理解して，化学平衡を計算できる．

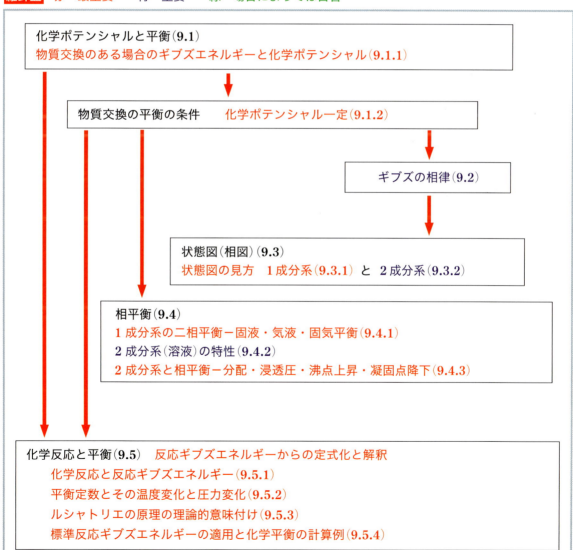

9.1 化学ポテンシャルと平衡

9.1.1 物質交換のある場合のギブズエネルギーとその微小変化

第8章で学んだように，等温定圧条件の純物質（1成分系）の平衡の条件はギブズ（Gibbs）エネルギー G が最小の条件で決定される．多成分系で物質交換のある場合の平衡の条件も化学ポテンシャルを含んだ形のギブズエネルギーで議論される．純物質のギブズエネルギー G $(= H - TS)$ の微小変化量 dG は，図8.11に示すように，以下のように書かれる．

$$dG = -S\,dT + V\,dp \tag{9.1a}$$

C 個 $(0, 1, 2, \cdots, C-1)$ の成分から構成され，成分 i のモル数が n_i $(i = 0, 1, 2, \cdots, C-1)$ である多成分系のギブズエネルギーの微小変化 dG は以下のように書かれる（[Study 9.1]）．

$$dG = -S\,dT + V\,dp + \sum_{i=0}^{C-1} \mu_i\,dn_i \tag{9.1b}$$

ここで，μ_i は成分 i の化学ポテンシャルと呼ばれる量である（[Study 9.1] 参照）．また，dn_i は成分 i の物質量（mol）の変化量である．

多成分系のギブズエネルギーは化学ポテンシャルと以下の関係にある．

$$G = \sum_{i=0}^{C-1} \mu_i n_i \tag{9.2}$$

この関係は，1成分系の場合，

$$G = n\mu \tag{9.3}$$

と書かれる（[Study 9.3] 参照）．ここで n は系のモル数であり，1成分系の化学ポテンシャルは 1 mol あたりのギブズエネルギーに対応する．

9.1.2 物質交換のある場合の平衡の条件

気体，液体，固体が2種以上境界を介して共存する場合を考える．境界内のたとえば気体の存在する一様な領域を相と呼ぶ．境界内に一様な気体が存在するとき，これを気相と呼ぶ．液体であれば液相，固体であれば固相と呼ぶ．温度 T および圧力 p が一定の条件で成分 i の δn_i モルが相Aから相Bへ移動したとする．このときのギブズエネルギー変化 ΔG は (9.1) 式より以下のように書かれる．

$$\Delta G = -\mu_i^A \delta n_i + \mu_i^B \delta n_i = (-\mu_i^A + \mu_i^B)\delta n_i \tag{9.4}$$

この式で，化学ポテンシャル μ の下付き添え字は成分を表し，上付き添え字は相を表す．第8章の (8.23) 式で示したように，等温定圧条件における自発的変化において ΔG は常に負，すなわちギブズエネルギーは減少し，変化の行き着く先の平衡状態では $\Delta G = 0$ である．この平衡条件は第8章では純物質，1成分系について導かれていた．しかし，多成分系の場合も同じ形の平衡条件を導くことができる．なぜなら，多成分系の場合も，ギブズエネルギーについては純物質の場合と同じ関係である $G = H - TS = U + pV - TS$ が成立するからである．したがって，

温度，圧力一定の条件のもと，成分 i の相 A と相 B の間のやりとりの平衡では，$\Delta G = 0$ から

$$\mu_i{}^A = \mu_i{}^B \tag{9.5}$$

が成立する（**物質交換の平衡の条件は化学ポテンシャルが等しい**）．同様に，温度および圧力一定の条件下において，$i = 0 \sim C-1$ の C 個の成分の化学種[*1]が P 個の相の間をやりとりする平衡では

$$\begin{cases} \mu_0{}^1 = \mu_0{}^2 = \cdots = \mu_0{}^P \\ \mu_1{}^1 = \mu_1{}^2 = \cdots = \mu_1{}^P \\ \quad\quad\quad\quad \vdots \\ \mu_{C-1}{}^1 = \mu_{C-1}{}^2 = \cdots = \mu_{C-1}{}^P \end{cases} \tag{9.6}$$

が成立する．逆に，相の間で物質の成分の化学ポテンシャルに差があるときは，物質移動が起こり，相の間で成分の化学ポテンシャルの差がなくなった状態が平衡である．

9.2 ギブズの相律

気相，液相，固相が単一相で存在するか，二相共存で存在するか，三相共存で存在するかは温度 T，圧力 p，体積 V，組成（モル分率）$X_i \left(= \dfrac{n_i}{\sum_{i=0}^{C-1} n_i} \right)$ などの状態変数で決まる．しかし，これら状態変数はすべて自由にとりうることはない．独立に変化しうる変数[*2]の数である自由度 F は

$$F = C - P + 2 \tag{9.7}$$

で表される**ギブズの相律**により決定される．ここで，C は成分の数，P は相の数である（[Study 9.4] 参照）．

9.3 状態図（相図）

9.3.1 1成分系の状態図

考える温度，圧力，体積，組成で物質はどのような相を示すかを知ることは，実用上または研究上非常に重要である．この目的のために**状態図**（相図とも呼ばれる）が利用される．

図 9.1 および図 9.2 に 1 成分系の状態図の例として二酸化炭素および水の状態図を示す．これら状態図をギブズの相律(9.7)式に基づいて解釈する．縦軸を圧力 p，横軸を温度 T とし，ある体積についてこれら状態図は書かれている．

(1) 気体，液体，固体がそれぞれ単独で存在する場合

$C = 1$，$P = 1$ よりギブズの相律(9.7)式から $F = 2$ となり，p-T 平面上，"面"で表される．これは，ある p に対していろいろな T が存在し（p 一定の線），この p もいろいろな値をとりうるためである（p 一定の線が上下へ移動して"面"となる）．

[*1] 固有の性質で他の物質と区別されるもの．イオン，原子，分子，原子団，化合物を指す．

[*2] 具体的に説明すると，温度 T と圧力 p の 2 変数，および 1 つの相について $(C-1)$ 個（C：成分の数）のモル分率を P 個の相で考える $P(C-1)$ 個の変数があるため，すべての変数の和は，$2 + P(C-1)$ 個となる．これら変数から，いくつか「…が一定」の条件の数だけ変数が減るため，残った $(C-P+2)$ 個の変数が独立に変え得る変数，自由度となる（[Study 9.4] 参照）．

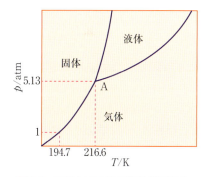

図 9.1 二酸化炭素の状態図（概略図）
A：三重点 [温度 $T = 216.6$ K（-56.6 ℃），$p = 5.13$ atm]，沸点（昇華）194.7 K（-78.5 ℃）

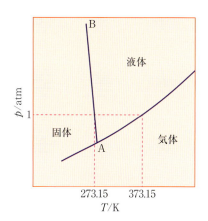

図 9.2 水の状態図（概略図）
A：三重点 [温度 273.16 K（0.01 ℃），$p = 0.006$ atm]，融点 $T = 273.15$ K（0 ℃），沸点 373.12 K（99.97 ℃）

(2) 二相共存（固体-液体, 固体-気体, および液体-気体共存）の場合

固体と液体, 気体と液体, 固体と気体が平衡にあり $P=2$ である. さらに, $C=1$ であるからギブズの相律 (9.7) 式より $F=1$ が得られる. p-T 平面上"線"で表される. これは, ある p に対して T が一義的に決まり（点）, その p がいろいろな値をとるためである（点の移動で"線"）. それぞれ, 固液平衡線, 固気平衡線, 気液平衡線と呼ばれる*.

たとえば, 通常の地球表面上の実験条件, 1013 hPa (1 atm) において, 純粋液体が凝固する際, 液体と固体が共存する間は, 図 9.3 (a) に示すように, 温度は一定に保たれる（気体が液体に変わる場合も同様である）. この現象は, 温度測定の際の測定器具による温度測定系の校正に利用される. 同様に, 液体の沸点における蒸発の際も, 図 9.3 (b) に示すように, 液体が存在して気体-液体平衡が成立している間は, 温度一定に保たれる（固体が融解して液体になる場合も同様である）.

*　図 9.1 および図 9.2 に示す水と二酸化炭素の状態図の気液平衡線（蒸気圧曲線）は臨界点と呼ばれる点以上の領域では存在しない. この臨界点の近傍で臨界点より高温高圧の状態では液体と気体の状態の区別のつかない流体という状態になる. 臨界点は臨界温度 T_c, 臨界圧力 p_c, （および臨界密度 ρ_c) で指定される. 水の臨界点 (T_c, p_c, ρ_c) は (304.21 K, 7.3825 MPa, 4661 kg m^{-3}), 二酸化炭素の臨界点は (647.3 K, 22.12 MPa, 315.46 kg m^{-3}) である. この超臨界流体は, 高温, 高密度, 分子運動が活発で反応性と溶解性に富み, 魅力的な反応場, 溶媒として工業的に活発に利用されている. なお, 固液平衡における臨界点の存在については実験的には確認されておらず, 興味深い将来の問題である.

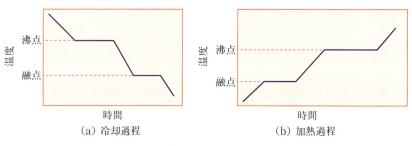

図 9.3　冷却および加熱の際の試料温度と時間の関係

(3) 固体, 液体, 気体三相共存の場合

三相平衡ということで $P=3$ であり, また, $C=1$ であることから, ギブズの相律より, $F=0$ となる. したがって, 独立に変えうる変数は存在しない. その結果, p, T がある決まった値をとり, p-T 平面上で"点"となる. この"点"は 3 重点と呼ばれる.

9.3.2　2 成分系の圧力-組成図と状態図

2 成分系の状態図は横軸を組成, 縦軸を温度もしくは圧力で示される. 2 成分系 ($C=2$) では, ギブズの相律 (9.7) 式から $F=3 (P=1)$ あるいは $F=2 (P=2)$ となる. したがって, 最大 3 次元の座標空間が状態図の表示に必要である. しかし, 2 次元の紙面に納めるためには, たとえば, 圧力を指定して温度-組成の 2 次元の関係として示すことが通常行われる. 温度を指定したときは圧力-組成の関係図となる. 図 9.4 に 1,2-ジブロモエタン-1,2-ジブロモプロパン系の圧力-組成図を示す. 右は状態図である. 左は全圧と分圧の組成依存性である. 上の点線は全蒸気圧-溶液組成の図であり, 下の実線は蒸気相中の各成分の分圧の組成図である. 図 9.4 は 358 K の温度で描かれている. この系は後述の完全溶液の挙動を示しているが, このような例は, この他, トルエン-ベンゼン系, イソブチルアルコール-2-プロパノールなど少数系に限られる.

トルエン-ベンゼン系の温度-組成図（状態図）を図 9.5 に示す. 下側

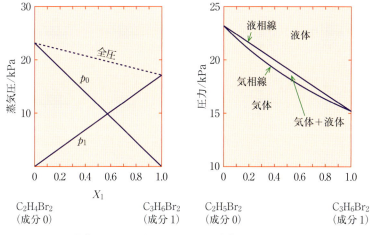
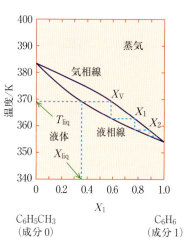

図 9.4 1,2-ジブロモエタン($C_2H_4Br_2$)-1,2-ジブロモプロパン($C_3H_6Br_2$)系の圧力-組成図；左：分圧と全(蒸気)圧，右：状態図(圧力-組成図)．p_0：$C_2H_4Br_2$の分圧，p_1：$C_3H_6Br_2$の分圧，全(蒸気)圧 $= p_0 + p_1$．

図 9.5 トルエン(成分0)-ベンゼン系(成分1)の状態図(温度-組成図)

の線は，温度を上昇させたときの液体から蒸気(気体)が発生する温度と溶液組成の関係を表し，**液相線**(または**沸点曲線**)と呼ばれる[*1]．上側の線は蒸気を冷却したときに液体が出現する温度と蒸気組成の関係を表し，**気相線**(あるいは**凝縮曲線**)と呼ばれる[*2]．液相線と気相線に挟まれた領域は液体と蒸気が共存する領域を表している．2成分系では，ギブズの相律(9.7)式は，$C = 2$のため，$F = 4 - P$となる．しかし，図9.5はある圧力(1013 hPa)で書かれているため，$F = 3 - P$となる．したがって，一相のみ存在する溶液相と蒸気相は$F = 2$となり，"面"で表される．一方，液相線と気相線で囲まれた領域は**気液(二相)共存域**と呼ばれる．この領域では，$P = 2$のため，$F = 1$である．しかし，"線"にはならず"面"となる．この領域では温度を決めると液相と蒸気相の組成が決まり，その温度を変えると別の液相と蒸気相の組成が決まる．この意味で，"面"で表されることになる．この領域のある1点(組成X_{lv})を通過する水平線と液相線との交点は液相の組成X_{liq}を与え，気相線との交点は蒸気相の組成X_vを与える．この水平線(平衡連結線)上の点X_{lv}は二相共存域の組成であり，液相と蒸気相の平均の組成を表す．したがって，$X_{lv}(n_{liq} + n_v) = X_{liq}n_{liq} + X_v n_v$の関係が成立する．ここで，A-B 2成分系と考えると，n_{liq}は液相の成分AとBの物質量(mol)の和，n_vは蒸気相の成分AとBの物質量(mol数)の和である．この関係は，**てこの原理**と呼ばれ，以下の関係で表される．

$$(X_{lv} - X_{liq})n_{liq} = (X_v - X_{lv})n_v \quad (9.8)$$

(9.8)式の関係は気液共存に限らず，二相共存の状態図に対して一般的に有効である．

図9.5の状態図の組成X_{liq}の液体試料の温度を上昇させると，液相線上の温度T_{liq}で沸騰が始まる．このとき発生する蒸気は気相線上の組成X_vをもつ．このX_vの組成の蒸気を集めて冷却凝縮させると組成X_v

[*1] 図9.4右の図では，液相線は，圧力を低下させたとき，液体から気体が発生する圧力と溶液組成の関係を表す．

[*2] 図9.4右の図では，気相線は，圧力を高くしたとき，気体から液体が発生する圧力と気体組成の関係を示す．

の液体となる．この液体をもう一度加熱すると組成 X_1 の蒸気が発生し沸騰する．この蒸気を集め，以下，冷却，液体の加熱，捕集を繰り返すと，最終的に，純粋な液体ベンゼンが得られる．このような操作を**分留（分別蒸留）**という．

液相線（沸点曲線）に極大や極小を示す例，**共沸溶液**，もある．温度−組成図で極小を示す系として1,4-ジオキサン−水系，水−エタノール系，極大を示す例として塩化水素−水系，アセトン−クロロホルム系などがある．例として，1,4-ジオキサン−水系の状態図を図 9.6 に示す．極小を示す組成の液体の温度を上昇させると，同じ組成の蒸気が発生する．したがって，このような溶液は，共沸溶液と呼ばれ，沸騰により，組成も沸点も変えることはない．逆に，このような系の分留では，極大または極小の組成に出会うと，それ以上組成を変えることはできない．図 9.7 に示す水−エタノール系は，96 質量％（90.3 mol％）エタノールの組成に極小〈351.17 K〉が存在し，水の多い組成側から分留により純粋なエタノールを得ることはできない．

溶液の中には状態図上のある領域では均一な溶液相を示すが，別の領域では 2 種類の溶液に分離する（**二液相分離**：TLPS*）系が存在する．図 9.8 (a), (b), (c) にこのような二液相分離系の状態図の模式図を示す．図 9.8 (a) では，均一相から温度を降下させると二液相分離領域に侵入する．二液相分離領域の最も高い温度を**上部臨界点**（UCST：Upper Critical Solution Temperature）と呼ぶ．このような状態図をもつ系として，フェノール−水系（P-W 系）溶液がある．逆に，図 9.8 (b) に示す系では，均一液相から温度を上昇させると二液相分離領域に侵入する．二液相分離領域の最も低い温度の点を**下部臨界点**（LCST：Lower Crit-

* TLPS は Two-Liquid Phase Separation の略語として用いている．

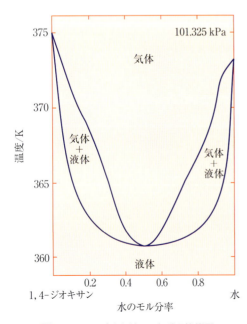

図 9.6 1,4-ジオキサン−水系の状態図

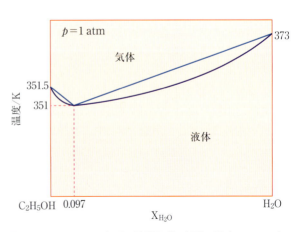

図 9.7 エタノール−水系の状態図（概略図）；温度 351 K，水のモル分率 0.097 に共沸点（沸点曲線の極小点）がある．

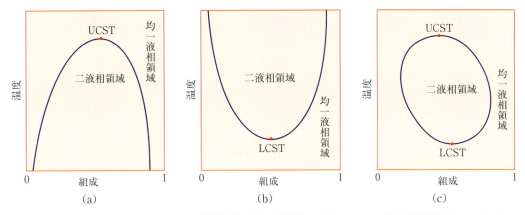

図 9.8 二液相分離（TLPS）を示す系の状態図例．(a) 上部臨界点をもつ TLPS，(b) 下部臨点をもつ TLPS，(c) 上部および下部臨界点をもつ TLPS．

ical Solution Temperature）と呼ぶ．このような系として，トリエチルアミン-水系が挙げられる．場合によっては，図 9.8(c) に示すように，LCST と UCST の両方もつ系がある．このような例として，ニコチン-水系が挙げられる．均一液相であっても，臨界点近傍には二液相分離傾向を反映した揺らぎ，微小サイズの分離した液体の微小構造領域（ドメイン）が出現する．たとえば P-W 系では，上部臨界点より高温の状態から温度をゆっくり低下させて注意深く観察すると，臨界点近傍の均一液相領域で，液体は透明な状態からこのドメインの出現を反映した乳白色を示す状態へ変化する（臨界たんぱく光）．

9.4 相平衡

9.4.1 1 成分系における二相平衡[*1]

(1) 気液平衡

気液平衡は図 9.1 や図 9.2 のような状態図上の線で表される．熱力学はこの線を決定する方法を与える．たとえば，気液平衡の条件は，液体の化学ポテンシャル μ_l と気体の化学ポテンシャル μ_g が等しいことである．このような気液平衡線（蒸気圧曲線）上の点 A において，以下の式が成立する．

$$\mu_l = \mu_g \quad (9.9)$$

さらに，この気液平衡線上に点 A よりわずかに離れた点 B を考える．点 B の液体および気体の化学ポテンシャルは $\mu_l + d\mu_l$ および $\mu_g + d\mu_g$ と書けるとする．点 B における平衡の条件は

$$\mu_l + d\mu_l = \mu_g + d\mu_g \quad (9.10)$$

と書ける．(9.9)式および(9.10)式の差をとると，

$$d\mu_l = d\mu_g \quad (9.11)$$

が成立する（添え字 l は液相を，添え字 g は気相を表す）．1 成分系においては，化学ポテンシャルは 1 mol あたりのギブズエネルギーである [(9.3)式]．そこで，化学ポテンシャルの微小変化量 $d\mu$ は 1 mol あたりの体積 v と 1 mol あたりのエントロピー s を用いて[*2]書き換えて

[*1] 固体と気体の平衡（固気平衡）もあるが，この項では，気体と液体の平衡（気液平衡）と固体と液体の平衡（固液平衡）のみ扱う．

[*2] 以下，この章では 1 mol のエンタルピー，エントロピーおよび体積は h, s および v と小文字で表している．第 7 章のモル熱容量および第 8 章のモルエントロピーでは下付き添え字 m を付記した．この章では，1 mol の量が頻出するため，下付き添え字 m の使用は避け，小文字で表している．

$(dG = d(n\mu) = n\,d\mu = V\,dp - S\,dT$ から $d\mu = \left(\dfrac{V}{n}\right)dp - \left(\dfrac{S}{n}\right)dT = v\,dp - s\,dT)$,以下のように書かれる.

$$d\mu = v\,dp - s\,dT \tag{9.12}$$

したがって,(9.11)式の与える式,$v_l\,dp - s_l\,dT = v_g\,dp - s_g\,dT$ より

$$\frac{dp}{dT} = \frac{s_g - s_l}{v_g - v_l} = \frac{\Delta s_{l\to g}}{\Delta v_{l\to g}} = \frac{\Delta h_{l\to g}}{T\,\Delta v_{l\to g}} \tag{9.13}$$

と書かれる.この関係は**クラペイロン–クラウジウス(Clapeyron-Clausius)の式**と呼ばれる.ここで,$\Delta s_{l\to g} = s_g - s_l$ および,$\Delta v_{l\to g} = v_g - v_l$ である.さらに,

$$\Delta s_{l\to g} = \frac{\Delta h_{l\to g}}{T} \tag{9.14}$$

の関係を用いている.この関係は,蒸発のエントロピー変化 $\Delta s_{l\to g}$ と蒸発の潜熱 $\Delta h_{l\to g}$ の関係を表している.(9.14)式は,8.2.3項や9.3.1項に述べたように,沸点における蒸発の間,蒸発の潜熱が温度一定で吸収されてエントロピー増加に費やされていることを表している.このエントロピー増加は,エントロピーの定義式 $dS = \dfrac{\delta Q}{T}$ [(8.7)式] において $\delta Q = \Delta h_{l\to g}$ とおくことで,評価される.

A. 液体から気体への相転移ではエントロピー変化は正であり($\Delta s_{l\to g} > 0$),蒸発熱は正である($\Delta h_{l\to g} > 0$).また,体積変化も正である($\Delta v_{l\to g} > 0$)から,気液平衡線の傾きは,(9.13)式より,正となる $\left(\dfrac{dp}{dT} > 0\right)$.これは,図9.1および図9.2の実際の状態図と一致している.

B. $\Delta v_{l\to g} = v_g - v_l \cong v_g$ および理想気体の状態方程式 $pv_g = RT$ を用いると,(9.13)式より $\dfrac{1}{p}\dfrac{dp}{dT} = \dfrac{\Delta h_{l\to g}}{RT^2}$ と書かれる.さらに整理すると

$$\frac{d\log p}{dT} = \frac{\Delta h_{l\to g}}{RT^2} \tag{9.15}$$

と書かれる.両辺を積分する($\Delta h_{l\to g}$ を定数とする)と

$$\log p = -\frac{\Delta h_{l\to g}}{RT} + C \quad (C\text{ は定数},\log\text{ は自然対数}) \tag{9.16}*$$

が得られる.この式は蒸気圧の温度依存性をよく表すことができる.図9.9は,数種の液体について,蒸気圧の対数と絶対温度の逆数の関係を図示したものである.このグラフの傾きから蒸発熱を実験的に決定することができる.

(2) 固液平衡

固体と液体の固液平衡では固体と液体の化学ポテンシャルが等しくなる.気液平衡と同様の方法で,(9.14)式に類似の融解熱 $\Delta h_{s\to l}$ と融解のエントロピー増加 $\Delta s_{s\to l}$ の関係を使用して,以下の平衡の式を得る.

---

* $\log X$ は X の自然対数である(p. 20 *2 参照).この章では,以後ほとんど自然対数が使用されていることに注意のこと.10 を底とする X の常用対数は $\log_{10} X$ と表している.

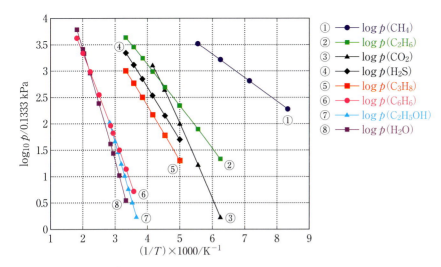

図 9.9 $\log_{10} p - \dfrac{1}{T}$ のプロット例（H$_2$O, H$_2$S, CO$_2$, C$_2$H$_5$OH, CH$_4$, C$_2$H$_6$, C$_3$H$_8$, C$_6$H$_6$）

$$\frac{dp}{dT} = \frac{\Delta h_{s \to l}}{T \, \Delta v_{s \to l}} \tag{9.17}$$

ここで，$\Delta v_{s \to l}$ は融解における体積変化（$\Delta v_{s \to l} = v_l - v_s$）である．

例題 9.1 純物質の固体と液体の平衡の温度は融点として知られる．純物質の固体および液体の化学ポテンシャル（1 mol あたりのギブズエネルギー）は融点よりも高温でも低温でも考えることができる．

(1) 大気圧下で化学ポテンシャルが温度の 1 次関数とするとき，傾きはどのような意味となるかを考えよ．

(2) 横軸を温度として，純物質の液体および固体の化学ポテンシャルの概略を図示せよ．

(3) 両者の交点の意味を述べよ．

(4) この交点より低温側で安定に存在する相はなにか．また，この交点より高温側で安定に存在する相はなにか．

解 (1) (9.12)式から $\left(\dfrac{\partial \mu}{\partial T}\right)_p = -s$ となり液体および気体の純物質の化学ポテンシャルの温度を横軸とした傾きはエントロピーに反対符号を付けたものとなる．

(2) 液体の方が固体よりエントロピーが大きいことから，温度の増加とともに化学ポテンシャルは減少し，その減少傾向は液体の方が大きい．

(3) 交点は融点となる．

(4) 融点（交点）より低温側では，1 mol あたりのギブズエネルギー（化学ポテンシャル）が小さな方の固体が安定，高温側では 1 mol あたりのギブズエネルギーが小さな方の液体が安定となる．

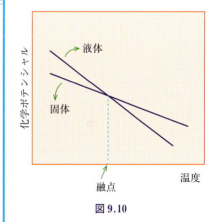

図 9.10

例題 9.2 固液平衡に関する以下の問題に答えよ．
(1) (9.13)式の導出にならって，(9.17)式を導出せよ．
(2) 固液共存線の傾きについて，図 9.1 に示す二酸化炭素の場合（傾きは正）と図 9.2 に示す水の場合（傾きは負）の違いを説明せよ．

解 (1) $d\mu = v\,dp - s\,dT$ より，$v_l\,dp - s_l\,dT = v_s\,dp - s_s\,dT$ より

$$\frac{dp}{dT} = \frac{s_l - s_s}{v_l - v_s} = \frac{\Delta s_{s \to l}}{\Delta v_{s \to l}} = \frac{\Delta h_{s \to l}}{T\,\Delta v_{s \to l}} \tag{9.17}$$

(2) 二酸化炭素，水ともに $\Delta h_{s \to l} > 0$ である．しかし，二酸化炭素の場合は $\Delta v_{s \to l} > 0$ であるのに対して固化膨張の水では $\Delta v_{s \to l} < 0$ である．$T > 0$ であるから，二酸化炭素の場合は $\frac{dp}{dT} > 0$ であるのに対して，水の場合は $\frac{dp}{dT} < 0$ となる．

9.4.2 溶液の特性

2 種の化学種が混合して均一に溶け合う場合，溶かす化学種を溶媒，溶けている化学種を溶質という．溶液という場合，液体状態が思い浮かぶが，構成成分がお互いに溶け合っている固溶体と呼ばれる固体状態も存在する．たとえば，Fe と C の固溶体（図 5.9）がある．

(1) ヘンリーの法則

希薄溶液上の飽和蒸気中の溶質の分圧は，溶液中の溶質のモル分率に比例する．この実験的に見出された法則を**ヘンリー(Henry)の法則**という．すなわち，溶質の分圧を p_1，溶液中のモル分率を X_1 とすると，

$$p_1 = k_1' X_1 \tag{9.18}$$

が成立する（k_1'：定数）．この関係は，図 9.11 に示すように，希薄溶液

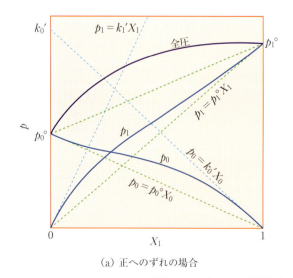

(a) 正へのずれの場合 (b) 負へのずれの場合

図 9.11 ラウールの法則およびヘンリーの法則からのずれ

の溶質成分については常に成立する．

　ヘンリーの法則が成立する溶液では，溶質の化学ポテンシャルは，以下のように書くことが可能である（[Study 9.5] 参照）．
$$\mu_1^l = \mu_1°(T, p) + RT \log X_1 \quad (\text{理想溶液の化学ポテンシャル}) \tag{9.19}$$

ここで，$\mu_1°(T, p)$[*1]は $X_1 = 1$ の場合の溶質の化学ポテンシャルである．この溶質の化学ポテンシャル μ_1^l の表現は，ヘンリーの法則である $p_1 = k_1' X_1$，理想気体の仮定および平衡の条件 $\mu_1^l = \mu_1^g$ に基づいている（[Study 9.5] 参照）．(9.19)式が成立する溶液を**理想溶液**と呼ぶ．逆に，溶質の化学ポテンシャルについて理想溶液の式 [(9.19)式] が成立すれば，溶質成分の分圧についてヘンリーの法則が成立する．

(2)　ラウールの法則

　溶質について理想溶液の関係 (9.19) 式が成立するとき，溶媒についても同様な理想溶液の関係が成立し，最終的に溶媒成分の分圧について $p_0 = p_0° X_0$（$p_0°$：純溶媒の蒸気圧）の関係が得られる（[Study 9.5] 参照）．この関係は**ラウール（Raoult）の法則**と呼ばれる以下の実験法則として知られている．

　　ラウールの法則：希薄溶液の飽和蒸気圧中の溶媒の分圧は溶液中の溶媒のモル分率 $1-X_1$ に比例する．すなわち，
$$p_0 = p_0° X_0 = p_0° (1-X_1) \tag{9.20}$$
である．ただし，$X_1 \ll 1$ である．

　この法則は，図 9.11 に示すように，希薄溶液の溶媒成分について常に成立している．

　一般に希薄溶液では理想溶液の関係が溶質および溶媒について成立し，溶質についてはヘンリーの法則，溶媒についてはラウールの法則が成立する．全組成範囲にわたり，理想溶液と考えられる溶液を**完全溶液**という．完全溶液の非常に珍しい例をすでに図 9.4 に示しているが，同位体同士の溶液は完全溶液である．理想溶液では，溶液形成によるエンタルピー増加はない[*2]．しかし，エントロピーは増加する．混合により無秩序さが増大していることを反映している（[Study 9.6] 参照）．

☕ Tea Time 9.1　理想気体，理想溶液，ヘンリーの法則，ラウールの法則の微視的な描像

　気体の理想的状態は密度の希薄な状態で，分子間力（相互作用）が作用しないと考えられる．このように分子間力（相互作用）が存在しない気体の状態を理想気体と呼ぶ．理想気体の内部エネルギーは，ジュールの実験が示すように，また，第 6 章の気体分子運動論が示すように，温度 T のみの関数で，体積変化を与えても変化しない．気体に比較して密度の大きな液体あるいは固体の混合状態（A–B 溶液[*3]）の理想的状態は，分子間相互作用を無視することはできず，A–A，A–B，B–B 分子間の分子間相互作用をすべて同じと考える．このような溶液は理想溶液と呼ばれる[*4]．溶媒 A および溶質 B の溶液では，

[*1]　標準化学ポテンシャルと呼ばれる．

[*2]　この溶液形成によるエンタルピー増加がないことは，完全溶液では全組成範囲で成立する（*4 も参照）．理想溶液においては，理想溶液の仮定が有効な組成範囲で成立する．

[*3]　この章では，多くの場合，溶液を成分 0 と成分 1 で考えている．しかし，ここでは，説明の都合上，成分 A と成分 B で溶液を考えている．

[*4]　全組成範囲で理想溶液の仮定が成立する溶液を完全溶液という．また，溶質が希薄な溶液では，溶質についてはヘンリーの法則，溶媒についてはラウールの法則が成立し，理想溶液と考えられる．このような希薄溶液を理想希薄溶液という．

溶媒 A の中に含まれる希薄な溶質 B 分子はいつも同じ分子間相互作用を周囲の分子から受ける．したがって，分子 B が液相から移行して形成される気相の成分 B の分圧は溶液中の B のモル分率に比例する．すなわち，ヘンリーの法則が成立する．もし分子間の相互作用がすべて同じということが厳密に成立しているとする（完全溶液）と，全組成範囲でヘンリーの法則が成立する．しかし，分子間相互作用がすべて同じとなることはまれであり，ヘンリーの法則は希薄な溶液の溶質について成立する．このような希薄溶液の溶媒側では，溶液はほぼ A 分子から構成され，A 分子 1 個が気相へ移行する傾向は純粋の液体 A と同様となる．しかし，溶液としての A の分圧は，A 分子の数が減少した割合 X_A に比例して減少する．すなわち，$p_A = X_A p_A°$ となり，ラウールの法則が成立する．A–A 間より A–B 間の分子間相互作用の引力傾向が大きいとすると，ヘンリーの法則およびラウールの法則から負のずれを示し，逆に，小さな場合は，ともに正のずれを示す場合が多い．水溶液では水素結合ネットワークの存在の影響があり，必ずしもこのルールに従わないことがある．理想溶液では溶液が形成されても分子間相互作用が同じであるため，エネルギーとしての損得はない．しかし，エントロピーは常に増加する（[Study 9.6] 参照）．

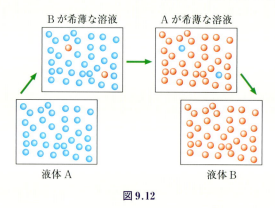

図 9.12

9.4.3 溶液の相平衡

(1) 分配平衡

お互いに混じり合わない溶媒 1 および溶媒 2 が接して存在し，溶解の傾向* が大きく異なる溶質 i が存在する場合を考える．溶媒 1 の溶液と溶媒 2 の溶液の溶質 i の濃度比は，温度，圧力が一定であれば，一定の値となる．これを**分配の法則**という．溶質 i の化学ポテンシャルが溶媒 1 および溶媒 2 との溶液で等しくなるのが平衡の条件であり，(9.19) 式を用いて，

$$\mu_i^{°,1}(T, p) + RT \log X_i^1 = \mu_i^{°,2}(T, p) + RT \log X_i^2 \quad (9.21)$$

のように，それぞれの化学ポテンシャルを用いて書かれる．上付き添字の 1 および 2 は溶媒 1 および溶媒 2 についての量であることを示している．これから，

---

* 水と油はお互いに溶解しない代表例である．一方，似たもの同士はお互いによく溶解し合う．似たものか異なるものかを判断する指標の 1 つに誘電率がある．付録表 C.6 にいろいろな液体の比誘電率（物質の誘電率と真空の誘電率の比）が掲載されている．水とベンゼンは比誘電率が大きく異なり，お互いに溶解し合わない．一方，比誘電率の近いベンゼンとトルエンはお互いに溶解し合う（図 9.5 参照）．なお，液体間の溶解性には誘電率ばかりでなく，構成分子のサイズなどの効果も影響する．

$$\frac{X_i^1}{X_i^2} = \exp\left(-\frac{1}{RT}(\mu_i^{\circ,1}(T,p) - \mu_i^{\circ,2}(T,p))\right) \quad (9.22\text{a})$$

となり，T および p 一定では右辺が一定になるため，分配の法則

$$\frac{X_i^1}{X_i^2} = k'(T,p) \quad (9.22\text{b})$$

が成立する．ここで，$k'(T,p)$ は T および p 一定の条件のもとで組成に依存しない定数である．

この分配の法則は，溶媒抽出の原理である．溶質 i を含む溶媒1の溶液に，この溶質 i をよく溶解する溶媒2を加え混合する．その結果，液–液界面を通じて溶質成分 i が溶媒2へ移行する．これを利用すると，溶質成分 i を溶媒2へ分離回収できることになり，溶媒抽出が可能となる．また，この分配の法則は，分配クロマトグラフィーの原理として化学の実験的研究に広く利用されている．

(2) 束一的性質

以下に取り扱う（A）浸透圧，（B）沸点上昇，（C）凝固点降下を特徴づける定数は，溶質の種類にはよらずに溶媒の特性および溶質の濃度（モル分率）にのみ依存する．このような性質を**束一的性質**と呼ぶ*．

（A） 浸透圧

溶媒と溶液が溶媒のみを通過させる半透膜で仕切られている．はじめは溶媒も溶液の圧力 p_0 であるが，時間の経過とともに，溶媒分子は半透膜を通過して溶液側へ移行する．このとき，図9.13に示すように，溶液側の圧力は $p_0 + \Delta p$ へ増加し，溶媒分子の溶液側への移行は平衡状態で停止する．溶媒の化学ポテンシャルを $\mu_0^{\circ,l}(T,p_0)$，溶液側の溶媒成分の化学ポテンシャルを $\mu_0^l(T,p_0+\Delta p)$ と書くと，平衡の条件は

$$\mu_0^{\circ,l}(T,p_0) = \mu^{\circ,l}(T,p_0+\Delta p) \quad (9.23)$$

と書かれる．この式で，右辺の溶液における溶媒成分の化学ポテンシャルには理想溶液の形(9.19)式を採用し，さらに溶質成分の濃度 X_1 について $X_1 \ll 1$，圧力については Δp は小さいと仮定する．その結果，

$$\left(\frac{\partial \mu_0^{\circ,l}(T,p)}{\partial p}\right)_{p=p_0,T} \Delta p - RTX_1 = 0 \quad (9.24)$$

が得られる（[Study 9.7] 参照）．溶媒の化学ポテンシャルが1 mol あたりのギブズエネルギーであることに着目すると，この式中の圧力微分は，1 mol あたりの溶媒の体積 v を与える((9.12)式および [Study 9.2]）．また，$\Delta p = p - p_0 \equiv \Pi$ と定義し直した圧力（**浸透圧**）Π を用いて書き換えると

$$\Pi v = X_1 RT \quad (9.25)$$

となる．理想気体の状態方程式とよく似た形の式が得られる．(9.25)式を書き換えると

$$\Pi = X_1 \frac{RT}{v} = X_1 K_0 \quad (9.26\text{a})$$

$$K_0 = \frac{RT}{v} \quad (9.26\text{b})$$

* 束一的性質にはこの他に蒸気圧降下がある．溶液における溶媒の分圧に対する純粋溶媒の全圧からの低下量は溶質のモル分率に比例するというもので，ラウールの法則から容易に導かれる．この章では，この現象についてはこれ以上議論しない．

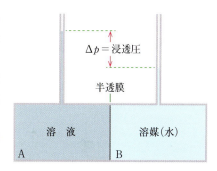

図9.13 浸透圧実験図（この図の半透膜は溶媒水分子のみ通過可能）

となる．K_0 は溶媒のモル体積と実験温度のみに依存する．その結果，浸透圧 Π は，溶質の種類によらず，そのモル分率のみに依存する．

☕ Tea Time 9.2　梅酒を造るには氷砂糖を用いる

梅酒を造る際に，梅，砂糖および焼酎（エチルアルコールと水の溶液）が用いられる．この際，粉状の砂糖や粒状のグラニュ糖を用いずに，氷砂糖が一般的に用いられる．この氷砂糖の使用は，砂糖をアルコール溶液へゆっくり溶解させるためである．浸透圧では，両側の溶質の化学ポテンシャルを同一とするように，濃い溶液が，溶媒分子のみを通過させる隔膜を通じて溶媒分子を引き寄せることで，希釈される．言い換えると，ある成分を濃く含む溶液は溶媒のみ通過可能な膜を介して，膜の反対側に存在する希薄溶液から溶媒分子を引き抜く働きをする．水分を含んだ梅に焼酎のアルコールが梅の皮を通して浸透し，梅の旨み成分をゆっくりとアルコールへ溶かし出す．膜（梅の皮）の両側でアルコールの化学ポテンシャルの差は大きくなく，この状態ではうまみ成分は梅の皮の外側へ移行し難い．しかし，氷砂糖がゆっくりと溶解すると梅の外側の砂糖の濃度が高くなり，十分にうまみ成分に富んだアルコール溶液を梅の皮の外側へ引き出す働きをする．この結果，美味しい梅酒ができる．梅酒の製造には２段階の浸透圧現象の利用がある．第１段階では，アルコール濃度の差により，梅の皮を通過したアルコールによる梅の中でのうまみ成分の抽出である．第２段階は，砂糖濃度の差による梅の皮を通したうまみ成分の梅の外への取り出しである*．

* 氷砂糖の使用は，アルコールへ梅のうまみ成分が溶けるのに必要な時間を確保するためである．

(B)　沸点上昇

溶媒に不揮発性の溶質がモル分率 X_1 で溶解した溶液の沸点は，純溶媒（$X_1 = 0$）と比較して ΔT だけ上昇する．この現象は**沸点上昇**と呼ばれる．不揮発性の意味は，溶質分子が揮発して気相に混在することはない場合を考えているためである．このような溶液の沸点上昇 ΔT は，溶媒成分の気相と液相の平衡，すなわち，溶媒成分の化学ポテンシャルが気相と液相で等しいとすることを純粋溶媒の場合および溶液の場合の両方を考えることで，求めることができる（[Study 9.7] 参照）．

$$\Delta T = X_1 \frac{R(T_v^\circ)^2}{\Delta h_{l \to g}} = X_1 K_v \tag{9.27a}$$

$$K_v = \frac{R(T_v^\circ)^2}{\Delta h_{l \to g}} \tag{9.27b}$$

ここで，R は気体定数であり，$\Delta h_{l \to g}$ は純粋溶媒の 1 mol あたりの蒸発エンタルピー，T_v° は純粋溶媒の沸点である．K_v は溶媒の性質にのみ依存し，ΔT は溶質が何であってもそのモル分率にのみ依存する．希薄溶液では，慣例的に，モル分率の代わりに，1 kg の溶媒に含まれる溶質の物質量（単位 mol）として定義される質量モル濃度 m_1（mol kg^{-1}），が使用される．この希薄溶液の溶質のモル分率と質量モル濃度の間には

$X_1 = \dfrac{M_A}{1000} m_1$ の関係が成立することが容易にわかる．ここで，M_A は溶媒分子の分子量であり，$1000/M_A$ は溶媒 1 kg の溶媒分子の物質量（単位 mol）に対応する．質量モル濃度を用いると，沸点上昇 ΔT は束一的性質として

$$\Delta T = K_v^* m_1 \tag{9.27c}$$

$$K_v^* = \dfrac{R(T_v^\circ)^2}{\Delta h_{l \to g}} \dfrac{M_A}{1000} \tag{9.27d}$$

と書かれる．水の場合の沸点上昇定数[*1] K_v^* は，$0.51\,\mathrm{K\,mol^{-1}\,kg}$ である．

[*1] モル沸点上昇ともいう．

例題 9.3 水の沸点上昇定数が $0.51\,\mathrm{K\,mol^{-1}\,kg}$ となることを (9.27d) 式により確かめよ．ただし，水の蒸発エンタルピーは $40.66\,\mathrm{kJ\,mol^{-1}}$ とする．

解 $K_v^* = \dfrac{8.314\,\mathrm{J\,K^{-1}\,mol^{-1}} \times 373\,\mathrm{K} \times 373\,\mathrm{K}}{40660\,\mathrm{J\,mol^{-1}}} \times \dfrac{18}{1000}\,(\mathrm{mol\,kg^{-1}})^{-1}$
$= 0.512\,\mathrm{K\,mol^{-1}\,kg}$ となる．

(C) 凝固点降下

溶液が凝固する際，固相に溶質が溶解しないとすると，凝固点の低下が見られる．この現象を**凝固点降下**と呼ぶ．凝固点降下 ΔT についても，溶媒成分の固相と液相の平衡の条件すなわち，溶媒成分の化学ポテンシャルが固相と液相で等しい条件，を純粋溶媒の場合と溶液の場合の両方の場合に適用して，以下のように求まる（[Study 9.7] 参照）．

$$\Delta T = -X_1 \dfrac{R(T_m^\circ)^2}{\Delta h_{s \to l}} = -X_1 K_f \tag{9.28a}$$

$$K_f = \dfrac{R(T_m^\circ)^2}{\Delta h_{s \to l}} \tag{9.28b}$$

ここで，$\Delta h_{s \to l}$ は純粋溶媒の 1 mol あたりの融解エンタルピー（凝固潜熱）であり，T_m° は純粋溶媒の融点である．K_f は溶媒の性質にのみ依存する．したがって，ΔT は溶質の種類は何であれ，溶質のモル分率にのみ依存する．希薄溶液では，慣例的に，沸点上昇の箇所で用いた重量モル濃度 $m_1\,(\mathrm{mol\,kg^{-1}})$，が使用される．重量モル濃度を用いると，凝固点降下 ΔT は

$$\Delta T = -K_f^* m_1 \tag{9.28c}$$

$$K_f^* = \dfrac{R(T_m^\circ)^2}{\Delta h_{s \to l}} \dfrac{M_A}{1000} \tag{9.28d}$$

と書かれる．凝固点降下定数[*2] K_f^* は，水の場合，$1.86\,\mathrm{K\,mol^{-1}\,kg}$ である．

[*2] モル凝固点降下ともいう．

Tea Time 9.3 束一的性質とアレニウスの電離説

化学（科学）の歴史では，同時期の独立に実施されていた研究が一方の研究に重要な手がかりを与え，新たな概念の誕生に結びついた例

が少なくない．また，新しい概念が提案されると多方面からその検証が行われ，人類の知的遺産として確立していく．アレニウスの電解質（水）溶液に対する電離説もそのような例である．第10章に示すように，アレニウスは，中和熱や電気伝導度の研究から電解質溶液の中では未解離の溶質分子とこれらが解離して生成したイオンが化学平衡にあるとする電離説を1887年に提案した．さらに，アレニウスは，この電離説により強酸や強塩基は完全解離していると解釈した．その結果，強酸と強塩基の中和熱は $H^+ + OH^- \longrightarrow H_2O$ の反応熱であると説明した．これにより，中和熱が強酸や強塩基の種類によらずに一定の値を示すという実験事実の説明に成功した．同時期の1888年，オストワルドはオストワルドの希釈律を発表し，酢酸が水溶液中で酢酸イオンと H^+ イオン（プロトン）への解離平衡にあることを示した（10.1.4項）．ファント・ホッフ（van't Hoff）は，1889年，浸透圧の研究を行い，希薄な非電解質溶液の浸透圧は (9.26a) 式と一致する実験結果を与えるのに対して，希薄な電解質溶液の浸透圧はこの式よりも大きな値を示すことを見出した．このことから，ファント・ホッフはファントホッフ係数 i を導入して，浸透圧を

$$\Pi = iX_1 K_0$$

と表した．その結果，ファントホッフ係数 i は1より大きいということに止まらず，電離したイオン種の数に等しいことが明らかになった．たとえば，NaCl，KCl などの1価-1価の塩の水溶液では $i=2$，$BaCl_2$ などの1価-2価の塩の水溶液では $i=3$ になることが明らかになった．同様に束一的性質である沸点上昇や凝固点降下もファントホッフ係数 i を導入して実験結果を説明することが可能であった．

$$\Delta T = iX_1 K_v \quad (沸点上昇)$$
$$\Delta T = -iX_1 K_f \quad (凝固点降下)$$

アレニウスの電離説は，オストワルドやファント・ホッフの研究が重要な根拠となり，立証された．

9.5 化学反応と平衡
9.5.1 化学反応と反応ギブズエネルギー
(1) 化学平衡の法則（質量作用の法則）

ここで化学種 A, B, L, M についての以下のような化学反応を考える．

$$a\mathrm{A} + b\mathrm{B} \longrightarrow l\mathrm{L} + m\mathrm{M} \tag{9.29a}$$

ここでは a, b, l, m はこの反応に関わるそれぞれの化学種のモル数である．この反応の右向きの反応を正反応，左向きの反応を逆反応という．化学反応式の出発物質側の左側を反応原系，生成物側の右側を生成系と呼ぶのが慣例である．この反応の右向きの反応速度を $V_\rightarrow$，左向きの反応速度を $V_\leftarrow$ と書くと，それぞれ，以下のように形式的に書くことができる．

$$V_\rightarrow = k_\rightarrow [\mathrm{A}]^a [\mathrm{B}]^b \tag{9.30a}$$

$$V_{\leftarrow} = k_{\leftarrow}[\text{L}]^l[\text{M}]^m \qquad (9.30\text{b})$$

ここで[A]は化学種 A の濃度（単位はたとえば mol dm^{-3}）を表し，他の化学種の濃度も同様に [ ] の中に B, L, M を入れて表している．さらに，たとえば速度定数 $k_{\rightarrow}$ の下付き添え字の矢印は反応の方向を表している．化学反応の初期の反応原系の物質濃度が大きな時期は $V_{\rightarrow} > V_{\leftarrow}$ であるが，生成系物質の濃度の増加とともに $V_{\leftarrow}$ は増大する．やがて $V_{\rightarrow}$ と $V_{\leftarrow}$ が等しくなり，見かけ上物質変化が止まった状態に達する．この状態を平衡といい，(9.29a)式は以下のように書かれる．

$$a\text{A} + b\text{B} \rightleftharpoons l\text{L} + m\text{M} \qquad (9.29\text{b})$$

平衡で $V_{\rightarrow} = V_{\leftarrow}$ のため

$$\frac{[\text{L}]^l[\text{M}]^m}{[\text{A}]^a[\text{B}]^b} = \frac{k_{\rightarrow}}{k_{\leftarrow}} = K \qquad (9.31)$$

が得られる．化学反応に関与する物質濃度の間に，(9.31)式で表される一定の比が成立するという関係は**化学平衡の法則（質量作用の法則）**と呼ばれ，実験的にもよく成立している．しかし，反応速度が，第 11 章で学ぶように，必ずしも(9.30)式で表されるとは限らない．この意味で，この反応速度に基づいた化学平衡の法則の証明は不十分である．そこで，等温定圧条件における化学平衡の条件，すなわちギブズエネルギー最小を用いて化学平衡の法則を導出する．

（2） 溶液の化学反応の平衡

簡単なため(9.29)式に現れる化学種は溶液内で理想溶液を形成する化学種として存在するとする．理想溶液の i 成分の化学ポテンシャル，$\mu_i^l = \mu_i^{\circ}(T, p) + RT \log X_i$ [(9.19)式，X_i は成分 i のモル分率，i は化学種（i = A, B, L, M）]を使用して，反応ギブズエネルギー $\Delta_r G$ を以下のように書く．ただし，(T, p) は省略している．

$$\Delta_r G = \sum(\text{生成系の } G) - \sum(\text{反応原系の } G)$$
$$= l\mu_{\text{L}} + m\mu_{\text{M}} - (a\mu_{\text{A}} + b\mu_{\text{B}}) \qquad (9.32)$$

$$\Delta_r G = l\mu_{\text{L}}^{\circ} + m\mu_{\text{M}}^{\circ} - (a\mu_{\text{A}}^{\circ} + b\mu_{\text{B}}^{\circ}) + RT \log \frac{X_{\text{L}}^l X_{\text{M}}^m}{X_{\text{A}}^a X_{\text{B}}^b} \qquad (9.33)$$

$$= \Delta_r G^{\circ} + RT \log K_X \qquad (9.34)$$

ここで，$\Delta_r G^{\circ}$ は**標準反応ギブズエネルギー*** と呼ばれ，以下の内容をもつ．

$$\Delta_r G^{\circ} = l\mu_{\text{L}}^{\circ} + m\mu_{\text{M}}^{\circ} - a\mu_{\text{A}}^{\circ} - b\mu_{\text{B}}^{\circ} = \sum_i \nu_i \mu_i^{\circ} \qquad (9.35)$$

ただし，(9.35)式の和においては，ν_i は(9.29)式の反応に関係する化学種 i（いまの場合，A, B, L, M）のモル数である a, b, l, m であり，生成系には＋の符号，反応原系には－の符号を付けて勘定する．

(9.34)式で，対数の中の濃度比を以下のように Q_X と書く．

$$Q_X = \frac{X_{\text{L}}^l X_{\text{M}}^m}{X_{\text{A}}^a X_{\text{B}}^b} \qquad (9.36)$$

すなわち，化学平衡を考える上で重要な，

$$\Delta_r G = \Delta_r G^{\circ} + RT \log Q_X \qquad (9.37)$$

* 標準反応ギブズエネルギーは，すべての化学種のモル分率を 1 とおいたとき（標準状態）の反応ギブズエネルギーである．

の関係が導出された．系が温度，圧力一定の条件にあるとする．平衡におけるギブズエネルギーの極小条件から $\Delta_r G = 0$ が成立する．このときの Q_X は(9.31)式の K_X と同じく平衡定数 K_X の意味をもつ．したがって，(9.37)式から

$$\Delta_r G° = -RT \log K_X \quad (9.38a)$$

を得る．この式は平衡定数 K_X と標準反応ギブズエネルギー $\Delta_r G°$ の関係を表し，平衡では平衡定数が一定になるという化学平衡の法則の堅固な根拠を与えている．

なお，(9.37)式および(9.38a)式は理想溶液における化学反応の取り扱いから導出され，K_X は(濃度)平衡定数である．各化学種のモル分率（たとえば X_L）の代わりにその化学種に該当する活量（たとえば a_L）を用いることで，理想溶液に限らず，固相，液相およびこれらの混合相にも適用できる以下の平衡定数 K_{act}（[Study 9.8]）の式を得ることができる*1．

$$\Delta_r G° = -RT \log K_{act} \quad (9.38b)$$

すなわち，化学平衡の法則が広く一般的に成立することをギブズエネルギー極小から示すことができる［気相反応についても，以下の(9.39)式，(9.38c)式に関連する記述を参照］．

(3) 気体の化学反応の平衡

気体反応では活量に対応するフガシティが用いられる．全圧が低圧のときにはフガシティとして分圧を用いることができる（理想気体の近似）．したがって，以下の圧平衡定数

$$K_p = \frac{p_L{}^l p_M{}^m}{p_A{}^a p_B{}^b} \quad (9.39)$$

を用いることができる．この圧平衡定数で表した平衡の条件は

$$\Delta_r G° = -RT \log K_p \quad (9.38c)$$

と書かれる*2．(9.39)式の圧平衡定数を(9.36)式の濃度平衡定数へ書き換えるには，ドルトンの分圧の法則（たとえば $p_A = X_A p$，p_A：化学種Aの分圧，X_A：成分Aのモル分率，p：全圧）*3 が使用される．結局，両者の間には

$$K_X(T, p) = K_p(T) p^{-\Delta\nu} \quad (9.40)^{*4}$$

の関係があり，$\Delta\nu = l + m - a - b$ である［a〜m は(9.29a, b)式の係数］．ここで，圧平衡定数 K_p は標準状態（1 bar あるいは 1 atm）の反応ギブズエネルギーと関係するため，圧力には依存せず温度のみに依存する．それに対して，濃度平衡定数 K_X は圧力および温度に依存する．両平衡定数へ影響を与える変数を顕わに示すため，(9.40)式では括弧内にそれら変数を示している．

9.5.2 平衡定数とその温度および圧力変化

(1) 溶液系の平衡定数の温度依存性と圧力依存性

(9.38b)式を書き替えた式 $\log K_{act} = -\dfrac{\Delta_r G°}{RT}$ と熱力学の関係式

---

*1 純粋固体の活量は1とする．大量に不変にあるものとして1が割り当てられる．このようにすると，純粋固体の析出が混在する平衡も扱うことができる．(9.38b)式では，活量を用いた化学ポテンシャルに対応した(9.35)式が $\Delta_r G°$ となる．(9.38c)式でも，用いた化学ポテンシャルに対応した $\Delta_r G°$ を用いることは同様である．

*2 (9.38c)式に現れる理想気体反応の標準反応ギブズエネルギーは(9.35)式の $\mu_i°$ に，分圧 p_i を用いた化学ポテンシャル，$\mu_i = \mu_i°(T) + RT \log p_i$ の標準化学ポテンシャル，$\mu_i°(T)$ を代入したものである（$i = L, M, A, B$）．標準化学ポテンシャル，$\mu_i°(T)$ は $p_i = 1$ bar（標準状態）のときの μ_i である．なお，理想気体の化学ポテンシャルについては [Study 9.5] に説明がある．

*3 アボガドロの法則と同様に，理想気体を仮定していることになる．

*4 K_X はモル分率による平衡定数である．

$\left(\dfrac{\partial \left(\dfrac{G}{T}\right)}{\partial T}\right)_p = -\dfrac{H}{T^2}$（[Study 9.2] 参照）を利用して，

$$\left(\dfrac{\partial \log K_{\mathrm{act}}}{\partial T}\right)_p = -\dfrac{1}{R}\left(\dfrac{\partial \left(\dfrac{\Delta_{\mathrm{r}} G^\circ}{T}\right)}{\partial T}\right)_p = \dfrac{\Delta_{\mathrm{r}} H^\circ}{RT^2} \quad (9.41\mathrm{a})$$

すなわち，

$$\left(\dfrac{\partial \log K_{\mathrm{act}}}{\partial T}\right)_p = \dfrac{\Delta_{\mathrm{r}} H^\circ}{RT^2} \quad (9.41\mathrm{b})$$

を得る．この式はファント・ホッフの等圧式である．$\Delta_{\mathrm{r}} H^\circ$ は

$$\Delta_{\mathrm{r}} H^\circ = l\overline{h_{\mathrm{L}}}^\circ + m\overline{h_{\mathrm{M}}}^\circ - a\overline{h_{\mathrm{A}}}^\circ - b\overline{h_{\mathrm{B}}}^\circ = \sum_i \nu_i \overline{h_i}^\circ \quad (9.42)$$

と定義される．ν_i は (9.35) 式でも現れた反応に関係する化学種のモル数であり，(9.35) 式と同じ使用法をとっている．また，たとえば $\overline{h_{\mathrm{L}}}^\circ$ は成分 L の部分モルエンタルピー* であり，$\Delta_{\mathrm{r}} H^\circ$ は，標準状態の反応エンタルピーすなわち反応熱である．

(9.38b) 式と熱力学的関係式 $\left(\dfrac{\partial G}{\partial p}\right)_T = V$ より以下の平衡定数の圧力依存性が導かれる．

$$\left(\dfrac{\partial \log K_{\mathrm{act}}}{\partial p}\right)_T = -\dfrac{\Delta_{\mathrm{r}} V^\circ}{RT} \quad (9.43)$$

ここで，$\Delta_{\mathrm{r}} V^\circ$ は標準状態の反応の体積変化であり，以下のように各化学種の標準状態の部分モル体積（たとえば化学種 L については $\overline{v_{\mathrm{L}}}^\circ$）* を用いて書かれる．

$$\Delta_{\mathrm{r}} V^\circ = l\overline{v_{\mathrm{L}}}^\circ + m\overline{v_{\mathrm{M}}}^\circ - a\overline{v_{\mathrm{A}}}^\circ - b\overline{v_{\mathrm{B}}}^\circ = \sum_i \nu_i \overline{v_i}^\circ \quad (9.44)$$

ここで ν_i の意味は (9.35) 式や (9.42) 式と同様である．

(2) 理想気体系の平衡定数の温度依存性と圧力依存性

(9.38c) 式と熱力学の関係式 $\left(\dfrac{\partial \left(\dfrac{G}{T}\right)}{\partial T}\right)_p = -\dfrac{H}{T^2}$（[Study 9.2] 参照）を利用すると，ここでも，ファント・ホッフの等圧式が得られる．

$$\left(\dfrac{\partial \log K_p}{\partial T}\right)_p = \dfrac{\Delta_{\mathrm{r}} H^\circ}{RT^2} \quad (9.45)$$

この式は理想気体の圧平衡定数の温度依存性を表す．濃度平衡定数の圧力依存性を求めるために，(9.40) 式の対数を圧力で微分し，$p\Delta_{\mathrm{r}} V^\circ = \Delta\nu RT$ の関係（$\Delta_{\mathrm{r}} V^\circ$：標準状態の反応の体積変化）を用いると

$$\left(\dfrac{\partial \log K_{\mathrm{X}}}{\partial p}\right)_T = -\dfrac{\Delta\nu}{p} = -\dfrac{\Delta_{\mathrm{r}} V^\circ}{RT} \quad (9.46\mathrm{a})$$

が得られる．すなわち，濃度平衡定数の圧力依存性は

$$\left(\dfrac{\partial \log K_{\mathrm{X}}}{\partial p}\right)_T = -\dfrac{\Delta_{\mathrm{r}} V^\circ}{RT} \quad (9.46\mathrm{b})$$

で表される溶液の圧平衡定数の圧力依存性 [(9.43) 式と同形] が得られる．

---

* $\overline{h_{\mathrm{L}}}^\circ$ および $\overline{v_{\mathrm{L}}}^\circ$ はそれぞれ，標準状態の化学種 L のエンタルピー H の部分モル量，部分モルエンタルピーおよび体積 V の部分モル量，部分モル体積である．化学種 i の部分モル量 $\overline{A}$ とは示量性変数の状態関数 A について $\left(\dfrac{\partial A}{\partial N_i}\right)_{p,T,\{N\}_i'}$ により示される示強性変数の状態関数である（[Study 9.1]）．化学ポテンシャルもギブズエネルギーの部分モル量である．たとえば L 成分の部分モル体積は，無限に大きな体系に化学種 L を 1 mol 加えたときの体積の増加に相当する．

9.5.3 ルシャトリエの原理

ルシャトリエ(Le Chatelier)の原理は「平衡において，平衡を決める因子(温度，圧力など)が変動すると，その変動を打ち消すように平衡は移動する」という内容をもつ．

以下の具体例が考えられる．

A. 発熱反応の場合($\Delta_r H° < 0$)，温度を上昇させると平衡は温度を下げる反応原系側へ移行する．
B. 吸熱反応の場合($\Delta_r H° > 0$)，温度を上昇させると平衡は温度を下げる生成系側へ移行する．
C. 体積が増加する反応($\Delta_r V° > 0$)では，圧力を増すと平衡は圧力を下げる反応原系側へ移行する．
D. 体積が減少する反応($\Delta_r V° < 0$)では，圧力を増すと平衡は圧力を下げる生成系側へ移行する．

Aの$\Delta_r H° < 0$の場合，(9.41b)式，(9.45)式より，温度Tの増加でK_X, K_pは減少する．すなわち，平衡は反応原系側へ移行し，Aは説明される．また，Bの$\Delta_r H° > 0$の場合，(9.41b)式，(9.45)式より，温度Tの増加でK_X, K_pは増加し，生成系側へ平衡は移行する．すなわち，Bは説明される．Cの$\Delta_r V° > 0$の場合，(9.43)式，(9.46a)式により，圧力pの増加でK_Xは減少し，平衡は反応原系側へ移行する．すなわち，Cは説明される．Dの$\Delta_r V° < 0$の場合，(9.43)式，(9.46a)式により，圧力pの増加でK_Xは増加し，平衡は生成系側へ移行する．すなわち，Dは説明される．このように，ルシャトリエの原理は平衡定数の温度依存性や圧力依存性で支持される．

9.5.4 標準反応ギブズエネルギーの適用と化学平衡の計算例

(9.38a, b, c)式によると，標準反応ギブズエネルギー$\Delta_r G°$がわかれば，平衡定数が計算可能である．すでに8.3.2項で述べたように，任意の化学反応の$\Delta_r G°$を評価するためには，標準生成ギブズエネルギー$\Delta_f G°$の表8.2を利用することができる．$\Delta_f G°$は，標準生成エンタルピーの場合と同様に，標準状態で最も安定な元素の状態(基準状態)の$\Delta_f G°$をゼロとする約束のもとで決定されている．たとえば，H_2, O_2, N_2などの気体の標準生成ギブズエネルギーはゼロである．標準状態で$H_2 \longrightarrow H_2$の生成反応にはギブズエネルギーが不要であるからである．

平衡定数の利用の例として，アンモニア合成の反応，$\frac{1}{2}N_2(g) + \frac{3}{2}H_2(g) \longrightarrow NH_3(g)$* を取り上げる．この反応の$\Delta_r G°$は$\Delta_f G°$と等しい．まず，この反応の平衡定数を求めると，$NH_3(g)$の$\Delta_f G°$については，表8.2から$\Delta_f G° = -16.43 \text{ kJ mol}^{-1}$と与えられる．この気相反応の平衡定数は，(9.38c)式における平衡定数がK_pであるとして，以下のように与えられる．

* $\frac{1}{2}N_2(g) + \frac{3}{2}H_2(g) \longrightarrow NH_3(g)$の反応式(反応式①；平衡定数$K_1$)はしばしば，$N_2(g) + 3H_2(g) \longrightarrow 2NH_3(g)$の反応式(反応式②；平衡定数$K_2$)と書かれて扱われる．反応式①に対応する標準反応ギブズエネルギーは$\Delta_r G°$である．一方，反応式②の標準反応ギブズエネルギーは$2\Delta_r G°$であり，$K_2 = K_1{}^2$である[(9.38c)式]．

$$K_p = \frac{p_{NH_3}}{p_{H_2}^{3/2} p_{N_2}^{1/2}} = \frac{X_{NH_3}}{X_{H_2}^{3/2} X_{N_2}^{1/2} p} = 758.2^{*1} \quad (9.47)$$

アンモニア合成は，平衡定数が大きいため，確かに可能である．圧力を高圧にすると，(9.47)式より，X_{NH_3} を増加させる効果をもたらす．さらに，この反応の体積変化 $\Delta_r V°$ は化学反応式から負であり，(9.46b)式は高圧の方がアンモニア合成に有利であることを示している．一方，この反応の $\Delta_r H°$ は $\Delta_f H°$ と等しいため，表 7.5 より，$\Delta_r H° = -45.94 \text{ kJ mol}^{-1}$ と与えられる．したがって，この反応は発熱反応であり，(9.45)式より，アンモニア合成反応は低温の方が有利と考えられる．しかし，有名なアンモニア合成法であるハーバー–ボッシュ(Haber-Bosch)法では，アンモニアは，約 773 K の高温と約 20 MPa の高圧条件のもと，鉄触媒[*2]を用いて合成されている．さらに，生成したアンモニアは液化して回収している．高圧条件の採用は，以上の議論に合致していて有効である．また，アンモニアを液化して回収しているのは，気体のアンモニアを取り除く働きをしている．気体反応の平衡定数を一定に保つためには，液化により失われた気体アンモニアを生成して補充する必要があり，アンモニア合成には有利に働く．しかし，発熱反応に対する高温条件は，(9.45)式からは不利な条件と考えられる．しかし，二重結合の水素分子や三重結合の窒素分子の強い化学結合を切断して原子状にしてからアンモニア分子として再結合に至る反応過程は低温では必ずしも容易ではなく，高温条件は，適切な触媒の使用とともに，反応速度を増加させる観点からも必要とされる．

[*1] この K_p は 298 K の標準状態の値であることに注意のこと．(9.45)式を用いて，773 K における K_p を推定すると，8.54×10^{-3} 程度の値となる．これを 773 K, 1 atm の濃度平衡定数 $K_X(773 \text{ K}, 1 \text{ atm})$ と見なす〔1 atm ≅ 10^5 bar）が基準（$p = 1$）（[Study 9.5]）である〕．773 K, 20 MPa の濃度平衡定数 $K_X(773 \text{ K}, 200\times 10^5 \text{ Pa})$ は，(9.47)式より，1.7 程度となる．ここで，(9.47)式より，濃度平衡定数 K_X は，圧平衡定数 K_p と $K_X = pK_p$ の関係がある．なお，この計算は理想気体の近似による粗い見積りである．

[*2] 実際には，たとえば，Fe_3O_4 に Al_2O_3 や K_2O を加えた混合体が触媒として用いられる．触媒の働きをするのは，Fe_3O_4 を H_2 で還元して生成する Fe である．Al_2O_3 は触媒の焼結を防止する骨材の働きをする．K_2O は Fe の N*（ラジカル）生成を助ける電子供与体の役割をもつ．

> **例題 9.4** $CH_4(g) + 2 O_2(g) \longrightarrow CO_2(g) + 2 H_2O(l)$ の反応について以下の問いに答えよ．
>
> (1) $\Delta_r H°$ を求めよ．必要ならば，表 7.5，図 7.11 を参照せよ．ただし，水の $\Delta_f H°(298 \text{ K})$ は $-285.83 \text{ kJ mol}^{-1}$ である．
>
> (2) $\Delta_r G°$ を求めよ．必要ならば，表 8.2 を参照せよ．
>
> (3) (1), (2) の結果を用いて，$\Delta_r S°$ を求めよ．これから，メタンの標準モルエントロピーを求めよ．求めた数値と文献値 186.14 $\text{J K}^{-1} \text{mol}^{-1}$ を比較せよ．
>
> (4) この反応が平衡にあるとする．温度上昇したとき，平衡はどちらへ進むか．ギブズエネルギーで考えよ．
>
> (5) 圧力が増加するとき，平衡はどちらへ進むか．ギブズエネルギーで考えよ．
>
> **解** (1) ヘスの法則にしたがい，図 7.11 に示すように，表 7.5 から
> $\Delta_r H° = \{(-393.51 \text{ kJ mol}^{-1}) + 2\times(-285.83 \text{ kJ mol}^{-1})\}$
> $\quad - \{(-74.87 \text{ kJ mol}^{-1}) + 2\times(0 \text{ kJ mol}^{-1})\} = -890.30 \text{ kJ mol}^{-1}$
>
> (2) 表 8.2 から
> $\Delta_r G° = \{-394.359 \text{ kJ mol}^{-1} + 2\times(-237.178 \text{ kJ mol}^{-1})\}$
> $\qquad - \{(-50.79 \text{ kJ mol}^{-1}) + 2\times(0 \text{ kJ mol}^{-1})\}$
> $\qquad = -817.925 \text{ kJ mol}^{-1}$

(3) $\Delta_r G° = \Delta_r H° - T \Delta_r S°$ に $T = 298$ K と (1), (2) の $\Delta_r H°$, $\Delta_r G°$ を代入すると，
$$\Delta_r S° = \frac{\{(-890.30 \text{ kJ mol}^{-1}) - (-817.925 \text{ kJ mol}^{-1})\}}{298 \text{ K}}$$
$$= -0.2429 \text{ kJ K}^{-1} \text{ mol}^{-1}$$

表 8.1 の数値を用い，$CH_4(g)$ の標準モルエントロピーを $S°(CH_4)$ とすると

$(213.63 \text{ J K}^{-1} \text{ mol}^{-1}) + (2 \times 69.91 \text{ J K}^{-1} \text{ mol}^{-1})$
$- (S°(CH_4)) - 2 \times (205.029 \text{ J K}^{-1} \text{ mol}^{-1}) = -242.9 \text{ J K}^{-1} \text{ mol}^{-1}$

が成立する．これより $S°(CH_4)$ を求めると，

$S°(CH_4) = (213.63 \text{ J K}^{-1} \text{ mol}^{-1}) + 2 \times (69.91 \text{ J K}^{-1} \text{ mol}^{-1})$
$\qquad - 2 \times (205.029 \text{ J K}^{-1} \text{ mol}^{-1}) + (242.9 \text{ J K}^{-1} \text{ mol}^{-1})$
$\qquad = 186.292 \text{ J K}^{-1} \text{ mol}^{-1}$

文献値とよく一致する．

(4) (9.45) 式において $\Delta_r H° < 0$ であるから，温度の上昇とともに K_p は減少する．したがって，温度上昇は平衡を反応原系の濃度を増加させる方向へ進行させる．

(5) この反応では 3 体積の気体から 1 体積の気体が形成される．液体の体積は気体の体積よりはるかに小さいから生成側の水の体積は無視し得る．そうすると，この反応の体積変化について $\Delta_r V° < 0$ が成立する．(9.46a) 式において $\Delta_r V° < 0$ は圧力を増加させると K_x は増加する．したがって，圧力増加は平衡を生成系側の濃度を増加させる方向へ進行させる．

第 9 章のまとめ

- T, p 一定の平衡の条件　ギブズエネルギー最小
  ↓
  相平衡の条件　物質移動について両相で化学ポテンシャルが等しい
- 平衡状態図　ギブズの相律で決まる
  - 1 成分系
    - 三重点　固液，気液，固気共存線
  - 2 成分系
    - 液相線，気相線，二相共存域，分別蒸留と共沸点，二液相分離
- 溶液の相平衡
  - 1 成分系　気液平衡　クラペイロン–クラジウスの式
    - 固液平衡　水(負)と二酸化炭素(正)では固液共存線の傾きは逆
    - (クラペイロン–クラジウスの式で説明可能)
  - 2 成分系　ヘンリーの法則，ラウールの法則
    - 分配平衡(溶媒抽出，クロマトグラフィー)
    - 束一的性質(浸透圧，沸点上昇，凝固点降下，蒸気圧

降下）
- 化学平衡　標準反応ギブズエネルギーと平衡定数の関係
  平衡定数の温度変化　標準反応エンタルピーに比例
  平衡定数の圧力変化　標準体積変化に－符号をつけた量に比例
  　　ルシャトリエの原理に対応
  標準反応ギブズエネルギーがわかると生成系化学種の平衡組成を予測できる

章末問題 9

1. $\left(\dfrac{\partial(G/T)}{\partial T}\right)_p = -\dfrac{H}{T^2}$ を $\dfrac{G}{T} = G \times \dfrac{1}{T}$ のように，2つの関数の積と考えて，ギブズ自由エネルギーの定義 $G = H - TS$ を用いて導出せよ．

2. 図9.9に示す $\log p - \dfrac{1}{T}$ のプロットを見て，各物質についてどのようなことがわかるかを述べよ．

3. 富士山およびエベレストの山頂（富士山約 630 hPa エベレスト約 300 hPa が山頂の気圧）では水の沸点は何度となるか．ただし，水の蒸発エンタルピーは 40.66 kJ mol^{-1} とする．

4. 凝固点降下定数 $K_f{}^*$ は，水の場合，1.86 K mol^{-1} kg であることを(9.28d)式から確かめよ．必要な物性値は各自調査して求めよ．

5. 凝固点降下の式，(9.28a)式を正確に導け．

6. スケートが氷の上をよくすべるのは，一説として非常に小さな面積のスケートの刃と氷の接触面に乗った人の体重が加わるためと考えられている．この圧力増加のため，スケートの刃の下の氷の融点が下がり水膜となる．これが潤滑剤の働きをしてスケートはよくすべることになる[注1]．(9.17)式を適用して，体重80 kgの人が乗ったスケート（刃の幅は 0.1 mm，長さ 25 cm）の下の氷の融点は何度低下するか計算せよ．ただし，水の融解熱は 335 J g^{-1} とし，水および氷の比重を 1 および 0.917 として計算せよ．

[注1] このスケートの滑走性に対する氷の圧力融解説に代わり，氷の表面層は緩い結合の水分子があり，潤滑の働きをするという最近の説明 (B. Weber *et al.*, J. Phys. Chem. Lett., 2018, 9, 11, 2838-2842) がある．

7. $2\,\mathrm{Ag(s)} + \dfrac{1}{2}\mathrm{O_2(g)} \longrightarrow \mathrm{Ag_2O(s)}$（銀の酸化反応）の反応の 298 K の標準生成ギブズエネルギー $\Delta_f G°$ と標準生成エンタルピー $\Delta_f H°$ はそれぞれ，-11.22 kJ mol^{-1}，-31.05 kJ mol^{-1} と与えられている．

a) 9.5.2項(1)中の熱力学の関係式を使用し，標準生成エンタルピーが温度に依存しないと仮定することで，定圧下の生成ギブズエネルギーが温度の1次関数になることを示せ．

b) 銀の酸化反応の生成ギブズエネルギーの温度依存性を表す式を求めよ．

c) 銀の酸化物があるとき，1 bar では，酸化物を除去するには最低どの程度の高温で保てばよいか．

Study 9.1　多成分系のギブズエネルギーの微小変化

純物質（1成分系）のギブズエネルギー G は，温度 T と圧力 p の関数である．多成分系の G は温度 T と圧力 p に加えて成分のモル数 $n_0, n_1, \cdots, n_{C-1}$ の関数となる．このため，$G(p, T, n_0, n_1, \cdots, n_{C-1})$ と書き，この微小変化を以下のように全微分で書く．

$$\mathrm{d}G = \left(\dfrac{\partial G}{\partial p}\right)_{T,n} \mathrm{d}p + \left(\dfrac{\partial G}{\partial T}\right)_{p,n} \mathrm{d}T + \sum_{i=0}^{C-1}\left(\dfrac{\partial G}{\partial n_i}\right)_{p,T,\{n\}_i'} \mathrm{d}n_i$$

この式において，右辺第1項および第2項はすべての成分のモル数 $n_0, n_1, \cdots, n_{C-1}$ を一定に保って（n と下付き添え字に表記）p および T で微分して得られる偏導関数を含む．成分のモル数に変化を与えない条件での G の p および T の微分は純物質の場合と同じであ

り，(9.1a)式から，$\left(\frac{\partial G}{\partial p}\right)_{T,n} = V$，および $\left(\frac{\partial G}{\partial T}\right)_{p,n} = -S$ を得る（[Study 9.2] 参照）．第3項は，p および T を一定に保つことに加えて成分 i のモル数 n_i を除いた他のすべての成分のモル数 $n_0, n_1, \cdots, n_{i-1}, n_{i+1}, \cdots, n_{C-1}$ を一定に保って n_i で微分して得られる偏導関数を含む．この偏導関数は無限に大きな系に1 mol の i 成分を加えることに相当する．上述の dG では，n_i を除いた他のすべての成分のモル数を一定に保つことを示す添え字として $\{n\}_i'$ のように略記している．ここで，多成分系の i 成分の化学ポテンシャル μ_i を以下のように定義する．

$$\mu_i = \left(\frac{\partial G}{\partial n_i}\right)_{p, T, \{n\}_i'}$$

結局，上述の dG は次のように書かれる．

$$dG = V\,dp - S\,dT + \sum_{i=0}^{C-1} \mu_i\,dn_i$$

Study 9.2　ギブズエネルギーの温度微分と圧力微分

8.3.1項で導入したギブズエネルギー $G \equiv H - TS$ の微小変化量 $dG = -S\,dT + V\,dp$ を考える．この関係は以下のように導かれる．

$$\begin{aligned}
dG &= dH - d(TS) = d(U + pV) - T\,dS - S\,dT \\
&= dU + p\,dV + V\,dp - T\,dS - S\,dT \\
&= T\,dS - p\,dV + p\,dV + V\,dp - T\,dS - S\,dT \\
&= -S\,dT + V\,dp
\end{aligned}$$

ここで，(8.15)式を用いている．$dG = -S\,dT + V\,dp$ を圧力一定の条件で両辺を dT で割る，あるいは，温度一定で両辺を dp で割ると

$$\left(\frac{\partial G}{\partial T}\right)_p = -S$$

$$\left(\frac{\partial G}{\partial p}\right)_T = V$$

を得る．これらの関係は [Study 9.1] ですでに示されている．次に，$\frac{G}{T}$ の温度 T の偏微分を考える．ギブズエネルギーの定義 $G \equiv H - TS$ を用い，上記の G の T による偏微分の式を考慮すると，容易に以下の式を得る（章末問題1参照）．

$$\left(\frac{\partial \left(\frac{G}{T}\right)}{\partial T}\right)_p = -\frac{H}{T^2}$$

Study 9.3　$G = \sum_{i=0}^{C-1} \mu_i n_i$ の関係とギブズ–デューエムの関係

温度 T，圧力 p 一定の条件で，系はギブズエネルギー $G(p, T, n_0, n_1, \cdots, n_{C-1})$ をもつ．T, p を一定に保った状態でこの系のすべての

成分のモル数を a 倍にするとギブズエネルギーも a 倍になる（G のみならず V など第7章で学習した示量変数について常にこの関係は成立する）。この系のすべての成分のモル数を $(1+\varepsilon)$ 倍とする。ただし，$\varepsilon \ll 1$ とする。このことは，$G(1+\varepsilon) = G + \varepsilon G = G + \mathrm{d}G$ と考えると，G の微小変化 $\mathrm{d}G = \varepsilon G$ を G に加えて考えたことに相当する。したがって，以下の式が成立する。

$$G(p, T, (1+\varepsilon)n_0, (1+\varepsilon)n_1, \cdots, (1+\varepsilon)n_{C-1})$$
$$= (1+\varepsilon)G(p, T, n_0, n_1, \cdots, n_{C-1})$$

ギブズエネルギーの微小変化 $\mathrm{d}G$ は

$$\mathrm{d}G = (1+\varepsilon)G(p, T, n_0, n_1, \cdots, n_{C-1}) - G(p, T, n_0, n_1, \cdots, n_{C-1})$$
$$= \varepsilon G(p, T, n_0, n_1, \cdots, n_{C-1}) = \varepsilon G$$

ところで，成分 i のモル数の変化は以下のように書かれる。

$$\mathrm{d}n_i = (1+\varepsilon)n_i - n_i = \varepsilon n_i$$

したがって，T, p 一定での (9.1b) 式 $\mathrm{d}G = \sum_{i=0}^{C-1} \mu_i \mathrm{d}n_i$ は

$$\varepsilon G = \sum_{i=0}^{C-1} \mu_i (\varepsilon n_i)$$

と書かれる。両辺を ε で割ると，

$$G = \sum_{i=0}^{C-1} \mu_i n_i$$

となり，(9.2) 式が証明された。

なお，(9.2) 式が成立しているとすると，G の微小変化に対しては

$$\mathrm{d}G = \sum_{i=0}^{C-1} \mu_i \mathrm{d}n_i + \sum_{i=0}^{C-1} n_i \mathrm{d}\mu_i$$

の関係が成立する。(9.1b) 式と考え合わすと

$$V \mathrm{d}p - S \mathrm{d}T - \sum_{i=0}^{C-1} n_i \mathrm{d}\mu_i = 0$$

が成立する。この式はギブズ-デューエム (Gibbs-Duhem) の関係と呼ばれる。多成分系の化学ポテンシャルの微小変化は，C 個すべて独立でなく，$(C-1)$ 個のみ独立に変化しうる。

Study 9.4　ギブズの相律

P 個の相が平衡にある。温度，圧力はすべての相で同一とする（温度や圧力が異なると同一になるまで変化し，その後は変化しなくなり平衡となる）。したがって，温度，圧力についての自由度はすべての相を通して2である。考える系は C 個の成分から構成される。各成分のモル分率 X_i の和は1，すなわち，$\sum_{i=0}^{C-1} X_i = 1$ のため，$(C-1)$ 個のモル分率を指定するとすべての成分の組成が決まる。すなわち，独立に変えることのできるモル分率の数は P 個の相の各々について $(C-1)$ 個ずつある。したがって，独立に変えることのできる変数の総数は，P 個の相における独立に変えることのできるモル分率の総数である $P(C-1)$ と各相を通じて一定に保たれる温度，圧力に由来す

る2の和となり，以下のように書かれる．
$$P(C-1)+2$$
しかし，次に示す物質平衡の条件の制約を受ける．

　P個の相の間に各成分の物質の交換がある場合，各成分の化学ポテンシャルは，平衡では，P個の相を通して等しい．したがって，相 $m(m=1,\cdots,P)$ における成分 $i(i=0,\cdots,C-1)$ の化学ポテンシャル μ_i^m について以下の等式が成立する．

$$\mu_0^1 = \mu_0^2 = \cdots = \mu_0^P$$
$$\mu_1^1 = \mu_1^2 = \cdots = \mu_1^P$$
$$\vdots$$
$$\mu_{C-1}^1 = \mu_{C-1}^2 = \cdots = \mu_{C-1}^P$$

　上記 C 個の式のそれぞれには，$(P-1)$個の等式が存在する[A＝B＝CにはA＝BとB＝C（あるいはA＝C）の2個の等式がある]．このような等式が C 個ある各成分について成立するため，等式の総数は

$$C(P-1)$$

となる．1つの等式で変数が1個決まる．したがって，この $C(P-1)$ 個の等式の数だけ自由に変えうる変数はこのまま減少する．結局，自由に変えうる変数の数，自由度 F は以下のように書かれる．

$$F = P(C-1)+2-C(P-1) = C-P+2$$

すなわち，

$$F = C-P+2$$

である．この成分の数 C，相の数 P と自由度 F の間の関係はギブズの相律と呼ばれる．

Study 9.5　理想溶液の化学ポテンシャルとヘンリーの法則，ラウールの法則

　理想気体について温度 T 一定の条件下での圧力 p_1 から p_2 への変化に伴うギブズエネルギーの変化 ΔG は，(9.1a)式，(9.3)式および理想気体の状態方程式 $pV=nRT$ より

$$\Delta G = n\,\Delta\mu = \int V\,\mathrm{d}p = \int_{p_1}^{p_2}\frac{nRT}{p}\mathrm{d}p = nRT\log\frac{p_2}{p_1}$$

となる（モル数 n 一定）．この式から，$\Delta\mu = RT\log\dfrac{p_2}{p_1}$ が得られる．$p_1 = 100\,\mathrm{kPa}\,(1\,\mathrm{bar})$ を基準状態（この状態を $p=1$ とする）と考えると，圧力 p の理想気体の化学ポテンシャルは

$$\mu = \mu° + RT\log p \quad \text{（理想気体の化学ポテンシャル）}$$

と書くことができる．ただし，$\mu°$ は標準状態（$p=1$）の μ である．

　溶液の成分1の化学ポテンシャル μ_1^l について気相との平衡の条件 $\mu_1^l = \mu_1^g$ を考える．μ_1^g は気相の成分1の化学ポテンシャルである．成分1の分圧がヘンリーの法則，$p_1 = k_1' X_1$ で表されるとし，さらに，理想気体に従うとする．したがって，

$$\mu_1^l = \mu_1^g = \mu_1^\circ + RT \log p_1 = \mu_1^\circ + RT \log k_1' + RT \log X_1$$
$$= \mu_1^\circ(T, p) + RT \log X_1$$

が成立する．すなわち，
$$\mu_1^l = \mu_1^\circ(T, p) + RT \log X_1$$

と書ける．ここで，$\mu_1^\circ(T, p)$ は $X_1 = 1$ の化学ポテンシャルである．この μ_1^l の表現は理想溶液の場合の (9.19) 式に該当する．ヘンリーの法則が成立する溶液は理想溶液である．

溶質 1 が理想溶液のとき，もう一方の成分 0 についても理想溶液が成立する．この証明は，温度 T，圧力 p 一定の条件のギブズ・デューエムの式 ([Study 9.3] 参照) を適用することで可能である．

$$\sum_{i=0}^{1} n_i\, d\mu_i = 0 \quad \text{あるいは} \quad X_0\, d\mu_0 + X_1\, d\mu_1 = 0$$

に理想溶液の化学ポテンシャルの表現，$\mu_1^l = \mu_1^\circ(T, p) + RT \log X_1$ を代入すると，

$$d\mu_0 = -\frac{X_1}{X_0} d\mu_1 = -RT \frac{X_1}{X_0} d\log X_1 = -RT \frac{1}{X_0} dX_1$$
$$= RT \frac{1}{X_0} dX_0 = RT\, d\log X_0$$

となる $[dX_1 = d(1 - X_0) = -dX_0]$．この微小変化の式を積分すると，
$$\mu_0^l = \mu_0^\circ(T, p) + RT \log X_0$$

となる．すなわち，成分 1 を理想溶液とすると成分 0 も理想溶液となる．この理想溶液の成分 0 の化学ポテンシャルを平衡の条件，$\mu_0^l = \mu_0^g$ へ適用する．このとき，成分 0 の気体については理想気体を仮定し $\mu_0^g = \mu^\circ + RT \log p_0$ とする．その結果，溶媒 (成分 0) については，$p_0 = k_0'^\dagger X_0$ が成立する．ここで，$k_0'^\dagger$ は定数である．この関係で，$X_0 \to 1$ とすると $p_0 \to p_0^\circ$ (p_0°：純粋溶媒の蒸気圧) となり，ラウールの法則，$p_0 = p_0^\circ X_0 = p_0^\circ(1 - X_1)$ が得られる．

Study 9.6 "理想気体混合系" と "理想溶液" の混合によるギブズエネルギー減少とエントロピー増加

ギブズエネルギーおよびエントロピーについて，混合後の量から混合前の量を引いた量を，それぞれ，混合ギブズエネルギーおよび混合エントロピーと呼ぶ．混合前の成分 0 が n_0 mol，成分 1 が n_1 mol あったとして，等温定圧条件でこれら混合変化量を導出する．混合前に成分 0 と成分 1 の理想気体は同じ温度 T，同じ圧力 p で隔壁を介して存在する．隔壁を除くとこの 2 種の理想気体の混合が起こり，最後には全圧 p の均一な混合気体が形成される．この混合気体中では，ドルトンの分圧の法則により，成分 0 の分圧は $p_0 = X_0 p$，成分 1 の分圧は $p_1 = X_1 p$ である (X_0, X_1：モル分率)．混合ギブズエネルギー $\Delta_{\text{mix}} G$ は，(9.2) 式に基づいて以下のように書かれる．

$$\Delta_{\text{mix}} G = G_{\text{混合後}} - G_{\text{混合前}}$$

$$= \{n_0\mu_0(X_0p) + n_1\mu_1(X_1p)\} - \{n_0\mu_0(p) + n_1\mu_1(p)\}$$
(S9.6.1)

ここで，$\mu_0(X_0p)$ および $\mu_1(X_1p)$ は，それぞれ，混合後の成分 0 および成分 1 の分圧 $p_0 = X_0p$ および $p_1 = X_1p$ における化学ポテンシャルである．さらに，$\mu_0(p)$ および $\mu_1(p)$ は，それぞれ，混合前の成分 0 および成分 1 の圧力 p における化学ポテンシャルである．

理想気体の化学ポテンシャルの表現（[Study 9.5] 参照）を用いると，$\Delta_{\mathrm{mix}}G = n_0RT\log(X_0p) + n_1RT\log(X_1p) - \{n_0RT\log p + n_1RT\log p\}$ と書かれる．さらに，整理すると $\Delta_{\mathrm{mix}}G = n_0RT\log X_0 + n_1RT\log X_1 = (n_0+n_1)RT(X_0\log X_0 + X_1\log X_1)$ と書かれる．$X_0, X_1 < 1$ に注意すると，$\Delta_{\mathrm{mix}}G < 0$ となる．すなわち，等温定圧条件では，混合によりギブズエネルギーは減少し，気体の混合は自発的に起こる現象である．理想気体では分子間力がないと考えるため，混合により内部エネルギーの変化 $\Delta_{\mathrm{mix}}U$ はゼロであり，混合による体積の変化，混合体積 $\Delta_{\mathrm{mix}}V$ もゼロである（混合は等温定圧条件）．エンタルピーの変化，混合エンタルピー $\Delta_{\mathrm{mix}}H$ も同様にゼロである（$H = U + pV$ において等温条件では U 一定，pV 一定のため）．ここで，上式の $\Delta_{\mathrm{mix}}G$ はエントロピー項 $\Delta_{\mathrm{mix}}G = \Delta_{\mathrm{mix}}H - T\Delta_{\mathrm{mix}}S = -T\Delta_{\mathrm{mix}}S$ に由来していることに注意する．したがって，混合エントロピー $\Delta_{\mathrm{mix}}S$ は以下のように与えられる．

$$\Delta_{\mathrm{mix}}S = -(n_0+n_1)R(X_0\log X_0 + X_1\log X_1)$$

$X_0, X_1 < 1$ に注意すると，$\Delta_{\mathrm{mix}}S > 0$ となる．すなわち，混合によりエントロピーは増大する．混合により無秩序さが増大することに対応している．

成分 0 の液体と成分 1 の液体が混合して理想溶液が形成されると考える．化学ポテンシャルが (9.19) 式の形で書かれることに注意すると，$\Delta_{\mathrm{mix}}G$ および $\Delta_{\mathrm{mix}}S$ は理想気体の場合と同じ表現で表される．理想溶液の場合は構成分子間の分子間力がすべて同じと考えているため，構成分子間に分子間力が存在しないと考える理想気体と同様に，エンタルピー変化はなく，$\Delta_{\mathrm{mix}}G$ はエントロピー項 $\Delta_{\mathrm{mix}}S$ に由来している．

以上，理想気体混合系および理想溶液について混合あるいは溶液形成による熱力学諸量の変化は，混合体積 $\Delta_{\mathrm{mix}}V$ も含めて，以下のようにまとめられる*．

・混合ギブズエネルギー

　　減少　$\Delta_{\mathrm{mix}}G = (n_0+n_1)RT(X_0\log X_0 + X_1\log X_1)$

・混合エンタルピー　　ゼロ　$\Delta_{\mathrm{mix}}H = 0$
・混合体積　　　　　　ゼロ　$\Delta_{\mathrm{mix}}V = 0$
・混合エントロピー

　　増加　$\Delta_{\mathrm{mix}}S = -(n_0+n_1)R(X_0\log X_0 + X_1\log X_1)$

＊　以下の本文の関係は，完全溶液については，全組成域で成立する．理想溶液については，希薄組成域など，この仮定が有効な組成域で成立する．

Study 9.7 浸透圧，沸点上昇，凝固点降下の式の導出

浸透圧

溶媒側（圧力 p_0）の化学ポテンシャル $\mu_0^{\circ,l}(T, p_0)$ と溶液側（圧力 $p_0+\Delta p$）の溶媒成分の化学ポテンシャル $\mu_0^l(T, p_0+\Delta p)$ が等しい平衡の条件 (9.23) 式から出発する．

$$\mu_0^{\circ,l}(T, p_0) = \mu_0^l(T, p_0+\Delta p)$$

まず，右辺の溶液側の溶媒成分の化学ポテンシャル $\mu_0^l(T, p_0+\Delta p)$ について理想溶液 [(9.19) 式で $p = p_0+\Delta p$ とおく] を仮定すると，平衡の条件は

$$\mu_0^{\circ,l}(T, p_0) = \mu_0^{\circ,l}(T, p_0+\Delta p) + RT \log X_0$$

と書かれる．さらに，$X_0 = 1 - X_1$（X_1：溶質のモル分率）の関係を用いて書き換えると

$$\mu_0^{\circ,l}(T, p_0) = \mu_0^{\circ,l}(T, p_0+\Delta p) + RT \log(1-X_1)$$

となる．溶液は溶媒分子が移行しても溶質の希薄溶液に留まると仮定し，$X_1 \ll 1$ とする．右辺第2項の対数項に対して近似式 $\log(1-X_1) = -X_1$ を使用する．この近似式は以下の Tayler 展開の2項目まで採用した関係に由来している．

$$f(x_0+\Delta x) = f(x_0) + \Delta x \left(\frac{df}{dx}\right)_{x=x_0} \quad (\Delta x \text{ は小})$$

Δp は小さいとし，この展開の近似式を利用すると，右辺第1項は

$$\mu_0^{\circ,l}(T, p_0+\Delta p) = \mu_0^{\circ,l}(T, p_0) + \Delta p \left(\frac{\partial \mu_0^{\circ,l}(T, p)}{\partial p}\right)_{p=p_0, T}$$

と書かれる．したがって，平衡の条件は

$$\mu_0^{\circ,l}(T, p_0) = \mu_0^{\circ,l}(T, p_0) + \Delta p \left(\frac{\partial \mu_0^{\circ,l}(T, p)}{\partial p}\right)_{p=p_0, T} - RT X_1$$

となり，(9.24) 式を得る．

沸点上昇

飽和蒸気圧中の純粋溶媒成分の化学ポテンシャルを $\mu_0^{\circ,g}(T, p)$ とする．この溶媒の液体状態の化学ポテンシャルを $\mu_0^{\circ,l}(T, p)$ とすると，沸点 T_v° において，以下の溶媒成分の化学ポテンシャルについて平衡条件が成立する．

$$\mu_0^{\circ,g}(T_v^\circ, p) = \mu_0^{\circ,l}(T_v^\circ, p)$$

溶媒に不揮発性の溶質が $X_1 (\ll 1)$ のモル分率で溶解すると沸点が T_v° から $T_v^\circ + \Delta T$ へ上昇する．新たな沸点 $T_v^\circ + \Delta T$ における気液平衡の条件は

$$\mu_0^{\circ,g}(T_v^\circ + \Delta T, p) = \mu_0^l(T_v^\circ + \Delta T, p)$$

となる．ここで，$\mu_0^{\circ,g}(T_v^\circ + \Delta T, p)$，および $\mu_0^l(T_v^\circ + \Delta T, p)$ は，それぞれ，純粋溶媒の気相の化学ポテンシャル，および溶液中の溶媒成分の化学ポテンシャルである．気相は，溶質成分の揮発を考えないため，溶媒単一成分のままである．そうすると，気相の溶媒成分の分圧にはラウールの法則が成立し，溶液の溶媒成分の化学ポテンシャルに対して，理想溶液の仮定 (9.19) 式が成立する．溶液の溶媒成分 [モ

ル分率 $X_0 (= 1-X_1)$] の化学ポテンシャルは (9.19) 式より
$$\mu_0{}^l(T_{\mathrm{v}}°+\Delta T, p) = \mu_0{}^{°,l}(T_{\mathrm{v}}°+\Delta T, p) + R(T_{\mathrm{v}}°+\Delta T)\log X_0$$
$$= \mu_0{}^{°,l}(T_{\mathrm{v}}°+\Delta T, p) + R(T_{\mathrm{v}}°+\Delta T)\log(1-X_1)$$
と書かれる．ΔT は小として浸透圧でも採用した Taylor 展開の第 2 項までを採用すると，気液平衡条件は以下のようになる．

$$\mu_0{}^{°,g}(T_{\mathrm{v}}°, p) + \Delta T\left(\frac{\partial \mu_0{}^{°,g}(T, p)}{\partial T}\right)_{T=T_{\mathrm{v}}°, p}$$
$$= \mu_0{}^{°,l}(T_{\mathrm{v}}°, p) + \Delta T\left(\frac{\partial \mu_0{}^{°,l}(T, p)}{\partial T}\right)_{T=T_{\mathrm{v}}°, p}$$
$$+ R(T_{\mathrm{v}}°+\Delta T)\log(1-X_1)$$

最終項について，ΔT が小のため $T_{\mathrm{v}}°+\Delta T \approx T_{\mathrm{v}}°$，$X_1 \ll 1$ のため $\log(1-X_1) = -X_1$ の近似式を採用する．さらに，両辺第一項に純粋溶媒の気液平衡の条件を適用すると，以下の結果を得る．

$$\Delta T\left(\frac{\partial \mu_0{}^{°,g}(T, p)}{\partial T}\right)_{T=T_{\mathrm{v}}°, p} = \Delta T\left(\frac{\partial \mu_0{}^{°,l}(T, p)}{\partial T}\right)_{T=T_{\mathrm{v}}°, p} - RT_{\mathrm{v}}° X_1$$

左辺および右辺の微分項は，純物質の化学ポテンシャルが 1 mol あたりのギブズエネルギーであること [(9.3) 式] に注意すると，それぞれ，溶媒の気相および液相の 1 mol あたりのエントロピーに負の符号を掛けたもの，$-s_{\mathrm{g}}$ および $-s_l$ となる ([Study 9.2])．(9.14) 式の関係，$\Delta h_{l \to g} = T_{\mathrm{v}}° \Delta s_{l \to g}$，すなわち，$\Delta h_{l \to g} = T_{\mathrm{v}}°(s_{\mathrm{g}}-s_l)$ を利用すると，

$$\Delta T = X_1 \frac{R(T_{\mathrm{v}}°)^2}{\Delta h_{l \to g}} = X_1 K_{\mathrm{v}} \tag{9.27a}$$

を得る．K_{v} は定数 [(9.27b) 式]，$\Delta h_{l \to g}$ は 1 mol あたりの蒸発エンタルピーである．沸点上昇も溶質のモル分率にのみ依存する．

凝固点降下

　一般に溶液が固体になる固-液平衡では凝固点の低下が起こる．この現象は凝固点降下と呼ばれる．簡単にするため，溶液が凝固する際，溶質は固相に溶解しないと考える．固相は溶媒成分のみの 1 成分系に終始する．一方，溶液側は溶媒成分と溶質成分の 2 成分系となる．まず，純粋溶媒成分の固体と液体の凝固点 $T_{\mathrm{m}}°$ における平衡，すなわち純粋溶媒の固-液平衡を考える．以下の条件が成立する．

$$\mu_0{}^{°,s}(T_{\mathrm{m}}°, p) = \mu_0{}^{°,l}(T_{\mathrm{m}}°, p)$$

ここで，$\mu_0{}^{°,s}(T_{\mathrm{m}}°, p)$ は溶媒の固体状態の化学ポテンシャル，$\mu_0{}^{°,l}(T_{\mathrm{m}}°, p)$ は溶媒の液体状態の化学ポテンシャルである．次に，モル分率 $X_1 (\ll 1)$ の溶液が凝固するとき，融点は $T_{\mathrm{m}}°+\Delta T$ と変化する．溶液の凝固点における平衡の条件は

$$\mu_0{}^{°,s}(T_{\mathrm{m}}°+\Delta T, p) = \mu_0{}^l(T_{\mathrm{m}}°+\Delta T, p)$$

と書かれる．この平衡条件について，溶液の溶媒成分の化学ポテンシャル $\mu_0{}^l(T_{\mathrm{m}}°+\Delta T, p)$ には理想溶液を仮定し，(9.19) 式を採用する．
$$\mu_0{}^{°,s}(T_{\mathrm{m}}°+\Delta T, p) = \mu_0{}^{°,l}(T_{\mathrm{m}}°+\Delta T, p) + R(T_{\mathrm{m}}°+\Delta T)\log X_0$$
$$= \mu_0{}^{°,l}(T_{\mathrm{m}}°+\Delta T, p) + R(T_{\mathrm{m}}°+\Delta T)\log(1-X_1)$$

ここで，ΔT (負) が小，および $X_1 \ll 1$ の条件が成立しているとし，

沸点上昇の場合と同様な近似を採用すると，

$$\Delta T \left(\frac{\partial \mu_0^{\circ,s}(T,p)}{\partial T}\right)_{T=T_m^\circ,p} = \Delta T \left(\frac{\partial \mu_0^{\circ,l}(T,p)}{\partial T}\right)_{T=T_m^\circ,p} - RT_m^\circ X_1$$

を得る．左辺および右辺の微分項は，純物質の化学ポテンシャルが 1 mol あたりのギブズエネルギーであること [(9.3)式] に注意すると，それぞれ，溶媒の固相および液相の 1 mol あたりのエントロピーに負の符号を掛けたもの，$-s_s$，および，$-s_l$ となる（[Study 9.2]）．さらに，(9.14)式と類似の融解熱と融解のエントロピー変化の関係，$\Delta h_{s \to l} = T_m^\circ (s_l - s_s)$ を使用して変形すると，

$$\Delta T = -X_1 \frac{R(T_m^\circ)^2}{\Delta h_{s \to l}} = -X_1 K_f \tag{9.28a}$$

を得る．K_f は定数 [(9.28b)式]，$\Delta h_{s \to l}$ は 1 mol あたりの融解エンタルピーである．凝固点降下も束一的性質であることがわかる．

Study 9.8 非理想系の平衡定数

(9.36)式の Q_X を K_X とした平衡定数は理想溶液に対して導出された．しかし，実在溶液反応でも類似の形をモル分率の代わりに，それぞれの化学種の活量（活動度：activity）a_i を用いて書くことができる．

$$K_{act} = \frac{a_L{}^l a_M{}^m}{a_A{}^a a_B{}^b}$$

活量（活動度）a_i はモル分率 X_i と活量係数 γ_i を介して $a_i = \gamma_i X_i$ のように関係する．実在溶液の化学ポテンシャルには，理想溶液の場合 [(9.19)式] と類似の $\mu_i = \mu_i^\circ(T,p) + RT \log a_i$ が採用される．活量の標準状態としては溶質についてはヘンリーの法則（溶質 $X_i \to 0$ で $a_i \to X_i$）とし，溶媒についてはラウールの法則（溶媒 $X_i \to 1$ で $a_i \to X_i$）とする．気体については，非理想気体の活量に対応するものとしてフガシティ（逃散能）f が用いられる．$f = \phi p$（ϕ：フガシティ係数）のように圧力 p と関係する．低圧のとき，$\phi \to 1$ となり，$f \to p$ である．非理想気体の化学ポテンシャルには，理想気体の場合（[Study 9.5]）と類似の式，$\mu = \mu^\circ + RT \log f$ が用いられる．ただし，f の標準状態は理想気体と同様に 1 bar にとられる．

参考書・出典

本章の理解には以下の本が参考になる．
横田伊佐秋『熱力学』岩波書店, 1987.
阿竹徹編, 加藤直共著『熱力学』丸善, 2001.
小島和夫『かいせつ化学熱力学』培風館, 2001.
中村義男『化学熱力学の基礎』三共出版, 1995.
原田義也『化学熱力学』裳華房, 2012.

酸化還元反応と電気化学

　電気エネルギーと化学エネルギーの相互変換を扱う化学の研究分野を電気化学という．電気化学の対象となる過程は，物質間の電子のやりとり，すなわち酸化還元反応である．その1つの応用分野として電池がある．電池は化学エネルギーを電気エネルギーに変換し，私たちはこれを有効に利用している．エネルギー問題に直面している現代社会において，エネルギーの有効利用や再生可能エネルギーの利用拡大のため，各種電池への期待はますます増大している．化学反応を駆動する物質のエネルギーを考えるとき，電子やイオンなどの電荷の効果を考慮することが不可欠となる．本章では，電気化学に関連する電解質溶液，酸と塩基，酸化還元の熱力学とその応用としての電池について学ぶ．これらは物質の有するエネルギーを理解し，利用する上で非常に大切な視点を私たちに提供する．

Hydrail：水素を用いた燃料電池を動力とする列車．燃料消費によって排出されるのは水のみ．

本章の目標

- 電解質溶液の性質を理解する．
- 化学エネルギーと電気エネルギーの関わりを理解する．
- 電気エネルギーを獲得する電池反応，電気エネルギーを投入する電解反応を理解する．
- 熱力学関数と電池電位，化学平衡の関係を理解する．

羅針盤　赤：最重要　　青：重要　　緑：場合によっては自習

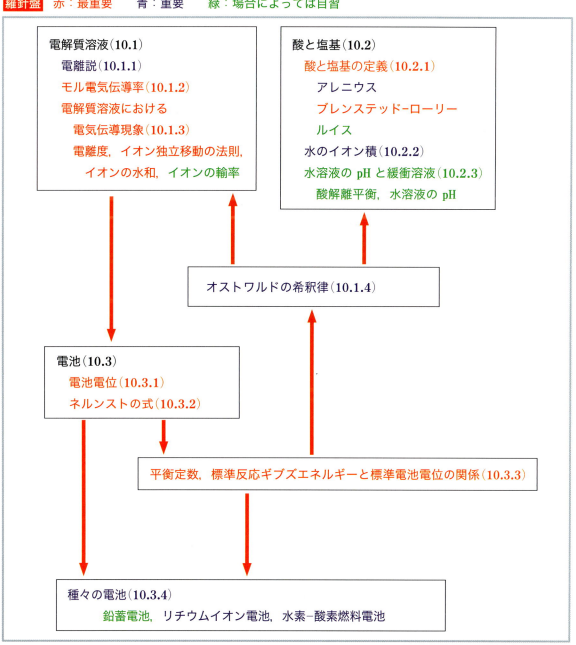

10.1 電解質溶液
10.1.1 電離説の始まり

一般に,溶質をある溶媒に溶かしたとき,その溶液が電気伝導性を示す場合,その溶質を電解質という.一方,その溶液が電気伝導性を示さない溶質を非電解質という.電解質が溶解した溶液が電解質溶液であり,その溶液中で電解質はイオンに解離(電離)する.電場がかけられると,このイオンの移動が電荷を運ぶことで電気伝導性を示す.この「電解質溶液の中で電解質が解離しイオンとして存在する」という電離説は 1887 年アレニウス(Arrhenius)によって発表された.この業績により,電解質溶液の描像が確立され,1903 年のノーベル化学賞がアレニウスに授与された.

ある電解質 M_pX_q が溶液中で解離して $M^{|z_+|+}$ イオンと $X^{|z_-|-}$ イオンを生じる.

$$M_pX_q \rightleftharpoons pM^{|z_+|+} + qX^{|z_-|-} \tag{10.1}$$

ここで,陽イオンの価数は $+|z_+|$,陰イオンの価数は $-|z_-|$ である.溶液の電気的中性が保たれないといけないので,

$$p|z_+| = q|z_-| \tag{10.2}$$

の条件が成立する.

10.1.2 モル電気伝導率

電解質溶液の電気伝導はイオンの伝導による.この電気伝導には,金属中の電子による電気伝導と同じようにオーム(Ohm)の法則が成立する.電解質溶液内に 2 枚の電極を平行に置き,その電極間に電位差 V を与えたとき,電流 I が流れたとすると,オームの法則により電解質溶液の電気抵抗 R は

$$R = \frac{V}{I} \tag{10.3}$$

となる.物体の電気抵抗は長さに比例し,断面積に反比例する.したがって,電極の有効断面積を A,電極間距離を d としたとき,電解質の電気抵抗 R(単位:Ω)は電極のこれら形状因子と以下のように関係する.

$$R = \rho \frac{d}{A} \tag{10.4}$$

ここで,R の d/A に対する比例定数 ρ は比抵抗と呼ばれ,単位は Ω m となり,形状には依存しない量となる.比伝導率 κ は比抵抗の逆数で定義され,

$$\kappa = \frac{d}{A} \cdot \frac{1}{R} \tag{10.5}$$

で与えられる.電気抵抗の逆数で定義される電気伝導率の単位は S $[= \Omega^{-1}:$ジーメンス(siemens)]であり,比伝導率の単位は S m^{-1} となる.

表 10.1　KCl 水溶液の 25 ℃における比伝導率[(10.1)]

c/mol dm^{-3}	kg-KCl/kg H$_2$O*	比伝導率/S m^{-1}
0.001	74.66 ×10^{-6}	0.01469
0.002	149.32 ×10^{-6}	0.02916
0.005	373.29 ×10^{-6}	0.07182
0.01	745.263×10^{-6}	0.14083
0.1	7419.13 ×10^{-6}	1.2582
1.0	71135.2 ×10^{-6}	11.131

＊：溶媒の水 1 kg に含まれる溶質 KCl の質量 (kg)

　電解質溶液ではイオンの移動によって電気伝導を生じることから，電解質溶液の比伝導率は電解質の濃度によって変化する．例として KCl 水溶液のいろいろな濃度の比伝導率を表 10.1 に示す．このように電解質溶液の比伝導率が濃度によって変化するため，電解質の濃度 (mol m^{-3}) あたりに換算した量を**モル電気伝導率** Λ (S m^2 mol^{-1}) として定義する．

$$\Lambda \equiv \frac{\kappa}{c'} \tag{10.6}$$

ここで，c' は電解質溶液の容量モル濃度 (mol m^{-3}) である．実際には，溶液の濃度＊として，c' の代わりに溶液 1 L (= 1 dm^{-3}) 中に含まれる溶質のモル数である**モル濃度** (mol dm^{-3}) c が用いられることが多い．このモル濃度 c の単位の記号として M (= mol dm^{-3}) が慣例的に用いられる．

＊　溶液で多用される溶液の濃度としては，モル濃度の他に，質量モル濃度 (molality) がある．これは，溶媒 1 kg に含まれる溶質の物質量 (mol) であり，mol kg^{-1} の単位をもつ．

10.1.3　電解質溶液における電気伝導現象

(1)　電離度

　電解質は，強電解質と弱電解質に分類される．強電解質は溶液中でほぼ完全に電離する物質で，イオン結晶や強酸が該当する．溶液中で完全には電離しない弱電解質と呼ばれる物質もあり，弱酸や弱塩基が該当する．電解質が電離する割合を**電離度** α ($0 \leq \alpha \leq 1$) という．電解質溶液のモル電気伝導率の濃度依存性は強電解質と弱電解質で大きく異なる．強電解質水溶液では，図 10.1 の HCl，NaOH 水溶液の場合に示すように，モル電気伝導率 Λ はモル濃度 c の平方根の増加に対してほぼ直線的に減少する．

$$\Lambda = \Lambda^\circ - k'\sqrt{c} \tag{10.7}$$

ここで k' は定数である．Λ° は，溶質濃度 0 の極限 ($c \to 0$) のときのモル電気伝導率であり，**極限モル電気伝導率**という．この関係をコールラウシュ (Kohlrausch) の平方根則という．同様な挙動は KCl，NaCl，LiCl 水溶液でも見られる．

　一方，CH$_3$COOH などの弱電解質では，濃度が高い領域ではモル電気伝導率は，図 10.1 に示すように，強電解質よりもはるかに小さい値を示す．しかし，低濃度になるにつれてモル電気伝導率は急激に増大す

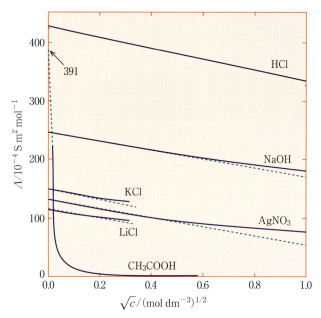

図 10.1 電解質水溶液のモル電気伝導率の濃度についての平方根依存性[(10.2)]

る．この増大は主に電離度 α の増大，すなわち完全解離に近づくことに起因している．

(2) イオン独立移動の法則

濃度 0 に近い極限の状態では，溶存イオンは互いに無限に離れていてお互いに相互作用をしないとみなせる．この場合，各イオンはまわりの共存イオンの存在に影響を受けずに運動ができる．このため，陽イオン（カチオン）と陰イオン（アニオン）の極限モル電気伝導率をそれぞれ λ_+°，λ_-° とすると，電解質溶液 M_pX_q の極限モル電気伝導率 Λ° は，

$$\Lambda^\circ = p\lambda_+^\circ + q\lambda_-^\circ \tag{10.8}$$

で表される．この関係をコールラウシュの**イオン独立移動の法則**という．

イオンの極限モル電気伝導率から溶質濃度 0 の極限（無限希釈）のイオンの移動度を求めることができる．単位電場（$1\,\mathrm{V\,m^{-1}}$）に置かれたイオンの移動速度を**イオンの移動度**という．無限希釈における陽イオンおよび陰イオンの移動度，u_+° および u_-° は，陽イオンと陰イオンの極限モル電気伝導率，λ_+° および λ_-° との間には，それぞれ，以下の関係が成立する．

$$\lambda_+^\circ = |z_+|Fu_+^\circ \tag{10.9a}$$
$$\lambda_-^\circ = |z_-|Fu_-^\circ \tag{10.9b}$$

ここで，F はファラデー定数である．電子の電荷の絶対値を e とすると，$|z_+|Fe$ は電荷 $+|z_+|e$ の陽イオン 1 mol の電荷量であり，$|z_-|Fe$ は電荷が $-|z_-|e$ の陰イオンの 1 mol の電荷量である．イオンの価数が異なる場合のイオンの移動速度の大小を比較する場合には，移動度で比較する必要がある．

表 10.2 水溶液中のイオンの極限モル電気伝導率（25 ℃）

陽イオン	$\dfrac{\lambda_+^\circ}{10^{-4}\,\mathrm{S\,m^2\,mol^{-1}}}$	陽イオン	$\dfrac{\lambda_+^\circ}{10^{-4}\,\mathrm{S\,m^2\,mol^{-1}}}$	陰イオン	$\dfrac{\lambda_-^\circ}{10^{-4}\,\mathrm{S\,m^2\,mol^{-1}}}$	陰イオン	$\dfrac{\lambda_-^\circ}{10^{-4}\,\mathrm{S\,m^2\,mol^{-1}}}$
Ag^+	61.9	K^+	73.5	$[Au(CN)_4]^-$	36	HSO_4^-	50
Al^{3+}	183	La^{3+}	208.8	Br^-	78.1	I^-	76.9
Ba^{2+}	127.8	Li^+	38.69	Cl^-	76.31	IO_3^-	40.5
Be^{2+}	90	Mg^{2+}	106.12	ClO_3^-	64.6	IO_4^-	54.5
Ca^{2+}	119	Mn^{2+}	107	ClO_4^-	67.3	NO_2^-	71.8
Cd^{2+}	108	NH_4^+	73.7	CN^-	78	NO_3^-	71.42
Ce^{3+}	210	Na^+	50.11	CO_3^{2-}	138.6	OCN^-	64.6
Co^{2+}	106	Ni^{2+}	100	F^-	55.4	OH^-	198
Cs^+	77.3	Pb^{2+}	142	$[Fe(CN)_6]^{4-}$	441.6	PO_4^{3-}	207
Cu^{2+}	113.2	Rb^+	77.8	$[Fe(CN)_6]^{3-}$	302.7	$P_2O_7^{4-}$	384
D^+ (18 ℃)	213.7	Sc^{3+}	194.1	HCO_3^-	44.5	SCN^-	66.5
Fe^{2+}	107	Sr^{2+}	118.92	HPO_4^{2-}	66	SO_4^{2-}	160.0
Fe^{3+}	207	Tl^+	74.9	$H_2PO_4^-$	33	$HCOO^-$	54.6*
H^+	350.1	Zn^{2+}	105.6	HS^-	65	CH_3COO^-	41*

出典：印なしは文献（10.2），＊は日本化学会編『化学便覧 基礎編 改訂5版』丸善，平成16年．

表10.2に水溶液中のイオンの極限モル電気伝導率を示す．この表からわかるように，H^+とOH^-の極限モル電気伝導率（あるいは無限希釈の移動度）は他のイオンと比べて非常に大きい．これは，H^+とOH^-が他のイオンと異なる伝導機構で移動するためと説明されている．水溶液中の水分子は水素結合によって複数の分子が結合していて，その水素結合を介して図10.2のように離れた水分子にプロトンを渡すことができる．このため，プロトンは高い移動度を示す（プロトンジャンプ機構）．この詳細な議論はAgmon[10.3]により与えられている．

(3) イオンの水和

アルカリ金属の原子のイオンの極限モル電気伝導率はLi^+からK^+への変化で大きくなっている（表10.2）．一方，イオン半径はこの変化で大きくなる傾向をもつ（表10.3）．一般にはイオンの移動度はそのサイズが小さいほど大きくなると考えられる．表10.2のアルカリ金属の原子のイオンに対する極限モル電気伝導率の変化の傾向は一見この考えと矛盾するように思われる．しかし，この矛盾は，表10.3に示すストー

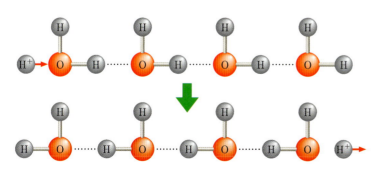

図10.2 水溶液中のプロトンジャンプ機構による電気伝導

表 10.3 イオン半径* とストークス半径 (25°C)[10.4]

イオン	イオン半径/pm	ストークス半径/pm
Li^+	76	238
Na^+	102	184
K^+	138	125

＊：イオン半径は付録 表 B.3 のデータを採録

クス (Stokes) 半径を考えることで解決される．水溶液中でアルカリ金属原子のイオンは水和している．水溶液中では陽イオンや陰イオンは水分子に囲まれて比較的大きな移動単位として存在している．この水和の効果 (一緒に移動する一部の水分子) を含んだイオン移動単位の半径に相当するストークス半径は，イオン半径とは逆に，Li^+ から K^+ への変化で小さくなっている．このため，イオンの極限モル電気伝導率は Li^+ から K^+ イオンへの変化で大きくなると考えられる．

(4) イオンの輸率

陽イオン (カチオン) と陰イオン (アニオン) がそれぞれ運ぶ電気量の割合を輸率という．輸率の測定は極限モル電気伝導率を陽イオンと陰イオンの極限モル電気伝導率へ分離する際に必要である．無限希釈の陽イオンの輸率および陰イオンの輸率をそれぞれ t_+° および t_-° とすると，

$$t_+^\circ = \frac{p\lambda_+^\circ}{\Lambda^\circ} \tag{10.10a}$$

$$t_-^\circ = \frac{q\lambda_-^\circ}{\Lambda^\circ} \tag{10.10b}$$

となる．ただし，$t_+^\circ + t_-^\circ = 1$ である．

無限希釈の電解質溶液中の陽イオンと陰イオンの輸率は必ずしも等しくはない．しかし，K^+ イオンと Cl^- イオンの輸率はほぼ同じである．K^+ のイオン半径は 138 pm，Cl^- のイオン半径は 181 pm とかなり異なっている．しかし，K^+ および Cl^- のストークス半径は，それぞれ 125 pm[8.4] および 121 pm[8.4] とほぼ等しい (例題 10.1 も参照)．このため，輸率も両者でほぼ等しくなる．KCl は 10.3.1 項で言及する電池の塩橋にしばしば用いられる．

濃厚な電解質水溶液中では，水和されたイオンは同様に水和された反対符号のイオンにより囲まれて**イオン雰囲気**という領域を形成する [図 10.3(a)]．濃厚な電解質溶液の電気伝導度は，このイオン雰囲気中のイオンが電場によって移動する際の速度によって決まる．さらにこの移

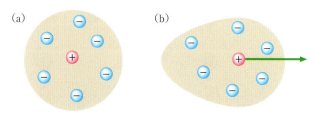

図 10.3 イオン雰囲気の模式図．(a) 電場なし，(b) 電場あり．

動の際に，イオン雰囲気は動的に変化し，たとえば中心の陽イオンの進行方向には薄くなり非対称となる［図 10.3(b)］．同時に反対符号の陰イオンもイオン雰囲気の構造を変化させながら逆方向に移動する*．比伝導率や輸率は，溶媒，イオンの種類，符号，濃度などに依存したこのイオン雰囲気の静的，動的特性によって決定される．

* 電場の方向に対して陽イオンは同方向，陰イオンは逆方向へ移動する．

例題 10.1 水和数の評価の一例を以下に示す．この表 10.4 を見て，以下の問いに答えよ．

(1) Li^+，Na^+，K^+ イオンにおいてイオンのサイズが小さい程，水和イオン半径が大きくなる．なぜか．なお，水溶液中では電離したイオンは周囲に水分子を引き寄せ，水和という現象を示す．この水和した水分子を含んだイオンの半径を水和イオン半径という（前述のストークス半径は水和半径の一部であると考えられる）．

(2) 一般に陰イオンの水和数は少ない．なぜか．

表 10.4 種々の陽イオンおよび陰イオンのイオン半径と水和イオン半径

イオン	結晶イオン半径/pm	水和イオン半径[10.5]/pm	水和数[10.5]
H_3O^+	—	280	3
Li^+	76	380	5
Na^+	102	360	4
K^+	138	330	3
Cs^+	167	330	1
Be^{2+}	27	460	4
Mg^{2+}	72	430	6
Ca^{2+}	100	410	6
Al^{3+}	39	480	6
OH^-	176*	300	3
F^-	133	350	2
Cl^-	181	330	1
Br^-	196	330	1
I^-	220	330	0
NO_3^-	264*	340	0
$N(CH_3)_4^+$	347*	370	0

注：結晶イオン半径について，*は文献(10.5)，他は付録表 B.3．

解 (1) 陽イオンと水分子の相互作用は，電荷－双極子相互作用（第 4 章）である．この場合，距離が近接するほど相互作用は大きくなる．したがってイオン半径の小さい陽イオンほど，水分子を強く引きつけ，水和数が大きくなり，水和イオン半径は大きくなる．

(2) 陰イオンと水分子の相互作用も電荷－双極子相互作用である．陰イオンは陽イオンに比べてイオン半径が一般に大きいため，電荷－双極子相互作用は弱くなる．そのため，陰イオンに引き寄せられる水分子の数も少なくなり，水和数は減少する．さらに，陰イオンを取り囲む水分子は，2 個のわずかに正に帯電した水素原子を向

けて取り囲む．これは，水分子の1個の負に帯電した酸素原子に囲まれる陽イオンの場合と比較して空間的な制約を受ける．このような理由で，陰イオンの水和数は陽イオンの水和数と比べて小さい．

10.1.4 オストワルドの希釈律

弱酸 HA の電離度が α のとき，この α は，モル電気伝導率 Λ と極限モル電気伝導率 $\Lambda°$ の比として，次のように表される．

$$\alpha = \frac{\Lambda}{\Lambda°} \tag{10.11}$$

溶媒の水に溶解した弱酸（電解質）HA のモル濃度を c [mol dm^{-3} (= mol L^{-1})] とすれば，その一部の αc は電離して H$^+$ と A$^-$ になり，残りの $(1-\alpha)c$ は HA として溶液中に残存する．すなわち，

$$[\text{HA}] = (1-\alpha)c \tag{10.12a}$$
$$[\text{H}^+] = [\text{A}^-] = \alpha c \tag{10.12b}$$

である．HA 水溶液中では

$$\text{HA} \rightleftharpoons \text{H}^+ + \text{A}^- \tag{10.13}$$

の平衡が成立する．この平衡の平衡定数は酸解離定数 K_a と呼ばれ，以下のように表される．

$$K_a = \frac{[\text{H}^+][\text{A}^-]}{[\text{HA}]} = \frac{c\alpha^2}{1-\alpha} = \frac{\Lambda^2 c}{\Lambda°(\Lambda°-\Lambda)} \tag{10.14}$$

すなわち，温度が一定で酸の解離平衡が成立していれば，c に対応して Λ が変わっても，この K_a は濃度に依存せず一定となる．これを**オストワルド**（Ostwald）**の希釈律**という．弱酸である酢酸の K_a についての表 10.5 は，低濃度域では，K_a はほぼ一定となりオストワルドの希釈律がよく成立していること，および，濃度の減少とともに，電気伝導率が著しく大きくなることを示している．オストワルドは，1888 年，このオストワルドの希釈律がよく成立していることを示し，前年に提唱されたアレニウスの電離説を立証した．

表 10.5 酢酸のモル電気伝導率 Λ，電離度 α，酸解離定数 K_a (25 °C)
($\Lambda° = 3.879 \times 10^{-2}$ S m^2 mol^{-1})

c/mol dm^{-3}	$\Lambda/10^{-4}$ S m^2 mol^{-1}	α	$K_a/10^{-5}$ mol dm^{-3}
0.2529	3.221	0.00838	1.759
0.0316	9.260	0.02389	1.846
0.003952	25.60	0.06605	1.843
0.001976	35.67	0.0920	1.841
0.000494	68.22	0.1760	1.853

出典：F. A. MacInne and T. Shedlovsky, J. Am. Chem. Soc. 54, 1429 (1932).

10.2 酸と塩基

10.2.1 酸と塩基の定義

電解質である酸や塩基について，1884 年，アレニウスは，「酸（HA）

は水溶液中で H^+ イオンを出す物質であり，塩基（BOH）は水溶液中で OH^- イオンを出す物質である」と定義した．

$$\text{酸}：HA \longrightarrow H^+ + A^- \quad (10.15a)$$
$$\text{塩基}：BOH \longrightarrow B^+ + OH^- \quad (10.15b)$$

このアレニウスの定義は，水溶液にしか適用できないこと，アンモニア水のアルカリ性* を説明できないことなどの問題を抱えていた．1923年，ブレンステッド（Brønsted）とローリー（Lowry）は，独立に，水以外の系にも適用できるように次のように酸と塩基を定義した．

「酸 ＝ 塩基＋H^+；酸とは H^+ を相手に与える分子またはイオン，塩基は逆に相手から H^+ を受ける分子またはイオンである」

すなわち，酸はプロトン供与体（ブレンステッド酸），塩基はプロトン受容体（ブレンステッド塩基）である．酸 HA は水溶液で水（塩基として働く）に H^+ を与え，オキソニウムイオン H_3O^+ を生じる．

$$HA + H_2O \longrightarrow H_3O^+ + A^- \quad (10.16)$$

この反応において，右側から左側への反応に着目すれば，H_3O^+ が A^- に H^+ を与え，前者が酸，後者が塩基となる．酸 HA から H^+ を除いた A^- は，酸 HA の共役塩基と呼ばれる．H_2O に H^+ を付加した H_3O^+ は，塩基 H_2O の共役酸と呼ばれる（図 10.4 参照）．

酢酸，二酸化炭素，およびアンモニアを例として共役関係を図 10.4 に示す．この図から明らかなように，水は酸としても塩基としても働く．また，塩基はプロトンを受容するため，非共有電子対をもっている必要がある．

一方，ルイス（Lewis）は，1923 年，酸および塩基の定義をさらに拡張し，電子対の供与体を塩基（ルイス塩基），電子対の受容体を酸（ルイス酸）として定義した．彼の定義によると，電子対を与えて相手と化学結合を形成する分子やイオン ":B" が塩基で，電子対を受けとる相手 "A" が酸である（図 10.5 参照）．A:B を中和生成物という．ブレンステッドの定義したプロトン授受の関係はすべてルイス酸および塩基に含まれる．ルイスの酸と塩基の関係は配位結合に対応していて，錯体の分野でも重要な考え方である．

* 塩基性（水）溶液の示す性質をアルカリ性といい，赤いリトマス紙を青く変え，pH は 7 より大きくなる．塩基性水溶液はしばしばアルカリ性水溶液と呼ばれる．

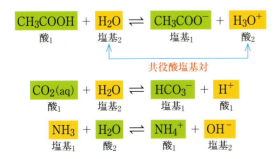

図 10.4　酢酸，二酸化炭素およびアンモニアの共役酸塩基関係
　　　　［(aq) は水に溶解した状態を表す］

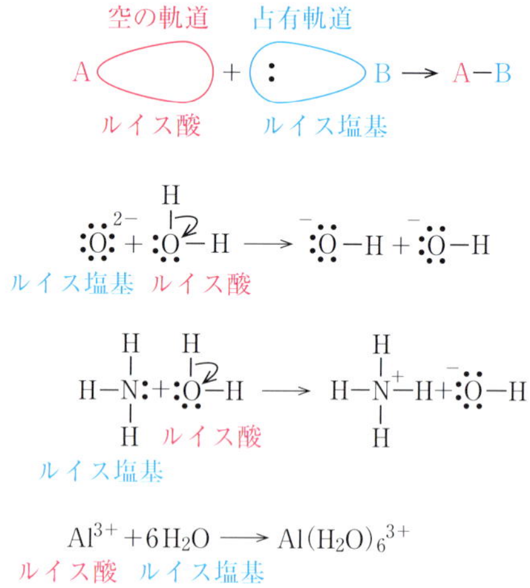

図 10.5 ルイス酸とルイス塩基の例

例題 10.2 次の化学平衡において，これら平衡の左側の物質のどれがルイス酸でどれがルイス塩基か示せ．

(1) $CO_2(aq) + H_2O \rightleftharpoons HCO_3^- + H^+$
(2) $H_2O + NH_3 \rightleftharpoons OH^- + NH_4^+$
(3) $BF_3 + NH_3 \rightleftharpoons F_3BNH_3$

解 以下の反応式より，ルイス酸は (1) CO_2, (2) H_2O, (3) BF_3, ルイス塩基は (1) H_2O, (2) NH_3, (3) NH_3 である．

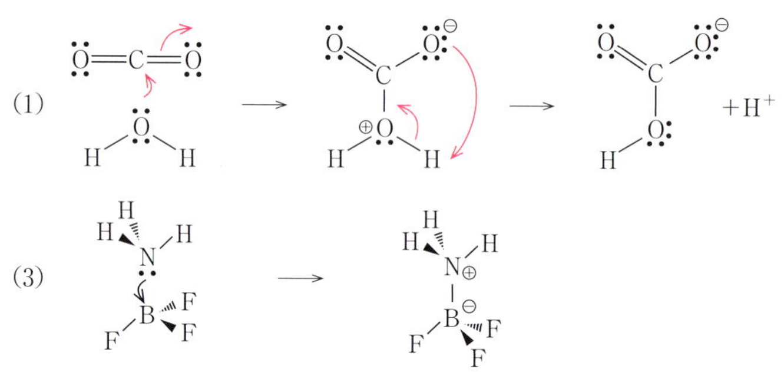

図 10.6

10.2.2 水のイオン積

すでに述べたように，水は酸としても塩基としても働く特殊な溶媒で，HNO_3 や $HCOOH$ のような酸との反応では塩基として，NH_3 のような塩基との反応では酸として働く．

純粋な水は電気伝導性に乏しいが，わずかに電離している．

$$H_2O \rightleftharpoons H^+ + OH^- \tag{10.17}$$

この反応は，水の自己解離と呼ばれる．この自己解離を次のように書くと，水がブレンステッドの酸および塩基であることが明確となる．

$$\text{H}_2\text{O} + \text{H}_2\text{O} \rightleftharpoons \text{H}_3\text{O}^+ + \text{OH}^- \quad (10.18)$$
$$\text{(酸 1)} \quad \text{(塩基 2)} \quad \text{(酸 2)} \quad \text{(塩基 1)}$$

水の自己解離の平衡定数 K は

$$K = \frac{[\text{H}_3\text{O}^+][\text{OH}^-]}{[\text{H}_2\text{O}]^2} \quad (10.19)$$

で表される．ここで，電離している水の割合は極めて少なく，水の濃度が電離によって実質的に変化しないことに注意すると，$[\text{H}_2\text{O}]$ を 1（一定）とおくことができる．したがって，平衡定数は次のように書くことができる．

$$K' = [\text{H}_3\text{O}^+][\text{OH}^-] \quad (10.20)$$

さらに水和されたプロトンを表す H_3O^+（オキソニウムイオン）を簡単に H^+ と表すと，次のように平衡定数を書くことができる．

$$K_\text{w} = [\text{H}^+][\text{OH}^-] \quad (10.21)$$

この K_w を水のイオン積と呼ぶ．K_w の値は 25 °C において，1.0×10^{-14} mol^2 dm^{-6} となることが知られている（付録 表 C.12 参照）．純粋な水では，$[\text{H}^+] = [\text{OH}^-]$ となり，したがって，水素イオン濃度，$[\text{H}^+]$ は 1.0×10^{-7} mol dm^{-3} となる．この水素イオン濃度の水溶液は，水素イオン濃度と水酸化物イオン濃度 $[\text{OH}^-]$ が等しくなり，中性であるという．酸性水溶液中では，$[\text{H}^+] > [\text{OH}^-]$ となり，塩基性水溶液では $[\text{H}^+] < [\text{OH}^-]$ となる．いずれの場合でも，温度が一定であれば，イオン積に変化はない．

10.2.3 水溶液の pH と緩衝溶液

(1) 水溶液の pH

水溶液中の H^+ と OH^- の濃度は，上記のように非常に小さな値となるため，取り扱いが不便である．デンマークの化学者セーレンセン（Sørensen）は，pH（水素イオン指数）を，

$$\text{pH} = -\log_{10}[\text{H}^+] \quad (10.22)$$

と定義した．この pH は単に H^+ 濃度の取り扱いを便利にするために考案されたものである．H^+ 濃度が減少すると，pH の値は大きくなり，酸性溶液では，pH < 7，塩基性溶液では pH > 7 となる*．

なお，上記の pH の定義では水素イオン濃度 $[\text{H}^+]$ を用いている．場合によっては，$[\text{H}^+]$ の代わりに水素イオンの活量 $a(\text{H}^+)$ を用いて定義する必要がある（[Study 9.8] 参照）．

$$\text{pH} = -\log_{10} a(\text{H}^+) \quad (10.23)$$

活量 $a(\text{H}^+)$ と $[\text{H}^+]$ の間には

$$a(\text{H}^+) = \gamma [\text{H}^+] \quad (10.24)$$

の関係があり，γ は活量係数と呼ばれる（$\gamma \leqq 1$）．溶液濃度を小さくすると，γ の値は 1 に近づく．

* この議論は，25 °C に限られる．付録 表 C.13 に示すように，K_w の値は温度に依存するためである．

(2) 緩衝溶液

純水に強酸あるいは強塩基をわずかに加えるだけで水溶液の pH は，大きく酸性側あるいはアルカリ性（塩基性）側へ変化する．酸に含まれ

る1つ以上の解離し得るHを陽イオンで置換したものを塩と呼ぶ．この塩が共存する溶液ではこのようなpHの著しい変化の起こらない場合がある．すなわち，弱酸とその塩の混合溶液においては，水素イオンが解離平衡にあるため，少量であれば強酸や強塩基を添加してもpHはほとんど変化しない．弱塩基とその共役な酸の塩の混合溶液の場合も，水酸化物イオンOH^-が解離平衡にあるため，少量であれば酸や塩基を添加しても，pHはほとんど一定に保たれる．これらの働きは，緩衝作用と呼ばれ，溶液のpHを一定に保つため利用される．弱酸や弱塩基とこれらの塩（弱塩基の場合はその共役な酸の塩）の溶液は緩衝溶液として用いられる．なお，種々の酸の解離状態 $HA \rightleftharpoons A^- + H^+$ を定量的に扱うために，pHと同様に平衡定数 $K_a \left(= \dfrac{[A^-][H^+]}{[HA]} \right)$ から pK_a を定義する．

$$pK_a = -\log_{10} K_a \tag{10.25}$$

この数字から各pH領域における酸の解離状態を知ることができる［たとえば，(10.27a)式］．ここで，平衡定数 K につけた a の添え字は酸（acid）の解離平衡の平衡定数を示す．同様に，塩基（base）の解離平衡の場合の平衡定数には K_b が用いられる（付録 表 C.14 参照）．

緩衝溶液の例として，$[CH_3COOH]$ と $[CH_3COONa]$ の解離平衡を考える．H^+ 濃度は

$$[H^+] = K_a \dfrac{[CH_3COOH]}{[CH_3COO^-]} \tag{10.26}$$

で与えられる．この式から，

$$pH = pK_a + \log_{10} \dfrac{[CH_3COO^-]}{[CH_3COOH]} \tag{10.27a}$$

と書かれる．さらに，初期濃度 $[CH_3COOH]_0$ と $[CH_3COONa]_0$ の混合溶液を考える．弱酸の性質より $[CH_3COOH] \approx [CH_3COOH]_0$，塩が強電解質の性質から $[CH_3COO^-] \approx [CH_3COONa]_0$，と近似できるのでpHは

$$pH \approx pK_a + \log_{10} \dfrac{[CH_3COONa]_0}{[CH_3COOH]_0} \tag{10.27b}$$

となる．これは，溶液のpHが一定であることを示している．溶液のpHを変化させるには，弱酸の初期濃度を超える大量の酸，塩基を入れる必要があることを示している．また，弱酸の pK_a と等しいpH領域において最大の緩衝能（pHを一定に保つ性質）を有することもわかる．表10.6にはいくつかの緩衝溶液について調整法を示した．

(3) 身近な溶液のpH

表10.7は，身近な溶液のpHである．胃液のpHは低く，高い酸性度により消化を促進している．血液のpHは7.4程度の弱塩基性に保たれている．このpHは主に炭酸と炭酸水素イオンの濃度比で決まっていて，これをほぼ一定に保つように，肺から二酸化炭素が排出されている．空気にさらした水は中性ではなく，弱酸性を示す．これは空気中の二酸

表 10.6 緩衝液の調整法[10.6]

名称	pH	試薬	配合量
リン酸ナトリウム溶液 100 mmol dm^{-3} 溶液	2.1	NaH$_2$PO$_4$・2 H$_2$O(分子量:156.0) H$_3$PO$_4$(85%, 14.7 mol L^{-1})	7.8 g 3.4 mL
リン酸ナトリウム溶液 10 mmol dm^{-3} 溶液	6.9	NaH$_2$PO$_4$・2 H$_2$O(分子量:156.0) Na$_2$HPO$_4$・12 H$_2$O(分子量:358.1)	0.78 g 1.79 g
クエン酸ナトリウム溶液 20 mmol dm^{-3} 溶液	4.6	Na$_3$C$_6$H$_5$O$_7$・2 H$_2$O(分子量:294.1) C$_6$H$_8$O$_7$・H$_2$O(分子量:210.1)	2.94 g 2.1 g
ホウ酸カリウム溶液 100 mmol dm^{-3} 溶液	9.1	KOH(分子量:56.1) H$_3$BO$_3$(分子量:61.8)	2.81 g 6.18 g

表 10.7 身近な液体の pH

液体	pH
胃液	1.0〜2.0
レモンジュース	2.4
酢	3.0
オレンジジュース	3.5
空気にさらした水	5.5
牛乳	6.5
純水	7.0
血液	7.4
アンモニア水	11.5

化炭素を水が吸収して,H$^+$ が生成するためである(図 10.4).さらに環境汚染の深刻な地域に降る雨の pH は低く,酸性雨と呼ばれる.化石燃料の燃焼や火山活動などにより発生する硫黄酸化物(SO$_x$)や窒素肥料由来の窒素酸化物(NO$_x$)が大気中の水や酸素と反応することにより硫酸や硝酸などの強酸を生じ,雨を通常より強い酸性にするからである.

例題 10.3 0.1 M NaHCO$_3$ の pH を以下の解離定数を用いて求めよ.

$$H_2CO_3 + H_2O \rightleftharpoons HCO_3^- + H_3O^+$$

$$K_{a1} = \frac{[H^+][HCO_3^-]}{[H_2CO_3]} = 4.3 \times 10^{-7} \quad ①$$

$$HCO_3^- + H_2O \rightleftharpoons CO_3^{2-} + H_3O^+$$

$$K_{a2} = \frac{[H^+][CO_3^{2-}]}{[HCO_3^-]} = 5.6 \times 10^{-11} \quad ②$$

解 NaHCO$_3$ が完全解離して生成する HCO$_3^-$ は酸としても(②式),塩基としても(①式)働く.

②−① から $\quad 2\,HCO_3^- \rightleftharpoons CO_3^{2-} + H_2CO_3 \quad$ ③

$$[CO_3^{2-}] = [H_2CO_3] \quad ④$$

①×② より(④を考慮して)

$$K_{a1}K_{a2} = \frac{[H^+]^2[CO_3^{2-}]}{[H_2CO_3]} = [H^+]^2 \quad ⑤$$

したがって,$pH = \dfrac{pK_{a1} + pK_{a2}}{2}$[*1] $= \dfrac{6.37 + 10.25}{2} = 8.3$

($pK_{a1} = -\log_{10} K_{a1} = 6.37$;$pK_{a2} = -\log_{10} K_{a2} = 10.25$)

*1 この pH は,NaCO$_3$ 水溶液を HCl 水溶液で滴定するときの第一当量点の pH と同じである.

*2 高校化学では酸化数が増加すると酸化された,酸化数が減少すると還元されたと学んでいる.酸化数は分子中の原子間の共有電子対の電子すべてを,電気陰性度の大きな原子側へ渡してマイナスに帯電させ,電気陰性度の小さな側の原子はプラスに帯電させるということで,種々のイオンの酸化数が与えられている(中性分子および中性原子の酸化数はゼロ).第 4 章で学んだ形式電荷は共有結合重視に対して酸化数はイオン結合重視の見方である.

10.3 電池

10.3.1 電池電位

金属の活性(化学反応性)は,金属内の電子のエネルギーで決まる.電気陰性度が低い金属は,電子を出しやすいため,活性は高く,**酸化**(電子を与える反応)が容易に進行する.このとき,この電子は周囲にある物質に移動し,その物質は**還元**(電子を受け入れる反応)される[*2].

注意すべきは，このとき電子の授受を考えるため，必ず電子を出す物質と受け取る物質を考える必要があることである．そのため，物質による電子授受のしやすさの相対的な違いを考える必要がある．たとえば，図10.7に示すダニエル（Daniell）電池の反応は

$$Zn(s) + CuSO_4(aq) \rightleftharpoons ZnSO_4(aq) + Cu(s) \quad (10.28)$$

で表される．括弧内のsは固体の状態を，aqは水溶液の状態を表す．この化学反応式は，電子を失う酸化反応と電子を受け取る還元反応の組み合わせとなっている．ZnとCuではそれぞれの電子のエネルギーが異なるため，2つの金属（電極）の間に**電位差***が生じる．そのためこの2つの金属を金属線で結線すると，Znの方がCuと比較して電子を出しやすいため（後述の電気化学列，あるいはイオン化傾向で判断可能），Zn表面ではZn金属の酸化反応

$$Zn \longrightarrow Zn^{2+} + 2e^- \quad (10.29)$$

が進行し，Cu表面ではCuイオンの還元反応

$$Cu^{2+} + 2e^- \longrightarrow Cu \quad (10.30)$$

が進行する．このように酸化もしくは還元反応を**半反応**として個別に示すと，電子のやりとりを明確にすることができる．この半反応を担う電極部分は単極と呼ばれ，半反応の組み合わせによって，**電気化学対**あるいは**酸化還元対**が形成される．電子のやりとりは電流として取り出すことができる．これが**電池**の原理である．Zn電極側では，ZnはZn^{2+}イオンとして電解質溶液に溶解し，Cu電極側では，Cu^{2+}イオンが同時にCuとして析出する．金属と対をなす電解質溶液同士は塩橋（隔壁の場合もある）で接していて，電解質間にイオン伝導性を確保している．これにより系全体の電気的中性が保たれる．塩橋には，たとえばU字管の内部でKClなど，陽イオンと陰イオンの移動度がほぼ等しい電解質をゼラチン溶液に高濃度に含ませて固化させたものなどを用いる．これによりZnSO$_4$水溶液とCuSO$_4$水溶液が混合することを防止するだけ

* 電池外部へ電流を流させるこのような電位差（電圧）を電池電位という．正確な定義は10.3.2項で与えられる．電池電位はしばしば電池の起電力と記述される．

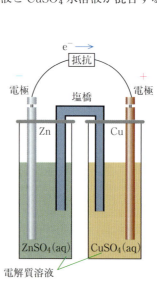

図10.7 ダニエル電池の模式図

でなく，電解質間の電位差（液間電位という）の発生を抑制する．

電極表面で酸化反応が進行する側を**負極**，還元反応が進行する側を**正極**と呼ぶ*．ダニエル電池の場合，Zn が負極であり，Cu が正極である．電池の構造は，下記のような約束で示される．酸化反応の起こる電極（負極）を左側に，還元反応の起こる電極（正極）を右側に書く．また，中央の二重縦線は塩橋を，両側の縦線は電極－電解液界面を表す．

$$\text{Zn(s)} | \text{ZnSO}_4\text{(aq)} \| \text{CuSO}_4\text{(aq)} | \text{Cu(s)} \tag{10.31}$$

電池の電極同士を外部の導線で接続すると，電子が負極から正極へ運ばれ，途中に抵抗を入れると，発熱し，熱エネルギーを得る装置ができる．すなわち，電池は，外部へ仕事を取り出すことができることになる．

電子の授受の容易さを考える上で，第5章で学習した分子，物質内のエネルギー準位とその準位を占める電子の考え方が有効である．物質間での電子授受は，一方の物質の高いエネルギー準位を占有している電子が，他方の物質のより低いエネルギーの空いたエネルギー準位へ移動する過程を経る．

種々の半反応における電子の授受の起こりやすさ，すなわち，電子のエネルギーの高低の序列を**電気化学列**として示すことができる．図10.8 では，種々の半反応の起こりやすさ（電極電位）を水素イオンの還元平衡反応 $2\text{H}^+ + 2\text{e}^- \rightleftharpoons \text{H}_2$ である**標準水素電極**（standard hydro-

* 電気分解では，外部から電池の正極を接続させたとき，電極表面で酸化反応が進行する電極を**陽極**と呼ぶ．電池の負極を接続して還元反応が進行する電極を**陰極**と呼ぶ．すなわち，電池では正極と負極，電気分解では陽極と陰極という術語を用いる．電池と電気分解で電極の名称が変化するので注意が必要である．なお，英語では，このような名称の変化はない．電極で起こる反応のみに着目し，電極から電子が放出される（酸化される）電極を cathode，電子を受け取る（還元される）電極を anode と呼ぶ．

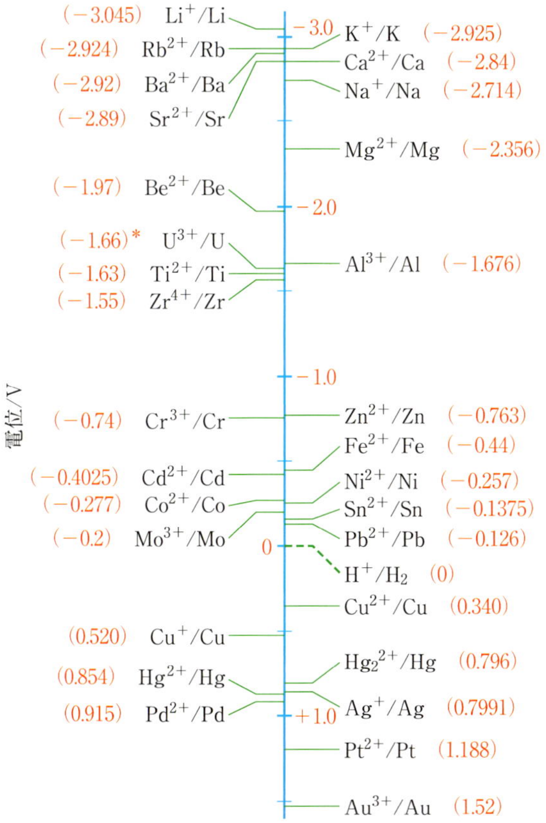

図 10.8 電気化学列，標準電極電位 E° ―標準水素電極電位を基準として（V vs. SHE）[10.2][* のみ (10.7)]

gen electrode：SHE) の電位を基準に示している．この電位の値は，熱力学的に決定される値であり（たとえば，後述の例題 10.5），いろいろな化学反応の相対的な起こりやすさの指標を提供し，物質の本質的な安定性を考える上で非常に有用である（[Study 10.1]）．この電気化学列が正側（下側）に位置するほどイオン化傾向は小さく，負側（上側）に位置するほどイオン化傾向は大きい．

10.3.2 ネルンストの式

金属や物質の電子のエネルギーについて，定量的に示す方法がある．以下の還元半反応，

$$\mathrm{Ox} + n\mathrm{e}^- \rightleftharpoons \mathrm{Red} \tag{10.32}$$

を考える．ここで Ox は酸化体（oxidant），Red は還元体（reductant）であり，n は電子授受の数である．この反応における電子のエネルギーの指標となる電位は，以下のネルンスト（Nernst）の式で与えられる．

$$E = E^\circ + \frac{RT}{nF} \log \frac{a_{\mathrm{Ox}}}{a_{\mathrm{Red}}} \tag{10.33}$$

ここで，R は気体定数，E はこの酸化還元系の示す平衡電極電位，E° は標準電極電位であり，酸化体の活量 a_{Ox} および還元体の活量 a_{Red} がともに 1 の場合の平衡電極電位である．この式は，電荷をもった電子やイオンの化学ポテンシャルについて，電位の効果を加味した電気化学ポテンシャル（[Study 10.2]）で表した平衡条件から導出される[*1]．電気化学で極めて重要な基本式である．

25 ℃（298.15 K）においては (10.33) 式は以下のように書かれ[*2]，多くの場合の議論に使用される．

$$E = E^\circ + \frac{0.0592}{n} \log_{10} \frac{a_{\mathrm{Ox}}}{a_{\mathrm{Red}}} \tag{10.34}$$

水素イオンの還元半反応，$2\,\mathrm{H}^+ + 2\,\mathrm{e}^- \rightleftharpoons \mathrm{H}_2$ のネルンストの式は以下のように書かれる．

$$E = E^\circ + \frac{RT}{2F} \log \frac{(a_{\mathrm{H}^+})^2}{a_{\mathrm{H}_2}} \tag{10.35}$$

先の標準水素電極では，25 ℃（298.15 K）の標準状態（100 kPa）が保持されていて，水素イオンの活量が 1，水素ガスの活量も 1 が維持されている．このため，水素電極の E は E° となる．図 10.8 に示した種々の金属の酸化還元反応の標準電極電位[*3]は，この SHE の E° を基準（E° を 0）として決められている．

この標準電極電位を用いて先のダニエル電池を再考する．**電池電位**（cell potential）あるいは**電池の起電力**（electromotive force）は，国際的な規約によって，電池の表式の右側の電極が左側の電極に対して示す平衡時の電位差として定義されている．亜鉛イオンの還元半反応の平衡電極電位 $E(\mathrm{Zn}^{2+}/\mathrm{Zn})$ は，

$$E(\mathrm{Zn}^{2+}/\mathrm{Zn}) = E^\circ(\mathrm{Zn}^{2+}/\mathrm{Zn}) + \frac{RT}{2F} \log \frac{a_{\mathrm{Zn}^{2+}}}{a_{\mathrm{Zn}}} \tag{10.36}$$

[*1] この還元反応の電荷を顕わに示して $\mathrm{Ox}^{q+} + n\mathrm{e}^- \rightleftharpoons \mathrm{Red}^{(q-n)+}$ と書く，この反応ギブズエネルギー $\Delta_r G$ は電気化学ポテンシャル [Study10.2] を用いて以下のようになる．
$\Delta_r G = \tilde{\mu}_{\mathrm{Red}^{(q-n)+}} - (\tilde{\mu}_{\mathrm{Ox}^{q+}} + n\tilde{\mu}_{\mathrm{e}^-})$
ここで，$\tilde{\mu}_{\mathrm{Red}^{(q-n)+}} = \mu_{\mathrm{Red}^{(q-n)+}} + (q-n) \times F\Phi^{\mathrm{sol}}$, $\tilde{\mu}_{\mathrm{Ox}^{q+}} = \mu_{\mathrm{Ox}^{q+}} + qF\Phi^{\mathrm{sol}}$, $\tilde{\mu}_{\mathrm{e}^-} = \mu_{\mathrm{e}^-} - F\Phi^{\mathrm{el}}$ を代入する（Φ^{el} は電極の電位，Φ^{sol} は電解質溶液の電位）．これらの表現で，還元体（Red）および酸化体（Ox）の第 1 項は，活量，$a_{\mathrm{Red}^{(q-n)+}}$ および $a_{\mathrm{Ox}^{q+}}$ を使用して，$\mu_{\mathrm{Red}^{(q-n)+}} = \mu^\circ_{\mathrm{Red}^{(q-n)+}} + RT \log a_{\mathrm{Red}^{(q-n)+}}$, $\mu_{\mathrm{Ox}^{q+}} = \mu^\circ_{\mathrm{Ox}^{q+}} + RT \log a_{\mathrm{Ox}^{q+}}$ とする [(9.19) 式でモル分率 X_1 の代わりに活量を使用したと考えよ]．$\Delta_r G$ は以下のように書かれる．
$\Delta_r G = \mu^\circ_{\mathrm{Red}^{(q-n)+}}$
$\quad + RT \log a_{\mathrm{Red}^{(q-n)+}} + (q-n)F\Phi^{\mathrm{sol}}$
$\quad - (\mu^\circ_{\mathrm{Ox}^{q+}} + RT \log a_{\mathrm{Ox}^{q+}}$
$\quad + qF\Phi^{\mathrm{sol}} + n\mu_{\mathrm{e}^-} - nF\Phi^{\mathrm{el}})$
平衡の条件 $\Delta_r G = 0$ を課して整理すると

$E = E^\circ + \frac{RT}{nF} \log \frac{a_{\mathrm{Ox}^{q+}}}{a_{\mathrm{Red}^{(q-n)+}}}$

を得る．ただし，E および E° を次のように定数する．
$E \equiv \Phi^{\mathrm{el}} - \Phi^{\mathrm{sol}}$
$E^\circ \equiv \dfrac{\mu^\circ_{\mathrm{Red}^{(q-n)+}} - (\mu^\circ_{\mathrm{Ox}^{q+}} + n\mu^\circ_{\mathrm{e}^-})}{nF}$

[*2] $\log_e X = \dfrac{\log_{10} X}{\log_{10} e}$
$\quad = 2.3026 \log_{10} X$
であるので，(10.34) 式における $\log_{10}$ の係数部分は以下のように導出される．
$2.303 \dfrac{RT}{nF} =$
$\dfrac{2.303 \times (8.3144\,\mathrm{J\,mol^{-1}\,K^{-1}}) \times (298.15\,\mathrm{K})}{n \times 9.6485 \times 10^4\,\mathrm{C\,mol^{-1}}}$
$= \dfrac{5.917 \times 10^{-2}}{n} \dfrac{\mathrm{C\,V}}{\mathrm{C}}\ (\mathrm{J} = \mathrm{C\,V})$
$= \dfrac{0.0592}{n}\,\mathrm{V}$

[*3] その他の重要な酸化還元対 [(10.32) 式で表される対] の E° は付録表 C.15 に掲載されている．

と書かれ，亜鉛イオンの標準電極電位は，$E°(\mathrm{Zn^{2+}/Zn}) = -0.763$ V である．また，銅イオンの還元半反応の平衡電極電位 $E(\mathrm{Cu^{2+}/Cu})$ は，

$$E(\mathrm{Cu^{2+}/Cu}) = E°(\mathrm{Cu^{2+}/Cu}) + \frac{RT}{2F} \log \frac{a_{\mathrm{Cu^{2+}}}}{a_{\mathrm{Cu}}} \quad (10.37)$$

と書かれ，銅イオンの標準電極電位は $E°(\mathrm{Cu^{2+}/Cu}) = +0.337$ V である．したがって，ダニエル電池において，亜鉛電極に対する銅電極の電位差 $\Delta E\ [= E(\mathrm{Cu^{2+}/Cu}) - E(\mathrm{Zn^{2+}/Zn})]$ は，以下で与えられる[*1]．

$$\Delta E = \left(E°(\mathrm{Cu^{2+}/Cu}) + \frac{RT}{2F} \log \frac{a_{\mathrm{Cu^{2+}}}}{a_{\mathrm{Cu}}} \right)$$
$$- \left(E°(\mathrm{Zn^{2+}/Zn}) + \frac{RT}{2F} \log \frac{a_{\mathrm{Zn^{2+}}}}{a_{\mathrm{Zn}}} \right) \quad (10.38\mathrm{a})$$

ここで，金属亜鉛および銅の活量が 1 であることに注意すると，

$$\Delta E = E°\left(\frac{\mathrm{Cu^{2+}}}{\mathrm{Cu}}\right) - E°\left(\frac{\mathrm{Zn^{2+}}}{\mathrm{Zn}}\right) + \frac{RT}{2F} \log \frac{a_{\mathrm{Cu^{2+}}}}{a_{\mathrm{Zn^{2+}}}} \quad (10.38\mathrm{b})$$

となる．亜鉛イオンと銅イオンの活量が 1 の場合，亜鉛電極に対する銅電極の電位差は，$\Delta E = +0.337$ V $-(-0.763$ V$) = 1.10$ V となる．ダニエル電池の電池電位は 1.10 V である．(10.38b) 式により，電解質溶液中のイオンの活量に依存して電池電位が変化することがわかる．ダニエル電池では，亜鉛イオン濃度の増大によって負極側の電位は正電位へ移動し，電池電位が低下する．一方，銅イオン濃度が増大すると正極側の電位が正電位へ移動し，逆に電池電位が増加する（[Study 10.3]）．

10.3.3 平衡定数，標準反応ギブズエネルギーと標準電池電位の関係

第 9 章では化学反応の駆動力がギブズエネルギーの差にあることを学んだ．電池反応においては，平衡電極電位の差すなわち電池電位によって酸化還元反応の方向が予測できる．電池電位 E_{cell} と酸化還元反応の反応ギブズエネルギー $\Delta_\mathrm{r} G$ の間には以下の関係がある．

$$\Delta_\mathrm{r} G = -nFE_{\mathrm{cell}} \quad (10.39)$$

この関係は，n mol の電荷 nF を電位差 E_{cell} で外部導線を通じて運ぶ仕事 nFE_{cell} が酸化還元反応によるギブズエネルギーの減少 $-\Delta_\mathrm{r} G$ に対応していることを意味している．等温定圧条件の平衡状態において（準静的過程），系のギブズエネルギーの減少は系が外部にする最大仕事である．このことは，熱力学第二法則を絡めたギブズエネルギーの議論から説明可能である[*2]．電池の与える最大仕事 $w_{\max}$ は，電池反応の反応ギブズエネルギー $\Delta_\mathrm{r} G$ および電池電位 E_{cell} と，それぞれ，下記の関係にある．

$$w_{\max} = -\Delta_\mathrm{r} G \quad (10.40\mathrm{a})$$
$$w_{\max} = nFE_{\mathrm{cell}} \quad (10.40\mathrm{b})$$

平衡定数 K（$K_\mathrm{X}, K_\mathrm{p}, K_\mathrm{a}$ など，この項では K_X を扱っている），標準反応ギブズエネルギー $\Delta_\mathrm{r} G°$ および，標準電池電位 $E_{\mathrm{cell}}°$ [*3] は図 10.9 の関係にある．この図は，電池が化学エネルギーを電気エネルギーとして取り出す装置であることを示している．

[*1] ΔE は 2 つの半電池の電位差であり，[Study 10.2] の記号では $\Delta \Phi$ となる．しかし，この ΔE は，電池の分野では電池電位（電池の起電力）と呼ばれ，E_{cell} とも書かれる．記号 E は電磁気学では電場に用いられるが，電気化学では電位に用いられる．

[*2] 等温定圧条件の下で，系が外部にする微小体積仕事，$-p\,dV$ 以外の微小仕事を δW_{out} とする．熱力学第一法則 (7.6) 式は，$dU = \delta Q - p\,dV - \delta W_{\mathrm{out}}$ と書かれる．熱力学第二法則 (8.11) 式は，この熱力学第一法則を利用して，

$$dS \geq \frac{\delta Q}{T} = \frac{dU + p\,dV + \delta W_{\mathrm{out}}}{T}$$

と書かれる．すなわち，$TdS \geq \delta Q = dU + p\,dV + \delta W_{\mathrm{out}}$ となる．さらに変形して，$-dU - p\,dV + TdS \geq \delta W_{\mathrm{out}}$，を得る．ここで，等温定圧条件を適用すると，$-d(U + pV - TS) \geq \delta W_{\mathrm{out}}$ となり，エンタルピーの定義 $H = U + pV$ およびギブズエネルギーの定義，$G = H - TS$ から，$-dG \geq \delta W_{\mathrm{out}}$ を得る．すなわち，系が外部にする微小仕事 δW_{out} は系のギブズエネルギーの減少 $-dG$ を超えることはない．等号のとき（平衡）の δW_{out} は最大仕事である．

[*3] 定義は p.270 の注釈 [*1] に記載．

*1 $\Delta_r G = -nFE_{cell}$ と第9章の(9.37)と(9.38a)から得られる
$$\Delta_r G = \Delta_r G° + RT \log Q_X$$
$$\Delta_r G° = -RT \log K_X$$
を用いると，電池電位は以下で示される．
$$E_{cell} = -\frac{\Delta_r G°}{nF} - \frac{RT}{nF} \log Q_X$$
ここで，標準電池電位を $E°_{cell} = -\frac{\Delta_r G°}{nF}$ と定義すると図10.9に示す
$$\Delta_r G° = -nFE°_{cell}$$
$$E°_{cell} = \frac{RT}{nF} \log K_X$$
が得られる．

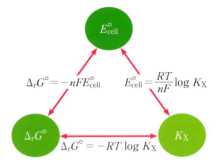

図10.9 標準電池電位 $E°_{cell}$，平衡定数 K_X，標準反応ギブズエネルギー $\Delta_r G°$ の関係[*1]

表10.8

電池電位	反応ギブズエネルギー	電池反応の方向[*2]
$E_{cell} > 0$	$\Delta_r G < 0$	順方向の反応が自発的に進行する
$E_{cell} = 0$	$\Delta_r G = 0$	平衡状態
$E_{cell} < 0$	$\Delta_r G > 0$	逆方向の反応が進行する

*2 電池反応において順方向の反応では，放電により電気エネルギーを得ることができる．一方，逆方向の反応では，充電により電気エネルギーを投入する必要がある．

第8章では，反応ギブズエネルギー $\Delta_r G$ から化学反応が自発的に起こるか否かを議論した．電池電位からも酸化還元反応の方向が予測でき，$\Delta_r G = 0$ に対応した $E_{cell} = 0$ に近づく方向に電池反応（酸化還元反応）が自発的に進行する（表10.8）．

> **例題 10.4** 反応 $4H^+ + O_2 + 4e^- \rightleftharpoons 2H_2O$ の標準電極電位 $E°_1$ を求めよ．このとき水素標準電極電位 $E°_2$ を基準（$E°_2 = 0$）とし，表8.2の各物質の標準生成ギブズエネルギーを参考にせよ．
>
> **解** 反応1　$4H^+ + O_2 + 4e^- \rightleftharpoons 2H_2O$　$E°_1 = -\dfrac{\Delta_r G°_1}{4F}$
>
> 　　反応2　$2H^+ + 2e^- \rightleftharpoons H_2$　$E°_2 = -\dfrac{\Delta_r G°_2}{2F}$
>
> 荷電化学種に対しては電気化学ポテンシャル（～付き）を用いる．
> $$\Delta_r G°_1 = 2\mu_{H_2O}° - (4\tilde\mu_{H^+}° + \mu_{O_2}° + 4\tilde\mu_{e^-}°) \quad (1)$$
> $$\Delta_r G°_2 = \mu_{H_2}° - (2\tilde\mu_{H^+}° + 2\tilde\mu_{e^-}°) \quad (2)$$
> $E°_2 = 0$ であるから $\Delta_r G°_2 = 0$
> ゆえに　　$\mu_{H_2}° = 2\tilde\mu_{H^+}° + 2\tilde\mu_{e^-}° \quad (3)$
> (3)式を用いて(1)式を書き換えると
> $$\Delta_r G°_1 = 2\mu_{H_2O}° - (2\mu_{H_2}° + \mu_{O_2}°)$$
> 純物質の化学ポテンシャルは表8.2の1 molあたりの標準生成ギブズエネルギーに等しいので
> $\Delta_r G°_1 = 2 \times (-237.2\ \text{kJ mol}^{-1}) - (2 \times 0\ \text{kJ mol}^{-1} + 1 \times 0\ \text{kJ mol}^{-1})$
> 　　　$= -474.4\ \text{kJ mol}^{-1}$
> $$E°_1 = -\frac{(-474.4 \times 10^3\ \text{J mol}^{-1})}{4 \times 9.6485 \times 10^4\ \text{C mol}^{-1}} = 1.229\ \text{V}$$
> この 1.229 V は付録 表C.15 に与えられる数値と完全に一致している．

10.3.4 種々の電池

電池とは，種々のエネルギーを電気エネルギーに変換する装置である．特に自発的な化学反応に伴う変化によって電気エネルギーを取り出

す電池を化学電池と呼び，他の熱，光，放射線などの物理的エネルギーを用いる物理電池，酵素反応などの生物化学的な変化を利用した生物電池と区別する．一般には化学電池を単に電池と呼ぶ．電池は，エネルギーを取り出す一次電池，充放電が可能な二次電池，外部から物質を供給しつつ発電する燃料電池に大別される．以下，代表例を概説する．

(1) 鉛蓄電池

鉛蓄電池は二次電池として最も一般的に用いられている．非常に安定で，電池電位も 2.1 V 程度と比較的高く，高い電流密度（単位面積あたりの取り出せる電流）が必要な場合の動力源として広く利用されている．エネルギー重量密度（単位重量から取り出しが可能なエネルギー）は 30-40 Wh kg^{-1} 程度であり，家庭で使用される乾電池の半分程度である．

$$Pb(s) \mid PbSO_4 \mid H_2SO_4(aq) \mid PbSO_4 \mid PbO_2$$

負極側：$Pb + SO_4^{2-} \rightleftharpoons PbSO_4 + 2\,e^-$

正極側：$PbO_2 + 4\,H^+ + SO_4^{2-} + 2\,e^- \rightleftharpoons PbSO_4 + 2\,H_2O$

全体の電池反応：$PbO_2 + Pb + 4\,H^+ + 2\,SO_4^{2-} \rightleftharpoons 2\,PbSO_4 + 2\,H_2O$

(2) リチウムイオン電池

リチウムイオン電池はエネルギー密度（単位体積あたりあるいは単位重量あたりの取り出せるエネルギー）が高く，高性能二次電池として，電子機器を中心に広く用いられている．自己放電（充電状態で放置したときの放電）が小さく，急速充電が可能で電池電位も 3.0 V 程度と高い．リチウムイオン電池の構成の一例を図 10.10 に示す．正極側では Li$^+$ イオン含有酸化物，この例では，Li$_{1-x}$CoO$_2$* が用いられている (x ≪ 1)．

* LiCoO$_2$ は Li 層と Co と O の八面体層の積層構造をもつ．Li は増減可能で，Li$_{1-x}$CoO$_2$ と表される．

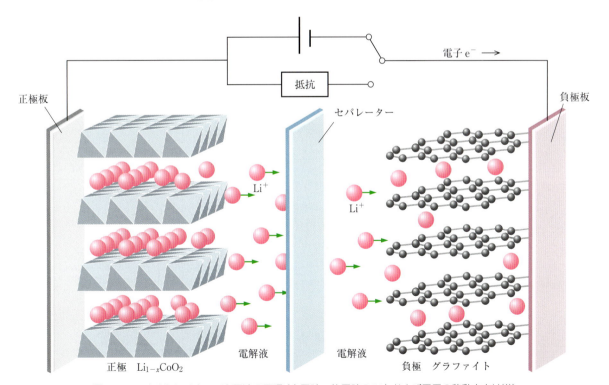

図 10.10 リチウムイオン二次電池の原理（充電時；放電時の Li$^+$ および電子の移動方向は逆）

*1 $Li_{1-x}CoO_2$ およびグラファイトの層間の Li 原子は，それぞれ CoO_2 およびグラフェンのバンドに電子を渡して部分的あるいは完全にイオン化している可能性がある．このイオン化のリチウムイオン電池の安全性への寄与は非常に大きい．しかし，この層間の Li が電解液に溶出するとき，この渡した電子は外部導線を通じて移動する．この観点で，電池反応を考える際は，層間に Li 原子が存在していると考えている．

*2 この負極にグラファイト層間化合物を用いるアイディアは吉野彰によって考案された．当初は白川英樹が開発したポリアセチレン導電性高分子（2000 年ノーベル化学賞）の利用を考えたが，グラファイト層間化合物の利用で成功した．Li^+ イオンがグラファイト層間に出入りすることによって発電と充電がなされるため，非常に安定な充放電特性を有する高出力な二次電池が実現することとなった．吉野彰はこの業績によって 2019 年ノーベル化学賞をグッドイナフ (Goodenough)，ウィッティンガム (Whittingham) らとともに受賞した．

グラファイトは C 原子 6 個あたり最大で 1 個の Li 原子を収容することができる．

この物質では層状の CoO_2 の層間に Li 原子*1 を収容する．一方，負極側では Li 含有グラファイト層間化合物（第 5 章参照）が用いられている*2．放電時（電池として使用時）には，正極側では，電解質中の Li^+ イオンは $Li_{1-x}CoO_2$ の層間に Li 原子として収容されるように移動する．一方，負極側では，グラファイト層間化合物の層間から Li 原子が電解質へ Li^+ イオンとして溶出する．正極と負極は多孔性のセパレーターで仕切られている．電池反応には活性の高い Li 金属ではなく Li^+ イオンのみ実質上関与するため，安全性は高い．エネルギー重量密度は非常に高く，$100\,\mathrm{Wh\,kg^{-1}}$ 以上あり，技術開発によってさらに向上の見込みがある．電気自動車，非常時の電源（電気自動車の利用の場合も含めて），都市のスマートグリッド（電力の供給と需要を最適化する送電網，いまの場合は蓄電池として）などへ適用が提案あるいは実施されている．

(3) 水素-酸素燃料電池

燃料電池とは，物質の化学反応のエネルギーを直接電気エネルギーへ変換する電池である．たとえば，水の電気分解とは逆に，水素と酸素から水が生成する反応を利用して電気エネルギーを取り出すのが水素-酸素燃料電池である．酸素と酸性電解液，および水素と酸性電解液がそれぞれ多孔質隔壁で図 10.11 のように仕切られている．水素極側では，水素は隔壁に含まれる Pt などの触媒の働きで電子と水素イオンに分離され，水素イオンは酸性電解質溶液側へ移動する（$H_2 \longrightarrow 2H^+ + 2e^-$）．電子は外部導線を通じて酸素極側へ移動する．そこで，$2H^+ + \frac{1}{2}O_2 + 2e^- \longrightarrow H_2O$ の反応が起こる（アルカリ性電解液の場合はやや異なる反応となる）．生成物は環境に無害の水のみであり，外部導線に抵抗を挿入すると電気エネルギーを取り出すことができる．この燃料電池の理論的な電池電位は $1.23\,\mathrm{V}$（例題 10.4 参照）である．水素を燃料として空気中の酸素を還元する反応により得られる電気エネルギーにより電気モーターを駆動するのが燃料電池車である．燃料電池にはこの他にもいろいろな方式があり，開発が進められている．

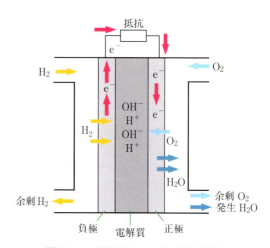

図 10.11 燃料電池の一例の構造模式図

> **例題 10.5** ガソリンの発熱量は $4.4 \times 10^7 \, \text{J kg}^{-1}$ 程度である．リチウム電池（二酸化マンガンリチウム一次電池）の重量エネルギー密度を 約 $350 \, \text{Wh kg}^{-1}$ として，ガソリンの重量エネルギー密度はリチウム電池の何倍か求めよ．
>
> **解** $(4.4 \times 10^7 \, \text{J kg}^{-1})/\{(350 \, \text{Wh kg}^{-1}) \times (3600 \, \text{s})\} = 34.9$　約 35 倍．

☕ Tea Time 10.1　金属の腐食と電気化学

電気化学は，電子の授受現象を扱うため，応用範囲は非常に広く，金属の腐食現象も，酸化還元反応として理解し得る．たとえば，鋼の腐食の場合は，水の存在と酸素の状態で腐食が進行する．鋼の表面に水滴があると，鋼の主成分である Fe は水と反応して Fe^{2+} イオンへ変化する．この電子を使って同時に起こる反応により OH^- イオンが生成する．すなわち，

$$Fe \longrightarrow Fe^{2+} + 2\,e^- \qquad \text{①}$$

$$\frac{1}{2}O_2 + H_2O + 2\,e^- \longrightarrow 2\,OH^- \qquad \text{②}$$

①＋② より　$\frac{1}{2}O_2 + H_2O + Fe \longrightarrow Fe(OH)_2 (Fe^{2+} + 2\,OH^-)$　③

となり，さび $Fe(OH)_2$ ［水酸化鉄(II)］が発生する．さらに，溶存酸素と反応し，

$$\frac{1}{4}O_2 + \frac{1}{2}H_2O + Fe(OH)_2 \longrightarrow Fe(OH)_3$$

により，$Fe(OH)_3$ ［水酸化鉄(III)］が生成する．この状態から水分子がとれて，赤さび（FeOOH）が形成される．反応式①，②からわかるように腐食反応は電気化学反応である．

このような腐食反応を考えるとき，図 10.12 に示す電位-pH 図（プールベ図）が有効である．指定した電位と pH でどのような化学種が出現するか（たとえば先の例では Fe^{2+} や Fe^{3+}）を知ることができる．金属 Cu と金属 Zn があったとする．図 10.8 を見ると，SHE（標準電

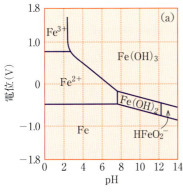
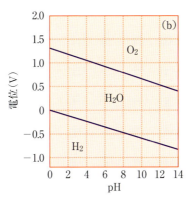

図 10.12　電位-pH 図（プールベ図）
(a) Fe の電位-pH 図（鉄イオン濃度：$10^{-2} \, \text{mol dm}^{-3}$）
(b) 水の電位-pH 図

極)の電位から見て電位を 0 V に保つと，Zn は Zn^{2+} となるが，Cu は金属状態のままである．このように，電位が酸化還元反応に関係する．また，②のような(H^+ や OH^-)の反応が関係するときは，解離定数を考えると pH が関係することは明らかである．こうして，電位-pH 図の重要性は理解される．しかし，紙面の都合上ここでは詳しい説明は省くので，興味，関心がある学生は電気化学の教科書を参照されたい．腐食を防止するためには，構造物に腐食反応の起こらない電位を与えて保持したり，その構造物より腐食しやすい材量(たとえば Fe に対して Al など，犠牲電極という)を共存させたりすることが，実際に行われている．

第 10 章のまとめ

- 溶質を溶媒に溶解したとき，解離する現象—電離
    解離度，強電解質と弱電解質，解離は電気的中性条件に従う
- 溶液中で解離生成したイオンは電気を伝える　モル電気伝導率
- 弱電解質と強電解質　コールラウシュの平方根則
    　　　　　　　　　イオン独立移動の法則
- イオンの移動度　プロトンの移動度はとびぬけて大きい
    　　　　　　　ストークス半径(水和半径)
- 弱酸の解離度について　オストワルドの希釈率
- 酸と塩基の定義　アレニウスの定義(a)，
    　　　　　　　ブレンステッド・ローリーの定義(b)，
    　　　　　　　ルイスの定義(c)
    　　　　　　　通常は(b)が有効，錯体で(c)が重要
    　　　　　　　共役酸塩基対
- 水のイオン積，酸性と塩基性(アルカリ性)
- pH　酸性雨の発生機構
- 電池　一方の半電池(酸化反応)と他方の半電池(還元反応)を組み
    　　合わせで電池形成
    　　　電気化学列
    　　　ネルンストの式
- 電池電位と電池反応の反応ギブズエネルギーと関係
    　　標準電池電位と標準反応ギブズエネルギーの関係
- いろいろな電池　　鉛電池，リチウムイオン電池，燃料電池

章末問題 10

1. 298 K の水の比伝導率 κ を用いて，水のイオン積を求めよ．
    $$\kappa = 0.062 \times 10^{-6} \, \text{S cm}^{-1} \quad (298 \, \text{K})$$

2. 空気中の CO_2 が水と飽和状態になっていると仮定し，そのときの水溶液の pH を求めよ．ただし，室温における空気中の CO_2 の分圧は 3.5×10^{-4} atm，水中での H_2CO_3 の解離定数は $K_a = 4.45 \times 10^{-7}$，ヘンリーの法則 $c = Bp$ におけるヘンリー定数 B は 34.1×10^{-3} mol dm^{-1} atm^{-1} とする．

3. 以下の還元反応について考える．

$$[\text{Fe(CN)}_6]^{3-} + e^- \rightleftharpoons [\text{Fe(CN)}_6]^{4-}$$

$K_4[\text{Fe(CN)}_6]$ と $K_3[\text{Fe(CN)}_6]$ の混合水溶液を調整した．$K_4[\text{Fe(CN)}_6]$ の濃度を 1 mM とし，$K_3[\text{Fe(CN)}_6]$ の濃度を (1) 1 mM，(2) 0.1 mM，(3) 10^{-6} M，(4) 0 M（$[K_3\text{Fe(CN)}_6]$ が含まれない）としたとき，これら半電池の電極電位を求めよ．標準電極電位は 0.361 V とし，活量係数は 1 としてよい．

4. 亜鉛の酸化還元反応は，酸性溶液中では以下のように示される．
$$\text{Zn}^{2+} + 2e^- \rightleftharpoons \text{Zn} \qquad E^\circ_{\text{acid}} = -0.763 \text{ V}$$
しかし，塩基溶液中では塩基性が強くなるに従い，以下に示すように OH^- イオンが関与するようになる．

(1) pH=9 付近
$$\text{Zn(OH)}_2 + 2e^- \rightleftharpoons \text{Zn} + 2\text{OH}^-$$
$$E^\circ_{\text{base1}} = -1.245 \text{ V}$$

(2) pH=11 付近
$$[\text{Zn(OH)}_4]^{2-} + 2e^- \rightleftharpoons \text{Zn} + 4\text{OH}^-$$
$$E^\circ_{\text{base2}} = -1.285 \text{ V}$$

ネルンストの式を用いて強塩基溶液中における亜鉛の酸化還元電位を pH の関数として示せ．なお，水のイオン積 K_W と $[\text{Zn(OH)}_4]^{2-}$ の濃度は以下の値を用いよ．Zn(OH)_2 と Zn の活量は 1 とする．
$$K_W = [\text{H}^+][\text{OH}^-] = 1.00 \times 10^{-14} \text{ mol}^2 \text{ dm}^{-6}$$
$$[\text{Zn(OH)}_4]^{2-} = 10^{-6} \text{ mol dm}^{-3}$$

5. 還元半反応 $\text{Cu}^{2+}(\text{aq}) + e^- \rightleftharpoons \text{Cu}^+$ の標準電極電位 $E^\circ(\text{Cu}^{2+}, \text{Cu}^+)$ を求めよ．ただし，
$$E^\circ(\text{Cu}^{2+}, \text{Cu}) = +0.340 \text{ V}$$
$$E^\circ(\text{Cu}^+, \text{Cu}) = +0.520 \text{ V}$$
とする．

6. CuCl_2 ならびに FeCl_2 と FeCl_3 それぞれを塩酸に溶解させると，完全解離してこれら塩の溶けた塩酸水溶液ができる．これら溶液を用いて，以下の電池を作製した．
$$\text{Cu} \mid \text{Cu}^{2+}(0.1\text{ M}),\ \text{HCl}(1\text{ M})$$
$$\parallel \text{Fe}^{3+}(0.01\text{ M}),\ \text{Fe}^{2+}(0.01\text{ M}),\ \text{HCl}(1\text{ M}) \mid \text{Pt}$$
$$\text{Fe}^{3+} + e^- \rightleftharpoons \text{Fe}^{2+} \qquad E^\circ = +0.771 \text{ V}$$
$$\text{Cu}^{2+} + 2e^- \rightleftharpoons \text{Cu} \qquad E^\circ = +0.340 \text{ V}$$
この電池電位を求めよ．

7. 平均的な家庭で 1 日に消費されるエネルギーは 5.4×10^7 J といわれている．このエネルギーを確保するためには，(1) リチウム電池，(2) 水素では，それぞれ何 kg 必要か．また，(3) どれだけの太陽エネルギーの照射時間に相当するかを求めよ．なお，リチウム電池のエネルギー密度は，1.3×10^6 J kg^{-1}，水素の燃焼熱は，1.42×10^8 J kg^{-1} とせよ．また太陽光の単位面積あたりの照射エネルギーは 100 mW cm^{-2} として 2 m 四方の面積に照射される場合を考えよ．

Study 10.1　金属の仕事関数と標準電極電位

標準電極電位では，水素イオンの還元反応における電子のエネルギーを基準として考えたが，真空中に孤立した電子のエネルギー（真空準位 E_{vac}）が絶対基準（$E_{\text{vac}} = 0$）となる．分子軌道や金属のバンド構造に真空準位を示したものが図 10.13 である．分子軌道やバンド構造を占有する電子は，分子や金属の外部の真空基準より安定化されている（エネルギーが低い）ことが示されている．図 10.14 で電位につい

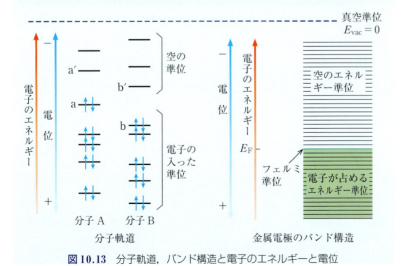

図 10.13　分子軌道，バンド構造と電子のエネルギーと電位

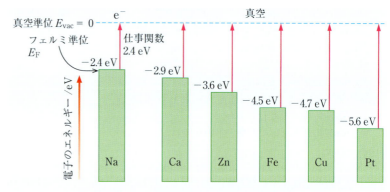

図 10.14 真空準位に対する金属の電子のエネルギー

ては下方の＋から上方の－へ電位の矢印が示されているのは，負電荷をもつ電子にとっては，上方の方のエネルギーが高いためである．

金属のバンド構造で，占有電子の最も高いエネルギー準位を，絶対零度ではフェルミ準位 E_F [*] という（金属の電子にとって，室温も絶対零度と変わらない）．第 2 章で学習した光電効果は，光のエネルギーで金属内の電子を金属から真空中へ放出させる現象である．この現象は，フェルミ準位の電子を光のエネルギーを与えることで真空準位へ励起させる過程として理解することができる．すなわち，仕事関数はフェルミ準位の電子を真空まで取り出すのに必要なエネルギーである．フェルミ準位が高く仕事関数が小さな金属は電子を与える酸化反応性が高く，フェルミ準位が低く仕事関数が大きな金属の酸化反応性は低い．この仕事関数の序列には，イオン化傾向の大きさの順に並べた序列，すなわち標準電極電位の傾向（イオン化列）との類似性がある．このことからも，金属のフェルミ準位近傍の電子が酸化還元反応に重要であることが理解できる．

[*] 電子により占有されたエネルギー状態と占有されていないエネルギー状態の境の目安をフェルミ準位（フェルミエネルギー）といい，E_F で表される．

Study 10.2　電子も物質としてエネルギーを考える ― 電気化学ポテンシャル ―

電池の起電力で用いる電位の概念は，電子も分子やイオンと同様に物質として扱うための化学ポテンシャルの定義に導入される．物質が電荷を有する場合，周囲とのクーロン相互作用を考慮した扱い，すな

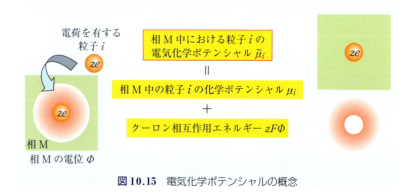

図 10.15 電気化学ポテンシャルの概念

わち**電気化学ポテンシャル** $\tilde{\mu}_i$ が化学ポテンシャルの代わりに用いられる．たとえば，電荷 ze をもつ粒子 i の電気化学ポテンシャルは，粒子 i が，本来，物質としてもつ化学ポテンシャル μ_i と粒子 i の電荷による電気的相互作用エネルギーとの和となる．後者は，存在領域である相 M の電位 Φ を用いて $zF\Phi$ として評価される[*]．すなわち，

$$\tilde{\mu}_i = \mu_i + zF\Phi$$

と書かれる（μ_i は図 10.15 の μ_i と同じで，$z=0$ のときの $\tilde{\mu}_i$）．

したがって，電子の電気化学ポテンシャル $\tilde{\mu}_{e^-}$ は $z=-1$ のため，次のように表される．

$$\tilde{\mu}_{e^-} = \mu_{e^-} - F\Phi$$

溶液内のイオンはもちろん酸塩基平衡にある分子系など多くの物質は電荷を帯びているので，物質のエネルギーを熱力学的に考える際には電気化学ポテンシャルを用いることが重要である．

[*] 純物質の化学ポテンシャルは 1 mol あたりのギブズエネルギーである．したがって，ファラデー定数 F を用いて $zF\Phi$ としている．

Study 10.3　電気化学界面の状態密度

ネルンストの式における酸化還元種の活量（濃度）依存性は，電子の状態密度の考え方を使って理解することができる．電子の状態密度とは，エネルギー E における微小エネルギー幅 dE における電子の状態の数である．第 5 章で学んだ金属 Li の 2s バンドでは縦軸にエネルギー，横軸に状態密度 $D(E)$ をとると矩形になる．一方，酸化体および還元体の $D(E)$ は横軸方向に凸の放物線となっているとする．溶液内において，酸化還元体の電子のエネルギー準位は図 10.16 のように示される．それぞれ電気化学界面の状態密度 $D_R(E)$ は低エネルギー側（電子が満たされている），電気化学界面の状態密度 $D_O(E)$ は高エネルギー側（電子が満たされていない）にある．この酸化体と還元体の反応の電位 E_{redox} は，電子のやりとりが平衡となる電位に対応することから，これら状態密度分布の交点により示される．このため，酸化体濃度 c_O が高いと D_O が大きくなり E_{redox} は正電位側（低エ

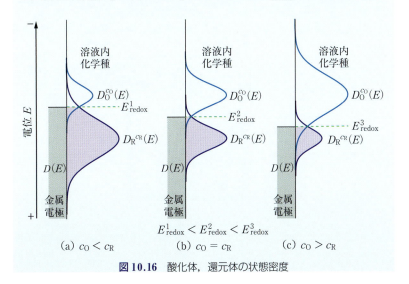

図 10.16　酸化体，還元体の状態密度

ネルギー側)へ移行し，還元体濃度 c_R が高いと D_R が大きくなり負電位側(高エネルギー側)へ移行する．電極は溶液内の化学種と電子のやりとりを行いフェルミエネルギーは E_{redox} と一致する．ネルンストの式においては，厳密には濃度ではなく活量で平衡電極電位が定義される．しかし，濃度を用いた議論でも，酸化還元種の濃度に依存して電極の電位が変化する様子を直感的に理解できる．なお，ネルンストの式の与える酸化還元反応の平衡電位 E_{redox} をそれぞれの溶液のゼロ電位 (null potential) という．平衡の電位では電子の移行は見かけ上ないためである．

Study 10.4 電池の効率

電池では化学エネルギーをそのまま電気エネルギーとして取り出すことができる．すなわち，化学エネルギーから仕事への変換過程において，カルノー限界 [(8.3)式および(8.4)式] を受けない．そのため，エネルギー変換の理論限界は $\Delta_f G°/\Delta_f H°$ で与えられる．たとえば水素–酸素燃料電池の理論効率，すなわち，取り入れた熱が仕事として取り出せる最大の割合を見積もる．水素と酸素から水の生成反応を利用したこの電池の理論効率 η は，水の標準生成エンタルピー $\Delta_f H°$ (付録 表 C.8a) と標準生成ギブズエネルギー $\Delta_f G°$ (表 8.2, 付録 表 C.8a) を用いて

$$\eta = \frac{\Delta_f G°}{\Delta_f H°} = \frac{-237.2 \text{ kJ mol}^{-1}}{-285.8 \text{ kJ mol}^{-1}} = 0.83$$

となり非常に高い効率であることがわかる．燃料電池は，化学エネルギーを非常に効率よく電気のエネルギーとして取り出すことができる仕組みである．

Study 10.5 pH センサー

ネルンストの式から電極近傍のイオン濃度や pH によって電極電位

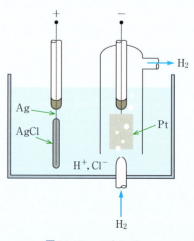

図 10.17 pH センサー

が変化することがわかる．すなわち，電池を構成して，その起電力を計測することによって電極近傍のイオン濃度の決定が可能となる．図 10.17 に示す電池を構成すると，左の半電池では $H^+ + e^- \rightleftharpoons \frac{1}{2}H_2$ の電極反応が起こる．右の半電池の Ag/AgCl 電極（$AgCl + e^- \rightleftharpoons Ag + Cl^-$）の電位は水素イオンの影響をほとんど受けずに一定に保たれる．このため，この電池の起電力から溶液の pH を決定することができる．この現象は，pH センサーに応用されている．

参考書・出典
(10.1) 国際法定計量期間（OIML）の国際勧告 56 号．
(10.2) 日本化学会編『改訂 6 版 化学便覧 基礎編』丸善，令和 3 年．
(10.3) N. Agmon, Chem. Phys. Lett. 244, 456, (1995).
(10.4) E. R. Nightingale, J. Phys. Chem. 63, 1381, (1959).
(10.5) J. N. イスラエルアチヴィリ『分子間力と表面力 第 3 版』第 3 刷 朝倉書店，2013．
(10.6) 日本化学会編『実験化学講座 1―基礎編 1―』丸善，2003．
(10.7) 電気化学会編『電気化学便覧 第 5 版』2000．

本章の理解には以下の参考書も役立つ．
喜多英明，魚崎浩平『電気化学の基礎』技報堂出版，1983．
渡辺正，中林誠一郎『電子移動の化学』日本化学会，1996．
K. B. オルドハム他『電気化学 基礎と応用』東京化学同人，2015．
中戸義禮『電気化学 光エネルギー変換の基礎』東京化学同人，2016．

化 学 反 応

アレニウス スウェーデン，1859年2月19日－1927年10月2日 アレニウスの式，酸塩基の研究，1903年ノーベル化学賞

ベルセリウス スウェーデン，1779年8月20日－1848年8月7日 セリウム，セレン，トリウムの発見，元素記号の提案

オストワルド ドイツ，1853年9月2日－1932年4月4日 触媒作用・化学平衡・反応速度，1909年ノーベル化学賞

ハーバー ドイツ，1868年12月9日－1934年1月29日 窒素固定，毒ガス研究，1918年ノーベル化学賞

ボッシュ ドイツ，1874年8月27日－1940年4月26日 BASFの研究者，1931年ノーベル化学賞

　化学は物質とその変化に関する学問である．物質同士はときとして原子や分子の組み替えを起こし，異なる物質へ変化する．これが化学反応であり，化学の真髄である．ドルトンが，1799年のプルーストにより提案された定比例の法則を根拠に，1808年，原子説を提唱した．ギブズは1876年および1878年に等温定圧条件の物質移動の平衡を決定するギブズエネルギーの概念を提案し，化学反応の起こしやすさは反応前後のギブズエネルギーの差であることを明らかにした．1884年，アレニウス（Arrhenius）は，反応速度に関して，活性化エネルギーの概念と温度依存性を明らかにした．一方，ベルセリウス（Berzelius）は，触媒の概念を1835年に提案し，その後，1894年，オストワルド（Ostwald）は現在使われている触媒（Catalysis）の定義を与えた．そして1906年，ハーバー（Haber）およびボッシュ（Bosch）は熱力学に基づく化学反応解析と触媒開発を行い，アンモニア合成に成功した．これが20世紀の科学文明の礎となった．この章では，化学反応を律する原理について学び，化学反応の基礎を身につける．本章が，今後，望む物質をつくるときの基盤となる．

単原子触媒：表面に出る原子数が多い方が活性が高い．1つひとつの原子が表面に露出し，触媒作用を発現する単原子触媒は2010年代触媒開発の1つの潮流となった．

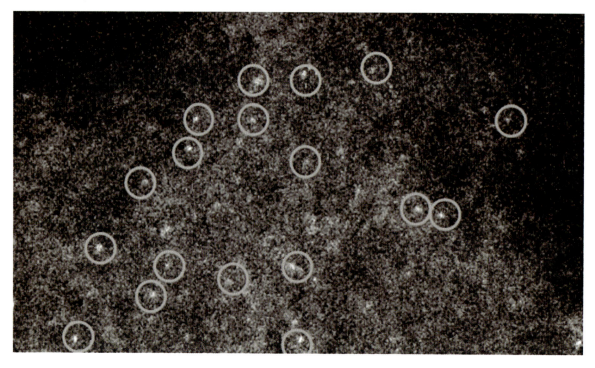

本章の目標
- 化学反応を起こす駆動力は何かを学ぶ．
- 化学反応速度の取り扱いについて学ぶ．
- 活性化エネルギーについて理解する．
- 触媒とは何かを学ぶ．

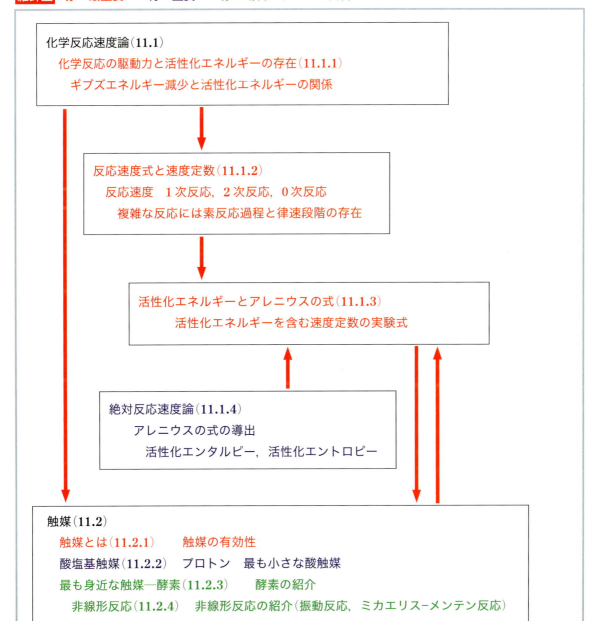

11.1 反応速度論

11.1.1 化学反応の駆動力と活性化エネルギーの存在

　前章まで，化学反応は，反応前後の物質のギブズエネルギーの違いにより起こることを学んだ．ギブズエネルギーが減少する方向が，反応の進行する方向である．その逆方向に進めたいときは，外部からエネルギーを与える必要がある．化学反応の駆動力として反応前後のギブズエネルギーに違いがあるということは，化学反応の進行で物質濃度の変化が発生する非平衡状態であるともいえる．では，化学反応の速さは，駆動力の大きさだけで決まるのだろうか？　図11.1に示す斜面とボールを例にして考えてみよう．斜面が緩やかな下り勾配であれば，そのまま，ゆっくりであるがボールはゴールへ行く．一方，その間に大きな山があった場合は，ボールは大きな山を越えなければ，ゴールへ行くことはない．化学反応でも同様である．その間の山に相当するものがあれば化学反応は起きにくくなる．

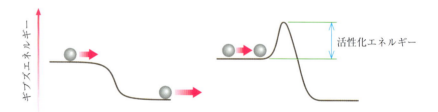

図 11.1 化学反応の「坂とボールのモデル」；途中に山があればボールは進まない ⟷ 大きな活性化エネルギーがあれば化学反応は進みにくい．

　たとえば，水素と酸素を混ぜて放置しておくとする．水素と酸素から水の生成する反応ではギブズエネルギーが減少し，水の生成反応は進行するはずである．しかし，このままでは水は生成しない．これは水が生成するためには，エネルギーの大きな山を越える必要があるためである．水素は水素分子からなり，酸素も酸素分子からなる．それぞれ安定な分子であるので，結合を切断するという大きなエネルギーが必要である．このようなエネルギーが化学反応の場合の山に相当し，**活性化エネルギー**と呼ばれる（厳密な意味については11.1.4項で学ぶ）．このような活性化エネルギーを獲得できる場合は化学反応の進行が見られ，反応原系の物質量は減少し，生成系の物質量が増加する．触媒は活性化エネルギーを下げる働きをするが，これについては11.2節で議論する．

11.1.2 反応速度式と速度定数

　生成物が生成する速度あるいは反応物が減少する速度を**反応速度**という．たとえば，AとBが反応して，Pができたとする．

$$A + B \longrightarrow P \quad (11.1)$$

反応速度 v は，

$$v = \frac{d[P]}{dt} = -\frac{d[A]}{dt} \quad (11.2)^{*1}$$

となる．さらに，

$$mA + nB \longrightarrow A_mB_n \quad (11.3)$$

で表される A と B の一般的な反応に対しては，反応速度 v は以下のように書かれる．

$$v = \frac{d[A_mB_n]}{dt} = -\frac{1}{m}\frac{d[A]}{dt} = -\frac{1}{n}\frac{d[B]}{dt} \quad (11.4)$$

一般に反応速度 v は反応物の濃度のべき乗の積で表される[*2]．

$$v = k[A]^p[B]^q \quad (11.5)$$

このときに，p を A についての**反応次数**，q を B についての反応次数，$p+q$ を反応全体の**反応次数**という．k を**速度定数**[*3] という．

(1) 1次反応

化学種 A が分解する分解反応を考える．この分解反応の分解速度は分解物 A の濃度に比例し，反応速度は以下のように書かれるとする．

$$v = -\frac{d[A]}{dt} = k[A] \quad (11.6)$$

このように反応速度が濃度の 1 乗に比例する反応が 1 次反応であり，反応次数は 1 次であるという．この反応式が成立する場合は以下のように考えることができる．A という物質が 100 個あったとする．単位時間あたり一定の割合で壊れるとする．たとえば 1 秒間に 5% が壊れるとすると，1 秒後には 5 壊れて，95 個 $[100\times(1-0.05) = 100\times0.95]$ が残る．次の 1 秒後 (2 秒後) には再び 5% 壊れるとすると，今度は $95\times 0.05 = 4.75$ 個が壊れ，残りは 90.25 個 ($95-4.75 = 95\times 0.95$) が残こる．このように濃度の減少とともに 1 秒間に壊れる数，すなわち反応速度はだんだんと遅くなる．この微分方程式 [(11.6) 式の真ん中の項と右の項の等式] を解くと，

$$[A] = [A]_0 e^{-kt} \quad (11.7)^{*4}$$

となる．ここで，$[A]_0$ は物質 A の初期濃度である．

(11.7) 式の両辺の対数をとると，$\log [A]$ は時間 t に対して比例関係にあることがわかる．これは 1 次反応の特徴である．ここで扱った反応の機構は第 1 章の放射性物質の壊変の場合にも起こっており，そこで扱った半減期も (11.7) 式に基づいている．

(2) 2次反応

反応速度が濃度の 2 乗，あるいは 2 つの反応物の濃度の積に比例する反応は 2 次反応と呼ばれ，反応全体の反応次数は 2 次であるという[*5]．2 分子の衝突確率に比例する要因があれば，濃度の積に比例する．たとえば，水素とヨウ素からヨウ化水素が生成する反応の初期では，$H_2(g) + I_2(g) \longrightarrow 2HI(g)$ の反応全体の反応次数は 2 次である．

しかし，2 分子が関係しているからといって，反応次数が 2 次になるとは限らない．たとえば，CO の O_2 による白金触媒上の酸化反応の場合には，反応速度は O_2 の 1 次，CO の -1 次になることが知られてい

[*1] マイナスがあるのは A が減少するためである．$d[A]/dt < 0$

[*2] ラジカル反応 [たとえば (11.13) 式]，連鎖反応，連鎖重合反応などでは，生成物が反応原料としてさらに反応を進行させる．このため，生成物濃度も反応速度 v に含まれる場合もある．そのため，もっと複雑な式となる場合もある．

[*3] 速度定数に用いている "k" はボルツマン定数として用いている k と類似しているため，混同しないように注意のこと．

[*4] $y = [A]$ とすると，
$dy/dt = -ky$
$dy/y = d\log y = -k\,dt$
となり，両辺を積分する．その結果 $\log y = -kt + C$ (C は積分定数) を得る．これを変形し，$e^C = [A]_0$ とおくと，(11.7) 式を得る (p.20 [*3] も参照)．

[*5] $H_2 + I_2 \to 2HI$
$$\frac{d[HI]}{dt} = k[H_2][I_2]$$
$I_2 \to 2I$
$$\frac{d[I_2]}{dt} = -k[I]^2$$

る．CO_2 生成の反応速度は O_2 が多いほど大きくなる．しかし，CO が多くなるほど，反応速度は遅くなる．これは，CO により白金が被毒され，触媒能（触媒としての働き）が劣化するためである（11.2.4 項参照）．

(3) 0 次反応

反応速度が濃度と関係なく，常に一定の速度となる反応も存在する．この反応は 0 次反応と呼ばれ，反応次数は 0 次であるという．金属表面での気体分子の反応の場合，気相中に気体分子が大量にあると，金属表面の吸着サイト[*1] はすぐに気体分子により吸着され，それ以上の気体分子の吸着は，吸着サイトが空くまでは起こらない．反応速度は吸着サイトが空く速度に依存し，気体分子の濃度にはよらないことになる（[Study 11.2] も参照）．

(4) 素反応と律速段階

反応によっては，濃度が上昇しても反応速度が単調に増加しない場合もある．これは，2 つの分子が衝突するだけで反応が進行するのではなく，多くの反応が組み合わさって，進行しているためである．1 つの反応がいくつかの反応過程に分けられる場合，分けられた個々の反応過程を**素反応過程**という．素反応過程で得られる物質は**反応中間体**と呼ばれる．反応中間体はさらに反応して，生成物になる．反応がどのような過程で起こっているか，すなわち，反応機構を研究することは，その素反応過程と反応中間体を決定し，素反応過程の順序を決定することに他ならない．反応次数が単純に関与した化学種の数にならないのは，素反応過程が複雑に組み合わさるからである．全体の反応速度を決定するのは最も反応速度の小さな素反応過程である．この過程のことを**律速段階**[*2]と呼ぶ（[Study 11.1] 参照）．化学反応における重要な段階である．

*1 金属表面では，気体分子は原子の隙間や原子の直上に吸着される．このような気体分子などが吸着される部位を吸着サイトという．

*2 律速段階の身近な例は，下水の流れや道路の車の流れに見られる．

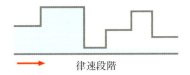

図 11.2 下水の水の流れと律速段階（排水管を真横から透視）
下水のどこかで管が細くなっていると，水流れが悪くなり，その後の水量は一番細いところで決まる．これが律速段階の一例である．他のよい例として片側 1 車線の道路でゆっくりと走る車がいると，そこで渋滞が起きる．これも一種の律速段階である．

> **例題 11.1** $(CH_3)_3CBr$ と水の反応が以下のように起こる．
> $$(CH_3)_3CBr + H_2O \longrightarrow (CH_3)_3COH + HBr$$
> $(CH_3)_3CBr$ の量と時間の関係（温度は 298 K）は，下記の表で与えられる．このときの速度定数を求めよ．ただし，大量の水が存在すると考えてよい．
>
> | 時間/h | 0 | 3.15 | 6.20 | 10.0 |
> |---|---|---|---|---|
> | $(CH_3)_3CBr$ の濃度 c/mol dm^{-3} | 0.104 | 0.090 | 0.078 | 0.064 |
>
> **解** 濃度 c の常用対数を時間に対してプロットするとほぼ直線になる（図 11.3）．このことから，1 次反応であることがわかる．この濃度の常用対数と時間の関係のプロットの傾きの絶対値の 2.303 倍が速度定数になる[*3]．このプロットの傾きを求め 2.303 倍すると，速度定数 $0.048 \, h^{-1}$ が求まる．

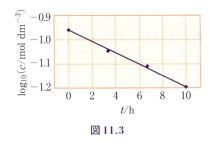

図 11.3

*3 自然対数を使うとプロットの傾きの絶対値が反応速度定数になる．

11.1.3 活性化エネルギーとアレニウスの式

活性化エネルギーが大きいと，どれだけギブズエネルギーの減少が大

きくても化学反応は，ほとんど進行しない．しかし，なんらかの方法で，活性化エネルギーを下げることができるか，あるいは分子に活性化エネルギーを乗り越えられるエネルギーを与えることができれば，反応が進むようになる．活性化エネルギーの高さを下げる方法として後で述べる触媒を使う方法がある．分子に活性化エネルギーを乗り越えられるエネルギーを与えるには，温度を上昇させて分子の運動エネルギーを大きくすればよい．分子の平均の運動エネルギーは温度に比例する．第6章で学んだように，ボルツマン定数 k[*1] に温度を掛けたものに相当した $\frac{3}{2}kT$ は，気体分子の平均運動エネルギーに相当する[*2]．気体定数 R は，$R = kN_A$ (N_A：アボガドロ定数) である[*2] から，1 mol あたりの気体分子の運動エネルギーは RT に比例する．したがって，活性化エネルギー E_a と RT の比が1より小さい程活性化エネルギーを超えやすくなる．速度定数 k の関数形として，この因子を指数関数の肩に乗せた次の関係が提案されている．

$$k = A\mathrm{e}^{-E_a/RT} \quad (11.8)$$

A は**頻度因子**[*3]，E_a は活性化エネルギーと呼ばれる．この式は，**アレニウスの式**と呼ばれ，速度定数と温度との関係を示す重要な式である．温度が高いほど速度定数は大きくなる．両辺の常用対数をとると

$$\log_{10} k = \log_{10} A - \frac{E_a}{2.303RT} \quad (11.9)$$[*4]

を得る．温度の逆数と速度定数の対数は直線関係にある．したがって，いろいろな温度の逆数を横軸に速度定数の対数を縦軸にプロットすれば，その傾きから活性化エネルギーを求めることができる．このプロットを**アレニウスプロット**といい，活性化エネルギーや頻度因子の決定に用いられる．

[*1] ここの k は速度定数でなくボルツマン定数である．

[*2] (6.12)式参照．

[*3] 指数前因子ともいう．

[*4] 代わりに自然対数をとると，$\log k = \log A - E_a/RT$

> **例題 11.2** 図11.4から活性化エネルギー E_a と頻度因子 A を求めよ．
>
> **解** (11.9)式に基づいて解析する．常用対数で書かれた図11.4の直線上の2点を読み取る．たとえば，$(1.0 \times 10^{-3}, 2.18)$ および $(1.4 \times 10^{-3}, -1.73)$ が得られる．したがって，活性化エネルギー E_a は図11.4の負の傾きの絶対値 9.77×10^3 に $2.303R$ (R：8.314 J K^{-1} mol^{-1}) を掛けると求まる．活性化エネルギーは 1.9×10^2 kJ mol^{-1} となる．頻度因子 A については
> $2.18 = -9.77 \times 10^3 \times 1.0 \times 10^{-3} + \log_{10} A$ より $\log_{10} A = 11.95$ となり $A = 10^{11.95} = 8.9 \times 10^{11}$ mol^{-1} dm^3 s^{-1} を得る．

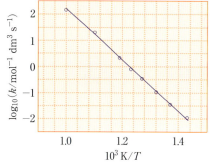

図11.4 アレニウスプロット例
$2\,\mathrm{HI(g)} \longrightarrow \mathrm{H_2(g) + I_2(g)}$
$\left(\dfrac{d[\mathrm{HI}]}{dt} = -k[\mathrm{HI}]^2,\ k：速度定数\right)$
点は実験値；直線は回帰直線

11.1.4 絶対反応速度論

図11.5を用いてアレニウスの式の意味を考える．活性化エネルギーを含む化学反応の過程では，図11.1でも議論したように，A状態がエ

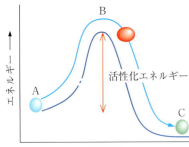

図 11.5 反応座標と反応系および生成系のエネルギー

図 11.6 活性錯合体

*1 この式の導出において、二行目の $-p\Delta_r V°$ には理想気体を仮定している。しかし、この因子は指数前因子に含まれる。多くの場合、指数関数部分の肩の活性化エネルギー E_a が重要となる。そのため、理想気体の近似は、それほど導出されたアレニウスの式の適用に制限を加えるものではない。

*2 第8章で学んだように、とりうる場合の数が多いほどエントロピーは大きく、少ないほどエントロピーは小さいと表現している。

ネルギーの高いB状態を越えてエネルギーの低いC状態へと変化する。この図で横軸は反応の進行度を表し、**反応座標**と呼ばれる。B状態はエネルギーが高いので、A状態からB状態へは変化しにくい。このエネルギーの障壁が活性化エネルギーである。B状態を遷移状態、あるいは、反応物から形成されるエネルギーの高い錯合体という意味で**活性錯合体**あるいは活性複合体と呼ぶ。アイリング(Eyring)により定式化された**絶対反応速度論**では、活性錯合体は反応物(反応原系)と平衡にあり、反応速度はこの活性錯合体の数に比例して大きくなると考える。

たとえば、図 11.6 に示す反応を考える。

この反応理論では反応物(反応原系)と活性錯合体が平衡にあると仮定するので、反応物と活性錯合体の比は平衡定数 K となる。

$$K = \frac{[活性錯合体]}{[反応物]} \tag{11.10}$$

1 mol 活性錯合体の標準反応ギブズエネルギーを $\Delta_r G°$ とすると、

$$K = e^{-\Delta_r G°/RT} = e^{-\Delta_r H°/RT} e^{+\Delta_r S°/R} = e^{-\Delta_r U°/RT} e^{-\Delta(pV)/RT} e^{+\Delta_r S°/R}$$
$$= e^{-\Delta_r U°/RT} e^{-p\Delta_r V°/RT} e^{+\Delta_r S°/R} = e^{-\Delta n + \Delta_r S°/R} e^{-\Delta_r U°/RT} \tag{11.11}{}^{*1}$$

と書かれる。ここで、$\Delta_r S°$ および $\Delta_r V°$ は活性錯合体 1 mol の生成反応におけるエントロピー変化および体積変化である。$\Delta_r U°$ は活性錯合体と反応物との内部エネルギーの差である。なお、後半の式の pV の変化については理想気体の状態方程式を仮定した(液体や固体の反応では、この pV の変化の項は無視しうる)。ここで、Δn は活性錯合体と反応物(反応原系)のモル数変化である。

$A' = e^{-\Delta n + \Delta_r S°/R}$ とおくと、(11.11)式は

$$K = A' e^{-\Delta_r U°/RT} \tag{11.12}$$

と書ける。反応速度 v は $v = k[反応物]$ (k:速度定数)と表される。この反応速度は、仮定により活性錯合体の濃度に比例すると考えられる(比例定数 f)。$v = k[反応物] = f[活性錯合体]$ が成立する。これと(11.10)式より、

$$k = fK = fA' e^{-\Delta_r U°/RT} = A e^{-E_a/RT}$$

が導出される。ここで、$\Delta_r U° = E_a$、$fA' = A$ とおいている。すなわち、アレニウスの式(11.8)式が導びかれる。

反応の活性化エネルギーとは、反応物から活性錯合体を 1 mol 生成する際の内部エネルギーの変化に対応する。A は頻度因子であり、エントロピーを含んでいて、配向に関係した量である。どんな配向でも反応が進行するのであれば、活性錯合体のとりうる場合の数が増え、エントロピーは増大し*2、A は大きくなる。しかし、活性錯合体に特定の配向しか許されない場合は、エントロピーは減少し、反応が進みにくくなる。

11.2 触 媒

11.2.1 触媒とは

活性化エネルギーの存在により化学反応は進みにくくなる。そこで温度を上昇させて反応する物質の分子運動を活発にする必要がある。しか

し，活性化エネルギーさえ低くできれば，反応は低温でも進む．以下に化学反応が迅速に進行する例を取り上げる．

　水素と酸素を混ぜて水を生成する反応の反応ギブズエネルギーは負であり，水の生成反応は進行するはずである．しかし，このままでは，反応は進まないことを前に述べた．活性化エネルギーが大きいからである．ここに火花を飛ばす．すると爆発して水ができる．この火花で爆発して水が生成する理由を以下に考える．

　火花には，高エネルギーの電子やイオンが存在する．これらは，酸素や水素分子と衝突し，酸素原子や水素原子を発生させる．これら化学種は不対電子［(11.13)式では・で表している］をもつなど，不安定であり反応性が高い．このような不対電子をもつ活性の高い化学種はラジカルと呼ばれる．下記の(11.13)式に示すように，このラジカル（*付きで表す）は，他の分子と反応し，その結合を切断し，新しい分子をつくるとともにラジカルが再生する．その結果，連鎖的に反応が進む．

$$
\begin{aligned}
O=O &\longrightarrow 2\cdot O\cdot^* \\
\cdot O\cdot^* + H-H &\longrightarrow \cdot OH^* + \cdot H^* \\
\cdot OH^* + H-H &\longrightarrow H_2O + \cdot H^* \\
\cdot H^* + \cdot O\cdot^* &\longrightarrow \cdot HO^* \\
O_2 + \cdot H^* &\longrightarrow \cdot O\cdot^* + \cdot HO^*
\end{aligned}
\quad (11.13)
$$

この一連の反応式からわかるように，1つの酸素ラジカルが生成すると次々とラジカルが再生する．温度も上がり，一気に反応が進む．この結果，急激な体積膨張が起こる．これが水素爆発である．水素2容積と酸素1容積の混合気体は**爆鳴気**と呼ばれ，水の生成反応が爆発的に進行する．

　上記の例の他に化学反応を迅速に進行させる方法は，触媒を使用して活性化エネルギーを小さくする方法である．化学平衡を変えずに反応速度を変化させる物質が**触媒**[*1]である．この触媒の定義はオストワルドにより与えられたとすでに述べた通りである．たとえば，白金はよい触媒である．白金表面原子には，本来あるべき化学結合が表面をつくるときに切断され，結合していない電子である結合の手，いわゆる**ダングリングボンド**（dangling bond）が多数存在する．ダングリングボンドは，化学結合をつくる能力が著しく大きい．ここに水素分子がやってくると，水素分子は解離して水素原子となり，白金のダングリングボンドと化学結合をつくる．酸素分子も同様である（図11.7）．表面には多数の等価なダングリングボンド[*2]があるので，原子状で吸着した水素原子は近くの白金原子に飛び移っていくことができる．これを**表面拡散**という．飛び移るには，少しの活性化エネルギーで十分であり，水素分子を解離するエネルギーに比べれば，はるかに小さい．この水素原子が，同じく吸着した酸素原子と衝突すると，直ちに化学結合を形成し，水が生成される．この反応はラジカル反応と違い，ゆっくりと進行し，爆発は起こらない．触媒は，反応物と結合をつくり，反応物を反応しやすい中間状態に変え，反応を促進させる働きをもつ．

[*1] 有効な触媒を開発することは物質合成に非常に重要である．野依良治は触媒の開発で不斉合成（光学活性な物質をつくり分ける合成）を効率的に進める方法を開発し，工業的にも利用されて，2001年にノーベル化学賞を受賞した．根岸英一および鈴木章は各々独立にいずれも有効な触媒を開発し，クロスカップリング反応（2つの有機化合物の各々の炭素からC-C結合をつくる反応）の研究開発を進め，工業的にも多方面でその技術は利用されて，2010年，ノーベル化学賞を受賞した．
　なお，この教科書では日本人ノーベル賞受賞者を機会がある度に取り挙げた．本書で取り上げることのできなかった2021年までの自然科学分野の日本出身ノーベル賞受賞者は以下の通りである．ノーベル化学賞：下村脩(2008)；ノーベル物理学賞：朝永振一郎(1965)，南部陽一郎，小林誠，益川敏英(2009)，真鍋淑郎(2021)；ノーベル生理学・医学賞：利根川進(1987)，山中伸弥(2012)，大村智(2015)，大隅良典(2016)，本庶佑(2018)．

[*2] 結晶の表面や結晶中の格子欠陥（たとえば，格子点に原子がない状態，空孔など）の周囲では，共有結合の相手をもたなくて不対電子をもって結合相手となりやすい部位が存在する．この部位をダングリングボンドという．

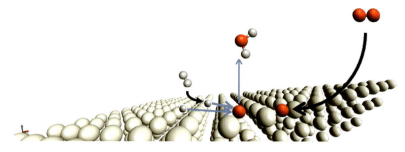

図11.7 白金表面における酸素と水素からの水の合成:酸素分子も水素分子も白金表面に吸着され原子状で存在;白金表面上の水素原子と酸素原子は白金表面上を拡散(表面拡散);両者が衝突することで化学結合を形成し,水分子が形成される;活性化エネルギーは非常に小さい.

11.2.2 酸塩基触媒

触媒になるのは,金属だけでなく,**酸**(acid)や**塩基**(base)も触媒として働く.アルカリ土類金属の酸化物など塩基触媒として働く例があるが,この項では酸触媒のみ議論する.たとえば,エステルの**加水分解反応**は酸であるプロトン(H^+)が触媒となる.図11.8に,その例を示す.

この例では,プロトンは最初にカルボニル基を攻撃して,**カルボカチオン**をつくる.カルボカチオンに H_2O が求核攻撃した結果,C–O 結合を切断して,アルコールとジオールをつくる.1つの炭素についたジオールは不安定なので,カルボキシル基ができるとともに,プロトンが再生される.プロトンは最も小さな優れた触媒である.

触媒として用いる酸は硫酸や塩酸など液体状態であることが多い.したがって,取り扱いが難しい.一方,取り扱いの比較的容易な固体にも酸触媒作用を有するものがある.その代表が**ゼオライト**である.ゼオライトは沢山のナノオーダーの細孔をもつシリカ(SiO_2)を主成分とする結晶性化合物である(図11.9).その SiO_2 骨格の一部の Si が Al などで置換されると,プロトンを与え,酸性を示すようになる.すなわち SiO_2 骨格の Si 原子が Al 原子で置換されると AlO_2^- サイトが形成され,この電荷を補償する形で H^+ が SiO_2 骨格に導入される(ここの機構はやや複雑で,疑問をもつ者は各自調べること).固体なので,手に触れても安全であるが,反応物がこの細孔に入ると,ゼオライトは酸と

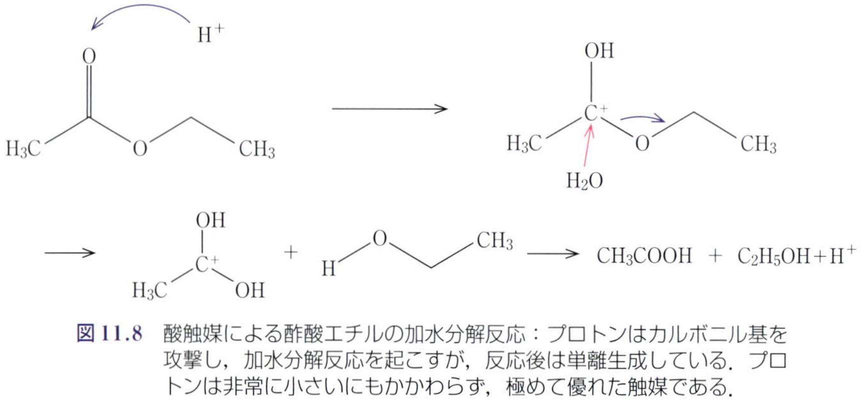

図11.8 酸触媒による酢酸エチルの加水分解反応:プロトンはカルボニル基を攻撃し,加水分解反応を起こすが,反応後は単離生成している.プロトンは非常に小さいにもかかわらず,極めて優れた触媒である.

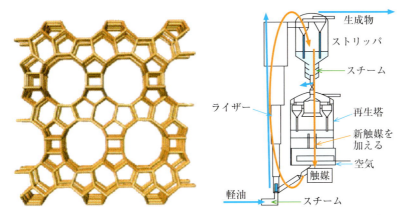

図 11.9 ゼオライト触媒：左図は β-ゼオライトであり，$0.76\,\text{nm} \times 0.64\,\text{nm}$ の穴径をもつ（ゼオライトは多数の細孔をもつ）；右側は，石油のクラッキング反応に用いられる反応塔．ゼオライト触媒は，ライザーの底で，軽油（青線）と混ざり，ライザーを軽油とともに上昇する．この間，触媒と軽油とは終始接触し，最上部に上がるまでの間にクラッキング反応を終了させる．ストリッパで生成物と触媒は分離され，触媒は再生塔で再活性化される．

して働く．工業的にも広く利用されている．炭素数の大きな重油をガソリンなどの低級炭化水素にする反応を**クラッキング反応**と呼ぶ．石油化学ではこのクラッキング反応にゼオライト触媒*が使われている．

11.2.3 最も身近な触媒 ―酵素―

私たちの体の中には生命活動を支えるために無数の**酵素**（enzyme）が昼夜休むことなく働いている．酵素は最も私たちに身近な触媒である．酵素反応は体温という比較的低温で進行している．**基質選択的**な（特別な反応物質とのみ反応する性質がある）反応特異性をもつとともに，金属やビタミンなどの補酵素を必要とする．酵素は下記の 6 種類に分類される（2018 年に 7 番目の分類が加えられているが割愛）．この表記は EC 分類法による酵素の表し方で，X.X.X. のところには，1.1.1 や 1.2.2 などの数値が与えられて，酵素が分類されている．

EC 1. X.X.X.―オキシドレダクターゼ（酸化還元酵素），酸化還元反応の触媒

EC 2. X.X.X.―トランスフェラーゼ（転移酵素），原子団（官能基など）をある分子から別の分子へ転移させる反応の触媒

EC 3. X.X.X.―ヒドロラーゼ（加水分解酵素），加水分解反応を進める触媒

EC 4. X.X.X.―リアーゼ（脱離酵素），原子団を二重結合あるいは結合から解離させる反応の触媒

EC 5. X.X.X.―イソメラーゼ（異性化酵素），分子の異性体をつくる反応の触媒

EC 6. X.X.X.―リガーゼ（合成酵素），ATP の加水分解エネルギーを利用して，生命活動を維持可能とする反応の触媒

---

* ゼオライトは H^+（プロトン）を供給する固体酸触媒として働く．重油の熱分解で生成するアルケンにプロトンが触媒のゼオライトから供給され，カルボカチオンが生成する．この物質が重要な働きをして分岐の多い構造をもつ低沸点のアルケンが重油から生成される．

11.2.4 非線形反応

酵素の関係する化学反応は生命活動への重要性のため古くから研究されてきた．その代表的なものにミカエリス–メンテン（Michaelis-Menten）機構と呼ばれるものがある（[Study 11.2] 参照）．このような反応では，反応物に比例して反応速度が大きくなるという1次の反応（線形反応）では表されない場合がある．この非線形反応は，多くの触媒反応や連鎖反応で見られる*．たとえば，表面の反応では，吸着化学種同士が反応するラングミュアーヒンシェルウッド（Langmuir-Hinshelwood）機構が働く例がある．COの触媒表面上の反応が代表例である．この触媒表面上のCOの酸化反応では，ある濃度を超えるCO濃度範囲では，反応速度は低下する．これは，CO濃度が増加してCOの吸着量が増加すると，触媒の吸着サイトが減少し，酸素が吸着できなくなるためである．すなわち，反応物が反応を抑制する（COは触媒毒として働くという）．非線形反応現象には，この他にも，爆発反応，振動反応，パターン形成（[Tea Time 11.1] 参照）反応など多岐にわたり，興味深い現象が見られる．

* 非線形反応に限らず，非線形現象は，非線形科学，複雑系，共同現象などの名のもとに活発に研究されている（詳細は割愛するので，興味ある学生は各自調べること）．その多くは，振動，静的，動的パターンの形成など，線形（比例）関係では予期し得ない現象を伴う．その解析に非線形微分方程式を用いることも多い．この観点で，この章で扱った二次反応も非線形現象と言えるが，振動，パターン形成など興味をそそる現象を必ずしも伴わないため，非線形科学の話題にはなっていないと思われる．

☕ Tea Time 11.1　化学反応におけるパターン形成，非線形現象

平らで均一な表面に化学反応によりパターンが生じることがある．図11.10は，Pt単結晶の露出した平らな(110)面上に生じるCOと酸素の濃度パターンである．この表面を180℃くらいに加熱し，COと酸素を加えると写真に示すような渦巻きパターンが生じる．この渦巻きパターンは動的に変化する．

露出したPt(110)表面では均一な構造をもつ．したがって，このようなパターンが自発的に形成されることは非常に不思議である．しかし，自然界にはこうした時空間パターンが自発的に生じることがしばしば起こる．

こうしたパターンが生じる理由の1つに，反応物の濃度の増加に比例して反応速度が大きくなるわけではないという反応の非線形性がある．CO酸化の場合には，CO濃度が大きくなると，反応が抑制されることが知られている．すなわちCOは反応物でありながら，反応を阻害する触媒毒としても働く（本項本文参照）．

もう1つの要因は触媒として働くPtの表面構造がダイナミックに変化していることが挙げられる．Pt(110)表面は表面に吸着したCOの濃度に応じて，構造変化を起こし，それぞれの構造が異なる酸素吸着特性を示す．すなわち，反応が起こっていないときには，Pt(110)表面は均一な構造をもっている．しかし，ひとたび反応を開始すると，構造の均一性が壊れ，パターン形成が起こることになる．こうした複雑な要因が絡み合うと，表面にきれいなパターンが生じる．ここで立ち止まって考えると，きれいなパターンを生じるということはエントロピーが減少するということを意味する．すなわち，一見，熱力

図11.10　Pt(110)表面のCO酸化反応中に発生する濃度パターン[11.1]

学第2法則に反するようである．しかし，この系は実は開放系であるため，エントロピーは減少してもよい．$CO+O_2$反応で大量のギブズエネルギーが減少している．エントロピー減少は，このギブズエネルギー減少を覆すことはなく，可能となる．この結果，秩序あるパターンが発生するのである．

同じような高度なパターン形成は私たち人間についても観測することができる．私たちは，食べ物を摂取することで"人間"という高度に組織された動的パターンの形成を実現している．自然界ではこうした自発的なパターン形成が化学反応など大きなギブズエネルギーの減少時に観測されることがあり，自己組織化と呼ばれる．G. Ertl 先生は，こうした動的自発パターンが化学反応進行中の表面で起こることを示し，2007 年にノーベル化学賞を受賞した．

第 11 章のまとめ

- 化学反応の駆動力はギブズエネルギーの減少，しかし活性化エネルギーの影響大
- 化学反応式と反応速度の表し方
    速度定数，関与物質の反応次数および反応全体の反応次数（0 次，1 次，2 次など）
- 素反応過程と律速段階
- アレニウスの式と利用法（活性化エネルギーが求まる）
- アレニウスの式の理論的根拠（絶対反応速度論，活性錯合体）
- 触媒の定義　白金触媒（白金触媒上の水素，酸素からの水の生成反応は穏やかに進行し，爆発を伴わない）
    　　　　　酸塩基触媒（エステルのプロトンによる加水分解反応，石油のクラッキング反応における固体酸触媒（ゼオライト触媒）の使用）
- 生体内の触媒―酵素
- 非線形反応　ミカエリス―メンテン機構，金属表面上 CO の酸化反応

章末問題 11

1. (11.4) 式を導け．さらに，$2H_2+O_2 \longrightarrow 2H_2O$ の反応速度を水の生成速度 v で定義する．

$$v = \frac{d[H_2O]}{dt}$$

同じ反応速度を水素および酸素の減少速度で表すとそれぞれどのように書けるか．

2. (11.6) 式の解として $\alpha e^{-\beta t}$ として，β を決定し，解が (11.7) 式となることを示せ．さらに，第 1 章で示した放射性同位体の半減期の式，$t_{1/2} = \dfrac{\log 2}{k} = \dfrac{0.693}{k}$ を証明せよ．ただし，k は 1 次反応の速度定数とする．

3. いま化学反応が 1 次で進行しているとする．その速度定数が $0.693 \, s^{-1}$ とすると，反応物が半分になるのは何秒後（半減期はいくらか）か，また 2 秒後，3 秒後，4 秒後には反応物はどのくらいの量になっているか？

4. 速度式が

$$\frac{d[A]}{dt} = -k[A]^n$$

としたときに，初濃度 a_1, a_2 に対応した半減期をそれぞれ，t_1, t_2 とすると，

$$\frac{\log\left(\frac{t_1}{t_2}\right)}{\log\left(\frac{a_2}{a_1}\right)} = n-1$$

が成立することを示せ(ヒント: $\frac{1}{[A]^n}d[A] = -k\,dt$ と変形し,両辺を積分せよ).

5. $CH_3CHO \longrightarrow CH_4+CO$ の速度定数 k の温度 $T(K)$ に対する依存性は次表の通りである.

T/K	700	730	760	790	810	840	910	1000
k/s^{-1}	0.011	0.035	0.105	0.343	0.789	2.17	20.0	145

(1) この反応におけるCH_3CHO濃度の時間変化を速度定数 k を用いて書け.
(2) 活性化エネルギーと頻度因子を求めよ.

6. アレニウスの式を絶対反応速度論の考え方で導出せよ.

7. 触媒の定義を書け.さらに,触媒の使用例を一例示せ.

8. [Study 11.1]の逐次反応を読んで,Cの生成速度が反応の最も遅い素過程の速度定数で決められることを確かめよ.

Study 11.1 逐次反応

反応はいくつかの素反応から成り立っている場合があるが,そのうちで,全体の反応速度を決めている段階を律速段階と呼ぶ.律速段階が最も遅い反応素過程であることを理解するため,以下の式で表される逐次反応を考える.

$$A \xrightarrow{k_a} B \xrightarrow{k_b} C \tag{S11.1.1}$$

反応物Aから生成物Cができるとして,Bは反応中間体である.k_a は $A \longrightarrow B$ の化学反応の速度定数であり,k_b は $B \longrightarrow C$ の化学反応の速度定数である.それぞれの段階の反応の次数は1次とすると,反応速度式は

$$\frac{d[A]}{dt} = -k_a[A] \tag{S11.1.2}$$

$$\frac{d[B]}{dt} = -k_b[B]+k_a[A] \tag{S11.1.3}$$

$$\frac{d[C]}{dt} = k_b[B] \tag{S11.1.4}$$

となる.ここでは,化学反応は一方向にしか進まないとしている.これを解くと,

$$[A] = [A]_0 e^{-k_a t} \tag{S11.1.5}$$

$$[B] = [A]_0 \frac{k_a}{k_b-k_a}(e^{-k_a t}-e^{-k_b t}) \tag{S11.1.6}$$

$$[C] = [A]_0 \left[1+\frac{k_a e^{-k_b t}-k_b e^{-k_a t}}{k_b-k_a}\right] \tag{S11.1.7}$$

が得られる.[A],[B],[C]の時間変化を図示すると図11.11のようになる.(S11.1.5)式~(S11.1.7)式の解を求めることはやや困難である.(S11.1.5)式が(S11.1.2)式の解であることは,すでに,半減期や反応次数が1次の反応のところで学習した(あるいは,(S11.1.5)式を(S11.1.2)式に代入して解であることを確かめることもできる).(S11.1.3)式および(S11.1.4)式の解がそれぞれ(S11.1.6)および(S11.1.7)式であることはやや進んだ段階の授業,数学や物理化学などで学ぶ.しかし,(S11.1.6)式および(S11.1.7)式がこれら化学反

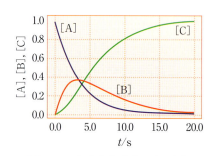

図11.11 [A],[B],[C]の時間変化

応式の解であることは，(S11.1.3)式および(S11.1.4)式の左辺と右辺にこれら2式と(S11.1.5)式を代入することで容易に確かめることができる．

ここで，BからCへの反応速度が一番遅いとすると，$k_b \ll k_a$ である．すると，$\frac{d[C]}{dt} = k_b[B] = [A]_0 k_b e^{-k_b t}$ となる．反応速度の式に入ってくるのは，小さな方の反応速度定数のみである．逆にAからBが遅いとすると，$k_b \gg k_a$ であり，$\frac{d[C]}{dt} = k_b[B] = [A]_0 k_a e^{-k_a t}$ と書ける．小さな反応速度定数 k_a のみが反応速度の式に入っている．

すなわち，全体の反応速度は遅い反応素過程の反応速度定数で決まることになる．反応速度が遅い過程が全体の反応を決める律速段階になる理由がこの例から示される．

Study 11.2　ミカエリス-メンテン機構と反応式

反応物が増加すると，それに比例して反応速度が増加するとは限らない．酵素反応では，図11.12に示すように，基質濃度が低いときは，基質濃度に比例して反応速度が増加する．しかし，基質濃度がある程度大きくなると，反応速度は一定に近づく飽和傾向（0次反応）を示す．基質と酵素が結合して反応が進むような場合を考えると，酵素の数は有限であり，基質の濃度が高くなると酵素は足りなくなり，反応速度が飽和する．このような反応機構をミカエリス-メンテン機構という．

この反応メカニズムを式で表すと，

$$S + E \rightleftarrows SE \xrightarrow{k} E + P \tag{S11.2.1}$$

と書ける．この式の中でSは基質，Eは酵素，SEは酵素と基質の複合体，Pは生成物である．(S11.2.1)式の最初の段階は速やかに進行し，2番目の反応が律速段階であるとする．その結果，最初の段階の反応には平衡が成立しているとする．したがって，以下の平衡を考える．

$$K_m' = \frac{[SE]}{[S][E]} \tag{S11.2.2}$$

ここで，K_m' は基質と酵素の親和力の傾向を表す．反応速度定数 v は

$$v = k[SE] = kK_m'[S][E] \tag{S11.2.3}$$

となる．酵素の初濃度を $[E]_0$ とすると，$[E]_0$ は未反応の酵素と基質と結合した酵素の和に等しいため，

$$[E]_0 = [E] + [SE] \tag{S11.2.4}$$

が成立する．この式を用いて(S11.2.2)式を書き換えると

$$K_m' = \frac{[E]_0 - [E]}{[S][E]} \tag{S11.2.5}$$

と書ける．(S11.2.5)式から，酵素の濃度 [E] を求めると

$$[E] = \frac{[E]_0}{1 + K_m'[S]} \tag{S11.2.6}$$

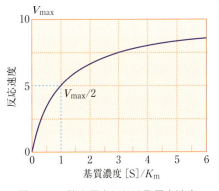

図11.12　酵素反応における反応速度の基質濃度依存性

となる．これを(S11.2.3)式に代入すると，反応速度が以下のように求まる．

$$v = kK_\mathrm{m}'[\mathrm{S}]\frac{[\mathrm{E}]_0}{1+K_\mathrm{m}'[\mathrm{S}]} = k[\mathrm{E}]_0\frac{K_\mathrm{m}'[\mathrm{S}]}{1+K_\mathrm{m}'[\mathrm{S}]} \tag{S11.2.7}$$

$[\mathrm{S}] \to \infty$ の反応速度を $v_\mathrm{MAX} = k[\mathrm{E}]_0$ とおき，$K_\mathrm{m} = K_\mathrm{m}'^{-1} = \dfrac{[\mathrm{S}][\mathrm{E}]}{[\mathrm{SE}]}$ のように，新たに，基質と酵素の解離定数に相当する定数 K_m を定義する．その結果，

$$v = \frac{v_\mathrm{MAX}[\mathrm{S}]}{K_\mathrm{m}+[\mathrm{S}]} \tag{S11.2.8}$$

のように，反応速度が書かれる．$[\mathrm{S}] = K_\mathrm{m}$ のとき，$v = v_\mathrm{MAX}/2$ となる．これらの挙動を図11.12に示す．(S11.2.8)式は**ミカエリス–メンテンの式**と呼ばれ，K_m は**ミカエリス定数**と呼ばれる．

参考書・出典

(11.1) S. Nettesheim, A. von Oertzen, H. H. Rotermund and G. Ertl, J. Chem. Phys. 98, 9977 (1993), http://physics.aps.org/story/v20/st14.

以下の本が本章の理解に役立つ．
斉藤勝裕『反応速度論エッセンス』三共出版，1999．

付　録

付録 A　化学の学習に必要な基礎知識

A1　数学公式集
〈三角関数についての公式〉

(1) 単位円による三角関数の定義

$\tan\theta = \dfrac{\sin\theta}{\cos\theta}$, $\csc\theta(=\operatorname{cosec}\theta) = \dfrac{1}{\sin\theta}$, $\sec\theta = \dfrac{1}{\cos\theta}$, $\cot\theta = \dfrac{1}{\tan\theta}$

(2) 三角形と三角関数

大きさ A, B および C をもつ三角形において，それぞれの対辺の長さを a, b および c とすると以下の関係が成立する．

正弦定理　外接円の半径を R とすると $\dfrac{a}{\sin A} = \dfrac{b}{\sin B} = \dfrac{c}{\sin C} = 2R$

余弦定理
$a^2 = b^2 + c^2 - 2bc\cos A$,　$b^2 = c^2 + a^2 - 2ac\cos B$,
$c^2 = a^2 + b^2 - 2ab\cos C$

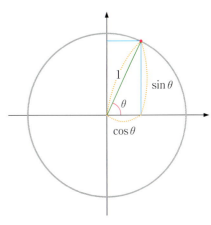

図 A.1

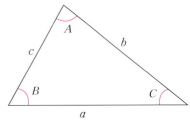

図 A.2

(3) 三角関数の性質

$\sin(\theta+2\pi) = \sin\theta$,　$\cos(\theta+2\pi) = \cos\theta$,　$\tan(\theta+2\pi) = \tan\theta$
　　　　　　　　　　　　　　　　　　　　　　　2π (rad) の周期関数

$\sin(-\theta) = -\sin\theta$（奇関数），$\cos(-\theta) = \cos\theta$（偶関数），
$\tan(-\theta) = -\tan\theta$（奇関数）

$\sin^2\theta + \cos^2\theta = 1$

(4) 三角関数の公式

$\sin(\alpha+\beta) = \sin\alpha\cos\beta + \cos\alpha\sin\beta$,
$\qquad\qquad\qquad\sin(\alpha-\beta) = \sin\alpha\cos\beta - \cos\alpha\sin\beta$

$\cos(\alpha+\beta) = \cos\alpha\cos\beta - \sin\alpha\sin\beta$,
$\qquad\qquad\qquad\cos(\alpha-\beta) = \cos\alpha\cos\beta + \sin\alpha\sin\beta$

$\tan(\alpha+\beta) = \dfrac{\tan\alpha + \tan\beta}{1 - \tan\alpha\tan\beta}$,　$\tan(\alpha-\beta) = \dfrac{\tan\alpha - \tan\beta}{1 + \tan\alpha\tan\beta}$

$\sin 2\alpha = 2\sin\alpha\cos\alpha$

$\cos 2\alpha = \cos^2\alpha - \sin^2\alpha$

$\sin 3\alpha = 3\sin\alpha - 4\sin^3\alpha$

$\cos 3\alpha = 4\cos^3\alpha - 3\cos\alpha$

$\sin\alpha + \sin\beta = 2\sin\dfrac{\alpha+\beta}{2}\cos\dfrac{\alpha-\beta}{2}$,
$\qquad\qquad\qquad\sin\alpha - \sin\beta = 2\sin\dfrac{\alpha-\beta}{2}\cos\dfrac{\alpha+\beta}{2}$

$\cos\alpha + \cos\beta = 2\cos\dfrac{\alpha+\beta}{2}\cos\dfrac{\alpha-\beta}{2}$,

$$\cos\alpha - \cos\beta = -2\sin\frac{\alpha+\beta}{2}\sin\frac{\alpha-\beta}{2}$$

(5) オイラーの公式

$$e^{i\theta} = \cos\theta + i\sin\theta \quad e^x : \text{変数 } x \text{ の指数関数}^* ; i = \sqrt{-1}$$

* e^x は $\exp(x)$ と書くこともある.

〈対数について〉

(1) 常用対数　$10^{A_1} = M_1$　のとき　$A_1 = \log_{10} M_1$

$a^x = 10^{x\log_{10} a}$ も成立

(2) 自然対数　$e^{A_2} = M_2$ のとき，$A_2 = \log M_2$

$(A_2 = \ln M_2$　または　$A_2 = \log_e M_2$ とも表記$)$

$$e = \lim_{n\to\infty}\left(1+\frac{1}{n}\right)^n (n \text{ は自然数}) = 2.7182818\cdots ;$$

ネイピア数と呼ばれる

$a^x = e^{x\log a}$　も成立

(3) B を底とする対数 A を，a を底とする対数で表す

$$A = \log_B M = \frac{\log_a M}{\log_a B}$$

これから　$A_2 = \log M_2 = 2.303\log_{10} M_2$

〈微分について〉

(1) 関数 $y = f(x)$ の微分

$$\frac{dy}{dx} = \lim_{\Delta x \to 0}\frac{f(x+\Delta x) - f(x)}{\Delta x}$$

この $\dfrac{dy}{dx}$ を $f'(x)$ と表し，関数 $f(x)$ の導関数という．

(2) 微分の演算公式

$(x^n)' = \dfrac{dx^n}{dx} = nx^{n-1}$　　［n：自然数（有理数でも可）］

$(cf(x))' = cf'(x)$

$(f(x)+g(x))' = f'(x) + g'(x)$

$(f(x)g(x))' = f'(x)g(x) + f(x)g'(x)$

$\left(\dfrac{f(x)}{g(x)}\right)' = \dfrac{f'(x)g(x) - f(x)g'(x)}{(g(x))^2}$

$y = f(u)$, $u = g(x)$ の合成関数 $y = f(g(x))$ について

$$\frac{dy}{dx} = \frac{dy}{du}\frac{du}{dx}\left(=\frac{df(u)}{du}\frac{dg(x)}{dx}\right)$$

$y = f(x)$ の導関数 $\dfrac{dy}{dx}$ とその逆関数 $x = g(y)$ の導関数 $\dfrac{dx}{dy}$ の間には $\dfrac{dy}{dx} = \dfrac{1}{\dfrac{dx}{dy}}$

$y = (f_1(x))^a (f_2(x))^b \cdots (f_m(x))^n$ に対して

$\log|y| = a\log|f_1(x)| + b\log|f_2(x)| \cdots + n\log|f_m(x)|$

したがって，$\dfrac{y'}{y} = a\dfrac{f_1'(x)}{f_1(x)} + b\dfrac{f_2'(x)}{f_2(x)} \cdots + n\dfrac{f_m'(x)}{f_m(x)}$

（対数微分法）

(3) 三角関数の導関数

$$(\sin x)' = \cos x, \quad (\cos x)' = -\sin x, \quad (\tan x)' = \frac{1}{\cos^2 x},$$

$$(\cot x)' = -\frac{1}{\sin^2 x}$$

(4) 対数，指数関数の導関数

$$(\log x)' = \frac{1}{x}, \quad (\log_a x)' = \frac{1}{x \log a}$$

$$(\mathrm{e}^x)' = \mathrm{e}^x, \quad (a^x)' = a^x \log a \quad (a > 0)$$

〈高次の導関数と級数展開〉

- $y = f(x)$ を n 回微分して得られる関数を $y = f(x)$ の第 n 次 (n 階) 導関数と呼び，$y^{(n)}, \dfrac{\mathrm{d}^n y}{\mathrm{d}x^n}, f^{(n)}(x), \dfrac{\mathrm{d}^n}{\mathrm{d}x^n} f(x)$ などの記号で表す

  例　$y = x^n$ (n は自然数) に対して　$\dfrac{\mathrm{d}^2 y}{\mathrm{d}x^2} = n(n-1)x^{n-2}$,

  $\dfrac{\mathrm{d}^3 y}{\mathrm{d}x^3} = n(n-1)(n-2)x^{n-3}\cdots$

- 関数の級数展開—Taylor（テイラー）展開と Maclaurin（マクローリン）展開

Taylor 展開（n：自然数）

$$f(a+x) = f(a) + \frac{x}{1}f^{(1)}(a) + \frac{x^2}{1\cdot 2}f^{(2)}(a) + \cdots$$
$$+ \frac{x^{n-1}}{(n-1)!}f^{(n-1)}(a) + \frac{x^n}{n!}f^{(n)}(a+\theta x) \quad (0 < \theta < 1)$$

Maclaurin 展開（n：自然数）

$$f(x) = f(0) + \frac{x}{1}f^{(1)}(0) + \frac{x^2}{1\cdot 2}f^{(2)}(0) + \cdots$$
$$+ \frac{x^{n-1}}{(n-1)!}f^{(n-1)}(0) + \frac{x^n}{n!}f^{(n)}(\theta x) \quad (0 < \theta < 1)$$

級数展開（Maclaurin 展開の応用）—Maclaurin 級数

$$\mathrm{e}^x = 1 + \frac{x}{1} + \frac{x^2}{2!} + \frac{x^3}{3!} + \cdots \qquad (-\infty < x < \infty)$$

$$\sin x = x - \frac{x^3}{3!} + \frac{x^5}{5!} - \frac{x^7}{7!} + \cdots \qquad (-\infty < x < \infty)$$

$$\cos x = 1 - \frac{x^2}{2!} + \frac{x^4}{4!} - \frac{x^6}{6!} + \cdots \qquad (-\infty < x < \infty)$$

$$\tan x = x + \frac{x^3}{3} + \frac{2x^5}{15} + \frac{17x^7}{315} + \cdots \qquad \left(-\frac{\pi}{2} < x < \frac{\pi}{2}\right)$$

$$\log(1+x) = x - \frac{x^2}{2} + \frac{x^3}{3} - \frac{x^4}{4} + \cdots \qquad (-1 < x < 1)$$

$$\frac{1}{1-x} = 1 + x + x^2 + x^3 + \cdots \qquad (-1 < x < 1)$$

〈近似式〉

$|x| \approx 0$ で級数展開—Maclaurin 級数の各式の右辺第 1 項（あるいは第

2項)にとどめる近似が有効．$|x|\ll 1$ に対して以下の近似式．

$$e^x = 1+x, \ \sin x = x, \ \cos x = 1-\frac{x^2}{2}, \ \tan x = x, \ \log(1+x) = x,$$

$$\frac{1}{1+x} = 1-x, \ \frac{1}{1-x} = 1+x$$

〈偏微分について〉

$x, y, z, \cdots$ を変数とする関数 $f(x, y, z, \cdots)$ が存在するとき，x を除く変数すべてを定数とみなして x の微分を実施することで得る関数を x の偏導関数という．例として $f(x, y, z) = x^3yz + 5xy^2$ の x の偏微分を実施すると $\left(\dfrac{\partial f(x, y, z)}{\partial x}\right)_{y, z} = 3x^2yz + 5y^2$ となる．同様に，y の偏微分を実施すると $\left(\dfrac{\partial f(x, y, z)}{\partial y}\right)_{x, z} = x^3z + 10xy$ となる．z の偏微分を実施すると $\left(\dfrac{\partial f(x, y, z)}{\partial z}\right)_{x, y} = x^3y$ となる．

〈完全微分または全微分〉

$z(x, y)$ の完全微分は $\mathrm{d}z = \left(\dfrac{\partial z(x, y)}{\partial x}\right)_y \mathrm{d}x + \left(\dfrac{\partial z(x, y)}{\partial y}\right)_x \mathrm{d}y$．

$A(x, y)\mathrm{d}x + B(x, y)\mathrm{d}y$ がある関数 $z(x, y)$ の完全微分であるための必要十分条件は $\left(\dfrac{\partial A(x, y)}{\partial y}\right)_x = \left(\dfrac{\partial B(x, y)}{\partial x}\right)_y$ である $[A(x, y) = (\partial z(x, y)/\partial x)_y, \ B(x, y) = (\partial z(x, y)/\partial y)_x]$．

〈積分について〉

関数 $f(x)$ に対して，積分して得られる関数を $f(x)$ の不定積分あるいは原始関数と呼び，$\int f(x)\mathrm{d}x$ と表す．不定積分の1つを $F(x)$ とすると，不定積分 $\int f(x)\mathrm{d}x$ は積分定数 C の任意性を含んでいて，$\int f(x)\mathrm{d}x = F(x) + C$ と書かれる．

(1) 積分公式（積分定数省略）

$$\int x^\alpha \mathrm{d}x = \frac{x^{\alpha+1}}{\alpha+1} \quad (\alpha \neq -1), \ \int \frac{1}{x}\mathrm{d}x = \log|x|,$$

$$\int e^x \mathrm{d}x = e^x, \ \int_0^\infty x^n e^{-x}\mathrm{d}x = n! \ (n:整数), \ \int a^x \mathrm{d}x = \frac{a^x}{\log a}$$

$$\int \sin x \, \mathrm{d}x = -\cos x, \ \int \cos x \, \mathrm{d}x = \sin x$$

$$\int \tan x \, \mathrm{d}x = -\log|\cos x|, \ \int \cot x \, \mathrm{d}x = \log|\sin x|$$

$$\int \sec^2 x \, \mathrm{d}x = \tan x, \ \int \mathrm{cosec}^2 x \, \mathrm{d}x = -\cot x$$

(2) 積分の演算公式

$$F(x) = \int f(x)\mathrm{d}x \text{ のとき } \int f(ax+b)\mathrm{d}x = \frac{1}{a}F(ax+b)$$

$$\int cf(x)\mathrm{d}x = c\int f(x)\mathrm{d}x$$

$$\int (f(x)+g(x))\,\mathrm{d}x = \int f(x)\,\mathrm{d}x + \int g(x)\,\mathrm{d}x$$

$$\int (f(x)g'(x))\,\mathrm{d}x = f(x)g(x) - \int f'(x)g(x)\,\mathrm{d}x \quad \text{(部分積分)}$$

$y = f(u),\ u = g(x)$ の合成関数 $y = f(g(x))$ について

$$\int f(u)\,\mathrm{d}u = \int f(g(x))g'(x)\,\mathrm{d}x \quad \text{(置換積分)}$$

$$\int \frac{f'(x)}{f(x)}\,\mathrm{d}x = \log|f(x)|$$

〈座標系〉

- 直交座標
  (x, y, z) で位置を表す．体積素片 $\mathrm{d}V = \mathrm{d}x\mathrm{d}y\mathrm{d}z$
  変数範囲　$-\infty < x, y, z < \infty$
- 極座標
  (r, θ, ϕ) で位置を表す．体積素片　$\mathrm{d}V = r^2 \sin\theta\,\mathrm{d}r\mathrm{d}\theta\mathrm{d}\phi$
  変数範囲　$0 \leqq r < \infty$　$0 \leqq \theta \leqq \pi$　$0 \leqq \phi \leqq 2\pi$
- 極座標と直交座標の関係
  $x = r\sin\theta\cos\phi \quad y = r\sin\theta\sin\phi \quad z = r\cos\theta$

$$\frac{\partial^2}{\partial x^2} + \frac{\partial^2}{\partial y^2} + \frac{\partial^2}{\partial z^2} = \frac{1}{r^2}\frac{\partial}{\partial r}\left(r^2\frac{\partial}{\partial r}\right) + \frac{1}{r^2\sin\theta}\frac{\partial}{\partial \theta}\left(\sin\theta\frac{\partial}{\partial \theta}\right) + \frac{1}{r^2\sin^2\theta}\frac{\partial^2}{\partial \phi^2}$$

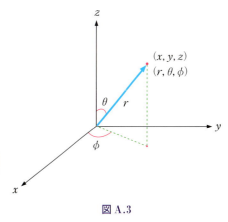

図 A.3

$\dfrac{\partial}{\partial x}$ は y, z 一定での変数 x による偏微分；$\dfrac{\partial}{\partial y}$ は z, x 一定での変数 y による偏微分；$\dfrac{\partial}{\partial z}$ は x, y 一定での変数 z による偏微分

$\dfrac{\partial}{\partial r}$ は θ, ϕ 一定での変数 r による偏微分；$\dfrac{\partial}{\partial \theta}$ は r, ϕ 一定での変数 θ による偏微分；$\dfrac{\partial}{\partial \phi}$ は r, θ 一定での変数 ϕ による偏微分

〈ベクトル〉

大きさと方向をもつ量　ベクトルで表す　$\boldsymbol{A}$ のように太字で書くことが多い

ベクトル量の例　力，電場など

それに対して大きさのみもつ量　スカラー　A（普通体で書くことが多い）

スカラー量の例　仕事，エネルギー

$$\boldsymbol{A} = \boldsymbol{i}A_x + \boldsymbol{j}A_y + \boldsymbol{k}A_z$$
$$\boldsymbol{B} = \boldsymbol{i}B_x + \boldsymbol{j}B_y + \boldsymbol{k}B_z$$

ここで，$\boldsymbol{i}, \boldsymbol{j}, \boldsymbol{k}$ は x, y, z 方向の大きさ 1 の単位ベクトル

A_x, A_y, A_z はベクトル $\boldsymbol{A}$ の x, y, z 成分

B_x, B_y, B_z はベクトル $\boldsymbol{B}$ の x, y, z 成分

ベクトル $\boldsymbol{A}$（大きさ A）とベクトル $\boldsymbol{B}$（大きさ B）のなす角を θ とすると

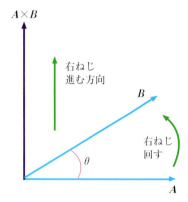

図 A.4　ベクトル A と B およびベクトル積

図 A.5

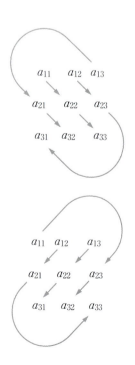

スカラー積　　$A \cdot B = AB\cos\theta$
$$A \cdot B = A_x B_x + A_y B_y + A_z B_z$$

ベクトル積　　$A \times B$

　　大きさは　$AB\sin\theta$

　　方向は A と B を含む面に垂直で A から B へ右ねじを回したとき進む方向

$(A \times B)_x = A_y B_z - A_z B_y$, $(A \times B)_y = A_z B_x - A_x B_z$,
$(A \times B)_z = A_x B_y - A_y B_x$

ベクトル積 $A \times B$ の x, y, z 成分は，各ベクトルの成分の積の和と差を合わせて書かれる．このとき，以下のサイクリックルールに従う．

サイクリックルール：ベクトル積 $A \times B$ の i 成分は $A_j B_k$ と $A_k B_j$ の和となる．ただし，和をとるときは，たとえば $i = x$ とすると，ベクトル A の y 成分 A_y とベクトル B の z 成分 B_z との積 $A_y B_z$ とベクトル A の z 成分 A_z とベクトル B の y 成分 B_y との積 $A_z B_y$ の和とする．ただし，これら積の添え字の順が図 A.5 で矢印の方向の場合＋符号，矢印と反対方向の場合は－符号を付けて和をとる．ベクトル積の y 成分は上記操作を各ベクトルの z, x 成分について，z 成分は x, y 成分について同様に実施する．

〈行列式〉　次の $|A|$ を n 次の行列式と呼ぶ．

$$|A| = \begin{vmatrix} a_{11} & a_{12} & \cdots & a_{1n-1} & a_{1n} \\ a_{21} & a_{22} & \cdots & a_{2n-1} & a_{2n} \\ \vdots & \vdots & & \vdots & \vdots \\ a_{n-11} & a_{n-12} & \cdots & a_{n-1n-1} & a_{n-1n} \\ a_{n1} & a_{n2} & \cdots & a_{n-1n} & a_{nn} \end{vmatrix}$$

a_{ij}：行列式の要素

横に並んだ要素全体を行
上から第 1 行，第 2 行，$\cdots$

縦に並んだ要素全体を列
左から第 1 列，第 2 列，$\cdots$

行列式の計算　　2 次および 3 次の行列式は計算可能．3 次の場合は

$$|A| = \begin{vmatrix} a_{11} & a_{12} & a_{13} \\ a_{21} & a_{22} & a_{23} \\ a_{31} & a_{32} & a_{33} \end{vmatrix} = a_{11}a_{22}a_{33} + a_{12}a_{23}a_{31} + a_{13}a_{21}a_{32}$$
$$- a_{13}a_{22}a_{31} - a_{12}a_{21}a_{33} - a_{11}a_{23}a_{32}$$

である．左に示すように右下がりの三要素の積には＋符号，左下がりの積にはマイナス符号を付けて和をとる（2 次の行列式も同様に実施）．

　4 次以上の行列式の計算は，余因子展開と次頁の行列式の性質を利用して 2, 3 次まで下して実施する．

余因子展開　　要素 a_{ij} を含む行と列を除いて得られる行列式に $(-1)^{i+j}$ を掛けたものを a_{ij} の余因子といい，A_{ij} と表す．

n 次の行列式の余因子展開

$$|A| = \sum_{j=1}^{j=3} a_{ij} A_{ij} (i = 1, 2, 3) = \sum_{i=1}^{i=3} a_{ij} A_{ij} (j = 1, 2, 3)$$

$\sum_{j=1}^{j=3} a_{ij} A_{ij} (i = 1, 2, 3)$ は第 i 行による展開，$\sum_{i=1}^{i=3} a_{ij} A_{ij} (j = 1, 2, 3)$ は第 j 列による展開という．

3 次の行列式の余因子展開を以下に示すが，n 次についても同様に実施可能．

$$\begin{vmatrix} a_{11} & a_{12} & a_{13} \\ a_{21} & a_{22} & a_{23} \\ a_{31} & a_{32} & a_{33} \end{vmatrix} = a_{11}A_{11} + a_{12}A_{12} + a_{13}A_{13}$$

$$= a_{11}(-1)^{1+1}\begin{vmatrix} a_{22} & a_{23} \\ a_{32} & a_{33} \end{vmatrix} + a_{12}(-1)^{1+2}\begin{vmatrix} a_{21} & a_{23} \\ a_{31} & a_{33} \end{vmatrix} + a_{13}(-1)^{1+3}\begin{vmatrix} a_{21} & a_{22} \\ a_{31} & a_{32} \end{vmatrix}$$

行列式の性質

1. 2つの行(列)を入れ換えると行列式の符号は変わる.
2. 2つの行(列)の対応する要素がそれぞれ等しいとき,行列式はゼロである.
3. 1つの行(列)の要素すべてを m 倍すると行列式の値は m 倍になる.
4. 1つの行(列)の要素が $h_1+k_1, h_2+k_2, \cdots, h_n+k_n$ である行列式はその要素を $h_1, h_2, \cdots, h_n$ で置換した行列式と $k_1, k_2, \cdots, k_n$ で置換した行列式の和に等しい.
5. 1つの行(列)の各要素を m 倍して,それらを他の行(列)の対応する要素に加えても行列式の値は変わらない.

〈斉次の連立1次方程式の解〉

$$a_{11}x_1 + a_{12}x_2 + a_{13}x_3 + \cdots + a_{1n}x_n = 0$$
$$a_{21}x_1 + a_{22}x_2 + a_{23}x_3 + \cdots + a_{2n}x_n = 0$$
$$\vdots$$
$$a_{n1}x_1 + a_{n2}x_2 + a_{n3}x_3 + \cdots + a_{nn}x_n = 0$$

この方程式が,$x_1 \sim x_n$ についてすべて 0 の自明な解以外の解をもつための条件は,係数 a_{ij} で形成される行列式がゼロであり,以下の通りである.

$$\begin{vmatrix} a_{11} & a_{12} & a_{13} & \cdots & a_{1n} \\ a_{21} & a_{22} & a_{23} & \cdots & a_{2n} \\ & & \vdots & & \\ a_{n1} & a_{n2} & a_{n3} & \cdots & a_{nn} \end{vmatrix} = 0$$

A2 力学ミニマム

化学はしばしば物理学や数学の式を使用する.ここでは,化学の学習に必要な力学の重要な公式とその考え方を示す.

〈質点系(質量 m)の力学〉

(1) **ニュートンの運動方程式**…質点系(質量 m)の力学の基本方程式

$$\boldsymbol{F} = m\boldsymbol{\alpha}\left(= m\frac{\mathrm{d}^2\boldsymbol{r}}{\mathrm{d}t^2} = m\frac{\mathrm{d}\boldsymbol{v}}{\mathrm{d}t} = \frac{\mathrm{d}\boldsymbol{p}}{\mathrm{d}t}\right) \qquad (\text{A2.1})$$

$\boldsymbol{F}$:力(ベクトル), $\boldsymbol{\alpha}$:加速度ベクトル, t:時間, $\boldsymbol{r}$:質点の位置ベクトル, $\boldsymbol{v}$:質点の速度ベクトル, $\boldsymbol{p}$:質点の運動量ベクトル

直交座標系の各成分で書くと

$$F_i = m\frac{\mathrm{d}v_i}{\mathrm{d}t}\left(= m\alpha_i = \frac{\mathrm{d}p_i}{\mathrm{d}t}\right) \quad (i = x, y, z) \qquad (\text{A2.2})$$

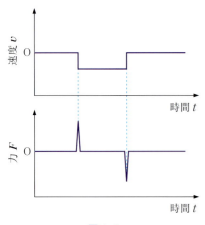

図 A.6

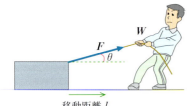

$W = |F|\cos\theta \times |l|$
$= F \cdot l$ （スカラー積）

図 A.7

F_i：力の i 成分，v_i：速度の i 成分，p_i：運動量の i 成分，α_i：加速度の i 成分

運動量は"運動の勢い"を表し，力は"運動の勢いを変化させる"働きである

高校で学ぶ力積の法則：「運動量の変化は力積（Ft, t：時間）に等しい」もニュートンの運動方程式に由来　[(A2.1) より $dp = F\,dt$]

日常生活の経験と合致：加速度がゼロでは力は働かない；加速度が加わり，速度が変化するとき力が働く．

〈車，地下鉄では加速時，停止時，カーブで力を感じる〉

終速度あるいは終端速度：たとえば雨粒は雲から落下してくる．このとき，初めの速度 0 から急速に速度は大きくなる．しかし，大気圏では，速度と空気の粘性係数に比例した粘性抵抗力が働く．速度が大きくなるとこの力（上向き）は大きくなり，落下の力［下向きで mg（m：雨粒の質量；g：重力加速度）］と打ち消し合うため，雨粒に働く力はゼロとなる．それ以後は，雨粒の運動は等速運動となる．このように力が働かず等速運動するときの速度を終速度あるいは終端速度と呼ぶ．

(2) **仕事** W　　$W = \boldsymbol{F} \cdot \boldsymbol{l} = Fl\cos\theta$ 　　　　　　　　(A2.3)

（・はスカラー積，$\boldsymbol{F}$ および $\boldsymbol{l}$ は大きさ F および l の力ベクトルと変位ベクトル，θ：ベクトル $\boldsymbol{F}$ および $\boldsymbol{l}$ のなす角度）

〈仕事に有効に働く力は移動方向に沿った力（$F\cos\theta$）—スカラー積で書く必要性〉

(3) 全エネルギー E，運動エネルギー K，ポテンシャル（位置）エネルギー U

$$E = K + U \tag{A2.4}$$

$$K：運動エネルギー，\ K = \frac{1}{2}mv^2 \tag{A2.5}$$

U：ポテンシャル（位置）エネルギー $U = -\int_0^A \boldsymbol{F} \cdot d\boldsymbol{s} = \int_0^A (-\boldsymbol{F} \cdot d\boldsymbol{s})$

(A2.6)

基準点 O から現在の点 A まで，働く力 $\boldsymbol{F}$ に抗した力（$-\boldsymbol{F}$）で移動させるのに必要な仕事（$d\boldsymbol{s}$ は O から A までの経路の微小移動距離を表すベクトル）

位置エネルギーは現在の状態になるために注がれたエネルギーに対応し，仕事を成しうる潜在的な (potential) エネルギーを表す．

(A2.6) より，力 $\boldsymbol{F}$ は $-U$ の微分でも求まる．

万有引力とポテンシャル（位置）エネルギー

質量 m と M の物体間（距離 r）に働く万有引力 $\boldsymbol{F}$

方向は M と m を結ぶ方向

大きさは $F = G\dfrac{Mm}{r^2}$（G：万有引力定数）（引力であることを強調するときは − 符号を付ける）

地球の質量を M_a,半径を R とすると質量 m の物体へ働く地球の引力は $G\dfrac{mM_a}{R^2}$ と書かれる.

質量 m の物体について $h(h \ll R)$ の高さまで持ち上げると,mgh のポテンシャル(位置)エネルギーを物体はもつ.

ただし,$g = G\dfrac{M_a}{R^2}$ で定義される.地球の引力をニュートンの運動方程式 [(A2.1)式] と等値すると $F = m\alpha = G\dfrac{mM_a}{R^2}$ となり,g は重力加速度と呼ばれる.

ポテンシャル(位置)エネルギーは,(A2.6)式で示すように,一般的なエネルギーであり,mgh と書かれるのは,地球表面からの高さが重要となる場合だけである.

エネルギー保存則:「全エネルギーは保存する」を前提とすることはいろいろな場面で有効.

〈日常生活の経験:スキーではまず山の上に上り高めた位置エネルギーを運動エネルギーに変えて滑走.山の下では位置エネルギーを運動エネルギーへすべて変換している(摩擦がないとすると).摩擦を無視すると全エネルギーは保存する(摩擦のエネルギー(熱)を含めて全エネルギーは保存すると考えることも可能).〉

〈**剛体系(大きさをもつが変形しない物体)の力学**〉

(1) 力のモーメント $\boldsymbol{N} = \boldsymbol{N}(N_x, N_y, N_z)$,角運動量 $\boldsymbol{L} = \boldsymbol{L}(L_x, L_y, L_z)$

支点からの距離を $\boldsymbol{r} = \boldsymbol{r}(r_x, r_y, r_z)$,働く力を $\boldsymbol{F}(F_x, F_y, F_z)$ とすると

$$\boldsymbol{N} = \boldsymbol{r} \times \boldsymbol{F} \tag{A2.7}$$
$$\boldsymbol{L} = \boldsymbol{r} \times \boldsymbol{p} \tag{A2.8}$$

と書ける.これらで × はベクトル積である.$\boldsymbol{N}$ および $\boldsymbol{L}$ の直交座標成分については

$$N_i = r_j F_k - r_k F_j \tag{A2.9}$$
$$L_i = r_j p_k - r_k p_j \tag{A2.10}$$

と書ける.ここで,$F_i(i = x, y, z)$ は力 $\boldsymbol{F}$ の直交座標成分であり,$p_i(i = x, y, z)$ は運動量ベクトル $\boldsymbol{p}$ の直交座標成分である.また,$r_i(i = x, y, z)^*$ は位置ベクトル $\boldsymbol{r}$ の直交座標成分である.(A2.9)および(A2.10)式中の (i, j, k) の組は (x, y, z),(y, z, x),および (z, x, y) に対応させる [i, j, k の間でサイクリックに回す;付録A1 ベクトルのところ(p.300)参照].

力のモーメントベクトル $\boldsymbol{N}(= \boldsymbol{r} \times \boldsymbol{F})$ の大きさと方向

大きさ N は $N = rF\sin\theta$(r と F はベクトル $\boldsymbol{r}$ と $\boldsymbol{F}$ の大きさ,θ はベクトル $\boldsymbol{r}$ と $\boldsymbol{F}$ のなす角).

方向は $\boldsymbol{r}$ から $\boldsymbol{F}$ の方向へ右ねじを回すときに進む方向(図 A.8)

* $\boldsymbol{r}(r_x, r_y, r_z)$ の直交座標成分 r_x, r_y, r_z は単に x, y, z と書かれることもある.

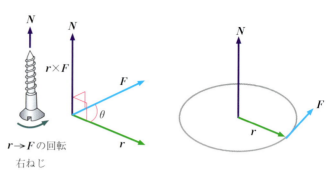

図 A.8

(2) 回転運動の運動方程式

$$N = \frac{dL}{dt} \quad \leftarrow \quad \frac{dL}{dt} = \frac{d(r \times p)}{dt} = \frac{dr}{dt} \times p + r \times \frac{dp}{dt} = r \times F = N$$

(A2.11)

[矢印右の第3番目の辺の第1項のベクトル積は v と p が平行のためゼロとなる．また第2項は(A2.1), (A2.7)式により N となる．]

$$N = \frac{dL}{dt} \quad \cdots\cdots\cdots\cdots \quad F = \frac{dp}{dt}$$

(A2.11)式　　　　対応　　　　(A2.1)のカッコ内最後の式

角運動量は"回転の勢い"，力のモーメントは"回転の勢いを変化させる働き"［(A2.2)式に続く運動量と加速度の関係の説明と対応］

⟨求心力（または遠心力）⟩

速度 v（大きさは v）で中心から r の距離を等速円運動する質量 m の

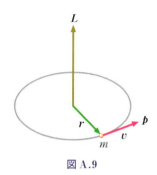

図 A.9

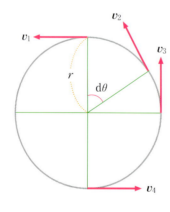
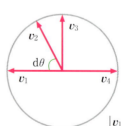

$|v_1| = |v_2| = |v_3| = |v_4| = \cdots = v$

r は時間 dt で $d\theta$ 回転
変位の大きさ $r\, d\theta$
速度の大きさ $v = r\dfrac{d\theta}{dt}$　　…①

$\dfrac{d\theta}{dt} = \dfrac{v}{r}$　　…②

v は時間 dt で $d\theta$ 回転
速度の変化の大きさ $v\, d\theta$
加速度の大きさ $a = v\dfrac{d\theta}{dt}$　　…③

ニュートンの運動方程式 $F = ma$ より
$$F = mv\frac{d\theta}{dt}$$
$$= m\frac{v^2}{r} \quad \cdots④ \quad (② より)$$

図 A.10　求心力（遠心力）の大きさ

物体には $m\dfrac{v^2}{r}$ の中心に向かう求心力が働く（中心から見ると）．見方を変えると［円運動する物体に乗った物体（人間）には，求心力と同じ大きさで反対方向の遠心力が働く］と見ることができる．

<化学における力学の顕な応用と関係>
- 終速度　　　　　　　　ミリカンの油滴の実験
- 等速度運動，等加速度運動　トムソンの実験
- エネルギー保存則　　　ボーア模型，シュレーディンガー方程式，中性子の発見（ベリリウム線の本質解明），熱力学第一法則
- 位置エネルギー　水素原子のボーア模型，シュレーディンガー方程式
- 求心力　　　ボーア模型
- 角運動量　　ボーア模型の仮定，ド・ブローイの物質波，電子構造に現れる方位量子数，磁気量子数，スピン量子数

A3　電磁気学ミニマム

(1) クーロンの法則

距離 r 離れた電荷 Q_1 と Q_2 の間に働く力クーロン力 $\boldsymbol{F}$ の大きさ F は

$$F = \dfrac{1}{4\pi\varepsilon_0}\dfrac{Q_1 Q_2}{r^2} \tag{A3.1}$$

である．またその力は電荷 Q_1 と Q_2 が同符号のときは斥力，異符号のときは引力となる［斥力は＋符号，引力は－符号をもつ（図 A.11）］．

(2) 電場 $\boldsymbol{E}$（単位の電荷に働く力という意味がある）

点電荷のつくる電場：電荷 Q を電場 E に置くと

$$\boldsymbol{F} = Q\boldsymbol{E} \tag{A3.2}$$

の力が働く．したがって，点電荷 Q_1 から距離 r 離れた場所に点電荷 Q_1 がつくる電場 $\boldsymbol{E}$ の大きさ E は次のように書かれる．

$$E = \dfrac{1}{4\pi\varepsilon_0}\dfrac{Q_1}{r^2} \tag{A3.3}$$

平行電場：図 A.12 のように，一様な面密度 $\sigma(>0)$ で帯電した平板 1 およびそれと反対符号の電荷の面密度 $-\sigma(<0)$ で帯電した平板 2 が平

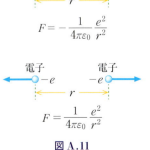

図 A.11

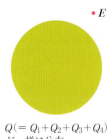

図 A.12

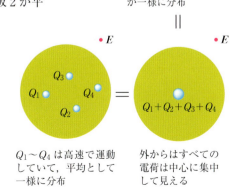

$Q(=Q_1+Q_2+Q_3+Q_4)$ が一様に分布

$Q_1 \sim Q_4$ は高速で運動していて，平均として一様に分布

外からはすべての電荷は中心に集中して見える

図 A.13

> * 教科書によってはガウスの定理とも書かれている．ガウスの法則は，電磁気学における重要な定理で，ここで扱った球に限らず，一般的に成立する．その内容は，以下のように表される．「任意の閉曲面の電場について，外向き法線方向の成分を表面積分するとき，その値はその内部に含まれる電荷の総和 Q を真空の誘電率 ε_0 で割った量に等しい」．
> 　閉曲面が球面で球面の外向き法線方向の電場を E とすると
> $$4\pi r^2 E = \frac{Q}{\varepsilon_0}$$
> となる（閉曲面の外部において電場は球対称とする）．すなわち，
> $$E = \frac{1}{4\pi\varepsilon_0}\frac{Q}{r^2}$$
> となる．これは，電荷 Q から距離 r 離れた場所における電場を表している．すなわち，球内部の電荷の総量 Q は中心にあるとみなすことが可能である．

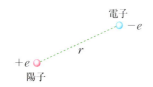

電子のポテンシャルエネルギー
（陽子は静止）

$$V(r) = -\frac{1}{4\pi\varepsilon_0}\frac{e^2}{r}$$

図 A.14

行に置かれているとき，中心部の電場は場所によらずに一定の大きさで，向きは平板 1 から平板 2 の方向になる（図 A.12）．

(3) ガウスの法則*

　ガウスの法則：内部に一様に電荷が分布した球を外から見るとき，あたかも中心に全電荷が集中して存在しているように外部からは見える（図 A.13）．類推として，中心から湧き出す電荷 Q は球（半径 r）の表面から流れ出る電荷の総量，すなわち電荷密度 $(Q/4\pi r^2)$ ×表面積 $(4\pi r^2)$ に等しい（この電荷密度は電場に誘電率を掛けた電束に対応）：ガウスの法則は球に限らず閉じた任意の形状の閉曲面で成立するが，上記の説明はあくまで類推として考えよ．正しくは，電磁気学の教科書を参照のこと．

(4) 電荷 Q_1 から距離 r 離れた電荷 Q_2 のもつポテンシャル（位置）エネルギー $V(r)$

$$V(r) = \frac{1}{4\pi\varepsilon_0}\frac{Q_1 Q_2}{r} \tag{A3.4}$$

導出：$V(r) = -\int_0^{\mathrm{A}} \boldsymbol{F}\cdot\mathrm{d}\boldsymbol{s} = \int_0^{\mathrm{A}}\left(-\frac{1}{4\pi\varepsilon_0}\frac{Q_1 Q_2}{r^2}\right)\mathrm{d}s$

$$= \int_\infty^r \left(-\frac{1}{4\pi\varepsilon_0}\frac{Q_1 Q_2}{r^2}\right)\mathrm{d}r = \frac{1}{4\pi\varepsilon_0}\frac{Q_1 Q_2}{r} \tag{A3.5}$$

基準点 O は一般にお互いに力が働かない点，この場合は，電荷 Q_1 から無限遠の点が電荷 Q_2 の基準点となる．

(5) 電位（差）V と電圧 V

　電位（差）V：単位の電荷を基準点 O から現在の場所に，(A2.6)式と同様に働く力に抗した力で運ぶのに必要な仕事……単位の電荷の電気的ポテンシャル（位置）エネルギーに相当する．

　したがって，電位 V を印加した電荷 Q は
$$W = QV \tag{A3.6}$$
のエネルギー W をもつ．

　電圧 V：電位（差）と同じ意味をもつ．その間に電流を流す際には電圧という述語が使用される．

(6) 電場 $\boldsymbol{E}$，磁束密度 $\boldsymbol{B}$ のもとを速度 $\boldsymbol{v}$ で運動する電荷 q をもつ粒子に働く力（ローレンツ力）$\boldsymbol{F}$

$$\boldsymbol{F} = q\boldsymbol{E} + q\boldsymbol{v}\times\boldsymbol{B} \tag{A3.7}$$

右辺第 1 項は (A3.2) 式に由来する．

右辺第 2 項は右ねじの関係（あるいはフレミングの左手の法則）に沿って考える（図 A.15）．

右ねじの関係：電流 $\boldsymbol{I}(q\boldsymbol{v}; q > 0)$ の方向から磁束密度 $\boldsymbol{B}$（ほぼ同様の意味をもつ磁場 $\boldsymbol{H}$）の方向へ右ねじを回すときねじの進む方向が力．

フレミングの左手の法則：中指は電流 $\boldsymbol{I}(=q\boldsymbol{v}; q > 0)$，人差し指は磁束密度 $\boldsymbol{B}$（ほぼ同様の意味をもつ磁場 $\boldsymbol{H}$），親指は力 $\boldsymbol{F}$．

　注意：電子のような負電荷（$q < 0$）の場合，電流の向きは $\boldsymbol{v}$ と逆向き．

(7) 化学によく見られる電磁気学を用いた考え方

　① ガウスの法則によると，原子の最外殻の電子にとって，それより

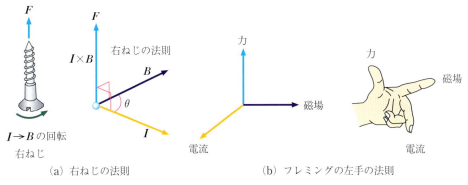

(a) 右ねじの法則　　　　　　　(b) フレミングの左手の法則

図 A.15

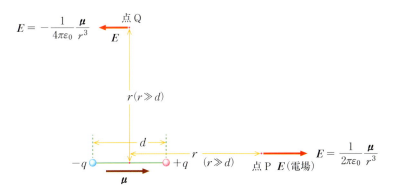

電気双極子（電気双極子モーメント $\boldsymbol{\mu}$，大きさ qd で方向は $-q$ から q の方向）

図 A.16

も内側の電子（厳密には最外殻のほかの電子も含めて）は，原子核の核電荷を打ち消す（遮蔽する）働きをする．このことから，有効核電荷の考え方が生まれている．

② 距離 d 離れて存在する同じ絶対値 q で符号の異なる電荷の組は電気双極子と呼ばれる．この電気双極子は周囲に電場を及ぼし，化学においても重要な働きをする．この電気双極子は遠方からは大きさ qd の電気双極子モーメント（方向は $-q$ から q へ結んだ方向）をもつ状態とみなせる（図 A.16）．異なる原子から構成される分子では，構成原子の電気陰性度の差のため，一方の原子に電荷が偏って存在することが起こる（分極する）．CO_2 や CH_4 は対称性のため，分極の正電荷と負電荷の中心が一致し，双極子モーメントはゼロとなる（分極しない）．一方，CO や H_2O では分極の正電荷と負電荷の中心同士が一致せず，双極子モーメントが大きくなる．したがって，分極の程度は大きい．

③ 円電流は磁束密度に対応する［ビオ・サバールの法則：電流は磁場（その大きさと向きを磁束密度で表す）を形成］．この円電流の与える磁束密度は磁気双極子の与える磁束密度と等しいことが知られている．円電流を磁気双極子に対応させることもある．

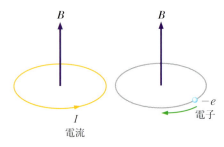

図 A.17

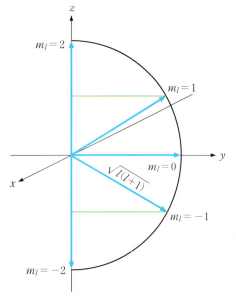

図 A.18　1 例として $l=2$ の場合

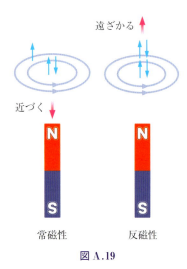

図 A.19

右ねじの関係：電流に沿って右ねじを回すとねじの進む方向が磁束密度（磁場または磁界）の方向［磁針（小磁石；方位磁石）を置いて N 極の向く方向］となる（図 A.17）．

このことから，方位量子数 l の電子の軌道運動は円電流のような閉じたループの電流として磁束密度に対応させることが可能である．方位量子数 l の状態に対応した角運動量は大きさ $\sqrt{l(l+1)}$ をもち，$(2l+1)$ 個の方向をもつ．図示すると，図 A.18 のように書かれる．

これら状態が電子によりすべて二重に占有された状態（閉殻）は，角運動量の z 成分の和はゼロとなり，電子の軌道運動起因の磁束密度をもたない．

④　閉じた電流回路に磁石を近づけるとき，近づけることによる磁束密度の変化を打ち消すような誘導電流を発生させる誘導起電力が発生する（レンツの法則または電磁誘導の法則）．その結果，磁石を遠ざけるように働く（似た現象として化学反応のルシャトリエの原理）（図 A.19）．一般に，磁石を近づけるとき，引き寄せられるものは常磁性を示す，遠ざかるものは反磁性を示すという．したがって，閉殻の電子配置は，磁束密度がゼロであっても，レンツの法則により，磁石を近づけると磁石から遠ざかるように感応する．閉殻の電子配置は反磁性である．

⑤　磁性については電子のスピンも重要な寄与をする．電子のスピンは，小さな磁気双極子（あるいは角運動量）とみなせる（スピンはよく自転にたとえられる．しかし，角運動量は，大きさのない電子の自転では考えにくい．角運動量や小さな磁束密度を示す性質は電子固有のものと考えられる）．したがって，単独に存在する電子，孤立電子は磁束密度をもち，常磁性を示す．一方，スピンの向きの異なる 2 個の電子の組，電子対については，スピン由来の磁束密度はお互いに打ち消し合う．しかし，④のレンツの法則が働き，電子対のスピン起因の磁性は反磁性となる．

A4　波動ミニマム—波動現象，定在波および電磁波—

〈波動とは〉

波動は媒質が振動して伝わっていく現象である．地震波の場合，早く人体に感じられる進行方向に平行に振動する縦波とその後に感じられる進行方向に垂直に振動する横波がある．この地震に伴って水面に波の発生が見られることもある．この波の例では媒質の水の表面が上下に振動する現象が見られる．このような振動をある時刻（時刻 "0" とする）において位置の関数として観測すると，波の高さの変化は，高低の繰り返しとなり，広い距離にわたり広がっている．この高さの変化を位置の関数として表すためには，周期的に繰り返す三角関数が適当となる．図 A.20 はこのような波動の振動を sin 関数，$f(x)$ で表した位置 x に対する依存性である．

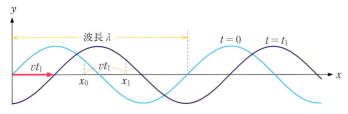

図 A.20 波動の x 依存性

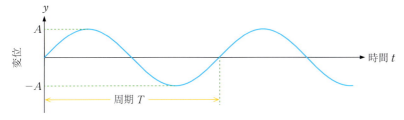

図 A.21 波動の t 依存性

$$y = f(x) = A \sin \frac{2\pi}{\lambda} x$$

$f(x)$ は，x が λ 進むごとに，同じ振動を繰り返す．このため，λ は波長と呼ばれ，A は振幅である．この振動が速度 v で進行する場合，図 A.20 に示すように，この x 依存性は速度 v で進行する．この状況は，数学的には，x 軸方向へ vt だけ平行移動させることに対応し，時刻 t の波動は，上の式において，x の代わりに $x-vt$ を代入した形，

$$f(x-vt) = f(x,t) = A \sin \frac{2\pi}{\lambda}(x-vt)$$

となる．ここで，$f(x-vt)$ が位置 x および時間 t に依存するという意味で $f(x,t)$ とおいている．$f(x,t)$ は，図 A.21 に示すように，周期 T と呼ばれる時間が進行するごとに同じ振動を繰り返す．すると

$$A \sin \frac{2\pi}{\lambda}(x-vt) = A \sin \frac{2\pi}{\lambda}\{x - v(t+T)\}$$

が成立する．sin 関数が 2π ごとに同じ値を繰り返すことに注意すると，$\frac{2\pi}{\lambda} vT = 2\pi$ が成立しなくてはならない．この式から周期 T は以下のように書かれる．

$$T = \frac{\lambda}{v} \tag{A4.1}$$

また，T の逆数は単位あたりの 1 周期の振動の回数を表し，振動数 ν（ニュー）と呼ばれる．

したがって，波動の速さ v と振動数 ν および波長 λ の間には以下の関係が成立する．

$$v = \nu\lambda \tag{A4.2}$$

振動数 ν で振動する波動は以下のように書かれる．

$$f(x,t) = A \sin\left\{2\pi\left(\frac{x}{\lambda} - \nu t\right)\right\} \tag{A4.3}$$

$\dfrac{1}{\lambda}$（または $\dfrac{2\pi}{\lambda}$）は，単位の長さ [1（あるいは 2π）] あたりの波の数という意味で波数 $\bar{\nu}$ と呼ばれる．なお，波動として，指数関数

$$e^{ix} = \exp(ix) = \cos x + i \sin x \,(i = \sqrt{-1})$$

を用いた複素関数表示の次の形も，しばしば，使用される．

$$f(x, t) = A\left[2\pi\left\{\cos\left(\dfrac{x}{\lambda} - \nu t\right) + i\sin\left(\dfrac{x}{\lambda} - \nu t\right)\right\}\right] \quad (A4.4)$$

〈電磁波〉

　光は電磁波の一種である．電磁波は，図 A.22 に示すように，空間（真空も含む）をお互いに直交する振動電場と振動磁場を伴って進行する横波である．光の速度を c_0，波長を λ，振動数を ν とすると，先に示した波の速さと波長および振動数の関係とまったく同様に，

$$c_0 = \nu \lambda$$

の関係が成立する．

　電磁波の波長や振動数は，速度が光速度で一定であるのに対して，表 A.1 に示すように非常に広い範囲に及ぶ．波長，振動数範囲により，γ 線，X 線，紫外線，可視光線，赤外線，マイクロ波などの名前が付けられている．分子や物質のいろいろなエネルギーはこれら電磁波に関係していて，化学にとって重要である．

表 A.1　電磁波の分類

波長/10^{-9} m	< 0.01	0.01〜10	10〜380	380〜760	760〜10^6	10^5〜10^9
振動数/10^{12} Hz	> 3×10^7	3×10^7〜3×10^4	3×10^4〜800	800〜400	400〜0.3	3〜3×10^{-4}
名前	γ 線	X 線	紫外線	可視光線	赤外線	マイクロ波

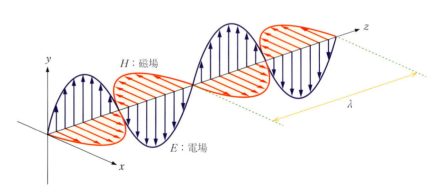

図 A.22　電磁波

〈定在波〉

　はじめに扱った波動，$f(x, t)$ は進行する波，進行波であった．波動でしばしば重要となるのは，同じ波長と振動数の波動がお互いに反対方向に進行して形成される定在波である．(A4.3) 式の $f(x, t)$ と t を $-t$ で置換した波動（反対方向に進行する波動）$f(x, -t)$ の和を考えると，以下の式が得られる．

$$A\sin\left\{2\pi\left(\frac{x}{\lambda}-\nu t\right)\right\}+A\sin\left\{2\pi\left(\frac{x}{\lambda}+\nu t\right)\right\}=2A\sin\left(2\pi\frac{x}{\lambda}\right)\cos(2\pi\nu t)$$
$$=X(x)T(t) \quad (A4.5)$$

このような波動では，波動の座標 (x) 依存性 $X(x)=2A\sin\left(2\pi\dfrac{x}{\lambda}\right)$ は時間に依存せず一定となり，進行しない波，定在波となる．この $X(x)$ の形状は $T(t)=\cos(2\pi\nu t)$ にしたがって振動するため，波動自体は時間変化するが，$X(x)=0$ を与える位置（節）や $X(x)$ の最大もしくは最小を与える点（腹）の位置は時間によって変化しない．定在波は時間に依存しないシュレーディンガー方程式の解にも対応している．定在波は2つの壁の一方から発生した波動が他方の壁で反射される場合（場合1）の他，閉曲線上を同じ位相で繰り返し進行する場合（場合2）にも形成される．

場合1　両端固定の場合の定在波

図 A.23 に模式図を示す．2つの壁の間隔を a とすると，波動の波長 λ が $a=\dfrac{\lambda}{2}n\,(n=1,2,3,\cdots)$ のときに定在波が形成される．［Study 2.3　1次元の箱の中の自由電子の問題］で扱ったシュレーディンガー方程式の解はこの場合に相当する．

場合2　閉曲線上の定在波

図 A.24 のように半径 r の円周上の波長 λ の波動は，$2\pi r=n\lambda\,(n=1,2,3,\cdots)$ を満たすとき，波動の節および腹の位置は時間に依存しないで一定となる．すなわち，定在波となる．2.2 節のボーア模型における角運動量の量子化も電子の波動が円軌道上で定在波を形成する条件と見ることができる（第2章 章末問題3）．

〈単振動〉

ある物体が原点のまわりに振動を繰り返して位置を変化させるためには，原点から位置がずれても，引き戻す力，復元力が働く必要がある．このような復元力 F は，ばねの場合のフックの法則として知られている．復元力は原点からの変位 x［ばねの場合は自然長（復元力0のときの長さ）からの伸び縮み］に比例する．すなわち，$F=-k_s x$ である．ここで，k_s はばね定数と呼ばれる．このような復元力が働く条件の質量 m の物体の運動方程式は

$$m\frac{d^2 x}{dt^2}=-k_s x \quad (A4.6)$$

と書かれる．時刻 0 において $x=0$ と仮定する．この微分方程式の解は

$$f(x,t)=A\sin\left(\sqrt{\frac{k_s}{m}}\,t\right) \quad (A4.7)^*$$

となることは容易に確かめられる［(A4.7)式を(A4.6)式に代入して左辺と右辺を比較することで確められる］．ここで A は振幅である．(A4.7)式の解は微分方程式(A4.6)の一般解ではなく，特別な場合の解，特殊解である．しかし，以下の議論には，特殊解を用いても問題は

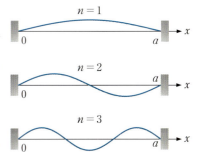

図 A.23　両端を壁に挟まれた定在波
$\left(a=\dfrac{\lambda}{2}n\quad(n=1,2,3,\cdots)\right)$

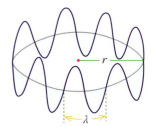

図 A.24　円周上の定在波
$[2\pi r=n\lambda\quad(n=1,2,3,\cdots)]$

* $f(x,t)=A\sin(\omega t)$ と書くと，ω は角振動数であり，振動数 ν と $\omega=2\pi\nu$ の関係がある．(A4.7)式の場合，$\omega=2\pi\nu=\sqrt{\dfrac{k_s}{m}}$ である．

ない．この物体の全エネルギーを求める．この物体の速度 $v(=\mathrm{d}x/\mathrm{d}t)$ は以下のように書かれる．

$$v = A\sqrt{\frac{k_\mathrm{s}}{m}}\cos\left(\sqrt{\frac{k_\mathrm{s}}{m}}\,t\right) \tag{A4.8}$$

したがって，運動エネルギー K は

$$K = \frac{1}{2}mv^2 = \frac{1}{2}A^2 k_\mathrm{s}\cos^2\left(\sqrt{\frac{k_\mathrm{s}}{m}}\,t\right) \tag{A4.9}$$

と書かれる．位置エネルギー U（U の原点は $x = 0$）は

$$U = \int_0^x -(F)\,\mathrm{d}x = \int_0^x k_\mathrm{s}x\,\mathrm{d}x = \frac{1}{2}k_\mathrm{s}x^2 = \frac{1}{2}k_\mathrm{s}A^2\sin^2\left(\sqrt{\frac{k_\mathrm{s}}{m}}\,t\right) \tag{A4.10}$$

全エネルギー $E = K + U$ から全エネルギーを書くと以下のようになる．

$$E = \frac{1}{2}A^2 k_\mathrm{s}\cos^2\left(\sqrt{\frac{k_\mathrm{s}}{m}}\,t\right) + \frac{1}{2}k_\mathrm{s}A^2\sin^2\left(\sqrt{\frac{k_\mathrm{s}}{m}}\,t\right) = \frac{1}{2}A^2 k_\mathrm{s} \tag{A4.11}$$

したがって，単振動ではどのような振動数でも振幅さえ大きくすると全エネルギーを大きくすることができる．この単振動の全エネルギーの考え方を光電効果に適用すると，どのような振動数の光でも光電子を飛び出さすことが可能となってしまう．これは，光電効果において光電子を発生させる光の振動数に下限が存在するという実験事実とは矛盾する．この矛盾がアインシュタインの光量子仮説の契機となっている．

波動を表すために，(A4.7) 式の他に，

$$x = A\cos\left(\sqrt{\frac{k_\mathrm{s}}{m}}\,t\right) \tag{A4.12}$$

$$x = A\exp\left(i\sqrt{\frac{k_\mathrm{s}}{m}}\,t\right) \tag{A4.13}$$

$$x = A\exp\left(-i\sqrt{\frac{k_\mathrm{s}}{m}}\,t\right) \tag{A4.14}$$

など，あるいは (A4.7) と (A4.12) の線形結合，(A4.13) と (A4.14) の線形結合も状況に応じて用いられる．線形結合とは，各関数の 1 乗（線形）について適当に係数を掛けて和をとったものである．これら線形結合を採用すると微分方程式 (A4.6) の一般解となる．

〈波束〉

これまで扱った波動の多くは単一の波動であり，空間に広く拡がっている．波動がエネルギーや粒子を伝搬するためには，ある程度，局在した性格をもたなければならない．このような場面を論じる量子力学などで扱う波動は，通常は強調されないが，波束と呼ばれる．わずかに振動数の異なる波動を重ね合わせると，図 A.25 に示すように，空間のある部分に比較的局在した波が形成される．この局在した波，すなわち波束は群速度と呼ばれる速度で伝搬していく．

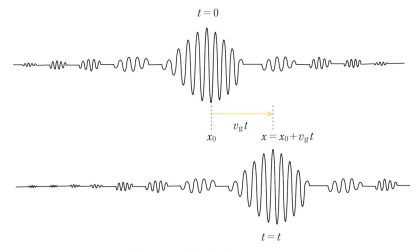

図 A.25 波束の伝搬（v_g：群速度）

A5 水素様原子の波動関数，エネルギーと動径分布関数

水素様原子　核電荷 $+Ze$ の周囲に電荷 $-e$ の電子が存在する体系
（水素原子は $Z=1$）

波動関数
$$\Psi_{n,l,m_l}(r,\theta,\phi) = R_{n,l}(r)Y_{l,m_l}(\theta,\phi) = R_{n,l}(r)\Theta_{l,m_l}(\theta)\Phi_{m_l}(\phi)$$
$$Y_{l,m_l}(\theta,\phi) = \Theta_{l,m_l}(\theta)\Phi_{m_l}(\phi)$$

n：主量子数　$0, 1, 2, 3, 4\cdots$

l：方位量子数 $0, 1, 2, \cdots, n-2, n-1$

m_l：磁気量子数　$-l, -l+1, -l+2, \cdots, 0, \cdots, l-2, l-1, l$

エネルギー　$E_n = -\dfrac{m_e Z^2 e^4}{8\varepsilon_0^2 h^2}\dfrac{1}{n^2}$

m_e：電子の質量，ε_0：真空の誘電率，h：プランク定数
主量子数 n で指定される

動径分布関数　$F_{n,l}(r) = r^2|R_{n,l}(r)|^2$　主量子数 n と方位量子数 l で指定される

$\underline{\Psi_{n,l,m_l}(r,\theta,\phi) \text{ と } R_{n,l}(r) \text{ の具体的関数形}}$…変数 r は常に $\left(\dfrac{Z}{a_0}\right)r$ の形で入るため　$\sigma = \left(\dfrac{Z}{a_0}\right)r$ と置換[*1]．$(3, 2, \pm 1)$ などは (n, l, m_l) を表す．

[*1] a_0 はボーア半径．

$R_{n,l}(r)$ については同一の l について初現箇所に記載．

(n, l, m_l)	軌道名	$\Psi_{n,l,m_l}(r,\theta,\phi)$ と $R_{n,l}(r)$ の関数形
$(1, 0, 0)$	1s	$\Psi_{1s}(r,\theta,\phi)$[*2] $= \dfrac{1}{\sqrt{\pi}}\left(\dfrac{Z}{a_0}\right)^{3/2}e^{-\sigma}$；$R_{1s}(r)$[*2] $= 2\left(\dfrac{Z}{a_0}\right)^{3/2}e^{-\sigma}$
$(2, 0, 0)$	2s	$\Psi_{2s}(r,\theta,\phi) = \dfrac{1}{4\sqrt{2\pi}}\left(\dfrac{Z}{a_0}\right)^{3/2}(2-\sigma)e^{-\frac{\sigma}{2}}$；

[*2] $\Psi_{1,0,0}(r,\theta,\phi)$ を $\Psi_{1s}(r,\theta,\phi)$ のように，$R_{1,0}(r)$ を $R_{1s}(r)$ のように軌道名を添え字に採用している．以下，同様な表記を採用．

$$R_{2s}(r) = \frac{1}{2\sqrt{2}}\left(\frac{Z}{a_0}\right)^{3/2}(2-\sigma)e^{-\frac{\sigma}{2}}$$

(2, 1, 0)　　$2p_z$　　$\Psi_{2p_z}(r,\theta,\phi) = \frac{1}{4\sqrt{2\pi}}\left(\frac{Z}{a_0}\right)^{3/2}\sigma e^{-\frac{\sigma}{2}}\cos\theta$;

$$R_{2p}(r) = \frac{1}{2\sqrt{6}}\left(\frac{Z}{a_0}\right)^{3/2}\sigma e^{-\frac{\sigma}{2}}\text{*1}$$

*1　関数形 $R_{2p}(r)\{=R_{2,1}(r)\}$ はすべての 2p 原子軌道に共通.

(2, 1, ±1)　　$2p_x$　　$\Psi_{2p_x}(r,\theta,\phi) = \frac{1}{4\sqrt{2\pi}}\left(\frac{Z}{a_0}\right)^{3/2}\sigma e^{-\frac{\sigma}{2}}\sin\theta\cos\phi$

　　　　　　$2p_y$　　$\Psi_{2p_y}(r,\theta,\phi) = \frac{1}{4\sqrt{2\pi}}\left(\frac{Z}{a_0}\right)^{3/2}\sigma e^{-\frac{\sigma}{2}}\sin\theta\sin\phi$

(3, 0, 0)　　3s　　$\Psi_{3s}(r,\theta,\phi) = \frac{1}{81\sqrt{3\pi}}\left(\frac{Z}{a_0}\right)^{3/2}(27-18\sigma+2\sigma^2)e^{-\frac{\sigma}{3}}$;

$$R_{3s}(r) = \frac{2}{81\sqrt{3}}\left(\frac{Z}{a_0}\right)^{3/2}(27-18\sigma+2\sigma^2)e^{-\frac{\sigma}{3}}$$

(3, 1, 0)　　$3p_z$　　$\Psi_{3p_z}(r,\theta,\phi) = \frac{\sqrt{2}}{81\sqrt{\pi}}\left(\frac{Z}{a_0}\right)^{3/2}(6\sigma-\sigma^2)e^{-\frac{\sigma}{3}}\cos\theta$;

$$R_{3p}(r) = \frac{4}{81\sqrt{6}}\left(\frac{Z}{a_0}\right)^{3/2}(6\sigma-\sigma^2)e^{-\frac{\sigma}{3}}\text{*2}$$

*2　関数形 $R_{3p}(r)\{=R_{3,1}(r)\}$ はすべての 3p 原子軌道に共通.

(3, 1, ±1)　$3p_x$　$\Psi_{3p_x}(r,\theta,\phi) = \frac{\sqrt{2}}{81\sqrt{\pi}}\left(\frac{Z}{a_0}\right)^{3/2}(6\sigma-\sigma^2)e^{-\frac{\sigma}{3}}\sin\theta\cos\phi$

　　　　　　$3p_y$　$\Psi_{3p_y}(r,\theta,\phi) = \frac{\sqrt{2}}{81\sqrt{\pi}}\left(\frac{Z}{a_0}\right)^{3/2}(6\sigma-\sigma^2)e^{-\frac{\sigma}{3}}\sin\theta\sin\phi$

(3, 2, 0)　　$3d_{z^2}$　$\Psi_{3d_{z^2}}(r,\theta,\phi) = \frac{1}{81\sqrt{6\pi}}\left(\frac{Z}{a_0}\right)^{3/2}\sigma^2 e^{-\frac{\sigma}{3}}(3\cos^2\theta-1)$;

$$R_{3d}(r) = \frac{4}{81\sqrt{30}}\left(\frac{Z}{a_0}\right)^{3/2}\sigma^2 e^{-\frac{\sigma}{3}}\text{*3}$$

*3　関数形 $R_{3d}(r)\{=R_{3,2}(r)\}$ はすべての 3d 原子軌道に共通.

(3, 2, ±1)　$3d_{xz}$　$\Psi_{3d_{xz}}(r,\theta,\phi) = \frac{\sqrt{2}}{81\sqrt{\pi}}\left(\frac{Z}{a_0}\right)^{3/2}\sigma^2 e^{-\frac{\sigma}{3}}\sin\theta\cos\theta\cos\phi$

　　　　　　$3d_{yz}$　$\Psi_{3d_{yz}}(r,\theta,\phi) = \frac{\sqrt{2}}{81\sqrt{\pi}}\left(\frac{Z}{a_0}\right)^{3/2}\sigma^2 e^{-\frac{\sigma}{3}}\sin\theta\cos\theta\sin\phi$

(3, 2, ±2)　$3d_{x^2-y^2}$

$$\Psi_{3d_{x^2-y^2}}(r,\theta,\phi) = \frac{1}{81\sqrt{2\pi}}\left(\frac{Z}{a_0}\right)^{3/2}\sigma^2 e^{-\frac{\sigma}{3}}\sin^2\theta\cos 2\phi$$

　　　　　　$3d_{xy}$　$\Psi_{3d_{xy}}(r,\theta,\phi) = \frac{1}{81\sqrt{2\pi}}\left(\frac{Z}{a_0}\right)^{3/2}\sigma^2 e^{-\frac{\sigma}{3}}\sin^2\theta\sin 2\phi$

(4, 0, 0)　　4s

$$\Psi_{4s}(r,\theta,\phi) = \frac{1}{1536\sqrt{\pi}}\left(\frac{Z}{a_0}\right)^{3/2}(192-144\sigma+24\sigma^2-\sigma^3)e^{-\frac{\sigma}{4}}$$;

$$R_{4s}(r) = \frac{1}{768}\left(\frac{Z}{a_0}\right)^{3/2}(192-144\sigma+24\sigma^2-\sigma^3)e^{-\frac{\sigma}{4}}$$

(4, 1, 0)　　$4p_z$

$$\Psi_{4p_z}(r,\theta,\phi) = \frac{1}{512\sqrt{5\pi}}\left(\frac{Z}{a_0}\right)^{3/2}(80-20\sigma+\sigma^2)\sigma e^{-\frac{\sigma}{4}}\cos\theta$$;

$$R_{4p}(r) = \frac{1}{256\sqrt{15}} \left(\frac{Z}{a_0}\right)^{3/2} (80-20\sigma+\sigma^2)\, \sigma e^{-\frac{\sigma}{4}} \text{*1}$$

*1 関数形 $R_{4p}(r)\{=R_{4,1}(r)\}$ はすべての 4p 原子軌道に共通.

$(4, 1, \pm 1)$ $4p_x$

$$\Psi_{4p_x}(r, \theta, \phi) = \frac{1}{512\sqrt{5\pi}} \left(\frac{Z}{a_0}\right)^{3/2} (80-20\sigma+\sigma^2)\, \sigma e^{-\frac{\sigma}{4}} \sin\theta \cos\phi$$

$4p_y$

$$\Psi_{4p_y}(r, \theta, \phi) = \frac{1}{512\sqrt{5\pi}} \left(\frac{Z}{a_0}\right)^{3/2} (80-20\sigma+\sigma^2)\, \sigma e^{-\frac{\sigma}{4}} \sin\theta \sin\phi$$

$(4, 2, 0)$ $4d_{z^2}$

$$\Psi_{4d_{z^2}}(r, \theta, \phi) = \frac{1}{3072} \frac{1}{\sqrt{\pi}} \left(\frac{Z}{a_0}\right)^{3/2} (12-\sigma)\sigma^2 e^{-\frac{\sigma}{4}} (3\cos^2\theta - 1)$$

$$R_{4d}(r) = \frac{1}{768}\frac{1}{\sqrt{5}} \left(\frac{Z}{a_0}\right)^{3/2} (12-\sigma)\sigma^2 e^{-\frac{\sigma}{4}} \text{*2}$$

*2 関数形 $R_{4d}(r)\{=R_{4,2}(r)\}$ はすべての 4d 原子軌道に共通.

$(4, 2, \pm 1)$ $4d_{xz}$

$$\Psi_{4d_{xz}}(r, \theta, \phi) = \frac{1}{1536}\sqrt{\frac{3}{\pi}} \left(\frac{Z}{a_0}\right)^{3/2} (12-\sigma)\sigma^2 e^{-\frac{\sigma}{4}} \sin\theta \cos\theta \cos\phi$$

$4d_{yz}$

$$\Psi_{4d_{yz}}(r, \theta, \phi) = \frac{1}{1536}\sqrt{\frac{3}{\pi}} \left(\frac{Z}{a_0}\right)^{3/2} (12-\sigma)\sigma^2 e^{-\frac{\sigma}{4}} \sin\theta \cos\theta \sin\phi$$

$(4, 2, \pm 2)$ $4d_{x^2-y^2}$

$$\Psi_{4d_{x^2-y^2}}(r, \theta, \phi) = \frac{1}{3072}\sqrt{\frac{3}{\pi}} \left(\frac{Z}{a_0}\right)^{3/2} (12-\sigma)\sigma^2 e^{-\frac{\sigma}{4}} \sin^2\theta \cos 2\phi$$

$4d_{xy}$

$$\Psi_{4d_{xy}}(r, \theta, \phi) = \frac{1}{3072}\sqrt{\frac{3}{\pi}} \left(\frac{Z}{a_0}\right)^{3/2} (12-\sigma)\sigma^2 e^{-\frac{\sigma}{4}} \sin^2\theta \sin 2\phi$$

$(4, 3, 0)$ $4f_{5z^3-3zr^2}$

$$\Psi_{4f_{5z^3-3zr^2}}(r, \theta, \phi) = \frac{1}{3072}\sqrt{\frac{1}{5\pi}} \left(\frac{Z}{a_0}\right)^{3/2} \sigma^3 e^{-\frac{\sigma}{4}} (5\cos^3\theta - 3\cos\theta)\,;$$

$$R_{4f}(r) = \frac{1}{768\sqrt{35}} \left(\frac{Z}{a_0}\right)^{3/2} \sigma^3 e^{-\frac{\sigma}{4}} \text{*3}$$

*3 関数形 $R_{4f}(r)\{=R_{4,3}(r)\}$ はすべての 4f 原子軌道に共通.

$(4, 3, \pm 1)$ $4f_{5xz^2-xr^2}$

$$\Psi_{4f_{5xz^2-xr^2}}(r, \theta, \phi) = \frac{1}{3072}\sqrt{\frac{3}{10\pi}} \left(\frac{Z}{a_0}\right)^{3/2} \sigma^3 e^{-\frac{\sigma}{4}} (5\cos^2\theta - 1)\sin\theta \cos\phi$$

$4f_{5yz^2-yr^2}$

$$\Psi_{4f_{5yz^2-yr^2}}(r, \theta, \phi) = \frac{1}{3072}\sqrt{\frac{3}{10\pi}} \left(\frac{Z}{a_0}\right)^{3/2} \sigma^3 e^{-\frac{\sigma}{4}} (5\cos^2\theta - 1)\sin\theta \sin\phi$$

$(4, 3, \pm 2)$ $4f_{zx^2-zy^2}$

$$\Psi_{4f_{zx^2-zy^2}}(r, \theta, \phi) = \frac{1}{3072}\sqrt{\frac{3}{\pi}} \left(\frac{Z}{a_0}\right)^{3/2} \sigma^3 e^{-\frac{\sigma}{4}} \cos\theta \sin^2\theta \cos 2\phi$$

$4f_{xyz}$

$$\Psi_{4f_{xyz}}(r, \theta, \phi) = \frac{1}{3072}\sqrt{\frac{3}{\pi}} \left(\frac{Z}{a_0}\right)^{3/2} \sigma^3 e^{-\frac{\sigma}{4}} \cos\theta \sin^2\theta \sin 2\phi$$

$(4, 3, \pm 3)$ $4f_{x^3-3xy^2}$

$$\Psi_{4f_{x^3-3xy^2}}(r, \theta, \phi) = \frac{1}{3072}\sqrt{\frac{1}{2\pi}}\left(\frac{Z}{a_0}\right)^{3/2}\sigma^3 e^{-\frac{\sigma}{4}}\sin^3\theta\cos 3\phi$$

$4f_{3x^2y-y^3}$

$$\Psi_{4f_{3x^2y-y^3}}(r, \theta, \phi) = \frac{1}{3072}\sqrt{\frac{1}{2\pi}}\left(\frac{Z}{a_0}\right)^{3/2}\sigma^3 e^{-\frac{\sigma}{4}}\sin^3\theta\sin 3\phi$$

参考書　ポーリング，ウイルソン共著（桂井富之助，坂田民雄，玉木英彦，徳永直共訳）『量子力学序論』白水社，1965；同書新訳として，渡辺正訳『量子力学入門：化学の土台』丸善，2016．

細矢治夫著『量子化学』サイエンス社，2001．

時田澄男，染川賢一共著『パソコンで考える量子化学の基礎』裳華房，2005．

付録 B 原子の特性

表 B.1 原子半径 (nm)

経験的原子半径（上段および1段のみの数値）の出典は文献(1)による．ただし，# は文献(2)による．
計算原子半径（最外殻原子軌道の $\langle r \rangle$）（下段の数値）
(1) D. F. Shriver and P. W. Atkins 著（玉虫伶太他訳）『シュライバー無機化学（上）』東京化学同人，2001．
(2) J. Emsley 『The elemento 3rd Ed.』Oxford, 1998．
＊：ファン・デル・ワールス半径；†：推定値[(2)]
(3) 藤永茂 著『入門分子軌道法』講談社，1992．

H[#] 0.078 0.079																	He[#] 0.128[#] 0.049
Li 0.157 0.205	Be 0.112 0.140											B 0.088 0.117	C 0.077 0.091	N 0.074 0.075	O 0.066 0.065	F 0.064 0.057	Ne[#] 0.160* 0.051
Na 0.191 0.223	Mg 0.160 0.172											Al 0.143 0.182	Si 0.117 0.146	P 0.110 0.123	S 0.104 0.109	Cl 0.099 0.097	Ar 0.174 0.088
K 0.235 0.278	Ca 0.197 0.223	Sc 0.164 0.210	Ti 0.147 0.200	V 0.135 0.192	Cr 0.129 0.185	Mn 0.137 0.179	Fe 0.126 0.172	Co 0.125 0.167	Ni 0.125 0.162	Cu 0.128 0.157	Zn 0.137 0.153	Ga 0.153 0.181	Ge 0.122 0.152	As 0.121 0.133	Se 0.117 0.122	Br 0.114 0.112	Kr[#] 0.198* 0.103
Rb 0.250 0.298	Sr 0.215 0.245	Y 0.182 0.228	Zr 0.160 0.217	Nb 0.147 0.208	Mo 0.140 0.201	Tc 0.136 0.195	Ru 0.134 0.189	Rh 0.134 0.183	Pd 0.137 0.179	Ag 0.144 0.175	Cd 0.152 0.171	In 0.167 0.200	Sn 0.158 0.172	Sb 0.141 0.154	Te 0.137 0.142	I 0.133 0.132	Xe 0.218[#] 0.124
Cs 0.272	Ba 0.224	ランタノイド	Hf 0.156	Ta 0.143	W[#] 0.137	Re 0.137	Os 0.135	Ir 0.136	Pt 0.138	Au 0.144	Hg[#] 0.160	Tl 0.170	Pb 0.175	Bi[#] 0.155	Po[#] 0.167	At —	Rn —
Fr[#] 0.270	Ra[#] 0.223	アクチノイド	Rf[#] 0.150†	Db[#] 0.139†	Sg[#] 0.132†	Bh[#] 0.128	Hs[#] 0.126†	Mt —	Ds —	Rg —	Cn —	Nh —	Fl —	Mc —	Lv —	Ts —	Og —

ランタノイド	La 0.188	Ce[#] 0.182	Pr[#] 0.183	Nd[#] 0.182	Pm[#] 0.181	Sm[#] 0.180	Eu[#] 0.204	Gd[#] 0.180	Tb[#] 0.178	Dy[#] 0.177	Ho[#] 0.177	Er[#] 0.176	Tm[#] 0.175	Yb[#] 0.194	Lu[#] 0.173
アクチノイド	Ac[#] 0.188	Th[#] 0.180	Pa[#] 0.161	U[#] 0.154	Np[#] 0.150	Pu —	Am[#] 0.173	Cm[#] 0.174	Bk[#] 0.170	Cf[#] 0.169	Es[#] 0.203	Fm —	Md —	No —	Lr —

表 B.2 イオン化エネルギー (eV)

データの出典は文献(1)による．ただし，# は文献(2)による．
(1) 日本化学会編『改訂 6 版 化学便覧 基礎編』丸善，令和 3 年．
(2) J. Emsley 『The elemento 3rd Ed.』Oxford, 1998．

H 13.60																	He 24.59
Li 5.39	Be 9.32											B 8.30	C 11.27	N 14.53	O 13.62	F 17.42	Ne 21.57
Na 5.14	Mg 7.65											Al 5.99	Si 8.15	P 10.49	S 10.36	Cl 12.97	Ar 15.76
K 4.34	Ca 6.11	Sc 6.56	Ti 6.83	V 6.75	Cr 6.77	Mn 7.43	Fe 7.90	Co 7.88	Ni 7.64	Cu 7.73	Zn 9.39	Ga 6.00	Ge 7.90	As 9.79	Se 9.75	Br 11.81	Kr 14.00
Rb 4.18	Sr 5.69	Y 6.22	Zr 6.63	Nb 6.76	Mo 7.09	Tc 7.12	Ru 7.36	Rh 7.46	Pd 8.34	Ag 7.58	Cd 8.99	In 5.79	Sn 7.34	Sb 8.61	Te 9.01	I 10.45	Xe 12.13
Cs 3.89	Ba 5.21	ランタノイド	Hf 6.83	Ta 7.55	W 7.86	Re 7.84	Os 8.44	Ir 8.97	Pt 8.96	Au 9.23	Hg 10.44	Tl 6.11	Pb 7.42	Bi 7.29	Po[#] 8.41	At 9.32	Rn[#] 10.75
Fr 4.07	Ra 5.28	アクチノイド	Rf[#] 5.08	Db[#] 6.63†	Sg[#] 7.57†	Bh[#] 6.85†	Hs[#] 7.77†	Mt[#] 8.71†	Ds —	Rg —	Cn —	Nh —	Fl —	Mc —	Lv —	Ts —	Og —

ランタノイド	La 5.58	Ce 5.39	Pr 5.47	Nd 5.53	Pm 5.58	Sm 5.64	Eu 5.67	Gd 6.15	Tb 5.86	Dy 5.94	Ho 6.02	Er 6.11	Tm 6.18	Yb 6.25	Lu 5.43
アクチノイド	Ac 5.38	Th 6.31	Pa 5.89	U 6.19	Np 6.27	Pu 6.03	Am 5.97	Cm 5.99	Bk 6.20	Cf 6.28	Es 6.37	Fm 6.50	Md 6.58	No 6.63	Lr 4.96

表 B.3 イオン半径 (nm)

印なし：日本化学会編『改訂 6 版 化学便覧 基礎編』丸善，令和 3 年．
*，*1：M. Welber 他著『シュライバー・アトキンス無機化学 (上)』第 6 版，東京化学同人，2017；ただし，*1 は上記文献にもデータの記載あり．
#：J. Emsley『The elemento 3rd Ed.』Oxford.
†：平尾一之他著『無機化学—その現代化学的アプローチ—』東京化学同人．

イオン価数の ( ) 内が元素記号の右に記す．
ない場合は，数値左の ( ) 内がイオン価数，右 ( ) 内が配位数，SQ は 4 配位平面四角形である．また，LS および HS はそれぞれ，低スピン状態，高スピン状態を表す．

H# 1− (1+)6.6×10⁻⁷ (1−)0.154																	
Li*1 1+ 0.059(4) 0.076(6)	Be*1 2+ 0.027(4)											B* 3+ 0.011(4)	C	N*1 3− 0.146(4)	O*1 2− 0.133(6) 0.138(4) 0.140(6) 0.142(8)	F*1 1− 0.128(2) 0.131(4) 0.133(6)
Na*1 1+ 0.099(4) 0.102(6) 0.118(8)	Mg*1 2+ 0.057(4) 0.072(6) 0.089(8)											Al*1 3+ 0.039(4) 0.054(6)	Si 4+ 0.040(4)	P*1 3− 0.212	S*1 2− 0.184(6)	Cl*1 1− 0.181(6)
K*1 1+ 0.138(6) 0.151(8) 0.159(10) 0.164(12)	Ca*1 2+ 0.100(6) 0.112(8) 0.123(10) 0.134(12)	Sc 3+ 0.089(6)	Ti (3+)0.081(6) (4+)0.075(6)	V (3+)0.078(6) (5+)0.050(4) 0.060(5) 0.068(6)	Cr (2+)0.087(6)LS 0.094(6)HS (3+)0.076(6) (6+)0.040(4)	Mn (2+)0.081(6)LS 0.097(6)HS (3+)0.072(6)LS 0.079(6)HS (4+)0.067(6) (7+)0.039(4)	Fe (2+)0.075(6)LS 0.092(6)HS (3+)0.069(6)LS 0.079(6)HS	Co (2+)0.079(6)LS 0.089(6)HS (3+)0.069(6)LS 0.075(6)HS	Ni (2+)0.069(6) (3+)0.063(6)LS 0.083(6)HS (3+)0.070(6)LS 0.074(6)HS	Cu (1+)0.074(4) (2+)0.071(6)SQ 0.087(6)	Zn 2+ 0.074(4) 0.088(6)	Ga*1 3+ 0.062(6)	Ge 4+ 0.053(4) 0.067(6)	As*1 3− 0.222	Se*1 2− 0.198(6)	Br*1 1− 0.196(6)
Rb*1 1+ 0.152(6) 0.161(8) 0.172(12)	Sr*1 2+ 0.118(6) 0.126(8) 0.144(12)	Y 3+ 0.104(6)	Zr 4+ 0.086(6)	Nb (4+)0.082(6) (5+)0.078(6)	Mo (3+)0.083(6) (4+)0.079(6) (5+)0.075(6) (6+)0.055(4) 0.073(6)	Tc (4+)0.079(6)	Ru (3+)0.082(6) (4+)0.076(6)	Rh (3+)0.081(6) (4+)0.074(6)	Pd (2+)0.078(SQ) 0.100(6) (3+)0.090(6) (4+)0.076(6)	Ag 1+ 0.116(SQ) 0.129(6)	Cd 2+ 0.092(4) 0.109(6)	In*1 3+ 0.080(6) 0.092(8)	Sn*1 (2+)0.083(6)* 0.093(8)* (4+)0.069(6)	Sb (3+)0.090(6) (5+)0.074(6)	Te*1 2− 0.221(6)	I*1 1− 0.220(6)
Cs*1 1+ 0.167(6) 0.174(8) 0.188(12)	Ba*1 2+ 0.135(6) 0.142(8) 0.161(12)		Hf 4+ 0.085(6)	Ta (4+)0.080(6) (5+)0.078(6)	W (4+)0.080(6) (5+)0.076(6) (6+)0.056(4) 0.074(6)	Re (6+)0.069(6) (7+)0.067(6)	Os (4+)0.077(6)	Ir (3+)0.082(6) (4+)0.077(6)	Pt (2+)0.074(SQ) 0.094(6) (4+)0.077(6)	Au 1+ 0.151(6)	Hg (1+)0.111(3) (2+)0.083(2) 0.110(4)	Tl*1 (1+)0.150(6) 0.143(8) (3+)0.089(6)	Pb (2+)0.133(6) 0.143(8) (4+)0.079(4) 0.092(6)	Bi (3+)0.117(6) 0.131(8) (5+)0.090(6)	Po† (4+)0.094(6) (6+)0.067(6)	At† (7+)0.062(6)
Fr† 1+ 0.180(6)	Ra† 2+ 0.148																

ランタノイド

La 3+ 0.117(6)	Ce (3+)0.115(6) (4+)0.101(6)	Pr 3+ 0.113(6)	Nd 3+ 0.112(6)	Pm	Sm 3+ 0.110(6)	Eu (2+)0.131(6) (3+)0.109(6)	Gd 3+ 0.108(6)	Tb 3+ 0.106(6)	Dy 3+ 0.105(6)	Ho 3+ 0.104(6)	Er 3+ 0.103(6)	Tm 3+ 0.102(6)	Yb 3+ 0.101(6)	Lu 3+ 0.100(6)

アクチノイド

Ac 3+ 0.126(6)	Th# (3+)0.101(6) (4+)0.099(6)	Pa# (3+)0.113 (4+)0.101(6) (5+)0.089	U# (3+)0.103(6) (4+)0.097(6) (5+)0.089(6) (6+)0.080(6)	Np# (3+)0.110 (4+)0.095(6) (5+)0.088(6) (6+)0.082(6)	Pu# (3+)0.108(6) (4+)0.093(6) (5+)0.087(6) (6+)0.081(6)	Am# (3+)0.107 (4+)0.092(6) (5+)0.086(6) (6+)0.080	Cm# (3+)0.099 (4+)0.088	Bk# (2+)0.118 (3+)0.098(6) (4+)0.087	Cf# (2+)0.117 (3+)0.098(6) (4+)0.085	Es# (2+)0.117 (3+)0.098(6) (4+)0.085	Fm# (2+)0.115 (3+)0.091 (4+)0.084	Md# (2+)0.114 (3+)0.090 (4+)0.084	No# (2+)0.113 (3+)0.095 (4+)0.083	Lr# (3+)0.088 (4+)0.083

表 B.4 電気陰性度

データの出典は文献(1)による．ただし，ポーリングおよびオールレッド–ロコーの電気陰性度は文献(2)による．上段はポーリング，中段はオールレッド–ロコー，下段はマリケンの電気陰性度．

(1) D. F. Shriver and P. W. Atkins著（玉虫伶太他訳）『シュライバー無機化学 第4版 (上)』東京化学同人, 2001.
(2) J. Emsley『The elemento 3rd Ed.』Oxford, 1998.
#：推定値[(2)]

H																	He
2.20																	—
2.20																	5.50
3.06																	
Li	Be											B	C	N	O	F	Ne
0.98	1.57											2.04	2.55	3.04	3.44	3.98	—
0.97	1.47											2.01	2.50	3.07	3.50	4.10	4.84
1.28	1.99											1.83	2.67	3.08	3.22	4.44	4.60
Na	Mg											Al	Si	P	S	Cl	Ar
0.93	1.31											1.61	1.90	2.19	2.58	3.16	—
1.01	1.23											1.47	1.74	2.06	2.44	2.83	3.20
1.21	1.63											1.37	2.03	2.39	2.65	3.54	3.36
K	Ca	Sc	Ti	V	Cr	Mn	Fe	Co	Ni	Cu	Zn	Ga	Ge	As	Se	Br	Kr
0.82	1.00	1.36	1.54	1.63	1.66	1.55	1.83	1.88	1.91	1.90	1.65	1.81	2.01	2.18	2.55	2.96	—
0.91	1.04	1.20	1.32	1.45	1.56	1.60	1.64	1.70	1.75	1.75	1.66	1.82	2.02	2.20	2.48	2.74	2.94
1.03	1.30	—	—	—	—	—	—	—	—	—	—	1.34	1.95	2.26	2.51	3.24	2.98
Rb	Sr	Y	Zr	Nb	Mo	Tc	Ru	Rh	Pd	Ag	Cd	In	Sn	Sb	Te	I	Xe
0.82	0.95	1.22	1.33	1.60	2.16	1.90	2.20	2.28	2.20	1.93	1.69	1.78	1.96	2.05	2.10	2.66	2.60
0.89	0.99	1.11	1.22	1.23	1.30	1.36	1.42	1.45	1.35	1.42	1.46	1.49	1.72	1.82	2.01	2.21	2.40
0.99	1.21	—	—	—	—	—	—	—	—	—	—	1.30	1.83	2.06	2.34	2.88	2.59
Cs	Ba	ランタノイド	Hf	Ta	W	Re	Os	Ir	Pt	Au	Hg	Tl	Pb	Bi	Po	At	Rn
0.79	0.89		1.30	1.50	2.36	1.90	2.20	2.20	2.28	2.54	2.00	2.04	2.33	2.02	2.00	2.2	—
0.86	0.97		1.23	1.33	1.40	1.46	1.52	1.55	1.44	1.42	1.44	1.44	1.55	1.67	1.76	1.96	2.06
—	—		—	—	—	—	—	—	—	—	—	—	—	—	—	—	—
Fr	Ra	アクチノイド	Rf	Db	Sg	Bh	Hs	Mt	Ds	Rg	Cn	Nh	Fl	Mc	Lv	Ts	Og
0.7	0.89																
0.86	0.97																

ランタノイド	La	Ce	Pr	Nd	Pm	Sm	Eu	Gd	Tb	Dy	Ho	Er	Tm	Yb	Lu
	1.10	1.12	1.13	1.14	—	1.17	—	1.20	—	1.22	1.23	1.24	1.25	—	1.27
	1.08	1.06	1.07	1.07	1.07	1.07	1.01	1.11	1.10	1.10	1.10	1.14	1.11	1.06	1.14

アクチノイド	Ac	Th	Pa	U	Np	Pu	Am	Cm	Bk	Cf	Es	Fm	Md	No	Lr
	1.1	1.3	1.5	1.38	1.36	1.28	1.3	1.3	1.3	1.3	1.3	1.3	1.3	1.3	1.3
	1.00	1.11	1.014	1.22	1.22	1.22	1.2#	1.2#	1.2#	1.2#	1.2#	1.2#	1.2#	1.2#	—

表 B.5 電子親和力 (eV)

データ出典は文献(1)による．†は文献(2)による．
(1) D. F. Shriver and P. W. Atkins著（玉虫伶太他訳）『シュライバー無機化学（上）』東京化学同人, 2001.
(2) J. Emsley『The elemento 3rd Ed.』Oxford, 1998.
#：推定値
##：計算値

H																	He
0.754																	−0.5
Li	Be											B	C	N	O	F	Ne
0.618	<0 (−0.19†)											0.277	1.263	−0.07	1.462	3.399	−1.2
Na	Mg											Al	Si	P	S	Cl	Ar
0.548	<0 (−0.22†)											0.441	1.385	0.747	2.077	3.617	−1.0
K	Ca	Sc†	Ti†	V†	Cr†	Mn†	Fe†	Co†	Ni†	Cu†	Zn†	Ga	Ge	As	Se	Br	Kr
0.501	0.02	0.188	0.079	0.525	0.666	<0	0.163	0.666	1.616	1.223	0.093	0.30	1.2	0.81	2.021	3.365	−1.0
Rb	Sr	Y†	Zr†	Nb†	Mo†	Tc†	Ru†	Rh†	Pd†	Ag†	Cd†	In	Sn	Sb	Te	I	Xe
0.486	0.05	0.307	0.426	0.893	0.745	0.995	1.047	1.137	0.557	1.303	−0.269	0.3	1.2	1.07	1.971	3.059	−0.8
Cs†	Ba†	ランタノイド	Hf†	Ta†	W†	Re†	Os†	Ir†	Pt†	Au†	Hg†	Tl†	Pb†	Bi†	Po†	At†	Rn†
0.489	−0.477		~0	0.145	0.814	0.145	1.099	1.565	2.128	2.309	−0.187	~0.21	0.364	0.946	1.897	2.798	−0.42#
Fr†	Ra	アクチノイド	Rf	Db	Sg	Bh	Hs	Mt	Ds	Rg	Cn	Nh	Fl	Mc	Lv	Ts	Og
0.46##	—																

ランタノイド	La†	Ce†	Pr	Nd	Pm	Sm	Eu	Gd	Tb	Dy	Ho	Er	Tm†	Yb	Lu†
	~0.52	≤0.52											1.03	—	0.34

アクチノイド	Ac†	Th	Pa	U	Np	Pu	Am	Cm	Bk	Cf	Es	Fm	Md	No	Lr

付録C 分子と集合体のデータ集

表C.1 典型的な化学結合をもつ等核二原子分子の結合エネルギー

分子	化学結合	kJ mol^{-1}	分子	化学結合	kJ mol^{-1}	分子	化学結合	kJ mol^{-1}
F_2	F−F	154.8	He_2	He−He	1.39×10^{-5}	Li_2	Li−Li	102.7*
Cl_2	Cl−Cl	239.2	Ne_2	Ne−Ne	0.195	Na_2	Na−Na	72.9*
Br_2	Br−Br	189.8	Ar_2	Ar−Ar	1.014	K_2	K−K	54.3*
I_2	I−I	148.9	Kr_2	Kr−Kr	1.51			

出典:日本化学会編『改訂6版 化学便覧 基礎編』丸善,令和3年;＊は298.15 Kの値,印なしは0 Kの値.

表 C.2　二原子分子の結合距離と結合エネルギー　　　上段　結合距離 nm
　　　　　　　　　　　　　　　　　　　　　　　　　下段　結合エネルギー kJ mol^{-1}

	H	B	C	Si	Ge	N	P	As	O	S	Se	F	Cl	Br	I
H	0.07414 432.06	0.12324 371†*	0.11181 334.7	0.15201 314(2)	0.15880 290†(2)	0.10376 314.1*	0.14214 322(3)	0.152(2) 292†	0.09696 463(1)	0.13404 355.8*	0.14641 312†	0.09169 565.9	0.12746 427.7	0.14145 362.4	0.1609 294.5
B		0.159(2) 289(2)				0.1281 561*			0.12048 674†*	0.16092 498(2)		0.12626 641.6†	0.17153 536(2)	0.188(2) 536(2)	0.435(2)
C			0.12425 599.0	435(2)	255†(3)	0.11718 748	0.156(2) 156.2	201†(3)	0.11282 1071.8	0.15348 272†(3)	243†(3)	0.12720 485(3)	0.16452 327†(3)	285†(3)	213†(3)
Si				0.2246 226†(3)	0.15201 335†(3)				0.15097 627†*	0.19293 226†(3)	0.2058	0.16010 582†(3)	391†(3)	310†(3)	234†(3)
Ge					188†(3)	256†(3)						342†(3)	276†(3)	213†(3)	
N						0.10977 941.6	0.14909 614		0.11508 626.8	0.14940		0.13170 276	0.16107 156	281(2)	
P							0.18934 485.7		0.14764 594			0.15894 500	0.20146 319†(3)	261	180†
As								412.4	331†(3)			464†(3)	317†(3)	243†(3)	180†(3)
O									0.12075 493.6	0.1481 329.5	0.16395	0.13579 191.7†*	0.15696 257.5†*	0.17173 231.2	0.1868 174
S										0.18892 421.6		0.15962 329.0†*	386†*	213(1)	
Se											172†(3)	285†(3)	243†(3)		
F												0.14119 154.8	0.16283 247.2	0.17590 246.1	0.19098 277.5

	H	Li	Na	K	Al	Pb	Sb	O	F	Cl
Li	0.15949 236.68*	0.26729 102.7*						0.16882 324*	0.15639 579*	0.20207 476.3*
Na	0.18865 201(2)		0.30789 72.9*					0.20515 247†	0.19259 477.3*	0.23608 410.2*
K				0.39051 54.3*					0.21714 495.2*	0.26667 425*
Be	0.13426 196.2							0.13309 433	0.13629 639†*	463†*
Mg	0.17297 197(2)							0.17489 336.8	0.17500 511.7	0.2196 395*
Al	0.16478 285(2)			0.27011 167(2)				0.16179 457†*	0.16544 592†*	0.21301 426†*
Pb						102(2)				
Sb							293(2)			
Cu									0.17449	0.20512
Ag									0.19832	0.22808

	Cl	Br	I
Cl	0.19878 239.2	0.21361 215	0.23209 207.7
Br		0.22811 189.8	0.24691 177.0
I			0.26663 148.9
Li	0.20207 476.3*	0.21704 425*	0.23919 357.1*
Na	0.23608 410.2*	0.25020 363.3*	0.27114 291.5
K	0.26667 425*	0.28208 381.0*	0.30479 321.3*
Mg	0.2196 395†*	0.23474 247(2)	
Al	0.21301 426†*	0.22948 358†*	0.25371 368(2)

無印しは日本化学会編『改訂6版　化学便覧　基礎編』丸善，令和3年の0Kの値，*付は298Kの値，†付きは多原子分子の平均的値；その他の(1), (2), (3)付データの出典は以下の通り．
(1) M. Welber 他著『シュライバー・アトキンス無機化学（上）第6版』東京化学同人，2017．
(2) G. C. Pimentel, R. D. Spratley（千原秀昭，大西俊一訳）『化学結合―その量子論的理解』東京化学同人，1974．
(3) F. コットン・G. ウィルキンソン・P. L. ガウス（中原勝儼訳）『コットン・ウィルキンソン・ガウス無機化学』培風館，1988．

表C.3 二原子間の多重(共有)結合の平均的結合エネルギーと平均的原子間距離

kJ mol^{-1}	nm	kJ mol^{-1}	nm	kJ mol^{-1}	nm	kJ mol^{-1}	nm	kJ mol^{-1}	nm
C—C		C—N		C—O		N—N		N—O	
348[1]	0.154[2]	305[1]	0.147[2]	358[2]	0.136〜0.143[2]	163[1]	0.148[1]	222[2]	0.136[2]
C=C		C=N		C=O		N=N		N=O	
612[1]	0.134[2]	613[1]	0.127[4]	695[3]	0.116〜0.122[2]	409[1]	0.130[1]	607[2]	0.121[2]
C≡C		C≡N		C≡O		N≡N		N≡O	
837[1]	0.120[2]	890[1]	0.116[2]	1073[3]	—	946[1]	0.1080[1]	—	—

[1] シュライバー(玉虫玲太他訳)『シュライバー無機化学』東京化学同人,表3.4 原子の共有結合半径より推定.
[2] G. C. Pimentel・R. D. Spratley (千原秀昭・大西俊一訳)『化学結合—その量子論的理解—』東京化学同人,1974.
[3] F. A. Cotton/G. Wilkinson 著(中原勝巌訳)『コットン・ウイルキンソン・ガウス 無機化学〈上〉』培風館,1988.
[4] 日本化学会編『改訂6版 化学便覧 基礎編』丸善,令和3年.

表C.4 水素結合の例 [A—H⋯B(A:プロトンドナー;B:プロトンアクセプター)]

	物質名	水素結合の結合エネルギー kJ mol^{-1}	該当単結合の結合エネルギー kJ mol^{-1}
無機化合物	HS—H⋯SH$_2$	7 (SAL)	347 (H—S)
	N≡C—H⋯N≡C—H	13.8 (PS), 13.7 (気体 T)	391 (H—N)
	H$_2$N—H⋯NH$_3$	17 (SAL), 18.4 (気体 T)	391 (H—N)
	HO—H⋯OH$_2$	22 (SAL), 20.9 (PS), 20.9 (気体 T), 14.2 (液体 T), 24.0 (固体 T)	467 (H—O)
	F—H⋯F—H	29 (SAL), 29.3 (PS), 28.0 (気体 T)	566 (H—F)
	HO—H⋯Cl$^-$	55 (SAL), 58.5 (PS)	428 (H—Cl)
	[F⋯H⋯F]$^-$	165 (SAL), 155 (PS)	566 (H—F)
有機化合物	アルコール関係		
	H$_3$CO—H⋯O(C$_2$H$_5$)$_2$	10.5 (PS)	467 (H—O)
	H$_3$CO—H⋯N(C$_2$H$_5$)$_3$	12.5 (PS)	391 (H—N)
	クロロホルム関係		
	Cl$_3$C—H⋯O=C(CH$_3$)$_2$	10.5 (PS)	467 (H—O)
	Cl$_3$C—H⋯N(C$_2$H$_5$)$_3$	16.7 (PS)	391 (H—N)
	アミン関係		
	H$_3$C(NH)—H⋯NH$_2$(CH$_3$)	14.2 (気体 T)	391 (H—N)
	(C$_6$H$_5$)$_2$N—H⋯OH(C$_2$H$_2$)OH	9.6 (PS)	467 (H—O)
	C$_2$H$_5$C=O H—N(CH$_3$) 　　|　　　　　| 　　H—N—H ⋯ O=C(C$_2$H$_5$)	15.0 (PS)	467 (H—O)
	フェノール関係		
	C$_6$H$_5$O—H⋯O(C$_2$H$_5$)$_2$	15.5 (PS)	467 (H—O)
	C$_6$H$_5$O—H⋯N(CH$_3$)$_3$	24.2 (PS)	391 (H—N)
	C$_6$H$_5$O—H⋯O=C(C$_2$H$_5$) 　　　　　　　　　| 　　　　　　　　OCH$_3$	9.6 (PS)	467 (H—O)
	カルボン酸類		467 (H—O)
	H—C(O⋯⋯HO)(OH⋯⋯O)C—H	58 (2×29.3) (PS)	
	H$_3$C—C(O⋯⋯HO)(OH⋯⋯O)C—CH$_3$	29.1, 31.5 (気体 T)	

出典:SAL:「Inorganic Chemistry 2nd ed.」(D. F. Shriver, P. W. Atkins and C. H. Langford Oxford 1996).
　　 PS:G. Pimentel and R. D. Spratley (千原秀昭訳)『化学結合—その量子論的理解—』東京化学同人,1974.
　　 T:坪村 宏『新物理化学 下』化学同人,1994.

表 C.5 電気双極子モーメント [単位 D (デバイ)]

HCN	2.985188	LiH	5.882	CS	1.958
HF	1.826567	LiF	6.32736	NH$_3$	1.4717
HCl	1.1086	LiBr	7.26797	PH$_3$	0.573
HBr	0.8271	LiI	7.4285	SbH$_3$	0.116
HI	0.4477	LiOH	4.754	AsH$_3$	0.217
H$_2$O	1.85498	CH$_4$	0*	NO	0.15872
H$_2$S	0.978325	CO	0.10980	NO$_2$	0.316
H$_2$Se	0.627	CO$_2$	0*	O$_3$	0.53373

出典：日本化学会編『改訂6版 化学便覧 基礎編』丸善，令和3年，ただし，＊は著者加筆．

表 C.6 液体の比誘電率 ε_r（物質の誘電率は $\varepsilon_0 \varepsilon_r$，ただし，$\varepsilon_0$ は真空の誘電率）

物質名	化学式	比誘電率	物質名	化学式	比誘電率
水	H$_2$O	80.16	アセトン	(CH$_3$)$_2$CO	21.0
シアン化水素	HCN	114.9	スクシノニトリル	C$_2$H$_4$(CN)$_2$	62.6 (25 ℃)
硫化水素	H$_2$S	8.99 (−78.6 ℃)	ジエチルエーテル	CH$_3$CH$_2$OCH$_2$CH$_3$	4.2666
アンモニア	NH$_3$	22.63 (−35 ℃)	クロロベンゼン	C$_6$H$_5$Cl	5.689
二酸化硫黄	SO$_2$	17.6 (−20 ℃)	o-ジクロロベンゼン	C$_6$H$_4$Cl$_2$	10.12
四塩化炭素	CCl$_4$	2.23	m-ジクロロベンゼン	C$_6$H$_4$Cl$_2$	5.02
ギ酸	CCOOH	51.1 (25 ℃)	p-ジクロロベンゼン	C$_6$H$_4$Cl$_2$	2.3943 (55 ℃)
メタン	CH$_4$	1.6761 (−182 ℃)	ニトロベンゼン	C$_6$H$_5$NO$_2$	35.6
メタノール	CH$_3$OH	33.0	ベンゼン	C$_6$H$_6$	2.2825
酢酸	CH$_3$COOH	6.20	トルエン	C$_6$H$_5$CH$_3$	2.379 (23 ℃)
エチレングリコール	OHCH$_2$CH$_2$OH	21.01			

( ) 内に温度表示のない場合は20 ℃の値 (273.15 + t/℃ = T/K).
出典：日本化学会編『改訂6版 化学便覧 基礎編』丸善，令和3年．

表 C.7a MX 結晶 (M：アルカリ金属原子，X：ハロゲン原子) の格子エネルギー (kJ mol^{-1}) (298.15 K)

X \ M	Li	Na	K	Rb	Cs
F	1019	909	807	778	733
Cl	839	771	701	679	646
Br	793	733	670	650	610
I	750	697	641	627	589

出典：日本化学会編『改訂6版 化学便覧 基礎編』丸善，令和3年．

表 C.7b MX$_2$ 結晶 (M：アルカリ土類金属原子，X：酸素およびハロゲン原子) の格子エネルギー (kJ mol^{-1}) (298.15 K)

X \ M	Mg	Ca	Sr	Ba
O	3760	3371	3197	3019
F	2922	2596	—	2318
Cl	—	2222	—	—
Br	—	—	—	1941
I	—	—	—	1861

出典：日本化学会編『改訂6版 化学便覧 基礎編』丸善，令和3年．

表 C.8a 無機物質の標準生成エンタルピー，標準モルエントロピー，標準生成ギブズエネルギー（1 atm, 298.15 K）

元素	物質名	$\Delta_f H^\circ$ kJ mol^{-1}	S_m° J K^{-1} mol^{-1}	$\Delta_f G^\circ$ kJ mol^{-1}	元素	物質名	$\Delta_f H^\circ$ kJ mol^{-1}	S_m° J K^{-1} mol^{-1}	$\Delta_f G^\circ$ kJ mol^{-1}
Ag	Ag(cs)	0	42.55	0	Cd	Cd(cs, γ)	0	51.76	0
	AgCl(c)	−127.068	96.2	−109.805		CdTe(c)*	−92.5	100	−92
	AgI(c)	−61.84	114.44	−65.96	Cl	Cl(g)	121.679	165.089	105.696
	Ag$_2$O(c)	−31.05	121.3	−11.22		Cl$^+$(g)	1379.17	167.448	1362.48
	Ag$_2$S(c)	−32.59	144.01	−40.67		Cl$^-$(g)	−233.13	153.252	−245.59
Al	Al(cs)	0	28.33	0		Cl$_2$(gs)	0	222.957	0
	AlN(c)	−318	20.17	−287	Cs	Cs(cs)	0	85.23	0
	Al$_2$O$_3$(c1, α（コランダム）)	−1675.7	50.92	−1582.31		CsCl(c)	−442.31	101.17	−413.825
	Al$_2$O$_3$(c2, γ)*	−1656.9	52.3	−1563.9		Cs$_2$O(c)	−345.98	146.87	−308.38
Ar	Ar(g)	0	154.843	0		Cs$_2$O$_2$(c)*	−497.87	144.34	−428.95
As	As(cs, α（金属）)	0	35.1	0	Cu	Cu(cs)	0	33.15	0
	AsH$_3$(g)*	66.44	222.67	68.91		CuO(c)	−157.3	42.63	−129.5
	As$_2$O$_5$(c)	−924.87	105.4	−782.4		Cu$_2$O(c)	−168.6	93.14	−146
	As$_4$O$_6$(c1, 立方晶系)	−1313.94	214.2	−1152.53		CuS(c)	−53.1	66.5	−53.6
	As$_4$O$_6$(c2, 単斜晶系)*	−1309.6	234	−1154.03		Cu$_2$S(c)	−79.5	120.9	−86.2
Au	Au(cs)	0	47.4	0		CuSO$_4$(c)	−771.36	109	−661.9
	AuCl$_3$(c)	−117.6	148.1	−47.9		CuSO$_4$·5H$_2$O(c)	−2279.65	300.4	−188.055
B	B(cs)	0	5.86	0	F	F$_2$(gs)	0	202.67	0
	BH$_3$(g)	100	187.78	104		F$^-$(g)	−255.39	145.465	−268.55
	B$_2$H$_6$(g)	35.6	232	86.61	Fe	Fe(cs, α)	0	27.28	0
	BN(c)	−254.4	14.81	−228.4		Fe$_3$C(c)*	25.1	104.6	20.1
	B$_2$O$_3$(c)	−1273.5	53.97	−1194.38		Fe$_4$N(c)*	−10.5	155	3.8
Ba	Ba(cs)	0	62.8	0		Fe$_{0.947}$O(c)	−266.27	57.49	−245.14
	BaCO$_3$(c)	−1216.3	112.1	−1137.6		Fe$_2$O$_3$(c)	−824.2	87.4	−742.2
	BaO(c)	−548	72	−520.27		Fe$_3$O$_4$(c)	−1118.4	146.4	−1015.5
	BaSO$_4$(c)	−1473.2	132.2	−1362.3		FeS$_2$(c, 黄鉄鉱)	−178.2	52.93	−166.9
	BaTiO$_3$(c)*	−1659.8	107.9	−1572.3		FeS$_2$(c2, 白鉄鉱)	−154.8	53.86	−143.8
	BaY$_2$CuO$_3$(c)*	−2660.91	208.73	−2515.22	Ga	Ga(cs)	0	40.88	0
	BaYCuO$_6$(c)*	−2635.7	288.27	−2442.8		GaAs(c)*	−71	64.18	−67.8
Be	Be(cs)	0	9.5	0		GaN(c)*	−110.5	29.7	−78.6
	Be$_2$C(c)	−117.2	16.32	−114.7		Ga$_2$O$_3$(c)	−1089.1	84.98	−998.3
	BeF$_2$(c, 石英型)*	−1026.8	53.35	−979.4		GaSb(c)*	−41.8	76.07	−38.9
	BeO(c)	−609.6	14.14	−580.3	Ge	Ge(cs)	0	31.09	0
Bi	Bi(cs)	0	56.74	0		GeCl$_4$(l)	−531.8	245.6	−462.8
	Bi$_2$O$_3$(c)	−573.88	151.5	−493.7	H	H(g)	217.965	116.604	203.263
Br	Br(g)	111.884	174.913	82.429		H$_2$(gs)	0	130.575	0
	Br$_2$(ls)	0	152.231	0		HNO$_3$(l)	−174.1	155.6	−80.79
	Br$^-$(g)	−219.07	—	—		H$_2$O(l)	−285.83	69.91	−237.178
	BrF$_3$(l)	−300.8	178.2	−240.5		H$_2$O(g)	−241.826	188.723	−228.6
C	C(cs, 黒鉛)	0	5.74	0		H$_2$O$_2$(l)	−187.78	109.6	−120.42
	C(c, ダイヤモンド)	1.895	2.377	2.9		H$_3$PO$_4$(c)	−1279	110.5	−1119.2
	C(g)	716.682	157.987	671.29		H$_2$S(g)	−20.63	205.68	−33.56
	C$_2$(g)*	831.9	199.309	775.92		H$_2$SO$_4$(l)	−813.989	156.904	−690.101
	CO(g)	−110.525	197.565	−137.152	Hg	Hg(ls)	0	76.02	0
	CO$_2$(g)	−393.509	213.63	−394.359		Hg(CH$_3$)$_2$(l)*	59.8	209	140.2
Ca	Ca(cs)	0	41.42	0		HgO(c1, 赤色（直方晶系）)	−90.83	70.29	−58.555
	CaC$_2$(c)*	−59.8	69.96	−64.9		HgO(c3, 赤色（六方晶系）)	−89.5	73.6	−58.24
	CaCO$_3$(c, アラレ石)	−1207.13	88.7	−1127.8		HgO(c2, 黄色)*	−90.46	71.1	−58.425
	CaCl$_2$(c)	−795.8	104.6	−748.1		HgS(c1, 赤色（立方晶系）)	−58.2	82.4	−50.6
	CaH$_2$(c)	−186.2	42	−147.2		HgS(c2, 黒色)	−54.26	88.75	−48.57
	CaO(c)	−635.09	39.75	−604.05	I	I(g)	106.838	180.682	70.283
	CaO·2Al$_2$O$_3$(c)	−4025.8	177.82	−3818.7		I$^-$(g)	−197	—	—
	CaS(c)*	−482.4	56.5	−477.4		I$_2$(cs)	0	116.135	0
	CaSO$_4$·2H$_2$O(c)*	−2022.63	194.1	−1797.44	In	In(cs)	0	57.652	0
	CaTiO$_3$(c)*	−1660.6	93.64	−1575.2		InAs(c)*	−58.6	75.7	−53.6

表 C.8a 無機物質の標準生成エンタルピー，標準モルエントロピー，標準生成ギブズエネルギー（続き－1）（1 atm，298.15 K）

元素	物質名	$\Delta_f H°$ kJ mol^{-1}	$S_m°$ J K^{-1} mol^{-1}	$\Delta_f G°$ kJ mol^{-1}	元素	物質名	$\Delta_f H°$ kJ mol^{-1}	$S_m°$ J K^{-1} mol^{-1}	$\Delta_f G°$ kJ mol^{-1}
In	In$_2$O$_3$(c)	−925.79	104.2	−830.73	P	P(c1, 赤リン)	−17.6	22.80	−12.1
K	K(cs)	0	64.18	0		P$_4$(g)	58.91	279.87	24.47
	KBr(c)	−393.798	95.9	−380.66		PCl$_3$(l)*	−319.7	217.1	−272.3
	KC$_{60}$(c)*	−44.8	−	−		PCl$_5$(g)*	−374.9	364.47	−305
	KCN(c)	−113	128.49	−101.88	Pb	Pb(cs)	0	64.81	0
	KCl(c)	−436.747	82.59	−409.16		PbO(c, 赤色)	−218.99	66.5	−188.95
	KF(c)	−567.27	66.57	−537.77		PbO(c2, 黄色)	−217.3	68.7	−187.91
	KI(c)	−327.9	106.32	−323.15		PbO$_2$(c)	−277.4	68.6	−217.36
	KMnO$_4$(c)	−837.2	171.71	−737.7		Pb$_2$O$_3$(c)*	−491.7	151.9	−406.6
	KNO$_3$(c)	−494.63	133.05	−394.93		Pb$_3$O$_4$(c)*	−718.4	211.3	−601.3
	K$_2$O(c)	−361.5	94.1	−320.7		PbTe(c)*	−70.7	110	−69.5
	K$_2$O$_2$(c)	−494.13	108.84	−427.18	Rb	Rb(cs)	0	76.78	0
	KOH(c)	−424.764	78.9	−379.113		RbBr(c)*	−394.59	109.96	−381.79
Li	Li(cs)	0	29.12	0		RbCl(c)	−435.35	95.9	−407.82
	LiAlH$_4$(c)	−116.3	78.74	−44.8		RbF(c)*	−557.7	77.7	−527.8
	LiBr(c)	−351.213	74.27	−342		RbI(c)*	−333.8	118.41	−328.86
	LiCl(c)	−408.61	59.33	−384.39		Rb$_2$O(c)*	−339	125	−300
	LiF(c)	−615.97	35.65	−587.73		Rb$_2$O$_2$(c)*	−478.66	131.78	−411.04
	LiH(c)	−90.54	20.008	−68.37	S	S(cs, 菱面体)	0	31.8	0
	LiI(c)	−270.41	86.78	−270.29		S(g)	277.18	167.72	236.66
	Li$_3$N(c)	−164.4	62.59	−128.4		S$_2$(g)	128.6	228.06	79.57
	Li$_2$O(c)	−597.94	37.57	−561.2		S$_8$(g)	101.28	432.47	48.2
	Li$_2$O$_2$(c)	−634.3	56.5	−572.7		SF$_6$(l)	−1237.6	206.7	−1108.5
Mg	Mg(cs)	0	32.68	0		SO$_2$(g)	−296.83	248.11	−300.194
	MgCO$_3$(c)	−1095.8	65.7	−1012.1	Sb	Sb(cs)	0	45.69	0
	MgO(c)	−601.7	26.94	−569.45		Sb$_2$O$_4$(c)*	−907.5	127.2	−795.8
Mn	Mn(cs, α)	0	32.01	0		Sb$_2$O$_5$(c)*	−971.9	125.1	−829.3
	MnO(c)	−385.22	59.71	−362.92		Sb$_4$O$_6$(c1, 立方晶系)*	−1440.6	220.9	−1268.2
	MnO$_2$(c)	−520.03	53.05	−465.17		Sb$_4$O$_6$(c2, 直方晶系)*	−1417.1	246	−1253.1
N	N(g)	472.704	153.189	455.579	Se	Se(cs, 六方晶系)	0	42.442	0
	N$_2$(gs)	0	191.5	0		Se(c2, 単斜晶系)	6.7	41.97	6.9
	NH$_3$(g)	−45.94	192.67	−16.43		Se(g)	227.07	176.61	187.06
	NH$_4$Cl(c)	−314.43	94.6	−202.97		Se$_2$(g)*	146	251.9	96.2
	NH$_4$OH(c)*	−114.2	−	−		Se$_6$(g)*	135.1	433.5	81.8
	NO(g)	90.25	210.652	86.55	Si	Si(cs)	0	18.83	0
	NO$_2$(g)	33.18	239.95	51.29		SiC(c1, β)*	−65.3	16.61	−62.8
	N$_2$O(g)	82.05	219.74	104.18		SiC(c2, α)*	−62.8	16.602	−60.4
	N$_2$O$_3$(g)	83.72	312.17	139.41		SiCl$_4$(l)	−687	239.7	−619.91
	N$_2$O$_4$(g)	9.16	304.18	97.82		SiF$_4$(g)*	−1614.94	282.38	−1572.68
	N$_2$O$_5$(g)	11.3	355.6	115		SiO$_2$(c1, 石英)	−910.94	41.84	−856.67
Na	Na(cs)	0	51.21	0		SiO$_2$(c2, クリストバル石)	−909.346	43.4	−854.542
	NaBr(c)	−361.062	86.82	−348.934		SiO$_2$(c3, リンケイ石)	−999.85	43.5	−855.076
	NaCN(c)	−87.49	115.6	−76.45	Sn	Sn(cs, I (白色, 金属))	0	51.55	0
	NaCl(c)	−411.153	72.13	−384.154		Sn(c2, II (灰色))	−2.09	44.14	0.13
	NaF(c)*	−573.647	51.46	−543.51		SnCl$_2$(c)	−333	104	−282.2
	NaH(c)*	−56.275	40.016	−33.48		SnCl$_4$(l)	−511.3	258.6	−440.2
	NaI(c)*	−289.55	98.53	−286.32		SnO(c)	−280.71	57.17	−251.82
	Na$_2$O(c)	−414.6	75.04	−375.82		SnO$_2$(c)	−577.63	49.01	−515.74
	Na$_2$O$_2$(c)	−510.87	95	−447.5	Sr	Sr(cs)	0	55.7	0
	Na$_2$S(c)	−364.8	83.7	−349.8		SrCO$_3$(c)	−1220.1	97.1	−1140.1
Ni	Ni(cs)	0	29.87	0		SrCl$_2$(c)*	−828.9	114.85	−781.1
	NiO(c)	−239.7	37.99	−211.7		SrF$_2$(c)*	−1216.3	82.13	−1164.8
O	O$_2$(gs)	0	205.029	0		SrO(c)	−592.5	55.52	−559.88
	O$_3$(g)	142.7	238.82	163.2		SrS(c)*	−472.4	68.2	−467.8
P	P(cs, 黄リン)	0	41.0	0		SrTiO$_3$(c)*	−1672.39	108.8	−1588.41

表 C.8a 無機物質の標準生成エンタルピー，標準モルエントロピー，標準生成ギブズエネルギー（続き－2）（1 atm，298.15 K）

元素	物質名	$\Delta_f H°$ kJ mol^{-1}	$S_m°$ J K^{-1} mol^{-1}	$\Delta_f G°$ kJ mol^{-1}	元素	物質名	$\Delta_f H°$ kJ mol^{-1}	$S_m°$ J K^{-1} mol^{-1}	$\Delta_f G°$ kJ mol^{-1}
Te	Te(cs)	0	49.71	0	Tl	Tl(cs)	0	64.18	0
	TeCl$_4$(c)*	−326.4	201	−238.6		TlCl(c)*	−204.14	111.25	−184.94
	TeO$_2$(c)	−321	69.88	−266.03		TlCl$_3$(c)*	−315.1	152.3	−241.7
Ti	Ti(cs)	0	30.63	0		Tl$_2$O(c)*	−178.7	126	−147.3
	TiB(c)*	−160.2	34.7	−159.7		Tl$_2$O$_3$(c)*	−394.6	159	−311.7
	TiB$_2$(c)*	−323.8	28.49	−319.7	U	U(cs)	0	50.2	0
	TiC(c)*	−184.5	24.23	−180.7		UF$_6$(c)*	−2197	227.6	−2068.6
	TiN(c)*	−338.1	30.25	−309.6		UO$_2$(c)	−1084.9	77.03	−1031.7
	TiO(c)*	−542.66	34.77	−513.28		UO$_3$(c, 単斜晶系)	−1223.8	96.11	−1145.9
	TiO$_2$(c, アナターゼ)	−939.7	49.92	−884.5		U$_2$O$_8$(c)	−3574.8	282.55	3369.62
	TiO$_2$(c2, ルチル)	−944.7	50.33	−889.5	Zn	Zn(cs)	0	41.63	0
	Ti$_2$O$_3$(c)*	−1520.9	78.78	−1434.2		ZnO(c)	−348.28	43.64	−318.32
	Ti$_3$O$_5$(c)*	−2459.4	129.3	−2317.5		ZnS(c1, ウルツ鉱)	−193.21	67.99	−191.59
	Ti$_4$O$_7$(c)*	−3404.52	198.74	−3213.29		ZnS(c2, セン亜鉛鉱)	−205.98	57.7	−201.29

c：結晶状態，c1，c2：複数の結晶状態を取るとき（多形）の結晶状態（α, β, γ：結晶相）；l：液体状態，
g：気体状態；cs，ls および gs はそれぞれ結晶，液体および気体の基準状態を意味する．
出典：日本化学会編『改訂 6 版 化学便覧 基礎編』丸善，令和 3 年；ただし，＊は日本化学会編『化学便覧 基礎編 第 5 版』丸善，平成 16 年．

表 C.8b 有機物質の標準生成エンタルピー，標準モルエントロピー（抜粋）（1 atm，298.15 K）

元素	物質名	$\Delta_f H°$ kJ mol^{-1}	$S_m°$ J K^{-1} mol^{-1}	元素	物質名	$\Delta_f H°$ kJ mol^{-1}	$S_m°$ J K^{-1} mol^{-1}
CH$_3$・(g)	メチルラジカル	145.69	194.0	C$_2$H$_6$O$_2$(l)	エチレングリコール	−455.3	163.2
CH$_4$(g)	メタン	−74.87	186.14	C$_3$H$_6$O(l)	プロピオンアルデヒド（プロパナール）	−215.3	212.90
C$_2$H$_2$(g)	アセチレン	226.73	200.82	C$_3$H$_6$O$_2$(l)	酢酸メチル	−445.8	—
C$_2$H$_4$(g)	エチレン	52.47	219.21	C$_3$H$_6$O(l)	アセトン	−248.1	199.8
C$_2$H$_6$(g)	エタン	−83.8	229.1	C$_3$H$_8$O(l)	1-プロパノール	−302.6	193.60
C$_3$H$_8$(g)	プロパン	−104.7	270.2	C$_3$H$_8$O(l)	2-プロパノール	−318.1	181.07
C$_4$H$_{10}$(g)	ブタン	−125.6	310.01	C$_3$H$_8$O$_3$(l)	グリセロール（グリセリン）	−669.6	204.5
C$_6$H$_6$(l)	ベンゼン	49.0	173.26	C$_4$H$_8$O$_2$(l)	酢酸エチル*	−479.3	259.4
C$_6$H$_{12}$(l)	シクロヘキサン	−156.4	204.35	C$_4$H$_{10}$O(l)	1-ブタノール	−327.3	225.78
C$_7$H$_8$(l)	トルエン	12.4	220.96	C$_4$H$_{10}$O(l)	2-ブタノール*	−342.6	214.9
C$_{10}$H$_8$(c)	ナフタレン	77.9	167.40	C$_4$H$_{10}$O(l)	t-ブタノール*	−359.2	193.1
C$_{14}$H$_{10}$(c)	アントラセン	126.7	207.15	C$_6$H$_6$O(c)	フェノール	−165.1	144.0
C$_{18}$H$_{12}$(c)	ナフタセン	177	215.39	C$_5$H$_{12}$O$_5$(c)	キシリトール*	−1118.5	—
CH$_2$O(g)	ホルムアルデヒド	−115.9	218.84	C$_6$H$_{12}$O$_6$(c)	α-d-グルコース	−1273.3	—
CH$_2$O$_2$(l)	ギ酸	−425.1	131.84	C$_{12}$H$_{22}$O$_{11}$(c)	d-スクロース	−2226.1	—
CH$_4$O(l)	メタノール	−239.1	127.27	CCl$_4$(l)	四塩化炭素	−128.2	214.39
C$_2$H$_4$O(l)	アセトアルデヒド	−191.8	117.3	CHCl$_3$(l)	クロロホルム（トリクロロメタン）	−134.3	—
C$_2$H$_4$O$_2$(l)	酢酸	−485.6	157.2	C$_6$H$_7$N(l)	アニリン	−31.3	191.06
C$_2$H$_6$O(l)	エタノール	−277.0	160.1	C$_6$H$_5$NO$_2$(l)	ニトロベンゼン	−12.5	224.3

データの状態の表記は括弧内に示す；c：結晶状態，g：気体状態，l：液体状態．
出典：日本化学会編『改訂 6 版 化学便覧 基礎編』丸善，令和 3 年；ただし，＊は日本化学会編『化学便覧 基礎編 第 5 版』丸善，平成 16 年．

表 C.9 イオンの水和エンタルピー $\Delta_h H$ (kJ mol^{-1}) と水和エントロピー $\Delta_h S$ (298.15 K)(J K^{-1} mol^{-1}) の例（孤立イオンを水に溶解させて溶媒和させる際のエンタルピー変化とエントロピー変化）

	$\Delta_h H$	$\Delta_h S$		$\Delta_h H$	$\Delta_h S$		$\Delta_h H$	$\Delta_h S$
H$^+$	-1129	-131						
Li$^+$	-559	-141						
Na$^+$	-444	-110	Mg^{2+}	-1998	-311	F$^-$	-474	-133
K$^+$	-360	-74	Ca^{2+}	-1669	-254	Cl$^-$	-340	-76
Rb$^+$	-339	-62	Sr^{2+}	-1521	-248	Br$^-$	-326	-61
Cs$^+$	-315	-59	Ba^{2+}	-1379	-203	I$^-$	-268	-38

出典：日本化学会編『改訂6版 化学便覧 基礎編』丸善，令和3年．

表 C.10 物質を伝わる音速の例

	物質名	音 速
気体	Ne (20 °C, 0.513 atm)	448.9 m s^{-1}
	H$_2$ (18.3 °C, 0.908 atm)	1300 m s^{-1}
	N$_2$ (21 °C, 0.92 atm)	350.5 m s^{-1}
	O$_2$ (20 °C, 0.970 atm)	326.5 m s^{-1}
	空気 (32 °C)	350.6 m s^{-1}†
液体	水銀 (20 °C)	1451 m s^{-1}*
	水 (19.66 °C)	1481.63 m s^{-1}
	アセトン (30 °C)	1146 m s^{-1}
	シクロヘキサン (30 °C)	1229 m s^{-1}
	ベンゼン (20.7 °C)	1329.5 m s^{-1}
	エチレングリコール (30 °C)	1642 m s^{-1}†
固体	Al	6260 m s^{-1}（縦波），3080 m s^{-1}（横波）
	Cu	4700 m s^{-1}（縦波），2260 m s^{-1}（横波）
	Fe	5850 m s^{-1}（縦波），3230 m s^{-1}（横波）

出典：日本化学会編『改訂6版 化学便覧 基礎編』丸善，令和3年．ただし，†は，日本化学会編『化学便覧 基礎編 第5版』丸善，平成16年：＊は D. R. Lide (Ed.) CRC HandBook of Chemistry and Physics 7th Ed. 1998-99 (CRC Press. 1998).

表 C.11 水の密度およびモル体積の温度変化

温度 °C	密度 kg dm^{-3}	密度/密度 (4 °C)	モル体積 cm^3 mol^{-1}	温度 °C	密度 kg dm^{-3}	密度/密度 (4 °C)	モル体積 cm^3 mol^{-1}
0 (氷)	0.9168	0.9168	19.65	30	0.995644	0.995669	18.0944
0 (水)	0.999843	0.999868	18.0189	35	0.994033	0.994058	18.1241
1	0.999902	0.999927	18.0178	40	0.992215	0.992240	18.1567
2	0.999943	0.999968	18.0170	45	0.99013	0.99024	18.194
3	0.999967	0.999992	18.0170	50	0.98803	0.98806	18.234
4	0.999975	1	18.0165	55	0.98569	0.98561	18.274
5	0.999967	0.999992	18.0166	60	0.98319	0.98322	18.324
6	0.999943	0.999968	18.0170	65	0.98055	0.98058	18.373
7	0.999940	0.999930	18.0171	70	0.97778	0.97780	18.425
8	0.999851	0.999877	18.0187	75	0.97484	0.97487	18.481
9	0.999784	0.999809	18.0199	80	0.97179	0.97181	18.539
10	0.999703	0.999728	18.0214	85	0.96861	0.96863	18.600
15	0.999103	0.999129	18.0322	90	0.96532	0.96533	18.663
20	0.998207	0.998239	18.0484	95	0.96189	0.96191	18.730
25	0.997047	0.997075	18.0690	100	0.95835	0.95836	18.799

出典：日本化学会編『改訂6版 化学便覧 基礎編』丸善，令和3年．

表 C.12a　気体の粘性係数 (μPa s) の例

物質名	200 K	300 K	320 K	340 K	360 K	380 K
Ar	15.9	22.72	23.98	25.19	26.38	27.53
Cl_2	—	13.71	14.6	15.48	16.35	17.2
N_2	12.91	17.91	18.82	19.7	20.55	21.39
O_2	14.65	20.56	21.65	22.71	23.75	24.76

出典：日本化学会編『改訂 6 版　化学便覧　基礎編』丸善, 令和 3 年.

表 C.12b　常圧下の水および水銀の粘性係数 (μPa s)

物質名＼温度/℃	−38.87	−20	0	5	10	15	20	30	40
水	×	×	1792	1519	1307	1138	1002	797	653
水銀	2051	1852	1688	×	×	×	1559	×	1455

出典　日本化学会編『改訂 6 版　化学便覧　基礎編』丸善, 16 令和 3 年.

表 C.12b　常圧下の水および水銀の粘性係数 (μPa s) (続き)

物質名＼温度/℃	50	60	70	80	90	100	140	160	180	200
水	547	467	404	355	315	282				
水銀	×	1369	×	1298	×	1238	1142	1140	1070	1040

出典　日本化学会編『改訂 6 版　化学便覧　基礎編』丸善, 令和 3 年.

表 C.12c　液体の粘性係数 (μPa s) の例

物質名＼温度/K	200	230	250	260	270	280	290	300
アセトン	1287	722	535	469	415	370	332	299
エチレングリコール	×	×	×	×	78780	39900	24113	15577
ギ酸	×	×	×	×	×	×	1855	1525
四塩化炭素	×	×	×	×	1412	1193	1021	884
ベンゼン	×	×	×	×	×	×	682	592
無水酢酸	×	×	×	×	×	1105	942	816

表 C.12c　液体の粘性係数 (μPa s) の例 (続き)

物質名＼温度/K	320	340	360	380	400	450	500
アセトン	246	206	174	147	125	83	50
エチレングリコール	7572	4274	2684	1822	1312	692	433
ギ酸	1080	801	614	483	387	234	147
四塩化炭素	680	539	437	362	304	208	151
ベンゼン	458	365	297	246	206	137	94
無水酢酸	635	511	421	352	298	203	143

出典　日本化学会編『改訂 6 版　化学便覧　基礎編』丸善, 16 令和 3 年.

表 C.13 水の自己解離の平衡と pH

$t/°C$	$K_w/\text{mol}^2\,\text{dm}^{-6}$	pH	pK_w
0	0.1137×10^{-14}	7.47	14.944
10	0.2917×10^{-14}	7.27	14.535
20	0.6808×10^{-14}	7.08	14.167
25	1.007×10^{-14}	7.00	13.997
30	1.469×10^{-14}	6.92	13.833
40	2.917×10^{-14}	6.77	13.535
50	5.470×10^{-14}	6.63	13.262
100	55.08×10^{-14}	6.13	12.259

pK_w：日本化学会編『改訂6版 化学便覧 基礎編』丸善，令和3年．

表 C.14 弱酸の酸解離定数（25 ℃）[注]

酸 HA の名前	化学式	pK_a
亜硝酸	HNO_2	3.35
亜硫酸	H_2SO_3	1.77
亜硫酸水素イオン	HSO_3^-	7.21
アンモニウムイオン	NH_4^+	9.26
ギ酸	$HCOOH$	3.74
酢酸	CH_3COOH	4.74
次亜塩素酸	$HOCl$	7.5
シアン化水素	HCN	9.14
シュウ酸	$H_2C_2O_4$	1.19
シュウ酸水素イオン	$HC_2O_4^-$	4.21
炭酸	H_2CO_3	6.34
炭酸水素イオン	HCO_3^-	10.36
フェノール	C_6H_5OH	9.89
フタル酸	$C_6H_4(COOH)_2$	2.89
フタル酸水素イオン	$C_6H_4C_2O_2H^-$	5.41
フッ化水素酸	HF	3.22
ホウ酸	H_3BO_3	9.24
硫化水素	H_2S	7.0
硫化水素イオン	HS^-	15
硫酸水素イオン	HSO_4^-	1.92
リン酸	H_3PO_4	2.12
リン酸二水素イオン	$H_2PO_4^-$	7.21
リン酸水素イオン	HPO_4^{2-}	12.32

注：酸 HA の共役塩基 A^- の塩基解離定数 pK_b は $pK_b+pK_b=14$ の関係から求め得る．
出典：R.A.デイ, Jr・A.L.アンダーウッド（鳥居泰男・康 智三 共訳）『定量分析化学 改訂版』培風館, 1999年．

表 C.15 酸化還元対の標準電極電位 $E°$ (25 ℃)

酸化還元対	$E°$/V
$Ag_2O + H_2O + 2\,e^- \rightleftharpoons 2\,Ag + 2\,OH^-$	+0.342
$AgCl + e^- \rightleftharpoons Ag + Cl^-$	+0.2223
$Cl_2(aq) + 2\,e^- \rightleftharpoons 2\,Cl^-$	+1.396
$Cr_2O_7^{2-} + 14\,H^+ + 6\,e^- \rightleftharpoons 2\,Cr^{3+} + 7\,H_2O$	+1.36
$Fe^{3+} + e^- \rightleftharpoons Fe^{2+}$	+0.771
$Fe(CN)_6^{3-} + e^- \rightleftharpoons Fe(CN)_6^{4-}$	+0.361
$2\,H^+ + 2\,e^- \rightleftharpoons H_2$	0
$2\,H_2O + 2\,e^- \rightleftharpoons H_2 + 2\,OH^-$	−0.828*
$Hg_2^{2+} + 2\,e^- \rightleftharpoons 2\,Hg(l)$	+0.7960
$Hg_2Cl_2 + 2\,e^- \rightleftharpoons 2\,Hg(l) + 2\,Cl^-$	+0.268
$I_3^- + 2\,e^- \rightleftharpoons 3\,I^-$	+0.536
$MnO_4^- + 8\,H^+ + 5\,e^- \rightleftharpoons Mn^{2+} + 4\,H_2O$	+1.512*
$MnO_4^- + 4\,H^+ + 3\,e^- \rightleftharpoons MnO_2 + 2\,H_2O$	+1.70
$O_2 + 2\,H^+ + 2\,e^- \rightleftharpoons H_2O_2(aq)$	+0.695
$O_2 + 4\,H^+ + 4\,e^- \rightleftharpoons 2\,H_2O$	+1.229

金属 M の酸化還元反応, $M^{n+} + e^- \rightleftharpoons M$ の標準電極電位は p.267 図 10.8 参照.
出典:日本化学会編『改訂 6 版　化学便覧　基礎編』丸善, 令和 3 年; ただし, * は喜多英明, 魚崎浩平『電気化学の基礎』技報堂出版, 1983.

表 C.16 バンドギャップ E_g

物質名	バンドギャップ E_g/eV	
NaCl	9.0	(a)
C (ダイヤモンド)	5.48	(b)
Si	1.11	(b)
Ge	0.66	(b)
P (黒リン)	0.3125	(b)
Se	2.53 (α), 1.98 (三方晶系)	(b)
Te	0.335	(c)
Bi	0.0136	(c)
SiC (閃亜鉛鉱型)	2.42	
AlN (ウルツ鉱型)	6.2	(b)
$KTaO_3$	3.4*	
TiO_2 (ルチル型)	3.062	(d)
Fe_2O_3	2.3*	
ZnS (閃亜鉛鉱型)†	3.666	(b)
GaP (閃亜鉛鉱型)	2.27	(b)
GaAs (閃亜鉛鉱型)	1.42	(b)
$SrTaO_3$	3.2*	
ZrO_2	5.0*	
MoS_2	1.75*	
CdS (立方晶系)	2.50	(a)
CdTe	1.49	(b)
InAs (閃亜鉛鉱型)	0.36	(b)
InP	1.34	(b)
WO_3 (立方晶系)	2.58	(b)

出典:日本化学会編『改訂 6 版　化学便覧　基礎編』丸善, 令和 3 年. ただし, *付きは A. Kudo and Y. Miseki, Chem. Soc. Rev. 2009, 38, 253-278; †付きは, 出典によると立方晶系とあるが, 著者の判断により, 閃亜鉛鉱型としている. (a) 室温; (b) 300 K; (c) 4.2 K; (d) 298 K.

章末問題解答

第1章

1. (1) 大きさ eE, 上向き (2) $v = \dfrac{E}{B}$, $t = \dfrac{BL_1}{E}$, $\alpha = -\dfrac{eE}{m_e}$, $y_1 = \dfrac{1}{2}\left(-\dfrac{eE}{m_e}\right)\left(\dfrac{BL_1}{E}\right)^2$, $\dfrac{e}{m_e} = -\dfrac{2E\,y_1}{B^2L_1^2}$.

2. $\dfrac{96500\ \text{C}}{6.022\times10^{23}} = 1.602\times10^{-19}\ \text{C}$, 電子の電荷と一致, トムソンは電子の粒子としての存在を初めて捉えた.

3. $\dfrac{Q_\alpha}{m_\alpha} = \dfrac{1}{2}\dfrac{e}{m_\text{p}}$ $Q_\alpha = e$, $m_\alpha = 2m_\text{p}$ あるいは $Q_\alpha = 2e$, $m_\alpha = 4m_\text{p}$. ガイガー計数管による電荷の測定およびスペクトルの測定より後者を決定.

4. $\dfrac{1}{12}\times\dfrac{12\times10^{-3}\ \text{kg}}{6.022\times10^{23}} = 1.6605\times10^{-27}\ \text{kg}$ (0.2.2 項参照).

5. (1) $^{14}_{7}\text{N} + \text{n} \longrightarrow {}^{14}_{6}\text{C} + {}^{1}_{1}\text{H}$ (2) $^{14}_{6}\text{C} \longrightarrow {}^{14}_{7}\text{N} + \beta^-$ (3) $1.2\times10^{-10} \div (0.3\times10^{-10}) = 4 = 2^2$, 5715 年 $\times 2 = 11430$ 年 11430 年前.

6. 20 億年前を 21 億年前と近似すると, ^{235}U の濃度は $0.72\times2^3 = 5.76\%$. 水で減速された中性子の存在と 4〜5% に濃縮された ^{235}U 濃度を条件とする現在の原子炉の核分裂反応の持続の条件は, 地下水の存在を考えると満たされていた.

7. $17.6\times10^6\times96.485\ \text{kJ mol}^{-1} = 1698\times10^6\ \text{kJ mol}^{-1}$, $\dfrac{1698\times10^6\ \text{kJ mol}^{-1}}{394\ \text{kJ mol}^{-1}} = 4.31\times10^6$, 431 万倍の発熱量.

8. $A < 56$ では核分裂反応は不利. 極めて安定な ^4_2He の生成のエネルギー利得が補っている.

第2章

1. $|\boldsymbol{L}| = |\boldsymbol{r}\times\boldsymbol{p}| = m_e|\boldsymbol{r}\times\boldsymbol{v}| = m_e vr\sin\theta$, $\boldsymbol{r}$ と $\boldsymbol{v}$ は直角, $\theta = \pi/2$ で $|\boldsymbol{L}| = m_e vr$.

2. (1) (2.17) 式より R_H を計算する.
$\dfrac{(9.1093897\times10^{-31}\ \text{kg})\times(1.60217733\times10^{-19}\ \text{C})^4}{8\times(8.854187816\times10^{-12}\ \text{F m}^{-1})^2\times(6.6260755\times10^{-34}\ \text{J s})^3\times(2.99792458\times10^8\ \text{m s}^{-1})}$
$= 1.09738\times10^7\ \text{m}^{-1}$, $R_\text{H} = 1.09738\times10^7\ \text{m}^{-1}$, 3 桁目まで一致. (2) $R_\text{H}(m_e) = \dfrac{m_e e^4}{8\varepsilon_0^2 h^3 c} \longrightarrow R_\text{H}(\mu) = \dfrac{\mu e^4}{8\varepsilon_0^2 h^3 c}$, $R_\text{H}(\mu) = R_\text{H}(m_e)\left(\dfrac{\mu}{m_e}\right)$, $\dfrac{1}{\mu} = \dfrac{1}{m_\text{p}} + \dfrac{1}{m_e}$ $\longrightarrow \dfrac{\mu}{m_e} = \dfrac{m_\text{p}}{m_e + m_\text{p}}$, $\left(\dfrac{\mu}{m_e}\right) = \dfrac{1.672623\times10^{-27}}{9.109389\times10^{-31} + 1.672623\times10^{-27}} = 0.999495$, $R_\text{H}(m_e) = 1.09738\times10^7\ \text{m}^{-1}$ より $R_\text{H}(\mu) = 1.09678\times10^7\ \text{m}^{-1}$. 実験値 $R_\text{H}(\mu) = 1.09677\times10^7\ \text{m}^{-1}$ とほぼ完全に一致.

3. 仮定 I $m_e vr = n\dfrac{h}{2\pi}$ とド・ブロイの関係式 $\lambda = \dfrac{h}{m_e v}$ から $m_e v$ を消去 $2\pi r = n\lambda$ を得る. これは半径 r の円周上の定在波の条件（付録 A4）となり, ボーアの仮定 I, 安定なエネルギー状態の軌道の存在を保証.

4. ド・ブロイの関係式 $\lambda = \dfrac{h}{m_e v}$ と運動エネルギー $K = \dfrac{1}{2}m_e v^2$ より $m_e v = \sqrt{2Km_e}$ を得る. $K = eV$ (e：電気素量, V：電圧) を用いて波長 λ は $\lambda = \dfrac{h}{\sqrt{2Km_e}} = \dfrac{h}{\sqrt{2eVm_e}}$. この式に諸量を代入, $\lambda = \dfrac{6.626\times10^{-34}\ \text{J s}}{\{2\times(9.109\times10^{-31}\ \text{kg})\times(225\ \text{V})\times(1.602\times10^{-19}\ \text{C})\}^{1/2}}$
$= 8.18\times10^{-11}\ \text{m}$ と求まる. トムソンの実験でも確かに電子は波動性をもっていた. 陽極の中心部に開けた穴の径 (d) がこの波長よりかなり大きく ($\lambda \ll d$), 中心孔を電子は干渉を示さず粒子として直通した.

5. [Study 2.4] の図の r, θ, ϕ の点 A(r, θ, ϕ), $r + dr, \theta, \phi$ の点 B, $r, \theta + d\theta, \phi$ の点 C, $r, \theta, \phi + d\phi$ の点 D とする. $\overline{\text{AB}} = dr$, $\overline{\text{AC}} = r\,d\theta$, $\overline{\text{OA}'} = r\sin\theta$, $\overline{\text{AD}} = \overline{\text{OA}'}\,d\phi = r\sin\theta\,d\phi$ より $dV = \overline{\text{AB}}\cdot\overline{\text{AC}}\cdot\overline{\text{AD}} = r^2\sin\theta\,dr\,d\theta\,d\phi$.

6. $\Psi(r, \theta, \phi) = R_{2,1}(r)\cos\theta$ を極座標表示のシュレーディンガー方程式 [Study 2.4] の左辺に代入し, ϕ の微分項はゼロに注意すると, θ の微分項は
$-\dfrac{h^2}{8\pi^2 m_e}\left\{\dfrac{1}{r^2\sin\theta}\dfrac{\partial}{\partial\theta}\left(\sin\theta\dfrac{\partial}{\partial\theta}\right)\right\}R_{2,1}(r)\cos\theta$
$= \dfrac{h^2}{8\pi^2 m_e}\left\{R_{2,1}(r)\dfrac{1}{r^2\sin\theta}\dfrac{\partial}{\partial\theta}\left(\sin\theta\dfrac{\partial}{\partial\theta}\right)\right\}\cos\theta$

となる．θ の微分を実施すると中括弧の中は
$$R_{2,1}(r)\frac{1}{r^2 \sin\theta}\frac{\partial}{\partial\theta}\left(\sin\theta\frac{\partial}{\partial\theta}\right)\cos\theta =$$
$$-R_{2,1}(r)\frac{1}{r^2 \sin\theta}\frac{\partial}{\partial\theta}(\sin^2\theta) = -\frac{2}{r^2}R_{2,1}(r)\cos\theta\cdots$$
$\cdots$(A)．(A) の項と r の微分項を足すとシュレーディンガー方程式の左辺は
$$\left[-\frac{h^2}{8\pi^2 m_e}\left\{\frac{\partial^2}{\partial r^2}+\frac{2}{r}\frac{\partial}{\partial r}-\frac{2}{r^2}\right\}+U(r)\right]R_{2,1}(r)\cos\theta\cdots$$
$\cdots$(B) となる．$R_{2,1}(r)$ は $n=2,\ l=1$ に対応することに注意して (2.24) 式を書くと
$$\left[-\frac{h^2}{8\pi^2 m_e}\left\{\frac{\partial^2}{\partial r^2}+\frac{2}{r}\frac{\partial}{\partial r}-\frac{2}{r^2}\right\}+U(r)\right]R_{2,1}(r) =$$
$ER_{2,1}(r)\cdots$(C)．(C) 式を (B) 式に代入すると $ER_{2,1}(r)\cos\theta$ となる．すなわち，$\Psi(r,\theta,\phi)=R_{2,1}(r)\cos\theta$ は極座標表示のシュレーディンガー方程式 [Study 2.4] の水素原子の場合の解．水素原子のポテンシャル場では球対称であり，いままで z 軸と考えた軸は x 軸にも y 軸にも考えることができる．したがって，z の方向性をもつ $R_{2,1}(r)\cos\theta$ が解であれば，x の方向性をもつ $R_{2,1}(r)\sin\theta\cos\phi$，$y$ の方向性をもつ $R_{2,1}(r)\sin\theta\sin\phi$ も解となる．

7. $r\cos\theta$ について $r=a$ 一定で θ を変化させる．原点 O とする z-y 平面で，$0 \leqq \theta \leqq \frac{\pi}{2}$ で考える．$\theta=0$ の点を A，$\theta\neq 0$ の点を B とする．$\overline{OA}=a$，$\overline{OB}=a\cos\theta$ と線分の長さは書かれる．余弦定理により線分 $\overline{AB}$ を求める．$\overline{AB}^2=\overline{OA}^2+\overline{OB}^2-2\overline{OA}\cdot\overline{OB}\cos\theta=a^2\sin^2\theta$ より $\overline{AB}=a\sin\theta$ となり，$\overline{AB}^2+\overline{OB}^2=\overline{OA}^2$ が成立．$\angle ABO$ は直角．点 B の軌跡は $\overline{OA}$ を直径とする円．同様なことを $\frac{\pi}{2} \leqq \theta \leqq \pi$ で実施する．$\theta=\pi$ の点を A*，$\frac{\pi}{2}<\theta<\pi$ の点を B* とする．$\theta^*=\pi-\theta$ とする．$\overline{OA^*}=a$，$\overline{OB^*}=a\cos\theta^*$ と線分の長さは書かれる．$\angle A^*B^*O$ は直角．点 B* の軌跡は $\overline{OA^*}$ を直径とする円．これら z 軸上下の円を z 軸まわりに回転させる ($0 \leqq \phi \leqq 2\pi$) と x-y-z 空間において x-y 面の上下の球．

8. $F_{1s}(r)=4\left(\frac{1}{a_0}\right)^3 r^2 e^{-2r/a_0}\cdots$(2.30) および $Z=1$ より $\frac{dF_{1s}(r)}{dr}=4\left(\frac{1}{a_0}\right)^3\left\{2re^{-2r/a_0}-\left(\frac{2}{a_0}\right)r^2 e^{-2r/a_0}\right\}=8\left(\frac{1}{a_0}\right)^3 e^{-2r/a_0}\left\{r-\left(\frac{1}{a_0}\right)r^2\right\}$．$e^{-2r/a_0}>0$ が常に成立し，$r>0$ であるから，$0<r<a_0$ で $\frac{dF_{1s}(r)}{dr}$ は正で $F_{1s}(r)$ は増加，$a_0<r$ で $\frac{dF_{1s}(r)}{dr}$ は負で $F_{1s}(r)$ は減少．$r=a_0$ で最大．水素原子の動径分布関数の最大を与える r はボーア半径と一致．

9.

```
3d + +  + + - -     3d + +  + + + +     3d + +  + + + +
4s + +              4s + +              4s + +
3p + + + + + +      3p + + + + + +      3p + + + + + +
3s + +              3s + +              3s + +
2p + + + + + +      2p + + + + + +      2p + + + + + +
2s + +              2s + +              2s + +
1s + +              1s + +              1s + +
     V                   Cr                  Mn

3d + + + + + + + +     3d + + + + + + + + + +
4s + +                 4s + +
3p + + + + + +         3p + + + + + +
3s + +                 3s + +
2p + + + + + +         2p + + + + + +
2s + +                 2s + +
1s + +                 1s + +
      Ni                      Cu
```

10. F, Cl, Br, I の順に電気陰性度は小．原子半径はこの順で大．有効核電荷もこの順で大と推定される．(2.34) 式で考えると，前者は分母に 2 乗で，後者は分子に 1 乗で入っている．前者の影響が大きいと考えられる．前者の効果により F, Cl, Br, I の順に電気陰性度は小と考えられる．

11. (1) Kα 線は K 殻 ($n=1$) の軌道の電子が外部に叩き出され，その際にできた K 殻の電子状態の空席にエネルギーの高い L 殻 ($n=2$) の電子が移行する現象が関係している．この際に放出される電磁波が Kα 線．この電磁波の振動数 ν をボーア模型で考える．
$$E_n=-\frac{m_e Z^2 e^4}{8\varepsilon_0^2 h^2}\frac{1}{n^2} \quad h\nu=-\frac{m_e Z^2 e^4}{8\varepsilon_0^2 h^2}\left(\frac{1}{2^2}-\frac{1}{1}\right)=$$
$R_H(ch)\left(1-\frac{1}{2^2}\right)Z^2$．ただし，$R_H$ はリュードベリ定数 [(2.17) 式] である．特性 X 線の振動数 ν は原子番号 Z の 2 乗に比例し，振動数の平方根 $\sqrt{\nu}$ と原子番号 Z は 1 次式の関係．(2) $\sqrt{\nu}=aZ+b$ のように，定数 a および b を用いて表されるとする．$\sqrt{0.687}=9a+b$，$\sqrt{14.323}=36a+b$，$\frac{9-36}{\sqrt{0.687}-\sqrt{14.323}}=\frac{Z-36}{\sqrt{1.838}-\sqrt{14.323}}$，$\frac{-27}{0.8288-3.78457}=\frac{Z-36}{1.3557-3.78457}$，$Z=13.8114 \cong 14$，$Z=14$ の Si と推定される．

第3章

1. $\int |\phi_1(\boldsymbol{r})|^2 \mathrm{d}V$

$= \dfrac{1}{2+2S} \int (\phi_{1\mathrm{sA}}(\boldsymbol{r}_\mathrm{A}^*) + \phi_{1\mathrm{sB}}(\boldsymbol{r}_\mathrm{B}^*))(\phi_{1\mathrm{sA}}(\boldsymbol{r}_\mathrm{A}^*) + \phi_{1\mathrm{sB}}(\boldsymbol{r}_\mathrm{B}^*)) \mathrm{d}V$

$= \dfrac{1}{2+2S} \{\int \phi_{1\mathrm{sA}}(\boldsymbol{r}_\mathrm{A}^*) \phi_{1\mathrm{sA}}(\boldsymbol{r}_\mathrm{A}^*) \mathrm{d}V$

$\qquad + \int \phi_{1\mathrm{sA}}(\boldsymbol{r}_\mathrm{A}^*) \phi_{1\mathrm{sB}}(\boldsymbol{r}_\mathrm{B}^*) \mathrm{d}V + \int \phi_{1\mathrm{sB}}(\boldsymbol{r}_\mathrm{B}^*) \phi_{1\mathrm{sA}}(\boldsymbol{r}_\mathrm{A}^*) \mathrm{d}V$

$\qquad + \int \phi_{1\mathrm{sB}}(\boldsymbol{r}_\mathrm{B}^*) \phi_{1\mathrm{sB}}(\boldsymbol{r}_\mathrm{B}^*) \mathrm{d}V \}$

$= \dfrac{1}{2+2S}(1+S+S+1) = 1 ; \int |\phi_2(\boldsymbol{r})|^2 \mathrm{d}V$

$= \dfrac{1}{2-2S} \int (\phi_{1\mathrm{sA}}(\boldsymbol{r}_\mathrm{A}^*) - \phi_{1\mathrm{sB}}(\boldsymbol{r}_\mathrm{B}^*))(\phi_{1\mathrm{sA}}(\boldsymbol{r}_\mathrm{A}^*) - \phi_{1\mathrm{sB}}(\boldsymbol{r}_\mathrm{B}^*)) \mathrm{d}V$

$= \dfrac{1}{2-2S}(1-S-S+1) = 1 ; \int \phi_1(\boldsymbol{r}) \phi_2(\boldsymbol{r}) \mathrm{d}V$

$= \dfrac{1}{2\sqrt{1-S^2}} \int (\phi_{1\mathrm{sA}}(\boldsymbol{r}_\mathrm{A}^*) + \phi_{1\mathrm{sB}}(\boldsymbol{r}_\mathrm{B}^*))(\phi_{1\mathrm{sA}}(\boldsymbol{r}_\mathrm{A}^*) - \phi_{1\mathrm{sB}}(\boldsymbol{r}_\mathrm{B}^*)) \mathrm{d}V$

$= \dfrac{1}{2\sqrt{1-S^2}}(1-S+S-1) = 0 ;$ 以上から，$\phi_1(\boldsymbol{r})$ と $\phi_2(\boldsymbol{r})$

には規格化直交条件が成立する．

なお，$S = \int \phi_{1\mathrm{sA}}(\boldsymbol{r}_\mathrm{A}^*) \phi_{1\mathrm{sB}}(\boldsymbol{r}_\mathrm{B}^*) \mathrm{d}V = \int \psi_{1\mathrm{sB}}(\boldsymbol{r}_\mathrm{B}^*) \psi_{1\mathrm{sA}}(\boldsymbol{r}_\mathrm{A}^*)$

$\mathrm{d}V$ とおいて整理している．ただし，$\boldsymbol{r}_\mathrm{A}^*, \boldsymbol{r}_\mathrm{B}^*$ は電子の原子核 A および B からの位置ベクトルであり，$\boldsymbol{r}_\mathrm{A}^* = \boldsymbol{r} - \boldsymbol{r}_\mathrm{A}$, $\boldsymbol{r}_\mathrm{B}^* = \boldsymbol{r} - \boldsymbol{r}_\mathrm{B}$ である（$\boldsymbol{r}_\mathrm{A}, \boldsymbol{r}_\mathrm{B}$ は原子核 A, B の位置ベクトル）．

2. H_2^+ および H_2 の結合次数は，それぞれ，0.5 と 1 である．結合次数の小さな H_2^+ の方が結合距離は大きい．結合エネルギーは結合次数の大きな H_2 の方が大きい．

3.

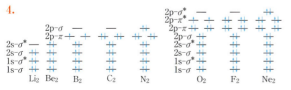

4.

| | Li_2 | Be_2 | B_2 | C_2 | N_2 | O_2 | F_2 | Ne_2 |

（表：各分子の分子軌道占有図）

$2\mathrm{p}\text{-}\sigma$ は $2\mathrm{p}_z\text{-}\sigma$, $2\mathrm{p}\text{-}\sigma^*$ は $2\mathrm{p}_z\text{-}\sigma^*$ を略記．同様に，$2\mathrm{p}\text{-}\pi$ は $2\mathrm{p}_x\text{-}\pi$, $2\mathrm{p}_y\text{-}\pi$, $2\mathrm{p}\text{-}\pi^*$ は $2\mathrm{p}_x\text{-}\pi^*$, $2\mathrm{p}_y\text{-}\pi^*$ を略記．結合をつくらないものは結合次数ゼロの Be_2 と Ne_2，常磁性を示すものは不対電子をもつ B_2 と O_2．

5.

（表：N_2^+, N_2, O_2, O_2^- の分子軌道占有図）

$2\mathrm{p}\text{-}\sigma$, $2\mathrm{p}\text{-}\pi$, $2\mathrm{p}\text{-}\pi^*$ の表記は **4.** と同じ

	N_2^+	N_2	O_2	O_2^-
結合次数	2.5	3	2	1.5
磁性	常磁性	反磁性	常磁性	常磁性

結合の強さの順は $\mathrm{N}_2 > \mathrm{N}_2^+ > \mathrm{O}_2 > \mathrm{O}_2^-$

6. O の 2s 軌道と 2p 軌道から形成される 4 個の sp^3 混成軌道の 2 つは H との共有結合に用いられ，残りの 2 個の sp^3 混成軌道は，孤立電子対を収容する．∠H–O–H は正四面体角の $109.5°$ に近い $104.5°$ となる．この違いは第 4 章の VSEPR モデルで学ぶ．

7. σ 結合は分子軸方向に伸びた $2\mathrm{p}_z$ 原子軌道同士の重なりにより生じる結合性軌道に由来し，π 結合は分子軸に垂直な方向に広がった $2\mathrm{p}_x$, $2\mathrm{p}_y$ 原子軌道が横から重なって生じる結合性軌道に由来する．σ 結合の方が π 結合より原子軌道の重なりがより大きいため，より強い結合を形成する．

第4章

1. (1) CO_3^{2-} および O_3 は NO_3^- および SO_2 と等電子である．したがって，CO_3^{2-} のオクテット則を満たす構造式は，図 4.3(a) の 3 つの構造のいずれかである．ただし，N は C と書き換え，イオン価数は − から 2− へ変える．共鳴を考えた平均構造の形式電荷は O については $-\dfrac{2}{3}$，C については 0 である．C–O の結合次数は $1\dfrac{1}{3}$ である．O_3 について，オクテットを満たす構造として，閉じた三角形の頂点に O を配置する構造も可能である．しかし，実験の ∠OOO = $117.79°$ と $60°$ とは異なるため，この構造は採用しない．残る可能な構造は，例 2 (p.110) の SO_2 と同形である．形式電荷は中心の O は +1，両端の O は −0.5 である．O–O の結合次数は $1\dfrac{1}{2}$ である．(2) ホルムアルデヒドは，オクテット則から，C は H と単結合 2 対，O と二重結合を 1 対もつ．O は C との二重結合に加えて孤立電子対 2 対もつ．結局，C は電子対 3 対，O も電子対 3 対（二重結合も 1 対と勘定）あるため，平面三角形となる．しかも，C と O の間に二重結合があるため，C の三角形と O の三角形は同一平面上にある．C と O の間の二重結合の 1 つはこの平

面に，もう1つはこの平面を挟んで上下に拡がる．O の残りの2本の結合は孤立電子対を収容する．

2. $1\,\text{D} = 3.3356 \times 10^{-30}$ C m, $e = 1.602 \times 10^{-19}$ C, $\mu = qd$ として，(1) HF:

$$\frac{1.83 \times 3.33569 \times 10^{-30}\,\text{C m}}{(0.0916 \times 10^{-9}\,\text{m}) \times (1.602 \times 10^{-19}\,\text{C})} = 0.42.\ \text{HCl:}$$

$$\frac{1.11 \times 3.33569 \times 10^{-30}\,\text{C m}}{(0.12746 \times 10^{-9}\,\text{m}) \times (1.602 \times 10^{-19}\,\text{C})} = 0.18.$$

HBr: $\dfrac{0.83 \times 3.33569 \times 10^{-30}\,\text{C m}}{(0.14145 \times 10^{-9}\,\text{m}) \times (1.602 \times 10^{-19}\,\text{C})} = 0.12.$

HI: $\dfrac{0.45 \times 3.33569 \times 10^{-30}\,\text{C m}}{(0.1609 \times 10^{-9}\,\text{m}) \times (1.602 \times 10^{-19}\,\text{C})} = 0.058.$

HF: H は $0.42e$, F は $-0.42e$ に帯電，42%のイオン性．HCl: H は $0.18e$, Cl は $-0.18e$ に帯電，18%のイオン性．HBr: H は $0.12e$, Br は $-0.12e$ に帯電，12%のイオン性．HI: H は $0.058e$, I は $-0.058e$ に帯電，5.8%のイオン性．(2) I, Br, Cl, F の順に電気陰性度は大，この順でイオン性も大．

3. $1\,\text{m}^2$ に並ぶ原子の数は，$\dfrac{1}{0.1 \times 10^{-9} \times 0.1 \times 10^{-9}} = 10^{20}$ 個，$\dfrac{10^{14}}{10^{20}} = 10^{-6}$, 最大で，表面の原子の百万分の1の原子がイオン化．

4. 同じ分子量のペンタンと2,2-ジメチルプロパンでは，ペンタンの方が2,2-ジメチルプロパンより広がった構造をもつ．瞬間的に誘起される電荷が両者で同程度とすると，分子の大きい方が，電荷間距離 d も大きくなり，電気双極子能率 μ も大きくなる．μ が大きいペンタンの方がファンデルワールス力による凝集エネルギーも大きくなり，沸点も2,2-ジメチルプロパンより高くなる．分子間で構成原子同士がお互いにファンデルワールス力を及ぼし合うと考えると，分子の表面積の大きな方が分子間力（引力）は大きくなり，沸点も高くなると予想される．この観点からも，ペンタンの方の沸点が高くなる．

5. Cl_2, KCl, Ge の分子間の結合（相互作用）はファンデルワールス力による分子間相互作用(1)，クーロン力によるイオン結合(2)，共有結合(3)である．大まかには，結合が強くなる順に並べると，(1),(2),(3)の順である [(2) と (3) の順は微妙であるが]．したがって，Cl_2, KCl, Ge の順に融点は高くなる．

第5章

1.

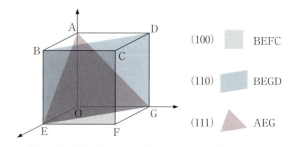

2. (1) 両結晶とも NaCl 型の面心立方構造である．(2) Na は $1s^2 2s^2 2p^6 3s^1$ から Na^+ の $1s^2 2s^2 2p^6$ へ，K は $1s^2 2s^2 2p^6 3s^2 3p^6 4s^1$ から K^+ の $1s^2 2s^2 2p^6 3s^2 3p^6$ へ，Cl は $1s^2 2s^2 2p^6 3s^2 3p^5$ から Cl^- の $1s^2 2s^2 2p^6 3s^2 3p^6$ へ変化する．
(3) X線回折から見ると，K^+ も Cl^- も同じイオンに見える．そうすると，KCl は X 線回折では単純立方構造のように見える．したがって，NaC は NaCl 型面心立方構造と捉えられるが，KCl は単純立方構造と捉えられる．

3. sp^2 混成軌道を用いて，炭素が結合した六角形の繰り返しの平板が形成される．各炭素原子の3個の電子はこの平面構造の化学結合に参加する．この平面構造の上下に，$2p_z$ の重なりで形成される π 結合が広がる．ここに各炭素の残りの1個の電子が収容され，π 電子となる．この π 電子は π 結合全体に広がり，グラフェン全体を巡回する．このため，π 電子は電場により容易に加速され，移動度は非常に大きい．グラフェンを層状に重ね合わせるとグラファイトになる．層と層はファンデルワールス力に由来する相互作用で結合している．このため，層と層の間隔は広くなるため，π 電子の層間の移動は起こらない．グラフェンの面内でのみ電子の移動が可能となり，グラファイトは2次元伝導体である．

4. NaI $\dfrac{0.102\,\text{nm}}{0.220\,\text{nm}} = 0.463$, CsI $\dfrac{0.167\,\text{nm}}{0.220\,\text{nm}} = 0.759$, KI $\dfrac{0.138\,\text{nm}}{0.220\,\text{nm}} = 0.627$, MgO $\dfrac{0.072\,\text{nm}}{0.140\,\text{nm}} = 0.514.$ CsI は立方体 CsCl 型，残りは八面体 NaCl 型を予言．これら予言は実験と一致する．

5. NaCl, KCl, CsCl は融点近傍では NaCl 型構造をもつ．陽イオン半径が大きくなる順に融点は低下．これは，陽イオン-陰イオン間のクーロン力に由来する凝集エネルギーが小さくなるため．同じ結晶構造の LiCl では，陽イオンが非常に小さいため，陰イオ

間の反撥が働き，凝集エネルギーが減少し，融点も NaCl より下がる．

第 6 章

1. (1) T 一定；1 atm から 2 atm の変化 → V は 2×10^{-2} m^3 から 1.0×10^{-2} m^3　(2) p 一定：$\dfrac{2\times 10^{-2} \text{ m}^3}{283 \text{ K}} = \dfrac{V_{373}}{373 \text{ K}}$ (V_{373}：373 K の体積) より　$V_{373} = 2.6\times 10^{-2}$ m^3　(3) $\dfrac{1\times 2\times 10^{-2} \text{ m}^3}{283 \text{ K}} = \dfrac{2\times V}{373 \text{ K}}$ (V：求める体積) より $V = 1.3\times 10^{-2}$ m^3．

2. $pV_\text{m} = k_1 = k_1(T) \cdots$(A)，$\dfrac{V_\text{m}}{T} = k_2 = k_2(p) \cdots$(B)．ここで，$k_1 = k_1(T)$ および $k_2 = k_2(p)$ はそれぞれ温度および圧力に依存する定数．(A)の両辺を T で割る $\dfrac{pV_\text{m}}{T} = \dfrac{k_1(T)}{T} \cdots$(C)．(B)の両辺に p を掛ける $\dfrac{pV_\text{m}}{T} = pk_2(p) \cdots$(D)．(C)と(D)から $\dfrac{k_1(T)}{T} = pk_2(p) \cdots$(E)．(E)式の左辺は T の関数の定数，右辺は p の関数の定数，これら両定数が等しくなるのは，T にも p にも依存しない定数のとき．この定数を R とおくと $\dfrac{pV_\text{m}}{T} = R$；ヘリウムの気体定数を (6.3) 式により求めると，

$$R = \frac{pV_\text{m}}{T} = \frac{(1 \text{ atm})\times (22.41 \text{ L})}{273.15 \text{ K}}$$
$$= 0.08204 \text{ atm L K}^{-1}$$

となる．同様にして，各気体についての気体定数は，水素について 0.08211 atm L K^{-1}，アンモニアについて 0.08200 atm L K^{-1}，窒素について 0.08200 atmLK^{-1}，フッ素について 0.08193 atmLK^{-1}，アルゴンについて 0.08087 atm L K^{-1}，塩素について，0.08076 atm L K^{-1} を得る．これらの値は，ボルツマン定数とアボガドロ定数から求まる気体定数 R の値，0.0820573 atm L K^{-1} (p.160) とよく一致している．

3. $K = kT$ (k：定数) $\cdots$(1)　(仮定)．$pV = \dfrac{1}{3}Nm\overline{c^2}$ $\cdots$(6.13)．N 分子系の運動エネルギー $K = N\dfrac{1}{2}m\overline{c^2} = kT \to m\overline{c^2} = \dfrac{2kT}{N} \cdots$①．(6.13)式に①を代入，$pV = \dfrac{1}{3}Nm\overline{c^2} = \dfrac{2}{3}kT$ すなわち，$\dfrac{V}{T} = \dfrac{2k}{3p}$，$p$ 一定で $\dfrac{V}{T}$ は一定．シャルルの法則が導かれた．

4. (1) 低圧域でともに圧縮因子は負の値を示すが，NH$_3$ の方がその程度は CH$_4$ より顕著．NH$_3$ は永久双極子モーメントをもつ極性分子である．CH$_4$ は非極性分子であるが瞬間的な双極子モーメントをもつ．NH$_3$ による分子間引力相互作用は CH$_4$ のファンデルワールス力による引力相互作用よりはるかに大．圧縮因子の負への偏倚は NH$_3$ の方が CH$_4$ よりはるかに顕著．(2) CO と N$_2$ は電子数 14 の等電子である．O$_2$ の電子数は 16 と多い．等電子であることが，予想以上に働いていて，CO と N$_2$ の圧縮因子の挙動は似ている．CO 分子の電子配置は N$_2$ 分子と同じになり，両方とも，結合次数 3 となる (第 3 章)．一方，O$_2$ 分子の結合次数は 2 で CO や N$_2$ より長くなる．CO の双極子モーメントは，永久双極子によるにも関わらず，結合が強く結合距離も短いため，分極の程度は小さい．そのため，CO と N$_2$ の分子間相互作用は類似．圧縮因子の挙動も，引力の効果に由来する負の領域もあまりなく，類似．結合次数 2 の O$_2$ では，結合距離も長く，瞬間双極子モーメントも大きい．その結果，低圧の引力が寄与する領域で，負側への偏倚が顕著．

5. (1) 定数 a が最大であるベンゼンが分子間引力は最も強い．(2) 定数 b が最小である He が分子体積最小である．

第 7 章

1. $dU = \left(\dfrac{\partial U}{\partial T}\right)_V dT + \left(\dfrac{\partial U}{\partial V}\right)_T dV$，$dV \neq 0$ でも $dT = 0$ (ジュールの実験) より $dU = 0$ ($dT = 0$ ということは内部エネルギーは不変としている)．したがって，$\left(\dfrac{\partial U}{\partial V}\right)_T = 0$．

2. 急激な炭酸ガスの噴出；熱交換なく膨張 → 断熱膨張．$dU = \delta Q - PdV$ と $\delta Q = 0$ より $dU = -PdV$．$dV > 0$ より $dU < 0 \to dT < 0$．冷却によりドライアイス生成する．ボンベ内には炭酸ガスは液体で保持されている．液体が気化してボンベから噴出するという経路をたどる．液体が気体へ変わる際に蒸発熱を奪うはずである．しかし，この蒸発熱による冷却がドライアイスをボンベ内で生成すると，ボンベ内からの炭酸ガスの噴出は妨害されるはずである．したがって，炭酸ガスがボンベから噴出するのは断熱膨張で，この際の冷却によりドライアイスはボンベ外で生成する．

3. $H = U + pV$　$dH = dU + pdV + Vdp = \delta Q - pdV + pdV + Vdp = \delta Q + Vdp \cdots$(A)．$p$ 一定であれば $dH = \delta Q \cdots$(B)である．定圧過程における熱変化，

反応熱など，本来，経路関数をエンタルピーという状態関数の変化とすることで，ヘスの法則の適用など，熱変化の議論を非常に容易にしている．

4. $dH = d(U+pV) = dU + d(pV) = dU + nR\,dT$ ($pV = nRT$)，準静的等温過程 $dT = 0$ および $dU = 0$ $\therefore dH = 0$．

5. 準静的等温過程 $(p_1, V_1, T) \to (p_2, V_2, T)$．準静的断熱過程 $(p_1, V_1, T) \to (p_3, V_2, T_3)$，$p_1V_1^\gamma = p_3V_2^\gamma \to TV_1^{\gamma-1} = T_3V_2^{\gamma-1}$ ($p_1V_1 = nRT$, $p_3V_2 = nRT_3$)，$T_3 = \left(\dfrac{V_1}{V_2}\right)^{\gamma-1} T$ ($\gamma - 1 > 0$，膨張の場合，$V_2 > V_1$ より，$T_3 < T$，温度低下）．

6.
```
                Na⁺(g)              +        Cl⁻(g)
495.9 ↑Na→Na⁺(g)+e⁻   Cl+e⁻→Cl⁻  −349.0   ↑    ↘ ΔH
                Na(g)                       Cl(g)  NaCl(s)
107.5 ↑Na(s)→Na(g)    ½Cl₂(g)→Cl  119.6   ↑    ↗ −411.2
                Na(s)                      ½Cl₂(g)
```

$\Delta H + \{(107.5\,\text{kJ mol}^{-1}) + (495.9\,\text{kJ mol}^{-1}) + (119.6\,\text{kJ mol}^{-1}) + (-349.0\,\text{kJ mol}^{-1})\} = -411.2\,\text{kJ mol}^{-1} \to \Delta H = -785.2\,\text{kJ mol}^{-1}$

第8章

1. (1) $\Delta S > 0$ (2) $\Delta S > 0$ (3) $\Delta S > 0$

2. $\Delta S_m = 1\,\text{mol} \times \dfrac{6.01 \times 10^3\,\text{J mol}^{-1}}{273\,\text{K}} = 22.01\,\text{J K}^{-1}$，

   $\Delta S_v = 1\,\text{mol} \times \dfrac{40.66 \times 10^3\,\text{J mol}^{-1}}{373\,\text{K}} = 109.0\,\text{J K}^{-1}$．

3. [Study 8.5] と $pV = $ 一定より，$\Delta S = R\log\dfrac{V_2}{V_1} = R\log\dfrac{p_1}{p_2} = R\log\dfrac{10^5}{10^6} = R\log\dfrac{1}{10} = -2.303R$ より $\Delta S = -19.14\,\text{J K}^{-1}$．

4. (1) $\Delta_r S° = (173.26\,\text{J K}^{-1}\,\text{mol}^{-1}) - \{(6 \times 5.74\,\text{J K}^{-1}\,\text{mol}^{-1}) + (3 \times 130.57\,\text{J K}^{-1}\,\text{mol}^{-1})\} = -252.89\,\text{J K}^{-1}\,\text{mol}^{-1}$ より $\Delta_r S° = -252.89\,\text{J K}^{-1}\,\text{mol}^{-1}$．

   (2) $\Delta_r S° = (188.72\,\text{J K}^{-1}\,\text{mol}^{-1}) - (69.91\,\text{J K}^{-1}\,\text{mol}^{-1}) = 118.8\,\text{J K}^{-1}\,\text{mol}^{-1}$ より $\Delta_r S° = 118.81\,\text{J K}^{-1}\,\text{mol}^{-1}$．

   (3) $\Delta_r S° = (213.63\,\text{J K}^{-1}\,\text{mol}^{-1}) - \{(2.377\,\text{J K}^{-1}\,\text{mol}^{-1}) + (205.029\,\text{J K}^{-1}\,\text{mol}^{-1})\} = 6.22\,\text{J K}^{-1}\,\text{mol}^{-1}$ より $\Delta_r S° = 6.22\,\text{J K}^{-1}\,\text{mol}^{-1}$．

5. (1) $\Delta_r G° = (2.90\,\text{kJ K}^{-1}\,\text{mol}^{-1}) - 0 = 2.90\,\text{kJ K}^{-1}\,\text{mol}^{-1}$ より $\Delta_r G° = 2.90\,\text{kJ K}^{-1}\,\text{mol}^{-1}$ 自発的には進行しない．

   (2) $\Delta_r G° = -(394.359\,\text{kJ mol}^{-1}) - \left\{(-137.152\,\text{kJ mol}^{-1}) + \left(\dfrac{1}{2} \times 0\,\text{kJ mol}^{-1}\right)\right\} = -257.207\,\text{kJ mol}^{-1}$ より $\Delta_r G° = -257.2\,\text{kJ mol}^{-1}$ 自発的に進行しうる．

   (3) $\Delta_r G° = (-16.43\,\text{kJ mol}^{-1}) - \left\{\left(\dfrac{1}{2} \times 0\,\text{kJ mol}^{-1}\right) + \left(\dfrac{3}{2} \times 0\,\text{kJ mol}^{-1}\right)\right\} = -16.43\,\text{kJ mol}^{-1}$ より $\Delta_r G° = -16.4\,\text{kJ mol}^{-1}$．自発的に進行しうる．

第9章

1. $\left(\dfrac{\partial\left(\dfrac{G}{T}\right)}{\partial T}\right)_p = \left(\dfrac{\partial\left(\dfrac{1}{T} \times G\right)}{\partial T}\right)_p = -\dfrac{G}{T^2} + \dfrac{1}{T}\left(\dfrac{\partial G}{\partial T}\right)_p^*$

   $= -\dfrac{G}{T^2} + \dfrac{1}{T}(-S) = -\dfrac{G + TS}{T^2}$

   $= -\dfrac{H}{T^2}$ ($G = H - TS$)．

   *のところには図8.9もしくは(9.1a)式の $dG = V\,dp - S\,dT$ より $\left(\dfrac{\partial G}{\partial T}\right)_p = -S$ を用いている．ゆえに $\left(\dfrac{\partial\left(\dfrac{G}{T}\right)}{\partial T}\right)_p = -\dfrac{H}{T^2}$．

2. $\log p$–$1/T$ プロットの負の傾きの大きさは蒸発熱を与える．水素結合のある H_2O，C_2H_5OH の負の傾きの大きさは大きく，蒸発熱は大きい．ファン・デル・ワールス力の働く物質では，分子量の大きな C_6H_6 の傾きは大きく，蒸発熱も大きい．しかし，分子量の小さな CH_4 では，低温でも蒸気圧は高いなど．

3. $\log p = -\dfrac{\Delta H_{l \to g}}{RT} + C$ [(9.16)式] において水の沸点 $100\,°C$，蒸発熱 $\Delta H_{l \to g} = 40.66\,\text{kJ mol}^{-1}$ を用いて C を決めると，$C = \dfrac{40.66 \times 10^3\,\text{J mol}}{(8.3145\,\text{J mol}^{-1}\,\text{K}^{-1}) \times (373\,\text{K})} = 13.110$．$\log p = -\dfrac{40.66 \times 10^3}{8.3145\,T} + 13.110$ より $\log p = -4890\dfrac{1}{T} + 13.110\cdots$(A) 富士山山頂 $630\,\text{hPa}$ は $0.621\,\text{atm}$．(A) に $p = 0.621$ を代入すると $-0.476 = -4890\dfrac{1}{T} + 13.110$．$T = 359.9\,\text{K}$ から富士山の沸点は $86.8\,°C$，エベレスト山頂では $300\,\text{hPa} = 0.296\,\text{atm}$．この気圧の沸点は，$-1.217 = -4890\dfrac{1}{T} + 13.111$ より $T = 341.3\,\text{K}$，エベレスト山頂では $68.1\,°C$．

4. $K_f^* = \dfrac{R(T_m°)^2}{\Delta H_m} \dfrac{M_A}{1000}$, $\Delta H_m = 6.01$ kJ mol^{-1},

   $T_m° = 273.15$ K, $M_A = 18$, $R = 8.3145$ J K^{-1} mol^{-1}

   より $K_f^* = \dfrac{8.3145(273.15)^2}{6.01 \times 10^3 \text{ J mol}^{-1}} \times \dfrac{18}{1000}$

   $= 1.86$ K mol^{-1} kg.

5. 純粋溶媒成分の固体と液体の融点 $T_m°$ における平衡，純粋溶媒成分の固液平衡を考えると，$\mu_0^s(T_m°, p) = \mu_0^{°,l}(T_m°, p)$．ここで，$\mu_0^s(T_m°, p)$ は溶媒成分の固体状態の化学ポテンシャル，$\mu_0^{°,l}(T_m°, p)$ は溶媒成分の液体状態の化学ポテンシャル．モル分率 $X_1(\ll 1)$ の溶液が凝固するとき，融点は $T_m° + \Delta T$ と変化．溶液の融点における平衡の条件は $\mu_0^s(T_m° + \Delta T, p) = \mu_0^l(T_m° + \Delta T, p)$ と書かれる．溶液の溶媒成分の化学ポテンシャル $\mu_0^l(T_m° + \Delta T, p)$ には理想溶液を仮定し，(9.19)式を採用する．

   $\mu_0^l(T_m° + \Delta T, p) = \mu_0^{°,l}(T_m° + \Delta T, p)$
   $+ R(T_m° + \Delta T) \log X_0 = \mu_0^{°,l}(T_m° + \Delta T, p)$
   $+ R(T_m° + \Delta T) \log(1 - X_1)$

   と書かれる．$\Delta T \ll T_m°$ および $X_1(\ll 1)$ の条件が成立しているとし，次の近似を採用する．
   $\mu_0^{°,s}(T_m° + \Delta T, p)$
   $= \mu_0^{°,s}(T_m°, p) + \Delta T \left(\dfrac{\partial \mu_0^{°,s}(T, p)}{\partial T}\right)_{T_m°, p}$;
   $\mu_0^{°,l}(T_m° + \Delta T, p)$
   $= \mu_0^{°,l}(T_m°, p) + \Delta T \left(\dfrac{\partial \mu_0^{°,l}(T, p)}{\partial T}\right)_{T_m°, p}$;
   $\log(1 - X_1) = -X_1$ $(0 < X_1 \ll 1)$. したがって，
   $\Delta T \left(\dfrac{\partial \mu_0^s(T, p)}{\partial T}\right)_{T=T_m°, p} = \Delta T \left(\dfrac{\partial \mu_0^{°,l}(T, p)}{\partial T}\right)_{T=T_m°, p}$
   $- RT_m° X_1$ を得る．左辺および右辺の微分項は，純物質の化学ポテンシャルが 1 mol あたりのギブスエネルギーであること [(9.3)式] に注意する．$dG = Vdp - SdT$, $dN\mu = Vdp - SdT$, $d\mu = \dfrac{V}{N}dp - \dfrac{S}{N}SdT$
   $= vdp - sdT$. 微分項はそれぞれ，溶媒の固相および液相の 1 mol あたりのエントロピーに負の符号を掛けたもの，$-s_s$，および $-s_l$ となる．さらに，(9.14)式と類似の融解熱と融解のエントロピー変化の関係，$\Delta h_m = T_m°(s_l - s_s)$ を使用して変形すると（Δh_m は 1 mol あたりの融解熱）$\Delta T = -X_1 \dfrac{R(T_m°)^2}{\Delta h_m} = -K_f X_1$

   (9.28a), $K_f = \dfrac{R(T_m°)^2}{\Delta h_m}$ (9.28b) を得る．

6. 固液平衡の式(9.17)式を使用する．$\dfrac{dp}{dT} = \dfrac{\Delta h_{s \to l}}{T \Delta v_{s \to l}}$

   より $\dfrac{dT}{dp} = \dfrac{T \Delta v_{s \to l}}{\Delta h_{s \to l}}$; $T = 273.15$ K.

   $\Delta h_{s \to l} = 335$ J g^{-1} $\Delta v_{s \to l} = \left(1 - \dfrac{1}{0.917}\right)$ cm^3 g^{-1}
   $= -0.091$ cm^3 g$^{-1} = -0.091 \times 10^{-6}$ m^3 g^{-1}

   $\Delta p = \dfrac{(80 \text{ kg}) \times (9.8 \text{ m} \cdot \text{s}^{-2})}{(10^{-4} \text{ m}) \times (0.25 \text{ m})} = 3.136 \times 10^7$ m^{-2} N

   $\Delta T = 273.15 \text{ K} \times \dfrac{(-0.091 \times 10^{-6} \text{ m}^3 \text{ g}^{-1})}{335 \text{ J g}^{-1}} \times 3.136$
   $\times 10^7$ m^{-2} N $= -2.3$ K 氷の融点 2.3 ℃ 低下.

7. $2\text{Ag(s)} + \dfrac{1}{2} \text{O}_2(\text{g}) \longrightarrow \text{Ag}_2\text{O(s)}$ $\Delta_f G°(298 \text{ K})$
   $= -11.22$ kJ; $\Delta_f H°(298 \text{ K}) = -31.05$ kJ

   a) $\left(\dfrac{\partial \left(\dfrac{\Delta_f G°}{T}\right)}{\partial T}\right)_p = -\dfrac{\Delta_f H°}{T^2}$ (1); (1)式の両辺を温度

   $T° \sim T$ で積分. $\dfrac{\Delta_f G°(T)}{T} - \dfrac{\Delta_f G°(T_0)}{T_0} =$
   $-\Delta_f H° \int_{T_0}^{T} \dfrac{1}{T^2} dT = \dfrac{\Delta_f H°}{T} - \dfrac{\Delta_f H°}{T_0}$ より $\Delta_f G°(T) =$
   $\Delta_f H° + \dfrac{T}{T_0}(\Delta_f G°(T_0) - \Delta_f H°)$, $\Delta_f G°(T) = \Delta_f H° + aT$
   という形の温度の 1 次関数で表される．

   b) 係数 a を決定する．$-11.22 = -31.05 + a \times 298$,
   $a = 0.0665$, $\Delta_f G°(T) = -31.05 + 0.0665T$.

   c) $\Delta_f G°(T) = -31.05 + 0.0665T < 0$ は $T < 467$ K $= 199$ ℃ で成立．$T \geq 199$ ℃ では $\Delta_f G°(T) > 0$, 199 ℃ 以上に加熱すると，酸化銀は銀に還元される．

第 10 章

1. 無限希釈の H$^+$ および OH$^-$ に解離する水分子の濃度を a (mol m^{-3}). 0.062×10^{-6} S cm$^{-1} = 6.2 \times 10^{-6}$ S m^{-1}. 表 10.2 より $\lambda°_{\text{H}^+} = 350.1 \times 10^{-4}$ S m^{-4} mol^{-1}
   $\lambda°_{\text{OH}^-} = 198 \times 10^{-4}$ S m^{-4} mol^{-1}.

   $\dfrac{6.2 \times 10^{-6}}{a} = (350.1 + 198) \times 10^{-4}$.

   $a = \dfrac{6.2 \times 10^{-6} \text{ S m}^{-1}}{548.1 \times 10^{-4} \text{ S m}^{-4} \text{ mol}^{-1}}$
   $= 1.13 \times 10^{-4}$ mol m$^{-3} = 1.13 \times 10^{-7}$ mol dm^{-3},
   $[\text{H}^+][\text{OH}^-] = (1.13 \times 10^{-7})^2$ mol^2 dm^{-6}
   $= 1.28 \times 10^{-14}$ mol^2 dm^{-6}.
   イオン積は 1.28×10^{-14} mol^2 dm^{-6}.

2. $p_{\text{CO}_2} = 3.5 \times 10^{-4}$ atm, $c = Bp$,
   $B = 34.1 \times 10^{-3}$ mol L^{-1} atm^{-1}.

$c = (34.1\times10^{-3}\,\mathrm{mol\,L^{-1}\,atm^{-1}})\times(3.5\times10^{-4}\,\mathrm{atm})$
$= 1.19\times10^{-5}\,\mathrm{mol\,L^{-1}}.$
$\mathrm{CO_2 + H_2O \longrightarrow H_2CO_3 \rightleftharpoons H^+ + HCO_3^-}.$
$K_\mathrm{a} = \dfrac{[\mathrm{H^+}][\mathrm{HCO_3^-}]}{[\mathrm{H_2CO_3}]} = 4.45\times10^{-7},\ [\mathrm{H^+}] =$
$[\mathrm{HCO_3^-}],\ [\mathrm{H_2CO_3}] = c,\ \dfrac{[\mathrm{H^+}]^2}{1.19\times10^{-5}} = 4.45\times10^{-7},$
$[\mathrm{H^+}]^2 = 5.29\times10^{-12},\ [\mathrm{H^+}] = 2.3\times10^{-6},$
$\mathrm{pH} = -\log_{10}[\mathrm{H^+}] = 5.63.$

3. $E = 0.361 + 0.0592\log_{10}\left(\dfrac{c_{[\mathrm{Fe(CN)_6}]^{3-}}}{c_{[\mathrm{Fe(CN)_6}]^{4-}}}\right),\ c_{[\mathrm{Fe(CN)_6}]^{4-}}$
$= 1.00\,\mathrm{mM}$ より,(1) $0.361\,\mathrm{V}$,(2) $0.302\,\mathrm{V}$,(3) $0.183\,\mathrm{V}$,(4) $-\infty$

4. (1) pH ~ 9 $E_{\mathrm{Zn(OH)_2}} = E^\circ_{\mathrm{Zn(OH)_2}}$
$+ \dfrac{0.0592}{2}\log\dfrac{a_{\mathrm{Zn(OH)_2}}}{a_{\mathrm{Zn}}(a_{\mathrm{OH^-}})^2} = -1.245$
$- \dfrac{0.0592}{2}\log_{10}a_{\mathrm{OH^-}}^{-2},$
$E_{\mathrm{Zn(OH)_2}} = -1.245 - 0.0592\log_{10}\dfrac{K_\mathrm{W}}{[\mathrm{H^+}]},$
$E_{\mathrm{Zn(OH)_2}} = -0.416 - 0.0592\,\mathrm{pH}.$

(2) pH ~ 11
$E_{[\mathrm{Zn(OH)_4}]^{2-}} = E^\circ_{[\mathrm{Zn(OH)_4}]^{2-}} + \dfrac{0.0592}{2}\log_{10}\dfrac{a_{[\mathrm{Zn(OH)_4}]^{2-}}}{a_\mathrm{Zn}(a_{\mathrm{OH^-}})^4}$
$= -1.285 + \dfrac{0.0592}{2}\log_{10}a_{[\mathrm{Zn(OH)_4}]^{2-}}$
$- \dfrac{0.0592}{2}\log_{10}(a_{\mathrm{OH^-}})^4,$
$E_{[\mathrm{Zn(OH)_4}]^{2-}} = -1.285 + \dfrac{0.0592}{2}\log_{10}a_{[\mathrm{Zn(OH)_4}]^{2-}}$
$+ 0.118\log_{10}\dfrac{K_\mathrm{W}}{[\mathrm{H^+}]},$
$E_{[\mathrm{Zn(OH)_4}]^{2-}} = 0.189 + 0.118\,\mathrm{pH}.$

5. (1) $\mathrm{Cu^{2+}(aq) + 2e^- \longrightarrow Cu}\quad \Delta_\mathrm{r}G_{(1)}^\circ = -2\times0.34\,F$
(2) $\mathrm{Cu^+(aq) + e^- \longrightarrow Cu}\quad \Delta_\mathrm{r}G_{(2)}^\circ = -0.520\,F$
(3) $\mathrm{Cu^{2+}(aq) + e^- \longrightarrow Cu^+}\quad \Delta_\mathrm{r}G_{(3)}^\circ$
(3) = (1) − (2) より $\Delta_\mathrm{r}G_{(3)}^\circ = \Delta_\mathrm{r}G_{(1)}^\circ - \Delta_\mathrm{r}G_{(2)}^\circ$
$\Delta_\mathrm{r}G_{(3)}^\circ = -2\times0.34\,F - (-0.520\,F) = -0.16\,F$
$E_{(3)}^\circ = E^\circ(\mathrm{Cu^+, Cu}) = \dfrac{\Delta_\mathrm{r}G_{(3)}^\circ}{-F} = 0.16$

6. 正極側(右側) $E(\mathrm{Pt}) = 0.771 + 0.059\log_{10}\dfrac{0.01}{0.01}$
$= 0.771\,\mathrm{V}$
負極側(左側)
$E(\mathrm{Cu}) = 0.340 + \dfrac{0.059}{2}\log_{10}\dfrac{0.1}{1} = 0.311\,\mathrm{V}$

電池電位 E_cell = 右の単極(正極)の電位
 − 左の単極(負極)の電位
$E_\mathrm{cell} = 0.771\,\mathrm{V} - 0.311\,\mathrm{V} = 0.460\,\mathrm{V}$

7. (1) リチウム電池:$\dfrac{5.4\times10^7\,\mathrm{J}}{1.3\times10^6\,\mathrm{J\,kg^{-1}}} = 42\,\mathrm{kg}$

(2) 水素:$\dfrac{5.4\times10^7\,\mathrm{J}}{1.42\times10^8\,\mathrm{J\,kg^{-1}}} = 0.38\,\mathrm{kg}$

(3) 太陽光:$\dfrac{5.4\times10^7\,\mathrm{J}}{(100\,\mathrm{mW\,cm^2})\times(4\times10^4\,\mathrm{cm^2})}$
$= 1.35\times10^4\,\mathrm{s} \approx 3.75\,\mathrm{h}$

第11章

1. $m\mathrm{A} + n\mathrm{B} \longrightarrow \mathrm{A}_m\mathrm{B}_n\quad V = \dfrac{\mathrm{d}[\mathrm{A}_m\mathrm{B}_n]}{\mathrm{d}t}$. $\mathrm{A}_m\mathrm{B}_n$ 分子が1個生成するとき,A, B 分子は m 個,n 個減少.この時間中に A 分子の減少 $\mathrm{d}[\mathrm{A}]$ の $\dfrac{1}{m}$ が $[\mathrm{A}_m\mathrm{B}_n]$ の生成 $\mathrm{d}[\mathrm{A}_m\mathrm{B}_n]$. B 分子の減少 $\mathrm{d}[\mathrm{B}]$ の $\dfrac{1}{n}$ が $[\mathrm{A}_m\mathrm{B}_n]$ の生成 $\mathrm{d}[\mathrm{A}_m\mathrm{B}_n]$ に対応. $V = \dfrac{\mathrm{d}[\mathrm{A}_m\mathrm{B}_n]}{\mathrm{d}t}$
$= -\dfrac{1}{m}\dfrac{\mathrm{d}[\mathrm{A}]}{\mathrm{d}t} = -\dfrac{1}{n}\dfrac{\mathrm{d}[\mathrm{B}]}{\mathrm{d}t}$ (11.4).

$2\mathrm{H_2} + \mathrm{O_2} \longrightarrow 2\mathrm{H_2O}\quad V = \dfrac{\mathrm{d}[\mathrm{H_2O}]}{\mathrm{d}t} = -\dfrac{\mathrm{d}[\mathrm{H_2}]}{\mathrm{d}t}$
$V = \dfrac{\mathrm{d}[\mathrm{H_2O}]}{\mathrm{d}t} = -\dfrac{1}{2}\dfrac{\mathrm{d}[\mathrm{O_2}]}{\mathrm{d}t}$. 1 mol の $\mathrm{H_2}$ から $\mathrm{H_2O}$ が 1 mol 生成. $\mathrm{H_2O}$ の生成速度と $\mathrm{H_2}$ の減少速度は等しい. 1 mol の $\mathrm{O_2}$ から $\mathrm{H_2O}$ が 2 mol 生成する.$\mathrm{H_2O}$ の生成速度は $\mathrm{H_2}$ の減少速度の $\dfrac{1}{2}$.

2. $\dfrac{\mathrm{d}[A(t)]}{\mathrm{d}t} = -k[A(t)]$ に $[A(t)] = \alpha\mathrm{e}^{-\beta t}$ を代入.
$-k\alpha\mathrm{e}^{-\beta t} = (-\beta)\alpha\mathrm{e}^{-\beta t}\,;\,\beta = k\quad\therefore [A(t)] = \alpha\mathrm{e}^{-kt}$.
$[A(0)]$ を $[A]_0$ とすると $\alpha = [A]_0\quad\therefore [A(t)] = [A]_0\mathrm{e}^{-kt}$. $t = t_{1/2}$ のとき $[A(t_{1/2})] = \dfrac{1}{2}[A]_0$,
$\mathrm{e}^{-kt_{1/2}} = \dfrac{1}{2}$,両辺の自然対数をとると,$-kt_{1/2} = \log\dfrac{1}{2} = -\log 2\quad t_{1/2} = \dfrac{\log 2}{k} = \dfrac{0.693}{k}$.

3. $k = 0.693\,\mathrm{s^{-1}}\quad t_{\frac{1}{2}} = \dfrac{0.693}{0.693} = 1\,\mathrm{s}$,1秒後 $\dfrac{1}{2}$,
2秒後 $\left(\dfrac{1}{2}\right)^2 = \dfrac{1}{4}$,3秒後 $\left(\dfrac{1}{2}\right)^3 = \dfrac{1}{8}$,
4秒後 $\left(\dfrac{1}{2}\right)^4 = \dfrac{1}{16}$.

4. $\dfrac{d[A(t)]}{dt} = -k[A(t)]^n$ $\dfrac{1}{[A(t)]^n}\dfrac{d[A(t)]}{dt} = -k$ 両辺を $0 \sim t^*$ まで積分 $\int_0^{t^*}\dfrac{1}{[A(t)]^n}d[A(t)] = -k\int_0^{t^*}dt$ $\dfrac{1}{1-n}[A(t)^{-n+1}]_0^{t^*} = -kt^*$.

$\dfrac{1}{1-n}\{[A(t^*)]^{-n+1} - [A(0)]^{-n+1}\} = -kt^*$, 初濃度 a_1 のときの半減期が t_1 より

$\dfrac{1}{1-n}\left\{\left(\dfrac{a_1}{2}\right)^{-n+1} - a_1^{-n+1}\right\} = -kt_1$,

$\dfrac{1}{1-n}\left\{\left(\dfrac{1}{2}\right)^{-n+1} - 1\right\}a_1^{-n+1} = -kt_1 \cdots (1)$.

初濃度 a_2 のときの半減期が t_2 より

$\dfrac{1}{1-n}\left\{\left(\dfrac{1}{2}\right)^{-n+1} - 1\right\}a_2^{-n+1} = -kt_2 \cdots (2)$. (1) と (2) 式を割り算 $\left(\dfrac{a_1}{a_2}\right)^{1-n} = \dfrac{t_1}{t_2}$, $(1-n)\log\dfrac{a_1}{a_2} = \log\dfrac{t_1}{t_2}$,

$\dfrac{\log\dfrac{t_1}{t_2}}{\log\dfrac{a_1}{a_2}} = 1-n$, $\dfrac{\log\dfrac{t_1}{t_2}}{\log\dfrac{a_2}{a_1}} = n-1$.

5. (1) $\dfrac{d[CH_3CHO]}{dt} = -k[CH_3CHO]$ より

$[CH_3CHO](t) = [CH_3CHO]_0 e^{-kt}$. ただし, $[CH_3CHO]_0$ は $t=0$ の $[CH_3CHO](t)$ の値.

(2) $k = Ae^{-\frac{E_a}{RT}}$, $\log k = \log A - \dfrac{E_a}{RT}$. 与えられたデータで 700〜790 °C の間でプロット, $E_a = 151.7$ kJ mol^{-1} $A = 2.17 \times 10^9$ s^{-1} (E_a, A は概算).

6. 仮定1:[反応原系]と[活性錯合体]は平衡:
$K = \dfrac{[活性錯合体]}{[反応原系]} = e^{-\Delta_r G°/RT}$, 仮定2:反応速度は[活性錯合体]に比例:$v = f[活性錯合体]$ (f:比例定数);

$v = fK[反応原系] \longrightarrow v = f[反応原系]e^{\frac{-\Delta_r G°}{RT}}$
$= f[反応原系]e^{\frac{-\Delta_r U°}{RT}}e^{\frac{-\Delta(PV)}{RT}}e^{\Delta_r S°}$. この式と $v = k[反応原系]$ を比較して, $k = fe^{\frac{-\Delta_r U°}{RT}}e^{\frac{-\Delta(PV)}{RT}}e^{\Delta_r S°}$
$= Ae^{\frac{-\Delta_r U°}{RT}}$, ただし, $A = fe^{\frac{-\Delta(PV)}{RT}}e^{\Delta_r S°}$.

7. 触媒 自身は消費されずに反応速度を変えるもの. 水素ガスと酸素ガスから水の生成における白金触媒, クラッキング反応におけるゼオライト触媒.

8. $k_a \gg k_b$ $\dfrac{d[C]}{dt} = k_b[B]$

$[B] = [A]_0 \dfrac{k_a}{k_b - k_a}(e^{-k_a t} - e^{-k_b t}) \cong [A]_0 e^{-k_b t}$,

$\dfrac{d[C]}{dt} = k_b[B] = k_b[A]_0 e^{-k_b t}$, 小さな k_b で C の生成速度は決まる. $k_a \ll k_b$ $\dfrac{d[C]}{dt} = k_b[B]$

$[B] = [A]_0 \dfrac{k_a}{k_b - k_a}(e^{-k_a t} - e^{-k_b t}) \cong [A]_0 \dfrac{k_a}{k_b}(e^{-k_a t})$,

$\dfrac{d[C]}{dt} = k_b[B] \cong k_b[A]_0 \dfrac{k_a}{k_b}(e^{-k_a t}) = k_a[A]_0 e^{-k_a t}$

この場合も小さな k_a で C の生成速度は決まる.

各章のはじめの写真の出典

第0章　国立研究開発法人 産業技術総合研究所

第1章　Science 359, 912-915 (2018) から許諾を得て転載 ©2018 The American Association for the Advancement of Science

第2章　National Optical Astronomy Observatory/Association of Universities for Research in Astronomy/National Science Foundation

第3章　Phys. Rev. Lett. 107, 086101 (2011) から許諾を得て転載 ©2011 The American Physical Society

第4章　Blue Brain Project / Ecole polytechnique federale de Lausanne

第5章　北海道教育大学　尾関俊浩

第6章　nasaimages/123RF

第7章　コーベット・フォトエージェンシー

第8章　Matej Hudovernik/123RF, byrdyak/123RF, Galina Peshkova/123RF, Fedor Selivanov/123RF

第9章　PaylessImages/123RF

第10章　iStock/kmn-network

第11章　Nature Nanotech., 13, 856-861 (2018) から許諾を得て転載 ©2018 Springer Nature

索　引

欧　文

Al 139
α 線 17
α 崩壊 21
B 149
B_2 87, 88
Be_2 87, 88
β 線 17
β^+ 崩壊 21
β 崩壊 21
β^- 崩壊 21
bond order 87
CaF_2 145
$CaTiO_3$ 145
cell potential 268
CH_4 110, 116, 118
CO_2 110, 114
CsCl 144
CsCl 型 144
δ 結合 88, 89
DNA 120
d-ブロック元素 59
electromotive force 268
F_2 88
f-ブロック元素 59
GaAs 139
γ 線 17, 310
γ 崩壊 22
GaN 143
Ge 138
H_2 82
H_2O 110, 118
H_2^+ 78
HF 90, 119, 123
HF/cc-pVDZ 法 91
I_3^- 110
LCAO-MO 近似 79
LCST（下部臨界点） 226
LED 142
Li 136
Li_2 88, 136
London 力 121, 163
Maclaurin 展開 297
Mg 139
N_2 86, 88, 106
NaCl 144
NaCl 型 144
Ne_2 88
NH_3 95, 110
NMR 4, 112
NO_3^- 107
n 型半導体（n：negative） 139, 142, 149
O_2 85, 87, 88, 108

P 139
PET 25
pH（水素イオン指数） 261, 263
pH センサー 279
π 軌道 83
π 結合 88, 94, 140
pn 接合 141, 142
p 型半導体（p：positive） 139, 142, 149
p-ブロック元素 59
SbF_5 108
SHE（標準水素電極, standard hydrogen electrode） 268
Si 138
σ 軌道 83
σ 結合 88, 94
SI（国際単位系） 5
SO_2 110
sp 混成軌道 93, 94
sp^2 混成 140
sp^2 混成軌道 93
sp^3 混成 140
sp^3 混成軌道 93
Spring-8 39
s-ブロック元素 59
Taylor 展開 297
TiO_2 145
TLPS（二液相分離） 226
UCST（上部臨界点） 226
VSEPR 109
XeF_2 111
XeF_4 111
XRD 129
X 線 4, 17, 129, 310
X 線回折 4, 111, 129
X 線顕微鏡 112
ZnS 145

数　字

0 次反応 284
1-ブチル-3-メチルイミダゾリウムイオン 117
1,2-ジブロモエタン-1,2-ジブロモプロパン 225
1,3-ブタジエン 102
1,4-ジオキサン-水系 226
1s 原子軌道 49, 50, 54, 313
1 次元の箱の中の自由電子 47, 72, 97
1 次反応 283
2p 原子軌道 49, 54, 314
2s-σ-2p_z-σ 相互作用 85, 86
2 次元伝導体 140

2 次反応 283
3d 原子軌道 49, 54, 314
3 重点 224
4f 原子軌道 49, 54

あ　行

アイリング（Eyring） 286
アインシュタイン（Einstein） 25, 38
アインシュタインの光電効果の理論 39
アインシュタインの質量公式 70
青色発光ダイオード 143
赤﨑勇 143
アクセプター準位 149
アクチニウム系列 22
アクチノイド収縮 63
アセチレン 92, 93, 94
圧縮因子 162
圧平衡定数 238
圧平衡定数の温度依存性 239
圧力 155
アボガドロ定数 160
アボガドロの法則 8, 154
天野浩 143
アモルファス 128
アリストテレス 9
アルカリ金属 59
アルカリ性 261
アルカリ土類金属 59
アレニウス（Arrhenius） 236, 254, 280
アレニウスの塩基 260
アレニウスの酸 260
アレニウスの式 285
アレニウスプロット 285
アンダーソン（Anderson） 21
安定同位体 19
アントラセン 96, 97
アンドラーデ（Andrade） 17
アンモニア合成 240
飯島澄男 141
イオン液体 117
イオン化エネルギー 63, 317
イオン間相互作用 117
イオン結合 90
イオン結晶 144
イオン-電気双極子相互作用 117
イオン独立移動の法則 256
イオンの移動度 256
イオンの水和 257, 327
イオンの輸率 258
イオン半径 144, 145, 318

イオン雰囲気 258
異核二原子分子 89
異性体 115
イソブチルアルコール-2-プロパノール 224
因果律 46
陰極 267
陰極線 12
引力 162
ヴィラール（Villard） 17
ヴィーン（Wien） 14, 37
ヴィーンの式 37
ウェルナー（Werner） 115
ウェルナー錯体 115
ウラン系列 22
ウラン-鉛法 24
ウルツ鉱型 144
運動エネルギー 155, 302
運動量 301
運動量変化 159
永久電気双極子-永久電気双極子相互作用 118, 163
永久電気双極子モーメント 116
液晶 129
液相線 225
液体 148
液体金属 148
液体の粘性係数 328
江崎玲於奈 48
エタノール 116
エタン 92, 93, 94
エチレン 92, 93, 94
エネルギー（固有値） 43
エネルギーと質量の等価原理 70
エネルギーに関する原理 57
エネルギーの等分配法則 160
エネルギーバンド 136
エネルギー保存則 303
エネルギー量子仮説 38
演繹法 8
塩基（BOH） 260
塩基 288
塩基解離定数 329
塩基触媒 288
塩橋 266
エンタルピー 185
円電流 307
エントロピー 199, 203
エントロピー弾性 215
オイラーの公式 296
大隅良典 287
大村智 287
オキソニウムイオン 261, 263

オクテット則	106	下部臨界点(LCST)	226	共鳴	107	原子価結合法	92, 95
オーステナイト	135	カーボンナノチューブ	141	共鳴積分	101	原子価電子	58
オストワルド(Ostwald)		カール(Curl)	141	共役二重結合系	141	原子間距離	87, 322
	236, 260, 280	カルコゲン元素	59	共有結合	63, 90	原子軌道	49
オストワルドの希釈律		カルノー(Carnot)	199	共有電子対	106, 107, 109, 149	原子爆弾	29
	236, 260	カルノーサイクル	200	行列式	300	原子半径	62, 317
オーム(Ohm)	254	カルノーサイクルの効率		行列力学	43	原子番号	18
オームの法則	254		201, 217	極限モル電気伝導率	255	原子面	129
オールレッド-ロコー		カルボカチオン	288	極座標	48, 73, 299	原子網面	129
(Allred and Rochow)	66	還元	265	極座標と直交座標の関係	299	元素の起源	27
オールレッド-ロコーの尺		還元体(reductant)	268	極座標のシュレーディンガー		光学異性体	115
度	66	還元半反応	268	方程式	74	交換エネルギー	57, 64
温室効果	113	干渉	45, 111	極性	90	交換相互作用	57, 64
音速	179, 327	緩衝溶液	263, 264	極性結合	90	合金	133, 134
温度	155	完全結晶	132	極性分子	163	格子エネルギー	151, 323
		完全微分	172, 298	許容帯	137	格子欠陥	132
か 行		完全溶液	224, 231	ギレスピー(Gillespie)	106	高次の導関数	297
		気液共存域	225	近似式	297	構成原理	57
ガイガー(Geiger)	18	気液平衡線	224	禁止帯	137	酵素(enzyme)	289
回転運動	185	規格化条件	44	禁制帯	137	酵素反応	289
回転運動の運動方程式	304	希ガス	59	金属結合半径	63	光電効果	38
海風	186	貴金属	59	金属の腐食	273	光量子仮説	38
開放系	171	菊池正士	42	空軌道	92	固液平衡線	224
ガイム(Geim)	141	基質選択的	289	クラウジウス(Clausius)	202	固化膨張	118
ガウスの法則	61, 306	基準状態	186, 212	クラウジウスの不等式	202	固気平衡線	224
化学種	223	ギーゼル(Giesel)	17	クラーク(Clarke)数	19	国際熱核融合炉	27
化学における力学の顕な応用		気相線	225	クラッキング反応	289	黒体放射	36
	305	気体	148	グラファイト	97, 140	小柴昌俊	28
化学によく見られる電磁気学		期待値	53	グラフェン	140, 141	固体	148
を用いた考え方	306	気体定数	158, 160	クラペイロン-クラウジウス		小林誠	287
化学反応式	154	気体の粘性係数	328	(Clapeyron-Clausius)	228	固溶体	230
化学平衡の法則	237, 238	気体の沸点	163	黒川和夫	29	孤立系	170
化学ポテンシャル	222	気体の膨張	198	クロスカップリング反応	287	孤立系(断熱系)の平衡の条	
化学量論比	154	気体反応の法則	8, 9	クロトー(Kroto)	141	件	204
鍵と鍵穴	121	気体分子運動論	159	クロマトグラフィー	233	孤立電子対	95, 106, 107, 109
可逆過程	179	基底状態	56, 57, 83	クーロン(電荷の単位)	12	ゴールドシュタイン	
角運動量	303	希土類元素	59	クーロン引力	146	(Goldstein)	14
核子	18	帰納法	8	クーロンの法則	305	コールラウシュ	
核子間の結合エネルギー	25	ギブズ(Gibbs)	211	クーロン力	5	(Kohlrausch)	255
核磁気共鳴	112	ギブズエネルギー	211, 222	群速度	312	コールラウシュの平方根則	
角振動数	311	ギブズエネルギーの圧力微分		系	170		255
核分裂	26, 28		244	形式電荷	108	混合エンタルピー	248
核融合	25, 26	ギブズエネルギーの温度微分		ゲイ・リュサック		混合エントロピー	247, 248
確率波	44, 80		244	(Gay-Lussac)	9, 157	混合ギブズエネルギー	
確率密度	44	ギブズ-デューエムの関係		経路関数	176		247, 248
重なり積分	84		245	結合エネルギー	88, 321	混合体積	248
重ね合わせの原理	44	ギブズの相律	223, 246	結合距離	87, 321	混合によりエントロピーは増	
可視光線	4, 310	キャヴェンディシュ	9	結合次数	87, 108	大	248
梶田隆章	28	求核攻撃	288	結合性軌道	80	混合によりギブズエネルギー	
加水分解反応	288	吸収スペクトル	96	結合電子対	109	は減少	248
加速器	60	求心力(または遠心力)	304	結晶	128	混成軌道	92
加速度	301	級数展開	297	結晶粒の微細化	132	コンピュータシミュレーショ	
活性化エネルギー	282	吸熱反応	188, 199	ケルヴィン(Kelvin)	204	ン	117
活性錯合体	286	キュリー(M. Curie)	17	ゲルラッハ(Gerlach)	50		
活量	238, 251	凝固点降下	235, 251	限界半径比	145, 146	**さ 行**	
価電子	58	凝縮曲線	225	原子(atom)	10		
価電子帯	137	強電解質	255	原子価殻電子対反発モデル		サイクル	200
カナル線	14	共沸溶液	226		109	最高占有軌道(HOMO)	96
カニッツァロ(Cannizzaro)	8					最大仕事	269

最低空軌道（LUMO）	96	ジュール（Joule）	170, 174	正極	267	田中耕一	112
錯イオン	115	ジュールの実験	174	制御棒	28	ダニエル（Daniell）	266
錯体	115	シュレーディンガー		正孔（ホール）	139	ダニエル電池	266
座標系	299	（Schrödinger）	43	斉次の連立1次方程式の解	301	ダングリングボンド（dangling bond）	287
酸（HA）	260, 288	シュレーディンガー方程式	43, 72, 73	生成系	186, 212, 236	単結合	93
酸塩基触媒	288	瞬間的電気双極子モーメント	116	生成熱	186	単結合の結合距離	321
酸化	265	準静的過程	179	生物種による同位体の存在比の差異	24	単斜晶系	128
酸化還元対	266	準静的断熱圧縮	200	正へのずれの場合	230	単純立方格子	128
酸化還元対の標準電極電位	330	準静的断熱過程	181	正方晶系	128	単振動	311
三角関数についての公式	295	準静的断熱膨張	200	ゼオライト	288	単振動の全エネルギー	312
三角関数の導関数	297	準静的定圧過程	179	赤外吸収スペクトル	112	炭素14年代測定法	23
酸化数	265	準静的定積（定容）過程	179	赤外線	4, 310	断熱系	171
酸化体（oxidant）	268	準静的等温圧縮	200	赤外線を吸収	113	断熱自由膨張	198
三斜晶系	128	準静的等温過程	180	積分	298	力	301
三重結合	93	準静的等温膨張	200	積分公式	298	力のモーメント	303
三重水素	19	蒸気圧曲線	224	積分の演算公式	298	置換型合金	134
酸触媒	288	常磁性	85, 308	斥力	162	地球温暖化	113
三中心四電子結合	111	状態関数	172, 176	絶縁体	137	逐次反応	292
二方晶系	128	状態図	223	絶対反応速度論	286	チャドウィック（Chadwick）	16
紫外線	4, 310	上部臨界点（UCST）	226	絶対零度	161, 204, 208	中心力場	49
示強性変数	172	消滅則	131	節点（または節）	47	中性子	16
磁気量子数	49	常用対数	296	節面	80, 83	超ウラン元素	59
仕事	172, 302	触媒（Catalysis）	280, 287	セメンタイト	135	超強酸	108
仕事関数	38, 276	触媒毒	290	閃亜鉛鉱型	144	超原子価	108
自己無撞着場の方法	56	白川英樹	141	遷移元素	60	超原子価化合物（分子）	108
シジウィック（Sidgwick）	106	示量性変数	172	全エネルギー	302	超酸	108
自然対数	296	人工元素	59	全微分	298	超新星爆発	27, 28
磁束密度	306	ジーンズ（Jeans）	37	相	222	超臨界流体	224
実在気体の状態方程式	163	真性半導体	139	走査トンネル顕微鏡	48	直方晶系	128
実在波	44, 80	浸透圧	233, 249	相図	223	直交座標	48, 73, 299
質量欠損	25	振動数	4, 309	相対原子量	20	直交条件	47
質量作用の法則	237	振動反応	290	束一的性質	233	槌田龍太郎	106
質量数	18	侵入型合金	134	速度	301	定圧熱容量	184
質量分析計	14, 112	水銀	122	速度定数	283	定在波	42, 311
自発的に起こる反応	213	水素化物の沸点	118	素電荷（電気素量）	13	定積熱容量	183, 184
自発的変化の方向性	198	水素結合	118, 322	素反応過程	284	定比例の法則	9
ジーメンス（siemens）	254	水素原子	5			デヴィッスン（Davisson）	42
下村脩	287	水素（様）原子の極座標に対する解	48	**た 行**		デカルト	8
弱酸の酸解離定数	329	水素−酸素燃料電池	272	第一イオン化エネルギー	63	てこの原理	225
弱電解質	255	水素電極	268	第一種永久機関	204	鉄二量体	89
遮蔽定数	60, 61	水素爆弾	27	第二イオン化エネルギー	63	デバイ	102
ジャーマー（Germer）	42	水素様原子の波動関数	313	第二種永久機関	204	デモクリトス	9
シャルル（Charles）	9, 157	水和	117, 258, 263	第三イオン化エネルギー	63	デューテリウム	19
シャルルの法則	9, 157	水和エンタルピー	327	体心立方格子	128, 131	電圧	306
周期	309	水和エントロピー	327	体心立方最密充填構造	132	転位	132
重水素	19	スカラー積	300	対数，指数関数の導関数	297	電位	268
終速度	12, 32, 302	スコラ哲学	9	体積	155	電位（差）	306
終端速度	302	鈴木章	287	体積増加によるエントロピー増加	219	電位差	266
自由度	223	ストークス半径	258	ダイヤモンド構造	140	電解質	254
充満帯	137	ストーニー（Stoney）	12	太陽光発電	141	電気陰性度	66, 67, 74, 319
縮重	57	スピン量子数	49	太陽電池	141	電気化学界面の状態密度	277
縮退	57	すべり	132	多原子分子	90	電気化学対	266
シュテルン（Stern）	50	すべり面（Slip Plane）	131	多重結合	322	電気化学的二元論	8
シュテルンとゲルラッハの実験	50	スモーリー（Smalley）	141	多重（共有）結合の結合エネルギーと原子間距離	322	電気化学ポテンシャル	277
ジュラルミン	134	スレーターの規則	61			電気化学列	267
主量子数	49					電気双極子	307

電気双極子モーメント 90, 101, 116, 307, 323	トリエチルアミン–水系 227	ハイトラー–ロンドンの共有結合理論 8	ビッグバン 27
電気抵抗率 137	トリチウム 19	ハイトラー・ロンドンの理論 95	比抵抗 254
電気分解の法則 9	トルエン–ベンゼン系 224		比電荷 12
点欠陥 132	ドルトン(Dalton) 8	パウエル(Powell) 106	比伝導率 254
電子 12	トンネル現象 47	パウリ(Pauli) 22, 57	ヒートポンプ 208, 218
電子雲 44	**な 行**	パウリの排他原理 57	比熱 160
電子顕微鏡 112	内部エネルギー 175	鋼 134	微分 296
電子親和力 64, 319	内部遷移元素 60	爆鳴気 287	微分の演算公式 296
電子線回折 4, 42, 111	ナイホルム(Nyholm) 106	波数 4, 41	比誘電率 ε_r 323
電子対 85, 261	長岡半太郎 15	波束 312	ヒュッケル(Hückel) 97
電子の質量 13	中村修二 143	パターン形成 290, 291	ヒュッケル近似 103
電子の存在確率 54	ナノ粒子 3	波長 4, 309	標準状態 186
電子の二重スリット実験 45	ナフタセン 97	発光スペクトル 36, 96	標準状態(気体) 154
電磁波 4, 39, 95, 310	ナフタレン 97	発光ダイオード(Light Emitting Diode) 142	標準水素電極(SHE) 267
電子付加エンタルピー 64	ナフタロシアニン 76		標準生成エンタルピー 186, 324, 326
電子分布 163	鉛蓄電池 271	発熱(exothermic)反応 188, 199	標準生成ギブズエネルギー 212, 324, 326
電子ボルト 5	南部陽一郎 287	波動 308	標準電極電位 268, 276, 330
電子レンジ 116	二液相分離 226	波動関数 43	標準電池電位 270
電池 266	ニコチン–水系 227	波動の速さ 309	標準反応エンタルピー 186
電池電位 268	二酸化炭素の状態図 223	波動方程式 43	標準反応エントロピー 209
電池の起電力 266, 268, 269	二重結合 93	波動力学 43	標準反応ギブズエネルギー 212, 270
電池の効率 278	二相共存域 225	ハートリー–フォックの方法 56, 86	
点電子構造式 106	ニュートリノ 22		標準モルエントロピー 209, 324, 326
点電子式 106	ニュートンの運動方程式 301	ハーバー(Haber) 280	表面拡散 287
伝導帯 138	根岸英一 287	ハーバー–ボッシュ 241	表面張力 122
天然に原子炉 29	熱(heat) 174	ハミルトン(Hamilton) 53	非理想系の平衡定数 251
電場 305	熱機関 199	ハミルトン演算子 53	ヒレブランド(Hillebrand) 18
電離説 236, 254	熱機関の効率 201	バルマー(Balmer) 36	
電離度 255, 256, 260	熱伝導(heat transfer) 173	バルマー系列 36	頻度因子 285
同位体 14, 18, 19	熱の移動 198, 205	ハロゲン元素 59	ファラデー(Faraday) 9, 10
同位体置換 19	熱平衡状態 173	反結合性軌道 80	ファン・デル・ワールス(van der Waals) 164
統一原子質量単位 5, 17	熱容量 160, 183	半減期 20	
等温定圧条件の系の平衡条件 212	熱力学関数の微小変化 210	反磁性 85, 308	ファンデルワールス相互作用 140
等核二原子分子 82	熱力学の第0法則 177	半導体 137	
等核二原子分子の結合エネルギー 320	熱力学第一法則(the first law of thermodynamics) 175	バンドギャップ 138, 330	ファンデルワールス定数 164, 165
		反ニュートリノ 22	
動径分布関数 55	熱力学第二法則 204	反応エンタルピー 213	ファンデルワールスの式 164
等軸晶 128	熱力学第三法則 208	反応エンタルピーの温度依存性 190	ファンデルワールス半径 63, 167
同素体 139, 186	ネルンスト(Nernst) 208		
導体 137	ネルンストの式 268	反応エントロピー 213	ファンデルワールス力 121
導電性高分子 141	燃焼の理論 9	反応ギブズエネルギー 212, 213, 269	ファント・ホッフ(van't Hoff) 236
土星原子モデル 15	粘性係数 122, 328		
ドナー準位 149	燃料電池 271	反応原系 186, 212, 236	
利根川進 287	濃度平衡定数 238	反応座標 286	ファントホッフ係数 i 236
ド・ブローイ(de Broglie) 42	濃度平衡定数の圧力依存性 239	反応次数 283	フェノール–水系 226
ド・ブローイの関係式 42, 70		反応速度 282	フェライト 135
トムソン(W. Thomson) 204	ノボセロフ(Novoselov) 141	反応中間体 284	フェルミ(Fermi) 58
トムソン(G. P. Thomson) 42	野依良治 287	反発力 162	フェルミ準位 276
トムソン(J. J. Thomson) 12, 42	**は 行**	半反応 266	フェルミ粒子 58
	配位結合 115	万有引力 6, 114	不可逆過程 179
トムソンの陰極線の実験 31	排除体積 167	万有引力とポテンシャル(位置)エネルギー 302	不確定性原理 45, 47
トムソン(ケルヴィン)の原理 204	倍数比例の法則 9		フガシティ 238, 251
	ハイゼンベルク(Heisenberg) 43, 45	光吸収 95	負極 267
トムソンの実験 12		非共有電子対 95, 109	福井謙一 96
朝永振一郎 287	ハイトラー–ロンドン(Heitler and London) 8	非局在化エネルギー 103	複合格子 128
トリウム系列 22		非線形反応現象 290	不純物半導体 139, 149

不斉合成	287	ベクトル積	300	マクロ	3	ラザフォード（Rutherford）	
不対電子	85	ベクレル（Becquerel）	17	摩擦による熱	205, 218		14
フックの法則	112	ベーコン	8	マジック酸	108	ラザフォードの実験	14
物質交換の平衡の条件	223	ヘス（Hess）	189	益川敏英	287	ラジカル	287
物質波	42	ヘスの法則（Hess's law）	189	マルテンサイト	135	ラジカル反応	283
物質量	155	ベリリウム線	16	ミカエリス–メンテン		ラボアジエ（Lavoisier）	10
沸点曲線	225	ベルセリウス（Berzelius）		（Michaelis-Menten）機構		ラムゼー（Ramsay）	18
沸点上昇	234, 250		8, 280		290, 293	ラングミュアーヒンシェルウ	
部分モル量	239	ヘルムホルツ（Helmholtz）		右ねじ	303	ッド（Langmuir-Hinshel-	
負へのずれの場合	230		170	ミクロ	3	wood）機構	290
ブラッグ（Bragg）	129	ペロブスカイト型	144	水–エタノール系	226	ランタノイド収縮	63
ブラッグの式	129	ベンゼン	91, 97	水のイオン積	263	ランドール（Randall）	208
ブラベ（Bravais）	128	偏導関数	298	水の固化膨張	120	陸風	186
ブラベ格子	128	偏微分	298	水の自己解離	262	理想気体	158
フラーレン	140	ヘンリー（Henry）	230	水の自己解離の平衡と pH		理想気体の状態方程式	
プランク（Planck）	37	ヘンリーの法則	230, 247		329		158, 160
プランクの式	37	ボーア（Bohr）	39	水の状態図	223	理想溶液	231
プルースト	9	ポアソン（Poisson）	181	水の密度	327	リチウムイオン電池	271
プールベ図	273	ポアソンの関係式	181, 194	水分子	102	律速段階	284
ブレンステッド（Brønsted）		ボーアの仮定	39	ミラー（Miller）	130	リッツ（Ritz）	53
	261	ボーア半径	40	ミラー指数	130	リッツの変分原理	53
ブレンステッド塩基	261	ボーア模型	40	ミリカン（Milikan）	12	立方晶系	128
ブレンステッド酸	261	ボイル（Boyle）	9, 156	ミリカンの油滴の実験	32	リュードベリ（Rydberg）	36
プロトン	14	ボイル–シャルルの法則	158	無核原子モデル	14	リュードベリ定数	36, 41
プロトンジャンプ機構	257	ボイルの法則	9, 156	メゾスコピック	3	量子化学計算	107, 112
分散力	121	方位量子数	49	メタン	92, 93	量子コンピュータ	44
分子間相互作用	114	崩壊系列	22	面心立方格子	128, 131	量子数	47
分子間力	163	放射光施設	39	面心立方最密充填構造	132	量子テレポーテーション	44
分子軌道	78	放射性元素	22, 59	メンデレーエフ（Mendeleev）		量子もつれ	44
分子軌道エネルギー	100	放射性同位体	19		8	臨界たんぱく光	227
分子軌道法と原子価結合法		膨張仕事	177, 178	モーズリー（Moseley）	60	臨界点	224
	99	放電管	12	モーズリーの法則	60	ルイス（Lewis）	106, 208, 261
分子振動	113	ポジトロン（陽電子）断層撮		モル体積	327	ルイス塩基	261, 262
分子体積	162, 163	影法	25	モル電気伝導率	255	ルイス構造式	106
分子の形	109	補色	4	モル熱容量（molar heat		ルイス酸	261, 262
分子の点群	102	ボーズ（Bose）	58	capacity）	183	ルシャトリエ（Le Chatelier）	
分子分極率	125	ボーズ粒子	58	モル濃度	255		240
分子量	155	蛍石型	144			ルシャトリエの原理	240
フント（Hund）	57	ボッシュ（Bosch）	280	**や 行**		ルチル型	144
フントの規則	57	ポテンシャル（位置）エネル		山中伸弥	287	励起状態	95
分配の法則	232	ギー	6, 7, 302	有核原子モデル	15	零点運動	47, 48
分別蒸留	226	ポテンシャルエネルギー曲線		有機金属錯体	115	レイリー（Rayleigh）	37
分留	226		81	有効核電荷	61	レイリー–ジーンズの式	37
平均2乗速さ	159	ポリアセチレン	141	有効数字	8	錬金術	9
平衡原子間距離	87, 88	ポーリング（Pauling）	66	湯川秀樹	17	連鎖重合反応	283
平衡条件（等温定圧条件）	212	ポーリングの電気陰性度	66	油滴の実験	12	連鎖反応	283
平衡定数	270	ボルツマン定数	160	余因子展開	300	レントゲン（Röntgen）	
平衡定数の圧力依存性	239	ボルツマンの公式	206	陽イオンと陰イオンの輪率			17, 129
平衡定数の温度依存性	238	ボルンの確率解釈	44		258	ロイズ（Royds）	18
平衡電極電位	268	本庶佑	287	陽極	267	ロッキャー（Rokyer）	18
平行電場	305			陽子（proton）	14	六方最密充填	131
平衡連結線	225	**ま 行**		溶融塩	117	六方最密充填構造	132
閉鎖系	170	マイクロ波	4, 116, 310	吉野彰	272	六方晶系	128
並進運動	185	マイクロ波分光	112			ローブ	94
劈開（へきかい）	147	マイヤー（Mayer）	170, 194	**ら 行**		ローリー（Lowry）	261
ヘキサフルオロリン酸イオン		マイヤーの関係式	194	ラウエ（Laue）	17	ローレンツ力	306
	117	マクスウェル（Maxwell）	177	ラウール（Raoult）	231		
ベクトル	299	マークする	24	ラウールの法則	231, 247		

伊丹 俊夫	元北海道大学大学院理学研究院
石森 浩一郎	北海道大学大学院理学研究院
武次 徹也	北海道大学大学院理学研究院
村越 敬	北海道大学大学院理学研究院
八木 一三	北海道大学大学院地球環境科学研究院
小西 克明	北海道大学大学院地球環境科学研究院
幅崎 浩樹	北海道大学大学院工学研究院
島田 敏宏	北海道大学大学院工学研究院
上田 幹人	北海道大学大学院工学研究院
福嶋 正巳	元北海道大学大学院工学研究院
龔 剣萍	北海道大学大学院先端生命科学研究院
中島 祐	北海道大学大学院先端生命科学研究院
朝倉 清高	北海道大学触媒科学研究所

本書に関する連絡先　新しい化学教育研究会
（代表　村越 敬）
chem1@sci.hokudai.ac.jp

化学：物質の構造と性質を理解する

| 2019 年 4 月 15 日 | 第 1 版　第 1 刷　発行 |
| 2024 年 2 月 15 日 | 第 1 版　第 6 刷　発行 |

編　者　新しい化学教育研究会
発行者　発田 和子
発行所　株式会社 学術図書出版社
〒113-0033　東京都文京区本郷 5-4-6
TEL 03-3811-0889　振替 00110-4-28454
印刷　中央印刷（株）

本書の一部または全部を無断で複写(コピー)・複製・転載することは，著作権法で認められた場合を除き，著作者および出版社の権利の侵害となります．あらかじめ小社に許諾を求めてください．

© 2019　新しい化学教育研究会　Printed in Japan

ISBN978-4-7806-0763-5

1. 基本物理定数の値

物理量	記号	数値	単位
真空中の光の速さ	c_0	299 792 458	m s^{-1}
真空の誘電率	ε_0	8.854 187 812 8 (13)×10^{-12}	F m^{-1}
真空の透磁率	$\mu_0\,(=4\pi\times10^{-7})$	1.256 637 062 12 (19)×10^{-6}	N A^{-2}
万有引力定数	G	6.674 30 (15)×10^{-11}	m^3 kg^{-1} s^{-2}
重力加速度	g	9.806 65	m s^{-2}
プランク定数	h	6.626 070 15×10^{-34}	J s
ディラック定数	$\hbar\left(=\dfrac{h}{2\pi}\right)$	1.054 571 817 646 2×10^{-34}	J s
電気素量	e	1.602 176 634×10^{-19}	C
電子質量	m_e	9.109 383 701 5 (28)×10^{-31}	kg
陽子質量	m_p	1.672 621 923 69 (51)×10^{-27}	kg
中性子質量	m_n	1.674 927 498 04 (95)×10^{-27}	kg
ボーア半径	a_0	0.529 177 210 903 (80)×10^{-10}	m
リュードベリ定数	R_∞	10 973 731.568 160 (21)	m^{-1}
アボガドロ定数	N_A	6.022 140 76×10^{23}	mol^{-1}
ボルツマン定数	k	1.380 649×10^{-23}	J K^{-1}
ファラデー定数	$F=N_\text{A}e$	96 485.332 123 31	C mol^{-1}
気体定数	R	8.314 462 618 153 24	J mol^{-1} K^{-1}
水の3重点(温度, 圧力)	$[T_\text{tp}(T_\text{tw}),\,p_\text{tp}(p_\text{tw})]$	(273.16, 6.116 57×10^2)	(K, Pa)
水の臨界点(温度, 圧力)	$(T_\text{c},\,p_\text{c})$	(647.096, 22.064)	(K, MPa)
セルシウス温度目盛のゼロ点	0 ℃	273.15	K
理想気体のモル体積 $T=273.15\,\text{K},\ p=100\,\text{kPa}$	V_0	22.710 956 4×10^{-3}	m^3 mol^{-1}
電気双極子モーメントの単位	D(デバイ)	3.335 64×10^{-30}	C m

2018 recommended values by CODATA 20th May in 2019.

2. エネルギー換算表

	eV	J	kJ mol^{-1}	kcal mol^{-1}	波数 [cm^{-1}]	振動数 [s^{-1}]	温度 [K]	磁場 [T]	備考
1 eV =	1	1.6022×10^{-19}	96.486	23.061	8.0657×10^3	2.4180×10^{14}	1.1605×10^4	1.7276×10^4	
1 J =	6.2414×10^{18}	1	6.0221×10^{20}	1.4393×10^{20}	5.0342×10^{22}	1.5092×10^{33}	7.2430×10^{22}	1.0783×10^{23}	
1 kJ mol^{-1} =	0.010364	1.6605×10^{-21}	1	0.23901	83.595	2.5061×10^{12}	1.2027×10^2	1.7905×10^2	J×N_A/10^3
1 kcal mol^{-1} =	0.043363	6.9474×10^{-21}	4.184	1	349.74	1.04885×10^{13}	5.0322×10^2	7.4916×10^2	J×4.184*×N_A/10^3
1 cm^{-1} =	1.2398×10^{-4}	1.9864×10^{-23}	1.1962×10^{-2}	2.8590×10^{-3}	1	2.9979×10^{10}	1.4387	2.1419	hc_0×波数
1 Hz =	4.1356×10^{-15}	6.6260×10^{-34}	3.9903×10^{-13}	9.5370×10^{-14}	3.3356×10^{-11}	1	4.7992×10^{-11}	7.1447×10^{-11}	h×振動数
1 K =	8.6169×10^{-5}	1.3806×10^{-23}	8.3142×10^{-3}	1.9871×10^{-3}	6.9501×10^{-1}	2.0836×10^{10}	1	1.4887	k×温度
1 T =	5.7882×10^{-5}	9.2739×10^{-24}	5.5849×10^{-3}	1.3348×10^{-3}	4.6686×10^{-1}	1.3996×10^{10}	6.7171×10^{-1}	1	μ_B**×磁界

*熱力学カロリー(定義カロリー) 1 cal = 4.184 J の定義を採用；**：μ_B：ボーア磁子($\mu_\text{B}=9.2740\times10^{-24}$ J T^{-1})